Organometallic Compounds of Zinc, Cadmium and Mercury

Organometallic Compounds of Zinc, Cadmium and Mercury

Edited by
J. L. Wardell
University of Aberdeen

LONDON   NEW YORK
CHAPMAN AND HALL

First published 1985 by Chapman and Hall Ltd
11 New Fetter Lane, London EC4P 4EE
733 Third Avenue, New York NY 10017

Phototypeset in the United States of America by
Mack Printing Company, Easton, Pennsylvania 18042
Printed in Great Britain by J.W. Arrowsmith Ltd, Bristol

ISBN 0 412 26870 1

© 1985 Chapman and Hall Ltd

All rights reserved. No part of this book may be reprinted, or reproduced or utilized in any form by any electronic, mechanical or other means, now known or hereafter invented, including photocopying and recording, or in any information storage or retrieval system, without permission in writing from Chapman and Hall.

Library of Congress Cataloging in Publication Data

Main entry under title:

Organometallic compounds of zinc, cadmium, and mercury.
    (Chapman and Hall chemistry sourcebooks)
    Includes index.
    1. Organozinc compounds — Handbooks, manuals, etc.
    2. Organocadmium compounds — Handbooks, manuals, etc.
    3. Organomercury compounds — Handbooks, manuals, etc.
    I. Wardell, J. L., 1939- .   II. Series.
    QD412.Z6'74   1985   547'.0566   84-29377

ISBN 0-412-26870-1

British Library Cataloguing in Publication Data

Organometallic compounds of zinc, cadmium and mercury. — (Chapman and Hall chemistry sourcebooks)
    1. Organometallic compounds
    I. Wardell, J.L.
    547'.05   QD411

ISBN 0-412-26870-1

Contents

Preface		*page* vii
Introduction		ix
Cd	Cadmium	1
Hg	Mercury	11
Zn	Zinc	131
Name Index		157
Molecular Formula Index		177
CAS Registry Number Index		197

Preface

This is one of the first volumes to be published in the series of *Chapman and Hall Chemistry Sourcebooks* which provides carefully tailored information to workers in specialized areas of chemistry. The information contained in this book is derived from the *Dictionary of Organometallic Compounds*, published in November 1984.

The era of organometallic compounds can be considered to have begun with Frankland's work on organozincs in 1848, the synthesis of the first organomercury compound being delayed a mere four years or so. Nearly a century and a half of study of organozincs, -cadmiums and -mercurials has revealed much of value with much remaining relevant and useful for today. At the current time, the study of these compounds is at a very active stage and much of novelty is being reported, especially in regards to synthesis, and, particularly for organomercurials, involvement in the environment. The various areas of interest will ensure that this particular compendium will reach a wide readership.

The databank on the properties of organometallic compounds, which is represented in its current form by the *Dictionary of Organometallic Compounds* and its subset publications such as this volume, will be kept continuously up-to-date. Supplements to the main *Dictionary* will appear annually and revised editions of this *Sourcebook* will be published from time to time as demands permits.

J.L. Wardell

Introduction

1. Using the Sourcebook

The *Sourcebook* is divided into element sections: within each section the arrangement of entries is in order of molecular formula according to the Hill convention (i.e. C, then H, then other elements in alphabetical sequence of element symbol; where no carbon is present, the elements including H are ordered strictly alphabetically).

Every entry is numbered to assist ready location and the entry number consists of a metal element symbol followed by a five-digit number.

Indexes

There are three printed indexes: a name index which lists every compound name or synonym in alphabetical order; a molecular formula index which lists all molecular formulae, including those of derivatives, in Hill convention order; and a CAS registry number index listing all CAS numbers included in the *Sourcebook* in serial order. All indexes refer to the entry number. In the name index an entry number which follows immediately upon an index term means that the term itself is used as the entry name but an entry number which is preceded by the word 'see' means that the term is a synonym to an entry name. In all three indexes an entry number which is preceded by the word 'in' refers the reader to a specified stereoisomer or derivative which is to be found embedded within the particular entry.

In addition to the three printed indexes, each element section is preceded by a graphical structure index allowing the rapid visual location of compounds of interest. The structure index reproduces all structure diagrams present in that element section in reduced size and printed in entry number order.

The following paragraphs summarize important considerations in compiling the information in this *Sourcebook*. For more detailed information, see the Introduction to the *Dictionary of Organometallic Compounds* from which this *Sourcebook* derives.

2. Compound Selection

In compiling this *Sourcebook* the aim has been to include from the primary literature up to mid 1983:

(1) Compounds representative of all important structural types (typically, the parent member of each series, where known, together with a selection of its homologues).

(2) Any compound with an established use, such as in catalysis, as a synthetic reagent or starting material.

(3) Other compounds of particular chemical, structural, biological or historical interest, especially those thought to exhibit unusual bonding characteristics.

Some compounds which are not considered sufficiently important to justify separate entries of their own have been included as derivatives in the entries of other compounds. These may include for example:

(1) Organic derivatives in the classical sense.
(2) Donor-acceptor complexes.
(3) The various salts of an anion or cation. In nearly every case, the entry for an ionic substance refers to the naked anion or cation, and the molecular formula, molecular weight and CAS registry number given for the main entry are those of the ion, in agreement with current CAS practice. Salts of the ion with various counterions are then treated as derivatives and the molecular formulae of all of these are given.
(4) Oligomeric compounds. Where a compound is known in several states of molecular aggregation these are all included in the one entry, which usually refers to the monomer. Compounds which are known only in dimeric form are entered as such, but the hypothetical monomers are included as derivatives to ensure that the names and molecular formulae of the monomeric forms occur in the indexes.

All names and molecular formulae recorded for derivatives occur in the Name and Molecular Formula Indexes respectively.

3. Chemical Names and Synonyms

The naming of organometallic compounds is frequently problematic and so in selecting the range of alternative names to present for each compound or derivative, editorial policy has been to report names which are found in the literature, including *Chemical Abstracts*, and not to attempt to impose a system of nomenclature. The editorial generation of new names has therefore been kept to a minimum required by consistency. Most names given in the *Sourcebook* are those given in the original paper(s) and in *Chemical Abstracts*.

Names corresponding to those used by CAS during

Introduction

the 8th, 9th, and 10th collective index periods (1967-71, 1972-6 and 1977-81 respectively) are labelled with the suffixes 8CI, 9CI and 10CI respectively.

4. Toxicity and Hazard Information

Toxicity and hazard information is highlighted by the sign ▷ which also appears in the indexes.

All organometallic compounds should be treated as if they have dangerous properties.

The information contained in the *Sourcebook* has been compiled from sources believed to be reliable. No warranty, guarantee or representation is made by the Publisher as to the correctness or sufficiency of any information herein, and the Publisher assumes no responsibility in connection therewith.

The specific information in this publication on the hazardous and toxic properties of certain compounds is intended to alert the reader to possible dangers associated with the use of those compounds. The absence of such information should not, however, be taken as an indication of safety in use or misuse.

5. Bibliographic References

The selection of references is made with the aim of facilitating entry into the literature for the user who wishes to locate more detailed information about a particular compound. Reference contents are frequently indicated using mnemonic suffixes. In general recent references are preferred to older ones, and the number of references quoted does not necessarily indicate the relative importance of a compound.

Journal abbreviations generally follow the practice of *Chemical Abstracts Service Source Index* (CASSI). In patent references, no distinction is made between patent applications and granted patents.

6. Sources of Further Information

The following books and review series provide more information about various aspects of organometallic chemistry. Lists of reviews specific to organic compounds of particular metals may be found in the introductory sections of the metals concerned.

General

Comprehensive Organometallic Chemistry, Wilkinson, G. *et al.* Eds, Pergamon, Oxford, 1982. This book represents the most complete and up to date review of the whole subject. In addition to sections for each element there are chapters on the use of organometallics in organic synthesis and catalysis.

Comprehensive Inorganic Chemistry, Trotman-Dickenson, A.F. *et al.* Eds, Pergamon, Oxford, 1973. Contains information about organometallics as well as discussions of oxidation states, coordination chemistry and analysis of the metals.

Gmelins Handbuch der Anorganischen Chemie, 8th Edn, Springer-Verlag, Berlin. Some volumes of Gmelin covering organometallic compounds have been updated relatively recently and can therefore be consulted for comprehensive data on some types of organometallics. Some Gmelin element sections, however, are many years out of date.

Houben-Weyls Methoden der Organischen Chemie, 4th Edn, Band XIII, *Metallorganische Verbindungen*, Thieme-Verlag, Stuttgart.

The Chemistry of the Carbon-Metal Bond, Hartley, F.R. and Patai, S. Eds, Wiley, New York, 1982-. Contains sections on the synthesis, analysis and thermochemistry of various classes of organometallic compounds.

Transition-Metal Complexes of Phosphorus, Arsenic and Antimony Ligands, McAuliffe, C.A. Ed., Macmillan, London, 1973.

Methods of Elemento-Organic Chemistry, Kocheshkov, K.A. Ed., North Holland, Amsterdam, 1967.

MTP International Review of Science: Inorganic Chemistry, Series 2, Emeléus, H.J. Ed., Butterworths, London; University Park Press, Baltimore, 1974-5.

Advances in Organometallic Chemistry, Academic Press, 1964-.

Annual Surveys of Organometallic Chemistry, Elsevier, 1964-7.

Organometallic Chemistry Reviews, Elsevier, 1966-7.

Organometallic Chemistry Reviews, Section A: Subject Reviews 1968-72.

Organometallic Chemistry Reviews, Section B: Annual Surveys 1968-74.

Journal of Organometallic Chemistry: This incorporates reviews and surveys after the discontinuation of the two series of *Organometallic Chemistry Reviews*.

Organometallic Chemistry, 1972-, (Specialist Periodical Reports), RSC.

Coordination Chemistry Reviews, Elsevier, 1966-.

Progress in Inorganic Chemistry, Interscience, 1959-.

Advances in Inorganic Chemistry and Radiochemistry, Academic Press, 1959-.

Introduction

Analysis

Scott's Standard Methods of Chemical Analysis, Furman, N.H. Ed., 6th Edn, Van Nostrand, New York, 1962.

Crompton, T.R., *Chemical Analysis of Organometallic Compounds*, Academic Press, London, 1973.

Spectroscopy

Nuclear Magnetic Resonance Spectroscopy of Nuclei Other than the Proton, Axenrod, T. and Webb, G.A. Eds, Wiley, London, 1974.

NMR and the Periodic Table, Harris, R.K. and Mann, B.E. Eds, Academic Press, London, 1978.

^{13}C NMR Data for Organometallic Compounds, Mann, B.E. and Taylor, B.F. Eds, Academic Press, London, 1981.

Spectroscopic Properties of Inorganic and Organometallic Compounds, 1968-, (Specialist Periodical Reports), RSC.

Handling

Shriver, D.F., *The Manipulation of Air-Sensitive Compounds*, McGraw-Hill, 1969.

Organometallic Syntheses, Academic Press, New York, 1965, Vol. 1.

Cd Cadmium

J. L. Wardell

Cadmium (Fr., Ger.), Cadmio (Sp., Ital.), Кадмий (Kadmii) (Russ.), カドミウム (Japan.)

Atomic Number. 48

Atomic Weight. 112.41

Electronic Configuration. [Kr] $4d^{10} 5s^2$

Valency. 2

Coordination Number. Coordination numbers found for Cd in organometallic compounds are two in simple diorganocadmiums and four in alkoxides eg. $(MeCdOMe)_4$, adducts, eg. $R_2Cd(bipy)$, anionic compounds, eg. $BaCd(C\equiv CR)_4$ and ylide complexes such as the following:

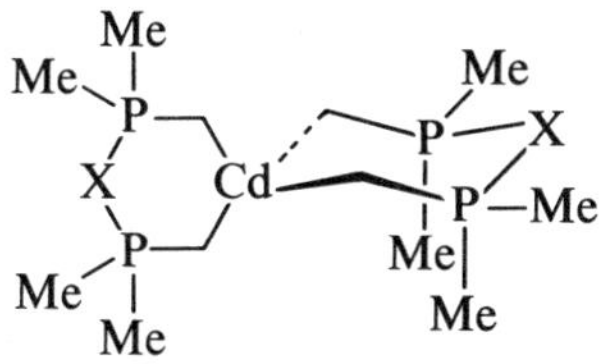

X = N or CH

Colour. Colourless to yellow is the usual colour range but complexes involving nitrogen chelate donors eg. Bipy may be highly coloured (eg. yellow to red).

Availability. Cadmium metal and salts are widely available from chemical suppliers. Dimethylcadmium is also commercially available.

Handling. Organocadmium compounds show some sensitivity towards moisture, air and light. Handling via inert atmosphere techniques is recommended. Decomposition of some organocadmium compounds on storage has been reported. Good solvents for organocadmiums are C_6H_6, THF, Et_2O, dioxane, DMSO, Me_2CO and $CHCl_3$.

Toxicity. Cadmium compounds are generally toxic and care must be exercised in their use.

Isotopic Abundance. ^{106}Cd, 1.22%; ^{108}Cd, 0.88%; ^{110}Cd, 12.39%; ^{111}Cd, 12.75%; ^{112}Cd, 24.07%; ^{113}Cd, 12.26%; ^{114}Cd, 28.86%; ^{116}Cd, 7.58%.

Spectroscopy. ^{111}Cd and ^{113}Cd are both nuclei with $I = \frac{1}{2}$ and have relative sensitivities of 9.54×10^{-3} and 1.09×10^{-2} respectively ($^1H = 1.000$). Cadmium nmr chemical shift data are available for a number of organometallics.

The presence of easily observed cadmium satellite peaks in ^1H nmr spectra of dialkylcadmium compounds has been used in the study of group exchange processes.

All compounds are diamagnetic.

Analysis. Methods of analysis of organocadmium compounds are given in references below.

References. Reviews in addition to those listed in the introduction to the *Sourcebook* are given below.

General

Coates, G. E. and Wade, K., *The Main Group Elements*, 3rd Edn, Methuen, London, 1967, Chapt. 2.

Analysis

Houben-Weyls Methoden der Organischen Chemie, 1973, **12/2a**.

Sheverdina, N. E. and Kocheshkov, K. A., *Methods of Elemento-Organic Chemistry*, Nesmeyanov, A. N. and Kocheshkov, K. A. Eds, North-Holland, Amsterdam, 1967, Vol. 3.

Nmr

Turner, C. J. et al., *J. Magn. Reson.*, 1977, **26**, 1.

Cardin, A. D. et al., *J. Am. Chem. Soc.*, 1975, **97**, 1672.

Kennedy, J. D. et al., *J. Chem. Soc., Perkin Trans. 2*, 1977, 1187.

Cd-00001 – Cd-00066 Structure Index to Cd

MeCdBr
Cd-00001

MeCdBr$_2^{\ominus}$
Cd-00002

MeCdCl
Cd-00003

MeCdI
Cd-00004

MeCdN$_3$
Cd-00005

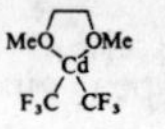

MeO–Cd–OMe, F$_3$C CF$_3$ 1,2-dimethoxyethane complex
Cd-00006

[MeCdNCS]$_n$
Cd-00007

EtCdBr
Cd-00008

EtCdCl
Cd-00009

EtCdI
Cd-00010

CdMe$_2$
Cd-00011

MeCdOMe
Cd-00012

[MeCdSMe]$_n$
Cd-00013

H$_3$CCH$_2$CH$_2$CdCl
Cd-00014

MeCdOEt
Cd-00015

H$_2$C=CHCdCH=CH$_2$
Cd-00016

H$_3$CCH$_2$CH$_2$CH$_2$CdBr
Cd-00017

CdEt$_2$
Cd-00018

MeCdOCH(CH$_3$)$_2$
Cd-00019

MeCdSCH(CH$_3$)$_2$
Cd-00020

MeCdN=PMe$_3$
Cd-00021

MeCdOSiMe$_3$
Cd-00022

H$_3$CCH$_2$CH$_2$CdEt
Cd-00023

MeCdOC(CH$_3$)$_3$
Cd-00024

MeCd–O–O–C(CH$_3$)$_3$
Cd-00025

MeCdSC(CH$_3$)$_3$
Cd-00026

C$_6$F$_5$CdI
Cd-00027

PhCdCl$_2^{\ominus}$
Cd-00028

PhCdI
Cd-00029

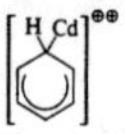

[Ph–Cd]$^{\bullet\bullet}$
Cd-00030

H$_2$C=CHCH$_2$CdCH$_2$CH=CH$_2$
Cd-00031

H$_3$C(CH$_2$)$_3$CdEt
Cd-00032

(H$_3$C)$_2$CHCdCH(CH$_3$)$_2$
Cd-00033

(H$_3$CCH$_2$CH$_2$)$_2$Cd
Cd-00034

(H$_3$C)$_2$CHCH$_2$CdEt
Cd-00035

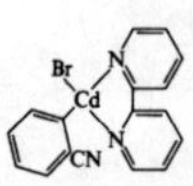

Br–Cd(bipy) indole adduct
Cd-00036

MeCdOPh
Cd-00037

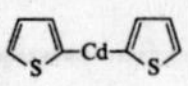

(thienyl)$_2$Cd
Cd-00038

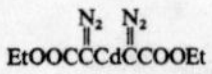

EtOOCCCdCCOOEt (with N$_2$, N$_2$)
Cd-00039

H$_2$C=C(CH$_3$)CH$_2$CdCH$_2$C(CH$_3$)=CH$_2$
Cd-00040

H$_3$CCH=CHCH$_2$CdCH$_2$CH=CHCH$_3$
Cd-00041

(H$_3$C)$_2$CHCH$_2$CdCH$_2$CH(CH$_3$)$_2$
Cd-00042

(H$_3$CCH$_2$CH$_2$CH$_2$)$_2$Cd
Cd-00043

Me$_3$SiCH$_2$CdCH$_2$SiMe$_3$
Cd-00044

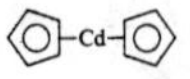

Cp–Cd–Cp
Cd-00045

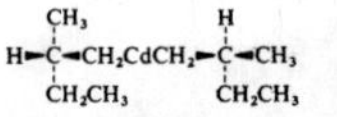

CH$_3$ H
H–C–CH$_2$CdCH$_2$–C–CH$_3$
CH$_2$CH$_3$ CH$_2$CH$_3$
Cd-00046

(C$_6$F$_5$)$_2$Cd
Cd-00047

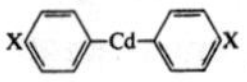

X–C$_6$H$_4$–Cd–C$_6$H$_4$–X, X = Cl
Cd-00048

CdPh$_2$
Cd-00049

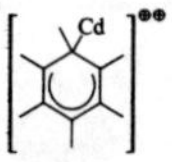

[(C$_6$Me$_5$)–Cd]$^{\bullet\bullet}$
Cd-00050

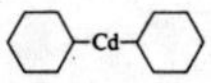

Cy–Cd–Cy
Cd-00051

Et$_3$GeCdGeEt$_3$
Cd-00052

Et$_3$SiCdSiEt$_3$
Cd-00053

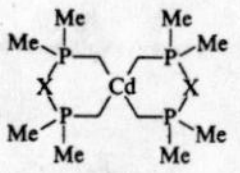

Me$_2$P–CH$_2$CH$_2$–PMe$_2$ chelate Cd with X=N
Cd-00054

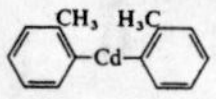

(o-tolyl)$_2$Cd
Cd-00055

As Cd-00048 with X = CH$_3$
Cd-00056

As Cd-00054 with X = CH
Cd-00057

(Me$_3$Si)$_2$CHCdCH(SiMe$_3$)$_2$
Cd-00058

[PhC≡CCdC≡CPh]$_n$
Cd-00059

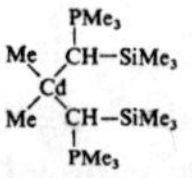

Me PMe$_3$
CH–SiMe$_3$
Cd
Me CH–SiMe$_3$
PMe$_3$
Cd-00060

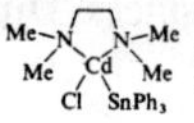

Me$_2$N–Cd–Cl, Me$_2$N–SnPh$_3$, TMEDA adduct
Cd-00061

(Me$_3$Si)$_3$CCdC(SiMe$_3$)$_3$
Cd-00062

(C$_6$F$_5$)$_3$GeCdGe(C$_6$F$_5$)$_3$
Cd-00063

Ph$_3$GeCdGePh$_3$
Cd-00064

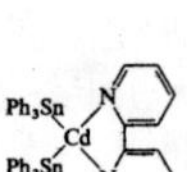

Ph$_3$Sn–Cd–(bipy), Ph$_3$Sn, Bipy adduct
Cd-00065

[Ph$_3$PCH$_2$CdCH$_2$PPh$_3$]$^{\bullet\bullet}$
Cd-00066

CH₃BrCd — C₂H₅CdCl

CH₃BrCd — Cd-00001
Bromomethylcadmium, 9CI
Methylcadmium bromide
[25837-91-6]

$$\text{MeCdBr}$$

M 207.349
Monomeric solvated species in THF.

Cavanagh, K. *et al*, *J. Chem. Soc. (A)*, 1969, 2890 (*synth, raman*)
Bremser, W. *et al*, *J. Am. Chem. Soc.*, 1970, **92**, 1080 (*pmr*)

CH₃Br₂Cd⊖ — Cd-00002
Dibromomethylcadmate(1−)

$$\text{MeCdBr}_2^{\ominus}$$

M 287.253 (ion)
Tetrapropylammonium salt: [70602-27-6].
$C_{13}H_{31}Br_2CdN$ M 473.613
Cryst. Insol. most org. solvs. Moisture-sensitive.
Tetrabutylammonium salt: [72576-94-4].
$C_{17}H_{39}Br_2CdN$ M 529.720
No phys. props. reported.

Chevrot, C. *et al*, *Bull. Soc. Chim. Fr.*, Part II, 1979, 266 (*synth*)
Osman, A. *et al*, *J. Organomet. Chem.*, 1979, **169**, 255 (*synth*)

CH₃CdCl — Cd-00003
Chloromethylcadmium, 9CI
Methylcadmium chloride
[24581-60-0]

$$\text{MeCdCl}$$

M 162.898
Monomeric solvated species in THF.

Cavanagh, K. *et al*, *J. Chem. Soc. (A)*, 1969, 2890 (*raman*)
Chang, L.W. *et al*, *Environ. Res.*, 1976, **12**, 92 (*tox*)

CH₃CdI — Cd-00004
Iodomethylcadmium, 9CI
Methylcadmium iodide
[25837-90-5]

$$\text{MeCdI}$$

M 254.349
Monomeric solvated species in THF soln. Solid. Highly air-sensitive. Dec. on contact with nickel.
2,2′-Bipyridine adduct: [66368-15-8].
$C_{11}H_{11}CdIN_2$ M 410.536
Solid.

Cavanagh, K. *et al*, *J. Chem. Soc. (A)*, 1969, 2890 (*ir, raman*)
Habeeb, J.J. *et al*, *J. Organomet. Chem.*, 1978, **146**, 213 (*synth, ir*)

CH₃CdN₃ — Cd-00005
Azidomethylcadmium
Methylcadmium azide
[7568-37-8]

$$\text{MeCdN}_3$$

M 169.465
Ionic struct. Hygroscopic cryst. Insol. nonpolar solvs. Stable to 300°.

Dehnicke, K. *et al*, *J. Organomet. Chem.*, 1966, **6**, 298 (*synth, ir*)
Müller, H. *et al*, *Bol. Soc. Chil. Quim.*, 1972, **19**, 17.

C₂CdF₆ — Cd-00006
Bis(trifluoromethyl)cadmium

$$\underset{F_3C\quad CF_3}{\overset{MeO\quad OMe}{\text{Cd}}} \quad \text{1,2-dimethoxyethane complex}$$

M 250.422
Fluoroalkylating agent, :CF₂ source.
1,2-Dimethoxyethane complex: [76256-47-8].
$C_6H_{10}CdF_6O_2$ M 340.544
Cryst. Sol. ethers, CH_2Cl_2, spar. sol. C_6H_6, toluene, insol. pentane. Mp 81° dec. Stable at low temps., slowly dec. at r.t.

Krause, L.J. *et al*, *J. Am. Chem. Soc.*, 1981, **103**, 2995 (*synth, pmr, nmr, ir, ms*)

C₂H₃CdNS — Cd-00007
Methyl(thiocyanato)cadmium
Methylcadmium thiocyanate
[24697-45-8]

$$[\text{MeCdNCS}]_n$$

M 185.522
Coordination polymer. Solid. Spar. sol. C_6H_6, CCl_4, Et_2O, sol. Py, DMSO, mod. sol. MeCN. Hygroscopic. Dec. >190°.

Wizemann, T. *et al*, *J. Organomet. Chem.*, 1969, **20**, 211 (*synth, ir, raman*)

C₂H₅BrCd — Cd-00008
Bromoethylcadmium, 9CI
Ethylcadmium bromide
[17068-34-7]

$$\text{EtCdBr}$$

M 221.376
Monomeric in DMSO. Solid. Sol. DMSO. Dec. on heating.

Sheverdina, N.I. *et al*, *Dokl. Akad. Nauk SSSR, Ser. Sci. Khim.*, 1959, **125**, 348 (*synth*)
Paleeva, I.E. *et al*, *Bull. Acad. Sci. USSR, Div. Chem. Sci.*, 1967, 1219 (*synth*)
Rodionov, A.N. *et al*, *Bull. Acad. Sci. USSR, Div. Chem. Sci.*, 1967, 996 (*ir*)

C₂H₅CdCl — Cd-00009
Chloroethylcadmium, 9CI
Ethylcadmium chloride
[17068-33-6]

$$\text{EtCdCl}$$

M 176.925
Monomeric in DMSO. Solid. Sol. DMSO. Dec. without melting. Reacts readily with H_2O.

Sheverdina, N.I. *et al*, *Dokl. Akad. Nauk SSSR, Ser. Sci. Khim.*, 1959, **125**, 348 (*synth*)
Paleeva, I.E. *et al*, *Bull. Acad. Sci. USSR, Div. Chem. Sci.*, 1967, 1219.

C₂H₅CdI Cd-00010
Ethyliodocadmium, 9CI
Ethylcadmium iodide
[17068-35-8]

$$\text{EtCdI}$$

M 268.376
Monomeric in DMSO. Non-volatile solid. Insol. pentane, toluene, $CHCl_3$; sol. THF, Me_2CO, DMSO. V. air-sensitive. Darkens at 145°; dec. at 160-70°.

Rodionov, A.N. *et al, Bull. Acad. Sci. USSR, Div. Chem. Sci.*, 1967, 996 (*ir*)
Paleeva, I.E. *et al, Bull. Acad. Sci. USSR, Div. Chem. Sci.*, 1967, 1219 (*synth*)
Habeeb, J.J. *et al, J. Organomet. Chem.*, 1978, **146**, 213 (*synth*)
Klabunde, K.J. *et al, J. Org. Chem.*, 1979, **44**, 3901 (*synth, pmr*)
Inorg. Synth., **19**, 78.

C₂H₆Cd Cd-00011
Dimethylcadmium, 9CI
[506-82-1]

$$\text{CdMe}_2$$

M 142.479
Reagent for synth. of methyl ketones from acyl halides; polymerisation catalyst. Liq. with musty odour. $d^{17.9}$ 1.985. Mp −2.4°. Bp 105.7°. n_D^{17} 1.5488.

▷ May dec. explosively above 100°. Pyrophoric. Forms explosive peroxide on exp. to air

Krause, E., *Ber.*, 1917, **50**, 1813 (*synth*)
Anderson, R.D. *et al, J. Phys. Chem.*, 1952, **56**, 161 (*synth*)
Long, L.H. *et al, J. Inorg. Nucl. Chem.*, 1968, **30**, 2071 (*synth*)
Butler, I.S. *et al, Spectrochim. Acta, Part A*, 1977, **33**, 669 (*ir, raman*)
Jokisaari, J. *et al, J. Magn. Reson.*, 1978, **31**, 121 (*pmr, cmr, nmr*)
Creber, D.K. *et al, Inorg. Chem.*, 1980, **19**, 643 (*pe*)
Bretherick, L., *Handbook of Reactive Chemical Hazards*, 2nd Ed., Butterworths, London and Boston, 1979, 389.
Sax, N.I., *Dangerous Properties of Industrial Materials*, 5th Ed., Van Nostrand-Reinhold, 1979, 601.
Hazards in the Chemical Laboratory, (Bretherick, L., Ed.), 3rd Ed., Royal Society of Chemistry, London, 1981, 301.

C₂H₆CdO Cd-00012
Methoxymethylcadmium, 9CI
Methylcadmium methoxide
[5274-84-0]

$$\text{MeCdOMe}$$

M 158.479
Tetrameric in solid state.
Tetramer:
  $C_8H_{24}Cd_4O_4$ M 633.915
  Solid. V. spar. sol. hexane, Py. Dec. >70°, readily hydrol.

Coates, G.E. *et al, J. Chem. Soc. (A)*, 1966, 264 (*synth, ir*)
Jeffery, E.A. *et al, Aust. J. Chem.*, 1968, **21**, 1187 (*pmr*)
Kennedy, J.D. *et al, J. Chem. Soc., Perkin Trans. 2*, 1977, 1187 (*pmr, nmr*)

C₂H₆CdS Cd-00013
(Methanethiolato)methylcadmium
Methyl(methylthio)cadmium. Methylcadmium thiomethoxide. Methyl methylcadmium sulfide

$$[\text{MeCdSMe}]_n$$

M 174.539
Polymeric. Solid. Dec. >150°. Readily hydrol.

Coates, G.E. *et al, J. Chem. Soc. (A)*, 1966, 264 (*synth, ir*)

C₃H₇CdCl Cd-00014
Chloropropylcadmium, 9CI
Propylcadmium chloride
[7335-55-9]

$$H_3CCH_2CH_2CdCl$$

M 190.951
Solid. Sol. Et_2O, DMSO, insol. pet. ether. Dec. >100°. Reacts with H_2O.

Paleeva, I.E. *et al, Bull. Acad. Sci. USSR, Div. Chem Sci.*, 1967, 1219 (*synth*)

C₃H₈CdO Cd-00015
Ethoxymethylcadmium, 9CI
Methylcadmium ethoxide
[5274-90-8]

$$\text{MeCdOEt}$$

M 172.506
Tetrameric in C_6H_6 soln.
Tetramer: Tetraethoxytetramethyltetracadmium.
  $C_{12}H_{32}Cd_4O_4$ M 690.022
  Air- and moisture-sensitive cryst. by subl. Dec. at 90°.

Coates, G.E. *et al, J. Chem. Soc. (A)*, 1966, 264 (*synth, ir*)
Jeffery, E.A. *et al, Aust. J. Chem.*, 1968, **21**, 1187 (*pmr*)
Kennedy, J.D. *et al, J. Chem. Soc., Perkin Trans. 2*, 1977, 1187 (*pmr*)

C₄H₆Cd Cd-00016
Divinylcadmium, 8CI
Diethenylcadmium, 9CI
[28969-08-6]

$$H_2C=CHCdCH=CH_2$$

M 166.501
Cryst. Sol. Et_2O, insol. alkenes. $Bp_{0.000001}$ 70° subl. Air- and moisture-sensitive. Stable at r.t. for months *in vacuo*.

Visser, H.D. *et al, J. Organomet. Chem.*, 1970, **24**, 563 (*synth, pmr*)
Visser, H.D. *et al, J. Organomet. Chem.*, 1972, **40**, 7 (*pmr*)

C₄H₉BrCd Cd-00017
Bromobutylcadmium, 9CI
Butylcadmium bromide
[1001-95-2]

$$H_3CCH_2CH_2CH_2CdBr$$

M 249.429
Monomeric in DMSO. Solid. Sol. Et_2O, DMSO. Dec. without melting. Reacts with H_2O.

Sheverdina, N.I. et al, Dokl. Akad. Nauk SSSR, Ser. Sci. Khim., 1959, **125**, 348 (synth)
Paleeva, I.E. et al, Bull. Acad. Sci. USSR, Div. Chem. Sci., 1967, 1219 (synth)

$C_4H_{10}Cd$ Cd-00018
Diethylcadmium, 9CI
[592-02-9]

$$CdEt_2$$

M 170.533
Polymerisation catalyst. Air- and moisture-sensitive liq. with musty odour. d_4^{22} 1.656. Mp $-21°$. $Bp_{19.5}$ 64°. Fumes in air. $n_D^{18.1}$ 1.5680.
▷Highly toxic. Potentially explosive

Krause, E., Ber., 1917, **50**, 1813 (synth)
Jones, P.R. et al, J. Am. Chem. Soc., 1959, **81**, 4291 (synth)
Kaesz, H.D. et al, Spectrochim. Acta, 1959, 360 (ir)
McCoy, C.R. et al, J. Inorg. Nucl. Chem., 1963, **25**, 1219 (pmr)
Domrachev, G.A. et al, Izv. Akad. Nauk SSSR, Ser. Khim., 1977, 237 (uv)
Müller, H. et al, J. Organomet. Chem., 1977, **140**, C17 (cmr)
Turner, C.J. et al, J. Magn. Reson., 1977, **26**, 1 (nmr)
Creber, D.K. et al, Inorg. Chem., 1980, **19**, 643 (pe)
Bretherick, L., Handbook of Reactive Chemical Hazards, 2nd Ed., Butterworths, London and Boston, 1979, 502.
Sax, N.I., Dangerous Properties of Industrial Materials, 5th Ed., Van Nostrand-Reinhold, 1979, 573.
Hazards in the Chemical Laboratory, (Bretherick, L., Ed.), 3rd Ed., Royal Society of Chemistry, London, 1981, 287.

$C_4H_{10}CdO$ Cd-00019
Methyl(2-propanolato)cadmium, 9CI
Isopropoxymethylcadmium
[5274-91-9]

$$MeCdOCH(CH_3)_2$$

M 186.532
Tetrameric in C_6H_6 soln.
Tetramer: Tetramethyltetrakis(2-propanolato)-tetracadmium.
$C_{16}H_{40}Cd_4O_4$ M 746.130
Needles by subl. Sol. hexane, C_6H_6. $Bp_{0.001}$ 115° subl. Slow dec. at r.t., hydrol. by H_2O.

Coates, G.E. et al, J. Chem. Soc. (A), 1966, 264 (synth, ir)
Jeffery, E.A. et al, Aust. J. Chem., 1968, **21**, 1187 (pmr)
Kennedy, J.D. et al, J. Chem. Soc., Perkin Trans. 2, 1977, 1187 (pmr)
Witman, M.W. et al, Inorg. Chem., 1977, **16**, 2512 (synth)

$C_4H_{10}CdS$ Cd-00020
(Isopropylthio)methylcadmium
Methyl(2-propanethiolato)cadmium, 10CI. *Methyl(1-methylethylthio)cadmium. Isopropylmethylcadmium sulfide*
[5274-93-1]

$$MeCdSCH(CH_3)_2$$

M 202.593
Hexameric in C_6H_6.
Hexamer: Hexakis(isopropylthio)-hexamethylhexacadmium.
$C_{24}H_{60}Cd_6S_6$ M 1215.558
Prisms (hexane). Slowly hydrol., dec. >30°.

Coates, G.E. et al, J. Chem. Soc. (A), 1966, 264 (synth, ir)

Kennedy, J.D. et al, J. Chem. Soc., Perkin Trans. 2, 1977, 1187 (pmr, nmr)

$C_4H_{12}CdNP$ Cd-00021
Methyl(P,P,P-trimethylphosphine imidato)cadmium
[17608-92-3]

$$MeCdN=PMe_3$$

M 217.529
Tetrameric in C_6H_6.
Tetramer: [15096-19-2]. Tetramethyltetrakis[(μ₃-(P,P,P-trimethylphosphine imidato)]tetracadmium.
$C_{16}H_{48}Cd_4N_4P_4$ M 870.117
Cryst. by subl. Dec. on heating without melting.

Schmidbaur, H. et al, Chem. Ber., 1968, **101**, 1271 (synth, ir, pmr)

$C_4H_{12}CdOSi$ Cd-00022
Methyl(trimethylsilyloxy)cadmium
Methylcadmium trimethylsiloxide

$$MeCdOSiMe_3$$

M 216.634
Tetrameric in soln.
Tetramer: Tetramethyltetrakis(trimethylsilyloxy)-tetracadmium.
$C_{16}H_{48}Cd_4O_4Si_4$ M 866.535
Cryst. by subl. Sol. most org. solvs. Bp_1 135° subl. Dec. at 145°.

Schindler, F. et al, Angew. Chem., Int. Ed. Engl., 1965, **4**, 876 (synth, pmr)

$C_5H_{12}Cd$ Cd-00023
Ethylpropylcadmium
[17317-48-5]

$$H_3CCH_2CH_2CdEt$$

M 184.560
Fuming liq. with unpleasant odour. Bp_5 57-8°. Dec. on standing, light-sensitive.

Paleeva, I.E. et al, Bull. Acad. Sci. USSR (Engl. Transl.), 1967, 1043 (synth)

$C_5H_{12}CdO$ Cd-00024
Methyl(2-methyl-2-propanolato)cadmium, 9CI
tert-*Butoxymethylcadmium*
[42788-44-3]

$$MeCdOC(CH_3)_3$$

M 200.559
Dimeric in C_6H_6.
Dimer: Dimethylbis(2-methyl-2-propanolato)dicadmium. Di-tert-butoxydimethyldicadmium.
$C_{10}H_{24}Cd_2O_2$ M 401.118
Plates (hexane). Dec. at 190°.

Coates, G.E. et al, J. Chem. Soc. (A), 1966, 264 (synth, ir)
Kennedy, J.D. et al, J. Chem. Soc., Perkin Trans. 2, 1977, 1187 (pmr)

$C_5H_{12}CdO_2$ Cd-00025
Methyl(*tert*-butylperoxy)cadmium
(1,1-Dimethylethylhydroperoxidato-O^2)methylcadmium, 10CI. *(1,1-Dimethylethyldioxy)methylcadmium.* tert-*Butyl methylcadmium peroxide*

[67875-56-3]

$$MeCd-O-O-C(CH_3)_3$$

M 216.559
Cryst. (hexane). Dec. >50°.

Alexandrov, Yu.A. et al, J. Organomet. Chem., 1980, **201**, 21 (synth)

$C_5H_{12}CdS$ Cd-00026
(tert-Butylthio)methylcadmium
*(1,1-Dimethylethylthio)methylcadmium, 10CI.
Methyl(2-methyl-2-propanethiolato)cadmium. tert-Butyl methylcadmium sulfide*
[5274-92-0]

$$MeCdSC(CH_3)_3$$

M 216.620
Tetrameric in C_6H_6.
Tetramer: Tetrakis(tert-butylthio)-tetramethyltetracadmium.
$C_{20}H_{48}Cd_4S_4$ M 866.479
Prisms (hexane). Readily hydrol., dec. >100°.

Coates, G.E. et al, J. Chem. Soc. (A), 1966, 264 (synth, ir)
Kennedy, J.D. et al, J. Chem. Soc., Perkin Trans. 2, 1977, 1187 (nmr, pmr)

C_6CdF_5I Cd-00027
Iodo(pentafluorophenyl)cadmium, 9CI
Pentafluorophenylcadmium iodide
[41187-39-7]

$$C_6F_5CdI$$

M 406.373
Takes part in Schlenk equilibrium in soln. with $(C_6F_5)_2Cd$.

Evans, D.F. et al, J. Chem. Soc., Dalton Trans., 1973, 978 (nmr)

$C_6H_5CdCl_2^\ominus$ Cd-00028
Dichlorophenylcadmate(1−)

$$PhCdCl_2^\ominus$$

M 260.422 (ion)
Tetrapropylammonium salt: [70602-19-6].
$C_{18}H_{33}CdCl_2N$ M 446.781
Cryst. Insol. common org. solvs. Moisture-sensitive.

Osman, A. et al, J. Organomet. Chem., 1979, **169**, 255 (synth)

C_6H_5CdI Cd-00029
Iodophenylcadmium, 9CI
Phenylcadmium iodide
[17068-42-7]

$$PhCdI$$

M 316.420
Solid. Insol. most org. solvs. Dec. at 150°.

Sheverdina, N.I. et al, Dokl. Akad. Nauk SSSR, Ser. Sci. Khim., 1962, **143**, 1123 (synth)
Paleeva, I.E. et al, Bull. Acad. Sci. USSR (Engl. Transl.), 1967, 1219 (synth)
Rodionov, A.N. et al, Zh. Prikl. Spektrosk., 1969, **10**, 797; CA, **71**, 34709 (ir)

$C_6H_6Cd^{\oplus\oplus}$ Cd-00030
(η^6-Benzene)cadmium(2+)

M 190.523 (ion)
Localized bonding of $Cd^{\oplus\oplus}$ to the arene.
Bis(hexafluoroantimonate): [70114-38-4].
$C_6H_6CdF_{12}Sb_2$ M 662.004
Sol. SO_2. Air- and moisture-sensitive. Partial dissociation in SO_2 soln. Dec. by org. solvs.
Bis(hexafluoroarsenate): [70114-37-3].
$C_6H_6As_2CdF_{12}$ M 568.347
Sol. SO_2. Air- and moisture-sensitive. Partial dissociation in SO_2 soln. Dec. by org. solvs.

Damude, L.C. et al, J. Organomet. Chem., 1979, **168**, 123 (synth, cmr, nmr, ir)

$C_6H_{10}Cd$ Cd-00031
Di-2-propenylcadmium, 9CI
Diallylcadmium, 8CI
[14076-24-5]

$$H_2C=CHCH_2CdCH_2CH=CH_2$$

M 194.555
Monomeric in C_6H_6. Yellow solid (becomes white at low temps.). Poorly sol. alkanes, Et_2O, sol. C_6H_6, v. sol. THF. Dec. at 0°. Light- and air-sensitive. Readily hydrol.
2,2′-Bipyridine complex: [15723-61-2].
$C_{16}H_{18}CdN_2$ M 350.742
Red solid.

Thiele, K-H. et al, J. Organomet. Chem., 1967, **7**, 365 (synth, pmr)
Abenhaim, D. et al, Bull. Soc. Chim. Fr., 1969, 4038 (use)

$C_6H_{14}Cd$ Cd-00032
Butylethylcadmium
[17296-76-3]

$$H_3C(CH_2)_3CdEt$$

M 198.587
Fuming liq. with unpleasant odour. Bp_5 56-8°. Dec. on standing, light-sensitive.

Paleeva, I.E. et al, Bull. Acad. Sci. USSR (Engl. Transl.), 1967, 1043 (synth)

$C_6H_{14}Cd$ Cd-00033
Diisopropylcadmium, 8CI
Bis(1-methylethyl)cadmium, 9CI
[15721-20-7]

$$(H_3C)_2CHCdCH(CH_3)_2$$

M 198.587
Alkylating agent, polym. cat. for vinyl fluoride.

Bruer, H.J. et al, Tetrahedron Lett., 1972, 5227 (use)
Turner, C.J. et al, J. Magn. Reson., 1977, **26**, 1 (nmr)
Subba Row, G.S.R. et al, Indian J. Chem., Sect. B, 1981, **20**, 1089 (use)

C₆H₁₄Cd — Cd-00034
Dipropylcadmium
[5905-48-6]

$$(H_3CCH_2CH_2)_2Cd$$

M 198.587
Polymerisation catalyst. Liq. d_4^{20} 1.42. Mp −83°. $Bp_{21.5}$ 84°. n_D^{20} 1.5291. Air- and moisture-sensitive.

Krause, E. *et al*, *Ber.*, 1917, **50**, 1813 (*synth*)
Klose, G., *Ann. Phys.*, 1963, **10**, 391; *CA*, **64**, 5971 (*pmr*)
Cardin, A.D. *et al*, *J. Am. Chem. Soc.*, 1975, **97**, 1672 (*cmr, nmr*)
Turner, C.J. *et al*, *J. Magn. Reson.*, 1977, **26**, 1 (*nmr*)
Creber, D.K. *et al*, *Inorg. Chem.*, 1980, **19**, 643 (*pe*)

C₆H₁₄Cd — Cd-00035
Ethyl(2-methylpropyl)cadmium
Ethylisobutylcadmium
[17296-77-4]

$$(H_3C)_2CHCH_2CdEt$$

M 198.587
Fuming liq. with unpleasant odour. Bp_4 36-7°. Dec. on standing, light-sensitive.

Paleeva, I.E. *et al*, *Bull. Acad. Sci. USSR* (*Engl. Transl.*), 1967, 1043 (*synth*)

C₇H₄BrCdN — Cd-00036
Bromo(2-cyanophenyl)cadmium

Bipy adduct

M 294.429
2,2′-Bipyridine adduct: [80579-29-9]. (*2,2′-Bipyridine-N,N′*)*bromo(2-cyanophenyl)cadmium*.
$C_{17}H_{12}BrCdN_3$ M 450.616
Brown solid. Air- and moisture-sensitive.

Said, F.F. *et al*, *J. Organomet. Chem.*, 1982, **224**, 121 (*synth*)

C₇H₈CdO — Cd-00037
Methylphenoxycadmium, 9CI
Methylphenolatocadmium. Methylcadmium phenoxide
[5274-89-5]

$$MeCdOPh$$

M 220.550
Tetrameric in C_6H_6 soln.
Tetramer: Tetramethyltetraphenoxytetracadmium.
$C_{28}H_{32}Cd_4O_4$ M 882.198
Needles (hexane). Dec. at r.t.
▷ Vigorously hydrol. by H_2O

Coates, G.E. *et al*, *J. Chem. Soc.* (*A*), 1966, 264 (*synth, ir*)
Jeffery, E.A. *et al*, *Aust. J. Chem.*, 1968, **21**, 1187 (*pmr*)
Kennedy, J.D. *et al*, *J. Chem. Soc., Perkin Trans. 2*, 1977, 1187 (*pmr*)

C₈H₆CdS₂ — Cd-00038
Di-2-thienylcadmium
[17317-49-6]

M 278.665
Sol. cold dioxan, DMSO, hot $CHCl_3$, insol. Et_2O, C_6H_6, hexane, CCl_4. Dec. >150°.

Paleeva, I.E. *et al*, *Bull. Acad. Sci. USSR, Div. Chem. Sci.*, 1967, 1043 (*synth*)

C₈H₁₀CdN₄O₄ — Cd-00039
Bis(1-diazo-2-ethoxy-2-oxoethyl)cadmium
Bis(carbonyldiazomethyl)cadmium diethyl ester. Bis-(carboxydiazomethyl)cadmium diethyl ester
[11071-29-7]

$$EtOOCCCdCCOOEt$$
(with N_2 groups on each C)

M 338.601
Deep-yellow oil. Slow dec. at r.t. Stable at −30°.

Lorberth, J. *et al*, *J. Organomet. Chem.*, 1971, **27**, 303 (*synth, pmr, ir*)

C₈H₁₄Cd — Cd-00040
Bis(2-methyl-2-propenyl)cadmium, 9CI
Bis(2-methylallyl)cadmium, 8CI
[14095-35-3]

$$H_2C=C(CH_3)CH_2CdCH_2C(CH_3)=CH_2$$

M 222.609
Monomeric in C_6H_6. Cryst. (Et_2O). Spar. sol. alkanes, sol. Et_2O, C_6H_6, v. sol. THF. Dec. at 5-10°, air-sensitive, readily hydrolysed.
2,2′-Bipyridine complex:
$C_{18}H_{22}CdN_2$ M 378.795
Red solid.

Thiele, K.-H. *et al*, *J. Organomet. Chem.*, 1967, **7**, 365 (*synth*)

C₈H₁₄Cd — Cd-00041
Di-2-butenylcadmium, 9CI
Dicrotylcadmium
[7544-40-3]

$$H_3CCH=CHCH_2CdCH_2CH=CHCH_3$$

M 222.609
Cryst. (Et_2O). Poorly sol. alkanes, sol. THF, Et_2O. Dec. at −5°. Air-sensitive. Readily hydrol.
2,2′-Bipyridine complex:
$C_{18}H_{22}CdN_2$ M 378.795
Red.

Thiele, K-H. *et al*, *J. Organomet. Chem.*, 1967, **7**, 365.
Abenhaim, D. *et al*, *Bull. Soc. Chim. Fr.*, 1969, 4043 (*use*)

C₈H₁₈Cd — Cd-00042
Bis(2-methylpropyl)cadmium, 9CI
Diisobutylcadmium
[3431-68-3]

$$(H_3C)_2CHCH_2CdCH_2CH(CH_3)_3$$

M 226.640
Liq. d_4^{20} 1.27. Mp $-37°$. Bp_{20} 90.5°. n_D^{18} 1.4997. Air- and moisture-sensitive.

Krause, E., *Ber.*, 1917, **50**, 1813 (*synth*)
Turner, C.J. *et al, J. Magn. Reson.*, 1977, **26**, 1 (*nmr*)

C₈H₁₈Cd   Cd-00043
Dibutylcadmium
[3431-67-2]

$$(H_3CCH_2CH_2CH_2)_2Cd$$

M 226.640
Polymerisation catalyst. Oil. d_4^{20} 1.31. Mp $-48°$. $Bp_{12.5}$ 103.5°, $Bp_{0.5}$ 80-5°. n_D^{20} 1.5155. Store in the cold. Darkens on exp. to light. Readily oxid.

▷Highly toxic

Krause, E., *Ber.*, 1917, **50**, 1813 (*synth*)
Michel, J. *et al, Bull. Soc. Chim. Fr.*, 1968, 4898 (*synth*)
Sanders, J.R. *et al, J. Organomet. Chem.*, 1970, **25**, 277 (*synth, ir, pmr*)
Cardin, A.D. *et al, J. Am. Chem. Soc.*, 1975, **97**, 1672 (*nmr*)
Turner, C.J. *et al, J. Magn. Reson.*, 1977, **26**, 1 (*nmr*)
Sax, N.I., *Dangerous Properties of Industrial Materials*, 5th Ed., Van Nostrand-Reinhold, 1979, 551.

C₈H₂₂CdSi₂   Cd-00044
Bis[(trimethylsilyl)methyl]cadmium
[63835-91-6]

$$Me_3SiCH_2CdCH_2SiMe_3$$

M 286.843
Liq. Mp $-48°$ to $-45°$. $Bp_{0.1}$ 57°. Reacts readily with O_2 and H_2O.

2,2′-Bipyridine complex (3:2):
  $C_{23}H_{34}CdN_3Si$ M 493.037
  Lemon-yellow cryst. Mp 42-3°. $Bp_{0.0001}$ 30° subl. Air-sensitive.

Schmidbaur, H. *et al, Z. Anorg. Allg. Chem.*, 1977, **434**, 145 (*synth, pmr, nmr, ir*)
Heinekey, D.M. *et al, Inorg. Chem.*, 1978, **17**, 1463 (*synth, pmr, ir, raman, ms*)
Bushnell, G.W. *et al, Can. J. Chem.*, 1980, **58**, 574 (*cryst struct*)
Creber, D.K. *et al, Inorg. Chem.*, 1980, **19**, 643 (*pe*)

C₁₀H₁₀Cd   Cd-00045
Bis(2,4-cyclopentadien-1-yl)cadmium
Di-π-cyclopentadienylcadmium. Cadmocene

M 242.599
Cryst. Dec. at 250°.

Lorberth, J., *J. Organomet. Chem.*, 1969, **19**, 189 (*synth, pmr*)

C₁₀H₂₂Cd   Cd-00046
Bis(2-methylbutyl)cadmium

M 254.694
(S,S)-form
Liq. $Bp_{0.02-0.03}$ 48-9°. $[\alpha]_D^{25}$ +6.50° (l = 0.5, neat) (29% opt. purity). Slow dec. at r.t.

Lardicci, L. *et al, J. Organomet. Chem.*, 1965, **4**, 341 (*synth*)

C₁₂CdF₁₀   Cd-00047
Bis(pentafluorophenyl)cadmium
[15989-98-7]

$$(C_6F_5)_2Cd$$

M 446.526
Cryst. Mp 156-8° dec. Reacts with H_2O. Sublimes.

Schmeisser, M. *et al, Chem. Ber.*, 1967, **100**, 2306 (*synth, ms, ir*)
Sartori, P. *et al, Chem. Ber.*, 1967, **100**, 3016 (*synth*)
Deacon, G.B. *et al, J. Organomet. Chem.*, 1970, **22**, 287 (*synth*)

C₁₂H₈CdCl₂   Cd-00048
Bis(4-chlorophenyl)cadmium
[17492-06-7]

X = Cl

M 335.511
Solid. Sol. dioxan, Py, insol. $CHCl_3$, C_6H_6, Et_2O, hexane. Dec. without melting above 100°.

Paleeva, I.E. *et al, Bull. Acad. Sci. USSR, Div. Chem. Sci.*, 1967, 1043 (*synth*)

C₁₂H₁₀Cd   Cd-00049
Diphenylcadmium, 9CI
Cadmium diphenyl
[2674-04-6]

$$CdPh_2$$

M 266.621
Cryst. by subl. Mp 173-4°.

Wittig, G. *et al, Justus Liebigs Ann. Chem.*, 1951, **571**, 167 (*synth*)
Strohmeier, W., *Chem. Ber.*, 1955, **88**, 1218 (*synth*)
Angelelli, J.M. *et al, J. Am. Chem. Soc.*, 1969, **91**, 4500 (*ir*)
Cardin, A.D. *et al, J. Am. Chem. Soc.*, 1975, **97**, 1672 (*nmr*)

C₁₂H₁₈Cd⊕⊕   Cd-00050
[(1,2,3,4,5,6-η)Hexamethylbenzene]cadmium(2+)

M 274.684 (ion)
Localised bonding of $Cd^{⊕⊕}$ to the arene.

Bis(hexafluoroantimonate): [70114-31-7].
  $C_{12}H_{18}CdF_{12}Sb_2$ M 746.165
  Red solid. Sol. SO_2. Partial dissociation in SO_2. Air- and moisture-sensitive. Dec. by org. solvs.

Bis(hexafluoroarsenate): [70114-30-6].
  $C_{12}H_{18}As_2CdF_{12}$ M 652.508
  Red solid. Sol. SO_2. Partial dissociation in SO_2 soln. Air- and moisture-sensitive. Dec. by org. solvs.

Damude, L.C. *et al, J. Organomet. Chem.*, 1979, **168**, 123 (*synth, cmr, nmr, ir*)

C₁₂H₂₂Cd — Cd-00051

Dicyclohexylcadmium

[21112-86-7]

M 278.716

Cryst. V. sensitive to air, moisture and light. Dec. slowly at r.t.

Razuvaev, G.A. *et al*, *J. Gen. Chem. USSR* (*Engl. Transl.*), 1968, **38**, 1680 (*synth*)

C₁₂H₃₀CdGe₂ — Cd-00052

Bis(triethylgermyl)cadmium

3,3,5,5-Tetraethyl-3,5-digerma-4-cadmaheptane

[4149-24-0]

Et₃GeCdGeEt₃

M 431.959

Undistillable lemon-yellow liq. d_4^{20} 1.45. Dec. in air. Dec. at 125°. Reacts with H_2O.

Vyazankin, N.S. *et al*, *Dokl. Chem.* (*Engl. Transl.*), 1964, **158**, 877 (*synth*)

Egorochkin, A.N. *et al*, *J. Gen. Chem. USSR* (*Engl. Transl.*), 1968, **38**, 278 (*ir*)

Domrachev, G.A. *et al*, *Izv. Akad. Nauk SSSR, Ser. Khim.*, 1977, 237 (*uv*)

C₁₂H₃₀CdSi₂ — Cd-00053

Bis(triethylsilyl)cadmium, 9CI

3,3,5,5-Tetraethyl-3,5-disila-4-cadmaheptane

[1067-32-9]

Et₃SiCdSiEt₃

M 342.950

Undistillable lemon liq. Readily oxidised in air. Dec. at 140°.

Vyazankin, N.S. *et al*, *J. Gen. Chem. USSR* (*Engl. Transl.*), 1965, **35**, 394 (*synth*)

Egorochkin, A.N. *et al*, *J. Gen. Chem. USSR* (*Engl. Transl.*), 1968, **38**, 278 (*ir*)

Müller, H. *et al*, *J. Organomet. Chem.*, 1977, **140**, C17 (*cmr*)

C₁₂H₃₂CdN₂P₄ — Cd-00054

Cadmium bis[nitridobis(dimethylphosphoniummethylide)]

Bis[methylene(dimethylphosphinidenio)nitrilo(dimethylphosphoranylidyne)methylene]cadmium, 10CI.
Bis(dimethylphosphorus)di-μ-methylene-bis[μ-[P,P,P-trimethylphosphineimidato(2−)-C:N]]-cadmium, 9CI

[60064-89-3]

X = N

M 440.703

Cryst. Sol. aprotic org. solvs. Mp 86-8°. $Bp_{0.1}$ 120°. Air- and moisture-sensitive.

Schmidbaur, H. *et al*, *Chem. Ber.*, 1977, **110**, 3536 (*synth, pmr, cmr, nmr*)

C₁₄H₁₄Cd — Cd-00055

Bis(2-methylphenyl)cadmium

Di-2-tolylcadmium

[17310-32-6]

M 294.675

Cryst. Sol. dioxan, C_6H_6, CCl_4, Py, spar. sol. hexane. Mp 115°.

Sheverdina, N.I. *et al*, *Dokl. Akad. Nauk SSSR, Ser. Sci. Khim.*, 1962, **143**, 1123 (*synth*)

Paleeva, I.E. *et al*, *Bull. Acad. Sci. USSR* (*Engl. Transl.*), 1967, 1043 (*synth*)

C₁₄H₁₄Cd — Cd-00056

Bis(4-methylphenyl)cadmium

Di-p-tolylcadmium

[17310-31-5]

As Bis(4-chlorophenyl)cadmium, Cd-00048 with

X = CH₃

M 294.675

Cryst. Sol. $CHCl_3$, CCl_4, spar. sol. Et_2O, C_6H_6, toluene. Dec. without melting above 200°.

Paleeva, I.E. *et al*, *Bull. Acad. Sci. USSR, Div. Chem. Sci.*, 1967, 1043 (*synth*)

C₁₄H₃₄CdP₄ — Cd-00057

Cadmium bis[methanidobis(dimethylphosphoniummethylide)]

Bis[methylene(dimethylphosphinidenio)methylidyne(dimethylphosphoranylidyne)methylenecadmium], 9CI

[60064-63-3]

As Cadmium bis[nitridobis(dimethylphosphoniummethylide)], Cd-00054 with

X = CH

M 438.728

Solid. Sol. aprotic org. solvs. Mp 84°. $Bp_{0.001}$ 110°. Thermally stable; air- and moisture-sensitive.

Schmidbaur, H. *et al*, *Chem. Ber.*, 1977, **110**, 3517 (*synth, pmr, cmr, nmr*)

C₁₄H₃₈CdSi₄ — Cd-00058

Bis[bis(trimethylsilyl)methyl]cadmium

[67373-66-4]

(Me₃Si)₂CHCdCH(SiMe₃)₂

M 431.206

Liq. $Bp_{0.001}$ 75°. Hydrol. by H_2O.

Al-Hashimi, S. *et al*, *J. Organomet. Chem.*, 1978, **153**, 253 (*synth, ir, raman, ms, pmr*)

C₁₆H₁₀Cd — Cd-00059

Bis(phenylethynyl)cadmium

[29469-32-7]

[PhC≡CCdC≡CPh]ₙ

M 314.665

Prob. polymeric. Cryst. Sol. liq. NH_3, Py, insol. C_6H_6, Et_2O, dioxan, $CHCl_3$, DMF. Dec. without melting at 200°. Readily hydrol.

$C_{16}H_{44}CdP_2Si_2$ — Cd-00060

Dimethylbis[trimethylphosphonium-η-(trimethylsilyl)methylide]cadmium

[66288-15-1]

$$\begin{array}{c} PMe_3 \\ | \\ Me\quad CH-SiMe_3 \\ \diagdown\;/ \\ Cd \\ /\;\diagdown \\ Me\quad CH-SiMe_3 \\ | \\ PMe_3 \end{array}$$

M 467.052

Sol. org. solvs. Mp $-5°$. Bp$_{0.1}$ $41°$.

Schmidbaur, H. et al, Z. Anorg. Allg. Chem., 1977, **434**, 145 (synth, ir, pmr, nmr)

$C_{18}H_{15}CdClSn$ — Cd-00061

Chloro(triphenylstannyl)cadmium

Triphenylstannylcadmium chloride

TMEDA adduct

M 497.870

Tetramethylethylenediamine adduct: [15556-49-7]. Chloro(N,N,N',N'-tetramethyl-1,2-ethanediamine-N,N')(triphenylstannyl)cadmium. $C_{24}H_{31}CdClN_2Sn$ M 614.075
Solid. Mp $175°$ dec.

des Tombe, F.J.A. et al, J. Chem. Soc., Chem. Commun., 1966, 914 (synth)
Barbieri, R. et al, Inorg. Chim. Acta, 1975, **15**, 201 (mössbauer)
Habeeb, J.J. et al, Inorg. Chim. Acta, 1979, **35**, 105 (synth, ir, pmr)

$C_{20}H_{54}CdSi_6$ — Cd-00062

Bis[tris(trimethylsilyl)methyl]cadmium, 9CI

[74357-49-6]

$$(Me_3Si)_3CCdC(SiMe_3)_3$$

M 575.570

Cryst. (heptane). Mp $291°$. Dec. ca. $300°$. Stable in boiling aq. THF.

Eaborn, C. et al, J. Organomet. Chem., 1980, **190**, 101 (synth, pmr, ir, ms)

$C_{36}CdF_{30}Ge_2$ — Cd-00063

Bis[tris(pentafluorophenyl)germyl]cadmium, 9CI

[35098-95-4]

$$(C_6F_5)_3GeCdGe(C_6F_5)_3$$

M 1259.938

Cryst. (toluene). Mp 2'3-20°.

Bochkarev, M.N. et al, J. Organomet. Chem., 1973, **55**, 89 (synth)
Lopatin, M.A. et al, Zh. Obshch. Khim., 1979, **49**, 2257 (uv)

Nast, R. et al, Z. Anorg. Allg. Chem., 1963, **319**, 320 (synth, ir)
Jeffery, E.A. et al, J. Organomet. Chem., 1968, **11**, 393 (synth, pmr)

$C_{36}H_{30}CdGe_2$ — Cd-00064

Bis(triphenylgermyl)cadmium, 9CI

1,1,1,3,3,3-Hexaphenyl-1,3-digerma-2-cadmapropane, 8CI

[21121-75-5]

$$Ph_3GeCdGePh_3$$

M 720.223

Yellow cryst. Sol. THF, Et$_2$O, C$_6$H$_6$, toluene, insol. pentane. Dec. at $105°$. Oxidises in air. Slow dec. at r.t.

2,2'-Bipyridine adduct: [39587-91-2].
$C_{46}H_{38}CdGe_2N_2$ M 876.410
Ochre solid. Mp $>200°$.

Bychkov, V.I. et al, Bull. Acad. Sci. USSR (Engl. Transl.), 1968, 2034 (synth)
Amberger, G. et al, J. Organomet. Chem., 1969, **18**, 83.
des Tombe, F.J.A. et al, J. Organomet. Chem., 1972, **44**, 247 (synth, uv)

$C_{36}H_{30}CdSn_2$ — Cd-00065

Bis(triphenylstannyl)cadmium

Bipy adduct

M 812.423

2,2'-Bipyridine adduct: [39587-96-7]. (2,2'-Bipyridine-N,N')bis(triphenylstannyl)cadmium.
$C_{46}H_{38}CdN_2Sn_2$ M 968.610
Orange solid. Mp $154°$ dec.

des Tombe, F.J.A. et al, J. Organomet. Chem., 1972, **44**, 247 (synth, uv)
Barbieri, R. et al, Inorg. Chim. Acta, 1975, **15**, 201 (mössbauer)

$C_{38}H_{34}CdP_2^{\oplus\oplus}$ — Cd-00066

Bis(triphenylphosphonium-η-methylide)cadmium(2+)

$$[Ph_3PCH_2CdCH_2PPh_3]^{\oplus\oplus}$$

M 665.044 (ion)

Dichloride: [76426-18-1].
$C_{38}H_{34}CdCl_2P_2$ M 735.950
Cryst. Mp $114°$ dec. Thermally stable as solid. Stable at $-40°$ in CH$_2$Cl$_2$ soln., slow dec. at r.t.

Yamamoto, Y. et al, Bull. Chem. Soc. Jpn., 1980, **53**, 3176 (synth, pmr, cmr)

The first digit of the Entry number defines the Supplement in which the Entry is found. 0 indicates the Main Work

Hg Mercury

J. L. Wardell

Mercure (Fr.), Quecksilber (Ger.), Mercurio (Sp., Ital.), Ртуть (Rtuut') (Russ.), 水銀 (Japan.)

Atomic Number. 80

Atomic Weight. 200.59

Elctronic Configuration. [Xe] $5d^{10}\,6s^2$

Valency. The only well-developed valency state is the +2 state. A few mercury(I) (or Hg_2^{2+}) compounds have been characterised; these include arene complexes eg. $(C_6H_6)_2Hg_2(AlCl_4)_2$ and $(C_6H_6)Hg_2(AsF_6)_2$ and σ-bonded ketenides, eg. (AcOHgHg)$_2$C=C=O. Simple σ-bonded organomercury(I) compounds, RHgHgR, have been cited as short-lived species in electrochemical reductions at mercury surfaces.

Coordination Number. Coordination numbers range from 2 to 6. The geometry about mercury in R_2Hg and $RHgX$ is generally linear or near linear (typically with bond angles at mercury between 165° and 180°). Weaker intra- and/or inter-molecular interactions involving ions or atoms (halogens, nitrogen, oxygen, sulfur etc.) at distances less than or equal to the sum of the van der Waal's radii are frequently found and give rise to the coordination numbers greater than 2.

Four-coordinate mercury occurs in few reported tetrahedral compounds eg.

X = N or CH

and in the cubane-like $(MeHgOSiMe_3)_4$.

Colour. Colourless to yellow.

Availability. Mercury, its inorganic salts and a range of organomercurials are readily available from chemical suppliers.

Handling. Inert atmosphere techniques are not normally required since organomercurials are generally stable to air and moisture. However, as they can exhibit a wide range of sensitivities towards air, moisture, light and/or heat, due care should be taken with new compounds. Storage has, in some cases, been shown to be difficult even at ambient temperatures.

Some lower alkylmercury salts have limited solubility in water. Generally, such solvents as THF, dioxane, CH_2Cl_2 and $CHCl_3$ have been shown to be useful for most organomercurials; organomercury halides are poorly soluble in non-polar solvents such as C_6H_6, CCl_4 and Et_2O.

Toxicity. Organomercury compounds should be handled with utmost care due to the significant toxicity of mercury species. Good fume-hoods are essential. Especial care must be exercised with the highly volatile lower dialkyl mercury compounds. Some organomercurials, eg α-halo alkyl mercurials, cause skin blisters. Useful reviews include:

Bidstrup, P. L., *Toxicity of Mercury and its Compounds*, Elsevier, Amsterdam, 1964.
Barnes, J. M. et al., *Organomet. Chem. Rev.*, 1968, **3**, 137.
Falchuk, K. H. et al., *The Chemistry of Mercury*, McAuliffe, C. A. Ed., Macmillan, London, 1977, Chapt. 4.

Isotopic Abundance. ^{198}Hg, 10.02%; ^{199}Hg, 16.84%; ^{200}Hg, 23.13%; ^{201}Hg, 13.22%; ^{202}Hg, 29.80%; ^{204}Hg, 6.85%.

Spectroscopy. Nmr spectra of ^{199}Hg ($I = \frac{1}{2}$) are relatively easily observed and a range of chemical shift data is available. Observation of ^{201}Hg ($I = \frac{3}{2}$) nmr has proved more difficult, presumably as a consequence of the quadrupole moment associated with the nuclear spin.

Analysis. Methods of analysis of organomercurials are given in references below.

References. In addition to reviews listed in the introduction to the *Sourcebook*, the following provide further reading:

General

Makarova, L. G. and Nesmeyanov, A. N., *Methods of Elemento-Organic Chemistry*, Nesmeyanov, A. N. and Kocheshkov, K. A. Eds, North-Holland, Amsterdam, 1967, Vol. 4.
Straub, H. et al., *Houben-Weyls Methoden der Organischen Chemie*, Thieme, Stuttgart, 1974, **13/26**.
Bloodworth, A. J., *The Chemistry of Mercury*, McAuliffe, C. A. Ed., Macmillan, London, 1977, Chapt. 2.
Coates, G. E. and Wade, K., *The Main Group Elements*, 3rd Edn, Methuen, London, 1967, Chapt. 2.

Nmr

Petrosyan, V. S. et al., *J. Organomet. Chem.*, 1974, **76**, 123 (pmr)
Fedorov, L. A. et al., *Doklady Chem.*, 1972, **204**, 520; *J. Org. Chem. USSR* (Engl. Transl.), 1975, **11**, 487.
Gupin, S. P. et al., *J. Organomet. Chem.*, 1978, **149**, 132 (^{19}F nmr)

F_3CHgBr	$F_3CHgNCO$	$H_3CCHClHgCl$	$(O_2N)_3CHgC(NO_2)_3$
Hg-00001	Hg-00023	Hg-00045	Hg-00067
F_3CHgCl	$Hg(CF_3)_2$	$(H_2C=CH_2)HgCl_2$	$BrHgFe(CO)_3NO$
Hg-00002	Hg-00024	Hg-00046	Hg-00068
Cl_3CHgCl	$(ClHg)_3CCHO$	$H_3CCH(HgCl)_2$	$ClHgFe(CO)_3NO$
Hg-00003	Hg-00025	Hg-00047	Hg-00069
$C(HgCl)_4$	$ClCH=CHHgBr$	$Hg(CH_2I)_2$	$(ClHg)_2C(CN)_2$
Hg-00004	Hg-00026	Hg-00048	Hg-00070
F_3CHgN_3	$Hg(CHBr_2)_2$	$EtHgBr$	$F_3CCOOHgCF_3$
Hg-00005	Hg-00027	Hg-00049	Hg-00071
$C(HgF)_4$	$H_2C=CClHgCl$	$EtHgCl$	$IHgFe(CO)_3NO$
Hg-00006	Hg-00028	Hg-00050	Hg-00072
$HC(HgCl)_3$	$ClCH=CHHgCl$	$H_3CCH(OH)HgCl$	(thiazole-HgCl structure)
Hg-00007	Hg-00029	Hg-00051	Hg-00073
$BrCH_2HgBr$	$H_2C=C(HgCl)_2$	$HOCH_2CH_2HgCl$	$NCSCH=CHHgCl$
Hg-00008	Hg-00030	Hg-00052	Hg-00074
$ClHgCH_2HgCl$	$ClHgCH=CHHgCl$	$H_2C=N(O)OHgMe$	$(ClHg)_2C(COOH)_2$
Hg-00009	Hg-00031	Hg-00053	Hg-00075
ICH_2HgI	$Hg(CHCl_2)_2$	$EtHgN_3$	$H_2C=C=CHHgCl$
Hg-00010	Hg-00032	Hg-00054	Hg-00076
$MeHgBr$	$H_2C=CHHgBr$	$EtHgI$	$Cl_2C=CHCH_2HgCl$
Hg-00011	Hg-00033	Hg-00055	Hg-00077
$MeHgCl$	$BrHgCH_2CHO$	$HgMe_2$	$MeHgN(CF_3)_2$
Hg-00012	Hg-00034	Hg-00056	Hg-00078
$MeHgF$	$BrHgCH_2COOH$	$EtHgOH$	$N_2=C(CN)HgMe$
Hg-00013	Hg-00035	Hg-00057	Hg-00079
$MeHgI$	$H_2C=CHHgCl$	$MeHgSO_2Me$	(BrHg-cyclopropane-N_3 structure)
Hg-00014	Hg-00036	Hg-00058	Hg-00080
$MeHgNO_3$	$ClHgCH_2CHO$	$MeHgSMe$	$HC\equiv CHgMe$
Hg-00015	Hg-00037	Hg-00059	Hg-00081
$MeHgN_3$	$ClHgCH_2COOH$	$MeHgOHgMe$	$NCCH_2CH_2HgI$
Hg-00016	Hg-00038	Hg-00060	Hg-00082
$MeHgOH$	$H_2C=CHHgI$	$(MeHg)_2SO_4$	(HgBr-cyclopropane structure)
Hg-00017	Hg-00039	Hg-00061	Hg-00083
$MeHgNH_3^{\oplus}$ (C_{3v})	$MeHgCN$	$(MeHg)_2S$	$H_3CCH=CHHgBr$
Hg-00018	Hg-00040	Hg-00062	Hg-00084
$Cl_2C=CClHgBr$	$MeHgSCN$	$MeHgSeHgMe$	$H_2C=CHCH_2HgBr$
Hg-00019	Hg-00041	Hg-00063	Hg-00085
$Hg(CBr_3)_2$	$Hg(CH_2Br)_2$	$MeHgTeHgMe$	H_3CCOCH_2HgBr
Hg-00020	Hg-00042	Hg-00064	Hg-00086
$Hg(CCl_3)_2$	$O_2NCH_2CH_2HgCl$	$[(MeHg)_2NH_2]^{\oplus}$ (C_{2v})	
Hg-00021	Hg-00043	Hg-00065	
$(O_2N)_2CFHgCF(NO_2)_2$	$Hg(CH_2Cl)_2$	$O_2NCH_{N_2}HgC_{N_2}NO_2$	
Hg-00022	Hg-00044	Hg-00066	

$H_2C=CHCH_2HgCl$
Hg-00087

$(O_2N)_2CHCH_2CH_2HgCl$
Hg-00088

$ClCH_2HgCH_2CHO$
Hg-00089

H_3CCOCH_2HgCl
Hg-00090

$ClHgCH_2CH_2CHO$
Hg-00091

$H_2C=CHCH_2HgI$
Hg-00092

$MeHgCH_2CN$
Hg-00093

$(H_3C)_2CBrHgBr$
Hg-00094

$H_3CCH(NO_2)CH_2HgCl$
Hg-00095

$(H_3C)_2C(NO_2)HgCl$
Hg-00096

$ClHgCH_2CH_2CH_2HgCl$
Hg-00097

$MeHgSAc$
Hg-00098

$MeHgOAc$
Hg-00099

$N_2=C(HgMe)_2$
Hg-00100

$(MeHgO)_2CO$
Hg-00101

$(H_3C)_2CHHgBr$
Hg-00102

$H_3CCH_2CH_2HgBr$
Hg-00103

$H_3CCH(OH)CH_2HgBr$
Hg-00104

$MeOCH_2CH_2HgBr$
Hg-00105

$HOCH_2CH_2HgCH_2Br$
Hg-00106

$(H_3C)_2CHHgCl$
Hg-00107

$H_3CCH_2CH_2HgCl$
Hg-00108

$ClHgCH_2CH_2CH_2OH$
Hg-00109

$H_3CCH(OMe)HgCl$
Hg-00110

$MeOCH_2CH_2HgCl$
Hg-00111

$(H_3C)_2CHHgI$
Hg-00112

$H_3CCH_2CH_2HgI$
Hg-00113

$(MeO)_2BCH_2HgCl$
Hg-00114

$Me_2S(O)CH_2HgCl_2$
Hg-00115

$MeHgEt$
Hg-00116

$MeHgOEt$
Hg-00117

$H_3CCH_2CH_2HgOH$
Hg-00118

$(MeHg)_3As$
Hg-00119

$(MeHg)_3N$
Hg-00120

$MeHgSeCH_2CH_2NH_2$
Hg-00121

$(MeHg)_3O^{\oplus}$ (D_{3h})
Hg-00122

$(MeHgO)_3PO$
Hg-00123

$[(MeHg)_3S]^{\oplus}$ (C_{3v})
Hg-00124

$[(MeHg)_3Se]^{\oplus}$
Hg-00125

$[(MeHg)_3NH]^{\oplus}$ (C_{3v})
Hg-00126

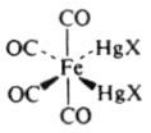

$OC\overset{CO}{\underset{CO}{\cdots}}Fe\overset{HgX}{\underset{HgX}{\cdots}}$
X = Br
Hg-00127

As Hg-00127 with
X = Cl
Hg-00128

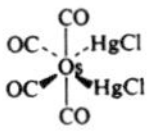

$OC\overset{CO}{\underset{CO}{\cdots}}Os\overset{HgCl}{\underset{HgCl}{\cdots}}$
Hg-00129

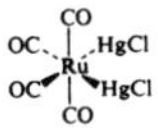

$OC\overset{CO}{\underset{CO}{\cdots}}Ru\overset{HgCl}{\underset{HgCl}{\cdots}}$
Hg-00130

$(Cl_2C=CCl)_2Hg$
Hg-00131

$(FC\equiv C)_2Hg$
Hg-00132

$(F_2C=CF)_2Hg$
Hg-00133

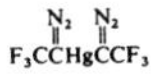

$F_3CCHgCCF_3$ (with N_2, N_2 substituents)
Hg-00134

$F_3CCF_2HgCF_2CF_3$
Hg-00135

$[Hg[Fe(CO)_4]]_n$
Hg-00136

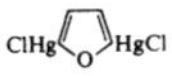

ClHg—(furan)—HgCl
Hg-00137

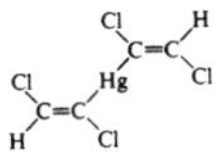

(tetrachloro Hg structure)
Hg-00138

$HC\equiv CHgC\equiv CH$
Hg-00139

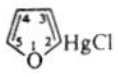

(dioxolane)HgCl
Hg-00140

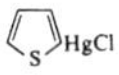

(thiophene)HgCl
Hg-00142

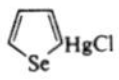

(selenophene)HgCl
Hg-00143

$H_2C=CHHgCF=CF_2$
Hg-00144

$(H_2C=CCl)_2Hg$
Hg-00145

$(ClCH=CH)_2Hg$
Hg-00146

$ClCH=CHCH=CHHgCl$
Hg-00147

$F_3CCH_2HgCH_2CF_3$
Hg-00148

$HC\equiv CHgCH=CH_2$
Hg-00149

$NCCH_2HgCH_2CN$
Hg-00150

$(O_2N)_3CCH_2CH_2HgC(NO_2)_3$
Hg-00151

$H_2C=C(HgCl)CH=CH_2$
Hg-00152

$AcOHgCH_2CN$
Hg-00153

$(H_3C)_2C=CBrHgBr$
Hg-00154

$ClHgCHClCOOEt$
Hg-00155

$(H_3C)_2C=C(HgCl)_2$
Hg-00156

$H_2C=CHHgCH=CH_2$
Hg-00157

$MeHgC\equiv CCH_3$
Hg-00158

$N_2=C(HgMe)COCH_3$
Hg-00159

$N_2=C(HgMe)COOMe$
Hg-00160

$H_2C=CHHgOAc$
Hg-00161

$OHCCH_2HgCH_2CHO$
Hg-00162

$HOOCCH_2HgCH_2COOH$
Hg-00163

$MeOOCHgCOOMe$
Hg-00164

$H_3CCH=CHCH_2HgBr$
Hg-00165

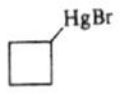

(cyclobutyl)HgBr
Hg-00166

$H_3CCH=CHCH_2HgCl$
Hg-00167

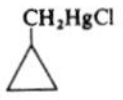

(cyclopropyl-CH_2HgCl)
Hg-00168

$H_2C=C(CH_3)CH_2HgCl$
Hg-00169

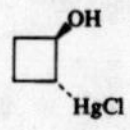

[cyclobutanol with HgCl]
Hg-00170

$H_3CCOCH_2HgCH_2Cl$
Hg-00171

$AcOCH_2CH_2HgCl$
Hg-00172

$ClCH_2HgCH_2COOMe$
Hg-00173

$AcNHCH_2CH_2HgCl$
Hg-00174

$ClHgCH_2CH_2CH_2CH_2HgCl$
Hg-00175

$ClHgCH(CH_3)OCH(CH_3)HgCl$
Hg-00176

$ClHgCH_2CH(OH)CH(OH)CH_2HgCl$
Hg-00177

$ClHgCH_2CH_2-O-O-CH_2CH_2HgCl$
Hg-00178

[cyclopropane with HgMe]
Hg-00179

$EtHgOAc$
Hg-00180

$HOCH_2CH_2HgOAc$
Hg-00181

$H_3C(CH_2)_3HgBr$
Hg-00182

$(H_3C)_3CHgBr$
Hg-00183

$H_3CCH_2CH_2HgCH_2Br$
Hg-00184

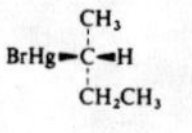

$BrHg-\overset{CH_3}{\underset{CH_2CH_3}{C}}-H$ (R)-form
Hg-00185

$(H_3C)_2CHCH_2HgBr$
Hg-00186

$H_3CCH(OH)CH_2CH_2HgBr$
Hg-00187

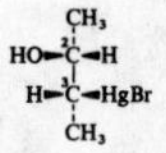

$HO-\overset{CH_3}{\underset{CH_3}{C}}-\overset{}{\underset{}{C}}HgBr$ (2RS,3RS)-form
Hg-00188

$HOCH_2CH(OMe)CH_2HgBr$
Hg-00189

$H_3C(CH_2)_3HgCl$
Hg-00190

$(H_3C)_3CHgCl$
Hg-00191

$H_3CCH_2CH(CH_3)HgCl$
Hg-00192

$(H_3C)_2CHCH_2HgCl$
Hg-00193

$H_3CCH(OMe)CH_2HgCl$
Hg-00194

$H_3C(CH_2)_3HgI$
Hg-00195

$(H_3C)_2CHCH_2HgI$
Hg-00196

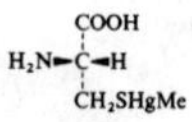

$H_2N-\overset{COOH}{\underset{CH_2SHgMe}{C}}-H$
Hg-00197

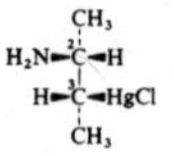

$H_2N-\overset{CH_3}{\underset{CH_3}{C}}-H$ (2RS,3RS)-form
$H-\overset{}{\underset{}{C}}-HgCl$
Hg-00198

$HgEt_2$
Hg-00199

$MeHgCH(CH_3)_2$
Hg-00200

$MeHgCH_2CH_2CH_3$
Hg-00201

$H_3C(CH_2)_3HgOH$
Hg-00202

$EtHgSO_2Et$
Hg-00203

$EtHgOHgEt$
Hg-00204

Me_3GeCH_2HgBr
Hg-00205

Me_3SiCH_2HgBr (C_s)
Hg-00206

$[(MeHg)_4As]^{\oplus}$
Hg-00207

$MeHgGeMe_3$
Hg-00208

$MeHgOSiMe_3$
Hg-00209

$MeHgSiMe_3$
Hg-00210

$[(MeHg)_4N]^{\oplus}$ (T_d)
Hg-00211

$[(MeHg)_4P]^{\oplus}$
Hg-00212

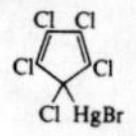

[hexachlorocyclopentadiene with HgBr]
Hg-00213

$(F_3C)_3CCOHgCl$
Hg-00214

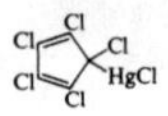

[tetrachlorocyclopentadiene with HgCl]
Hg-00215

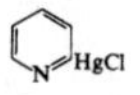

[pyridine with HgCl]
Hg-00216

[cyclopentadienyl HgBr]
Hg-00219

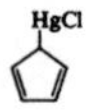

[cyclopentadienyl HgCl]
Hg-00220

[cyclopentadiene with HgI]
Hg-00221

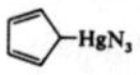

[cyclopentadienyl HgN$_3$]
Hg-00222

$(H_3CCO)_2C(HgCl)_2$
Hg-00223

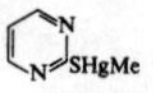

[pyrimidine SHgMe]
Hg-00224

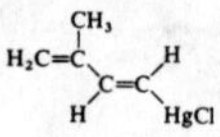

$H_2C=\overset{CH_3}{\underset{H}{C}}-CH\cdot HgCl$
Hg-00225

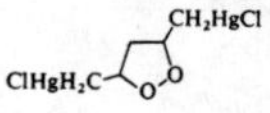

[tetrahydrofuran with CH$_2$HgCl and ClHgH$_2$C]
Hg-00226

$H_2C=CHCH_2HgOAc$
Hg-00227

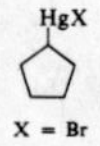

[cyclopentane with HgX, X = Br]
Hg-00228

$MeOCH_2CH(HgBr)COCH_3$
Hg-00229

As Hg-00228 with X = Cl
Hg-00230

$H_3CCH_2CH_2CH=CHHgCl$
Hg-00231

$H_3CCOC(CH_3)_2HgCl$
Hg-00232

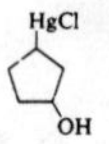

[cyclopentanol with HgCl]
Hg-00233

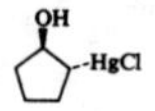

[cyclopentanol with HgCl]
Hg-00234

$H_2C=CHCH(OMe)CH_2HgCl$
Hg-00235

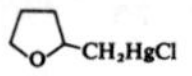

[tetrahydrofuran-CH$_2$HgCl]
Hg-00236

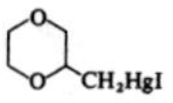

[dioxane-CH$_2$HgI]
Hg-00237

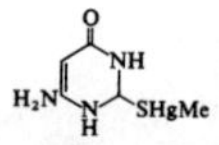

[thiouracil SHgMe]
Hg-00238

$(MeHg)_3CCN$
Hg-00239

$BrHg(CH_2)_5HgBr$
Hg-00240

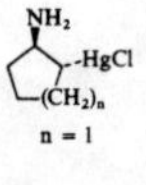

[aminocyclopentane with HgCl, n=1]
Hg-00241

$H_2C=CHCH_2HgEt$
Hg-00242

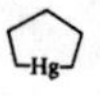

[cyclopentane with Hg]
Hg-00243

Structure Index to Hg

Hg-00244 – Hg-00326

(H₃C)₂CHHgOAc
Hg-00244

H₃CCH₂CH₂HgOAc
Hg-00245

MeOCH₂CH₂HgOAc
Hg-00246

(H₃C)₃CCH₂HgBr
Hg-00247

(H₃C)₂C(OMe)CH₂HgBr
Hg-00248

(H₃C)₃CCH₂HgCl
Hg-00249

ClHgCH₂CH(OMe)CH₂NHCONH₂
Hg-00250

HOCH₂(CH₂)₄HgCl
Hg-00251

(H₃C)₂C(OMe)CH₂HgCl
Hg-00252

(H₃C)₃CCH₂HgI
Hg-00253

Et₂NCH₂HgCl
Hg-00254

H₃CCH₂CH₂CH₂HgMe
Hg-00255

MeHgC(CH₃)₃
Hg-00256

MeHgCH(CH₃)CH₂CH₃
Hg-00257

MeHgCH₂CH(CH₃)₂
Hg-00258

MeHgSeC(CH₃)₃
Hg-00259

C(HgSMe)₄
Hg-00260

HOCH₂CH(SiMe₃)HgCl
Hg-00261

C(HgCN)₄
Hg-00262

C₆Cl₅HgBr
Hg-00263

(C₆F₅)HgBr
Hg-00264

C₆Br₅HgBr
Hg-00265

(C₆F₅)HgCl
Hg-00266

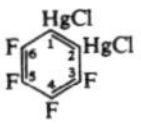

[C₆F₅ ring with two HgCl groups and F substituents]
Hg-00267

(C₆Cl₅)HgCl
Hg-00270

(F₃C)₂CFHgCF(CF₃)₂
Hg-00271

(OC)₃FeNO−Hg−FeNO(CO)₃
Hg-00272

[C₆ ring with HgBr and F substituents]
Hg-00273

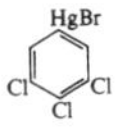

[C₆ ring with HgBr and Cl substituents]
Hg-00276

(F₃C)₂CHHgCH(CF₃)₂
Hg-00277

(NC)₂CHHgCH(CN)₂
Hg-00278

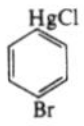

[phenyl ring with HgCl and Br]
Hg-00279

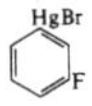

[phenyl ring with HgBr and F]
Hg-00280

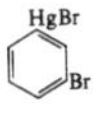

[phenyl ring with HgBr and Br]
Hg-00282

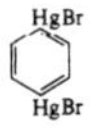

[phenyl ring with two HgBr groups]
Hg-00283

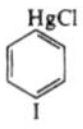

[phenyl ring with HgCl and I]
Hg-00284

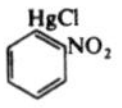

[pyridine ring with HgCl and NO₂]
Hg-00285

[phenyl ring with HgCl and Cl]
Hg-00288

[phenyl ring with two HgCl groups]
Hg-00291

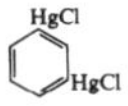

[phenyl ring with two HgCl groups]
Hg-00292

PhHgBr
Hg-00293

PhHgCl
Hg-00294

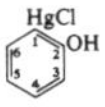

[phenyl ring with HgCl and OH]
Hg-00295

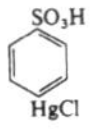

[phenyl ring with SO₃H and HgCl]
Hg-00298

PhHgF
Hg-00299

PhHgI
Hg-00300

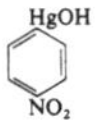

[phenyl ring with HgOH and NO₂]
Hg-00301

PhHgNO₃
Hg-00302

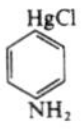

[phenyl ring with HgCl and NH₂]
Hg-00303

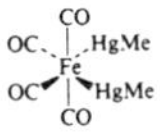

[Fe(CO)₄ with two HgMe groups]
Hg-00304

(H₂C=CH−CH₂)₂Hg
Hg-00305

(H₃CC≡C)₂Hg
Hg-00306

H₃CCOC(N₂)HgC(N₂)COCH₃
Hg-00307

PhHgOH
Hg-00308

PhHgOOH
Hg-00309

[phenyl ring with HgOH and OH]
Hg-00310

(AcOHg)₂C=C=O
Hg-00312

(AcOHg)₂C=C=O
Hg-00313

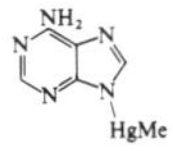

[adenine with HgMe]
Hg-00314

(ClHg)₂C(COOEt)COCH₃
Hg-00315

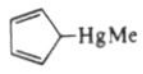

[cyclopentadienyl-HgMe]
Hg-00316

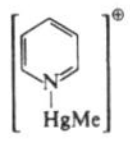

[pyridinium-HgMe]⁺
Hg-00317

(NCCH₂CH₂)₂Hg
Hg-00318

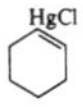

[cyclohexene with HgCl]
Hg-00319

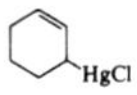

[cyclohexene with HgCl]
Hg-00320

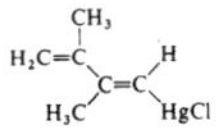

(CH₃)(H₂C=)C−C(=CH)(CH₃)HgCl
Hg-00321

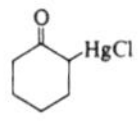

[cyclohexanone with HgCl]
Hg-00322

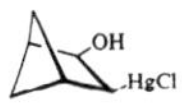

[bicyclic with OH and HgCl]
Hg-00323

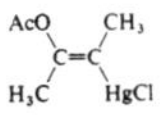

AcO-C(CH₃)=C(CH₃)HgCl (E)-form
Hg-00324

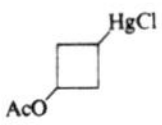

[cyclobutane with OAc and HgCl]
Hg-00325

F₃CCOOHgCH₂C(CH₃)₂OOH
Hg-00326

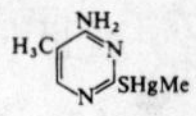

Hg-00327 — 2-amino-pyrimidine-SHgMe structure

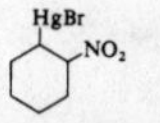

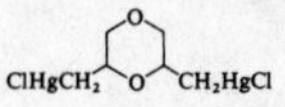

Hg-00327

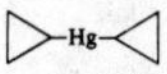

Hg-00328 — cyclohexyl with HgBr and NO$_2$

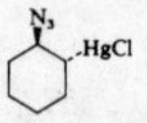

Hg-00329 — cyclohexyl with N$_3$ and HgCl

Hg-00330 — ClHgCH$_2$–(1,4-dioxane)–CH$_2$HgCl

Hg-00331 — (cyclopropyl)$_2$Hg

Hg-00332 — H$_3$CCH=CHHgCH=CHCH$_3$

Hg-00333 — Hg(CH$_2$CH=CH$_2$)$_2$

Hg-00334 — H$_3$CCOCH$_2$HgCH$_2$COCH$_3$

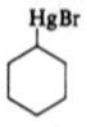

Hg-00335 — AcOCH$_2$CH$_2$HgOAc

Hg-00336 — MeOOCCH$_2$HgCH$_2$COOMe

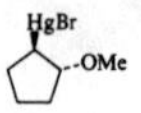

Hg-00337 — cyclohexyl-HgBr

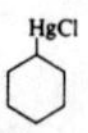

Hg-00338 — H$_2$C=CHCH$_2$CH$_2$CH$_2$HgBr

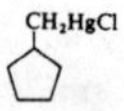

Hg-00339 — cyclopentyl with HgBr and OMe (1RS,2RS)-form

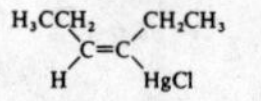

Hg-00340 — cyclohexyl-HgCl

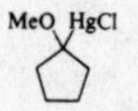

Hg-00341 — cyclopentyl-CH$_2$HgCl

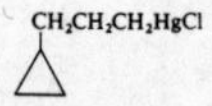

Hg-00342 — H$_2$C=CH(CH$_2$)$_4$HgCl

Hg-00343 — (H$_3$C)(H)C=C(CH$_3$)(HgCl) (cis/trans alkene)

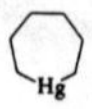

Hg-00344 — ClHgCH$_2$COC(CH$_3$)$_3$

Hg-00345 — cyclopentyl with MeO and HgCl

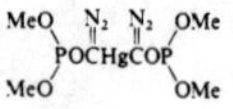

Hg-00346 — cyclopropyl-CH$_2$CH$_2$CH$_2$HgCl

Hg-00347 — As Hg-00241 with n = 2

Hg-00348 — ClHg(CH$_2$)$_6$HgCl

Hg-00349 — cycloheptyl-Hg

Hg-00350 — Hg(CONMe$_2$)$_2$

Hg-00351 — (MeO)$_2$(N$_2$)POCHgCOP(N$_2$)(OMe)$_2$

Hg-00352 — H$_3$CCH$_2$CH$_2$CH$_2$HgOAc

Hg-00353 — EtOCH$_2$CH$_2$HgOAc

Hg-00354 — H$_3$C(CH$_2$)$_3$OCH$_2$CH$_2$HgBr

Hg-00355 — (H$_3$C)$_3$COOCH$_2$CH$_2$HgBr

Hg-00356 — (EtO)$_2$CHCH$_2$HgCl

Hg-00357 — MeHgNHCH(COOH)CH$_2$CH$_2$SMe

Hg-00358 — MeHgSC(CH$_3$)$_2$CH(NH$_2$)COOH

Hg-00359 — Et$_2$NC(S)SHgMe

Hg-00360 — Et$_2$NCH$_2$CH$_2$HgCl

Hg-00361 — H$_3$CCH$_2$CH$_2$CH$_2$HgEt

Hg-00362 — (H$_3$C)$_3$CHgEt

Hg-00363 — (H$_3$C)$_2$CHHgCH(CH$_3$)$_2$

Hg-00364 — Hg(CH$_2$CH$_2$CH$_3$)$_2$

Hg-00365 — (H$_3$C)$_3$C–O–O–HgEt

Hg-00366 — Me$_3$GeHgGeMe$_3$

Hg-00367 — Me$_3$SiHgSiMe$_3$

Hg-00368 — Me$_3$SnHgSnMe$_3$

Hg-00369 — (cyclopentadienyl)Fe(CO)$_3$HgCl

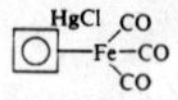

Hg-00370 — C$_6$F$_5$HgMe

Hg-00371 — PhHgCClBrI

Hg-00372 — PhHgCBrCl$_2$

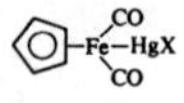

Hg-00373 — (cyclopentadienyl)Fe(CO)$_2$HgX, X = Br

Hg-00374 — PhHgCBr$_2$Cl

Hg-00375 — PhHgCBr$_2$F

Hg-00376 — PhHgCBr$_2$I

Hg-00377 — PhHgCBr$_3$

Hg-00378 — As Hg-00373 with X = Cl

Hg-00379 — phenyl with HgCl and COOH (ortho)

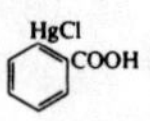

Hg-00382 — PhHgCCl$_2$F

Hg-00383 — PhHgCCl$_2$I

Hg-00384 — PhHgCCl$_3$

Hg-00385 — PhHgCF$_3$

Hg-00386 — PhHgCN

Hg-00387 — PhHgCNO

Hg-00388 — PhHgSCN

Hg-00389 — PhHgC(NO$_2$)$_3$

Hg-00390 — PhHgCHBr$_2$

Hg-00391 — 4-NO$_2$-C$_6$H$_4$-CH$_2$HgCl

Hg-00392 — PhHgCHCl$_2$

Hg-00393 — (AcOHg)$_2$C(CN)$_2$

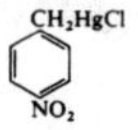

Hg-00394 — PhCH$_2$HgBr

Hg-00395 — phenyl with HgBr and CH$_3$ (ortho)

Hg-00398 — phenyl with HgX and OMe, X = Br

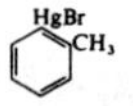

Hg-00399 — PhCH$_2$HgCl

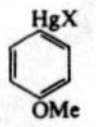

Hg-00400 — phenyl with HgCl and CH$_3$

Hg-00403 — phenyl with HgCl and OMe

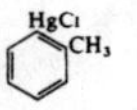

Hg-00406 — PhCH$_2$HgI

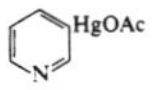

Structure Index to Hg

Hg-00407: Pyridine-HgOAc

Hg-00408: MeHgPh

Hg-00409: PhHgOMe

Hg-00410: MeHgOPh

Hg-00411: MeHgSPh

Hg-00412: PhHgSMe

Hg-00413: Norbornyl-CH₂HgCl (structure)

Hg-00414: Cyclohexylidene(HgCl)₂ (structure)

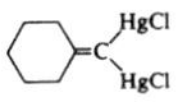

Hg-00415: (H₃CCO)₂CHHgOAc

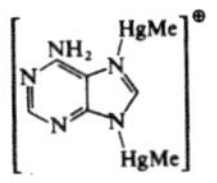

Hg-00416: Bis(HgMe) aminopurine cation (structure)

Hg-00417: AcOHgCH₂COCH₂HgOAc

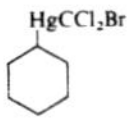

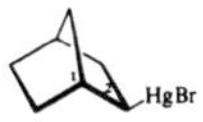

Hg-00418: Cyclohexyl-HgCCl₂Br

Hg-00419: Norbornyl-HgBr (1RS,2RS)-form

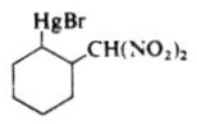

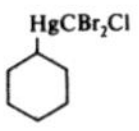

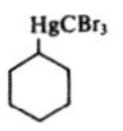

Hg-00420: Cyclohexyl[CH(NO₂)₂]HgBr (structure)

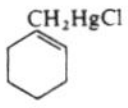

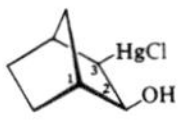

Hg-00421: Cyclohexyl-HgCBr₂Cl

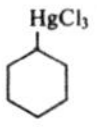

Hg-00422: Cyclohexyl-HgCBr₃

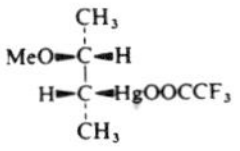

Hg-00423: Cyclohexenyl-CH₂HgCl (structure)

Hg-00424: Norbornyl-HgCl with OH (1RS,2SR,3RS)-form

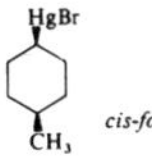

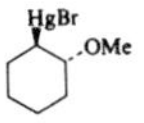

Hg-00425: Cyclohexyl-HgCl₃ (structure)

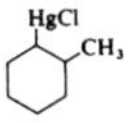

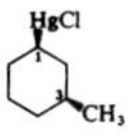

Hg-00426: MeO–CH(CH₃)–CH(CH₃)–HgOOCCF₃ (RS,RS)-form

Hg-00427: Me₃SiC≡CHgOAc

Hg-00428: Cyclohexyl-HgBr with CH₃, cis-form

Hg-00429: Cyclohexyl-HgBr with OMe (1RS,2RS)-form

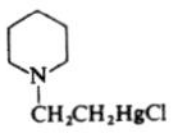

Hg-00430: Cyclohexyl-HgCl with CH₃

Hg-00431: Cyclohexyl-HgCl with CH₃ (structure)

Hg-00432: Cyclohexyl-HgCl with OMe (1R*,2R*)-form, Relative configuration

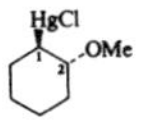

Hg-00433: As Hg-00241 with n = 3

Hg-00434: Piperidine-CH₂CH₂HgCl

Hg-00435: H₃CCH(HgBr)CH₂CH₂CH(CH₃)₂

Hg-00436: H₃CCH(OMe)CH(CH₃)CH(CH₃)HgBr

Hg-00437: ClHgCH₂C(CH₃)₂C(CH₃)₂OH

Hg-00438: MeHgNHCH(COOH)C(CH₃)₂SHgMe

Hg-00439: H₃C(CH₂)₃HgGeMe₃

Hg-00440: MeHgGeEt₃

Hg-00441: H₃C(CH₂)₃HgSiMe₃

Hg-00442: (H₃C)₃CHgSnMe₃

Hg-00443: (Me₃Si)₂CHHgCl

Hg-00444: MeHgN(SiMe₃)₂

Hg-00445: MeHgN=P(NMe₂)₃

Hg-00446: (OC)₄Co—Hg—Co(CO)₄

Hg-00447: (F₃C)₃CHgC(CF₃)₃

Hg-00448: Tetrafluorophenyl-HgOOCCF₃ (structure)

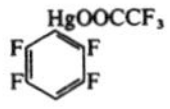

Hg-00449: PhHgCBrFCF₃

Hg-00450: PhC≡CHgCl

Hg-00451: Benzodithiine-HgCl (structure)

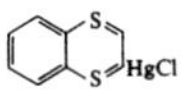

Hg-00452: EtHgV(CO)₆

Hg-00453: Dichlorophenyl-HgOAc (structure)

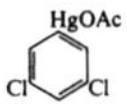

Hg-00454: F₃CCOOHgPh

Hg-00455: PhHgC≡CH

Hg-00456: Furyl-Hg-furyl (structure)

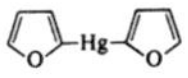

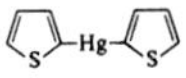

Hg-00458: Thienyl-Hg-thienyl (structure)

Hg-00460: PhCH=CHHgBr

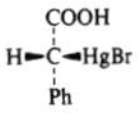

Hg-00462: HOOC–CH(Ph)–HgBr (R)-form

Hg-00463: PhCH=CHHgCl

Hg-00464: ClHgCHPhCHO

Hg-00465: PhCOOCH₂HgCl

Hg-00466: Fluorophenyl-HgNHAc (structure)

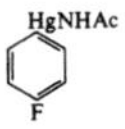

Hg-00467: PhHgOAc

Hg-00468: PhCOOHgMe

Hg-00469: PhHgCOOMe

Hg-00470: H₃CC(S)SHgPh

Hg-00471: H₃CCHPhHgBr

Hg-00472: Dimethylphenyl-HgCl (structure)

Hg-00476: Methylphenyl-CH₂HgCl (structure)

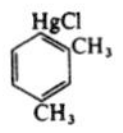

Hg-00479: PhCH₂CH₂HgCl

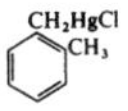

Hg-00480: Dimethoxyphenyl-HgCl (structure)

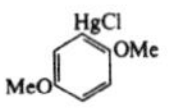

Hg-00481: Bicyclic lactone-CHg, exo-form (structure)

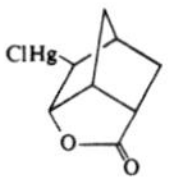

Hg-00482: PhCH₂HgCH₂I

PhHgNHAc
Hg-00483

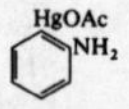

[cyclic structure with HgOAc and NH₂]
Hg-00484

PhNHCH₂CH₂HgBr
Hg-00486

EtOOCCFClHgCFClCOOEt
Hg-00487

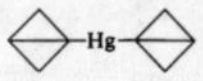

[bicyclic structure with Hg]
Hg-00488

(H₃CCH≡C)₂Hg
Hg-00489

PhHgEt
Hg-00490

EtOOCC(N₂)—Hg—C(N₂)COOEt
Hg-00491

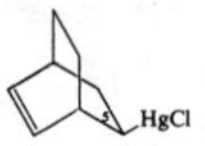

[norbornene with HgCl]
Hg-00492

[norbornane with HgCl]
Hg-00493

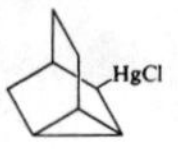

[bicyclic oxygen ring with ClHg]
Hg-00494

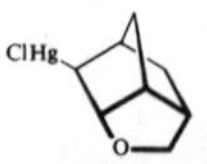

(H₃C)₂C=CBrHgCBr=C(CH₃)₂
Hg-00495

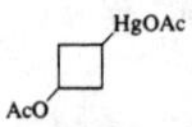

[cyclobutane with HgOAc and OAc]
Hg-00496

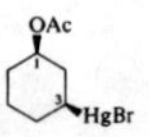

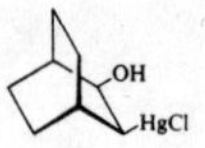

[cyclohexane with OAc and HgBr]
Hg-00497

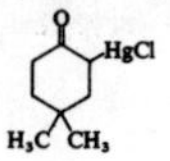

[norbornane with OH and HgCl, cis-form]
Hg-00498

[cyclohexanone with HgCl and CH₃ groups]
Hg-00499

ClHgCH₂CH₂CH(COCH₃)COOEt
Hg-00500

F₃CCOOHgCH₂CH₂—O—O—C(CH₃)₃
Hg-00501

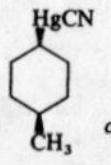

[cyclohexane with HgCN and CH₃, cis-form]
Hg-00502

[adenine-like structure with NH₂, HgMe groups]²⊕
Hg-00503

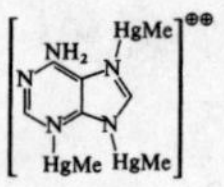

H₂C=CHCH₂CH₂HgCH₂CH₂CH=CH₂
Hg-00504

(H₃C)₃CHgC(N₂)COOEt
Hg-00505

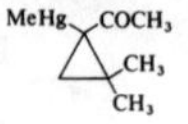

[cyclopropane with MeHg, COCH₃, CH₃, CH₃]
Hg-00506

[cyclohexane with HgOAc]
Hg-00507

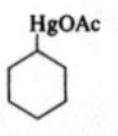

(H₃C)₃CCH=CHHgOAc
Hg-00508

H₃CCH₂COCH₂HgCH₂COCH₂CH₃
Hg-00509

(H₃CCOCH₂CH₂)₂Hg
Hg-00510

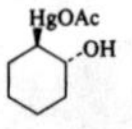

[cyclohexane with HgOAc and OH]
Hg-00511

[cyclopentane with HgOAc and OMe]
Hg-00512

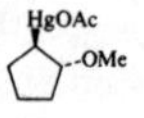

(H₃C)₃C—O—O—CH₂CH(HgBr)COCH₃
Hg-00513

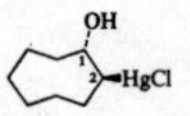

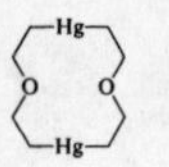

[cycloheptane with OH and HgCl, (1S,2S)-form]
Hg-00514

MeO CH₂HgCl [on cyclohexane]
Hg-00515

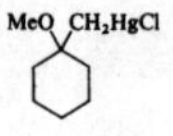

H₃C(CH₂)₃OCH₂CH₂HgOAc
Hg-00516

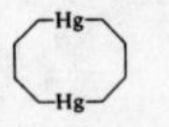

[cyclic Hg structure]
Hg-00517

[cyclic Hg-O-Hg structure]
Hg-00518

[BrHgC(CH₃)H-CH-O-O-C(CH₃)₃ with CH₃]
Hg-00519

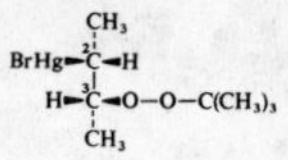

ClHgCH₂C(CH₃)₂C(CH₃)₂OMe
Hg-00520

Me₃SiCCl₂HgCCl₂SiMe₃
Hg-00521

H₃CCH₂CH(CH₃)HgCH(CH₃)CH₂CH₃
Hg-00522

(H₃C)₂CHCH₂HgCH₂CH(CH₃)₂
Hg-00523

Hg(CH₂CH₂CH₂CH₃)₂
Hg-00524

Hg[C(CH₃)₃]₂
Hg-00525

PhHgSAc
Hg-00526

H₃CCH(OMe)CH₂HgCH₂CH(OMe)CH₃
Hg-00527

Me₃P=C(HgMe)SiMe₃
Hg-00528

Me₃GeCH₂HgCH₂GeMe₃
Hg-00529

[Me₃PCH₂HgCH₂PMe₃]²⊕
Hg-00530

Me₃SiCH₂HgCH₂SiMe₃ (C₂ₕ)
Hg-00531

EtHgN(SiMe₃)₂
Hg-00532

(F₃CCOOHg)₄C
Hg-00533

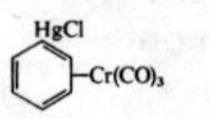

[benzene with HgCl and Cr(CO)₃]
Hg-00534

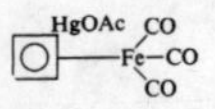

[cyclopentadienyl Fe(CO)₃ with HgOAc]
Hg-00535

[indene with HgCl]
Hg-00536

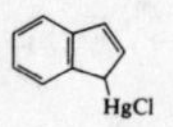

PhC≡CCH₂HgCl
Hg-00537

PhCOCH=CHHgCl
Hg-00538

PhHgCFClCOOMe
Hg-00539

PhHgCCl₂COOMe
Hg-00540

N₂=C(HgMe)COPh
Hg-00541

PhCH₂CH₂HgCCl₂Br
Hg-00542

PhCH=CHCH₂HgBr
Hg-00543

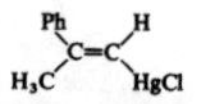

[Ph, H, H₃C, HgCl alkene]
Hg-00544

PhCOCH₂HgCH₂Cl
Hg-00545

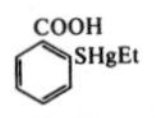

[benzene with COOH and SHgEt]
Hg-00546

PhCH₂HgOAc
Hg-00547

[toluene with CH₃ and HgOAc]
Hg-00548

[benzene with HgOAc and SMe]
Hg-00551

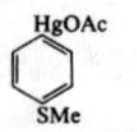

PhCH(CH₃)CH₂HgCl
Hg-00552

PhCH₂CH₂CH₂HgCl
Hg-00553

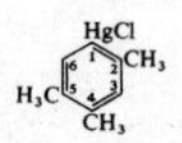

[benzene with HgCl, CH₃, CH₃, CH₃]
Hg-00554

PhCH(OMe)CH₂HgCl
Hg-00556

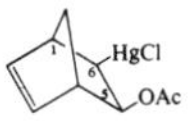

Structure Index to Hg

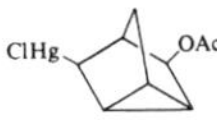

- **Hg-00557**: (norbornene derivative with HgCl and OAc), (1RS,5SR,6RS)-form
- **Hg-00558**: (norbornane derivative with ClHg and OAc), exo,exo-form
- **Hg-00559**: PhCH(OOH)CH₂CH₂HgCl — $PhCH(OOH)CH_2CH_2HgCl$
- **Hg-00560**: PhHgOOCNHEt
- **Hg-00561**: PhHgSC(S)NMe₂ — $PhHgSC(S)NMe_2$
- **Hg-00562**: (methylphenyl with HgCH₂CH₂OH)
- **Hg-00563**: C(HgOAc)₄ — $C(HgOAc)_4$
- **Hg-00564**: (H₃C)₃C—(cyclopentadienyl)—HgCl
- **Hg-00565**: (bicyclic structure with HgCl, O)
- **Hg-00567**: (norbornane with OAc, HgCl)
- **Hg-00568**: (norbornane with HgOAc), (1RS,2RS)-form
- **Hg-00569**: (cyclopentane with HgOAc, OAc)
- **Hg-00570**: (norbornane with OOH, HgOAc)
- **Hg-00571**: (norbornane with HgBr, OEt)
- **Hg-00572**: (cyclohexane with NHAc, CH₂HgCl)
- **Hg-00573**: (cyclohexane with HgOAc, CH₃), cis-form
- **Hg-00574**: (cyclohexane with HgOAc, OMe), (1RS,2RS)-form
- **Hg-00575**: piperidine-CH(CH₂HgCl)CH₂NHCONH₂ derivative — H₂NCONHCH₂CH(CH₂HgCl)
- **Hg-00576**: (ferrocene with multiple ClHg substituents)
- **Hg-00577**: (C₅Cl₅)₂Hg — $(C_5Cl_5)_2Hg$
- **Hg-00578**: (bis-tetrafluoropyridyl)Hg
- **Hg-00579**: PhHgC(CF₃)₃ — $PhHgC(CF_3)_3$
- **Hg-00580**: (H₃CC≡CC≡C)₂Hg — $(H_3CC{\equiv}CC{\equiv}C)_2Hg$
- **Hg-00581**: (naphthyl-HgCl, 1-position)
- **Hg-00582**: (naphthyl-HgCl, 2-position)
- **Hg-00583**: ClHg—Fc—HgCl (ferrocene)
- **Hg-00585**: ClHg—Ru(cp)₂—HgCl (ruthenocene)
- **Hg-00586**: (naphthyl with HgOH)
- **Hg-00587**: (ferrocene with HgCl)
- **Hg-00588**: (8-hydroxyquinoline with HgMe), O-HgMe
- **Hg-00589**: (C₅H₅)₂Hg — $(C_5H_5)_2Hg$
- **Hg-00590**: BrHg—(N-Ph thiomorpholine S,S-dioxide)—HgBr
- **Hg-00591**: HOOC-CH(HgCl)-CH(OMe)-Ph, (2RS,3RS)-form
- **Hg-00592**: (trimethylphenyl with HgCl₃ group)
- **Hg-00593**: (aminophenyl with HgOAc, HgOAc)
- **Hg-00594**: (4-nitrophenyl-CH(OMe)CH₂CH₂HgCl)
- **Hg-00595**: EtOOCCH(CN)HgCH(CN)COOEt
- **Hg-00596**: AcOHgCH₂CHPhOOH
- **Hg-00597**: (trimethylphenyl with HgCl)
- **Hg-00599**: (tetramethylphenyl with HgCl)
- **Hg-00600**: ClHg-CH(Ph)-CH(OMe)-CH₃, (1RS,2RS)-form
- **Hg-00601**: MeO-CH(Ph)-CH(HgCl)-CH₃, (1RS,2RS)-form
- **Hg-00602**: (4-NMe₂-phenyl HgOAc)
- **Hg-00603**: MeHgNH-CH(COOH)-CH₂-(4-hydroxyphenyl)
- **Hg-00604**: (PhCH(NMe₂)CH₃ with Hg)
- **Hg-00605**: (cyclopentyl)Hg(cyclopentenyl)
- **Hg-00606**: (H₃CCO)₂CHHgCH(COCH₃)₂ — $(H_3CCO)_2CHHgCH(COCH_3)_2$
- **Hg-00607**: (adamantyl-HgCl)
- **Hg-00608**: (camphor/bornyl with HgCl, CH₂)
- **Hg-00609**: (norbornyl with OAc, HgCl)
- **Hg-00610**: (cyclohexane with HgOAc, OAc)
- **Hg-00611**: (cyclohexane with HgOAc, OAc)
- **Hg-00612**: H₃CH₂C-C(OAc)=C(CH₂CH₃)-HgOAc
- **Hg-00613**: (norbornyl-CH₂HgCl)
- **Hg-00614**: (4-t-butylcyclohexanone with HgCl), (2RS,4RS)-form
- **Hg-00615**: F₃COOHg-CH(CH₃)-CH(CH₃)-O-O-C(CH₃)₃, (RS,RS)-form
- **Hg-00616**: (cyclopentyl)Hg(cyclopentyl)
- **Hg-00617**: (H₂C=CHCH₂CH₂CH₂)₂Hg — $(H_2C{=}CHCH_2CH_2CH_2)_2Hg$

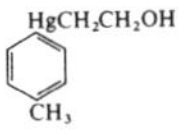

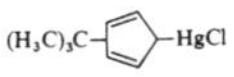

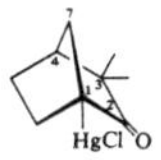

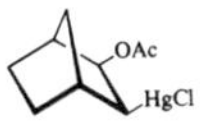

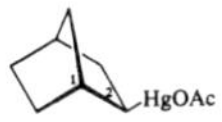

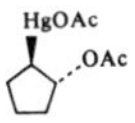

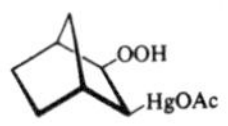

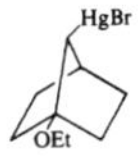

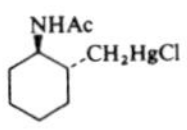

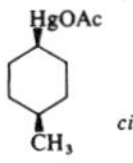

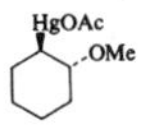

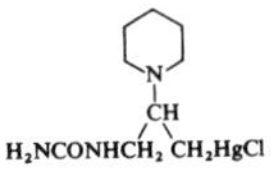

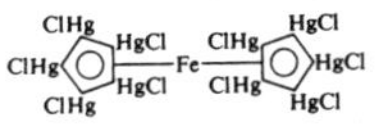

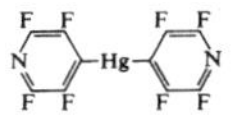

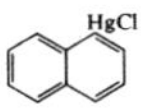

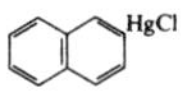

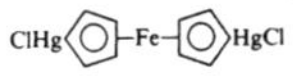

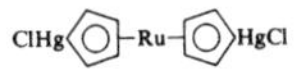

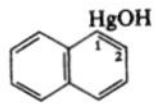

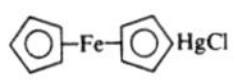

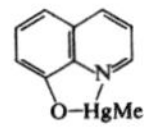

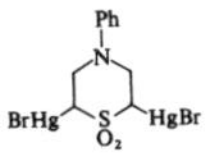

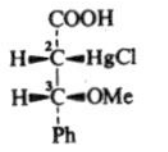

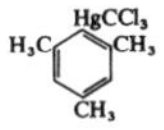

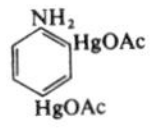

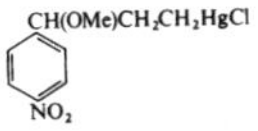

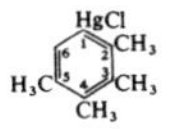

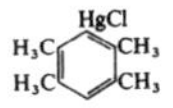

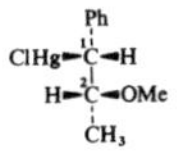

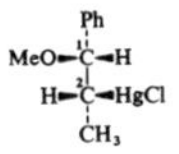

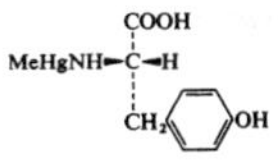

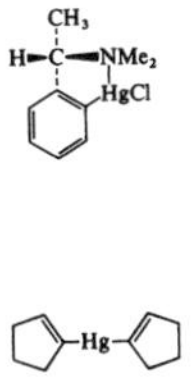

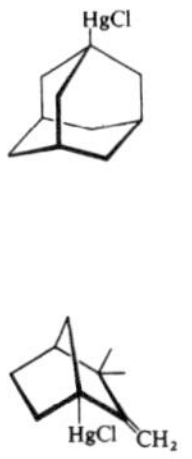

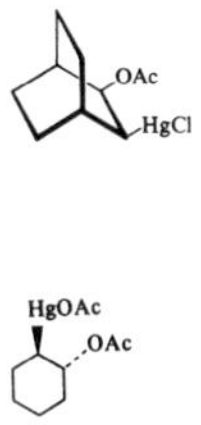

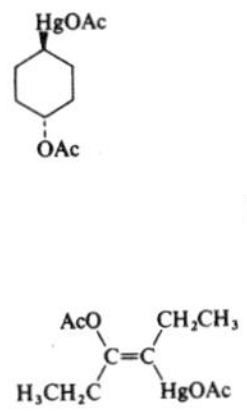

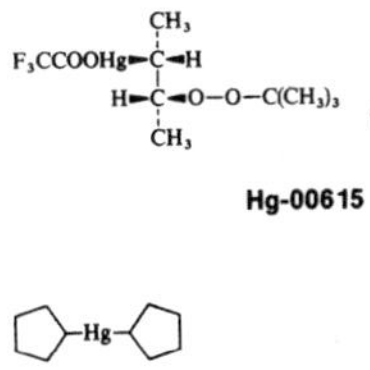

Structure Index to Hg

$(H_3CCOCH_2CH_2)_2Hg$
Hg-00618

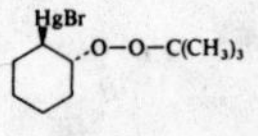

(cyclohexyl with HgBr and O-O-C(CH$_3$)$_3$)
Hg-00619

$H_3C(CH_2)_5CH(NHAc)CH_2HgCl$
Hg-00620

$Et_2NCOHgCONEt_2$
Hg-00621

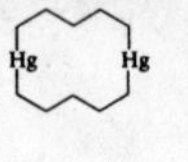

(cyclic Hg–Hg structure)
Hg-00622

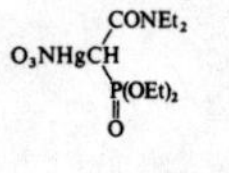

$O_3NHgCH\begin{smallmatrix}CONEt_2\\(OEt)_2\end{smallmatrix}$
Hg-00623

$(H_3C)_3CCH_2HgCH_2C(CH_3)_3$
Hg-00624

$(Me_3SiCH=CH)_2Hg$
Hg-00625

$(Me_2AsCH_2CH_2CH_2)_2Hg$
Hg-00626

$(Me_3Si)_3CHgCl$
Hg-00627

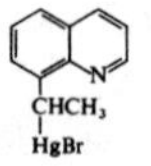

(quinoline with CHCH$_3$–HgBr)
Hg-00628

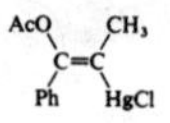

(AcO, CH$_3$, Ph, HgCl alkene)
Hg-00629

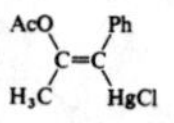

(AcO, Ph, H$_3$C, HgCl alkene)
Hg-00630

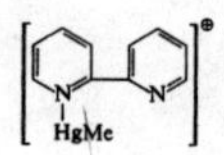

$[\text{bipyridyl–HgMe}]^\oplus$
Hg-00631

$PhCH(OAc)CH_2CH_2HgCl$
Hg-00632

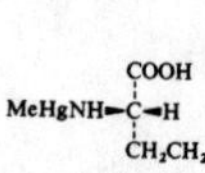

$MeHgNH-\underset{CH_2Ph}{\overset{COOH}{C}}-H$
Hg-00633

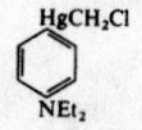

(PhCH$_2$Cl with NEt$_2$)
Hg-00634

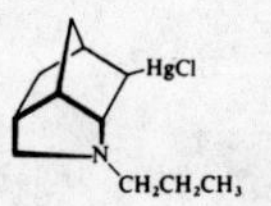

(bicyclic amine with HgCl, N–CH$_2$CH$_3$)
Hg-00635

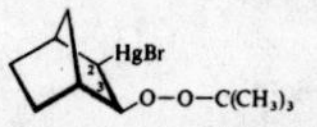

(norbornyl with HgBr and O–O–C(CH$_3$)$_3$)
Hg-00636

$ClHg(CH_2)_{10}COOH$
Hg-00637

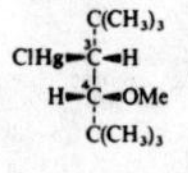

$ClHg-\underset{\overset{|}{C(CH_3)_3}}{\overset{\overset{|}{C(CH_3)_3}}{C}}-H$ (with OMe)
Hg-00638

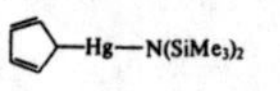

(cyclopentadienyl–Hg–N(SiMe$_3$)$_2$)
Hg-00639

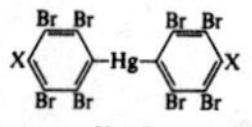

(Ph–Hg–Ph with X=Br, X=F substitution pattern), X = F
Hg-00640

$(C_6Br_5)_2Hg$
Hg-00641

$(C_6Cl_5)_2Hg$
Hg-00642

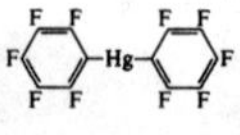

(C$_6$F$_5$)$_2$Hg type diaryl
Hg-00643

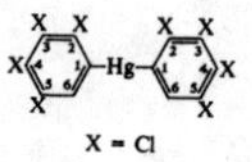

(pentahalophenyl)$_2$Hg, X = Cl
Hg-00644

As Hg-00644 with X = H
Hg-00647

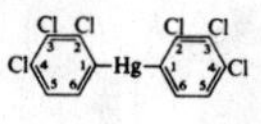

(2,6-dichlorophenyl)$_2$Hg
Hg-00650

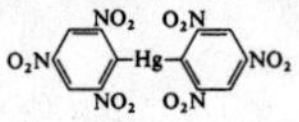

(dinitro aryl Hg compound)
Hg-00656

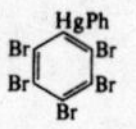

(2,4,6-tribromophenyl with Br, HgBr, Br)
Hg-00657

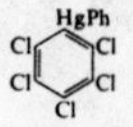

(trichlorophenyl–HgPh)
Hg-00658

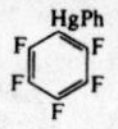

(trifluorophenyl–HgPh)
Hg-00659

$(OC)_6TaHgPh$
Hg-00660

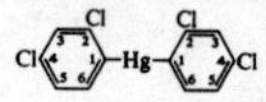

(4,4'-dichlorobiphenyl Hg)
Hg-00661

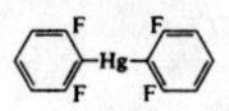

(difluorophenyl)$_2$Hg
Hg-00666

$(F_3C)_2CCOOCOCH_3$
$\quad Hg$
$(F_3C)_2CCOOCOCH_3$
Hg-00667

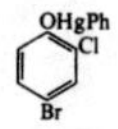

(2-bromophenol–HgCl)
Hg-00668

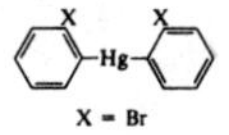

(Ph–Hg–Ph, X = Br)
Hg-00669

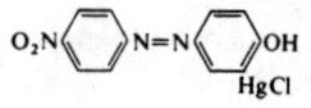

O_2N–C$_6$H$_4$–N=N–C$_6$H$_4$–OH with HgCl
Hg-00672

As Hg-00669 with X = Cl
Hg-00673

As Hg-00669 with X = F
Hg-00676

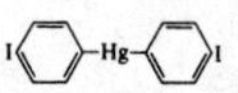

(I–C$_6$H$_4$–Hg–C$_6$H$_4$–I)
Hg-00679

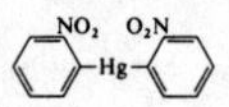

(o-nitrophenyl)$_2$Hg
Hg-00680

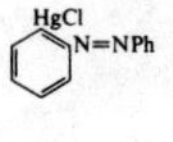

(pyridyl–HgCl, N=NPh)
Hg-00683

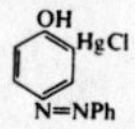

(phenol–HgCl, N=NPh)
Hg-00684

(nitrophenyl–HgPh)
Hg-00685

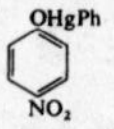

(nitrophenyl–OHgPh)
Hg-00686

$HgPh_2$
Hg-00687

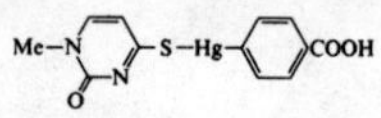

$Me-N\underset{\overset{||}{O}}{\overset{}{}}-S-Hg-C_6H_4-COOH$
Hg-00688

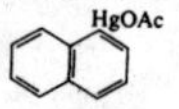

(naphthyl–HgOAc)
Hg-00689

$PhS(O)OHgPh$
Hg-00691

$PhHgSO_2Ph$
Hg-00692

$PhHgSPh$
Hg-00693

$PhHgOHgPh$
Hg-00694

$(PhHgO)_2SO_2$
Hg-00695

$PhHgNHPh$
Hg-00696

$[(PhHg)_2OH]^\oplus$
Hg-00697

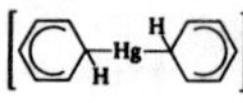

$[Ph–Hg–Ph]^{\oplus\oplus}$ (with H on rings)
Hg-00698

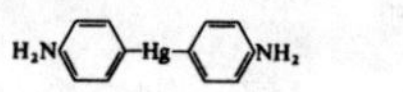

H_2N–C$_6$H$_4$–Hg–C$_6$H$_4$–NH$_2$
Hg-00699

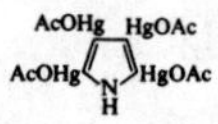

(pyrrole with AcOHg, HgOAc substituents)
Hg-00700

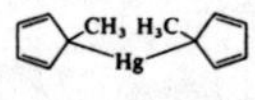

(bis-cyclopentadienyl methane type, CH$_3$, H$_3$C)
Hg-00701

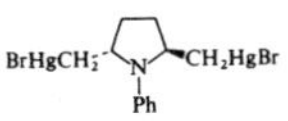

Hg-00702 — trans-form: BrHgCH₂-pyrrolidine-CH₂HgBr, N-Ph

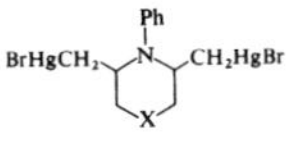

Hg-00703: BrHgCH₂-(N-Ph, X=O piperazine)-CH₂HgBr

Hg-00704: As Hg-00703 with X = S

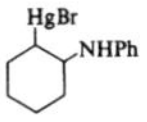

Hg-00705: cyclohexane with HgBr and NHPh substituents

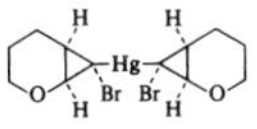

Hg-00706: bis(tetrahydropyranyl)mercury dibromide type structure (H, Br, Hg, Br, H)

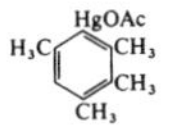

Hg-00707: As Hg-00703 with X = NH

Hg-00708: 2,4,6-trimethylphenyl-HgOAc

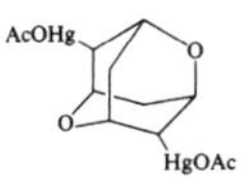

Hg-00709: PhCH₂CH(OMe)CH₂HgOAc

Hg-00710: AcOHg / HgOAc dioxa-adamantane derivative

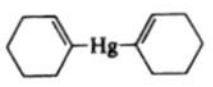

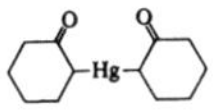

Hg-00711: PhCH(OMe)CH(CH₃)CH(CH₃)HgBr

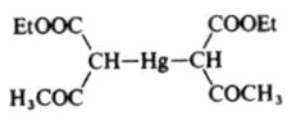

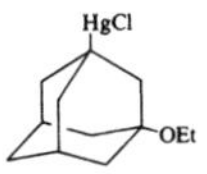

Hg-00712: dicyclohexenyl-Hg

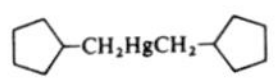

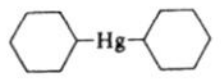

Hg-00713: bis(2-oxocyclohexyl)mercury

Hg-00714: EtOOC-CH(COCH₃)-Hg-CH(COCH₃)-COOEt

Hg-00715: 2-ethoxyadamantyl-HgCl

Hg-00716: cyclopentyl-CH₂-Hg-CH₂-cyclopentyl

Hg-00717: dicyclohexyl-Hg

Hg-00718: (H₃C)₃CCOCH₂HgCH₂COC(CH₃)₃

Hg-00719: H₃C(CH₂)₅Hg(CH₂)₅CH₃

Hg-00720: (EtO)₂CHCH₂HgCH₂CH(OEt)₂

Hg-00721: (Et₃Ge)₂Hg

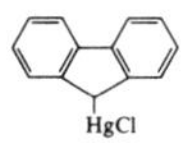

Hg-00722: (Et₃Sn)₂Hg

Hg-00723: 9-fluorenyl-HgCl

Hg-00724: Ph₂CClHgCl

Hg-00725: PhHgCCl₂SO₂Ph

Hg-00726: As Hg-00373 with X = Ph

Hg-00727: PhHgOOCPh

Hg-00728: (PhO)₂CHHgBr

Hg-00729: chlorinated norbornene-derivative with HgCl and OMe

Hg-00730: PhHgNHCOPh

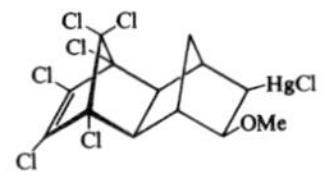

Hg-00731: PhHgCH₂Ph

Hg-00732: 4-CH₃-C₆H₄-SO₂NHgPh

Hg-00733: PhHgNPhSO₂Me

Hg-00734: piperidinyl-COCCl₂HgPh

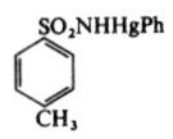

Hg-00735: 2,6-dimethylphenyl-HgOOCCF₃

Hg-00736: (RS,RS)-form; AcOHg-C(CH₃)(H)-C(H)(CH₃)-COPh

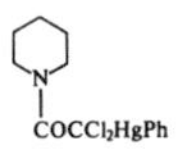

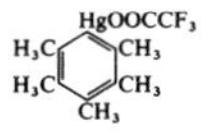

Hg-00737: [(H₃C)₃CCO]₂CHHgOAc

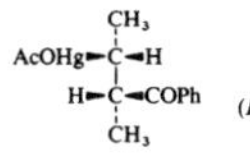

Hg-00738: [(EtO)₂PO]₂C(HgOAc)₂

Hg-00739: As Hg-00640 with X = CH₃

Hg-00740: (3-CF₃-C₆H₄)₂CHHg... (bis(3-trifluoromethylphenyl)methyl)

Hg-00743: bis(cyclopentadienyl-Fe(CO)₂)-Hg

Hg-00744: HOOC-C₆H₄-Hg-C₆H₄-COOH

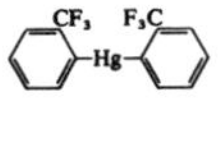

Hg-00745: bis(cyclopentadienyl-Ru(CO)₂)-Hg

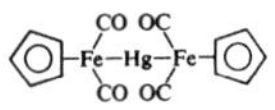

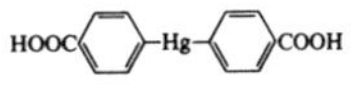

Hg-00746: PhHgC≡CHgPh

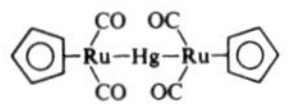

Hg-00747: (E)-form; Ph₂C=C(H)HgBr

Hg-00748: Ph₂C=CHHgBr

Hg-00749: salicylaldimine-N-Me / HgPh tautomers

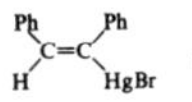

Hg-00750: PhCH(NHPh)CH₂HgCl

Hg-00751: bis(2-methylphenyl)-Hg

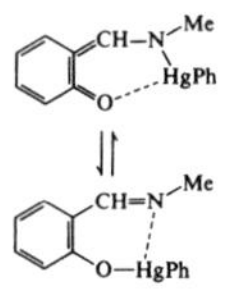

Hg-00754: Hg(CH₂Ph)₂

Hg-00755: 4-MeO-C₆H₄-Hg-C₆H₄-OMe-4

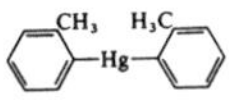

Hg-00756: Hg(CH₂SO₂Ph)₂

Hg-00757: PhSCH₂HgCH₂SPh

Hg-00758: 2-(NMe₂)-C₆H₄-SHgPh

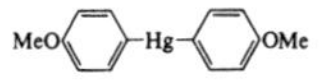

Hg-00759: bis(1-bromocyclohexyl)-Hg

Hg-00760: piperidinyl-CH(CH₂OPh)-HgCl

Hg-00761: bis(hydroxy-norbornyl)-Hg

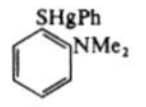

Hg-00762: (EtOOC)₂CHHgCH(COOEt)₂

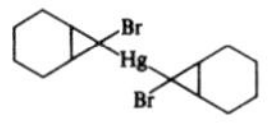

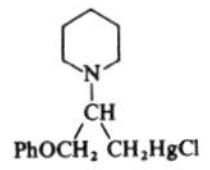

Hg-00763: cyclohexyl-CH₂Hg-CH₂-cyclohexyl

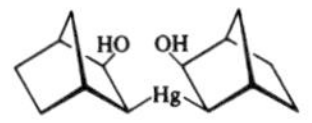

Hg-00764: bis(2-methoxycyclohexyl)-Hg

Hg-00765: Hg[CH₂C(CH₃)₂C(CH₃)₂OH]₂

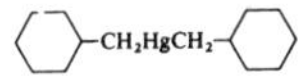

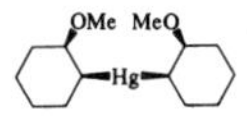

Hg-00766: (Me₂P)₄-Hg macrocycle (tetramethyl tetraphosphine)

Hg-00767: (Me₃Si)₂CHHgCH(SiMe₃)₂

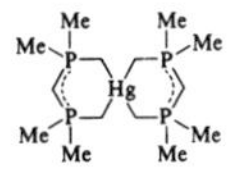

Hg-00768: (4-F-C₆H₄)(4-MeO-C₆H₄)C=C(HgCl)(HgCl)

Hg-00769: R = H; PhHgO-quinolinyl-R (8-hydroxyquinoline derivative)

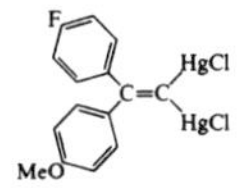

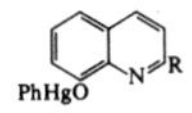

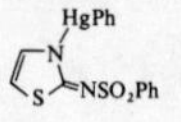

Hg-00770 – Hg-00828

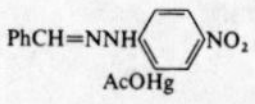

Hg-00770: 1-Phenyl-2-(phenylsulfonylimino)-thiazoline with HgPh group

Hg-00771: PhCH=NNH(C₆H₄)NO₂ with AcOHg — $PhCH=NN(AcOHg)C_6H_4NO_2$

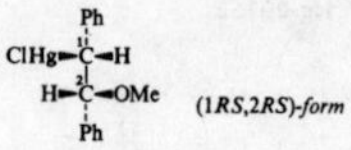

Hg-00772: $(PhSO_2)_2CHHgOAc$

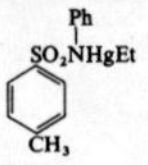

Hg-00773: ClHg-CH(Ph)-CH(OMe)-Ph (1RS,2RS)-form

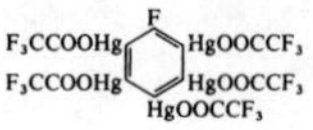

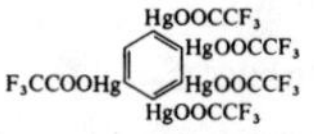

Hg-00774: Ph-SO₂-N(HgEt) attached to tolyl (methylphenyl)

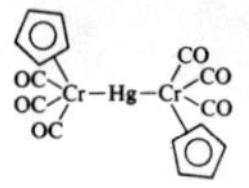

Hg-00775: Trifluoroacetate-substituted phenyl Hg compound — $F_3CCOOHg$, F, $HgOOCCF_3$, $HgOOCCF_3$ on benzene ring

Hg-00776: Tris(trifluoroacetoxymercuri) benzene with $F_3CCOOHg$, $HgOOCCF_3$, $HgOOCCF_3$

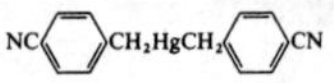

Hg-00777: (OC)₂(Cp)Cr-Hg-Cr(Cp)(CO)₂ type complex

Hg-00778: $PhC≡CHgC≡CPh$

Hg-00779: $PhCOC(N_2)HgC(N_2)COPh$

Hg-00780: $(PhSC≡C)_2Hg$

Hg-00781: $NC-C_6H_4-CH_2HgCH_2-C_6H_4-CN$

Hg-00782: As Hg-00769 with R = CH₃

Hg-00783: $PhCOCH_2HgCH_2COPh$

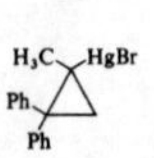

Hg-00784: H₃C–C(HgBr)(Ph)–CH₂ cyclopropane

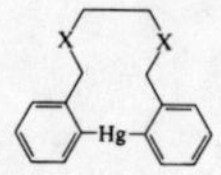

Hg-00785: Dibenzyl Hg macrocycle with X = O (two X-linked benzene rings with Hg bridge)

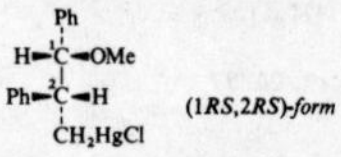

Hg-00786: $Ph_2C(OH)CH_2HgOAc$

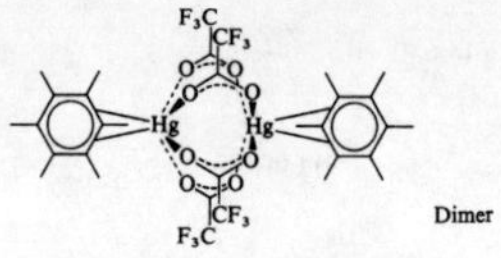

Hg-00787: Ph-CH(OMe)-CH(Ph)-CH₂HgCl (1RS,2RS)-form

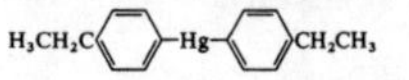

Hg-00788: Pentamethylcyclopentadienyl-Hg complex with CF₃-carboxylate bridges — Dimer

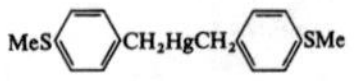

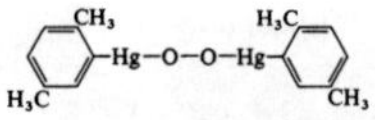

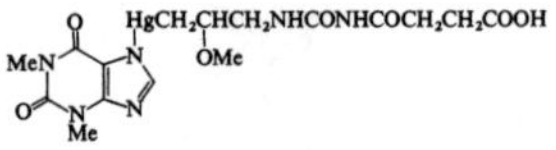

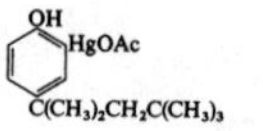

Hg-00790: $H_3CH_2C-C_6H_4-Hg-C_6H_4-CH_2CH_3$

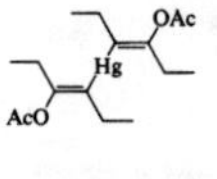

Hg-00791: $MeS-C_6H_4-CH_2HgCH_2-C_6H_4-SMe$

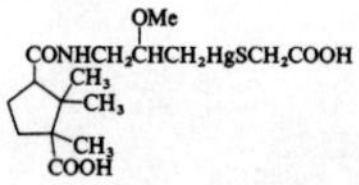

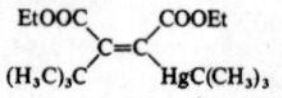

Hg-00792: (o-tolyl)-O-O-Hg-(o-tolyl)

Hg-00793: Caffeine-type derivative: MeN-CH₂CH₂NHCONHCOCH₂CH₂COOH with OMe group on purine

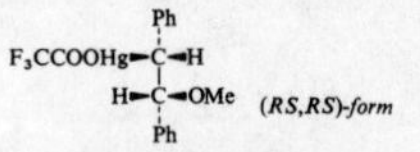

Hg-00794: Phenol-HgOAc with C(CH₃)₂CH₂C(CH₃)₃ substituent

Hg-00795: Et-C(OAc)=C(Et)-Hg-C(Et)=C(Et)-OAc type structure

Hg-00796: Cyclopentane with OMe, CONHCH CH₂HgSCH₂COOH, CH₃, COOH substituents

Hg-00797: $(H_3C)_2C(COOEt)=C(COOEt)HgC(CH_3)_3$

Hg-00798: $H_3C(CH_2)_7Hg(CH_2)_7CH_3$

Hg-00799: $F_3CCOOHg-CH(-)-CH(OMe)-$ (RS,RS)-form

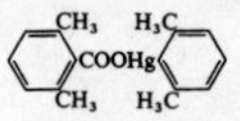

Hg-00800: $Ph(OCPh(OMe)HgOAc$

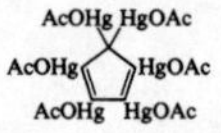

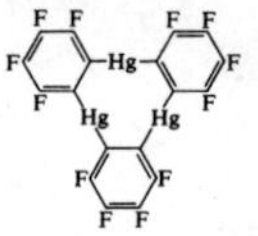

Hg-00801: $AcOCHPhCHPhCH_2HgCl$

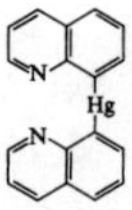

Hg-00802: $AcOCHPhCH_2CHPhHgCl$

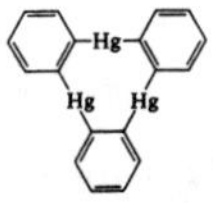

Hg-00803: $(o-tolyl)(o-COOH-phenyl)Hg$

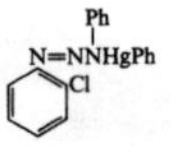

Hg-00804: Cyclopentadiene with AcOHg, HgOAc substituents (multiple)

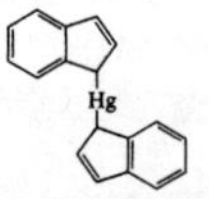

Hg-00805: Bis(pentafluorophenyl) phenyl Hg derivatives

Hg-00806: 8-Quinolinyl-Hg-8-quinolinyl

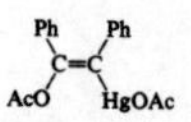

Hg-00807: Triphenyl Hg-bridged structure (dibenzofuran-like with Hg)

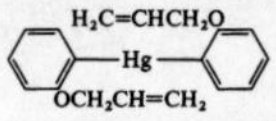

Hg-00808: Ph-N=N-NHPh with HgCl on phenyl

Hg-00809: Indenyl-Hg

Hg-00810: $(PhCOCH=CH)_2Hg$

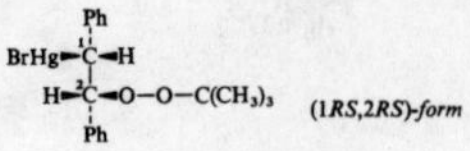

Hg-00811: $PhHgNPhN=NPh$

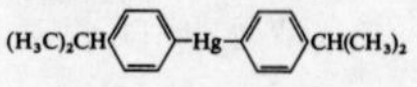

Hg-00812: $AcO-C(Ph)=C(Ph)-HgOAc$

Hg-00813: $H_2C=CHCH_2O-C_6H_4-Hg-C_6H_4-OCH_2CH=CH_2$

Hg-00814: $Ph_2C(OMe)CH_2CH_2HgOAc$

Hg-00815: $BrHg-C(Ph)(H)-C(Ph)(H)-O-O-C(CH_3)_3$ (1RS,2RS)-form

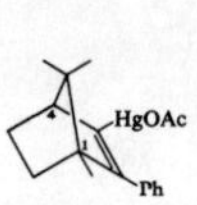

Hg-00816: $(H_3C)_2CH-C_6H_4-Hg-C_6H_4-CH(CH_3)_2$

Hg-00817: As Hg-00785 with X = NMe

Hg-00818: Camphor-type bicyclic with HgOAc and Ph

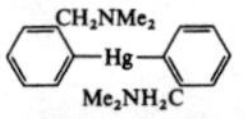

Hg-00819: $PhCH(OMe)CH_2HgCH_2CH(OMe)Ph$

Hg-00820: $o-(Me_2NCH_2)C_6H_4-Hg-C_6H_4(CH_2NMe_2)-o$

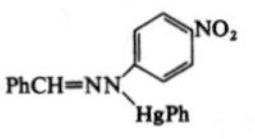

Hg-00821: $[(H_3C)_3CC_5H_4]_2Hg$

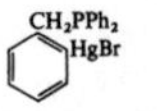

Hg-00822: $PhCH=N-N(HgPh)-C_6H_4-NO_2$

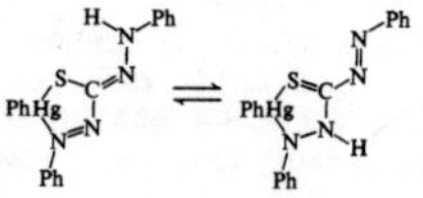

Hg-00823: $o-(Ph_2PCH_2)C_6H_4HgBr$

Hg-00824: Tautomeric thiadiazole Hg structure with PhHg, NHPh, =NPh substituents

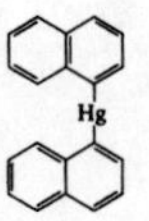

Hg-00825: $PhHgCH(SPh)_2$

Hg-00826: Di(1-naphthyl)Hg

Hg-00828: $[Ph_3PCH(HgCl)COOH]^⊕$

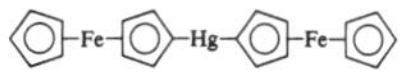

Hg-00829

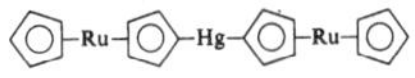

(C5H5Fe)-C6H4-Hg-C6H4-(FeC5H5)

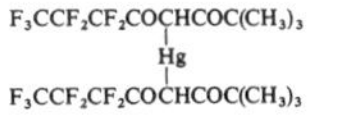

Hg-00830

(C5H5Ru)-C6H4-Hg-C6H4-(RuC5H5)

Hg-00831

F3CCF2CF2COCHCOC(CH3)3
|
Hg
|
F3CCF2CF2COCHCOC(CH3)3

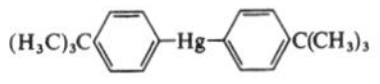

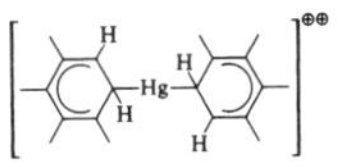

Hg-00832

AcOHgCH2CPh2—O—O—C(CH3)3

Hg-00833

(H3C)3C-C6H4-Hg-C6H4-C(CH3)3

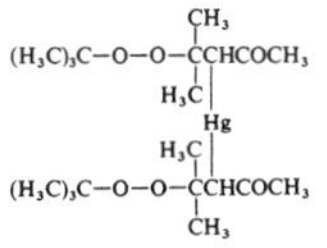

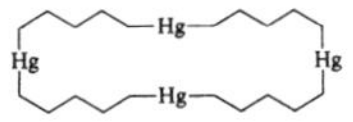

Hg-00834

[(Me5C6)Hg(C6Me5)]⁺⁺ (pentamethylphenyl-Hg cation)

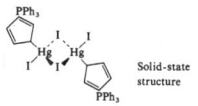

Hg-00835

[(H3C)5C5]2Hg

Hg-00836

(H3C)3C—O—O—CCH3
             |
             CH3
             |
             CH
             |
             Hg
             |
             CH
             |
             CH3
             |
(H3C)3C—O—O—CCHCOCH3

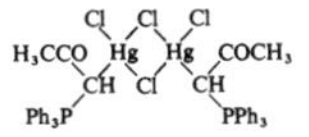

Hg-00837

Macrocycle with two Hg atoms

Hg-00838

H3C(CH2)9Hg(CH2)9CH3

Hg-00839

(Me3Si)3CHgC(SiMe3)3

Hg-00840

     Cl   Cl Cl   Cl
      \ /   \ /
H3CCO—Hg   Hg—COCH3
      /   \
    Ph3P   PPh3

Hg-00841

[(H3C)3CCO]2CHHgCH[COC(CH3)3]2

Hg-00842

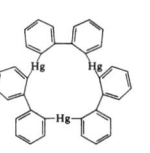

Solid-state structure

Hg-00843

H3C(CH2)11Hg(CH2)11CH3

Hg-00844

(Me3SiCH2)3SnHgSn(CH2SiMe3)3

Hg-00845

(Ph2PO)2CHHgBr

Hg-00846

(Ph2P)2CHHgBr

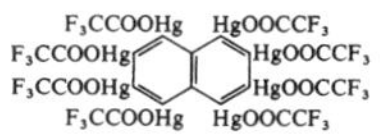

Hg-00847

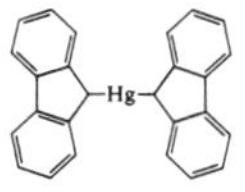

F3CCOOHg   HgOOCCF3
F3CCOOHg—[naphthalene]—HgOOCCF3
F3CCOOHg   HgOOCCF3

Hg-00848

Difluorenyl-Hg

Hg-00849

[Ph3PCH(COPh)HgCl]⁺

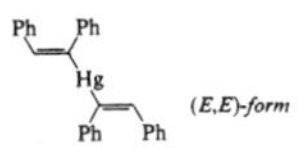

Hg-00850

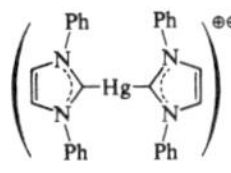

(PhS)2CHHgCH(SPh)2

Hg-00851

Ph   Ph
  \ /
   C=C
  /   \
 Ph   Hg—... (E,E)-form
         \
          C=C
         / \
        Ph   Ph

Hg-00852

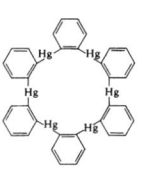

Hg-00853

PhHgN[P(O)(OPh)2]2

Hg-00854

MeOCPh2CH2HgCH2CPh2OMe

Hg-00855

(H3CCH2CH2CH2)3PCo(CO)3—Hg—Co(CO)3P(CH2CH2CH2CH3)3

Hg-00856

    Ph   Hg   Ph
     \ / \ /
      C   C
     / \   / \
   Ph CH3 H3C Ph
        cyclopropyl

Hg-00857

PhCH(OMe)CHCOPh
        |
        Hg
        |
PhCH(OMe)CHCOPh

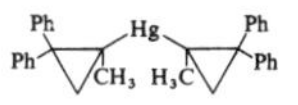

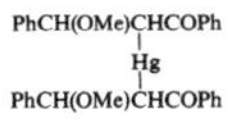

Hg-00858

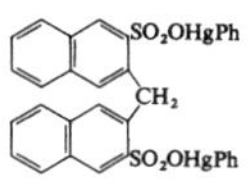

Naphthalene-SO2OHgPh
    |
    CH2
    |
Naphthalene-SO2OHgPh

Hg-00859

(C6F5)3GeHgGe(C6F5)3

Hg-00860

[(C6F5)3Sn]2Hg

Hg-00861

Tetraphenyl macrocycle with Hg

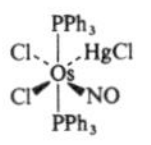

Hg-00862

Tetraphenyl macrocycle with four Hg

Hg-00863

         PPh3
          |
    Cl\ | /HgCl
       Os
    Cl/ | \NO
          |
         PPh3

Hg-00864

Ph3GeHgGePh3

Hg-00865

Ph3SiHgSiPh3

Hg-00866

Ph3SnHgSnPh3

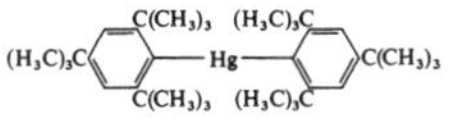

Hg-00867

         C(CH3)3   (H3C)3C
           \   /
(H3C)3C—C6H3—Hg—C6H3—C(CH3)3
           /   \
         C(CH3)3   (H3C)3C

Hg-00868

[Ph3PCH2HgCH2PPh3]⁺⁺

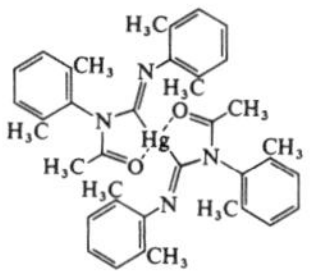

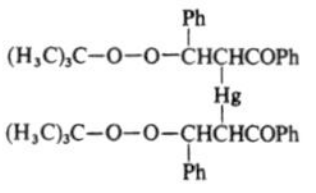

Hg-00869

Carbene-Hg complex with N-aryl substituents

Hg-00870

                Ph
(H3C)3C—O—O—CHCHCOPh
             |
             Hg
             |
(H3C)3C—O—O—CHCHCOPh
                Ph

Hg-00871

(OC)2(Ph3P)(NO)Fe—Hg—Fe(PPh3)(CO)2NO

Hg-00872

Ph3P=C(CN)HgC(CN)=PPh3

Hg-00873

Ph3P=C(COOMe)HgC(COOMe)=PPh3

CBrF$_3$Hg Hg-00001
Bromo(trifluoromethyl)mercury, 9CI
Trifluoromethylmercury bromide
[421-09-0]

$$F_3CHgBr$$

M 349.500
Cryst. (Et$_2$O/hexane). Mp 88.5-90° (sealed tube). Bp$_1$ 120° subl.

Emeleus, H.J. et al, *J. Chem. Soc.*, 1949, 2948 (synth)
Seyferth, D. et al, *J. Organomet. Chem.*, 1972, **46**, 201 (synth, ir, nmr)
Petrosyan, V.S. et al, *J. Organomet. Chem.*, 1974, **72**, 87 (nmr)
Lagow, R.J. et al, *J. Am. Chem. Soc.*, 1975, **97**, 518 (synth, nmr)
Goggin, P.L. et al, *J. Chem. Soc., Dalton Trans.*, 1978, 328 (ir, raman)
Goggin, P.L. et al, *J. Chem. Res. (S)*, 1979, 194 (cmr, nmr)

CClF$_3$Hg Hg-00002
Chloro(trifluoromethyl)mercury, 9CI
Trifluoromethylmercury chloride
[421-10-3]

$$F_3CHgCl$$

M 305.049
Cryst. (Et$_2$O/hexane). Mp 75-6° (sealed tube). Bp$_1$ 90° subl.

Eméleus, H.J. et al, *J. Chem. Soc.*, 1949, 2948 (synth)
Seyferth, D. et al, *J. Organomet. Chem.*, 1972, **46**, 201 (synth, ir, nmr)
Lagow, R.J. et al, *J. Am. Chem. Soc.*, 1975, **97**, 518 (synth, nmr)
Goggin, P.L. et al, *J. Chem. Soc., Dalton Trans.*, 1978, 328 (ir, raman)
Goggin, P.L. et al, *J. Chem. Res., Synop.*, 1979, 194 (cmr, nmr)

CCl$_4$Hg Hg-00003
Chloro(trichloromethyl)mercury
Trichloromethylmercury chloride
[15514-38-2]

$$Cl_3CHgCl$$

M 354.413
:CCl$_2$ source. Cryst. (CHCl$_3$ or C$_6$H$_6$). Mp 193-4°.

Nesmeyanov, A.N. et al, *Dokl. Akad. Nauk SSSR, Ser. Sci. Khim.*, 1957, **114**, 557 (synth)
Logan, T.J., *J. Org. Chem.*, 1963, **28**, 1129 (synth)
Nefedov, O.M. et al, *Tetrahedron Lett.*, 1971, 4125.
Mal'tsev, A.K. et al, *Bull. Acad. Sci. USSR (Engl. Transl.)*, 1974, **23**, 1915 (uv)
Wulfsberg, G. et al, *J. Organomet. Chem.*, 1975, **86**, 303 (nqr)
Goggin, P.L. et al, *J. Chem. Soc., Dalton Trans.*, 1978, 328 (ir, raman)
Goggin, P.L. et al, *J. Chem. Res. (S)*, 1979, 194 (cmr, nmr)

CCl$_4$Hg$_4$ Hg-00004
Tetrakis(chloromercuri)methane
Tetrachloro-μ_4-methanetetrayltetramercury
[70449-14-8]

$$C(HgCl)_4$$

M 956.183
Solid. Insol. most common solvs., sol. DMSO.

Breitinger, D.K. et al, *Z. Naturforsch., B*, 1979, **34**, 390 (synth, ir, raman)
Breitinger, D.K. et al, *J. Organomet. Chem.*, 1980, **191**, 7 (pmr, cmr)
Kress, W. et al, *Ber. Bunsenges Phys. Chem.*, 1981, **85**, 502 (raman)

CF$_3$HgN$_3$ Hg-00005
Azido(trifluoromethyl)mercury, 9CI
Trifluoromethylmercury azide
[51353-52-7]

$$F_3CHgN_3$$

M 311.616
Centrosymmetric dimer in solid state.
Dimer:
 C$_2$F$_6$Hg$_2$N$_6$ M 623.233
 Cryst. (Et$_2$O/cyclohexane or by subl.). Mp 113°. Bp$_{0.005}$ 100° subl. Dimorphous; monoclinic α-form (metastable) and orthorhombic β-form.

Wittel, K. et al, *J. Electron Spectrosc. Relat. Phenom.*, 1975, **7**, 365 (pe)
Flegler, K.H. et al, *Z. Anorg. Allg. Chem.*, 1976, **426**, 288 (synth, ir, ms, nmr)
Brauer, D.J. et al, *J. Organomet. Chem.*, 1978, **160**, 389 (cryst struct, ir, raman)

CF$_4$Hg$_4$ Hg-00006
Tetrakis(fluoromercuri)methane
Tetrafluoro-μ_4-methanetetrayltetramercury, 10CI
[70449-13-7]

$$C(HgF)_4$$

M 890.365
Solid. Insol. most org. solvs., partly sol. DMSO.

Breitinger, D. et al, *Z. Naturforsch., B*, 1979, **34**, 390 (synth, ir, raman)

CHCl$_3$Hg$_3$ Hg-00007
Tris(chloromercuri)methane
Trichloro-μ_3-methylidynetrimercury, 10CI
[75052-73-2]

$$HC(HgCl)_3$$

M 721.148
Cryst. (THF). Readily sol. DMSO, sol. HMPT, insol. Py, dioxan, MeCN, CCl$_4$. Dec. >320°.

Breitinger, D.K. et al, *J. Organomet. Chem.*, 1980, **191**, 7 (synth, cmr, pmr)
Kress, W. et al, *Ber. Bunsenges Phys. Chem.*, 1981, **85**, 502 (raman)

CH$_2$Br$_2$Hg Hg-00008
Bromo(bromomethyl)mercury
Bromomethylmercury bromide
[3043-41-2]

$$BrCH_2HgBr$$

M 374.425
:CH$_2$ source (in presence of Ph$_2$Hg). Micaceous scales (EtOH). Mp 126-8°.

Freidlina, R.Kh. et al, *Ber.*, 1936, **69**, 2019 (synth)
Dodd, D. et al, *J. Chem. Soc. (A)*, 1968, 34 (synth, ir, pmr)

CH₂Cl₂Hg₂   Hg-00009
Bis(chloromercuri)methane
Dichloro-μ-methylenedimercury, 9CI.
Methylenebis[chloromercury]
[42429-32-3]

$$ClHgCH_2HgCl$$

M 486.113
Needles (DMSO/MeOH or DMSO aq.). Mp 257°.

Matteson, D.S. et al, *J. Organomet. Chem.*, 1973, **54**, 35 (*synth, pmr*)
Breitinger, D.K. et al, *J. Organomet. Chem.*, 1980, **191**, 7; 1983, **243**, 245 (*pmr, cmr*)
Jensen, K.P. et al, *Z. Naturforsch., B*, 1981, **36**, 188 (*cryst struct*)
Kress, W. et al, *Ber. Bunsenges. Phys. Chem.*, 1981, **85**, 502 (*raman*)
Kress, W. et al, *J. Organomet. Chem.*, 1983, **246**, 1 (*pmr, cmr*)

CH₂HgI₂   Hg-00010
Iodo(iodomethyl)mercury
Iodomethylmercury iodide
[141-51-5]

$$ICH_2HgI$$

M 468.426
:CH₂ source in presence of Ph₂Hg. Pale-yellow cryst. (CH₂I₂). Mp 113-6°.

Blanchard, E.P. et al, *J. Organomet. Chem.*, 1965, **3**, 97 (*synth, ir*)
Seyferth, D. et al, *J. Am. Chem. Soc.*, 1969, **91**, 5027 (*use*)
Seyferth, D. et al, *J. Organomet. Chem.*, 1972, **39**, C41 (*use*)
Fieser, M. et al, *Reagents for Organic Synthesis*, Wiley, 1967-83, **1**, 506 (*use*)

CH₃BrHg   Hg-00011
Bromomethylmercury, 9CI
Methylmercury bromide
[506-83-2]

$$MeHgBr$$

M 295.529
Plates (EtOH). Mp 172°. Dipole moment 3.16D.

Slotta, K.H. et al, *J. Prakt. Chem.*, 1929, **120**, 249 (*synth*)
Hatton, J.V. et al, *J. Chem. Phys.*, 1963, **39**, 1330 (*pmr*)
Bryuchova, E.V. et al, *J. Chem. Soc., Chem. Commun.*, 1972, 1216 (*nqr*)
Wittel, K. et al, *J. Electron. Spectrosc. Relat. Phenom.*, 1974, **5**, 1115 (*pe*)
Sens, M.A. et al, *J. Magn. Reson.*, 1975, **19**, 323 (*nmr*)
Walls, C. et al, *J. Chem. Soc., Faraday Trans. 2*, 1975, **71**, 1091 (*microwave, struct*)
Brown, A.J. et al, *J. Chem. Soc., Dalton Trans.*, 1976, 1589 (*cmr*)
Glockling, F. et al, *Inorg. Chim. Acta*, 1976, **19**, 267 (*ms*)
Goggin, P.L. et al, *J. Chem. Soc., Faraday Trans. 2*, 1976, **72**, 1025 (*ir, raman*)
Breitinger, D.K. et al, *J. Organomet. Chem.*, 1983, **256**, 217 (*uv*)

CH₃ClHg   Hg-00012
Chloromethylmercury, 9CI
Methylmercury chloride
[115-09-3]

$$MeHgCl$$

M 251.078
Plates (EtOH). Mp 170°. Dipole moment 2.99D. λ_{max} 206 nm, log ϵ = 3.17.
▷OW1225000.

Slotta, K.H. et al, *J. Prakt. Chem.*, 1929, **120**, 249 (*synth*)
Grdenic, D.R. et al, *Zh. Fiz. Khim.*, 1949, **23**, 1161 (*cryst struct*)
Hatton, J.V. et al, *J. Chem. Phys.*, 1963, **39**, 1330 (*pmr*)
Bryuchova, E.V. et al, *J. Chem. Soc., Chem. Commun.*, 1972, 1216 (*nqr*)
Borzo, M. et al, *J. Magn. Reson.*, 1975, **19**, 279 (*nmr*)
Walls, C. et al, *J. Chem. Soc., Faraday Trans. 2*, 1975, **71**, 1091 (*microwave, struct*)
Brown, A.J. et al, *J. Chem. Soc., Dalton Trans.*, 1976, 1589 (*cmr*)
Glockling, F. et al, *Inorg. Chim. Acta*, 1976, **19**, 267 (*ms*)
Goggin, P.L. et al, *J. Chem. Soc., Faraday Trans. 2*, 1976, **72**, 1025 (*ir, raman*)
Breitinger, D.K. et al, *J. Organomet. Chem.*, 1983, **256**, 217 (*uv*)

CH₃FHg   Hg-00013
Fluoromethylmercury, 9CI
Methylmercury fluoride
[420-08-6]

$$MeHgF$$

M 234.623
Cryst. $Bp_{0.1}$ 80-90° subl. log K_{formn} 1.5 (H₂O, 20°).

Breitinger, D. et al, *J. Organomet. Chem.*, 1971, **30**, C49 (*synth, ir, raman*)
Naumann, D. et al, *J. Fluorine Chem.*, 1983, **23**, 37 (*synth*)

CH₃HgI   Hg-00014
Iodomethylmercury, 9CI
Methylmercury iodide
[143-36-2]

$$MeHgI$$

M 342.529
Plates (EtOH or MeOH). Mp 145°. λ_{max} 260 (log ϵ 3.89), 230 nm (3.60). Forms complex with MeHgCl. Dipole moment 3.32D.

Hinkel, L.E. et al, *J. Chem. Soc.*, 1927, 1948 (*synth*)
Hatton, J.V. et al, *J. Chem. Phys.*, 1963, **39**, 1330 (*pmr*)
Bryuchova, E.V. et al, *J. Chem. Soc., Chem. Commun.*, 1972, 1216 (*nqr*)
Wittel, K. et al, *J. Electron. Spectrosc. Relat. Phenom.*, 1974, **5**, 1115 (*pe*)
Sens, M.A. et al, *J. Magn. Reson.*, 1975, **19**, 323 (*nmr*)
Walls, C. et al, *J. Chem. Soc., Faraday Trans. 2*, 1975, **71**, 1091 (*microwave, struct*)
Brown, A.J. et al, *J. Chem. Soc., Dalton Trans.*, 1976, 1589 (*cmr*)
Glockling, F. et al, *Inorg. Chim. Acta*, 1976, **19**, 267 (*ms*)
Goggin, P.L. et al, *J. Chem. Soc., Faraday Trans. 2*, 1976, **72**, 1025 (*ir, raman*)
Tajima, K. et al, *Bull. Chem. Soc. Jpn.*, 1980, **53**, 2114.

CH₃HgNO₃   Hg-00015
Methyl(nitrato-O)mercury, 9CI
Methylmercury nitrate
[2374-27-8]

$$MeHgNO_3$$

M 277.630
Cryst. (Et₂O/pentane). Sol. H₂O. Mp 58-9°. Dissociates in H₂O.

Johns, I.B. et al, *J. Am. Chem. Soc.*, 1930, **52**, 2820 (*synth*)
Goggin, P.L. et al, *Trans. Faraday Soc.*, 1962, **58**, 1495 (*raman*)
Chew, K.F. et al, *J. Chem. Soc., Dalton Trans.*, 1975, 1315 (*nmr*)
Canty, A.J. et al, *Inorg. Chem.*, 1976, **15**, 425 (*cmr, pmr*)

Kawasaki, Y. et al, *Bull. Chem. Soc. Jpn.*, 1976, **49**, 3478 (*synth, cmr, pmr*)
Albright, M.J. et al, *J. Organomet. Chem.*, 1979, **172**, 99 (*nmr*)
Jokisaari, J. et al, *Mol. Phys.*, 1980, **39**, 715 (*struct*)

CH$_3$HgN$_3$ — Hg-00016
Azidomethylmercury
Methylmercury azide
[7568-38-9]

$$MeHgN_3$$

M 257.645
Monomeric in C$_6$H$_6$ soln. Leaflets (EtOH or by subl.). Sol. MeOH, hot EtOH, Me$_2$CO, spar. sol. CCl$_4$. Mp 130°. Detonated by shock with difficulty.
▷Violent dec. at 200°, potential explosive

Perret, A. et al, *Helv. Chim. Acta*, 1933, **16**, 848.
Dehnicke, K. et al, *J. Organomet. Chem.*, 1968, **11**, 227 (*synth, ir, raman, pmr*)
Scheffold, R., *Helv. Chim. Acta*, 1969, **52**, 56 (*synth, pmr, ir*)
Lorberth, J. et al, *J. Organomet. Chem.*, 1971, **32**, 145 (*ms*)
Müller, U., *Z. Naturforsch., B*, 1973, **28**, 426 (*cryst struct*)

CH$_4$HgO — Hg-00017
Hydroxymethylmercury, 9CI
Methylmercury hydroxide
[1184-57-2]

$$MeHgOH$$

M 232.632
Defoliant, epoxidation catalyst. Flakes with unpleasant odour. Mp 137°. Formn. constant 10$^{9.30}$ H$_2$O, 25°).
▷OW4900000.

Slotta, K.H. et al, *J. Prakt. Chem.*, 1929, **120**, 249 (*synth*)
Librich, S. et al, *Anal. Chem.*, 1973, **45**, 118 (*pmr*)
Ingman, F. et al, *Acta Chem. Scand., Part A*, 1974, **28**, 947.
Rabenstein, D.L. et al, *Anal. Chem.*, 1975, **47**, 338.
Brown, A.J. et al, *J. Chem. Soc., Dalton Trans.*, 1976, 1589 (*cmr*)
Abbondandolo, A., *CA*, 1980, **93**, 39112 (*tox*)

CH$_6$HgN$^⊕$ — Hg-00018
Amminemethylmercury(1+), 8CI
Methylmercuriammonium(1+)

$$MeHgNH_3^⊕ \ (C_{3v})$$

M 232.655 (ion)
Perchlorate: [22189-51-1].
CH$_6$ClHgNO$_4$ M 332.106
Cryst. (2-propanol/Et$_2$O). Sol. H$_2$O, alcohols, MeCN, insol. Et$_2$O, hexane. Mp 164°.

Breitinger, D. et al, *J. Organomet. Chem.*, 1968, **15**, P21 (*synth*)
Dao, N.Q. et al, *Spectrochim. Acta, Part A*, 1971, **27**, 905 (*ir*)

C$_2$BrCl$_3$Hg — Hg-00019
Bromo(trichlorovinyl)mercury, 8CI
Bromo(trichloroethenyl)mercury, 9CI. (Bromomercuri)-trichloroethylene
[26037-69-4]

$$Cl_2C=CClHgBr$$

M 410.875
Cryst. (MeOH). Mp 99-100°.

Seyferth, D. et al, *Inorg. Chem.*, 1962, **1**, 185 (*synth, ir*)
Nesmeyanov, A.N. et al, *Bull. Acad. Sci. USSR, Div. Chem. Sci.*, 1969, 1785 (*nqr*)

C$_2$Br$_6$Hg — Hg-00020
Bis(tribromomethyl)mercury
[21112-87-8]

$$Hg(CBr_3)_2$$

M 704.036
:CBr$_2$ source. Cryst. (CH$_2$Cl$_2$). Mp 148° dec. Dec. at 90° in soln.

Robson, R. et al, *J. Organomet. Chem.*, 1968, **15**, 7 (*synth, ir, use*)

C$_2$Cl$_6$Hg — Hg-00021
Bis(trichloromethyl)mercury
[6795-81-9]

$$Hg(CCl_3)_2$$

M 437.330
:CCl$_2$ source. Cryst. (CHCl$_3$). Mp 146.5-148.5° (140-1°).

Logan, T.J. et al, *J. Org. Chem.*, 1963, **28**, 1129 (*synth*)
Köbrich, G. et al, *Chem. Ber.*, 1966, **99**, 1793 (*synth*)
Mal'tsev, A.K. et al, *Bull. Acad. Sci. USSR (Engl. Transl.)*, 1974, **23**, 1915 (*uv*)
Wulfsberg, G. et al, *J. Organomet. Chem.*, 1975, **86**, 303 (*nqr*)
Goggin, P.L. et al, *J. Chem. Soc., Dalton Trans.*, 1978, 328 (*ir, raman*)
Goggin, P.L. et al, *J. Chem. Res. (S)*, 1979, 194 (*cmr, nmr*)

C$_2$F$_2$HgN$_4$O$_8$ — Hg-00022
Bis(fluorodinitromethyl)mercury
[17795-40-3]

$$(O_2N)_2CFHgCF(NO_2)_2$$

M 446.631
Solid. Mp 147°.

Okhlobystina, L.V. et al, *Bull. Acad. Sci. USSR, Div. Chem. Sci.*, 1969, 641 (*synth*)
Butin, K.P. et al, *J. Organomet. Chem.*, 1979, **175**, 157 (*polarog*)

C$_2$F$_3$HgNO — Hg-00023
(Cyanato-N)(trifluoromethyl)mercury
Trifluoromethylmercury isocyanate
[51353-51-6]

$$F_3CHgNCO$$

M 311.613
Dimeric in solid state.
Dimer:
C$_4$F$_6$Hg$_2$N$_2$O$_2$ M 623.227
Mp 101°. Bp$_{0.005}$ 90° subl. Slowly dec. in soln. to (F$_3$C)$_2$Hg.

Wittel, K. et al, *J. Electron. Spectrosc. Relat. Phenom.*, 1975, **7**, 365 (*pe*)
Flegler, K.H. et al, *Z. Anorg. Allg. Chem.*, 1976, **426**, 288 (*synth, nmr, ir, ms*)
Brauer, D.J. et al, *J. Organomet. Chem.*, 1978, **160**, 389 (*cryst struct, ir, raman*)

C₂F₆Hg   Hg-00024
Bis(trifluoromethyl)mercury
[371-76-6]

$$Hg(CF_3)_2$$

M 338.602

:CF₂ source, insecticide. Cryst. by subl. with pungent odour. Sol. H₂O. Mp 163° (sealed tube). Aq. soln. has low conductivity. Dec. at ~160°.

Eméleus, H.J. *et al*, *J. Chem. Soc.*, 1949, 2953 (synth)
Lagow, R.J. *et al*, *J. Am. Chem. Soc.*, 1975, **97**, 518 (synth, ir, nmr, ms)
Brauer, D.J. *et al*, *J. Organomet. Chem.*, 1977, **135**, 281 (cryst struct, ir, raman)
Goggin, P.L. *et al*, *J. Chem. Soc., Dalton Trans.*, 1978, 328 (ir, raman)
Oberhammer, H., *J. Mol. Struct.*, 1978, **48**, 389.
Goggin, P.L. *et al*, *J. Chem. Res. (S)*, 1979, 194 (cmr, nmr)
Schmeisser, M. *et al*, *Z. Anorg. Allg. Chem.*, 1980, **464**, 233 (synth, ir, raman, nmr)

C₂HCl₃Hg₃O   Hg-00025
Tris(chloromercuri)acetaldehyde
Trichloro-[μ₃-(formylmethylidyne)]trimercury
[21969-31-3]

$$(ClHg)_3CCHO$$

M 749.158
Solid. Dec. at 210°.

DMF adduct: [84786-49-2].
C₅H₈Cl₃Hg₃NO₂   M 822.253
Cryst. (DMF/Me₂CO/EtOH). Dec. at 195°.

DMSO adduct: [84790-22-7].
C₄H₇Cl₃Hg₃O₂S   M 827.287
Cryst. (DMSO). Insol. Me₂CO. Dec. at 190°.

Biltz, H. *et al*, *Ber.*, 1904, **37**, 4417 (synth)
Sikirica, M. *et al*, *Cryst. Struct. Commun.*, 1982, **11**, 1571 (cryst struct)
Grdenic, D. *et al*, *J. Organomet. Chem.*, 1982, **238**, 327 (synth, ir, cryst struct)

C₂H₂BrClHg   Hg-00026
Bromo(2-chlorovinyl)mercury, 8CI
Bromo(2-chloroethenyl)mercury, 9CI. *β-Chlorovinylmercury bromide*. *1-Bromomercuri-2-chloroethylene*

$$ClCH{=}CHHgBr$$

M 341.985

(E)-form [22465-95-8]
Mp 114-5°, 122° dec.

(Z)-form [22465-94-7]
Cryst. (Et₂O/hexane). Mp 77°.

Nesmeyanov, A.N. *et al*, *J. Organomet. Chem.*, 1968, **15**, 279 (ir, pmr)
Nesmeyanov, A.N. *et al*, *Bull. Acad. Sci. USSR (Engl. Transl.)*, 1970, 804 (synth, ir, pmr)
Bryukhova, E.V. *et al*, *Bull. Acad. Sci. USSR (Engl. Transl.)*, 1974, **23**, 448 (nqr)
Kolodyazhnyi, Yu.V. *et al*, *J. Gen. Chem. USSR (Engl. Transl.)*, 1976, **46**, 1762 (synth)
Nesmeyanov, A.N. *et al*, *Bull. Acad. Sci. USSR (Engl. Transl.)*, 1980, **29**, 1617 (ir, raman)

C₂H₂Br₄Hg   Hg-00027
Bis(dibromomethyl)mercury
[2612-40-0]

$$Hg(CHBr_2)_2$$

M 546.244
Cryst. (C₆H₆/THF). Mp 168°.

Villieras, J. *et al*, *Bull. Soc. Chim. Fr.*, 1975, 1797 (synth)

C₂H₂Cl₂Hg   Hg-00028
Chloro(1-chlorovinyl)mercury
Chloro(1-chloroethenyl)mercury, 9CI. *1-Chloro-1-chloromercuriethylene*. *1-Chlorovinylmercury chloride*
[61906-99-8]

$$H_2C{=}CClHgCl$$

M 297.534
Cryst. (Et₂O). Mp 129-129.5°. Dec. above ~−10°.

Kazankova, M.A. *et al*, *J. Gen. Chem. USSR (Engl. Trans.)*, 1976, **46**, 2367 (synth, ir, pmr)

C₂H₂Cl₂Hg   Hg-00029
Chloro(2-chlorovinyl)mercury, 8CI
Chloro(2-chloroethenyl)mercury, 9CI. *β-Chlorovinylmercury chloride*. *1-Chloro-2-chloromercuriethylene*

$$ClCH{=}CHHgCl$$

M 297.534

(E)-form [1190-78-9]
Cryst. (CCl₄/C₆H₆). Mp 125-6°. Partial isomerisation to Z-form on heating (140°). Liberates HC≡CH on reaction with nucleophiles.

(Z)-form [2350-34-7]
Cryst. (CCl₄). Mp 59-61°. Partial isomerisation to (E)-form on heating.

Wells, P.R. *et al*, *Aust. J. Chem.*, 1964, **17**, 1204 (synth, pmr)
Parkhomov, V.I. *et al*, *J. Struct. Chem. (Engl. Transl.)*, 1966, **7**, 798 (cryst struct)
Nesmeyanov, A.N. *et al*, *J. Organomet. Chem.*, 1968, **15**, 279 (synth, ir, pmr)
Nesmeyanov, A.N. *et al*, *Bull. Acad. Sci. USSR (Engl. Transl.)*, 1970, 840 (synth, ir, pmr)
Nesmeyanov, A.N. *et al*, *Bull. Acad. Sci. USSR (Engl. Transl.)*, 1980, **29**, 1617 (ir, raman)
Fedorov, L.A. *et al*, *J. Struct. Chem. (Engl. Transl.)*, 1982, **23**, 665 (pmr, cmr)

C₂H₂Cl₂Hg₂   Hg-00030
1,1-Bis(chloromercuri)ethylene
Dichloro-μ-ethenylidenedimercury, 10CI
[67091-28-5]

$$H_2C{=}C(HgCl)_2$$

M 498.124
Solid. Mp >250°.

Mendoza, A. *et al*, *J. Organomet. Chem.*, 1978, **152**, 1 (synth, pmr)

C₂H₂Cl₂Hg₂   Hg-00031
1,2-Bis(chloromercuri)ethylene
Dichloro-μ-vinylenedimercury, 8CI. *1,2-Bis(chloromercuri)ethene*
[17507-60-7]

$$ClHgCH{=}CHHgCl$$

M 498.124

(E)-(?)-form
Insol. most org. solvs. Dec. at 250° without melting.
Nesmeyanov, A.N. et al, Bull. Acad. Sci. USSR (Engl. Transl.), 1967, 1101 (synth, ir)

$C_2H_2Cl_4Hg$ — Hg-00032
Bis(dichloromethyl)mercury, 9CI

[6795-78-4]

$$Hg(CHCl_2)_2$$

M 368.440
Cryst. (EtOH). Mp 154-5°.
Köbrich, G. et al, Chem. Ber., 1966, 99, 1782.

C_2H_3BrHg — Hg-00033
Bromovinylmercury, 8CI

Bromoethenylmercury, 9CI. *Vinylmercury bromide. Bromomercuriethylene*

[16188-37-7]

$$H_2C=CHHgBr$$

M 307.540
Cryst. (Et_2O). Mp 168-70°.
Seyferth, D., J. Org. Chem., 1957, 22, 478 (synth)
Coates, G.E. et al, J. Chem. Soc., 1964, 166 (ir)
Wells, P.R. et al, Tetrahedron Lett., 1964, 1029 (pmr)
Mink, J. et al, Acta Chim. (Budapest), 1971, 67, 435; CA, 75, 27578 (ir, raman)
Baidin, V.N. et al, Bull. Acad. Sci. USSR (Engl. Transl.), 1981, 30, 2362 (pe)

C_2H_3BrHgO — Hg-00034
Bromo(2-oxoethyl)mercury, 9CI

Bromo(formylethyl)mercury, 8CI. *(Bromomercuri)acetaldehyde. 2-Oxoethylmercury bromide*

[41935-95-9]

$$BrHgCH_2CHO$$

M 323.539
Fungicide, marine antifouling agent. Cryst. (H_2O). Mp 138-9°.
Nesmeyanov, A.N. et al, Izv. Akad. Nauk SSSR, Ser. Khim., 1957, 942; CA, 52, 4476 (synth)
Bryukhova, E.V. et al, Bull. Acad. Sci. USSR (Engl. Transl.), 1974, 23, 448 (nqr)

$C_2H_3BrHgO_2$ — Hg-00035
Bromo(carboxymethyl)mercury, 8CI

(Bromomercuri)acetic acid. (Carboxymethyl)mercury bromide

[6245-84-7]

$$BrHgCH_2COOH$$

M 339.539
Mp 197°.
Lutsenko, I.F. et al, Dokl. Akad. Nauk SSSR, Ser. Sci. Khim., 1961, 141, 1107.
Foss, V.L. et al, Zh. Obshch. Khim., 1963, 33, 1927 (synth)
Epshtein, L.M. et al, J. Struct. Chem. (Engl. Transl.), 1967, 8, 911 (ir)

C_2H_3ClHg — Hg-00036
Chlorovinylmercury, 8CI

Chloroethenylmercury, 9CI. *Vinylmercury chloride. Chloromercuriethylene*

[762-55-0]

$$H_2C=CHHgCl$$

M 263.089
Fungicide. Cryst. (Et_2O). Mp 185.5-186.5°.
Seyferth, D., J. Org. Chem., 1957, 22, 478 (synth)
Mink, J. et al, Acta Chim. (Budapest), 1971, 67, 435; CA, 75, 27578 (raman, ir)

C_2H_3ClHgO — Hg-00037
Chloro(2-oxoethyl)mercury, 9CI

Chloro(formylmethyl)mercury, 8CI. *(Chloromercuri)acetaldehyde. 2-Oxoethylmercury chloride*

[5321-77-7]

$$ClHgCH_2CHO$$

M 279.088
Fungicide, marine antifouling agent. Cryst. (H_2O). Mp 130-1°.
Nesmeyanov, A.N. et al, Izv. Akad. Nauk SSSR, Ser. Khim., 1957, 4476 (synth)
Epshtein, L.M. et al, J. Struct. Chem. (Engl. Transl.), 1967, 8, 911 (ir)
Breuer, S.W. et al, J. Chem. Soc. (C), 1971, 3519 (ms)
Bryukhova, E.V. et al, Bull. Acad. Sci. USSR (Engl. Transl.), 1974, 23, 448 (nqr)
Nesmeyanov, A.N. et al, Dokl. Chem. (Engl. Transl.), 1975, 224, 602 (raman)
Nesmeyanov, A.N. et al, Dokl. Akad. Nauk SSSR, Ser. Sci. Khim., 1978, 241, 869 (ms)
Halfpenny, J. et al, Acta Crystallogr., Sect. B, 1979, 35, 1239 (cryst struct)
Nesmeyanov, A.N. et al, J. Organomet. Chem., 1979, 172, 133 (cmr, raman, pe)
Grishin, Yu.K. et al, Bull. Acad. Sci. USSR (Engl. Transl.), 1982, 31, 920 (nmr)

$C_2H_3ClHgO_2$ — Hg-00038
(Chloromercuri)acetic acid

$$ClHgCH_2COOH$$

M 295.088
Me ester: [53235-00-0]. *Chloro(2-methoxy-2-oxoethyl)mercury*, 9CI. *Methyl(chloromercuri)acetate. (2-Methoxy-2-oxoethyl)mercury chloride. (Carboxymethyl)mercury chloride. (Carboxymethyl)chloromercury.*
$C_3H_5ClHgO_2$ M 309.114
Cryst. (MeOH). Mp 83°.
Lutsenko, I.F. et al, Dokl. Akad. Nauk SSSR, Ser. Sci. Khim., 1961, 141, 1107 (synth)
Foss, V.L. et al, Zh. Obshch. Khim., 1963, 33, 1927; CA, 60, 540 (synth)
Kazankova, M.A. et al, J. Gen. Chem. USSR (Engl. Transl.), 1976, 46, 1387 (synth, pmr)

C_2H_3HgI — Hg-00039
Iodovinylmercury, 8CI

Ethenyliodomercury, 9CI. *Vinylmercury iodide*

[16188-36-6]

$$H_2C=CHHgI$$

M 354.540
Cryst. (Et_2O or $CHCl_3$). Mp 150-2°.
Seyferth, D., J. Org. Chem., 1957, 22, 478 (synth)
Seyferth, D. et al, Inorg. Chem., 1962, 1, 185 (synth)
Mink, J. et al, Acta Chim. (Budapest), 1971, 67, 435; CA, 75, 27578 (raman, ir)
Bryukhova, E.V. et al, Bull. Acad. Sci. USSR, Div. Chem. Sci., 1974, 23, 448 (nqr)

C₂H₃HgN   Hg-00040
(Cyano-C)methylmercury, 9CI
Methylmercury cyanide
[2597-97-9]

$$MeHgCN$$

M 241.642

Seed disinfectant. Cryst. (C_6H_6/hexane or $CHCl_3$), stable up to 100°. V. sol. H_2O, alcohols, C_6H_6, sol. Et_2O. Mp 91-3°. log K_{stab} 14.1 (H_2O, 20°). Sublimes.
▷OW2000000.

Coates, J.E. et al, *J. Chem. Soc.*, 1928, 540 (synth)
Mills, J.C. et al, *J. Organomet. Chem.*, 1968, **14**, 33 (cryst struct)
Burroughs, P. et al, *J. Chem. Soc., Chem. Commun.*, 1974, 921 (pe)
Bach, R.D. et al, *J. Am. Chem. Soc.*, 1976, **98**, 6241 (synth, pmr, ms)
Brown, A.J. et al, *J. Chem. Soc., Dalton Trans.*, 1976, 1589 (cmr)
Kawasaki, Y. et al, *Bull. Chem. Soc. Jpn.*, 1976, **49**, 3478 (pmr)
Goggin, P.L. et al, *J. Chem. Res., Synop.*, 1979, 194 (cmr, nmr)
Imai, Y. et al, *J. Inorg. Nucl. Chem.*, 1979, **41**, 963 (ir, raman)
Breitinger, D.K. et al, *J. Organomet. Chem.*, 1983, **256**, 217 (uv)

C₂H₃HgNS   Hg-00041
Methyl(thiocyanato-S)mercury, 9CI
Methylmercury thiocyanate
[2777-40-4]

$$MeHgSCN$$

M 273.702

Cryst. (MeOH or C_6H_6). Mp 125°. log K_{stab} 6.05 (H_2O, 25°).

Ford, D.N. et al, *J. Chem. Soc., Chem. Commun.*, 1967, 616 (pmr)
Cooney, R.P.J. et al, *Aust. J. Chem.*, 1969, **22**, 2117 (ir, raman)
Relf, J. et al, *J. Organomet. Chem.*, 1972, **39**, 75 (pmr, synth, ir, raman)
Bach, R.D. et al, *J. Am. Chem. Soc.*, 1976, **98**, 6241 (synth, pmr, ms)
Brown, A.J. et al, *J. Chem. Soc., Dalton Trans.*, 1976, 1589 (cmr)
Breitinger, D.K. et al, *J. Organomet. Chem.*, 1983, **256**, 217 (uv)

C₂H₄Br₂Hg   Hg-00042
Bis(bromomethyl)mercury
[23265-89-6]

$$Hg(CH_2Br)_2$$

M 388.452

:CH_2 source. Cryst. ($CHCl_3$/hexane or pentane). Mp 43-44.5°. Stable in refluxing C_6H_6.

Hellerman, L. et al, *J. Am. Chem. Soc.*, 1932, **54**, 2859 (synth)
Freidlina, R.Kh., *Ber., B*, 1936, **69**, 2019 (synth)
Seyferth, D. et al, *J. Am. Chem. Soc.*, 1969, **91**, 5027 (use)
Seyferth, D. et al, *J. Organomet. Chem.*, 1969, **17**, 367 (synth, ir, pmr, use)
Seyferth, D. et al, *J. Organomet. Chem.*, 1969, **18**, P21 (synth)
Imai, Y. et al, *Spectrochim. Acta, Part A*, 1972, **28**, 517 (ir, raman)

C₂H₄ClHgNO₂   Hg-00043
1-Chloromercuri-2-nitroethane
Chloro(2-nitroethyl)mercury. 2-Nitroethylmercury chloride
[10562-31-9]

$$O_2NCH_2CH_2HgCl$$

M 310.102

Cryst. (CH_2Cl_2/pet. ether). Mp 103-5°.

Bachmann, G.B. et al, *J. Org. Chem.*, 1967, **32**, 2303 (synth, pmr)

C₂H₄Cl₂Hg   Hg-00044
Bis(chloromethyl)mercury
[5293-94-7]

$$Hg(CH_2Cl)_2$$

M 299.550

Cryst. (diisopropyl ether). Mp 37-40°.

Hellerman, L. et al, *J. Am. Chem. Soc.*, 1932, **54**, 2859 (synth)
Imai, Y. et al, *Spectrochim. Acta, Part A*, 1972, **28**, 517 (ir, raman)
Fedorov, L.A., *J. Struct. Chem. (Engl. Transl.)*, 1976, **17**, 207

C₂H₄Cl₂Hg   Hg-00045
Chloro(1-chloroethyl)mercury
1-Chloroethylmercury chloride. 1-Chloro-1-chloromercuriethane
[10063-93-1]

$$H_3CCHClHgCl$$

M 299.550

(±)-form
Cryst. (MeOH) with unpleasant smell. Mp 100-2°.
▷Contact vesicant

Gudkova, A.S. et al, *Bull. Acad. Sci. USSR, Div. Chem. Sci.*, 1966, 812 (synth)

C₂H₄Cl₂Hg   Hg-00046
Dichloro(η²-ethene)mercury
Dichloro(η²-ethylene)mercury
[60101-25-9]

$$(H_2C=CH_2)HgCl_2$$

M 299.550

Synth. in Ar matrix.

Tevault, D. et al, *J. Am. Chem. Soc.*, 1977, **99**, 2997 (synth, ir)

C₂H₄Cl₂Hg₂   Hg-00047
1,1-Bis(chloromercuri)ethane
Dichloro-μ-ethylidenedimercury, 9CI
[32823-01-1]

$$H_3CCH(HgCl)_2$$

M 500.140

Needles (THF aq. or DMF). Mp 217-8° dec.

Matteson, D.S. et al, *J. Org. Chem.*, 1964, **29**, 2742 (synth, pmr)
Cohen, S.C. et al, *J. Chem. Soc. (A)*, 1971, 1571 (ms)

C₂H₄HgI₂   Hg-00048
Bis(iodomethyl)mercury
[4819-11-8]

$Hg(CH_2I)_2$

M 482.453

:CH_2 source. Cubic cryst. (THF or dioxan or cyclohexane); needles ($CHCl_3$). Mp 80-81.5°.

Hellermann, L. et al, J. Am. Chem. Soc., 1932, **54**, 2859 (synth)
Wittig, G. et al, Justus Liebigs Ann. Chem., 1961, **650**, 1 (synth)
Villieras, J., Bull. Soc. Chim. Fr., 1967, 1520 (synth)
Imai, Y. et al, Spectrochim. Acta, Part A, 1972, **28**, 517 (ir, raman)
Seyferth, D. et al, J. Organomet. Chem., 1972, **37**, 69 (synth)
Seyferth, D. et al, J. Organomet. Chem., 1972, **39**, C41 (use)

C_2H_5BrHg — Hg-00049
Bromoethylmercury, 9CI

Ethylmercury bromide

[107-26-6]

$$EtHgBr$$

M 309.556

Polymerisation cat., fungicide, wood preservative. Cryst. (EtOH). Spar. sol. EtOH, $CHCl_3$, insol. H_2O. Mp 198° (193-5°). Dipole moment 2.92D. Formn. const. $10^{5.90}$ (H_2O, 25°) D (Et—HgBr) 55.5 ± 4.5 kcal mol^{-1}.

Marvel, C.S. et al, J. Am. Chem. Soc., 1925, **47**, 3009 (synth)
Slotta, K.H. et al, J. Prakt. Chem., 1929, **120**, 249 (synth)
Grdenic, D. et al, Zh. Fiz. Khim., 1949, **23**, 1161 (cryst struct)
Evans, D.F. et al, J. Chem. Soc., 1962, 5125 (pmr)
Green, J.H.S., Spectrochim. Acta, Part A, 1968, **24**, 863 (ir)
Nesmeyanov, A.N. et al, Bull. Acad. Sci. USSR (Engl. Transl.), 1969, 1785 (nqr)
Browning, J. et al, J. Chem. Soc., Dalton Trans., 1978, 872 (cmr, nmr)
Mink, J. et al, J. Organomet. Chem., 1980, **185**, 129 (ir, raman)

C_2H_5ClHg — Hg-00050
Chloroethylmercury, 9CI

Ethylmercury chloride. Ceresan. Granosan

[107-27-7]

$$EtHgCl$$

M 265.105

Polymerisation catalyst, fungicide. Leaflets (EtOH). Spar. sol. Et_2O, EtOH, sol. $CHCl_3$, insol. H_2O. Mp 196-8° (192.5°). Dipole moment 2.96D. D (Et—HgCl) 58.0 ± 3.8 kcal mol^{-1}. Formn. const. $10^{4.78}$ (H_2O, 25°).

▷Causes skin burns. Highly toxic. OV9800000.

Slotta, K.H. et al, J. Prakt. Chem., 1929, **120**, 249 (synth)
Grdenic, D. et al, Zh. Fiz. Khim., 1949, **23**, 1161 (cryst struct)
Bialas, J. et al, Przem. Chem., 1961, **40**, 567; CA, **57**, 12523 (synth)
Hatton, J.V. et al, J. Chem. Phys., 1963, **39**, 1330 (pmr)
Denisovich, L.I. et al, J. Organomet. Chem., 1973, **57**, 99 (polarog)
Nishi, S. et al, CA, 1975, **83**, 102741 (ms)
Browning, J. et al, J. Chem. Soc., Dalton Trans., 1978, 872 (cmr, nmr)
Mink, J. et al, J. Organomet. Chem., 1980, **185**, 129 (ir, raman)
Merck Index, 9th Ed., 3764.

C_2H_5ClHgO — Hg-00051
Chloro(1-hydroxyethyl)mercury

(1-Hydroxyethyl)mercury chloride. 1-Chloromercuriethanol

[81005-58-5]

$$H_3CCH(OH)HgCl$$

M 281.104

(±)-form

Cryst. (CCl_4). Mp 108.7-109.2°. Sublimes.

Ac: (1-Acetoxyethyl)chloromercury. 1-Acetoxy-1-chloromercuriethane. 1-Acetoxyethylmercury chloride.
$C_4H_7ClHgO_2$ M 323.141
Yellow oil. Dec. rapidly, depositing Hg.

Nesmeyanov, A.N. et al, Izv. Akad. Nauk SSSR, Ser. Khim., 1958, 1315 (deriv)
Chernykh, I.N. et al, CA, 1982, **96**, 112199 (synth)

C_2H_5ClHgO — Hg-00052
Chloro(2-hydroxyethyl)mercury, 9CI

2-Hydroxyethylmercury chloride. 2-Chloromercuriethanol

[2090-53-1]

$$HOCH_2CH_2HgCl$$

M 281.104

Bactericide, fungicide. Light-sensitive cryst. (MeOH). Mp 153-5°.

Et ether: [124-01-6]. Chloro(2-ethoxyethyl)mercury. 2-Ethoxyethylmercury chloride. 1-Chloromercuri-2-ethoxyethane.
C_4H_9ClHgO M 309.158
Fungicide, seed dressing. Needles (EtOAc/pet, ether). Sol. EtOH, $CHCH_3$, EtOAc, Me_2CO, spar. sol. C_6H_6, Et_2O, insol. pet. ether. Mp 92°.

Schoeller, W. et al, Ber., 1913, **46**, 2869 (deriv)
Shukis, A.J. et al, J. Am. Chem. Soc., 1943, **65**, 2365 (deriv)
Cotton, F.A. et al, J. Am. Chem. Soc., 1958, **80**, 4823 (synth, pmr)
Hutzinger, O. et al, Int. J. Envir. Anal. Chem., 1971, **1**, 85 (ms)

$C_2H_5HgNO_2$ — Hg-00053
Methyl(aci-nitromethanato-O)mercury

[43123-50-8]

$$H_2C=N(O)OHgMe$$

M 275.657

Sol. Et_2O, C_6H_6. Light-sensitive, thermally unstable.

Lorberth, J. et al, J. Organomet. Chem., 1973, **54**, 165 (synth, ms)

$C_2H_5HgN_3$ — Hg-00054
Azidoethylmercury

Ethylmercury azide

[7568-39-0]

$$EtHgN_3$$

M 271.672

Solid by subl. Sol. C_6H_6. Mp 151°.

Dehnicke, K. et al, J. Organomet. Chem., 1968, **11**, 227 (synth, ir, pmr)
Lorberth, J. et al, J. Organomet. Chem., 1971, **32**, 145 (synth, pmr, ms)

C_2H_5IHg — Hg-00055
Ethyliodomercury, 9CI

Ethylmercury iodide

[2440-42-8]

EtHgI

M 356.556
Bactericide, polymerisation catalyst. Cryst. (EtOH, MeOH or by subl.). Spar. sol. EtOH, CHCl$_3$, insol. H$_2$O. Mp 185-6° (sealed tube). Dipole moment 3.01D. D (Et—HgI) 54.2 ± 5.6 kcal mol^{-1}. Formn. const. $10^{7.85}$ (H$_2$O, 25°).

▷Highly toxic

Slotta, K.H. et al, J. Prakt. Chem., 1929, **120**, 249 (synth)
Rumpf, P., Bull. Soc. Chim. Fr., 1944, 550 (synth)
Kreevoy, M.M. et al, J. Am. Chem. Soc., 1961, **83**, 626 (synth)
Evans, D.F. et al, J. Chem. Soc., 1962, 5125 (pmr)
Ol'dekop, Yu.A. et al, J. Gen. Chem. USSR (Engl. Transl.), 1969, **39**, 650 (synth)
Browning, J. et al, J. Chem. Soc., Dalton Trans., 1978, 872 (cmr, nmr)
Mink, J. et al, J. Organomet. Chem., 1980, **185**, 129 (ir, raman)

C$_2$H$_6$Hg   Hg-00056
Dimethylmercury
Mercury dimethyl
[593-74-8]

HgMe$_2$

M 230.659
Liq. with faint sweet odour. d_4^{20} 2.96. Bp$_{761}$ 92°. n_D^{20} 1.5413. Dipole moment 0.69D (C$_6$H$_6$).

▷Highly toxic. OW3010000.

Gilman, H. et al, J. Am. Chem. Soc., 1930, **52**, 3314 (synth)
Mel'nikov, N.N, J. Gen. Chem. USSR, 1946, **16**, 2065; CA, **42**, 877 (synth)
Ol'dekop, Y.A. et al, J. Gen. Chem. USSR (Engl. Transl.), 1969, **39**, 650 (synth)
Barbieri, G. et al, J. Chem. Soc., Perkin Trans. 2, 1972, 1323 (pmr)
Kashiwabawa, K. et al, Bull. Chem. Soc. Jpn., 1973, **46**, 407 (ed)
Sens, M.A. et al, J. Magn. Reson., 1975, **19**, 323 (nmr)
Brown, A.J. et al, J. Chem. Soc., Dalton Trans., 1976, 1589 (nmr)
Butler, I.S. et al, Spectrochim. Acta, Part A, 1977, **33**, 669 (ir, raman)
Simonetti, L. et al, Inorg. Chim. Acta, 1977, **21**, L27 (ms)
Creber, D.K. et al, Inorg. Chem., 1980, **19**, 643 (pe)

C$_2$H$_6$HgO   Hg-00057
Ethylhydroxymercury
Ethylmercury hydroxide. (Hydroxymercuri)ethane
[107-28-8]

EtHgOH

M 246.659
Catalyst for epoxidations. Mp 37°. Formn. const. $10^{8.80}$ (H$_2$O, 25°).

▷Highly toxic

Slotta, K.H. et al, J. Prakt. Chem., 1929, **120**, 272 (synth)
Abbondandolo, A., CA, 1980, **93**, 39112 (tox)
Sax, N.I., Dangerous Properties of Industrial Materials, 5th Ed., Van Nostrand-Reinhold, 1979, 668.

C$_2$H$_6$HgO$_2$S   Hg-00058
(Methoxysulfinyl)methylmercury
Methylmercury methanesulfinate
[17795-62-9]

MeHgSO$_2$Me

M 294.718
Mp 148°.
Carey, N.A.D. et al, Can. J. Chem., 1968, **46**, 649 (synth, ir, pmr)

C$_2$H$_6$HgS   Hg-00059
(Methanethiolato)methylmercury, 9CI
Methyl(methylthio)mercury. Methyl(methylmercury) sulfide. Methylmercury methylmercaptide
[25310-48-9]

MeHgSMe

M 262.719
Bactericide. Platelets (MeOH). Mp 25°. log K$_{stab}$ 16.2 (H$_2$O, 20°). Distillable in vacuo.

▷OW5750000.

Kondo, T., Yakugaku Zasshi, 1963, **84**, 137; CA, **61**, 3136 (synth)
Nyquist, R.A. et al, Spectrochim. Acta, Part A, 1972, **28**, 511 (ir, raman, synth)
Iwasaki, N. et al, Bull. Chem. Soc. Jpn., 1974, **47**, 1323 (ir, raman)
Bach, R.D. et al, J. Am. Chem. Soc., 1976, **98**, 6241 (pmr, ir, synth, ms)
Bach, R.D. et al, J. Am. Chem. Soc., 1981, **103**, 7727 (nmr)

C$_2$H$_6$Hg$_2$O   Hg-00060
Bis(methylmercury) oxide
Dimethyl-μ-oxodimercury, 9CI. Oxybis(methylmercury)
[4305-38-8]

MeHgOHgMe

M 447.249
Needles (toluene). Mp 138°. Stored in vacuo.
Hydrate: Mp 88°.

Grdenic, D. et al, Croat. Chim. Acta, 1957, **29**, 425; CA, **53**, 1122 (synth)
Grdenic, D. et al, J. Chem. Soc., 1962, 521.
Lorberth, J. et al, J. Organomet. Chem., 1971, **32**, 145 (synth, pmr)
Thiel, W. et al, Z. Anorg. Allg. Chem., 1971, **381**, 57 (ir, raman, ms, synth)

C$_2$H$_6$Hg$_2$O$_4$S   Hg-00061
Dimethyl[μ-[sulfato(2−)-O,O′]]dimercury, 9CI
Sulfatobis(methylmercury). Bis(methylmercury) sulfate
[3810-81-9]

(MeHg)$_2$SO$_4$

M 527.307
Platelets (H$_2$O). Spar. sol. EtOH. Mp 255° dec. λ$_{max}$ (EtOH) 205-7 nm.

▷OX0700000.

Slotta, K.H. et al, J. Prakt. Chem., 1929, **120**, 249 (synth)
Hatton, J.V. et al, J. Chem. Phys., 1963, **39**, 1330 (pmr)
Clarke, J.H.R. et al, Trans. Faraday Soc., 1968, **64**, 1041 (raman)
Nishi, S. et al, Bunseki Kagaku, 1975, **24**, 178; CA, **83**, 102741 (glc, ms)

C$_2$H$_6$Hg$_2$S   Hg-00062
Bis(methylmercury) sulfide
Dimethyl-μ-thioxodimercury, 9CI. Dimethyl-μ-thiodimercury, 8CI. Thiobis[methylmercury]
[3032-99-3]

(MeHg)$_2$S

M 463.309

Leaflets (EtOH or C_6H_6). Mp 144°. Darkens on prolonged exp. to light. Dec. on heating → Me_2Hg + HgS. Dipole moment 1.78D, formation const. = $10^{16.3}$.

Grdenic, D. et al, J. Chem. Soc., 1958, 2434.
Dadic, M. et al, Croat. Chim. Acta, 1960, **32**, 39 (synth)
Bach, R.D. et al, J. Am. Chem. Soc., 1976, **98**, 6241 (pmr, synth)
Iwasaki, N., Bull. Chem. Soc. Jpn., 1976, **49**, 2735 (ir)

$C_2H_6Hg_2Se$ Hg-00063

Dimethyl-μ-selenoxodimercury, 9CI
Bis(methylmercury) selenide.
Selenobis[methylmercury]
[4305-37-7]

MeHgSeHgMe

M 510.209
Cryst. (C_6H_6). Mp 130° dec.

Breitinger, D. et al, Inorg. Nucl. Chem. Lett., 1974, **10**, 409 (synth, ir, raman, pmr)
Sumino, K. et al, CA, 1982, **97**, 194109 (synth, ms)
Magos, L. et al, Chem.-Biol. Interact., 1979, **28**, 359 (synth, tox)
Naganuma, A. et al, Chemosphere, 1981, **10**, 441 (synth)

$C_2H_6Hg_2Te$ Hg-00064

Dimethyl-μ-telluroxodimercury, 9CI
Bis(methylmercury) telluride.
Tellurobis[methylmercury]
[53170-46-0]

MeHgTeHgMe

M 558.849
Compound readily dec. on standing.

Breitinger, D., Inorg. Nucl. Chem. Lett., 1974, **10**, 409 (synth, ir)

$C_2H_8Hg_2N^{\oplus}$ Hg-00065

μ-Amidodimethyldimercury(1+), 8CI
Bis(methylmercuri)ammonium(1+)

$[(MeHg)_2NH_2]^{\oplus}$ (C_{2v})

M 447.272 (ion)
Perchlorate: [22189-52-2].
$C_2H_8ClHg_2NO_4$ M 546.723
Needles (2-propanol/Et_2O). Sol. H_2O, alcohols, MeCN, insol. Et_2O, hexane. Mp 104°.

Breitinger, D. et al, J. Organomet. Chem., 1968, **15**, P21 (synth)
Dao, N.Q. et al, Spectrochim. Acta, Part A, 1971, **27**, 905 (ir)

$C_2HgN_6O_4$ Hg-00066

Bis(diazonitromethyl)mercury, 9CI
[34994-56-4]

$O_2NCHgCNO_2$ (with N_2 groups)

M 372.650
Yellow cryst.
▷Explodes on heating

Schöllkopf, U. et al, Justus Liebigs Ann. Chem., 1971, **753**, 143 (synth, ir)

$C_2HgN_6O_{12}$ Hg-00067

Bis(trinitromethyl)mercury, 9CI
[25954-73-8]

$(O_2N)_3CHgC(NO_2)_3$

M 500.645
Solid. Sol. polar solvs. Mp 170-5° (explodes). Ionizes in aq. soln. and in alcohols.
▷Explodes on heating

Brookes, M.J. et al, J. Chem. Soc. (A), 1968, 2266 (synth, ir, raman)
Oleneva, G.I. et al, Bull. Acad. Sci. USSR, Div. Chem. Sci., 1969, 2652 (ir, raman)
Slovetskii, V.I. et al, Bull. Acad. Sci. USSR, Div. Chem. Sci., 1971, **20**, 1841 (uv)

$C_3BrFeHgNO_4$ Hg-00068

(Bromomercurio)tricarbonylnitrosyliron, 8CI
[28375-80-6]

$BrHgFe(CO)_3NO$

M 450.378
Orange cryst. (C_6H_6/hexane). Mp 99° dec.

Casey, M. et al, J. Chem. Soc. (A), 1970, 2258 (synth, ir)

$C_3ClFeHgNO_4$ Hg-00069

Tricarbonyl(chloromercurio)nitrosyliron, 8CI
[28407-13-8]

$ClHgFe(CO)_3NO$

M 405.927
Unstable, characterised spectroscopically.

Casey, M. et al, J. Chem. Soc. (A), 1970, 2258 (synth, ir)

$C_3Cl_2Hg_2N_2$ Hg-00070

Bis(chloromercuri)dicyanomethane
Dichloro[μ-(dicyanomethylene)]dimercury, 10CI. Bis(chloromercuri)malononitrile
[64451-29-2]

$(ClHg)_2C(CN)_2$

M 536.132
Solid. Mod. sol. Me_2CO, poorly sol. other solvs.

Glidewell, C., J. Organomet. Chem., 1977, **136**, 7 (synth, ir)

$C_3F_6HgO_2$ Hg-00071

(Trifluoroacetato-O)(trifluoromethyl)mercury, 9CI
Trifluoromethylmercury trifluoroacetate
[675-25-2]

$F_3CCOOHgCF_3$

M 382.612
Shows insecticidal props. Hygroscopic needles ($CHCl_3$). Mp 116-117.5°.

Seyferth, D. et al, J. Organomet. Chem., 1972, **46**, 201 (synth, ir)
Petrosyan, V.S., J. Organomet. Chem., 1974, **72**, 87 (nmr)
Mal'tsev, A.K. et al, Dokl. Akad. Nauk SSSR, Ser. Sci. Khim., 1975, **224**, 630 (ir)
Ol'dekop, Yu.A. et al, CA, 1979, **90**, 152317 (synth)

C₃FeHgINO₄ Hg-00072
Tricarbonyl(iodomercurio)nitrosyliron, 8CI
[28375-81-7]

IHgFe(CO)₃NO

M 497.379
Orange cryst. (C₆H₆/hexane). Mp 91°.
Casey, M. et al, J. Chem. Soc. (A), 1970, 2258 (synth, ir)

C₃H₂ClHgNS Hg-00073
2-Chloromercurithiazole
Chloro-2-thiazolylmercury. 2-Thiazolylmercury chloride

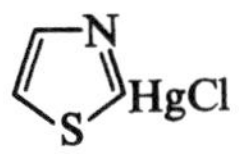

M 320.159
Mp 300° (chars).
Travagli, G., Gazz. Chim. Ital., 1955, 85, 926 (synth)

C₃H₂ClHgNS Hg-00074
Chloro(2-thiocyanatoethenyl)mercury
(2-Thiocyanatoethenyl)mercury chloride. 1-Chloromercuri-2-thiocyanatoethylene. Chloro(2-thiocyanatovinyl)mercury

NCSCH=CHHgCl

M 320.159
(E)-form [76384-79-7]
Cryst. (C₆H₆). Mp 162°.
Giffard, M. et al, J. Organomet. Chem., 1980, 201, C1 (synth, pmr, ir)

C₃H₂Cl₂Hg₂O₄ Hg-00075
Bis(chloromercuri)propanedioic acid
Bis(chloromercuri)malonic acid

(ClHg)₂C(COOH)₂

M 574.132
Di-Et ester: [64451-31-6]. *Dichloro[μ-2-ethoxy-1-(ethoxycarbonyl)-2-oxoethylidene]dimercury*, 10CI. *Diethyl bis(chloromercuri)malonate.*
C₇H₁₀Cl₂Hg₂O₄   M 630.240
Solid.
Glidewell, C., J. Organomet. Chem., 1977, 136, 7 (synth, ir, ms)

C₃H₃ClHg Hg-00076
Chloro-1,2-propadienylmercury, 9CI
Allenylmercury chloride. Chloromercuriallene
[26103-66-2]

H₂C=C=CHHgCl

M 275.100
Cryst. (Et₂O). Mp 96-8°.
Jean, A. et al, J. Organomet. Chem., 1970, 21, P1 (synth, nmr)

C₃H₃Cl₃Hg Hg-00077
Chloro(3,3-dichloro-2-propenyl)mercury, 9CI
3,3-Dichloroallylmercury chloride. 1,1-Dichloro-3-chloromercuripropene
[51523-00-3]

Cl₂C=CHCH₂HgCl

M 346.006
Cryst. (CHCl₃ or heptane). Mp 100°.
Nesmeyanov, A.N., Izv. Akad. Nauk SSSR, Ser. Khim., 1958, 40 (synth)
Seyferth, D. et al, J. Organomet. Chem., 1977, 141, 71.

C₃H₃F₆HgN Hg-00078
Methyl[bis(trifluoromethylamido)]mercury
[Bis(trifluoromethyl)amino]methylmercury

MeHgN(CF₃)₂

M 367.644
Stable at −84° under vacuum; dec. slowly at room temp.
Dobbie, R.C. et al, J. Chem. Soc. (A), 1966, 367 (synth, ir, pmr)

C₃H₃HgN₃ Hg-00079
(Cyanodiazomethyl)methylmercury, 9CI
α-Methylmercuridiazoacetonitrile. (Methylmercuri)cyanodiazomethane
[41580-25-0]

N₂=C(CN)HgMe

M 281.667
Source of :C(CN)HgMe. Cryst. (Et₂O at −10°). Mp 107-8°. Thermally unstable, dec. on photolysis.
Skell, P.S. et al, J. Am. Chem. Soc., 1973, 95, 5041.
Valenty, S.J. et al, J. Org. Chem., 1973, 38, 3937 (synth, ir, pmr, uv, ms)

C₃H₄BrHgN₃ Hg-00080
1-Azido-2-bromomercuricyclopropane
(2-Azidocyclopropyl)bromomercury, 9CI. *2-Azidocyclopropylmercury bromide*

M 362.579
(1RS,2SR)-form [37038-39-4]
(±)-cis-form
Cryst. (MeOH). Mp 52-3°. Light- and heat-sensitive, must be stored in the cold.
Galle, J.E. et al, J. Am. Chem. Soc., 1972, 94, 3930 (synth, pmr)

C₃H₄Hg Hg-00081
Ethynylmethylmercury, 9CI
(Methylmercuri)acetylene
[1189-66-8]

HC≡CHgMe

M 240.655
Cryst. by subl. Mp 117-8°.
Kraut, M. et al, Can. J. Chem., 1963, 41, 549 (synth)
Anet, F.A. et al, J. Magn. Reson., 1969, 1, 124 (nmr)
Fedorov, L.A., J. Struct. Chem. (Engl. Transl.), 1976, 17, 216
Imai, Y. et al, Spectrochim. Acta, Part A, 1980, 36, 233 (ir)

C₃H₄HgIN Hg-00082
(2-Cyanoethyl)iodomercury, 9CI
2-Cyanoethylmercury iodide. 3-(Iodomercuri)propionitrile

[2517-78-4]

NCCH$_2$CH$_2$HgI

M 381.566
Cryst. (Me$_2$CO). Sl. sol. toluene, CHCl$_3$, Et$_2$O; sol. Me$_2$CO, EtOH. Mp 168-70°.

Tomilov, A.P. et al, J. Gen. Chem. USSR (Engl. Transl.), 1965, **35**, 390

C$_3$H$_5$BrHg — Hg-00083
Bromo(cyclopropyl)mercury, 9CI
Cyclopropylmercury bromide. Bromomercuricyclopropane

M 321.567
Platelets (Et$_2$O). Mp 196.5-197.5°.

Seyferth, D. et al, Inorg. Chem., 1963, **2**, 652.

C$_3$H$_5$BrHg — Hg-00084
Bromo-1-propenylmercury, 9CI
Propenylmercury bromide. 1-Bromomercuri-1-propene

H$_3$CCH=CHHgBr

M 321.567
(*E*)-*form* [6727-44-2]
  Cryst. (CH$_2$Cl$_2$ or MeOH). Mp 120-121.5°.
(*Z*)-*form* [6727-46-4]
  Cryst. (Et$_2$O or MeOH). Mp 62.5-63.5°.

Foster, D.J. et al, J. Org. Chem., 1962, **27**, 834 (*synth, ir*)
Seyferth, D. et al, J. Organomet. Chem., 1966, **5**, 580 (*synth*)
Casey, C.P. et al, J. Org. Chem., 1973, **38**, 3406 (*synth*)

C$_3$H$_5$BrHg — Hg-00085
Bromo-2-propenylmercury
Allylbromomercury. Allylmercury bromide. 3-Bromomercuri-1-propene
[28922-53-4]

H$_2$C=CHCH$_2$HgBr

M 321.567
Cryst. (EtOH). Mp 125° (116-8°).

Reutov, O.A. et al, Izv. Akad. Nauk SSSR, Otd. Khim. Nauk, 1953, 655; CA, **48**, 12692 (*synth*)
Gaudemar, M., Bull. Soc. Chim. Fr., 1962, 974 (*synth*)
Nesmeyanov, A.N. et al, J. Organomet. Chem., 1968, **12**, 187 (*synth*)
Mink, J. et al, J. Organomet. Chem., 1970, **23**, 293 (*ir, raman*)
Sourisseau, C. et al, J. Organomet. Chem., 1972, **39**, 51 (*ir, raman*)

C$_3$H$_5$BrHgO — Hg-00086
Bromo(2-oxopropyl)mercury, 9CI
Acetonylbromomercury, 8CI. *2-Oxopropylmercury bromide. 1-Bromomercuri-2-propanone*
[14839-86-2]

H$_3$CCOCH$_2$HgBr

M 337.566
Cryst. (Me$_2$CO/pet. ether). ν_{co} 1645cm^{-1}.

Potenza, J.A. et al, Acta Crystallogr., Sect. B, 1978, **34**, 2624 (*cryst struct*)

C$_3$H$_5$ClHg — Hg-00087
Chloro-2-propenylmercury, 9CI
Allylchloromercury, 8CI. *Allylmercury chloride. 3-Chloromercuri-1-propene*
[14155-77-2]

H$_2$C=CHCH$_2$HgCl

M 277.116
Cryst. (EtOH). Mp 111° (103-5°).

Gaudemar, M., Bull. Soc. Chim. Fr., 1962, 974 (*synth, ir*)
Kitching, W. et al, J. Organomet. Chem., 1972, **34**, 233 (*pmr*)
Sourisseau, C. et al, J. Organomet. Chem., 1972, **39**, 51 (*ir, raman*)
Schmidt, H. et al, J. Organomet. Chem., 1973, **55**, C1 (*pe*)
Nesmeyanov, A.N. et al, Dokl. Akad. Nauk SSSR, Ser. Sci. Khim., 1978, **241**, 869 (*ms*)
Nesmeyanov, A.N. et al, J. Organomet. Chem., 1979, **172**, 133 (*cmr*)
Grishin, Yu.K. et al, Bull. Acad. Sci. USSR (Engl. Transl.), 1982, **31**, 921 (*nmr*)

C$_3$H$_5$ClHgN$_2$O$_4$ — Hg-00088
Chloro(3,3-dinitropropyl)mercury
3,3-Dinitropropylmercury chloride. 3-Chloromercuri-1,1-dinitropropane

(O$_2$N)$_2$CHCH$_2$CH$_2$HgCl

M 369.127
Cryst. (MeOH). Mp 113-113.5°.

Tartakovskii, V.A. et al, Bull. Acad. Sci. USSR, Div. Chem. Sci., 1963, 1204.

C$_3$H$_5$ClHgO — Hg-00089
(Chloromethyl)(2-oxoethyl)mercury
(Chloromethyl)(formylmethyl)mercury
[71840-36-3]

ClCH$_2$HgCH$_2$CHO

M 293.115
:CH$_2$ transfer agent. Oil, slowly dec. at −10°.
▷Highly toxic; causes severe skin lesions, even in dil. soln.

Barluenga, J. et al, Synthesis, 1979, 893 (*synth, ir, pmr, use*)
Barluenga, J. et al, J. Chem. Soc., Perkin Trans. 1, 1980, 1420 (*use*)

C$_3$H$_5$ClHgO — Hg-00090
Chloro(2-oxopropyl)mercury, 9CI
Acetonylchloromercury, 8CI. *1-Chloromercuri-2-propanone. 2-Oxopropylmercury chloride*
[6704-27-4]

H$_3$CCOCH$_2$HgCl

M 293.115
Cryst. (MeOH). Mp 103-4°. Stable to KMnO$_4$ at r.t.

Nesmeyanov, A.N. et al, Bull. Acad. Sci. USSR, Div. Chem. Sci., 1947, 63; CA, **42**, 4149 (*synth*)
Nesmeyanov, A.N. et al, Izv. Akad. Nauk SSSR, Ser. Khim., 1949, 601; CA, **44**, 7225 (*synth*)
Lutsenko, I.F. et al, Zh. Obshch. Khim., 1959, **29**, 1182; CA, **54**, 1273 (*synth*)
Epshtein, L.M. et al, J. Strukt. Chem. (Engl. Transl.), 1967, **8**, 911 (*ir*)
Breuer, S.W. et al, J. Chem. Soc. (C), 1971, 3519 (*ms*)
Tamura, Y. et al, Tetrahedron Lett., 1978, 3737 (*use*)

C_3H_5ClHgO Hg-00091
Chloro(3-oxopropyl)mercury
Chloro(2-formylethyl)mercury, 8CI. *3-Oxopropylmercury chloride. 3-Chloromercuripropanal*
[20525-80-8]

$$ClHgCH_2CH_2CHO$$

M 293.115
Mp 124°.

2,4-Dinitrophenylhydrazone: Mp 174° dec.

Shostakovskii, S.M. *et al, Dokl. Chem. (Engl. Transl.),* 1968, **181**, 647 (*synth*)

C_3H_5HgI Hg-00092
Allyliodomercury, 8CI
Iodo-2-propenylmercury, 9CI. *3-Iodomercuripropene. Allylmercury iodide*
[2845-00-3]

$$H_2C=CHCH_2HgI$$

M 368.567
Cream cryst. (Me$_2$CO). Mp 133-5° (129-31°). Turns yellow on exposure to light.

Kitching, W. *et al, J. Organomet. Chem.,* 1972, **34**, 233 (*pmr, synth*)
Sourisseau, C. *et al, J. Organomet. Chem.,* 1972, **39**, 51 (*ir*)
Grishin, Yu.K. *et al, Bull. Acad. Sci. USSR, (Engl. Transl.),* 1982, **31**, 921 (*nmr*)

C_3H_5HgN Hg-00093
(Cyanomethyl)methylmercury, 9CI
(Methylmercuri)acetonitrile
[1738-27-8]

$$MeHgCH_2CN$$

M 255.669
Liq. Bp$_{0.0001}$ 78-80°.

Weller, F., *Z. Anorg. Allg. Chem.,* 1975, **415**, 233 (*synth, pmr, ir, raman*)

$C_3H_6Br_2Hg$ Hg-00094
Bromo(1-bromo-1-methylethyl)mercury
(1-Bromo-1-methylethyl)mercury bromide. Bromo(2-bromo-2-propyl)mercury. 2-Bromo-2-bromomercuripropane

$$(H_3C)_2CBrHgBr$$

M 402.478
Cryst. (Et$_2$O). Mp 68-70°.

Gudikov, A.S. *et al, Bull. Acad. Sci. USSR, Div. Chem. Sci.,* 1966, 812 (*synth*)

$C_3H_6ClHgNO_2$ Hg-00095
1-Chloromercuri-2-nitropropane
Chloro(2-nitropropyl)mercury, 9CI. *2-Nitropropylmercury chloride*
[10562-32-0]

$$H_3CCH(NO_2)CH_2HgCl$$

M 324.129

(±)-form
Bactericide, fungicide. Cryst. (CH$_2$Cl$_2$/pet. ether). Mp 74-5°.

Bachmann, G.B. *et al, J. Org. Chem.,* 1967, **32**, 2303 (*synth, pmr*)

$C_3H_6ClHgNO_2$ Hg-00096
Chloro(1-methyl-1-nitroethyl)mercury, 9CI
1-Methyl-1-nitroethylmercury chloride. 2-(Chloromercuri)-2-nitropropane
[59529-61-2]

$$(H_3C)_2C(NO_2)HgCl$$

M 324.129

Cook, J.A. *et al, J. Inorg. Nucl. Chem.,* 1976, **38**, 711 (*synth, ir*)

$C_3H_6Cl_2Hg_2$ Hg-00097
1,3-Bis(chloromercuri)propane
Dichloro-µ-1,3-propanediyldimercury, 10CI
[62934-59-2]

$$ClHgCH_2CH_2CH_2HgCl$$

M 514.166

Costa, L.C. *et al, J. Am. Chem. Soc.,* 1977, **99**, 2390 (*synth*)

C_3H_6HgOS Hg-00098
Methylmercury thioacetate
(Ethanethiolato-S)methylmercury, 10CI. *(Thioacetato-S)methylmercury*
[61354-84-5]

$$MeHgSAc$$

M 290.730
Cryst. (CH$_2$Cl$_2$). Mp 138-40°.

Bach, R.D. *et al, J. Am. Chem. Soc.,* 1976, **98**, 6241 (*synth, pmr*)

$C_3H_6HgO_2$ Hg-00099
(Acetato-O)methylmercury, 9CI
Methylmercury acetate. Acetoxy(methyl)mercury
[108-07-6]

$$MeHgOAc$$

M 274.669
Fungicide, insecticide, pesticide, bactericide. Platelets (CH$_2$Cl$_2$/hexane, EtOH or by subl.) with disagreeable odour. V. sol. H$_2$O, AcOH, EtOH, sol. EtOAc, Py, C$_6$H$_6$, CCl$_4$, CS$_2$, mod. sol. Et$_2$O, pet. ether. Mp 125.5-127.5°. log K$_{stab}$ 4.65 (25°, H$_2$O).

Sneed, M.C. *et al, J. Am. Chem. Soc.,* 1922, **44**, 2942 (*synth*)
Scheffold, R., *Helv. Chim. Acta,* 1969, **52**, 56 (*synth, pmr, ir*)
Libich, S. *et al, Anal. Chem.,* 1973, **45**, 118 (*pmr*)
Borzo, M. *et al, J. Magn. Reson.,* 1975, **19**, 279 (*nmr*)
Bach, R.D. *et al, J. Am. Chem. Soc.,* 1976, **98**, 6241 (*synth, pmr, ms*)
Brown, A.J. *et al, J. Chem. Soc., Dalton Trans.,* 1976, 1589 (*cmr*)
Fish, R.H. *et al, Tetrahedron Lett.,* 1976, 2497 (*ms*)

$C_3H_6Hg_2N_2$ Hg-00100
Bis(methylmercuri)diazomethane
[µ-(Diazomethylene)]dimethyldimercury, 9CI
[31787-47-0]

$$N_2=C(HgMe)_2$$

M 471.274
Yellow cryst. Sol. C$_6$H$_6$, DMF, Py, spar. sol. Et$_2$O, v. spar. sol. CFCl$_3$, DMF, dioxan. Mp 82-5°, 98-100° (dimorph.). Store moist at −78°. Dec. in CCl$_4$, CHCl$_3$ soln. Relatively stable in light.

▷ Explodes on rapid heating, may explode on drying

Lorberth, J., *J. Organomet. Chem.*, 1971, **27**, 303 (synth, ms, ir, pmr)
Valenty, S.J. et al, *J. Org. Chem.*, 1973, **38**, 3937 (synth, ir, pmr, ms)
Fadini, A. et al, *J. Organomet. Chem.*, 1978, **149**, 297 (pe)

C₃H₆Hg₂O₃   Hg-00101
Carbonatobis(methylmercury)

Bis(methylmercury) carbonate

$$(MeHgO)_2CO$$

M 491.259

Needles (MeOH/Et₂O). V. sol. H₂O, EtOH. Mp 110°. Dec. to viscous mass on standing or in boiling toluene.

Grdenic, D. et al, *J. Chem. Soc.*, 1962, 521 (synth)

C₃H₇BrHg   Hg-00102
Bromoisopropylmercury, 8CI

Bromo(1-methylethyl)mercury, 9CI. *Isopropylmercury bromide. 2-Bromomercuripropane*

[18819-83-5]

$$(H_3C)_2CHHgBr$$

M 323.582

Cryst. Mp 98°. D(R—HgBr) 54.5 ± 5 kcal mol⁻¹.

Hill, E.L., *J. Am. Chem. Soc.*, 1928, **50**, 167.
Zakharin, L.J. et al, *Izv. Akad. Nauk SSSR, Ser. Khim.*, 1959, 1942 (synth)
Browning, J. et al, *J. Chem. Soc., Dalton Trans.*, 1978, 872 (synth, cmr, nmr)

C₃H₇BrHg   Hg-00103
Bromopropylmercury, 9CI

Propylmercury bromide. 1-Bromomercuripropane

[18257-68-6]

$$H_3CCH_2CH_2HgBr$$

M 323.582

Polymerisation catalyst, bactericide. Cryst. (EtOH). Mod. sol. CHCl₃, EtOH, insol. H₂O. Mp 140°. Formn. constant $10^{5.80}$ (H₂O, 25°), dipole moment 3.28D.

Marvel, C.S. et al, *J. Am. Chem. Soc.*, 1925, **47**, 3009 (synth)
Slotta, K.H. et al, *J. Prakt. Chem.*, 1929, **120**, 249 (synth)
Mink, J. et al, *J. Organomet. Chem.*, 1970, **23**, 293 (ir, raman)
Browning, J. et al, *J. Chem. Soc., Dalton Trans.*, 1978, 872 (cmr, nmr)

C₃H₇BrHgO   Hg-00104
1-Bromomercuri-2-propanol

Bromo(2-hydroxypropyl)mercury, 9CI. *1-Bromomercuri-2-hydroxypropane. 2-Hydroxypropylmercury bromide*

[18832-83-2]

$$H_3CCH(OH)CH_2HgBr$$

M 339.582

(±)-form

Spleen visualization agent. Cryst. (EtOH aq. or Et₂O). Mp 78°.

Martinez-Cordon, J.L. et al, *Combustibles*, 1956, **16**, 214; *CA*, **55**, 1264 (synth)

Arzoumanian, H. et al, *J. Org. Chem.*, 1974, **39**, 3445 (synth)

C₃H₇BrHgO   Hg-00105
Bromo(2-methoxyethyl)mercury, 9CI

2-Methoxyethylmercury bromide. 2-Bromomercuri-2-methoxyethane

[19637-93-5]

$$MeOCH_2CH_2HgBr$$

M 339.582

Needles (EtOAc/pet. ether). Mp 58°. Dipole moment 3.58D (C₆H₆).

Schoeller, W. et al, *Ber., B*, 1913, **46**, 2864 (synth)
Brownstein, S., *Disc. Faraday Soc.*, 1962, **34**, 25 (pmr)

C₃H₇BrHgO   Hg-00106
(Bromomethyl)(2-hydroxyethyl)mercury

[73269-34-8]

$$HOCH_2CH_2HgCH_2Br$$

M 339.582

:CH₂ transfer agent. Oil, dec. at −10°.

▷ Highly toxic; causes severe skin lesions even in dil. soln.

Barluenga, J. et al, *Synthesis*, 1979, 893 (synth, ir, pmr, use)

C₃H₇ClHg   Hg-00107
Chloro(isopropyl)mercury

Chloro(1-methylethyl)mercury, 9CI. *Isopropylmercury chloride. 2-Chloromercuripropane*

[30615-19-1]

$$(H_3C)_2CHHgCl$$

M 279.131

Fungicide. Solid. d_{22} 3.310. Mp 94.5-95.5°. μ = 3.43 at 20°.

Wilde, W.K., *J. Chem. Soc.*, 1949, 72.
Robson, I.H. et al, *Can. J. Chem.*, 1960, **38**, 21.
Wright, G.F., *Can. J. Chem.*, 1973, **51**, 1131 (ir)
Browning, J. et al, *J. Chem. Soc., Dalton Trans.*, 1978, 872 (nmr)
Baidin, V.N. et al, *J. Struct. Chem. (Engl. Transl.)*, 1981, **22**, 616 (pe)

C₃H₇ClHg   Hg-00108
Chloropropylmercury, 9CI

Propylmercury chloride. 1-Chloromercuripropane

[2440-40-6]

$$H_3CCH_2CH_2HgCl$$

M 279.131

Polymerisation catalyst, wood preservative. Cryst. (EtOH aq.). Sol. EtOH, CHCl₃, insol. H₂O. Mp 147° (140°). Dipole moment 3.25D (C₆H₆) Formn. constant $10^{4.65}$ (H₂O, 25°).

Slotta, K.H. et al, *J. Prakt. Chem.*, 1929, **120**, 249 (synth)
Grdenic, D. et al, *Zh. Fiz. Khim.*, 1949, **23**, 1161; *CA*, **44**, 1301 (cryst struct)
Coates, C.E. et al, *J. Chem. Soc.*, 1964, 166 (ir)
Ol'dekop, Y.A. et al, *J. Gen. Chem. USSR (Engl. Transl.)*, 1974, **40**, 270 (synth)
Browning, J. et al, *J. Chem. Soc., Dalton Trans.*, 1978, 872 (nmr, cmr)
Baidin, V.N. et al, *J. Struct. Chem. (Engl. Transl.)*, 1981, **22**, 616 (pe)

C₃H₇ClHgO Hg-00109
Chloro(3-hydroxypropyl)mercury
3-Hydroxypropylmercury chloride. 3-Chloromercuri-1-propanol
[20525-85-3]

$$ClHgCH_2CH_2CH_2OH$$

M 295.131
Mp 116°.

Shostakovskii, S.M. *et al*, *Dokl. Chem. (Engl. Transl.)*, 1968, **181**, 647

C₃H₇ClHgO Hg-00110
Chloro(1-methoxyethyl)mercury
1-Chloromercuri-1-methoxyethane. 1-Methoxyethylmercury chloride
[6419-62-1]

$$H_3CCH(OMe)HgCl$$

M 295.131
Bacteride, seed dressing.

Nesmeyanov, A.N. *et al*, *Bull. Acad. Sci. USSR (Engl. Transl.)*, 1958, 1269 (*synth*)

C₃H₇ClHgO Hg-00111
Chloro(2-methoxyethyl)mercury, 9CI
2-Methoxyethylmercury chloride. 1-Chloromercuri-3-methoxyethane. Agallol. Aretan
[123-88-6]

$$MeOCH_2CH_2HgCl$$

M 295.131
Seed dressing fungicide. Cryst. powder (ligroin). Sol. Me₂CO, EtOH, mod. sol. H₂O. Mp 68-68.5°.
▷Highly toxic. OW0875000.

Schoeller, W. *et al*, *Ber.*, 1913, **46**, 2864 (*synth*)
Phillips, G.F. *et al*, *J. Sci. Food Agric.*, 1959, **10**, 604.
Ichikawa, K. *et al*, *J. Am. Chem. Soc.*, 1960, **82**, 3880 (*synth*)
Kreevoy, M.M. *et al*, *J. Organomet. Chem.*, 1966, **6**, 589 (*pmr*)
Hutzinger, O. *et al*, *J. Environ. Anal. Chem.*, 1971, **1**, 85 (*ms*)
Ibusuki, T. *et al*, *Chem. Lett.*, 1973, 1255 (*cmr*)
Pesticide Manual, 6th Ed., 350.
Sax, N.I., *Dangerous Properties of Industrial Materials*, 5th Ed., Van Nostrand-Reinhold, 1979, 803.

C₃H₇HgI Hg-00112
Iodoisopropylmercury
Iodo(1-methylethyl)mercury, 9CI. *Isopropylmercury iodide. 2-Iodomercuripropane*
[38455-14-0]

$$(H_3C)_2CHHgI$$

M 370.583
Solid by subl.; sensitive to oxygen. Mp 123-4°.
D(R—HgI) 49.8 ± 5.5 kcal mol⁻¹.

Kreevoy, M.M. *et al*, *J. Am. Chem. Soc.*, 1961, **83**, 626 (*synth, uv*)

C₃H₇HgI Hg-00113
Iodopropylmercury
Propylmercury iodide. 1-Iodomercuripropane
[18257-69-7]

$$H_3CCH_2CH_2HgI$$

M 370.583
Bactericide. Leaflets (EtOH). Spar. sol. CHCl₃, EtOH, insol. H₂O. Mp 113°. log K$_{formn}$ 5.8 (H₂O, 25°). Sublimes.

Marvel, C.S. *et al*, *J. Am. Chem. Soc.*, 1925, **47**, 3009 (*synth*)
Slotta, K.H. *et al*, *J. Prakt. Chem.*, 1929, **120**, 249 (*synth*)
Kreevoy, M.M. *et al*, *J. Am. Chem. Soc.*, 1961, **83**, 626 (*synth, uv*)

C₃H₈BClHgO₂ Hg-00114
(Chloromercurimethyl)dimethoxyboron
(Chloromercuri)(dimethoxyboryl)methane. [(Chloromercuri)methyl]borinic acid dimethyl ester

$$(MeO)_2BCH_2HgCl$$

M 322.948
Cryst. (MeOH).

Matteson, D.S. *et al*, *J. Organomet. Chem.*, 1973, **54**, 35 (*synth, pmr*)

C₃H₈Cl₂HgOS Hg-00115
Dichloro(dimethylsulfoxonium-η-methylide)mercury
[63827-77-0]

$$Me_2S(O)CH_2HgCl_2$$

M 363.652
Mp 112° dec.

Schmidbaur, H. *et al*, *Z. Anorg. Allg. Chem.*, 1977, **429**, 222 (*synth, pmr*)

C₃H₈Hg Hg-00116
Ethylmethylmercury, 9CI
[29138-86-1]

$$MeHgEt$$

M 244.686
Liq., stable at Bp. d²⁰ 2.71. Bp 127.4°, Bp$_{54}$ 54°. n_D^{20} 1.5440.

Calingaert, G. *et al*, *J. Am. Chem. Soc.*, 1940, **62**, 1107 (*synth*)
Spielmann, R. *et al*, *Bull. Soc. Chim. Belg.*, 1970, **79**, 189 (*ms*)
Fehlner, T.P. *et al*, *Inorg. Chem.*, 1976, **15**, 2544 (*pe*)
Nugent, W.A. *et al*, *J. Am. Chem. Soc.*, 1976, **98**, 5979 (*synth, pmr, cmr*)

C₃H₈HgO Hg-00117
Ethoxymethylmercury, 9CI
Methylmercury ethoxide
[41580-14-7]

$$MeHgOEt$$

M 260.686
Mp 24-5°.
▷Strong vesicant

Valenty, S.J. *et al*, *J. Org. Chem.*, 1973, **38**, 3937 (*synth, pmr, ms*)

C₃H₈HgO Hg-00118
Hydroxypropylmercury, 9CI
Propylmercury hydroxide. 1-Hydroxymercuripropane

[21467-84-5]

$$H_3CCH_2CH_2HgOH$$

M 260.686
Cryst. Mp 78°. Formn. constant $10^{8.66}$ (H_2O, 25°).

Slotta, K.H. et al, J. Prakt. Chem., 1929, **120**, 249 (synth, derivs)

$C_3H_9AsHg_3$ — Hg-00119
μ_3-Arsinidynetrimethyltrimercury, 9CI
Tris(methylmercuri)arsine
[53170-34-6]

$$(MeHg)_3As$$

M 721.796
Air- and light-sensitive solid.

Breitinger, D. et al, Inorg. Nucl. Chem. Lett., 1974, **10**, 517 (synth, ir, raman)

C_3H_9HgN — Hg-00120
Tris(methylmercuri)amine
Trimethyl-μ-nitridotrimercury, 9CI.
Iminotris(methylmercury)
[31247-58-2]

$$(MeHg)_3N$$

M 259.701
Needles (C_6H_6). Sol. MeOH, EtOH, Me_2CO, MeCN, Py, v. spar. sol. hexane, mod. sol. C_6H_6. Mp 123°. C_1 symmetry in solid state, C_{3v} in liq.

Thiel, W. et al, Z. Anorg. Allg. Chem., 1971, **381**, 57 (synth, pmr, ir, raman, ms)

C_3H_9HgNSe — Hg-00121
(2-Aminoethaneselenolato-Se)methylmercury, 10CI
Methylmercury selenocysteaminate

$$MeHgSeCH_2CH_2NH_2$$

M 338.661
B,HCl: [59333-78-7]. Cryst.

Sugiura, Y. et al, J. Am. Chem. Soc., 1976, **98**, 2339 (synth, pmr, ir)

$C_3H_9Hg_3O^{\oplus}$ — Hg-00122
Trimethyl-μ_3-oxotrimercury(1+), 9CI
Tris(methylmercuri)oxonium(1+)
[48026-58-0]

$$(MeHg)_3O^{\oplus} \quad (D_{3h})$$

M 662.874 (ion)
Partially dissociates in soln. to MeHgOH + $(MeHg)_2OH^{\oplus}$, K^{diss} = 0.7.
Perchlorate: [16689-92-2].
  $C_3H_9ClHg_3O_5$ M 762.324
  Cryst. (MeOH/Et_2O). Mp 150°.
Bromide:
  $C_3H_9BrHg_3O$ M 742.778
  Mp 116°.
Tetrafluoroborate:
  $C_3H_9BF_4Hg_3O$ M 749.677
  Cryst. (MeOH/Et_2O). Mp 98°.
Hydroxide: [80205-62-5].
  $C_3H_{10}Hg_3O_2$ M 679.881
  Obt. in soln.
Sulfate:
  $C_6H_{18}Hg_6O_6S_2$ M 1453.865
  Prisms (MeOH). Mp 176° dec.
Permanganate:
  $C_3H_9Hg_3MnO_5$ M 781.809
  Dark-red prisms. Insol. H_2O. Mp 193° (explodes).
  ▷Explodes on melting
Nitrate:
  $C_3H_9Hg_3NO_4$ M 724.878
  Needles (C_6H_6/EtOH). Mp 188° dec.
Dichromate:
  $C_6H_{18}Cr_2Hg_6O_9$ M 1541.735
  Orange-red prisms. Sl. sol. H_2O. Mp 124° dec.
Hexafluorophosphate:
  $C_3H_9F_6Hg_3OP$ M 807.838
  Leaflets (MeOH/Et_2O). Mp 153°.
Azide:
  $C_3H_9Hg_3N_3O$ M 704.894
  Mp 163° dec.

Grdenic, D. et al, Croat. Chim. Acta, 1957, **29**, 425 (synth)
Grdenic, D. et al, J. Chem. Soc., 1962, 521 (synth)
Clarke, J.H.R. et al, Spectrochim. Acta, Part A, 1967, **23**, 2077 (ir, raman)
Green, J.H.S. et al, Spectrochim. Acta, Part A, 1968, **24**, 863 (ir, raman)
Thiel, W. et al, Z. Anorg. Allg. Chem., 1971, **381**, 57 (azide)
Rabenstein, D.L. et al, Anal. Chem., 1975, **47**, 338.

$C_3H_9Hg_3O_4P$ — Hg-00123
Trimethyl(μ_3-phosphato(3−)-O,O',O'')trimercury, 9CI
Methylmercury phosphate.
Phosphato[tris(methylmercury)]
[32787-42-1]

$$(MeHgO)_3PO$$

M 741.845
Cryst. (EtOH). Mp 182° dec.

Mel'nikov, N.N. et al, J. Gen. Chem. (USSR), 1941, **11**, 592; CA, **35**, 6925 (synth)
Hatton, J.V. et al, J. Chem. Phys., 1963, **39**, 1330 (pmr)
Nishi, S. et al, Bunseki Kagaku, 1975, **24**, 178; CA, **83**, 102741 (glc, ms)

$C_3H_9Hg_3S^{\oplus}$ — Hg-00124
Trimethyl-μ_3-thioxotrimercury(1+), 9CI
Tris(methylmercuri)sulfonium(1+)
[44564-72-9]

$$[(MeHg)_3S]^{\oplus} \quad (C_{3v})$$

M 678.934 (ion)
Nitrate: [20574-04-3].
  $C_3H_9Hg_3NO_3S$ M 740.939
  Needles (EtOH/Et_2O). V. sol. H_2O, EtOH. Dec. at 160°; sl. light-sensitive.
Dichromate:
  $C_6H_{18}Cr_2Hg_6O_7S_2$ M 1573.856
  Golden-yellow leaflets (H_2O). Spar. sol. EtOH, insol. C_6H_6, Et_2O, $CHCl_3$. Dec. at 200°; stable in air, darkens in light.
Perchlorate: [16689-91-1].
  $C_3H_9ClHg_3O_4S$ M 778.385
  Plates (MeOH). Mp 143°.

Grdenic, D. et al, J. Chem. Soc., 1958, 2434 (synth)
Clarke, J.H.R., Spectrochim. Acta, Part A, 1967, **23**, 2077 (synth, ir, raman)
Green, J.H.S., Spectrochim. Acta, Part A, 1968, **24**, 863 (ir, raman)

Iwasaki, N., *Bull. Chem. Soc. Jpn.*, 1976, **49**, 2735 (*synth, ir, raman*)

$C_3H_9Hg_3Se^{\oplus}$ Hg-00125
Trimethyl-μ_3-selenoxotrimercury(1+), 9CI
Tris(methylmercuri)selenonium(1+)

$$[(MeHg)_3Se]^{\oplus}$$

M 725.834 (ion)
Nitrate: [53248-03-6].
  $C_3H_9Hg_3NO_3Se$ M 787.839
  Cryst. (2-propanol). Mp 120° dec.

Breitinger, D., *Inorg. Nucl. Chem. Lett.*, 1974, **10**, 409 (*synth, ir, raman, pmr*)

$C_3H_{10}Hg_3N^{\oplus}$ Hg-00126
μ_3-Imidotrimethyltrimercury(1+), 8CI
Tris(methylmercuri)ammonium(1+)

$$[(MeHg)_3NH]^{\oplus} \; (C_{3v})$$

M 661.889 (ion)
Perchlorate: [22189-53-3].
  $C_3H_{10}ClHg_3NO_4$ M 761.339
  Platelets (2-propanol/Et_2O). Sol. H_2O, alcohols, MeCN, insol. Et_2O, hexane. Mp 117°.

Breitinger, D. *et al*, *J. Organomet. Chem.*, 1968, **15**, P21 (*synth*)
Dao, N.Q. *et al*, *Spectrochim. Acta, Part A*, 1971, **27**, 905 (*ir*)

$C_4Br_2FeHg_2O_4$ Hg-00127
Bis(bromomercurio)tetracarbonyliron, 8CI
Bis(bromomercury)tetracarbonyliron, 10CI
[15281-78-4]

$$X = Br$$

M 728.877
***cis*-form**
  Colourless needles or yellow solid (MeOH). Poorly sol. all solvs. Mp ca. 170° dec.

Hock, H. *et al*, *Ber. B.*, 1929, **62**, 431 (*synth*)
Baird, H.W. *et al*, *J. Organomet. Chem.*, 1967, **7**, 503 (*cryst struct*)
Bradford, C.W. *et al*, *J. Chem. Soc. (A)*, 1968, 2456 (*synth, ir, raman*)

$C_4Cl_2FeHg_2O_4$ Hg-00128
Tetracarbonylbis(chloromercury)iron, 9CI
[15281-84-2]
As Bis(bromomercurio)tetracarbonyliron, Hg-00127 with

$$X = Cl$$

M 639.975
***cis*-form**
  Pale-yellow solid (Me_2CO). V. spar. sol. most org. solvs., sol. DMSO. Mp 155-60° dec.

Hock, H. *et al*, *Chem. Ber.*, 1928, **61**, 2097; 1929, **62**, 2690 (*synth*)
Lewis, J. *et al*, *J. Chem. Soc. (A)*, 1966, 69 (*synth, ir*)
Raston, C.L. *et al*, *Aust. J. Chem.*, 1976, **29**, 1905 (*cryst struct*)

$C_4Cl_2Hg_2O_4Os$ Hg-00129
Tetracarbonylbis(chloromercurio)osmium, 8CI
[21710-55-4]

M 774.328
White solid. Mp ca. 235° dec.

Bradford, C.W. *et al*, *J. Chem. Soc. (A)*, 1968, 2456 (*synth, ir, raman*)

$C_4Cl_2Hg_2O_4Ru$ Hg-00130
Tetracarbonylbis(chloromercurio)ruthenium, 8CI

M 685.198
***cis*-form** [21710-53-2]
  Pale-yellow solid. Mp 170-5° dec.

Bradford, C.W. *et al*, *J. Chem. Soc. (A)*, 1968, 2456 (*synth, ir*)

C_4Cl_6Hg Hg-00131
Bis(trichlorovinyl)mercury, 8CI
Bis(trichloroethenyl)mercury, 9CI.
Hexachlorodivinylmercury
[10507-38-7]

$$(Cl_2C{=}CCl)_2Hg$$

M 461.352
Plant defoliant. Cryst (pentane). Mp 72-3°.

Seyferth, D. *et al*, *Inorg. Chem.*, 1962, **1**, 185 (*synth, ir*)
Cohen, S.C., *Inorg. Nucl. Chem. Lett.*, 1970, **6**, 757 (*ms*)
Cohen, S.C., *J. Chem. Soc. (A)*, 1971, 632 (*ms*)
Bell, N.A. *et al*, *J. Organomet. Chem.*, 1980, **193**, 147 (*nqr*)

C_4F_2Hg Hg-00132
Bis(fluoroethynyl)mercury

$$(FC{\equiv}C)_2Hg$$

M 286.631
Solid.
▷ Dec. violently on warming; stable towards shock

Middleton, W.J. *et al*, *J. Am. Chem. Soc.*, 1959, **81**, 803.

C_4F_6Hg Hg-00133
Bis(trifluorovinyl)mercury, 8CI
Bis(trifluoroethenyl)mercury, 9CI. *Bis(perfluorovinyl)mercury. Hexafluorodivinylmercury.*
Perfluorodivinylmercury
[687-61-6]

$$(F_2C{=}CF)_2Hg$$

M 362.624
d^{23} 3.07. Bp_{17} 65-6°. n_D^{23} 1.429.

Sterlin, R.N. *et al*, *Izv. Akad. Nauk SSSR, Ser. Khim.*, 1959, 1506 (*synth*)
Stafford, S.L. *et al*, *Spectrochim. Acta*, 1961, **17**, 412 (*ir*)
Tarrant, P. *et al*, *J. Org. Chem.*, 1963, **28**, 839 (*synth, ir*)
Johannesen, R.B. *et al*, *J. Magn. Reson.*, 1971, **5**, 355 (*nmr*)

C₄F₆HgN₄   Hg-00134
Bis(1-diazo-2,2,2-trifluoroethyl)mercury, 8CI

[22085-10-5]

$$F_3CCHgCCF_3$$
$$\|\|$$
$$N_2N_2$$

M 418.651

Yellow cryst. (pentane). Mp ~35°. Unstable to heat or light as solid. Can be stored as Et₂O soln. at 0°, cannot be dist.

▷ Explosive

Do Minh, T. et al, *Tetrahedron Lett.*, 1968, 5237 (synth, uv, ir, nmr)

C₄F₁₀Hg   Hg-00135
Bis(pentafluoroethyl)mercury

[358-20-3]

$$F_3CCF_2HgCF_2CF_3$$

M 438.618

Solid by subl. Mp 105-6°. Dec. at 250° to C₄F₁₀.

Banus, J. et al, *J. Chem. Soc.*, 1950, 3041 (synth)
Krespan, C.G., *J. Org. Chem.*, 1960, **25**, 105.
Fedorov, L.A. et al, *Dokl. Chem. (Engl. Transl.)*, 1972, **204**, 520 (nmr)
Fedorov, L.A. et al, *J. Struct. Chem. (Engl. Transl.)*, 1975, **16**, 899 (nmr)

C₄FeHgO₄   Hg-00136
Tetracarbonylmercurioiron, 8CI

[24980-89-0]

$$[Hg[Fe(CO)_4]]_n$$

M 368.479

Polymeric. Small orange-yellow cryst. Sol. Me₂CO, EtOH, Et₂O, Py, PhNO₂.

Hock, H. et al, *Ber.*, 1929, **62**, 431 (synth, props)
Beck, W. et al, *J. Organomet. Chem.*, 1967, **10**, 307 (ir)
Takano, T. et al, *Bull. Chem. Soc. Jpn.*, 1971, **44**, 431 (ir, mössbauer)

C₄H₂Cl₂Hg₂O   Hg-00137
2,5-Bis(chloromercuri)furan

Dichloro-μ-2,5-furandiyldimercury, 9CI

[6270-99-1]

ClHg—[furan]—HgCl

M 538.145

Insol. most org. solvs.

Gilman, H. et al, *J. Am. Chem. Soc.*, 1933, **55**, 3302 (synth)
Green, J.H.S. et al, *Spectrochim. Acta, Part A*, 1977, **33**, 843 (ir)
Zhdanov, Yu.A. et al, *J. Struct. Chem. (Engl. Transl.)*, 1977, **18**, 677 (pe)

C₄H₂Cl₄Hg   Hg-00138
Bis(1,2-dichlorovinyl)mercury

Bis(1,2-dichloroethenyl)mercury, 9CI. *1,1',2,2'-Tetrachlorodivinylmercury*

M 392.462

(Z,Z)-form

V. sol. CHCl₃, Et₂O, Me₂CO. Mp 50.3°.

Fitzgibbon, M., *J. Chem. Soc.*, 1938, 1218.

C₄H₂Hg   Hg-00139
Diethynylmercury

Mercury acetylide

[3007-65-6]

$$HC\equiv CHgC\equiv CH$$

M 250.650

Cannot be isol.

Sebald, A. et al, *Spectrochim. Acta, Part A*, 1982, **38**, 163 (pmr, cmr, nmr, synth)

C₄H₃ClHgO   Hg-00140
2-Chloromercurifuran

Chloro-2-furanylmercury, 9CI. *Chloro-2-furylmercury*. *2-Furylmercury chloride*

[5857-37-4]

M 303.110

Solid (EtOH aq.). Mp 152-3°.

▷ OV9850000.

Gilman, H. et al, *J. Am. Chem. Soc.*, 1933, **55**, 3302 (synth)
Johnson, J.R. et al, *J. Am. Chem. Soc.*, 1938, **60**, 111 (synth)
Leandri, G. et al, *J. Chem. Soc.*, 1954, 3377 (uv)
Volka, K. et al, *Spectrochim Acta, Part A*, 1977, **33**, 241 (ir)
Green, J.H.S. et al, *Spectrochim Acta, Part A*, 1977, **33**, 843 (ir)
Colonna, F.P. et al, *J. Chem. Soc., Dalton Trans.*, 1979, 2037 (pe)

C₄H₃ClHgO   Hg-00141
3-Chloromercurifuran

Chloro-3-furanylmercury, 9CI. *Chloro-3-furylmercury*. *3-Furylmercury chloride*

[5857-38-5]

M 303.110

Solid (EtOH). Sol. dioxan. Mp 184.5°.

Gilman, H. et al, *J. Am. Chem. Soc.*, 1933, **55**, 3302 (synth)
Gronowitz, S. et al, *Ark. Kemi*, 1962, **19**, 515 (synth, ir)
Cohen, A.D. et al, *Mol. Phys.*, 1963-4, **7**, 11 (pmr)
Volka, K. et al, *Spectrochim. Acta, Part A*, 1977, **33**, 241 (ir)
Colonna, F.P. et al, *J. Chem. Soc., Dalton Trans.*, 1979, 2037 (pe)

C₄H₃ClHgS Hg-00142
2-(Chloromercuri)thiophene
Chloro(2-thienyl)mercury, 9CI. *2-Thienylmercury chloride*
[5857-39-6]

$$\text{[thiophene ring]}-HgCl$$

M 319.171
Solid. Mp 183°.

Steinkopf, W. et al, *Justus Liebigs Ann. Chem.*, 1914, **403**, 50 (*synth*)
Johnson, J.R. et al, *J. Am. Chem. Soc.*, 1938, **60**, 111.
Evans, D.F. et al, *J. Chem. Soc. (A)*, 1968, 2127 (*nmr*)
Bulman, M.J., *Tetrahedron*, 1969, **25**, 1433 (*pmr*)
Colonna, F.P. et al, *J. Chem. Soc., Dalton Trans.*, 1979, 2037 (*pe*)

C₄H₃ClHgSe Hg-00143
2-Chloromercuriselenophene

$$\text{[selenophene ring]}-HgCl$$

M 366.071
Needles (EtOH). Mp 201-2° dec.

Umezawa, S., *Bull. Chem. Soc. Jpn.*, 1939, **14**, 155 (*synth*)
Heffernan, M.L. et al, *Mol. Phys.*, 1963, **7**, 527 (*pmr*)
Brown, R.D. et al, *Aust. J. Chem.*, 1965, **18**, 1513 (*synth*)

C₄H₃F₃Hg Hg-00144
(Trifluorovinyl)vinylmercury
Ethenyl(trifluoroethenyl)mercury

$$H_2C=CHHgCF=CF_2$$

M 308.653
d_{23} 2.95. Bp_2 45°. n_D^{23} 1.5220.

Sterlin, R.N. et al, *Dokl. Akad. Nauk SSSR, Ser. Sci. Khim.*, 1961, **140**, 137 (*synth*)

C₄H₄Cl₂Hg Hg-00145
Bis(1-chlorovinyl)mercury, 8CI
Bis(1-chloroethenyl)mercury, 9CI
[38028-64-7]

$$(H_2C=CCl)_2Hg$$

M 323.572
Cryst. (pet. ether/C₆H₆). Mp 80-1°. Dec. in light at r.t. within 3-5 hours. Stable for 2-3 days at −10° to −20°.

Tupciauskas, A.P. et al, *J. Magn. Reson.*, 1972, **7**, 124 (*nmr*)
Kazankova, M.A. et al, *J. Gen. Chem. USSR (Engl. Transl.)*, 1976, **46**, 2367 (*synth, pmr, ir*)

C₄H₄Cl₂Hg Hg-00146
Bis(2-chlorovinyl)mercury, 8CI
Bis(2-chloroethenyl)mercury, 9CI. *2,2′-Dichlorodivinylmercury*

$$(ClCH=CH)_2Hg$$

M 323.572

(E,E)-form [1921-74-0]
Cryst. (pet. ether). Mp 71°. Cryst. material decs. to *trans*-ClCH=CHHgCl at r.t. On irradiation with Hg lamp isomerizes to (Z,Z)-form.

(Z,Z)-form [20258-53-1]
d 2.78. $Bp_{0.5}$ 76-8°, $Bp_{0.0085}$ 35-6°. n_D^{20} 1.6047.

Wells, P.R. et al, *Aust. J. Chem.*, 1964, **17**, 1204 (*synth, pmr*)
Nesmeyanov, A.N. et al, *J. Organomet. Chem.*, 1968, **15**, 279 (*pmr, ir*)
Pakhomov, V.I. et al, *Russ. J. Inorg. Chem. (Engl. Transl.)*, 1974, **19**, 330
Nesmeyanov, A.N. et al, *Bull. Acad. Sci. USSR (Engl. Transl.)*, 1980, **29**, 1617 (*ir, raman*)
Fedorov, L.A. et al, *J. Struct. Chem. (Engl. Transl.)*, 1982, **23**, 665

C₄H₄Cl₂Hg Hg-00147
Chloro(4-chloro-1,3-butadienyl)mercury, 9CI
1-Chloro-4-chloromercuri-1,3-butadiene. 4-Chloro-1,3-butadienylmercury chloride
[56545-44-9]

$$ClCH=CHCH=CHHgCl$$

M 323.572
Cryst. (EtOH). Mp 109-10°. Dec. above 120°.

Kozlov, N.S. et al, *Dokl. Chem. (Engl. Transl.)*, 1975, **222**, 290

C₄H₄F₆Hg Hg-00148
Bis(2,2,2-trifluoroethyl)mercury, 9CI
[674-61-3]

$$F_3CCH_2HgCH_2CF_3$$

M 366.656
Solid. Mp 40°.

Krespan, C.G., *J. Org. Chem.*, 1960, **25**, 105 (*synth*)
Fedorov, L.A. et al, *J. Struct. Chem.*, 1974, **15**, 943 (*cmr*)

C₄H₄Hg Hg-00149
Ethynylvinylmercury, 8CI
Ethenylethynylmercury, 9CI
[82490-27-5]

$$HC\equiv CHgCH=CH_2$$

M 252.666
Cryst. by subl. with unpleasant odour. Mp 63°.

Sebald, A. et al, *Spectrochim. Acta, Part A*, 1982, **38**, 163 (*synth, ir, cmr, nmr*)

C₄H₄HgN₂ Hg-00150
Bis(cyanomethyl)mercury, 9CI
[54086-88-3]

$$NCCH_2HgCH_2CN$$

M 280.679
Solid (EtOH). Mp 180-4°. Dec. >200°.

Grimm, J.W. et al, *J. Prakt. Chem.*, 1974, **316**, 557 (*synth, pmr, ir*)
Butin, K.P. et al, *J. Organomet. Chem.*, 1979, **175**, 157.

C₄H₄HgN₆O₁₂ Hg-00151
(Trinitromethyl)(3,3,3-trinitropropyl)mercury, 9CI
[17068-44-9]

$$(O_2N)_3CCH_2CH_2HgC(NO_2)_3$$

M 528.699
Cryst. (H₂O). Mp 167° dec.

Novikov, S.S. et al, *Dokl. Akad. Nauk SSSR, Ser. Sci. Khim.*, 1959, **124**, 834 (synth)
Tartakovskii, V.A. et al, *Izv. Akad. Nauk SSSR, Ser. Khim.*, 1961, 1042 (synth)

C$_4$H$_5$ClHg Hg-00152
2-Chloromercuri-1,3-butadiene
Chloro(1-methylene-2-propenyl)mercury, 9CI. *Chloro(1-methyleneallyl)mercury*, 8CI. *2-(1,3-Butadienyl)mercury chloride*

$$H_2C=C(HgCl)CH=CH_2$$

M 289.127
Cryst. (EtOH aq.). Dec. at 113°.
Aufdermarsh, C.A., *J. Org. Chem.*, 1964, **29**, 1994 (synth)

C$_4$H$_5$HgNO$_2$ Hg-00153
(Acetato-*O*)cyanomethylmercury, 9CI
Cyanomethylmercury acetate
[54086-56-5]

$$AcOHgCH_2CN$$

M 299.679
Cryst. (CHCl$_3$ at −30°). Mp 116° dec.
Grimm, J.W. et al, *J. Prakt. Chem.*, 1974, **316**, 557 (synth, ir)

C$_4$H$_6$Br$_2$Hg Hg-00154
Bromo(1-bromo-2-methyl-1-propenyl)mercury, 9CI
1-Bromo-2-methylpropenylmercuric bromide. 1-Bromo-1-bromomercuri-2-methylpropene. 1-Bromo-2-methyl-1-propenylmercury bromide
[59456-37-0]

$$(H_3C)_2C=CBrHgBr$$

M 414.489
Source of isopropylidenecarbene. Needles (MeOH). Mp 132-3°.
Seyferth, D. et al, *J. Organomet. Chem.*, 1976, **104**, 145 (synth, pmr, ir)

C$_4$H$_6$Cl$_2$HgO$_2$ Hg-00155
Chloro(1-chloro-2-ethoxy-2-oxoethyl)mercury, 9CI
Ethyl chloro(chloromercuri)acetate. [(Carboxyethyl)-chloromethyl]mercury chloride
[51724-97-1]

$$ClHgCHClCOOEt$$

M 357.586
(±)-form
Needles (CHCl$_3$/Et$_2$O). Mp 80-1°.
Seyferth, D. et al, *J. Organomet. Chem.*, 1974, **65**, 99 (synth, pmr, ir)

C$_4$H$_6$Cl$_2$Hg$_2$ Hg-00156
1,1-Bis(chloromercuri)-2-methylpropene
Dichloro[μ-(2-methyl-1-propenylidene)]dimercury, 9CI
[26071-89-6]

$$(H_3C)_2C=C(HgCl)_2$$

M 526.177
Solid. Mp >250°.

Matteson, D.S. et al, *J. Organomet. Chem.*, 1970, **21**, P6 (synth, pmr)
Cohen, S.C., *J. Chem. Soc. (A)*, 1971, 1571 (ms)
Matteson, D.S. et al, *J. Organomet. Chem.*, 1974, **69**, 53 (synth, pmr)
Matteson, D.S. et al, *J. Organomet. Chem.*, 1978, **152**, 1 (synth, pmr)

C$_4$H$_6$Hg Hg-00157
Divinylmercury, 8CI
Diethenylmercury, 9CI
[1119-20-6]

$$H_2C=CHHgCH=CH_2$$

M 254.681
Reagent for synth. of vinyl esters. Liq. d 2.77. Bp 156-7°, Bp$_{14}$ 48-50°. Store *in vacuo*. Slow dec. at r.t. n_D^{20} 1.5980. Dipole moment 0.54D in C$_6$H$_6$.
Bartocha, B. et al, *Z. Naturforsch., B*, 1958, **13**, 347 (synth)
Reynolds, G.F. et al, *J. Org. Chem.*, 1958, **23**, 1217 (synth)
Kaesz, H.D. et al, *Spectrochim. Acta*, 1959, **15**, 360 (ir)
Dubov, S.S. et al, *CA*, 1963, **58**, 2970 (ms)
Mink, J. et al, *Acta. Chim. Budapest*, 1970, **66**, 277; *CA*, **73**, 103851 (ir, raman)
Visser, H.D. et al, *J. Organomet. Chem.*, 1972, **40**, 7 (pmr)
Sens, M.A. et al, *J. Magn. Reson.*, 1975, **19**, 323 (nmr)
Wilson, N.K. et al, *J. Magn. Reson.*, 1976, **21**, 437 (cmr)
Fieser, M. et al, *Reagents for Organic Synthesis*, Wiley, 1967-83, **1**, 352 (use)

C$_4$H$_6$Hg Hg-00158
Methyl-1-propynylmercury, 10CI
1-(Methylmercuri)-1-propyne
[72250-66-9]

$$MeHgC≡CCH_3$$

M 254.681
Cryst. by subl. Mp 80-1°.
Imai, Y. et al, *Bull. Chem. Soc. Jpn.*, 1979, **52**, 2875 (synth, ir, raman)

C$_4$H$_6$HgN$_2$O Hg-00159
(1-Diazo-2-oxopropyl)methylmercury, 9CI
Methylmercuridiazoacetone. 1-Diazo-1-methylmercuri-2-propanone
[41580-23-8]

$$N_2=C(HgMe)COCH_3$$

M 298.694
Source of :C(Ac)HgMe. Pale-yellow needles (Et$_2$O or CCl$_4$). Mp 94.5-96° (88-91°) dec. Dec. on photolysis.
Lorberth, J. et al, *J. Organomet. Chem.*, 1973, **54**, 23 (synth, ms, pmr, ir, raman)
Skell, P.S. et al, *J. Am. Chem. Soc.*, 1973, **95**, 5042 (use)
Valenty, S.J. et al, *J. Org. Chem.*, 1973, **38**, 3937 (synth, ir, pmr, uv, ms)

C$_4$H$_6$HgN$_2$O$_2$ Hg-00160
(1-Diazo-2-methoxy-2-oxoethyl)methylmercury, 9CI
Methyl methylmercuridiazoacetate
[41580-12-5]

$$N_2=C(HgMe)COOMe$$

M 314.694

Source of :C(HgMe)COOMe. Yellow powder. Mp 71-2°. Light-sensitive, dec. on photolysis.

Skell, P.S. et al, J. Am. Chem. Soc., 1973, **95**, 5042.
Valenty, S.J. et al, J. Org. Chem., 1973, **38**, 3937 (synth, ir, pmr, uv, ms)

$C_4H_6HgO_2$ Hg-00161
(Acetato-*O*)ethenylmercury, 9CI
Vinylmercury acetate. Acetoxyvinylmercury
[51664-91-6]

$$H_2C=CHHgOAc$$

M 286.680
Fungicide. Cryst. (pet. ether). Mp 92-3°. Dec. >70° to Hg and $CH_2=CHOAc$.

Foster, D.J. et al, J. Am. Chem. Soc., 1961, **83**, 851 (synth)
Wells, P.R. et al, Tetrahedron Lett., 1964, 1029 (pmr)

$C_4H_6HgO_2$ Hg-00162
Bis(2-oxoethyl)mercury, 9CI
Bis(formylmethyl)mercury, 8CI. 1,1′-Mercuridiacetaldehyde
[4387-13-7]

$$OHCCH_2HgCH_2CHO$$

M 286.680
Used in synth. of vinyl ethers. Cryst. (EtOH). Mp 92-4°. Slowly dec. in soln.
▷OV7365000.

Lutsenko, I.F. et al, Dokl. Akad. Nauk SSSR, Ser. Sci. Khim., 1955, **102**, 97 (synth)
Nesmeyanov, A.N. et al, Izv. Akad. Nauk SSSR, Ser. Khim., 1957, **52**, 4476 (synth)
Murahashi, S. et al, Bull. Chem. Soc. Jpn., 1965, **38**, 1840 (ir, derivs)
Epshtein, L.M. et al, J. Struct. Chem. (Engl. Transl.), 1967, **8**, 911 (ir)
Fedorov, L.A. et al, Dokl. Chem. (Engl. Transl.), 1970, **195**, 879 (pmr)
Breuer, S.W. et al, J. Chem. Soc. (C), 1971, 3519 (ms)
Nesmeyanov, A.N. et al, Dokl. Chem. (Engl. Transl.), 1975, **220**, 162 (cmr)
Nesmeyanov, A.N. et al, Dokl. Chem. (Engl. Transl.), 1975, **224**, 602 (raman)

$C_4H_6HgO_4$ Hg-00163
Bis(carboxymethyl)mercury
α,α′-Mercuridiacetic acid. 2,2′-Mercuribisacetic acid

$$HOOCCH_2HgCH_2COOH$$

M 318.679
Cryst.

Lutsenko, I.F. et al, Zh. Obshch. Khim., 1963, **33**, 1927 (synth)

$C_4H_6HgO_4$ Hg-00164
Bis(methoxycarbonyl)mercury, 9CI
1,1′-Mercuribis(formic acid)dimethyl ester
[10507-39-8]

$$MeOOCHgCOOMe$$

M 318.679
Cryst. (Et₂O). Sol. THF, C_6H_6. Mp 84-5°.

Paulik, F.E. et al, Chem. Ind. (London), 1962, 1650 (synth)
Sakikibara, T. et al, J. Org. Chem., 1971, **36**, 3644.

C_4H_7BrHg Hg-00165
Bromo(2-butenyl)mercury
Crotylmercury bromide. 2-Butenylmercury bromide. 1-Bromomercuri-2-butene. Bromocrotylmercury

$$H_3CCH=CHCH_2HgBr$$

M 335.593

(*E*)-form
Cryst. (pentane/Me_2CO). Mp 90.8-91.2° dec.

Sleezer, P.D. et al, J. Am. Chem. Soc., 1963, **85**, 1890 (synth, ir)
Nesmeyanov, A.N. et al, J. Organomet. Chem., 1968, **12**, 187 (synth, ir)

C_4H_7BrHg Hg-00166
Bromocyclobutylmercury, 9CI
Cyclobutylmercury bromide. Bromomercuricyclobutane
[33334-86-0]

M 335.593
Solid (EtOH). Mp 160-1°.

Ol'dekop, Yu.A. et al, J. Gen. Chem. USSR (Engl. Transl.), 1971, **41**, 835 (synth, ir)
Shatkina, T.N. et al, Dokl. Chem. (Engl. Transl.), 1974, **219**, 911 (synth, cmr)

C_4H_7ClHg Hg-00167
2-Butenylchloromercury, 9CI
Crotylmercury chloride. Chlorocrotylmercury. 1-Chloromercuri-2-butene. 2-Butenylmercury chloride
[18355-67-4]

$$H_3CCH=CHCH_2HgCl$$

M 291.142
Cryst. (EtOH). Mp 76-7°.

Nesmeyanov, A.N. et al, J. Organomet. Chem., 1968, **12**, 187 (synth, ir)

C_4H_7ClHg Hg-00168
Chloro(cyclopropylmethyl)mercury, 9CI
Cyclopropylcarbinylmercury chloride. Chloromercuri(cyclopropyl)methane. (Chloromercurimethyl)cyclopropane
[36635-40-2]

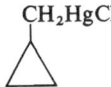

M 291.142
Solid. Dec. on standing to $H_2C=CHCH_2CH_2HgCl$.

Peterson, D.J. et al, J. Organomet. Chem., 1974, **73**, 237 (synth, nmr, cmr, ir)

C_4H_7ClHg Hg-00169
Chloro(2-methyl-2-propenyl)mercury, 9CI
3-Chloromercuri-2-methyl-1-propene. β-Methallylmercury chloride. 2-Methyl-2-propenylmercury chloride
[35569-02-9]

$$H_2C=C(CH_3)CH_2HgCl$$

C₄H₇ClHgO — C₄H₈Cl₂Hg₂O₂
Hg-00170 — Hg-00178

M 291.142
Cryst. (Et₂O/pentane or CH₂Cl₂). Mp 76.7-77° dec.
Kitching, W. et al, J. Organomet. Chem., 1972, **34**, 233 (*synth, pmr*)

C₄H₇ClHgO — Hg-00170
2-Chloromercuricyclobutanol
Chloro(2-hydroxycyclobutyl)mercury, 9CI. *2-Hydroxycyclobutylmercury chloride*

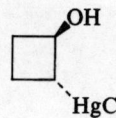

M 307.142
(1RS,2RS)-form [39837-13-3]
(±)-*trans-form*
Cryst. (CHCl₃/heptane). Mp 95.5-96°.
Waters, W.L. et al, J. Org. Chem., 1973, **38**, 2306 (*synth, ir*)

C₄H₇ClHgO — Hg-00171
(Chloromethyl)(2-oxopropyl)mercury
Acetonyl(chloromethyl)mercury
[71893-15-7]

H₃CCOCH₂HgCH₂Cl

M 307.142
:CH₂ transfer agent. Oil, slowly dec. at −10°.
▷Highly toxic; causes severe skin lesions even in dil. soln.
Barluenga, J. et al, Synthesis, 1979, 893 (*synth, ir, pmr, use*)
Barluenga, J. et al, J. Chem. Soc., Perkin Trans. 1, 1980, 1420 (*use*)

C₄H₇ClHgO₂ — Hg-00172
[2-(Acetyloxy)ethyl]chloromercury, 9CI
Chloro(2-hydroxyethyl)mercury acetate, 8CI. *2-Acetoxyethylmercury chloride*. *2-Chloromercuriethyl acetate*. *1-Acetoxy-2-chloromercuriethane*
[1538-76-7]

AcOCH₂CH₂HgCl

M 323.141
Cryst. (ligroin). Mp 64-5°. Dipole moment 3.19D (C₆H₆).
Ichikawa, A.K. et al, J. Am. Chem. Soc., 1960, **82**, 3880 (*synth*)

C₄H₇ClHgO₂ — Hg-00173
(Chloromethyl)(2-methoxy-2-oxoethyl)mercury, 9CI
(Carboxymethyl)(chloromethyl)mercury methyl ester
[71840-37-4]

ClCH₂HgCH₂COOMe

M 323.141
:CH₂ transfer agent. Oil, stable below −10°.
▷Highly toxic; causes severe skin lesions, even in dil. solns.
Barluenga, J. et al, Synthesis, 1979, 893 (*synth, ir, pmr, use*)
Barluenga, J. et al, J. Chem. Soc., Perkin Trans. 1, 1980, 1420 (*use*)

C₄H₈ClHgNO — Hg-00174
(2-Acetamidoethyl)chloromercury, 8CI
1-Acetamido-2-chloromercuriethane. *2-Acetamidoethylmercury chloride*
[24549-22-2]

AcNHCH₂CH₂HgCl

M 322.156
Cryst. Mp 188°.
Beger, J. et al, J. Prakt. Chem., 1969, **311**, 737 (*synth*)

C₄H₈Cl₂Hg₂ — Hg-00175
1,4-Bis(chloromercuri)butane
Dichloro(1,4-butanediyl)dimercury

ClHgCH₂CH₂CH₂CH₂HgCl

M 528.193
Cryst. (DMSO). Mp 292-3° dec.
Sawatzky, H. et al, Can. J. Chem., 1958, **36**, 1555 (*synth*)

C₄H₈Cl₂Hg₂O — Hg-00176
1,1′-Oxybis[1-chloromercuriethane]
α,α-Bis(chloromercuri)diethyl ether. *(Oxydiethylidene)bis(mercury chloride)*

ClHgCH(CH₃)OCH(CH₃)HgCl

M 544.193
Cryst. with unpleasant odour. Sol. Me₂CO, EtOH, insol. Et₂O. Mp 75-80°. Dec. in air or light.
Nesmeyanov, A.N. et al, Bull. Acad. Sci. USSR, Div. Chem. Sci., 1958, 1269 (*synth*)

C₄H₈Cl₂Hg₂O₂ — Hg-00177
1,4-Bis(chloromercuri)-2,3-butanediol
Dichloro(μ-2,3-dihydroxytetramethylene)dimercury, 8CI
[17975-20-1]

ClHgCH₂CH(OH)CH(OH)CH₂HgCl

M 560.192
Cryst. (Me₂CO). Mp 140° dec.
Nesmeyanov, A.N. et al, Izv. Akad. Nauk SSSR, Ser. Khim., 1942, 366 (*synth*)
Gomez Aranda, V. et al, Combustibles, 1967, **25**, 3; CA, **68**, 114722.

C₄H₈Cl₂Hg₂O₂ — Hg-00178
Dichloro[μ-(dioxydi-2,1-ethanediyl)]dimercury, 10CI
Bis(2-chloromercuriethyl)peroxide
[63948-39-0]

ClHgCH₂CH₂−O−O−CH₂CH₂HgCl

M 560.192
Mp 149-50°.
Bloodworth, A.J. et al, J. Chem. Soc., Perkin Trans. 1, 1977, 1031 (*synth, pmr, cmr*)

C₄H₈Hg — Hg-00179
Cyclopropylmethylmercury, 9CI
[60080-27-5]

M 256.697

Schaaf, T.F. et al, Inorg. Chem., 1971, **10**, 1521 (pmr)

C₄H₈HgO₂ — Hg-00180
(Acetato-O)ethylmercury, 9CI
Ethylmercury acetate. Acetoxyethylmercury
[109-62-6]

EtHgOAc

M 288.696
Bactericide, fungicide. Cryst. (CCl₄). Mp 69-69.8°.
▷OV6125000.

Coleman, G.H. et al, J. Am. Chem. Soc., 1937, **59**, 2703 (synth)
Ershler, A.B. et al, Elektrokhimiya, 1981, **17**, 695; CA, **95**, 15131.

C₄H₈HgO₃ — Hg-00181
(Acetato-O)(2-hydroxyethyl)mercury, 9CI
2-Hydroxyethylmercury acetate. 2-Acetoxymercuriethanol. Acetoxy(2-hydroxyethyl)mercury
[4665-55-8]

HOCH₂CH₂HgOAc

M 304.695
Defoliant. Cryst. (C₆H₆). Sol. H₂O, EtOH, Me₂CO, insol. pet. ether. Mp 54.5°. Hygroscopic.

Ac: see (Acetato-O)[2-(acetyloxy)ethyl]mercury, Hg-00335
Me ether: see (Acetato-O)(2-methoxyethyl)mercury, Hg-00246
Et ether: see (Acetato-O)(2-ethoxyethyl)mercury, Hg-00353

Gomez Aranda, V. et al, CA, 1952, **46**, 424 (synth)

C₄H₉BrHg — Hg-00182
Bromobutylmercury
Butylmercury bromide. 1-Bromomercuributane
[17774-02-6]

H₃C(CH₂)₃HgBr

M 337.609
Wood preservative. Plates (EtOH). Mod. sol. EtOH, CHCl₃, pract. insol. H₂O. Mp 136° (130-130.5°). Formn. const. 10^5.74 (H₂O, 25°). Dec. >245°. Dipole moment 3.44D.

Slotta, K.H. et al, J. Prakt. Chem., 1929, **120**, 249 (synth)
Coates, G.E. et al, J. Chem. Soc., 1964, 166 (ir)
Nesmeyanov, A.N. et al, Bull. Acad. Sci. USSR (Engl. Transl.), 1969, 1785 (nqr)
Inamoto, N. et al, Bull. Chem. Soc. Jpn., 1970, **43**, 2574.
Larock, R.C. et al, J. Am. Chem. Soc., 1970, **92**, 2467 (synth)
Ol'dekop, Y.A. et al, J. Gen. Chem. USSR (Engl. Transl.), 1970, **40**, 607 (synth)
Browning, J. et al, J. Chem. Soc., Dalton Trans., 1978, 872 (cmr, nmr)
Abbondaudolo, A., CA, 1980, **93**, 39112 (tox)

C₄H₉BrHg — Hg-00183
Bromo-tert-butylmercury
Bromo(1,1-dimethylethyl)mercury, 9CI. *tert-Butylmercury bromide. 2-Bromomercuri-2-methylpropane*
[54728-44-8]

(H₃C)₃CHgBr

M 337.609
Cryst. Mp 107-8° dec. Dec. by light; dec. on heating in soln.; cannot be recryst.; reacts with halocarbon solvs., e.g. CBr₄.

Marvel, C.S. et al, J. Am. Chem. Soc., 1923, **45**, 820.
Nugent, W.A. et al, J. Organomet. Chem., 1977, **124**, 371 (pmr, synth)
Olah, G.A. et al, Proc. Natl. Acad. Sci. USA, 1980, **77**, 5036 (nms)

C₄H₉BrHg — Hg-00184
(Bromomethyl)propylmercury
[73260-87-4]

H₃CCH₂CH₂HgCH₂Br

M 337.609
Oil, slowly dec. at −10°.
▷Causes skin lesions, even in dil. solns.

Barluenga, J. et al, Synthesis, 1979, 893 (synth, ir, pmr, use)

C₄H₉BrHg — Hg-00185
Bromo(1-methylpropyl)mercury, 9CI
Bromo-sec-butylmercury, 8CI. *2-Butylmercury bromide. sec-Butylmercury bromide. 2-Bromomercuributane*
[868-82-6]

```
         CH₃
         |
   BrHg—C—H       (R)-form
         |
        CH₂CH₃
```

M 337.609
(R)-form
 Cryst. (MeOH or EtOH aq.). [α]_D^22 −25.8° (c, 5 in EtOH).
(S)-form [53213-46-0]
 Cryst. (MeOH or EtOH aq.). Mp 44.0-44.8°. [α]_D^22 +25.8° (c, 4 in EtOH).
(±)-form
 Oxygen-sensitive solid (EtOH). Sol. Me₂CO. Mp 39°. Dipole moment 3.70 D.

Charman, H.B. et al, J. Chem. Soc., 1959, 2523 (synth)
Jensen, F.R. et al, J. Am. Chem. Soc., 1960, **82**, 2466.
Landgrebe, J.A. et al, J. Am. Chem. Soc., 1966, **88**, 3545.
Bergbreiter, D.E. et al, J. Am. Chem. Soc., 1974, **96**, 4937.

C₄H₉BrHg — Hg-00186
Bromo(2-methylpropyl)mercury, 9CI
Bromoisobutylmercury, 8CI. *Isobutylmercury bromide. 1-Bromomercuri-2-methylpropane*
[28859-82-7]

(H₃C)₂CHCH₂HgBr

M 337.609
Cryst. (EtOH). Mp 55.5°.

Marvel, C.S. et al, J. Am. Chem. Soc., 1925, **47**, 3009 (synth)
Torssell, K., Acta Chem. Scand., 1959, **13**, 115 (synth)
Olah, G.A. et al, Proc. Natl. Acad. Sci. USA, 1980, **77**, 5036 (nmr)

C₄H₉BrHgO   Hg-00187
Bromo(3-hydroxybutyl)mercury
3-Hydroxybutylmercury bromide. 4-Bromomercuri-2-butanol

$$H_3CCH(OH)CH_2CH_2HgBr$$

M 353.609
Oil.

Levina, R.Ya. et al, *Zh. Obshch. Khim.*, 1956, **26**, 2998; *CA*, **51**, 8659 (*synth*)

C₄H₉BrHgO   Hg-00188
3-Bromomercuri-2-butanol
Bromo(2-hydroxy-1-methylpropyl)mercury, 9CI. (2-Hydroxy-1-methylpropyl)mercury bromide

$$\begin{array}{c} CH_3 \\ | \\ HO-\overset{2}{C}-H \\ | \\ H-\overset{3}{C}-HgBr \\ | \\ CH_3 \end{array} \quad (2RS,3RS)\text{-}form$$

M 353.609
(**2RS,3RS**)-*form* [53213-50-6]
(±)-threo-*form*
Cryst. (EtOAc). Mp 65-6°.
(**2RS,3SR**)-*form* [53213-51-7]
(±)-erythro-*form*
Cryst. (EtOAc). Mp 80.5-81.5°.

Bergbreiter, D.E. et al, *J. Am. Chem. Soc.*, 1974, **96**, 4937 (*synth, ir, pmr*)

C₄H₉BrHgO₂   Hg-00189
3-Bromomercuri-2-methoxy-1-propanol
Bromo(3-hydroxy-2-methoxypropyl)mercury. 3-Hydroxy-2-methoxypropylmercury bromide

$$HOCH_2CH(OMe)CH_2HgBr$$

M 369.608
(±)-*form*
Cryst. (EtOAc). Mp 69-71°.

Blicke, F.F. et al, *J. Am. Chem. Soc.*, 1954, **76**, 3163.

C₄H₉ClHg   Hg-00190
Butylchloromercury, 9CI
Butylmercury chloride. 1-Chloromercuributane
[543-63-5]

$$H_3C(CH_2)_3HgCl$$

M 293.158
Wood preservative, fungicide, germicide, disinfectant. Plates or needles (EtOH). Sol. CHCl₃, spar. sol. EtOH, insol. H₂O. Mp 128.3-128.8°. Formn. const. 10$^{4.55}$ (H₂O, 25°). Dipole moment 3.20D.
▷OV7700000.

Slotta, K.H. et al, *J. Prakt. Chem.*, 1929, **120**, 249 (*synth*)
Winstein, S. et al, *J. Am. Chem. Soc.*, 1955, **77**, 3747 (*synth*)
Coates, G.E. et al, *J. Chem. Soc.*, 1964, 166 (*ir*)
Bryant, W.F. et al, *J. Organomet. Chem.*, 1970, **24**, 573 (*ms*)
Larock, R.C. et al, *J. Am. Chem. Soc.*, 1970, **92**, 2467 (*synth*)
Ol'dekop, Y.A. et al, *J. Gen. Chem. USSR (Engl. Transl.)*, 1970, **40**, 607 (*synth*)
Browning, J. et al, *J. Chem. Soc., Dalton Trans.*, 1978, 872 (*cmr, nmr*)
Baidin, V.N. et al, *J. Struct. Chem. (Engl. Transl.)*, 1981, **22**, 616 (*pe, nmr*)
Taira, M. et al, *CA*, 1981, **95**, 126931 (*tox*)
Merck Index, 9th Ed., 1568.

C₄H₉ClHg   Hg-00191
Chloro-*tert*-butylmercury
Chloro(1,1-dimethylethyl)mercury, 9CI. tert-Butylmercury chloride. 2-Chloromercuri-2-methylpropane
[38442-51-2]

$$(H_3C)_3CHgCl$$

M 293.158
Needles (MeOH or THF). Mp 128-30°.

Kharasch, M.S. et al, *J. Org. Chem.*, 1938, **3**, 405 (*synth*)
Whitmore, F.C. et al, *J. Am. Chem. Soc.*, 1938, **60**, 2626.
Bach, R.D. et al, *J. Am. Chem. Soc.*, 1976, **98**, 6241 (*synth, pmr, ms*)
Browning, J. et al, *J. Chem. Soc., Dalton Trans.*, 1978, 872 (*cmr, nmr*)
Baidin, V.N. et al, *J. Struct. Chem. (Engl. Transl.)*, 1981, **22**, 616 (*pe, nmr*)

C₄H₉ClHg   Hg-00192
Chloro(1-methylpropyl)mercury, 9CI
2-Butylmercuric chloride. Chloro-sec-butylmercury. 2-Chloromercuributane
[38455-12-8]

$$H_3CCH_2CH(CH_3)HgCl$$

M 293.158
(±)-*form*
Oxygen-sensitive solid (EtOH). d^{40} 2.55. Mp 30.5°.

Marvel, C.S. et al, *J. Am. Chem. Soc.*, 1923, **45**, 820 (*synth*)
Wright, G.F., *Can. J. Chem.*, 1973, **51**, 1131 (*ir*)
Baidin, V.N. et al, *J. Struct. Chem. (Engl. Transl.)*, 1981, **22**, 616 (*pe, nmr*)

C₄H₉ClHg   Hg-00193
Chloro(2-methylpropyl)mercury, 9CI
Chloroisobutylmercury, 8CI. Isobutylmercury chloride. 1-Chloromercuri-2-methylpropane
[27151-74-2]

$$(H_3C)_2CHCH_2HgCl$$

M 293.158
Solid (EtOH). Sol. Py, CHCl₃. Mp 48.5-48.7°.

Wilde, W.K., *J. Chem. Soc.*, 1949, 72 (*synth*)
Larock, R.C. et al, *J. Am. Chem. Soc.*, 1970, **92**, 2467 (*synth*)
Baidin, V.N. et al, *J. Struct. Chem. (Engl. Transl.)*, 1981, **22**, 616 (*pe, nmr*)

C₄H₉ClHgO   Hg-00194
Chloro(2-methoxypropyl)mercury, 9CI
2-Methoxypropylmercury chloride. 1-Chloromercuri-2-methoxypropane
[4138-41-4]

$$H_3CCH(OMe)CH_2HgCl$$

M 309.158
(±)-*form*
Oil, cryst. (MeOH) at low temp. Mp −5.5° to −4.5°. Dec. on standing at −10°.

Robson, J.H. et al, *Can. J. Chem.*, 1960, **38**, 21 (*synth*)
Brownstein, S., *Disc. Faraday Soc.*, 1962, **34**, 25 (*pmr*)

Ibusuki, T. et al, *Chem. Lett.*, 1973, 1255 (*cmr*)
Ibusuki, T. et al, *Org. Magn. Reson.*, 1974, **6**, 436 (*pmr, conformn*)
Basler, U. et al, *Z. Chem.*, 1977, **17**, 26 (*ms*)
Iwayanagi, T. et al, *J. Organomet. Chem.*, 1977, **128**, 145 (*cmr, struct*)

C_4H_9HgI — Hg-00195
Butyliodomercury, 9CI

Butylmercury iodide. 1-Iodomercuributane
[26130-07-4]

$$H_3C(CH_2)_3HgI$$

M 384.610

Bactericide. Solid (EtOH). V. sol. CHCl$_3$, mod. sol. EtOH. Mp 117°.

Marvel, C.S. et al, *J. Am. Chem. Soc.*, 1925, **47**, 3009 (*synth*)
Slotta, K.H. et al, *J. Prakt. Chem.*, 1929, **120**, 249.
Larock, R.C. et al, *J. Am. Chem. Soc.*, 1970, **92**, 2467 (*synth*)
Vol'pin, M.E. et al, *J. Gen. Chem. USSR (Engl. Transl.)*, 1970, **40**, 285
Browning, J. et al, *J. Chem. Soc., Dalton Trans.*, 1978, 872 (*cmr*)

C_4H_9HgI — Hg-00196
Iodo(2-methylpropyl)mercury, 9CI

Isobutylmercury iodide. Iodoisobutylmercury. 1-Iodomercuri-2-methylpropane

$$(H_3C)_2CHCH_2HgI$$

M 384.610
Solid (EtOH). Mp 72°.

Marvel, C.S. et al, *J. Am. Chem. Soc.*, 1925, **47**, 3009.

$C_4H_9HgNO_2S$ — Hg-00197
[(2-Amino-2-carboxyethyl)thio]methylmercury, 8CI

(Cysteinato)methylmercury, 9CI

$$\begin{array}{c} COOH \\ | \\ H_2N-C-H \\ | \\ CH_2SHgMe \end{array}$$

M 335.771

(R)-form [32754-35-1]
L-form
Cryst. (EtOH aq.), monohydrate.

Taylor, N.J. et al, *J. Chem. Soc., Dalton Trans.*, 1975, 438 (*synth, cryst struct, raman, ir*)
Hirada, E., *CA*, 1979, **91**, 103082 (*pharmacol*)

$C_4H_{10}ClHgN$ — Hg-00198
3-Chloromercuri-2-butylamine

(2-Amino-1-methylpropyl)mercury chloride. 2-Amino-3-chloromercuributane. Chloro(2-amino-1-methylpropyl)mercury

$$\begin{array}{c} CH_3 \\ | \\ H_2N-\overset{2}{C}-H \\ | \\ H-\overset{3}{C}-HgCl \\ | \\ CH_3 \end{array} \quad (2RS,3RS)\text{-}form$$

M 308.173

(2RS,3RS)-form
(±)-*threo-form*
N,N-Di-Me: [53894-14-7]. Chloro[2-(dimethylamino)-1-methylproyl]mercury, 9CI. [(2-Dimethylamino)-1-methylpropyl]mercury chloride. 2-Chloromercuri-3-dimethylaminobutane.
$C_6H_{14}ClHgN$ M 336.226
Cryst. (CHCl$_3$/pet. ether). Mp 104°.
N-Ac: [24549-25-5]. (2-Acetamido-1-methylpropyl)-chloromercury, 8CI.
$C_6H_{12}ClHgNO$ M 350.210
Mp 133-5°. Config. of this deriv. not certain.

(2RS,3SR)-form
(±)-*erythro-form*
N,N-Di-Me: [53894-13-6]. Mp 70-1°.

Beger, J. et al, *J. Prakt. Chem.*, 1969, **311**, 737 (*synth*)
Bäckvall, J.E. et al, *J. Organomet. Chem.*, 1974, **78**, 177 (*synth, ir, pmr*)
DeBrule, R.F. et al, *Synthesis*, 1974, 197 (*synth, ir, pmr, ms*)

$C_4H_{10}Hg$ — Hg-00199
Diethylmercury

Mercury diethyl
[627-44-1]

$$HgEt_2$$

M 258.713

Polymerisation catalyst. Liq. Sol. Et$_2$O, less sol. EtOH. d^{20} 2.43. Bp 159°, Bp$_{16}$ 57°. n_D^{20} 1.5410. Dipole moment 0.37 (C$_6$H$_6$). λ_{max} 225, 196 nm.

▷Highly toxic vapour. OW2350000.

Morton, A.A. et al, *J. Am. Chem. Soc.*, 1936, **58**, 1024 (*synth*)
Cowan, D.O. et al, *J. Org. Chem.*, 1962, **27**, 1 (*synth*)
Ol'dekop, Y.A. et al, *J. Gen. Chem. USSR (Engl. Transl.)*, 1969, **39**, 650 (*synth*)
Mink, J. et al, *J. Organomet. Chem.*, 1970, **23**, 293 (*ir, raman*)
Petrosyan, V.S. et al, *Bull. Acad. Sci. USSR (Engl. Transl.)*, 1972, **21**, 974 (*pmr*)
Tupciauskas, A.P. et al, *J. Magn. Reson.*, 1972, **7**, 124 (*nmr*)
Wilson, N.K. et al, *J. Magn. Reson.*, 1976, **21**, 437 (*cmr*)
Simonotti, L. et al, *Inorg. Chim. Acta*, 1977, **21**, L27 (*ms*)
Greber, D.K. et al, *Inorg. Chem.*, 1980, **19**, 643 (*pe*)
Sax, N.I., *Dangerous Properties of Industrial Materials*, 5th Ed., Van Nostrand-Reinhold, 1979, 580.

$C_4H_{10}Hg$ — Hg-00200
Methyl(isopropyl)mercury

Methyl(1-methylethyl)mercury, 9CI
[29138-88-3]

$$MeHgCH(CH_3)_2$$

M 258.713
Liq. Bp$_{30}$ 56°.

Spielmann, R. et al, *Bull. Soc. Chim. Belg.*, 1970, **79**, 189 (*ms*)
Fehlner, T.P. et al, *Inorg. Chem.*, 1976, **15**, 2544 (*pe*)
Nugent, W.A. et al, *J. Am. Chem. Soc.*, 1976, **98**, 5979 (*pmr, cmr, synth*)

$C_4H_{10}Hg$ — Hg-00201
Methylpropylmercury, 9CI
[29138-87-2]

$$MeHgCH_2CH_2CH_3$$

M 258.713

Brodersen, K. et al, *Chem. Ber.*, 1961, **94**, 3304 (*synth*)

C₄H₁₀HgO – C₄H₁₂HgSi   Hg-00202 – Hg-00210

Spielmann, R. et al, Bull. Soc. Chim. Belg., 1970, **79**, 189 (ms)

C₄H₁₀HgO   Hg-00202
Butylhydroxymercury, 9CI
Butylmercury hydroxide
[21467-88-9]

$$H_3C(CH_2)_3HgOH$$

M 274.712
Cryst. (Py). Mp 68°. Formn. const. $10^{8.61}$ (H₂O, 25°).

Slotta, K.H. et al, J. Prakt. Chem., 1929, **120**, 249 (synth)

C₄H₁₀HgO₂S   Hg-00203
(Ethanesulfinato)ethylmercury
Ethylmercury ethanesulfinate

$$EtHgSO_2Et$$

M 322.772
Solid (CHCl₃/pentane at −70°). Sol. CHCl₃, THF, alcohols; insol. pentane, H₂O. Mp 98-100°. Stable at r.t. for 3 months. S—Hg bonded in solid state; O—Hg bonded in CHCl₃, CHBr₃ or ClCH₂CH₂Cl soln.

Pollick, P.J. et al, J. Organomet. Chem., 1969, **16**, 201 (synth, ir, pmr)

C₄H₁₀Hg₂O   Hg-00204
Diethyl-μ-oxodimercury, 9CI
Bisethylmercury oxide. Oxybis[ethylmercury]
[54099-09-1]

$$EtHgOHgEt$$

M 475.302
Needles (C₆H₆). Mp 47°. Changes on standing *in vacuo* to thick oil.

Grdenic, D. et al, J. Chem. Soc., 1962, 521.

C₄H₁₁BrGeHg   Hg-00205
Bromo[(trimethylgermyl)methyl]mercury, 9CI
Trimethylgermylmethylmercury bromide. (Bromomercuri)(trimethylgermyl)methane
[61760-06-3]

$$Me_3GeCH_2HgBr$$

M 412.215
Cryst. Mp 50.5°.

Mironov, V.F. et al, Izv. Akad. Nauk SSSR, Ser. Khim., 1963, 1563 (synth)
Glockling, F. et al, Inorg. Chim. Acta, 1976, **19**, 267 (ms)
Glockling, F. et al, J. Chem. Res. (S), 1977, 35 (pmr)

C₄H₁₁BrHgSi   Hg-00206
Bromo[(trimethylsilyl)methyl]mercury, 9CI
(Trimethylsilylmethyl)mercury bromide. (Bromomercuri)(trimethylsilyl)methane
[50836-98-1]

$$Me_3SiCH_2HgBr \ (C_s)$$

M 367.710
Cryst. (EtOH). Mp 54°.

Glockling, F. et al, J. Chem. Soc., Dalton Trans., 1973, 2029 (synth, ir, raman, pmr)

Glockling, F. et al, Inorg. Chim. Acta., 1976, **19**, 267 (ms)
Glockling, F. et al, J. Chem. Res., (S), 1977, 116 (cmr)

C₄H₁₂AsHg₄⊕   Hg-00207
μ₄-Arsenidotetramethyltetramercury(1+)
Tetrakis(methylmercuri)arsonium(1+)

$$[(MeHg)_4As]^\oplus$$

M 937.420 (ion)
Nitrate: [53170-48-2].
   C₄H₁₂AsHg₄NO₃   M 999.425
   Air-stable solid, cannot be recryst. Photosensitive, dec. at 180° without melting. Dec. in soln.
Hexafluorophosphate: [53170-50-6].
   C₄H₁₂AsF₆Hg₄P   M 1082.385
   Air-stable solid, cannot be recryst. Dec. at 180° without melting. Dec. in soln.
Tetrafluoroborate: [53170-49-3].
   C₄H₁₂AsBF₄Hg₄   M 1024.224
   Air-stable, solid, cannot be recryst. Dec. at 180° without melting. Dec. in soln.

Breitinger, D. et al, Inorg. Nucl. Chem. Lett., 1974, **10**, 517 (synth, ir, raman)

C₄H₁₂GeHg   Hg-00208
Methyl(trimethylgermyl)mercury, 9CI
[53593-59-2]

$$MeHgGeMe_3$$

M 333.319
Light-sensitive oil.

Mitchell, T.N., J. Organomet. Chem., 1974, **71**, 27 (synth, pmr)
Werner, F. et al, J. Organomet. Chem., 1975, **97**, 389.
Mitchell, T.N. et al, J. Organomet. Chem., 1978, **150**, 171 (cmr, nmr)

C₄H₁₂HgOSi   Hg-00209
Methyl(trimethylsilyloxy)mercury
Methyl(trimethylsilanolato)mercury, 8CI
[22520-85-0]

$$MeHgOSiMe_3$$

M 304.814
Monomers and aggregates in C₆H₆ soln., cubic tetramer in the solid state.
Tetramer: [22654-19-9]. *Tetramethyltetrakis[μ₃-(trimethylsilanolato)]tetramercury.*
   C₁₆H₄₈Hg₄O₄Si₄   M 1219.255
   Cryst. by subl. V. sol. most org. solvs. Mp 52°. Air- and moisture-sensitive.

Schmidbaur, H. et al, Angew. Chem., Int. Ed. Engl., 1965, **4**, 876 (synth, pmr, ir)
Schmidbaur, H. et al, Z. Anorg. Allg. Chem., 1968, **363**, 73 (synth, ir, pmr)
Dittmar, G. et al, Angew. Chem., Int. Ed. Engl., 1969, **8**, 679 (cryst struct)

C₄H₁₂HgSi   Hg-00210
Methyl(trimethylsilyl)mercury
[53364-12-8]

$$MeHgSiMe_3$$

M 288.814
Light-sensitive oil. Bp₂ 60°.

Mitchell, T.N., *J. Organomet. Chem.*, 1974, **71**, 27 (*synth, pmr*)
Werner, F. *et al*, *J. Organomet. Chem.*, 1975, **97**, 389.
Mitchell, T.N. *et al*, *J. Organomet. Chem.*, 1978, **150**, 171 (*cmr, pmr, nmr*)

$C_4H_{12}Hg_4N^{\oplus}$ Hg-00211
Tetramethyl-μ_4-nitridotetramercury(1+)
Tetrakis(methylmercuri)ammonium(1+)

$$[(MeHg)_4N]^{\oplus} \ (T_d)$$

M 876.506 (ion)
Perchlorate: [22465-44-7].
  $C_4H_{12}ClHg_4NO_4$ M 975.956
  Cryst. (2-propanol/Et$_2$O). Mp 250° dec.
Breitinger, D. *et al*, *J. Organomet. Chem.*, 1968, **15**, P21 (*synth*)
Dao, N.Q. *et al*, *Spectrochim. Acta, Part A*, 1971, **27**, 905 (*ir*)

$C_4H_{12}Hg_4P^{\oplus}$ Hg-00212
Tetramethyl-μ_4-phosphidotetramercury(1+)
Tetrakis(methylmercuri)phosphonium(1+)

$$[(MeHg)_4P]^{\oplus}$$

M 893.473 (ion)
Hexafluoroantimonate: [34406-97-8].
  $C_4H_{12}F_6Hg_4PSb$ M 1129.213
  Cryst. (2-propanol).
Hexafluorophosphate: [33865-73-5].
  $C_4H_{12}F_6Hg_4P_2$ M 1038.437
  Cryst. (2-propanol).
Tetrafluoroborate: [33865-72-4].
  $C_4H_{12}BF_4Hg_4P$ M 980.276
  Cryst. (2-propanol).
Breitinger, D. *et al*, *Angew. Chem., Int. Ed. Engl.*, 1971, **10**, 555 (*synth, ir, raman*)

C_5BrCl_5Hg Hg-00213
Bromo(1,2,3,4,5-pentachloro-2,4-cyclopentadien-1-yl)mercury, 9CI
Pentachlorocyclopentadienylmercury bromide
[50654-60-9]

M 517.814
Cream cryst. (PhBr). Mp 132° dec.
Wulfsberg, G. *et al*, *J. Am. Chem. Soc.*, 1973, **95**, 8658 (*synth, uv, ir*)
Wulfsberg, G. *et al*, *J. Organomet. Chem.*, 1975, **86**, 303 (*nqr*)

C_5ClF_9HgO Hg-00214
Chloro[3,3,3-trifluoro-1-oxo-2,2-bis(trifluoromethyl)propyl]mercury
3,3,3-Trifluoro-1-oxo-2,2-bis(trifluoromethyl)propylmercury chloride

$$(F_3C)_3CCOHgCl$$

M 483.083
Solid. V. sensitive to moisture; stable at 25° *in vacuo* for prolonged period. Dec. at 125°. Sol. dry THF, insol. CCl$_3$F.
Morse, S.D. *et al*, *J. Fluorine Chem.*, 1978, **11**, 327 (*synth, ms, ir, nmr*)

C_5Cl_6Hg Hg-00215
Chloro(1,2,3,4,5-pentachloro-2,4-cyclopentadien-1-yl)mercury, 9CI
Pentachlorocyclopentadienylmercury chloride
[33997-12-5]

M 473.363
3 cryst. modifications.
α-form
Lemon-yellow cryst. Mp 135-6° dec.
β-form
White cryst. From cooling α-form to 77°K.
γ-form
Cream cryst. (CH$_2$Cl$_2$/heptane). From recrystallisation of α-form.
Wulfsberg, G. *et al*, *J. Am. Chem. Soc.*, 1973, **95**, 8658 (*synth, ir, nqr, ms, uv*)
Wulfsberg, G. *et al*, *J. Organomet. Chem.*, 1975, **86**, 303 (*nqr*)

C_5H_4ClHgN Hg-00216
Chloro-2-pyridinylmercury, 9CI
2-Pyridylmercury chloride. 2-Chloromercuripyridine

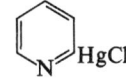

M 314.136
Cryst. (MeOH). Mp 275°.
Hurd, C.D. *et al*, *J. Am. Chem. Soc.*, 1955, **77**, 4658 (*synth*)

C_5H_4ClHgN Hg-00217
Chloro-3-pyridinylmercury, 9CI
3-Pyridylmercury chloride. 3-Chloromercuripyridine
[5428-90-0]
M 314.136
Antiseptic, fungicide. Needles (H$_2$O). Mp 279.5-280° (265-8°).
▷OW1500000.
Skeeters, M.J. *et al*, *Ind. Eng. Chem.*, 1940, **32**, 360 (*synth*)
Hurd, C.D. *et al*, *J. Am. Chem. Soc.*, 1955, **77**, 4658 (*synth*)
Degrand, C. *et al*, *Bull. Soc. Chim. Fr.*, 1968, 2228 (*polarog*)

C_5H_4ClHgN Hg-00218
Chloro-4-pyridinylmercury, 9CI
4-Pyridylmercury chloride. 4-Chloromercuripyridine
[52164-56-4]
M 314.136
Cryst. Mp 220-50° dec.
Fischer, F.C. *et al*, *Recl. Trav. Chim. Pays-Bas*, 1974, **93**, 21 (*synth*)

C₅H₅BrHg — Hg-00219
Bromo-2,4-cyclopentadien-1-ylmercury, 9CI

5-Bromomercuri-1,3-cyclopentadiene. Cyclopentadienylmercury bromide

[1003-25-4]

M 345.589

Fluxional molecule. Cryst (EtOH). Mp 78-80° dec., 96-7° dec.

Nesmeyanov, A.N. et al, *Dokl. Chem. (Engl. Transl.)*, 1964, **159**, 1274 (synth, ir)
Maslowsky, E. et al, *Inorg. Chem.*, 1969, **8**, 1108 (synth, ir)
West, P. et al, *J. Am. Chem. Soc.*, 1969, **91**, 5649 (pmr)
Campbell, A.J. et al, *J. Am. Chem. Soc.*, 1972, **94**, 8387.

C₅H₅ClHg — Hg-00220
Chloro-2,4-cyclopentadien-1-ylmercury, 9CI

Cyclopentadienylmercury chloride. 5-Chloromercuri-1,3-cyclopentadiene

[1003-26-5]

M 301.138

Fluxional molecule. Cryst. (Et₂O, THF/pentane or EtOH). Mp 96-7° dec.

Nesmeyanov, A.N., *Dokl. Chem. (Engl. Transl.)*, 1964, **159**, 1274 (synth, ir)
West, P. et al, *J. Am. Chem. Soc.*, 1969, **91**, 5649 (pmr)
Cotton, F.A. et al, *J. Am. Chem. Soc.*, 1969, **91**, 7281 (ir)
Maslowsky, E. et al, *Inorg. Chem.*, 1969, **8**, 1108 (ir, pmr)
Samuel, E. et al, *J. Organomet. Chem.*, 1972, **37**, 29 (synth)
Cotton, F.A. et al, *Inorg. Chim. Acta.*, 1975, **15**, 245 (cmr)
Campbell, A.J. et al, *Inorg. Chem.*, 1976, **15**, 1326 (pmr)
Baidin, V.N. et al, *Bull. Acad. Sci. USSR (Engl. Transl.)*, 1982, **31**, 427 (pe)

C₅H₅HgI — Hg-00221
(2,4-Cyclopentadien-1-yl)iodomercury, 9CI

Cyclopentadienylmercury iodide. 5-Iodomercuri-1,3-cyclopentadiene

[24414-35-5]

M 392.589

Yellow cryst. (EtOH). Mp 89-90° dec. Stored in the cold.

Nesmeyanov, A.N. et al, *Dokl. Chem. (Engl. Transl.)*, 1964, **159**, 1274 (synth, ir)
Maslowsky, E. et al, *Inorg. Chem.*, 1969, **8**, 1108 (synth, ir)
West, P. et al, *J. Am. Chem. Soc.*, 1969, **91**, 5649 (pmr)

C₅H₅HgN₃ — Hg-00222
Azido(η¹-2,4-cyclopentadien-1-yl)mercury

(Cyclopentadienyl)mercury azide

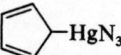

M 307.705

Monohapto bonded. Solid. Mp 75°.

Sarraje, I. et al, *J. Organomet. Chem.*, 1978, **146**, 113 (synth, pmr, ir, ms)

C₅H₆Cl₂Hg₂O₂ — Hg-00223
3,3-Bis(chloromercuri)-2,4-pentanedione

[μ-(1-Acetyl-2-oxopropylidene)]dichlorodimercury, 9CI. *Dichloro[μ-(diacetylmethylene)]dimercury,* 8CI

[20763-01-3]

$(H_3CCO)_2C(HgCl)_2$

M 570.187

Cryst. (Me₂CO, EtOAc, butanone or MeOH). Spar. sol. cold CHCl₃. Mp 152-4°. Recryst. samples have different vibrational spectra.

Bonati, F. et al, *J. Organomet. Chem.*, 1970, **22**, 5 (synth, ir, pmr)
McCandlish, L.E. et al, *J. Organomet. Chem.*, 1975, **99**, 31 (cryst struct, ir, raman)
Glidewell, C., *J. Organomet. Chem.*, 1977, **136**, 7 (synth)

C₅H₆HgN₂S — Hg-00224
(2-Mercaptopyrimidinato-S)methylmercury, 10CI

Methyl[2(1H)-pyrimidinethionato-S]mercury

[66693-66-1]

M 326.766

Cryst. (EtOH). Sol. EtOH, CHCl₃, Me₂CO, C₆H₆.

Chieh, C., *Can. J. Chem.*, 1978, **56**, 560 (synth, cryst struct)

C₅H₇ClHg — Hg-00225
1-Chloromercuri-3-methyl-1,3-butadiene

Chloro(3-methyl-1,3-butadienyl)mercury, 9CI. *3-Methyl-1,3-butadienylmercury chloride*

M 303.153

(E)-form [56453-81-7]

Pale-yellow cryst., unstable towards heat and light. Mp 144-6° dec.

Larock, R.C., *J. Org. Chem.*, 1975, **40**, 3237 (synth, pmr)
Mikhailov, B.M. et al, *Bull. Acad. Sci. USSR (Engl. Transl.)*, 1976, **25**, 2246 (synth, ir, pmr)

C₅H₈Cl₂Hg₂O₂ — Hg-00226
3,5-Bis(chloromercurimethyl)-1,2-dioxolane

Dichloro[μ-[1,2-dioxolane-3,5-diylbis(methylene)]]-dimercury, 10CI

M 572.203

Mp 119-21° dec. ca 1:1 mixt. of *cis-* and *trans-*isomers.

Bloodworth, A.J. et al, *J. Chem. Soc., Perkin Trans. 1*, 1978, 522 (synth, pmr, cmr)

C₅H₈HgO₂ — Hg-00227
(Acetato-O)-2-propenylmercury, 9CI

(Acetato)allylmercury, 8CI. *Allylmercury acetate. Acetoxyallylmercury. 3-Acetoxymercuri-1-propene*

[18355-71-0]

$H_2C=CHCH_2HgOAc$

M 300.707
Cryst. (Me$_2$CO). Mp 77.5-78°.
Kitching, W. et al, J. Organomet. Chem., 1972, **34**, 233 (synth, pmr)
Soderquist, J.A. et al, J. Organomet. Chem., 1978, **159**, 237 (synth, cmr)

C$_5$H$_9$BrHg   Hg-00228
Bromocyclopentylmercury, 9CI
Cyclopentylmercury bromide. Bromomercuricyclopentane
[65672-45-9]

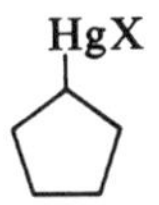

X = Br

M 349.620
Leaflets (EtOH). Mp 108-9°.
Arai, T., Bull. Chem. Soc. Jpn., 1959, **32**, 184.

C$_5$H$_9$BrHgO$_2$ Hg-00229
3-Bromomercuri-4-methoxy-2-butanone
Bromo[1-(methoxymethyl)acetonyl]mercury, 8CI. 2-(Bromomercuri)-1-methoxy-3-oxobutane. (1-Acetyl-2-methoxyethyl)bromomercury. (1-Acetyl-2-methoxyethyl)mercury bromide
[32308-98-8]

$MeOCH_2CH(HgBr)COCH_3$

M 381.619
(±)-form
Cryst. Mp 72-4°.
Bloodworth, A.J. et al, J. Chem. Soc. (C), 1971, 1453 (synth, pmr)

C$_5$H$_9$ClHg   Hg-00230
Chlorocyclopentylmercury, 9CI
Cyclopentylmercury chloride. Chloromercuricyclopentane
[27008-70-4]
As Bromocyclopentylmercury, Hg-00228 with

X = Cl

M 305.169
Needles (EtOH). Mp 112°.
Turkiewicz, N. et al, Ber., 1938, **71**, 284 (synth)
Arai, T., Bull. Chem. Soc. Jpn., 1959, **32**, 184 (synth)
Larock, R.C., J. Organomet. Chem., 1974, **67**, 353 (synth)

C$_5$H$_9$ClHg   Hg-00231
Chloro-1-pentenylmercury, 9CI
1-Pentenylmercury chloride. 1-Chloromercuri-1-pentene

$H_3CCH_2CH_2CH=CHHgCl$

M 305.169
(E)-form [36525-00-5]
Cryst. (EtOH). Mp 130-130.5°.
Larock, R.C. et al, J. Organomet. Chem., 1972, **36**, 1 (synth, pmr)

C$_5$H$_9$ClHgO   Hg-00232
Chloro(1,1-dimethyl-2-oxopropyl)mercury
3-Chloromercuri-3-methyl-2-butanone. 1,1-Dimethyl-2-oxopropylmercury chloride

$H_3CCOC(CH_3)_2HgCl$

M 321.169
Mp 124°.
Nesmeyanov, A.N. et al, CA, 1955, **49**, 3836 (synth)

C$_5$H$_9$ClHgO   Hg-00233
Chloro(3-hydroxycyclopentyl)mercury
3-Chloromercuricyclopentanol. 3-Hydroxycyclopentylmercury chloride

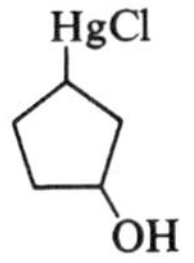

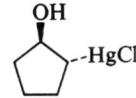

M 321.169
Cryst. Mp 97-8°.
Levina, R.Ya. et al, J. Gen. Chem. USSR (Engl. Transl.), 1960, **30**, 383 (synth)

C$_5$H$_9$ClHgO   Hg-00234
2-Chloromercuricyclopentanol
Chloro(2-hydroxycyclopentyl)mercury, 9CI. 2-Hydroxycyclopentylmercury chloride

M 321.169
(1RS,2RS)-form [39849-94-0]
(±)-trans-*form*
Cryst. (H$_2$O). Mp 112-3°.
Traylor, T.G. et al, J. Am. Chem. Soc., 1963, **85**, 2746 (synth, ir)

C$_5$H$_9$ClHgO   Hg-00235
Chloro(2-methoxy-3-butenyl)mercury
(2-Methoxy-3-butenyl)mercury chloride. 4-Chloromercuri-3-methoxy-1-butene

$H_2C=CHCH(OMe)CH_2HgCl$

M 321.169
(±)-form
Cryst. (MeOH). Mp 49-50°.
McNeely, K.H. et al, J. Am. Chem. Soc., 1955, **77**, 2553 (synth)

C$_5$H$_9$ClHgO   Hg-00236
Chloro[(tetrahydro-2-furanyl)methyl]mercury, 10CI
2-(Chloromercurimethyl)tetrahydrofuran
[69914-62-1]

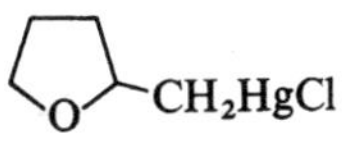

M 321.169
(±)-form
Oil.
Nesmeyanov, A.N. et al, CA, 1944, **38**, 5498 (synth)
Benhamou, M-C. et al, J. Heterocycl. Chem., 1978, **15**, 1313 (synth, pmr, cmr, nmr)

C$_5$H$_9$HgIO$_2$ Hg-00237
2-[(Iodomercuri)methyl]-1,4-dioxane
[(*1,4-Dioxane-2-yl*)*methyl*]*iodomercury*

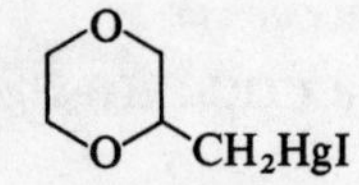

M 428.619

(±)-*form*
Cryst. (MeOH aq.). Mp 78-80°.
Werner, L.H. et al, *J. Am. Chem. Soc.*, 1954, **76**, 2701 (synth)

C$_5$H$_9$HgN$_3$OS   Hg-00238
(6-Amino-2,3-dihydro-2-thioxo-4(1H)-pyrimidinonato-S)-methylmercury, 10CI
(*4-Amino-2-mercapto-6-pyrimidinonato*)*methylmercury*
[75619-02-2]

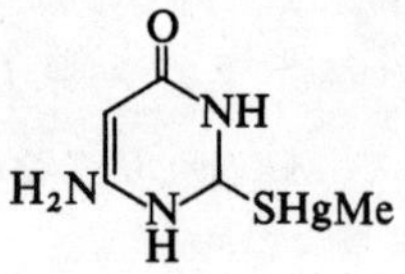

M 359.796
Monohydrate.
Stuart, D.A. et al, *Acta Crystallogr., Sect. B*, 1980, **36**, 2227 (synth, cryst struct)

C$_5$H$_9$Hg$_3$N   Hg-00239
Tris(methylmercuri)acetonitrile
[µ$_3$-(*Cyanomethylidyne*)]*trimethyltrimercury*, 9CI. *Cyanotris*(*methylmercuri*)*methane*
[56765-78-7]

(MeHg)$_3$CCN

M 684.903
Powder. Dec. at 180° without melting.
Weller, F., *Z. Anorg. Allg. Chem.*, 1975, **415**, 233 (synth, ir, raman, ms)

C$_5$H$_{10}$Br$_2$Hg$_2$ Hg-00240
1,5-Bis(bromomercuri)pentane
Pentamethylenebis(*bromomercury*)

BrHg(CH$_2$)$_5$HgBr

M 631.122
Cryst. (toluene). Insol. Et$_2$O, hexane, sl. sol. C$_6$H$_6$. Mp 147-9°.
Hilpert, S. et al, *Ber.*, 1914, **47**, 177 (synth)
Beinert, G. et al, *C.R. Hebd. Seances Acad. Sci.*, 1962, **255**, 1930 (synth)
Holtkamp, H.C. et al, *J. Organomet. Chem.*, 1969, **19**, 279 (synth)

Having problems with locating a compound? Have you checked the indexes?

C$_5$H$_{10}$ClHgN   Hg-00241
1-Amino-2-chloromercuricyclopentane
(*2-Aminocyclopentyl*)*chloromercury*. *2-Aminocyclopentylmercury chloride*. *2-Chloromercuricyclopentylamine*

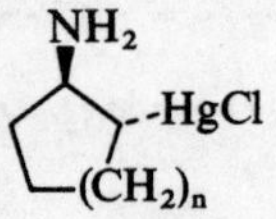

n = 1

M 320.184

(*1RS,2RS*)-*form*
(±)-*trans-form*
N-Ac: [56943-31-8]. [2-(*Acetylamino*)*cyclopentyl*]*chloromercury*, 9CI. *1-Acetamido-2-chloromercuricyclopentane*. (*2-Acetamidocyclopentyl*)*chloromercury*. (*2-Acetamidocyclopentyl*)*mercury chloride*.
C$_7$H$_{12}$ClHgNO   M 362.221
Cryst. (EtOH aq.). Mp 139-40°. Dec. at 180° to the *cis*-oxazoline.
Kretchmer, R.A. et al, *J. Org. Chem.*, 1970, **41**, 192 (synth, pmr)

C$_5$H$_{10}$Hg   Hg-00242
Ethyl(2-propenyl)mercury
Allylethylmercury

H$_2$C=CHCH$_2$HgEt

M 270.724
Oil, dec. on distillation to diallylmercury and Et$_2$Hg. Deposits Hg on standing at r.t.
Rothstein, E. et al, *J. Chem. Soc.*, 1952, 2987 (synth)

C$_5$H$_{10}$Hg   Hg-00243
Mercuracyclohexane

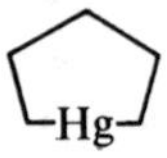

M 270.724
Cryst. (C$_6$H$_6$/hexane). Mp 122.4-122.8°. Thermally unstable; dec. in boiling EtOH to give 1,7-Dimercuracyclododecane, Hg-00622 1,7,13,19-Tetramercuracyclotetracosane, Hg-00837 and polymers.
Hilpert, S. et al, *Ber.*, 1914, **47**, 186.
Sawatzky, H. et al, *Can. J. Chem.*, 1958, **36**, 1555 (synth)

C$_5$H$_{10}$HgO$_2$ Hg-00244
(Acetato)isopropylmercury, 8CI
(*Acetato-O*)(*1-methylethyl*)*mercury*, 9CI. *Isopropylmercury acetate*. *2-Propylmercury acetate*. *2-Acetoxymercuripropane*
[28442-94-6]

(H$_3$C)$_2$CHHgOAc

M 302.723
Robson, J.H. et al, *Can. J. Chem.*, 1960, **38**, 21 (synth)

C$_5$H$_{10}$HgO$_2$ Hg-00245
(Acetato-O)propylmercury, 9CI
Propylmercury acetate. *Acetoxypropylmercury*. *1-Acetoxymercuripropane*
[5131-55-5]

H$_3$CCH$_2$CH$_2$HgOAc

$C_5H_{10}HgO_3 - C_5H_{12}ClHgN$ — Hg-00246 – Hg-00254

M 302.723
Bactericide, fungicide. Cryst. (CCl$_4$). Mp 54.5-55.1°.
Coleman, G.H. et al, J. Am. Chem. Soc., 1937, **59**, 2703.

$C_5H_{10}HgO_3$ — Hg-00246
(Acetato-O)(2-methoxyethyl)mercury, 9CI
2-Methoxyethylmercury acetate. Acetoxy(2-methoxyethyl)mercury. 1-Acetoxymercuri-2-methoxyethane. Mercuran
[151-38-2]

$$\text{MeOCH}_2\text{CH}_2\text{HgOAc}$$

M 318.722
Seed dressing, fungicide. Needles (pet. ether at −70°). Mp 42°.
▷Powerful vesicant, readily absorbed through skin. OV6300000.
Schoeller, W. et al, Ber., 1913, **46**, 2864 (synth)
Cotton, F.A. et al, J. Am. Chem. Soc., 1958, **80**, 4823 (synth, pmr)
Brownstein, S., Disc. Faraday. Soc., 1962, **34**, 25 (pmr)

$C_5H_{11}BrHg$ — Hg-00247
Bromo(2,2-dimethylpropyl)mercury
Bromoneopentylmercury. Neopentylmercury bromide. 1-Bromomercuri-2,2-dimethylpropane
[10284-48-7]

$$(\text{H}_3\text{C})_3\text{CCH}_2\text{HgBr}$$

M 351.636
Needles (EtOH or by subl.). Mp 95-6°.
Hughes, E.D. et al, J. Chem. Soc., 1961, 2559 (synth)
Singh, G. et al, J. Organomet. Chem., 1972, **42**, 267 (pmr, cmr)
Olah, G.A. et al, Proc. Natl. Acad. Sci. USA, 1980, **77**, 5036 (nmr)

$C_5H_{11}BrHgO$ — Hg-00248
Bromo(2-methoxy-2-methylpropyl)mercury, 9CI
(2-Methoxy-2-methylpropyl)mercury bromide. 1-Bromomercuri-2-methoxy-2-methylpropane
[52026-66-1]

$$(\text{H}_3\text{C})_2\text{C(OMe)CH}_2\text{HgBr}$$

M 367.635
Solid.
Brownstein, S., Disc. Faraday Soc., 1962, **34**, 25 (pmr)
Spengler, G. et al, Brennstoff-Chem., 1964, **45**, 182; CA, **61**, 6883 (synth)
Ibusuki, T. et al, Chem. Lett., 1974, 311 (nmr)
Iwayanagi, T. et al, J. Organomet. Chem., 1977, **128**, 145 (cmr, pmr, synth)

$C_5H_{11}ClHg$ — Hg-00249
Chloro(2,2-dimethylpropyl)mercury, 9CI
Chloroneopentylmercury, 8CI. Neopentylmercury chloride. 1-Chloromercuri-2,2-dimethylpropane
[10284-47-6]

$$(\text{H}_3\text{C})_3\text{CCH}_2\text{HgCl}$$

M 307.185
Cryst. (EtOH). Mp 118°.
Whitmore, F.C. et al, J. Am. Chem. Soc., 1939, **61**, 1585 (synth)
Davidson, J.M., J. Chem. Soc. (A), 1969, 193 (synth)
Singh, G. et al, J. Organomet. Chem., 1972, **42**, 267 (pmr, cmr)
Borzo, M. et al, J. Magn. Reson., 1975, **19**, 279 (nmr)

$C_5H_{11}ClHgN_2O_2$ — Hg-00250
Chlormerodrin, BAN
[3-[(Aminocarbonyl)amino]-2-methoxypropyl]chloromercury, 9CI. 3-Chloromercuri-2-methoxypropylurea. Neohydrin. Mercloran. Chlormeroprin. Percapyl. Merilid
[62-37-3]

$$\text{ClHgCH}_2\text{CH(OMe)CH}_2\text{NHCONH}_2$$

M 367.197
Diuretic, also empl. in labelled form as diagnostic aid for renal function determination or radiological agent. Cryst. (EtOH), air- and light-stable. Spar. sol. H$_2$O, MeOH. Mp 152-3°.
▷OW1050000.
Rowland, R.L. et al, J. Am. Chem. Soc., 1950, **72**, 3595 (synth)
Freedman, L., Ann. N.Y. Acad. Sci., 1957, **65**, 461.
Herzmann, H., Isotopenpraxis, 1973, **9**, 349; CA, **80**, 43817 (pharmacol)
Jovanovic, V. et al, Nucl.-Med., 1974, **12**, 335; CA, **81**, 74069 (metab)
Thompson, R.D. et al, J. Pharm. Sci., 1975, **64**, 1863 (anal)
Merck Index, 9th Ed., 2074.

$C_5H_{11}ClHgO$ — Hg-00251
Chloro(5-hydroxypentyl)mercury, 9CI
5-Hydroxypentylmercury chloride. 5-(Chloromercuri)-1-pentanol

$$\text{HOCH}_2(\text{CH}_2)_4\text{HgCl}$$

M 323.184
Cryst. (MeOH). Mp 142-143.5°.
Speier, J.L., J. Am. Chem. Soc., 1952, **74**, 1003.

$C_5H_{11}ClHgO$ — Hg-00252
Chloro(2-methoxy-2-methylpropyl)mercury, 9CI
(2-Methoxy-2-methylpropyl)mercury chloride. 1-Chloromercuri-2-methoxy-2-methylpropane
[4267-54-3]

$$(\text{H}_3\text{C})_2\text{C(OMe)CH}_2\text{HgCl}$$

M 323.184
Solid.
Brownstein, S., Disc. Faraday Soc., 1962, **34**, 25 (pmr)
Spengler, G. et al, Brennstoff-Chem., 1964, **45**, 182; CA, **61**, 6883 (synth)
Iwayanagi, T. et al, J. Organomet. Chem., 1977, **128**, 145 (cmr, pmr, synth)

$C_5H_{11}HgI$ — Hg-00253
(2,2-Dimethylpropyl)iodomercury, 9CI
Iodoneopentylmercury. Neopentylmercury iodide. 1-Iodomercuri-2,2-dimethylpropane
[35070-55-4]

$$(\text{H}_3\text{C})_3\text{CCH}_2\text{HgI}$$

M 398.636
Cryst. Mp 77.5-80°.
Ol'dekop, Yu.A. et al, Vestsi. Akad. Navuk. Belarus. SSR, Ser. Khim. Nauk., 1971, 102; CA, **76**, 45449 (synth)

$C_5H_{12}ClHgN$ — Hg-00254
Chloro[(diethylamino)methyl]mercury, 9CI
(Diethylamino)methylmercury chloride. [(Chloromercuri)methyl]diethylamine
[61150-11-6]

$$\text{Et}_2\text{NCH}_2\text{HgCl}$$

M 322.200
Steinborn, D., *Z. Chem.*, 1976, **16**, 328 (*synth*)

C₅H₁₂Hg Hg-00255
Butylmethylmercury, 9CI
[29138-89-4]

$$H_3CCH_2CH_2CH_2HgMe$$

M 272.740
Oil. Bp₀.₁ 85°.

Kharasch, M.S. *et al*, *J. Am. Chem. Soc.*, 1926, **48**, 3130 (*synth*)
Spielmann, R. *et al*, *Bull. Soc. Chim. Belg.*, 1970, **79**, 189 (*ms*)
Schmidbaur, H. *et al*, *Chem. Ber.*, 1974, **107**, 102.

C₅H₁₂Hg Hg-00256
***tert*-Butylmethylmercury**
Methyl(1,1-dimethylethyl)mercury, 9CI
[59049-78-4]

$$MeHgC(CH_3)_3$$

M 272.740
Liq. susceptible to autoxidn. Bp₂₀ 53°.

Fehlner, T.P. *et al*, *Inorg. Chem.*, 1976, **15**, 2544 (*pe*)
Nugent, W.A. *et al*, *J. Am. Chem. Soc.*, 1976, **98**, 5979 (*pmr, cmr, synth*)

C₅H₁₂Hg Hg-00257
Methyl(1-methylpropyl)mercury
sec-Butylmethylmercury
[29138-90-7]

$$MeHgCH(CH_3)CH_2CH_3$$

M 272.740
Spielmann, R. *et al*, *Bull. Soc. Chim. Belg.*, 1970, **79**, 189 (*ms*)

C₅H₁₂Hg Hg-00258
Methyl(2-methylpropyl)mercury, 9CI
Isobutylmethylmercury
[59643-44-6]

$$MeHgCH_2CH(CH_3)_2$$

M 272.740
Oil. Bp₁₂ 46°. n_D^{20} 1.5102.

Fehlner, T.P. *et al*, *Inorg. Chem.*, 1976, **15**, 2544 (*pe*)
Steinborn, D. *et al*, *J. Organomet. Chem.*, 1981, **210**, 139 (*cmr, synth*)

C₅H₁₂HgSe Hg-00259
(*tert*-Butaneselenolato)methylmercury
Methyl(2-methyl-2-propaneselenolato)mercury, 10CI.
Methyl(1,1-dimethylethylseleno)mercury
[79459-56-6]

$$MeHgSeC(CH_3)_3$$

M 351.700
Solid. Mp 57-58.5° (sealed tube). Bp₁₅ 50-60° subl.

Arnold, A.P. *et al*, *Inorg. Chim. Acta*, 1981, **55**, 171 (*synth, raman, ir, pmr*)

C₅H₁₂Hg₄S₄ Hg-00260
Tetrakis(methylthiomercuri)methane
μ₄-Methanetetrayltetrakis(methanethiolato)tetramercury, 10CI
[64691-32-3]

$$C(HgSMe)_4$$

M 1002.750
Solid. Insol. common solvs. Dec. >350°.

Breitinger, D.K. *et al*, *Z. Naturforsch., B*, 1977, **32**, 1022 (*synth, ir, raman*)

C₅H₁₃ClHgOSi Hg-00261
2-Chloromercuri-2-trimethylsilylethanol
[2-Hydroxy-1-(trimethylsilyl)ethyl]mercury chloride.
Chloro[2-hydroxy-1-(trimethylsilyl)ethyl]mercury

$$HOCH_2CH(SiMe_3)HgCl$$

M 353.286

(±)-*form*
Cryst. (Et₂O). Mp 122-4°.

Seyferth, D. *et al*, *Z. Naturforsch., B*, 1959, **14**, 137 (*synth*)

C₅Hg₄N₄ Hg-00262
Tetrakis(cyano-*C*-mercuri)methane
Tetrakis(cyano-C)-μ₄-methanetetrayltetramercury
[67144-21-2]

$$C(HgCN)_4$$

M 918.442
Prisms or metastable needles + 1H₂O (Me₂CO). Monohydrate loses H₂O on heating at 110°.

Grdenic, D. *et al*, *J. Organomet. Chem.*, 1978, **153**, 1 (*cryst struct, ir*)

C₆BrCl₅Hg Hg-00263
Bromo(pentachlorophenyl)mercury, 9CI
Pentachlorophenylmercury bromide
[30615-32-8]

$$C_6Cl_5HgBr$$

M 529.825
Cryst. (C₆H₆). Mp >300°.

Beletskaya, I.P. *et al*, *J. Organomet. Chem.*, 1971, **26**, 23 (*synth*)
Wulfsberg, G. *et al*, *Inorg. Chem.*, 1978, **17**, 3426 (*nqr*)

C₆BrF₅Hg Hg-00264
Bromo(pentafluorophenyl)mercury, 9CI
Pentafluorophenylmercury bromide
[828-72-8]

$$(C_6F_5)HgBr$$

M 447.552
Cryst. (CCl₄). Mp 155°.

Chambers, R.D. *et al*, *J. Chem. Soc.*, 1962, 4367 (*synth, ir*)
Coates, G.E. *et al*, *J. Chem. Soc.*, 1964, 166 (*ir*)
Cohen, S.C. *et al*, *J. Chem. Soc., Chem. Commun.*, 1970, 226 (*ms*)
Bertino, R.J. *et al*, *J. Fluorine Chem.*, 1973, **3**, 122; 1975, **5**, 335.

C_6Br_6Hg Hg-00265
Bromo(pentabromophenyl)mercury, 9CI
Pentabromophenylmercury bromide
[57138-00-8]

$$C_6Br_5HgBr$$

M 752.080
Cryst. (C_6H_6). Stable to 290°; then disproportionates to $HgBr_2$ and $Hg(C_6Br_5)_2$.

Deacon, G.B. et al, *Aust. J. Chem.*, 1977, **30**, 1013 (*synth, ir, ms*)

C_6ClF_5Hg Hg-00266
Chloro(pentafluorophenyl)mercury, 9CI
Pentafluorophenylmercury chloride
[941-78-6]

$$(C_6F_5)HgCl$$

M 403.101
Cryst. (hexane or H_2O or CCl_4). Mp 166-7°.

Chambers, R.D. et al, *J. Chem. Soc.*, 1962, 4367 (*ir*)
Coates, G.E. et al, *J. Chem. Soc.*, 1964, 166 (*ir, synth*)
Cohen, S.C. et al, *J. Chem. Soc., Chem. Commun.*, 1970, 226 (*ms*)
Wilson, N.K. et al, *J. Magn. Reson.*, 1976, **21**, 437 (*cmr*)
Deacon, G.B. et al, *J. Organomet. Chem.*, 1978, **156**, 403 (*synth, ir, nmr*)

$C_6Cl_2F_4Hg_2$ Hg-00267
1,2-Bis(chloromercuri)-3,4,5,6-tetrafluorobenzene
Dichloro(μ-3,4,5,6-tetrafluoro-1,2-phenylene)dimercury, 9CI
[49622-40-4]

M 620.146
Cryst. (MeOH aq.). Mp ca. 300° (dec. from 240°).

Albrecht, H.B. et al, *J. Organomet. Chem.*, 1973, **57**, 77 (*synth, ir*)
Bertino, R.J. et al, *J. Fluorine Chem.*, 1975, **5**, 335.

$C_6Cl_2F_4Hg_2$ Hg-00268
1,3-Bis(chloromercuri)-2,4,5,6-tetrafluorobenzene
Dichloro(μ-2,4,5,6-tetrafluoro-1,3-phenylene)dimercury, 9CI
[49622-42-6]
M 620.146
Cryst. (MeOH aq.). Mp 220-2°.

Albrecht, H.B. et al, *J. Organomet. Chem.*, 1973, **57**, 77 (*synth, ir*)

$C_6Cl_2F_4Hg_2$ Hg-00269
1,4-Bis(chloromercuri)-2,3,5,6-tetrafluorobenzene
Dichloro(μ-2,3,5,6-tetrafluoro-1,4-phenylene)dimercury, 9CI
[34666-97-2]
M 620.146
Cryst. (Me_2CO aq.). Mp >300°.

Albrecht, H.B. et al, *Aust. J. Chem.*, 1972, **25**, 57 (*synth, ir, nmr*)
Bertino, R.J. et al, *J. Fluorine Chem.*, 1975, **5**, 335.

C_6Cl_6Hg Hg-00270
Chloro(pentachlorophenyl)mercury, 9CI
Pentachlorophenylmercury chloride
[941-77-5]

$$(C_6Cl_5)HgCl$$

M 485.374
Needles (C_6H_6). Mp 264°.

Paulik, F.E. et al, *J. Organomet. Chem.*, 1965, **3**, 229 (*synth*)
Deacon, G.B. et al, *Aust. J. Chem.*, 1967, **20**, 1587 (*ir*)
Deacon, G.B. et al, *J. Chem. Soc. (C)*, 1967, 2313 (*synth, ir*)
Cohen, S.C., *J. Chem. Soc. (A)*, 1971, 632 (*ms*)
Wilson, N.K. et al, *J. Magn. Reson.*, 1976, **21**, 437 (*cmr*)
Wulfsberg, G. et al, *Inorg. Chem.*, 1978, **17**, 3426 (*nqr*)

$C_6F_{14}Hg$ Hg-00271
Bis[1,2,2,2-tetrafluoro-1-(trifluoromethyl)ethyl]mercury, 9CI
Bis(heptafluoroisopropyl)mercury.
Perfluorodiisopropylmercury
[756-88-7]

$$(F_3C)_2CFHgCF(CF_3)_2$$

M 538.634
Dense oil. Sol. most org. solvs., insol. H_2O. d_4^{20} 2.55. Mp 20-1° (16.2-16.4°). Bp 116.6°. n_D^{20} 1.3271. Thermally stable at 116° for 26 days; dec. at 350° or on uv irradiation. Forms an azeotrope (4.3% H_2O). Stable to aq. alkali and to boiling conc. HNO_3.
▷Lachrymator

Aldrich, P.E. et al, *J. Org. Chem.*, 1963, **28**, 184 (*synth, nmr*)
Miller, W.T. et al, *J. Am. Chem. Soc.*, 1963, **85**, 180 (*synth, ir*)
Butin, K.P. et al, *J. Organomet. Chem.*, 1970, **25**, 11 (*polarog*)
Dyatkin, B.L. et al, *Tetrahedron*, 1971, **27**, 2843 (*synth, ms*)
Fedorov, L.A. et al, *Dokl. Chem. (Engl. Transl.)*, 1972, **204**, 520 (*nmr*)
Fedorov, L.A. et al, *J. Struct. Chem. (Engl. Transl.)*, 1975, **16**, 899 (*nmr*)

$C_6Fe_2HgN_2O_8$ Hg-00272
Hexacarbonyl(mercury)dinitrosyldiiron, 9CI
Hexacarbonyl-μ-mercuriodinitrosyldiiron, 8CI
[28411-05-4]

$$(OC)_3FeNO-Hg-FeNO(CO)_3$$

M 540.359
Red-orange cryst. (CH_2Cl_2). Sol. org. solvs. Mp 87-8° (sealed tube), 110°. Bp 40-80° subl. *in vacuo*.

Hieber, W. et al, *Z. Anorg. Allg. Chem.*, 1963, **320**, 101 (*synth, ir*)
Organomet. Synth., 1965, **1**, 165 (*synth*)
Mazak, R.A. et al, *J. Chem. Phys.*, 1969, **51**, 3220 (*mössbauer*)
Casey, M. et al, *J. Chem. Soc. (A)*, 1970, 2258 (*synth, ir*)

C₆HBrF₄Hg — Hg-00273

Bromo(2,3,4,5-tetrafluorophenyl)mercury, 9CI
2,3,4,5-Tetrafluorophenylmercury bromide
[49622-37-9]

M 429.562
Cryst. (hexane). Mp 150-1°.

Albrecht, H.B. *et al*, *J. Organomet. Chem.*, 1973, **57**, 77 (*synth, ir*)

C₆HBrF₄Hg — Hg-00274

Bromo(2,3,4,6-tetrafluorophenyl)mercury, 9CI
2,3,4,6-Tetrafluorophenylmercury bromide
[49622-39-1]
M 429.562
Cryst. (hexane). Mp 138-40°.

Albrecht, H.B. *et al*, *J. Organomet. Chem.*, 1973, **57**, 77 (*synth, ir*)
Bertino, R.J. *et al*, *J. Fluorine Chem.*, 1975, **5**, 335.

C₆HBrF₄Hg — Hg-00275

Bromo(2,3,5,6-tetrafluorophenyl)mercury, 9CI
2,3,5,6-Tetrafluorophenylmercury bromide
[55676-68-1]
M 429.562
Cryst. (pet. ether). Mp 181-2°.

Bertino, R.J. *et al*, *J. Fluorine Chem.*, 1975, **5**, 335.
Deacon, G.B. *et al*, *J. Organomet. Chem.*, 1978, **156**, 403 (*synth, nmr, ir*)

C₆H₂BrCl₃Hg — Hg-00276

Bromo(3,4,5-trichlorophenyl)mercury, 9CI
3,4,5-Trichlorophenylmercury bromide
[54129-20-3]

M 460.935
Cryst. (propanol). Mp 223-4°.

Peregudov, A.S. *et al*, *J. Organomet. Chem.*, 1974, **71**, 347 (*synth*)

C₆H₂F₁₂Hg — Hg-00277

Bis[2,2,2-trifluoro-1-(trifluoromethyl)ethyl]mercury, 9CI
Bis(2,2,2,2',2',2'-hexafluoroisopropyl)mercury
[1525-79-7]

$(F_3C)_2CHHgCH(CF_3)_2$

M 502.653
Solid with irritating odour; stable to H₂O. Sol. org. solvs., insol. H₂O. Mp 38.8-39°. Bp 154°.
▷Lachrymator

Miller, W.T. *et al*, *J. Am. Chem. Soc.*, 1963, **85**, 180 (*synth, ir*)
Dyatkin, B.L. *et al*, *J. Organomet. Chem.*, 1971, **31**, C15 (*ms*)
Fedorov, L.A. *et al*, *J. Struct. Chem.* (*Engl. Transl.*), 1974, **15**, 943; 1975, **16**, 899; 1976, **17**, 207 (*nmr*)

C₆H₂HgN₄ — Hg-00278

Bis(dicyanomethyl)mercury
[65007-19-4]

$(NC)_2CHHgCH(CN)_2$

M 330.699
Solid. Spar. sol. org. solvs. Dec. at 226-30°.

Belousova, L.I. *et al*, *Bull. Acad. Sci. USSR, Div. Chem. Sci.*, 1977, **26**, 1914.
Kruglaya, O.A. *et al*, *Bull. Acad. Sci. USSR, Div. Chem. Sci.*, 1977, **26**, 2590 (*synth, ir*)

C₆H₄BrClHg — Hg-00279

(4-Bromophenyl)chloromercury, 9CI
4-Bromophenylmercury chloride. 1-Bromo-4-chloromercuribenzene
[28969-28-0]

M 392.045
Cryst. (C₆H₆). Mp 250° (256°).

Hanke, M.E., *J. Am. Chem. Soc.*, 1923, **45**, 1321 (*synth*)
Makin, F.B. *et al*, *J. Chem. Soc.*, 1938, 843 (*synth*)
Banney, P.J. *et al*, *Aust. J. Chem.*, 1971, **24**, 317 (*pmr*)
Michel, E. *et al*, *J. Organomet. Chem.*, 1981, **204**, 1 (*synth, cmr, nmr*)
Wells, P.R. *et al*, *Org. Magn. Reson.*, 1981, **17**, 26 (*nmr*)

C₆H₄BrFHg — Hg-00280

Bromo(3-fluorophenyl)mercury, 9CI
3-Fluorophenylmercury bromide. 1-Bromomercuri-3-fluorobenzene
[36449-03-3]

M 375.590
Cryst. (toluene). Sol. CHCl₃, THF, DMSO. Mp 241-2°.

Kravtsov, D.N. *et al*, *Bull. Acad. Sci. USSR* (*Engl. Transl.*), 1969, 477 (*nmr, synth*)
Kravtsov, D.N. *et al*, *J. Organomet. Chem.*, 1972, **36**, 227 (*nmr*)
Glockling, F. *et al*, *Inorg. Chim. Acta.*, 1976, **19**, 267 (*ms*)

C₆H₄BrFHg — Hg-00281

Bromo(4-fluorophenyl)mercury, 9CI
4-Fluorophenylmercury bromide. 1-Bromomercuri-4-fluorobenzene
[2146-77-2]
M 375.590
Solid. Sol. THF, DMSO. Mp 303-5°.

Kitching, W. *et al*, *Aust. J. Chem.*, 1968, **21**, 2411 (*pmr, nmr*)
Seyferth, D. *et al*, *J. Am. Chem. Soc.*, 1969, **91**, 3037 (*synth*)
Nesmeyanov, A.N. *et al*, *Bull. Acad. Sci. USSR, Div. Chem. Sci.*, 1969, 1785 (*nqr*)
Kravtsov, D.N. *et al*, *J. Organomet. Chem.*, 1972, **36**, 227 (*nmr*)
Glockling, F. *et al*, *Inorg. Chim. Acta*, 1976, **19**, 267 (*ms*)

C₆H₄Br₂Hg Hg-00282
Bromo(3-bromophenyl)mercury

3-Bromophenylmercury bromide. 1-Bromomercuri-3-bromobenzene

[40469-53-2]

M 436.496

Cryst. (Me₂CO). Mp 210-2°.

Stanko, V.I. et al, J. Organomet. Chem., 1973, **56**, 111 (synth)

C₆H₄Br₂Hg₂ Hg-00283
1,4-Bis(bromomercuri)benzene

p-Phenylenebis[bromomercury]. Dibromo-1,4-phenylenedimercury. 1,4-Benzenediylbis[bromomercury]

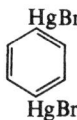

M 637.086

Cryst.

Sawatzky, H. et al, Can. J. Chem., 1958, **36**, 1555 (synth)

C₆H₄ClHgI Hg-00284
Chloro(4-iodophenyl)mercury, 9CI

p-Iodophenylmercury chloride. 1-Chloromercuri-4-iodobenzene

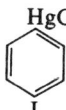

M 439.045

Cryst. (C₆H₆). Poorly sol. most cold solvs., sol. hot C₆H₆, hot Me₂CO. Mp 272.5°, 287°.

Nesmeyanov, A.N., Ber. B, 1929, **62**, 1010 (synth)
Irving, H. et al, J. Chem. Soc., 1963, 4288 (synth)

C₆H₄ClHgNO₂ Hg-00285
Chloro(2-nitrophenyl)mercury, 9CI

2-Nitrophenylmercury chloride. 1-Chloromercuri-2-nitrobenzene

[28969-29-1]

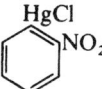

M 358.146

Faintly-yellow needles (ligroin) or plates (AcOH). Sol. hot EtOH, Et₂O, Me₂CO, insol. H₂O. Mp 185°.

Kharasch, M.S. et al, J. Am. Chem. Soc., 1921, **43**, 607 (synth)
Nesmeyanov, A.N. et al, Ber., 1934, **67**, 133 (synth)
Baliah, V. et al, J. Indian Chem. Soc., 1963, **40**, 638 (uv)
Ol'dekop, Y.A. et al, CA, 1970, **73**, 109866 (synth)

C₆H₄ClHgNO₂ Hg-00286
Chloro(3-nitrophenyl)mercury, 9CI

3-Nitrophenylmercury chloride

[2865-17-0]
M 358.146

Cryst. (EtOH or Me₂CO). Sol. Me₂CO, hot EtOH. Mp 236-7°.

Kharasch, M.S. et al, J. Am. Chem. Soc., 1921, **43**, 607 (synth)
Nesmeyanov, A.N. et al, J. Gen. Chem. USSR (Engl. Transl.), 1965, **35**, 682 (synth)
Petrosyan, V.S. et al, Bull. Acad. Sci. USSR (Engl. Transl.), 1968, 1871 (pmr)
Ol'dekop, Y.A. et al, CA, 1974, **80**, 121077 (synth)
Michel, E. et al, J. Organomet. Chem., 1981, **204**, 1 (cmr, nmr, synth)

C₆H₄ClHgNO₂ Hg-00287
Chloro(4-nitrophenyl)mercury, 9CI

4-Nitrophenylmercury chloride. 1-Chloromercuri-4-nitrobenzene

[20265-00-3]
M 358.146

Cryst. (EtOH). Sol. Me₂CO, hot EtOH. Mp 265-6° dec.

Kharasch, M.S. et al, J. Am. Chem. Soc., 1921, **43**, 607 (synth)
Nesmeyanov, A.N. et al, Ber., B, 1934, **67**, 130 (synth)
Leandri, G. et al, J. Chem. Soc., 1954, 3377 (uv)
Baliah, V. et al, J. Indian Chem. Soc., 1963, **40**, 638 (uv)
Fedorov, L.A. et al, J. Struct. Chem. (Engl. Transl.), 1978, **19**, 549 (pmr)
Michel, E. et al, J. Organomet. Chem., 1981, **204**, 1 (nmr, cmr, synth)

C₆H₄Cl₂Hg Hg-00288
Chloro(2-chlorophenyl)mercury, 9CI

2-Chlorophenylmercury chloride. 1-Chloro-2-chloromercuribenzene

[2777-38-0]

M 347.594

Cryst. (EtOH/C₆H₆). Mp 146.5°.

Hanke, M.E., J. Am. Chem. Soc., 1923, **45**, 1321 (synth)
Nesmeyanov, A.N. et al, J. Gen. Chem. USSR (Engl. Transl.), 1965, **35**, 682 (synth)

C₆H₄Cl₂Hg Hg-00289
Chloro(3-chlorophenyl)mercury

3-Chlorophenylmercury chloride. 1-Chloro-3-chloromercuribenzene

[5955-16-8]
M 347.594

Cryst. (EtOH). Mp 212.0-212.4°. Dipole moment 2.91D (dioxan, 20°).

Hanke, M.E., J. Am. Chem. Soc., 1923, **45**, 1321 (synth)
Sipos, J.C. et al, J. Am. Chem. Soc., 1955, **77**, 2759 (synth)

C₆H₄Cl₂Hg Hg-00290
Chloro(4-chlorophenyl)mercury

4-Chlorophenylmercury chloride. 1-Chloro-4-chloromercuribenzene

[1802-38-6]
M 347.594

Catalyst for butadiene oligomerization. Cryst. (EtOH or C₆H₆). Mp 238°.

Hanke, M.E., J. Am. Chem. Soc., 1923, **45**, 1321 (synth)
Leandri, G. et al, J. Chem. Soc., 1954, 3377 (uv)
Coates, G.E. et al, J. Chem. Soc., 1964, 166 (ir)
Nesmeyanov, A.N. et al, J. Gen. Chem. USSR (Engl. Transl.), 1965, **35**, 682 (synth)

Bryant, W.F. et al, J. Organomet. Chem., 1970, 24, 573 (ms)
Banney, P.J. et al, Aust. J. Chem., 1971, 24, 317 (pmr)
Wells, P.R. et al, Org. Magn. Reson., 1981, 17, 26 (nmr)

C₆H₄Cl₂Hg₂ — Hg-00291
1,2-Bis(chloromercuri)benzene

Dichloro-1,2-phenylenedimercury, 9CI. *o-Phenylenebis(chloromercury)*
[35099-05-9]

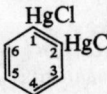

M 548.184
Cryst. (DMF). Mp 310-1° dec., 322-3° dec.

Wittig, G. et al, Chem. Ber., 1958, 91, 883 (synth)
Seyferth, D. et al, J. Organomet. Chem., 1972, 34, 119 (synth, ir)

C₆H₄Cl₂Hg₂ — Hg-00292
1,3-Bis(chloromercuri)benzene

Dichloro-1,3-phenylenedimercury. m-*Phenylenebis[chloromercury]*. *1,3-Benzenediylbis[chloromercury]*

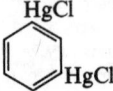

M 548.184
Solid. Insol. hot H₂O, hot EtOH, hot C₆H₆.

Malaiyandi, M. et al, Can. J. Chem., 1961, 39, 1827 (synth)

C₆H₅BrHg — Hg-00293
Bromophenylmercury, 9CI

Phenylmercury bromide. Bromomercuribenzene
[1192-89-8]

PhHgBr

M 357.600
Polymerisation catalyst. Plates (C₆H₆ or Py). Mp 276° (280°, 291°). Dipole moment 3.06 (dioxan).
▷Highly toxic. OV7430000.

Hill, E.L., J. Am. Chem. Soc., 1928, 50, 167 (synth)
Pakhomov, V.I., J. Struct. Chem. (Engl. Transl.), 1963, 4, 540 (cryst struct)
Petrosyan, V.S. et al, Bull. Acad. Sci. USSR (Engl. Transl.), 1968, 1871 (pmr)
Vilkov, L.V. et al, J. Struct. Chem. (Engl. Transl.), 1968, 9, 598 (ed)
Nesmeyanov, A.N. et al, Bull. Acad. Sci. USSR (Engl. Transl.), 1969, 1785 (nqr)
Ol'dekop, Yu.A. et al, J. Gen. Chem. USSR (Engl. Transl.), 1970, 40, 275 (synth)
Glockling, F. et al, Inorg. Chim. Acta, 1976, 19, 267 (ms)
Wilson, N.K. et al, J. Magn. Reson., 1976, 21, 437 (cmr)
Goggin, P.L. et al, J. Chem. Res. (S), 1978, 171 (ir, raman)
Goggin, P.L. et al, J. Chem. Res. (S), 1979, 194 (cmr, nmr)
Sax, N.I., Dangerous Properties of Industrial Materials, 5th Ed., Van Nostrand-Reinhold, 1979, 905.
Hazards in the Chemical Laboratory, (Bretherick, L., Ed.), 3rd Ed., Royal Society of Chemistry, London, 1981, 382.

C₆H₅ClHg — Hg-00294
Chlorophenylmercury, 9CI

Phenylmercury chloride. Chloromercuribenzene
[100-56-1]

PhHgCl

M 313.149
Bactericide. Plates (C₆H₆). Spar. sol. EtOH, C₆H₆, insol. H₂O. Mp 258° (251°). Sublimes.
▷Highly toxic orally. OW1400000.

Nesmeyanov, A.N., Ber., 1929, 62, 1010 (synth)
Kobe, K.A. et al, Ind. Eng. Chem., 1942, 34, 309 (manuf, bibl)
Pakhomov, V.I., J. Struct. Chem. (Engl. Transl.), 1963, 4, 540 (cryst struct)
Ol'dekop, Yu.A. et al, J. Gen. Chem. USSR (Engl. Transl.), 1970, 275 (synth)
Banney, P.J. et al, Aust. J. Chem., 1971, 24, 317 (pmr)
Glockling, F. et al, Inorg. Chim. Acta, 1976, 19, 267 (ms)
Browning, J. et al, J. Chem. Soc., Dalton Trans., 1978, 872 (cmr, nmr)
Goggin, P.L. et al, J. Chem. Res. (S), 1978, 171 (ir, raman)
Furlani, C. et al, J. Electron Spectrosc. Relat. Phenom., 1981, 22, 309 (pe)
Merck Index, 9th Ed., 7106.
Sax, N.I., Dangerous Properties of Industrial Materials, 5th Ed., Van Nostrand-Reinhold, 1979, 905.
Hazards in the Chemical Laboratory, (Bretherick, L., Ed.), 3rd Ed., Royal Society of Chemistry, London, 1981, 382.

C₆H₅ClHgO — Hg-00295
Chloro(2-hydroxyphenyl)mercury, 9CI

2-Hydroxyphenylmercury chloride. 2-Chloromercuriphenol. Mercufenol chloride, USAN. *Salicresin. Myringacaine*
[90-03-9]

M 329.148
Antiseptic, bactericide. Cryst. (H₂O). Mp 152.5°.
▷Highly toxic. OW0350000.

Org. Synth., Coll. Vol., 1, 161 (synth)
Bryant, W.F. et al, J. Organomet. Chem., 1970, 24, 573 (ms)
Wilson, N.K. et al, J. Magn. Reson., 1971, 21, 437 (cmr)
Yadav, P.L., Indian J. Chem., 1975, 13, 1095 (synth)
Yadav, P.L. et al, Bull. Chem. Soc. Jpn., 1977, 50, 2594 (uv)
Sax, N.I., Dangerous Properties of Industrial Materials, 5th Ed., Van Nostrand-Reinhold, 1979, 737.

C₆H₅ClHgO — Hg-00296
Chloro(3-hydroxyphenyl)mercury, 9CI

3-Hydroxyphenylmercury chloride. 3-Chloromercuriphenol
[70538-27-1]
M 329.148
Powder (EtOH aq.). Mp 242-3°.

Bean, F.R. et al, J. Am. Chem. Soc., 1932, 54, 4422.
Nesmeyanov, A.N. et al, Zh. Obshch. Khim., 1934, 4, 664.

C₆H₅ClHgO — Hg-00297
Chloro(4-hydroxyphenyl)mercury, 9CI

4-Hydroxyphenylmercury chloride. 4-Chloromercuriphenol
[623-07-4]
M 329.148
Plates (Me₂CO). Mp 226-7°.
▷OW0525000.

Yadav, P.L., Indian J. Chem., 1975, 13, 1095.

Yadav, P.L. et al, *Bull. Chem. Soc. Jpn.*, 1977, **50**, 2594 (uv)

C₆H₅ClHgO₃S Hg-00298
4-Chloromercuribenzenesulfonic acid
Chloro(4-sulfophenyl)mercury, 9CI
[554-77-8]

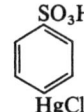

M 393.207
Solid. Sol. NH₃ aq.

Dunker, M.F.W. et al, *J. Am. Chem. Soc.*, 1936, **58**, 2308 (synth)

C₆H₅FHg Hg-00299
Fluorophenylmercury, 9CI
Phenylmercury fluoride. Fluoromercuribenzene
[456-37-1]

PhHgF

M 296.694
Cryst. (CHCl₃). Mp >300°. Forms a 1:1 adduct with HF.

Seyferth, D. et al, *J. Organomet. Chem.*, 1972, **44**, 97 (synth)

C₆H₅HgI Hg-00300
Iodophenylmercury, 9CI
Phenylmercury iodide. Iodomercuribenzene
[823-04-1]

PhHgI

M 404.600
Fungicide, bactericide. Plates (C₆H₆). Sol. CHCl₃, prac. insol. EtOH, Et₂O, C₆H₆. Mp 269° (263°). Dipole moment 3.02D (C₆H₆).

▷Highly toxic

Nesmeyanov, A.N., *Ber.*, 1929, **62**, 1010 (synth)
Pakhomov, V.I., *J. Struct. Chem. (Engl. Transl.)*, 1963, **4**, 540 (cryst struct)
Denisovich, L.I. et al, *J. Organomet. Chem.*, 1973, **57**, 99 (polarog)
Bryukhova, E.V. et al, *Bull. Acad. Sci. USSR (Engl. Transl.)*, 1974, 448 (nqr)
Goggin, P.L. et al, *J. Chem. Res. (S)*, 1978, 171 (ir, raman, synth)
Goggin, P.L. et al, *J. Chem. Res. (S)*, 1979, 194 (cmr, nmr)
Sax, N.I., *Dangerous Properties of Industrial Materials*, 5th Ed., Van Nostrand-Reinhold, 1979, 905.
Hazards in the Chemical Laboratory, (Bretherick, L., Ed.), 3rd Ed., Royal Society of Chemistry, London, 1981, 382.

C₆H₅HgNO₃ Hg-00301
Hydroxy(4-nitrophenyl)mercury
4-Nitrophenylmercury hydroxide

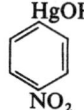

M 339.700
Ac: [68420-97-3]. *(Acetato-O)(4-nitrophenyl)mercury,* 9CI. Cryst. (EtOH). Mp 202-203.5°.

Seide, O.A. et al, *J. Prakt. Chem.*, 1933, **138**, 55 (synth)
Fedorov, L.A. et al, *Zh. Strukt. Khim.*, 1978, **19**, 633; CA, **89**, 223568 (pmr)

C₆H₅HgNO₃ Hg-00302
(Nitrato-O)phenylmercury, 9CI
Phenylmercury nitrate
[55-68-5]

PhHgNO₃

M 339.700
Bactericide, germicide. Cryst. (dry C₆H₆). Mp 114.5-116.5° (130-2°). V. readily hydrolyzed.

▷OW8400000.

Barlow, L.R. et al, *J. Chem. Soc. (A)*, 1968, 1609 (synth, ir)
Schwartzman, G., *J. Pharm. Sci.*, 1978, **67**, 539 (uv, ir)

C₆H₆ClHgN Hg-00303
(4-Aminophenyl)chloromercury, 9CI
p-(Chloromercuri)aniline. 4-Aminophenylmercury chloride
[3550-44-5]

M 328.163
Platelets (EtOH or C₆H₆). Mp 200° dec.

Dimroth, O., *Ber.*, 1902, **35**, 2032 (synth)
Martynova, V.F., *Zh. Obshch. Khim.*, 1956, **26**, 894 (synth)
Baliah, V. et al, *J. Indian Chem. Soc.*, 1963, **40**, 638 (uv)

C₆H₆FeHg₂O₄ Hg-00304
Tetracarbonylbis(methylmercurio)iron, 8CI
[29917-20-2]

$$\text{OC} \underset{\text{OC}}{\overset{\text{CO}}{\diagdown}} \text{Fe} \underset{\text{CO}}{\overset{\text{HgMe}}{\diagup}} \text{HgMe}$$

M 599.138

cis-form

Air-sensitive colourless cryst. Mp 104° (100-2° dec.). Bp₂ 70-80° subl. On exposure to air cryst. become opaque and lose solubility in org. solvs. Disproportionates >100° to HgMe₂ and Tetracarbonylmercurioiron, Hg-00136.

Hein, F. et al, *Z. Anorg. Allg. Chem.*, 1942, **249**, 293 (synth)
Kahn, O. et al, *C.R. Hebd. Seances Acad. Sci.*, 1965, **261**, 2483 (synth)
Kahn, O. et al, *C.R. Hebd. Seances Acad. Sci.*, 1966, **262**, 906 (ir)

C₆H₆Hg Hg-00305
Di-1,2-propadienylmercury, 9CI
Diallenylmercury
[26103-67-3]

(H₂C=C=CH)₂Hg

M 278.703

Jean, A. et al, *J. Organomet. Chem.*, 1970, **21**, P1 (synth, nmr)
Simonnin, M.P. et al, *Org. Magn. Reson.*, 1970, **2**, 369 (pmr)

C_6H_6Hg　　　　　　　　　　　　　　　Hg-00306
Di-1-propynylmercury
[64705-15-3]

$$(H_3CC{\equiv}C)_2Hg$$

M 278.703
Cryst. (MeOH). Mp 203-4°.

Johnson, J.R. *et al*, *J. Am. Chem. Soc.*, 1926, **48**, 469.
Rothstein, E. *et al*, *J. Chem. Soc.*, 1952, 2987.
Cano Esquivel, M. *et al*, *An. Quim.*, 1977, **73**, 1051 (ir)
Furlani, C. *et al*, *J. Electron. Spectrosc. Relat. Phenom.*, 1981, **22**, 309 (pe)
Sebald, A. *et al*, *Spectrochim. Acta, Part A*, 1982, **38**, 163 (pmr, cmr, nmr)

$C_6H_6HgN_4O_2$　　　　　　　　　　　Hg-00307
Bis(1-diazo-2-oxopropyl)mercury, 9CI
Bis(1-diazoacetonyl)mercury, 8CI
[22085-12-7]

$$H_3CCOC(N_2)HgC(N_2)COCH_3$$

M 366.729
Yellow cryst. (CCl$_4$). Mp 108-10° dec., 120-1°. Dec. in light or in hot soln. with formation of Hg.

DoMinh, T. *et al*, *Tetrahedron Lett.*, 1968, 5237 (synth, uv, ir)
Lorberth, J. *et al*, *J. Organomet. Chem.*, 1973, **54**, 23 (synth, ms, pmr, ir)

C_6H_6HgO　　　　　　　　　　　　　　Hg-00308
Hydroxyphenylmercury, 9CI
Phenylmercury hydroxide
[100-57-2]

$$PhHgOH$$

M 294.703
Polymerisation catalyst, defoliant. Prisms (H$_2$O). Sol. hot H$_2$O. Mp 234-7°. Probably converts to (PhHg)$_2$O below the Mp.

▷Caustic. OW4940000.

Bloodworth, A.J., *J. Organomet. Chem.*, 1970, **23**, 27 (synth, ir)
Sax, N.I., *Dangerous Properties of Industrial Materials*, 5th Ed., Van Nostrand-Reinhold, 1979, 905.
Hazards in the Chemical Laboratory, (Bretherick, L., Ed.), 3rd Ed., Royal Society of Chemistry, London, 1981, 382.

$C_6H_6HgO_2$　　　　　　　　　　　　　Hg-00309
(Hydroperoxy)phenylmercury
Phenylmercury hydroperoxide
[72721-27-8]

$$PhHgOOH$$

M 310.702
Yellow cryst., dec. without melting at 133-5°, readily hydrolyzed in air. Sol. MeOH, insol. alkanes.

Lyashenko, S.D. *et al*, *Dokl. Chem.*, 1979, **248**, 458 (synth, ir)

$C_6H_6HgO_2$　　　　　　　　　　　　　Hg-00310
Hydroxy(2-hydroxyphenyl)mercury
2-Hydroxyphenylmercury hydroxide. o-*(Hydroxymercuri)phenol*

M 310.702
Forms an "anhydride", Mp 325° dec., insol. org. solvs.

Ac: (Acetato-O)(2-hydroxyphenyl)mercury, 9CI. 2-(Acetoxymercuri)phenol. 2-Hydroxyphenylmercury acetate. Needles or prisms. Mp 157°. Dec. at 210-15°.
Me ether, Ac: [24801-84-1]. (Acetato-O)(2-methoxyphenyl)mercury, 9CI. 2-Methoxyphenylmercury acetate. 2-Anisylmercury acetate. Cryst. (pet. ether). Mp 126-7°.

Konig, W. *et al*, *J. Prakt. Chem.*, 1930, **128**, 153 (synth)

$C_6H_6HgO_2$　　　　　　　　　　　　　Hg-00311
Hydroxy(4-hydroxyphenyl)mercury, 9CI
4-Hydroxyphenylmercury hydroxide. *4-(Hydroxymercuri)phenol*
M 310.702

Ac: (Acetato-O)(4-hydroxyphenyl)mercury. 4-Hydroxyphenylmercury acetate. 4-(Acetoxymercuri)phenol.
$C_8H_8HgO_3$　　　M 352.739
Needles or prisms. Mp 165°. Dec. at 210-5°.
Me ether, Ac: [5780-90-5]. (Acetato-O)(4-methoxyphenyl)mercury, 9CI. 4-Methoxyphenylmercury acetate. 4-Anisylmercury acetate.
$C_9H_{10}HgO_3$　　　M 366.766
Needles (EtOH aq.). Mp 176.5°, 185-6°.

Konig, W. *et al*, *J. Prakt. Chem.*, 1930, **128**, 153 (synth)
Sipos, J.C. *et al*, *J. Am. Chem. Soc.*, 1955, **77**, 2759 (synth)
Connett, J.E. *et al*, *J. Chem. Soc.* (C), 1966, 106 (synth)
Fedorov, L.A. *et al*, *Zh. Strukt. Khim.*, 1978, **19**, 633; *CA*, **89**, 223568 (pmr)

$C_6H_6Hg_2O_5$　　　　　　　　　　　　Hg-00312
Bis(acetato-O)[µ-(oxoethenylidene)]dimercury
[73399-66-3]

$$(AcOHg)_2C{=}C{=}O$$

M 559.290
Involatile, infusible solid; stable in dry air for weeks at r.t. Insol. common solvs. Not explosive.

Blues, E.T. *et al*, *J. Chem. Soc., Chem. Commun.*, 1979, 1043 (synth, ir)

$C_6H_6Hg_4O_5$　　　　　　　　　　　　Hg-00313
Bis(acetato-O)[µ-(oxoethenylidene)]tetramercury
[73399-69-6]

$$(AcOHgHg)_2C{=}C{=}O$$

M 960.470
Involatile, infusible solid, stable in dry air for weeks at r.t. Insol. all common solvs. Not explosive.

Blues, E.T. *et al*, *J. Chem. Soc., Chem. Commun.*, 1979, 1043 (synth, ir)

C₆H₇HgN₅ — Hg-00314
(Adeninato-N^9)methylmercury
Methyl(1H-purin-6-aminato-N^9)mercury
[79117-37-6]

M 349.745
Monohydrate.

Prizant, L. et al, *Can. J. Chem.*, 1981, **59**, 1311 (synth, cryst struct)
Savoie, R. et al, *Spectrochim. Acta, Part A*, 1982, **38**, 561 (ir, raman)

C₆H₈Cl₂Hg₂O₃ — Hg-00315
Dichloro[μ-[1-(ethoxycarbonyl)-2-oxopropylidene]]dimercury, 10CI
Ethyl acetobis(chloromercuri)acetate
[64451-32-7]

$$(ClHg)_2C(COOEt)COCH_3$$

M 600.213
Solid.

Glidewell, C., *J. Organomet. Chem.*, 1977, **136**, 7 (synth, ir)

C₆H₈Hg — Hg-00316
2,4-Cyclopentadien-1-ylmethylmercury, 9CI
[34310-40-2]

M 280.719
Yellow oil. Bp$_{0.1}$ 95-100°.

Lorberth, J. et al, *J. Organomet. Chem.*, 1971, **32**, 145 (synth, pmr, ms, ir, raman)
Grishin, Yu.K. et al, *Org. Magn. Reson.*, 1972, **4**, 377 (cmr)
Goodfellow, R.J. et al, *J. Magn. Reson.*, 1977, **27**, 143 (nmr, synth)

C₆H₈HgN⊕ — Hg-00317
Methyl(pyridine-N)mercury(1+)
[45590-73-6]

M 294.726 (ion)
Nitrate: [35917-32-9].
  C₆H₈HgN₂O₃   M 356.731
  Cryst. (Me₂CO or EtOH). Mp 193-5°. Stability const. = $10^{4.72}$ (H₂O, 25°).
Perchlorate: [75417-49-1].
  C₆H₈ClHgNO₄   M 394.177
  Cryst. (MeOH or MeCN).

Goggin, P.L. et al, *J. Chem. Soc., Dalton Trans.*, 1972, 647 (synth, pmr, ir, raman)
Canty, A.J. et al, *Inorg. Chem.*, 1976, **15**, 425 (synth, ir, pmr, cmr)
Brownlee, R.T.C. et al, *Aust. J. Chem.*, 1978, **31**, 1933 (cryst struct)
Canty, A.J. et al, *J. Organomet. Chem.*, 1978, **144**, 371 (nmr)
Tan, K-H. et al, *Aust. J. Chem.*, 1980, **33**, 1753 (ir, raman)

C₆H₈HgN₂ — Hg-00318
Bis(2-cyanoethyl)mercury, 9CI
[2517-77-3]

$$(NCCH_2CH_2)_2Hg$$

M 308.733
Cryst. (toluene/Et₂O). Readily sol. Me₂CO, toluene, CHCl₃; sl. sol. H₂O, Et₂O. Mp 45-6°.

Tomilov, A.P. et al, *J. Gen. Chem. USSR (Engl. Transl.)*, 1965, **35**, 390 (synth)
Ahlgren, G. et al, *J. Organomet. Chem.*, 1971, **30**, 303 (ms)

C₆H₉ClHg — Hg-00319
1-Chloromercuricyclohexene
Chloro-1-cyclohexene-1-ylmercury, 9CI. 1-Cyclohexen-1-ylmercury chloride
[10080-39-4]

M 317.180
Cryst. (toluene). Sol. CHCl₃, toluene; less sol. MeOH. Mp 191-2°.

Nesmeyanov, A.N. et al, *Dokl. Akad. Nauk SSSR, Ser. Sci. Khim.*, 1956, **111**, 835 (synth)
Nesmeyanov, A.N. et al, *Izv. Akad. Nauk SSSR, Ser. Khim.*, 1959, 50 (synth)
Gudkova, A.S. et al, *Izv. Akad. Nauk SSSR, Ser. Khim.*, 1966, 849 (synth)
Baidin, V.N. et al, *Izv. Akad. Nauk SSSR, Ser. Khim.*, 1981, 2831 (pe)

C₆H₉ClHg — Hg-00320
3-Chloromercuricyclohexene
Chloro-2-cyclohexen-1-ylmercury, 10CI
[64120-45-2]

M 317.180

Nesmeyanov, A.N. et al, *Dokl. Akad. Nauk SSSR, Ser. Sci. Khim.*, 1977, **235**, 362 (pmr, ir, raman)
Nesmeyanov, A.N. et al, *Izv. Akad. Nauk SSSR, Ser. Khim.*, 1977, 2345 (synth)
Nesmeyanov, A.N. et al, *J. Organomet. Chem.*, 1979, **172**, 133 (cmr)

C₆H₉ClHg — Hg-00321
1-Chloromercuri-2,3-dimethyl-1,3-butadiene
Chloro(2,3-dimethyl-1,3-butadienyl)mercury. (2,3-Dimethyl-1,3-butadienyl)mercury chloride

M 317.180
(*E*)-form [83673-70-5]
Cryst. (hexane/CH₂Cl₂). Mp 120-3°.

Negishi, E.-I. et al, *Tetrahedron Lett.*, 1982, **23**, 2085 (synth, cmr, pmr, ir)

C_6H_9ClHgO Hg-00322
2-Chloromercuricyclohexanone
Chloro(2-oxocyclohexyl)mercury, 9CI. *2-Oxocyclohexylmercury chloride*
[14839-64-6]

M 333.180
Cryst. (H_2O or Me_2CO). Mp 134-5°.

Nesmeyanov, A.N. et al, *Izv. Akad. Nauk SSSR, Ser. Khim.*, 1949, 601 (synth)
Allan, R.J.P. et al, *J. Chem. Soc.*, 1957, 4700 (use)
Nesmeyanov, A.N. et al, *Dokl. Chem. (Engl. Transl.)*, 1975, **220**, 162 (cmr)
Nesmeyanov, A.N. et al, *Dokl. Chem. (Engl. Transl.)*, 1975, **224**, 602 (raman)
Nesmeyanov, A.N. et al, *Dokl. Akad. Nauk SSSR, Ser. Sci. Khim.*, 1978, **241**, 869 (ms)
Kitching, W. et al, *J. Org. Chem.*, 1981, **46**, 2695 (cmr, pmr)
Grishin, Yu.K. et al, *Bull. Acad. Sci. USSR (Engl. Transl.)*, 1982, **31**, 920 (nmr)

C_6H_9ClHgO Hg-00323
2-Chloromercuri-3-hydroxybicyclo[2.1.1]hexane
Chloro(3-hydroxybicyclo[2.1.1]hex-2-yl)mercury

M 333.180
cis-form
Mp 128-30°.

Bond, F.T., *J. Am. Chem. Soc.*, 1968, **90**, 5326 (synth)

$C_6H_9ClHgO_2$ Hg-00324
2-Acetoxy-3-chloromercuri-2-butene
[2-(Acetyloxy)-1-methyl-1-propenyl]chloromercury, 9CI. *3-Chloromercuri-2-buten-2-ol acetate. 2-Acetoxy-2-buten-3-ylmercury chloride. Chloro(2-hydroxy-1-methylpropenyl)mercury acetate*, 8CI

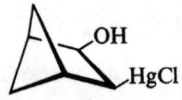
(E)-form

M 349.179
(E)-form [16187-30-7]
Cryst. (C_6H_6/ligroin). Mp 140°.
(Z)-form [16187-32-9]
Solid. Mp 95-6°.

Borisov, A.E. et al, *Dokl. Akad. Nauk SSSR, Ser. Sci. Khim.*, 1953, **90**, 383; *CA*, **48**, 4434 (synth)
Borisov, A.E. et al, *Izv. Akad. Nauk SSSR, Ser. Khim.*, 1954, 1008; *CA*, **50**, 171 (synth)
Nesmeyanov, A.N. et al, *Izv. Akad. Nauk SSSR, Ser. Khim.*, 1961, 1249; *CA*, **56**, 1469 (synth)

$C_6H_9ClHgO_2$ Hg-00325
[(3-Acetyloxy)cyclobutyl]chloromercury
[3-(Acetyloxy)cyclobutyl]mercury chloride. 1-Acetoxy-3-chloromercuricyclobutane

M 349.179
Cryst. by subl. Mp 142.5-143°.

Zotova, S.V. et al, *Bull. Acad. Sci. USSR (Engl. Transl.)*, 1975, **24**, 1800 (synth, pmr)

$C_6H_9F_3HgO_4$ Hg-00326
(2-Hydroperoxy-2-methylpropyl)(trifluoroacetato-O)mercury, 9CI
(2-Hydroperoxy-2-methylpropyl)mercury trifluoroacetate
[63788-04-5]

$$F_3CCOOHgCH_2C(CH_3)_2OOH$$

M 402.720
Associated in C_6H_6 soln. Cryst. (CH_2Cl_2/pet. ether). Mp 83°. Slowly converted in $CHCl_3$ soln. to $[F_3COOHgCH_2C(CH_3)_2O]_2$.

Bloodworth, A.J. et al, *J. Chem. Soc., Perkin Trans. 1*, 1977, 1031 (synth, pmr, cmr, ir)

$C_6H_9HgN_3S$ Hg-00327
(4-Amino-5-methyl-2-pyrimidinethiolato)methylmercury
(4-Amino-5-methyl-2(1H)-pyrimidinethionato-S)methylmercury, 10CI
[75619-03-3]

M 355.807
Cryst. (Me_2CO).

Stuart, D.A. et al, *Acta Crystallogr., Sect. B*, 1980, **36**, 2227 (cryst struct)

$C_6H_{10}BrHgNO_2$ Hg-00328
1-Bromomercuri-2-nitrocyclohexane
Bromo(2-nitrocyclohexyl)mercury, 9CI. *2-Nitrocyclohexylmercury bromide*
[10562-36-4]

M 408.645
Bactericide, fungicide. Cryst. (CH_2Cl_2/pet. ether). Mp 80-2°. Unstable. Probably *trans*-config.

Bachman, G.B. et al, *J. Org. Chem.*, 1967, **32**, 2303 (synth)

$C_6H_{10}ClHgN_3$ — Hg-00329
1-Azido-2-chloromercuricyclohexane
(2-Azidocyclohexyl)chloromercury, 8CI. *2-Azidocyclohexylmercury chloride*
[17051-32-0]

M 360.208

(1RS,2RS)(?)-form
(±)-*trans*(?)-*form*
Cryst. (MeOH). Mp 90°. Dec. on heating.
Sokolov, V.I. et al, *Bull. Acad. Sci. USSR*, (*Engl. Transl.*), 1967, 1581 (synth, ir)

$C_6H_{10}Cl_2Hg_2O_2$ — Hg-00330
2,6-Bis(chloromercurimethyl)-1,4-dioxan

ClHgCH$_2$ — O — CH$_2$HgCl (1,4-dioxane ring)

M 586.230
Mp 116°, 255-60° dec. Stereoisomeric composition undetermined.
Nesmeyanov, A.N. et al, *Bull. Acad. Sci. USSR, Div. Chem. Sci.*, 1943, 296; *CA*, **38**, 5499 (synth)
Goodman, L. et al, *J. Med. Chem.*, 1961, **3**, 65 (synth)

$C_6H_{10}Hg$ — Hg-00331
Dicyclopropylmercury, 9CI
[13955-96-9]

M 282.735
Oil, stable to light. Bp$_{18}$ 110-2°.
Reynolds, G.F. et al, *J. Org. Chem.*, 1958, **23**, 1217 (synth, ir)
Scherr, P.A. et al, *J. Mol. Spectrosc.*, 1969, **31**, 109 (pmr)
Shihada, A-F. et al, *J. Organomet. Chem.*, 1970, **24**, 45 (ir, raman)
Scherr, P.A. et al, *J. Am. Chem. Soc.*, 1972, **94**, 8026 (pmr)

$C_6H_{10}Hg$ — Hg-00332
Di-1-propenylmercury, 9CI

$$H_3CCH=CHHgCH=CHCH_3$$

M 282.735
(E,E)-form [54468-05-2]
d$_{20}$ 2.21. Bp$_{14.5}$ 87°. n_D^{20} 1.5622.
(Z,Z)-form [53282-78-3]
d$_{20}$ 2.23. Bp$_{14}$ 79-80°. n_D^{20} 1.5628.
Borisov, A.E. et al, *Izv. Akad. Nauk SSSR, Ser. Khim.*, 1961, 1036 (synth)
Moy, D. et al, *Inorg. Chem.*, 1963, **2**, 1261 (pmr)

$C_6H_{10}Hg$ — Hg-00333
Di-2-propenylmercury, 9CI
Diallylmercury, 8CI. *Mercury diallyl*
[2097-71-4]

$$Hg(CH_2CH=CH_2)_2$$

M 282.735

Unstable liq. d_4^{20} 2.318. Bp$_{1.5}$ 58-58.5°.
Vijayaraghavan, K.V., *J. Indian Chem. Soc.*, 1943, **20**, 318 (synth)
Borisov, A.E. et al, *Izv. Akad. Nauk SSSR, Ser. Khim.*, 1965, 924; *CA*, **63**, 5667 (synth)
Ziegler, H.E. et al, *J. Org. Chem.*, 1969, **34**, 2826 (pmr)
Sourisseau, C. et al, *J. Organomet. Chem.*, 1972, **39**, 65 (ir, raman)
Nesmeyanov, A.N. et al, *J. Organomet. Chem.*, 1979, **172**, 133 (spectra)

$C_6H_{10}HgO_2$ — Hg-00334
Bis(2-oxopropyl)mercury, 9CI
Diacetonylmercury. 1,1'-Mercuridi-2-propanone
[6704-33-2]

$$H_3CCOCH_2HgCH_2COCH_3$$

M 314.734
Cryst. (C$_6$H$_6$/heptane). Mp 68°.
Nesmeyanov, A.N. et al, *Dokl. Akad. Nauk SSSR, Ser. Sci. Khim.*, 1953, **88**, 837 (synth)
Epshtein, L.M. et al, *J. Struct. Chem.* (*Engl. Transl.*), 1967, **8**, 910 (ir)
Fedorov, L.A. et al, *Dokl. Chem.* (*Engl. Transl.*), 1970, **195**, 879 (pmr)
Lutsenko, I.F. et al, *J. Gen. Chem. USSR* (*Engl. Transl.*), 1974, **44**, 2318 (synth)

$C_6H_{10}HgO_4$ — Hg-00335
(Acetato-O)[2-(acetyloxy)ethyl]mercury, 9CI
2-Acetoxyethylmercury acetate. 1-Acetoxymercuri-2-(acetyloxy)ethane
[15714-28-0]

$$AcOCH_2CH_2HgOAc$$

M 346.733
Defoliant. Cryst. (ligroin). Mp 102° (96-8°).
Ichikawa, K. et al, *J. Am. Chem. Soc.*, 1959, **81**, 5316 (synth)
Spengler, G. et al, *Brennst-Chem.*, 1969, **50**, 14; *CA*, **70**, 77486 (synth)

$C_6H_{10}HgO_4$ — Hg-00336
Bis(2-methoxy-2-oxoethyl)mercury, 9CI
Bis(carboxymethyl)mercury dimethyl ester, 8CI. *Mercuridiacetic acid dimethyl ester. Bis[(carbomethoxy)methyl]mercury*
[3600-21-3]

$$MeOOCCH_2HgCH_2COOMe$$

M 346.733
Cryst. (EtOH or EtOAc). Mp 100°.
Foss, V.L. et al, *Zh. Obshch. Khim.*, 1963, **33**, 1927 (synth)
Epshtein, L.M. et al, *J. Struct. Chem.* (*Engl. Transl.*), 1967, **8**, 911 (ir)
Tupciauskas, A. et al, *J. Magn. Reson.*, 1972, **7**, 124 (nmr)
Fedorov, L.A. et al, *Dokl. Chem.* (*Engl. Transl.*), 1973, **209**, 203 (cmr)
Fedorov, L.A., *J. Struct. Chem.* (*Engl. Transl.*), 1976, **17**, 203 (pmr)
Kita, Y. et al, *J. Org. Chem.*, 1982, **47**, 2697 (use, synth, ir, pmr)

C₆H₁₁BrHg   Hg-00337
Bromocyclohexylmercury, 9CI
Cyclohexylmercury bromide. Bromomercuricyclohexane
[10192-55-9]

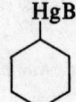

M 363.647
Needles. Mp 153.5-154°. Dec. >230°.

Grüttner, G., *Chem. Ber.*, 1914, **47**, 1651.
Inamoto, N. *et al, Bull. Chem. Soc. Jpn.*, 1970, **43**, 2574.
Cogdell, T.J., *J. Org. Chem.*, 1972, **37**, 2541 (*synth*)
Kitching, W. *et al, J. Org. Chem.*, 1981, **46**, 2695 (*nmr*)

C₆H₁₁BrHg   Hg-00338
Bromo-5-hexenylmercury, 9CI
5-Hexenylmercury bromide. 6-Bromomercuri-1-hexene
[27936-01-2]

$$H_2C=CHCH_2CH_2CH_2CH_2HgBr$$

M 363.647
Cryst. (MeOH). Mp 102.5-104°.

Cogdell, T.J., *J. Org. Chem.*, 1972, **37**, 2541 (*synth*)
Quirk, R.P. *et al, J. Am. Chem. Soc.*, 1976, **98**, 5973 (*synth, pmr, ir*)

C₆H₁₁BrHgO   Hg-00339
1-Bromomercuri-2-methoxycyclopentane
Bromo(2-methoxycyclopentyl)mercury, 9CI. *2-Methoxycyclopentylmercury bromide*

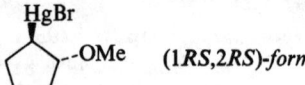
(1RS,2RS)-form

M 379.646
(**1RS,2RS**)-*form* [42085-71-2]
  (±)-trans-*form*. α-*form*
  Cryst. (EtOH). Mp 82-82.3°.
(**1RS,2SR**)-*form* [42085-68-7]
  (±)-cis-*form*. β-*form*
  Cryst. (MeOH). Mp 59.5-60°.

Brook, A.G. *et al, Can. J. Chem.*, 1953, **31**, 536 (*synth*)

C₆H₁₁ClHg   Hg-00340
Chlorocyclohexylmercury, 9CI
Cyclohexylmercury chloride. Chloromercuricyclohexane
[24371-94-6]

M 319.196
Plates (C₆H₆ or EtOH). Mp 160°. Dec. >230°.

Beinart, G., *Bull. Soc. Chim. Fr.*, 1969, 3223 (*synth*)
Inamoto, N. *et al, Bull. Chem. Soc. Jpn.*, 1970, **43**, 2574 (*thermolysis*)
Ol'dekop, Y.A. *et al, J. Gen. Chem. USSR* (*Engl. Transl.*), 1970, **40**, 612 (*synth*)
Anet, F.A.L. *et al, Tetrahedron Lett.*, 1974, 3255 (*pmr, cmr*)
Larock, R.C., *J. Organomet. Chem.*, 1974, **67**, 353; 1974, **72**, 35 (*synth*)

Baidin, V.S. *et al, J. Struct. Chem.* (*Engl. Transl.*), 1981, **22**, 616 (*pe*)
Grishin, Yu.K., *Bull. Acad. Sci. USSR* (*Engl. Transl.*), 1982, 921 (*nmr*)

C₆H₁₁ClHg   Hg-00341
Chloro(cyclopentylmethyl)mercury, 8CI
Cyclopentylmethylmercury chloride
[33631-66-2]

(cyclopentyl)CH₂HgCl

M 319.196
Cryst. (EtOH aq.). Mp 57-8°.

Ol'dekop, Yu.A. *et al, J. Gen. Chem. USSR* (*Engl. Transl.*), 1971, **41**, 1073 (*synth*)
Costa, L.C. *et al, J. Organomet. Chem.*, 1977, **134**, 155 (*synth*)

C₆H₁₁ClHg   Hg-00342
Chloro-5-hexenylmercury, 9CI
6-Chloromercuri-1-hexene. 5-Hexenylmercury chloride
[63668-13-3]

$$H_2C=CH(CH_2)_4HgCl$$

M 319.196
Cryst. (EtOH aq.). Mp 100-1°.

Costa, L.C. *et al, J. Organomet. Chem.*, 1977, **134**, 151 (*synth*)

C₆H₁₁ClHg   Hg-00343
3-Chloromercuri-3-hexene
Chloro-(1-ethyl-1-butenyl)mercury. 3-Hexenylmercury chloride (incorr.)

$$\begin{array}{c}H_3CCH_2\\\diagdown\\C=C\\\diagup\\H\end{array}\begin{array}{c}CH_2CH_3\\\diagdown\\\\\diagup\\HgCl\end{array}$$

M 319.196
(*E*)-*form*
  cis-*form*
  Cryst. (EtOH). Mp 47.5-48.0°.

Larock, R.C. *et al, J. Organomet. Chem.*, 1972, **36**, 1 (*synth, pmr*)

C₆H₁₁ClHgO   Hg-00344
Chloro(3,3-dimethyl-2-oxobutyl)mercury, 9CI
1-Chloromercuri-3,3-dimethyl-2-butanone. 3,3-Dimethyl-2-oxobutylmercury chloride
[42872-51-5]

ClHgCH₂COC(CH₃)₃

M 335.195
Cryst. (Et₂O, C₆H₆ or MeOH). Mp 104°.

Foss, V.L. *et al, J. Gen. Chem. USSR* (*Engl. Transl.*), 1973, **43**, 1182 (*synth, use*)
Gaydou, E.M. *et al, Bull. Soc. Chim. Fr.*, 1975, 805 (*synth, pmr, ir, use*)

C₆H₁₁ClHgO   Hg-00345
1-Chloromercuri-1-methoxycyclopentane
Chloro(1-methoxycyclopentyl)mercury. 1-Methoxycyclopentylmercury chloride

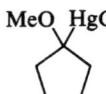

M 335.195
Solid, dec. in moist air or light. Sol. EtOH, Me₂CO, sl. sol. Et₂O.

Gudkova, A.S. et al, *Bull. Acad. Sci. USSR (Engl. Transl.)*, 1966, 812 (synth)

C₆H₁₁HgCl   Hg-00346
Chloro[(3-cyclopropyl)propyl]mercury
3-(Cyclopropyl)propylmercuric chloride. 1-Chloromercuri-3-cyclopropylpropane
[79663-98-2]

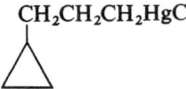

M 319.196
Cryst. (EtOH). Mp 78.5-79°.

Kitching, W. et al, *Organometallics*, 1982, **1**, 331 (synth, pmr, cmr, nmr)

C₆H₁₂ClHgN   Hg-00347
1-Amino-2-chloromercuricyclohexane
(2-Aminocyclohexyl)chloromercury. 2-Aminocyclohexylmercury chloride. 2-Chloromercuricyclohexylamine

As 1-Amino-2-chloromercuricyclopentane, Hg-00241 with

n = 2

M 334.211

(1RS,2RS)-form
(±)-trans-form

N-Ac: [31718-62-4]. 2-[(Acetylamino)cyclohexyl]chloromercury, *9CI*. (2-Acetamidocyclohexyl)mercury chloride. (2-Acetamidocyclohexyl)chloromercury, *8CI*. 1-Acetamido-2-chloromercuricyclohexane.
C₈H₁₄ClHgNO   M 376.248
Needles (MeOH or EtOH). Mp 201.5-202°. Stable to 5% NaOH aq. and conc. HCl. Dec. at 240° to cis-oxazoline.

Chow, D. et al, *Can. J. Chem.*, 1965, **43**, 312 (synth)
Beger, J. et al, *J. Prakt. Chem.*, 1969, **311**, 737 (synth)
Kretchmer, R.A. et al, *J. Org. Chem.*, 1976, **41**, 192 (synth, pmr)

C₆H₁₂Cl₂Hg₂   Hg-00348
1,6-Bis(chloromercuri)hexane
Dichloro(1,6-hexanediyl)dimercury

ClHg(CH₂)₆HgCl

M 556.247
Cryst. (DMSO). Mp 290° dec.

Sawatzky, H. et al, *Can. J. Chem.*, 1958, **36**, 1555.

C₆H₁₂Hg   Hg-00349
1,6-Hexanediylmercury, 10CI
Mercuracycloheptane
[6675-64-5]

M 284.751
Cryst. (EtOH/C₆H₆). Mp 58.5-60.2°.

Sawatzky, H. et al, *Can. J. Chem.*, 1958, **36**, 1555 (synth)

C₆H₁₂HgN₂O₂   Hg-00350
Bis(dimethylaminocarbonyl)mercury
1,1'-Mercuribis(N,N-dimethylformamide)

Hg(CONMe₂)₂

M 344.763
Cryst. Mp 148-9°. Stable towards conc. H₂SO₄, dec. in dil. HCl.

Schöllkopf, U. et al, *Angew. Chem., Int. Ed. Engl.*, 1966, **5**, 664 (synth, ir, pmr)

C₆H₁₂HgN₄O₆P₂   Hg-00351
Bis(diazodimethoxyphosphonomethyl)mercury
Bis[diazo(dimethoxyphosphenyl)methyl]mercury, 9CI. *Bis(diazophosphonomethyl)mercury tetramethyl ester*, 8CI
[27491-73-2]

$$\begin{array}{c}\text{MeO}\quad N_2\quad N_2\quad \text{OMe}\\ \text{POCHgCOP}\\ \text{MeO}\qquad\qquad \text{OMe}\end{array}$$

M 498.722
Yellow needles. Mp 106.5-107°.

Seyferth, D. et al, *J. Org. Chem.*, 1971, **36**, 1379 (synth)

C₆H₁₂HgO₂   Hg-00352
(Acetato-O)butylmercury, 9CI
Acetoxybutylmercury. Butylmercury acetate. 1-Acetoxymercuributane
[5131-56-6]

H₃CCH₂CH₂CH₂HgOAc

M 316.750
Fungicide. Cryst. (MeOH or pet. ether). Mp 55-6°. Dec >200°.

Slotta, K.H. et al, *J. Prakt. Chem.*, 1929, **120**, 249 (synth)
Criegee, R. et al, *Chem. Ber.*, 1957, **90**, 1957 (synth)
Inamoto, N. et al, *Bull. Chem. Soc. Jpn.*, 1970, **43**, 2574.

C₆H₁₂HgO₃   Hg-00353
(Acetato-O)(2-ethoxyethyl)mercury, 9CI
Acetoxy(2-ethoxyethyl)mercury. 2-Ethoxyethylmercury acetate. 1-Acetoxymercuri-2-ethoxyethane
[124-08-3]

EtOCH₂CH₂HgOAc

M 332.749
Fungicide for seed treatment. Needles (pet. ether). Mp 36°.

Schoeller, W. et al, *Ber.*, 1913, **46**, 2864 (synth)
Nefedov, B.K. et al, *Bull. Acad. Sci. USSR (Engl. Transl.)*, 1972, **21**, 1697 (synth)

C₆H₁₃BrHgO   Hg-00354
Bromo(2-butoxyethyl)mercury
2-Butoxyethylmercury bromide. 1-Bromomercuri-2-butoxyethane
[37117-14-9]

$$H_3C(CH_2)_3OCH_2CH_2HgBr$$

M 381.662
Mp 79-80.5°.

Ol'dekop, Yu.N. *et al, CA*, 1972, **77**, 34660 (*synth*)
Nefedov, B.K. *et al, Bull. Acad. Sci. USSR (Engl. Transl.)*, 1972, **21**, 1694 (*synth*)

C₆H₁₃BrHgO₂   Hg-00355
Bromo[2-(*tert*-butylperoxy)ethyl]mercury
Bromo[2-[(1,1-dimethylethyl)dioxy]ethyl]mercury, 9CI. [2-(tert-Butylperoxy)ethyl]mercury bromide. 1-Bromomercuri-2-tert-butylperoxyethane
[56030-74-1]

$$(H_3C)_3COOCH_2CH_2HgBr$$

M 397.662
Mp 50°.

Bloodworth, A.J. *et al, J. Chem. Soc., Perkin Trans. 1*, 1975, 195 (*synth, pmr*)

C₆H₁₃ClHgO₂   Hg-00356
Chloro(2,2-diethoxyethyl)mercury
1-Chloromercuri-2,2-diethoxyethane. Chloromercuriacetaldehyde diethyl acetal. Chloro(formylmethyl)mercury diethyl acetal
[15385-74-7]

$$(EtO)_2CHCH_2HgCl$$

M 353.211
Oil.

Nesmeyanov, A.N. *et al, Izv. Akad. Nauk SSSR, Ser. Khim.*, 1957, 942 (*synth*)
Kreevoy, M.M. *et al, J. Organomet. Chem.*, 1966, **6**, 589 (*synth, pmr*)

C₆H₁₃HgNO₂S   Hg-00357
(Methioninato-*N,O*)methylmercury
Methylmercury methioninate

$$MeHgNHCH(COOH)CH_2CH_2SMe$$

M 363.824
Zwitterionic in solid state with Hg bonded to N. In soln., Hg is bonded to N >pH7 and to S at pH ~0.5.

(±)-*form* [64347-56-4]
Plates (EtOH aq.).

Fairhurst, M.T. *et al, Inorg. Chem.*, 1975, **14**, 1413 (*pmr*)
Brown, A.J. *et al, J. Chem. Soc., Dalton Trans.*, 1976, 1589 (*cmr*)
Wong, Y.S. *et al, J. Chem. Soc., Dalton Trans.*, 1977, 1157 (*synth, cryst struct, pmr, cmr, ir, raman*)

C₆H₁₃HgNO₂S   Hg-00358
Methyl(penicillaminato)mercury

$$MeHgSC(CH_3)_2CH(NH_2)COOH$$

M 363.824
Zwitterionic with Hg—S bonding in solid state.

(±)-*form*
Prisms + 1H₂O (EtOH aq.).

Wong, Y.S. *et al, J. Chem. Soc., Dalton Trans.*, 1977, 1801 (*synth, cryst struct, ir, raman, pmr*)

C₆H₁₃HgNS₂   Hg-00359
(Diethylcarbamodithioato-*S*)methylmercury
(Diethyldithiocarbamato)methylmercury
[61193-17-7]

$$Et_2NC(S)SHgMe$$

M 363.885
Cryst.

Chieh, C. *et al, Can. J. Chem.*, 1976, **54**, 3077 (*cryst struct, raman, ir*)
Chieh, C. *et al, Can. Res.*, 1977, **10**, 21; *CA*, **88**, 59026 (*pmr*)

C₆H₁₄ClHgN   Hg-00360 ✱
Chloro[2-(diethylamino)ethyl]mercury, 9CI
2-Diethylaminoethylmercury chloride. N-(2-Chloromercuriethyl)diethylamine. 1-Chloromercuri-2-diethylaminoethane
[38485-51-7]

$$Et_2NCH_2CH_2HgCl$$

M 336.226
Cryst. (EtOH or Et₂O). Mp 47-8°. Multiple recryst. of crude product reqd. to give material of reasonable stability.

Toman, K. *et al, J. Organomet. Chem.*, 1973, **49**, 133 (*cryst struct*)
DeBrule, R.F. *et al, Synthesis*, 1974, 197 (*synth, ir, pmr, ms*)

C₆H₁₄Hg   Hg-00361
Butylethylmercury, 9CI
[53609-08-8]

$$H_3CCH_2CH_2CH_2HgEt$$

M 286.767
Oil. $n_D^{21.5}$ 1.5114.

Nesmeyanov, A.N. *et al, Izv. Akad. Nauk SSSR, Ser. Khim.*, 1961, 1582; *CA*, **56**, 3500.
Nesmeyanov, A.N. *et al, Tetrahedron*, 1962, **18**, 683 (*synth*)

C₆H₁₄Hg   Hg-00362
***tert*-Butylethylmercury**
Ethyl(1,1-dimethylethyl)mercury, 9CI
[59049-80-8]

$$(H_3C)_3CHgEt$$

M 286.767
Liq., unstable in air. Bp$_{3.4}$ 39°.

Fehlner, T.P. *et al, Inorg. Chem.*, 1976, **15**, 2544 (*pe*)
Nugent, W.A. *et al, J. Am. Chem. Soc.*, 1976, **98**, 5979 (*synth*)
Nugent, W.A. *et al, J. Organomet. Chem.*, 1977, **124**, 371 (*pmr*)

C₆H₁₄Hg   Hg-00363
Diisopropylmercury
Bis(1-methylethyl)mercury, 9CI
[1071-39-2]

$$(H_3C)_2CHHgCH(CH_3)_2$$

M 286.767

Liq. d_4^{20} 2.00. Bp_{125} 119-21°, Bp_{10} 63°. n_D^{20} 1.5329. Store in the dark, sensitive to O_2.

▷OW2975000.

Goret, M., *CA*, **16**, 3062 (*synth*)
Dessy, R.E. *et al*, *J. Chem. Phys.*, 1959, **30**, 1422 (*pmr*)
Cowan, D.O. *et al*, *J. Org. Chem.*, 1962, **27**, 1 (*synth*)
Seybold, D. *et al*, *J. Organomet. Chem.*, 1968, **11**, 1 (*raman*, *ir*)
Zhiltsov, S.F. *et al*, *J. Gen. Chem. USSR* (*Engl. Transl.*), 1972, **42**, 2689
Fedorov, L.A., *J. Struct. Chem.* (*Engl. Transl.*), 1976, **17**, 206 (*pmr*)
Fehlner, T.P. *et al*, *Inorg. Chem.*, 1976, **15**, 2544 (*pe*)
Browning, T. *et al*, *J. Chem. Soc.*, *Dalton Trans.*, 1978, 872 (*cmr*, *nmr*)

$C_6H_{14}Hg$ Hg-00364

Dipropylmercury

Mercury dipropyl

[628-85-3]

$$Hg(CH_2CH_2CH_3)_2$$

M 286.767

Polymerisation catalyst. Liq. Sol. Et_2O, less sol. EtOH. d^{20} 2.02. Bp 189-91°, Bp_{13} 78-80°. n_D^{20} 1.5170.

▷Toxic. OW3325000.

Marvel, C.S. *et al*, *J. Am. Chem. Soc.*, 1930, **52**, 3314 (*synth*)
Seybold, D. *et al*, *J. Organomet. Chem.*, 1968, **11**, 1 (*ir*, *raman*)
Ol'dekop, Y.A. *et al*, *Zh. Obshch. Khim.*, 1970, **40**, 300; *CA*, **72**, 121662 (*synth*)
Casanova, J. *et al*, *Org. Magn. Reson.*, 1975, **7**, 57 (*cmr*)
Fehlner, T.P. *et al*, *Inorg. Chem.*, 1976, **15**, 2544 (*pe*)
Simonotti, L. *et al*, *Inorg. Chim. Acta*, 1977, **21**, L27 (*ms*)
Browning J. *et al*, *J. Chem. Soc.*, *Dalton Trans.*, 1978, 872 (*cmr*, *nmr*)
Sax, N.I., *Dangerous Properties of Industrial Materials*, 5th Ed., Van Nostrand-Reinhold, 1979, 627.

$C_6H_{14}HgO_2$ Hg-00365

[(1,1-Dimethylethyl)dioxy]ethylmercury, 9CI

(tert-*Butylperoxy*)*ethylmercury*. (tert-*Butyldioxy*)-*ethylmercury*

[37117-17-2]

$$(H_3C)_3C-O-O-HgEt$$

M 318.765

Colourless needles (Et_2O), stable at 0° for 1 month. Associated in soln.

Maslennikov, V.P. *et al*, *J. Gen. Chem. USSR* (*Engl. Transl.*), 1972, **42**, 469 (*synth*)
Byzulukov, V.I. *et al*, *J. Gen. Chem. USSR* (*Engl. Transl.*), 1974, **46**, 1088
Byzulukov, V.I. *et al*, *Tr. Khim. Khim. Tekhnol.*, 1974, 114; *CA*, **83**, 170277 (*ir*)

$C_6H_{18}Ge_2Hg$ Hg-00366

Bis(trimethylgermyl)mercury, 9CI

2,2,4,4-Tetramethyl-2,4-digerma-3-mercurapentane, 8CI

[13915-91-8]

$$Me_3GeHgGeMe_3$$

M 435.978

Source of Me_3Ge radicals. Highly reflecting yellow cryst. Sol. hydrocarbons. Mp 120-2° (*in vacuo*). $Bp_{0.01}$ 83° subl. Rapidly oxidised in air to Hg and $(Me_3Ge)_2O$. Dec. in soln. Dec. by light to Hg and Me_3Ge·.

Eaborn, C. *et al*, *J. Organomet. Chem.*, 1967, **9**, 175 (*synth*, *pmr*, *ms*)
Lehnig, M. *et al*, *J. Organomet. Chem.*, 1975, **97**, 375.
Hovland, A.K. *et al*, *J. Organomet. Chem.*, 1976, **120**, 171 (*ms*)
Mitchell, T.N. *et al*, *J. Organomet. Chem.*, 1978, **150**, 171 (*pmr*, *cmr*)
Larin, M.F. *et al*, *Bull. Acad. Sci. USSR* (*Engl. Transl.*), 1979, **28**, 654 (*nmr*)
Schaaf, T.F. *et al*, *J. Organomet. Chem.*, 1980, **197**, 169 (*uv*)
Rösch, L. *et al*, *Z. Naturforsch.*, *B*, 1981, **36**, 1234 (*synth*)

$C_6H_{18}HgSi_2$ Hg-00367

Bis(trimethylsilyl)mercury, 9CI

2,2,4,4-Tetramethyl-2,4-disila-3-mercurapentane, 8CI

[4656-04-6]

$$Me_3SiHgSiMe_3$$

M 346.969

Source of Me_3Si radicals. Yellow cryst. Sol. Et_2O, THF, C_6H_6, hexane, CS_2. Mp 102-4° dec. Bp 60° subl. *in vacuo*. Dec. on heating >100° to Hg and $(Me_3Si)_2$. V. light-sensitive; dec. to Me_3Si radicals and Hg. Reacts with oxygen but is not hydrolysed by H_2O.

Wiberg, E. *et al*, *Angew. Chem.*, *Int. Ed. Engl.*, 1963, **2**, 507.
Eaborn, C. *et al*, *J. Chem. Soc.* (*C*), 1967, 2188 (*synth*, *uv*, *pmr*)
Eaborn, C. *et al*, *J. Chem. Soc.*, *Perkin Trans. 2*, 1973, 366 (*uv*)
Lehnig, M. *et al*, *J. Organomet. Chem.*, 1975, **97**, 375.
Bleckmann, P. *et al*, *J. Organomet. Chem.*, 1976, **108**, C18 (*cryst struct*, *ir*, *raman*)
Hovland, A.K. *et al*, *J. Organomet. Chem.*, 1976, **120**, 171 (*ms*)
Schaaf, T.F. *et al*, *J. Organomet. Chem.*, 1980, **197**, 169 (*uv*)
Rösch, L. *et al*, *Z. Naturforsch.*, *B*, 1981, **36**, 1234 (*synth*)
Benn, R. *et al*, *Angew. Chem.*, *Int. Ed. Engl.*, 1982, **21**, 295 (*pmr*, *cmr*, *nmr*)

$C_6H_{18}HgSn_2$ Hg-00368

Bis(trimethylstannyl)mercury, 9CI

2,2,4,4-Tetramethyl-2,4-distanna-3-mercurapentane, 8CI

[23587-94-2]

$$Me_3SnHgSnMe_3$$

M 528.178

Deep-red cryst. Dec. at −10° to Hg and $(Me_3Sn)_2$. Oxidised immediately in air, dec. by light.

Neumann, W.P. *et al*, *Angew. Chem.*, *Int. Ed. Engl.*, 1969, **8**, 611 (*synth*)
Blaukat, U. *et al*, *J. Organomet. Chem.*, 1973, **63**, 27 (*synth*)

$C_7H_3ClFeHgO_3$ Hg-00369

Tricarbonyl[η^4-(chloromercuri-1,3-cyclobutadiene)]iron

Tricarbonyl(*chloromercury*)[μ-(η:η^4-*1,3-cyclobutadiene*)]*iron*, 10CI

[64121-52-4]

M 426.989

Used as source of Tricarbonyl[η^4-(1-lithio-1,3-cyclobutadiene)]iron.

Fitzpatrick, J.D. *et al*, *J. Am. Chem. Soc.*, 1965, **87**, 3254 (*synth*)

Pruitt, P.L. *J. Chem. Soc., Perkin Trans. 2*, 1977, 907 (*pmr*)
Davis, R.E. et al, *Inorg.. Chem.*, 1980, **19**, 674 (*struct*)

$C_7H_3F_5Hg$ Hg-00370
Methyl(pentafluorophenyl)mercury
[653-38-3]

$$C_6F_5HgMe$$

M 382.683
Fungicide. Cryst. (EtOH aq. or by subl.). Mp 36°. Bp_{10} 99°. Stable to 100°.

Chambers, R.D. et al, *J. Chem. Soc.*, 1962, 4367 (*synth, ir*)
Coates, G.E. et al, *J. Chem. Soc.*, 1964, 166 (*ir*)
Boden, N. et al, *Mol. Phys.*, 1964, **8**, 133 (*nmr*)
Connett, J.E. et al, *J. Chem. Soc. (C)*, 1966, 106 (*synth*)
Green, J.H.S., *Spectrochim. Acta, Part A*, 1968, **24**, 863 (*ir*)
Fedorov, L.A. et al, *J. Org. Chem. USSR (Engl. Transl.)*, 1975, **11**, 905 (*pmr*)

$C_7H_5BrClHgI$ Hg-00371
(Bromochloroiodomethyl)phenylmercury
[35349-96-3]

$$PhHgCClBrI$$

M 531.968
▷Exothermic dec.

(±)-form
:CClBr source at r.t. Bright-yellow cryst. (hexane/CH_2Cl_2 at −70°). Mp 78° dec. Stable for weeks at 0° as dry solid; stable towards O_2. Dec. rapidly and exothermically in presence of traces of oxygen-containing solvs., such as THF, Et_2O, Me_2CO, ROH.

Seyferth, D. et al, *J. Organomet. Chem.*, 1971, **33**, C1 (*synth, use*)
Seyferth, D. et al, *J. Org. Chem.*, 1975, **40**, 1620 (*synth, ir, use, pmr*)

$C_7H_5BrCl_2Hg$ Hg-00372
(Bromodichloromethyl)phenylmercury, 9CI
[3294-58-4]

$$PhHgCBrCl_2$$

M 440.517
Dichlorocarbene source. Mp 110-1° (108-9°) dec.

Seyferth, D. et al, *J. Org. Chem.*, 1965, **4**, 127 (*synth, ir*)
Seyferth, D. et al, *J. Organomet. Chem.*, 1969, **16**, 21 (*synth*)
Bryant, W.F. et al, *J. Organomet. Chem.*, 1970, **24**, 573 (*ms*)
Fedoryński, M. et al, *J. Organomet. Chem.*, 1973, **51**, 89 (*synth*)
Couch, E.V. et al, *J. Org. Chem.*, 1975, **40**, 1529 (*use*)
Fieser, M. et al, *Reagents for Organic Synthesis*, Wiley, 1967-83, **7**, 282.

$C_7H_5BrFeHgO_2$ Hg-00373
(Bromomercury)dicarbonyl(η^5-2,4-cyclopentadien-1-yl)iron, 9CI
(*Bromomercurio)dicarbonyl-π-cyclopentadienyliron*, 8CI. (*Cyclopentadienyldicarbonyliron)mercuric bromide*
[32628-85-6]

X = Br

M 457.456

Golden yellow. Mp 128-9° dec.

Mays, M.J. et al, *J. Chem. Soc. (A)*, 1968, 329 (*synth, ir, pmr*)
Hsieh, A.T.T. et al, *Int. J. Mass Spectrom. Ion Phys.*, 1971, **7**, 297 (*ms*)
Manning, A.R., *J. Chem. Soc. (A)*, 1971, 106 (*ir*)
Kumar, R. et al, *J. Organomet. Chem.*, 1981, **216**, C61 (*synth*)

$C_7H_5Br_2ClHg$ Hg-00374
(Dibromochloromethyl)phenylmercury
[3294-59-5]

$$PhHgCBr_2Cl$$

M 484.968
:CBrCl source. Needles ($CHCl_3$/hexane). V. sol. C_6H_6, $CHCl_3$, CCl_4, CH_2Cl_2, Et_2O, spar. sol. EtOH, pet. ether. Mp 110-2° dec. Thermally unstable, slow dec. at 25° as solid or in soln.; stored at −5°.

Seyferth, D. et al, *J. Organomet. Chem.*, 1965, **4**, 127 (*synth, ir*)
Seyferth, D. et al, *J. Organomet. Chem.*, 1969, **17**, 193 (*use*)
Maltsev, A.K. et al, *J. Phys. Chem.*, 1971, **75**, 3984 (*ir*)
Seyferth, D. et al, *J. Organomet. Chem.*, 1974, **67**, 341 (*use*)
Sens, M.A., *J. Magn. Reson.*, 1975, **19**, 323 (*nmr*)

$C_7H_5Br_2FHg$ Hg-00375
(Dibromofluoromethyl)phenylmercury
[35342-63-3]

$$PhHgCBr_2F$$

M 468.513
:CFBr source. Cryst. (C_6H_6/hexane). Mp 85-8° (rapid heating). Dec. slowly at 20°, rapidly at 94°. Stored at 0°. Traces of oxygen-containing solvs. (Me_2CO, THF, ROH etc.) lead to spontaneous, highly exothermic dec. of the solid.

▷Exothermic dec.

Seyferth, D. et al, *J. Organomet. Chem.*, 1971, **33**, C1 (*synth, use*)
Seyferth, D. et al, *J. Organomet. Chem.*, 1973, **51**, 77 (*synth, ir, use*)

$C_7H_5Br_2HgI$ Hg-00376
(Dibromoiodomethyl)phenylmercury, 9CI
[54724-58-2]

$$PhHgCBr_2I$$

M 576.419
Dibromocarbene transfer agent. Yellow cryst. (CH_2Cl_2/hexane). Mp 85° dec. Stable for weeks at 0° as dry solid. Dec. rapidly on contact with oxygen-containing solvs.

Seyferth, D. et al, *J. Org. Chem.*, 1975, **40**, 1620 (*synth, ir, pmr, use*)

$C_7H_5Br_3Hg$ Hg-00377
Phenyl(tribromomethyl)mercury, 9CI
[3294-60-8]

$$PhHgCBr_3$$

M 529.419
Dibromocarbene source. Cryst. (CH_2Cl_2/pentane). Mp 119-20° (117-9°) dec.

Seyferth, D. et al, *J. Organomet. Chem.*, 1965, **4**, 127 (*synth, ir*)

Seyferth, D. et al, *J. Organomet. Chem.*, 1969, **16**, 21 (synth)
Fedoryński, M. et al, *J. Organomet. Chem.*, 1973, **51**, 89 (synth)
Gillespie, S.J. et al, *J. Org. Chem.*, 1975, **40**, 1838 (use)
Fieser, M. et al, *Reagents for Organic Synthesis*, Wiley, 1967-83, **6**, 468 (use)

C$_7$H$_5$ClFeHgO$_2$ Hg-00378
Dicarbonyl(chloromercury)(η^5-2,4-cyclopentadien-1-yl)iron, 9CI

Dicarbonyl(chloromercurio)-π-cyclopentadienyliron, 8CI. *(Cyclopentadienyldicarbonyliron)mercuric chloride*

[12287-46-6]

As (Bromomercury)dicarbonyl(η^5-2,4-cyclopentadien-1-yl)iron, Hg-00373 with

X = Cl

M 413.005
Golden-yellow cryst. Mp 115° dec.

Mays, M.J. et al, *J. Chem. Soc. (A)*, 1968, 329 (synth, ir, pmr)
Hsieh, A.T.T., *Int. J. Mass Spectrom. Ion Phys.*, 1971, **7**, 297 (ms)
Cenini, S. et al, *Gazz. Chim. Ital.*, 1972, **102**, 141 (ir)
Dizikes, L.J. et al, *J. Am. Chem. Soc.*, 1977, **99**, 5295 (synth)
Kumar, R. et al, *J. Organomet. Chem.*, 1981, **216**, C61 (synth)

C$_7$H$_5$ClHgO$_2$ Hg-00379
(2-Carboxyphenyl)chloromercury, 8CI

2-Carboxyphenylmercury chloride. o-Chloromercuribenzoic acid

[23000-65-9]

M 357.158
Cryst. (H$_2$O). Mp 253°.

Me ester: Chloro[(2-methoxycarbonyl)phenyl]mercury.
    C$_8$H$_7$ClHgO$_2$ M 371.185
    Needles (EtOH aq.). Insol. pet. ether, sol. Me$_2$CO, Et$_2$O, C$_6$H$_6$, H$_2$O. Mp 184-5°.

Schoeller, W. et al, *Ber.*, 1920, **53**, 634 (synth)
Nesmeyanov, A.N. et al, *J. Gen. Chem. USSR (Engl. Transl.)*, 1931, **1**, 598, 1162; *CA*, **26**, 4028, 5295 (synth, derivs)
Dunker, M.F.W. et al, *J. Am. Chem. Soc.*, 1936, **58**, 2308 (synth)

C$_7$H$_5$ClHgO$_2$ Hg-00380
(3-Carboxyphenyl)chloromercury, 9CI

3-Carboxyphenylmercury chloride. m-Chloromercuribenzoic acid

[20883-38-9]
M 357.158
Mp 264°, 268-9°.

Me ester: Chloro[(3-methoxycarbonyl)phenyl]mercury, 9CI.
    C$_8$H$_7$ClHgO$_2$ M 371.185
    Cryst. (Me$_2$CO aq.). Mp 208°.

König, W. et al, *J. Prakt. Chem.*, 1930, **128**, 170 (synth)
Nesmeyanov, A.N. et al, *J. Gen. Chem. USSR (Engl. Transl.)*, 1931, **1**, 598, 1162; *CA*, **26**, 4028, 5295 (synth)
Torssell, K., *Acta Chem. Scand.*, 1959, **13**, 115 (synth)
Heck, R.F., *J. Am. Chem. Soc.*, 1968, **90**, 5518 (deriv, synth)

C$_7$H$_5$ClHgO$_2$ Hg-00381
(4-Carboxyphenyl)chloromercury, 9CI

4-Carboxyphenylmercury choride. p-Chloromercuribenzoic acid

[59-85-8]
M 357.158
Enzyme inhibitor. Mp 273°.
▷OV8050000.

Me ester: [20883-45-8]. *(4-Carbomethoxyphenyl)chloromercury. Chloro[(4-methoxycarbonyl)phenyl]-mercury.* Cryst. (EtOH or EtOAc). Mp 259°, 253.4-255.8°.

Nesmeyanov, A.N. et al, *J. Gen. Chem. USSR*, 1931, **598**, 1162; *CA*, **26**, 4028, 5295 (synth)
Sipos, J.C. et al, *J. Am. Chem. Soc.*, 1955, **77**, 2579.
Wilson, N.K. et al, *J. Magn. Reson.*, 1976, **21**, 437 (cmr)
Fedorov, L.A. et al, *J. Struct. Chem. (Engl. Transl.)*, 1978, **19**, 549 (pmr)

C$_7$H$_5$Cl$_2$FHg   Hg-00382
(Dichlorofluoromethyl)phenylmercury
[19326-35-3]

PhHgCCl$_2$F

M 379.611
:CFCl source. Cryst. (CHCl$_3$/hexane). Mp 98-100°.

Seyferth, D. et al, *J. Org. Chem.*, 1970, **35**, 1297 (synth, ir, use)
Seyferth, D. et al, *J. Organomet. Chem.*, 1973, **49**, 117 (synth, use, nmr, ir)
Jefford, C.W. et al, *J. Am. Chem. Soc.*, 1976, **98**, 2585 (use)

C$_7$H$_5$Cl$_2$HgI   Hg-00383
(Dichloroiodomethyl)phenylmercury
[33441-85-9]

PhHgCCl$_2$I

M 487.517
Dichlorocarbene transfer agent. Yellow cryst. (CH$_2$Cl$_2$/pentane). Mp 72° dec. Difficult to purify, owing to thermal instability. Stable for weeks at 0° as dry solid, dec. rapidly on contact with oxygen-containing solvs.

Seyferth, D. et al, *J. Org. Chem.*, 1975, **40**, 1620 (synth, ir, pmr, use)

C$_7$H$_5$Cl$_3$Hg   Hg-00384
Phenyl(trichloromethyl)mercury, 9CI
[3294-57-3]

PhHgCCl$_3$

M 396.066
Dichlorocarbene source. Cryst. (CHCl$_3$). Mp 116.5-118° (114-6°).

Org. Synth., Coll. Vol, **5**, 969 (synth)
Reuov, O.A. et al, *Dokl. Akad. Nauk SSSR, Ser. Sci. Khim.*, 1961, **139**, 622 (synth)
Seyferth, D. et al, *J. Organomet. Chem.*, 1965, **4**, 127 (synth, ir)
Bryant, W.F. et al, *J. Organomet. Chem.*, 1970, **24**, 573 (ms)
Mal'tsev, A.K. et al, *Bull. Acad. Sci. USSR (Engl. Transl.)*, 1971, **20**, 1093 (ir, ms)
Fedorynski, M. et al, *J. Organomet. Chem.*, 1973, **51**, 89 (synth)
Wulfsberg, G. et al, *J. Organomet. Chem.*, 1975, **86**, 303 (nqr)

$C_7H_5F_3Hg$ Hg-00385
Phenyl(trifluoromethyl)mercury
[24925-18-6]

$$PhHgCF_3$$

M 346.702
Herbicide, insecticide, :CF_2 source. Cryst. (hexane). Sol. C_6H_6, toluene. Mp 141-3°. Stable at 140° in cyclooctene soln.

Seyferth, D. et al, *J. Org. Chem.*, 1972, **37**, 4070 (*use*)
Seyferth, D. et al, *J. Organomet. Chem.*, 1972, **44**, 97; **46**, 201 (*synth, ir, pmr, nmr*)
Krunyants, I.L. et al, *Bull. Acad. Sci. USSR (Engl. Transl.)*, 1973, **22**, 912 (*synth, nmr*)
Moss, R.A. et al, *J. Am. Chem. Soc.*, 1975, **97**, 344 (*use*)
Goggin, P.L. et al, *J. Chem. Res. (S)*, 1979, 194 (*nmr*)

C_7H_5HgN Hg-00386
(Cyano-C)phenylmercury, 9CI
Phenylmercury cyanide. Germisan
[2179-81-9]

$$PhHgCN$$

M 303.713
Plates (C_6H_6), needles (EtOH), prisms (Me_2CO). Mp 209.5°. Dipole moment 3.92D (dioxan, 20°). Thermal dec. >300°.

Sipos, J.C. et al, *J. Am. Chem. Soc.*, 1955, **77**, 2795 (*synth*)
Söderbäck, E., *Acta Chem. Scand.*, 1959, **13**, 1221 (*synth*)
Aynsley, E.E. et al, *J. Chem. Soc.*, 1965, 2395 (*synth, ir*)
Inamoto, N. et al, *Bull. Chem. Soc. Jpn.*, 1970, **43**, 2574 (*thermolysis*)
Gill, G. et al, *Acta Crystallogr., Sect. B*, 1976, **32**, 2680 (*cryst struct*)
Goggin, P.L. et al, *J. Chem. Res. (S)*, 1978, 171 (*ir, raman*)
Goggin, P.L. et al, *J. Chem. Res. (S)*, 1979, 154 (*cmr, nmr*)
Peringer, P., *Inorg. Nucl. Chem. Lett.*, 1980, **16**, 205 (*nmr*)

C_7H_5HgNO Hg-00387
Phenylmercury cyanate
(*Fulminato*)*phenylmercury*, 8CI. *Cyanato(phenyl)mercury*
[13447-94-4]

$$PhHgCNO$$

M 319.713
Needles (Me_2CO aq. or C_6H_6). Sol. Me_2CO, alcohols, dioxan, v. spar. sol. C_6H_6. Mp 178° dec.

Beck, W. et al, *J. Organomet. Chem.*, 1965, **3**, 55 (*synth, ir*)
Kashutina, M.V. et al, *J. Organomet. Chem.*, 1967, **9**, 5 (*synth*)
Kashutina, M.V. et al, *Bull. Acad. Sci. USSR, Div. Chem. Sci.*, 1968, 2182 (*pmr, ir*)

C_7H_5HgNS Hg-00388
Phenyl(thiocyanato-S)mercury, 9CI
Phenylmercury thiocyanate
[16751-55-6]

$$PhHgSCN$$

M 335.773
Dimeric in solid state, monomeric in camphor soln.
Dimer: Diphenylbis(μ-thiocyanato)dimercury.
$C_{14}H_{10}Hg_2N_2S_2$ M 671.546
Plates (EtOH or C_6H_6). Insol. H_2O, sol. DMF, spar. sol. other org. solvs. Mp 232°. Dec. >270°.

Söderbäck, E., *Justus Liebigs Ann. Chem.*, 1919, **419**, 267 (*synth*)
Steinkopf, W., *Justus Liebigs Ann. Chem.*, 1921, **424**, 23.
Dehnicke, K., *J. Organomet. Chem.*, 1967, **9**, 11 (*synth, ir, raman, ms*)
Inamoto, N. et al, *Bull. Chem. Soc. Jpn.*, 1970, **43**, 2574.

$C_7H_5HgN_3O_6$ Hg-00389
Phenyl(trinitromethyl)mercury, 9CI
[15235-50-4]

$$PhHgC(NO_2)_3$$

M 427.723
Cryst. (CCl_4). Mp 146°.

Novikov, S.S. et al, *Izv. Akad. Nauk SSSR, Ser. Khim.*, 1960, 505 (*synth*)
Kashutina, M.V. et al, *J. Organomet. Chem.*, 1967, **9**, 5 (*synth, ir*)
Shevelev, S.A. et al, *J. Org. Chem. USSR (Engl. Transl.)*, 1974, **10**, 1807 (*synth*)

$C_7H_6Br_2Hg$ Hg-00390
(Dibromomethyl)phenylmercury
[1124-50-1]

$$PhHgCHBr_2$$

M 450.522
:$CHBr$ source. Cryst. ($CHCl_3$/hexane). Mp 69-70°. Fairly stable to light, air and moisture.

Reutov, O.A. et al, *Dokl. Chem. (Engl. Transl.)*, 1964, **154**, 39 (*synth*)
Seyferth, D. et al, *J. Organomet. Chem.*, 1964, **2**, 282 (*synth, pmr*)
Seyferth, D. et al, *J. Organomet. Chem.*, 1965, **3**, 337 (*use*)
Seyferth, D. et al, *J. Organomet. Chem.*, 1966, **6**, 306 (*synth, ir, pmr*)
Green, J.H.S., *Spectrochim. Acta, Part A*, 1968, **24**, 863 (*ir*)

$C_7H_6ClHgNO_2$ Hg-00391
Chloro[(4-nitrophenyl)methyl]mercury, 9CI
Chloro(p-nitrobenzyl)mercury, 8CI. *4-Nitrobenzylmercury chloride*
[21984-47-4]

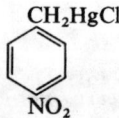

M 372.173
Cryst. (xylene/EtOH). Mp 152-5°.

Petrosyan, Y.S. et al, *Bull. Acad. Sci. USSR, Div. Chem. Sci.*, 1968, 1867 (*pmr*)
Michel, E. et al, *J. Organomet. Chem.*, 1981, **204**, 1 (*nmr, cmr*)

$C_7H_6Cl_2Hg$ Hg-00392
(Dichloromethyl)phenylmercury, 9CI
[10175-28-7]

$$PhHgCHCl_2$$

M 361.620
:CHCl transfer agent. Cryst. (EtOH). Spar. sol. alcohols, hydrocarbons, sol. other org. solvs. Mp 71-72.5°.

Reutov, O.A. et al, *Dokl. Chem. (Engl. Transl.)*, 1964, **154**, 39 (*synth*)
Seyferth, D. et al, *J. Organomet. Chem.*, 1964, **2**, 282 (*synth, pmr, use*)
Seyferth, D. et al, *J. Organomet. Chem.*, 1966, **6**, 306 (*synth, ir, pmr*)
Green, J.H.S., *Spectrochim. Acta, Part A*, 1968, **24**, 863 (*ir*)
Seyferth, D. et al, *J. Organomet. Chem.*, 1971, **29**, 359 (*use*)

C₇H₆Hg₂N₂O₄   Hg-00393
Bis(acetoxymercuri)dicyanomethane
Bis(acetato-O)[μ-(dicyanomethylene)]dimercury, 10CI. Bis(acetoxymercuri)malononitrile
[64451-35-0]

$$(AcOHg)_2C(CN)_2$$

M 583.315
Solid. Mod. sol. Me₂CO, poorly sol. other solvs.

Glidewell, C., *J. Organomet. Chem.*, 1977, **136**, 7 (*synth, ir*)

C₇H₇BrHg   Hg-00394
Benzylbromomercury, 8CI
Bromo(phenylmethyl)mercury, 9CI. Benzylmercury bromide
[4109-72-2]

$$PhCH_2HgBr$$

M 371.626
Plates (EtOH). Mp 119°.

Wolff, P., *Ber.*, 1913, **46**, 64 (*synth*)
Gaudemar, M. et al, *Bull. Soc. Chim. Fr.*, 1962, 974 (*synth*)
Green, J.H.S., *Spectrochim. Acta, Part A*, 1968, **24**, 868 (*ir, raman*)
Petrosyan, V.S. et al, *Bull. Acad Sci. USSR (Engl. Transl.)*, 1968, 1867 (*pmr*)
Nesmeyanov, A.N. et al, *Bull. Acad. Sci. USSR (Engl. Transl.)*, 1969, 1785 (*nqr*)

C₇H₇BrHg   Hg-00395
Bromo(2-methylphenyl)mercury, 9CI
Bromo-o-tolylmercury, 8CI. o-Tolylmercury bromide. 2-Bromomercuritoluene
[20854-07-3]

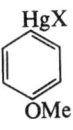

M 371.626
Solid (C₆H₆). Mp 168°.

Stern, A. et al, *J. Org. Chem.*, 1964, **29**, 3221 (*synth*)

C₇H₇BrHg   Hg-00396
Bromo(3-methylphenyl)mercury, 9CI
Bromo-m-tolylmercury. m-Tolylmercury bromide. 3-Bromomercuritoluene
[13351-52-5]
M 371.626
Solid. Sol. sulfolane. Mp 183-5°.

Itoh, O. et al, *Kogyo Kagaku Zasshi*, 1966, **69**, 913; *CA*, **65**, 19951 (*synth*)

C₇H₇BrHg   Hg-00397
Bromo(4-methylphenyl)mercury, 9CI
Bromo-p-tolylmercury, 8CI. 4-Methylphenylmercury bromide. p-Tolylmercury bromide. 4-Bromomercuritoluene
[13351-51-4]
M 371.626
Solid (C₆H₆). Mp 234° (245-8°).

Pope, W.J. et al, *J. Chem. Soc.*, 1912, **101**, 735 (*synth*)
Curran, B.C., *J. Am. Chem. Soc.*, 1942, **64**, 830 (*synth*)
Coates, G.E. et al, *J. Chem. Soc.*, 1964, 166 (*ir*)
Itoh, O. et al, *Kogyo Kagaku Zasshi*, 1966, **69**, 913; *CA*, **65**, 19951 (*synth*)
Petrosyan, V.S. et al, *Bull. Acad. Sci. USSR (Engl. Transl.)*, 1968, 1871 (*pmr*)

C₇H₇BrHgO   Hg-00398
Bromo(4-methoxyphenyl)mercury, 9CI
4-Methoxyphenylmercury bromide. p-Anisylmercury bromide. p-Bromomercurianisole
[13351-53-6]

X = Br

M 387.626
Cryst. (dioxan/EtOAc). Mp 258.5-259.5°.

Glushkova, V.P. et al, *Izv. Akad. Nauk SSSR, Ser. Khim.*, 1957, 1186 (*synth*)
Torssell, K., *Acta. Chem. Scand.*, 1959, **13**, 115 (*synth*)
Petrosyan, V.S. et al, *Bull. Acad. Sci. USSR (Engl. Transl.)*, 1968, 1871 (*pmr*)
Nesmeyanov, A.N. et al, *Bull. Acad. Sci. USSR (Engl. Transl.)*, 1969, 1785 (*nqr*)
Bryant, W.F. et al, *J. Organomet. Chem.*, 1970, **24**, 573 (*ms, synth*)

C₇H₇ClHg   Hg-00399
Benzylchloromercury, 8CI
Chloro(phenylmethyl)mercury, 9CI. Benzylmercury chloride
[2117-39-7]

$$PhCH_2HgCl$$

M 327.175
Plates (EtOH/xylene or EtOH). Mp 104.5°.

Wolff, P., *Ber.*, 1913, **46**, 64 (*synth*)
Gowenlock, B.G. et al, *J. Chem. Soc.*, 1955, 1454 (*uv*)
Gaudemar, M., *Bull. Soc. Chim. Fr.*, 1962, 974 (*synth*)
Green, J.H.S., *Spectrochim. Acta, Part A*, 1968, **24**, 863 (*ir, raman*)
Petrosyan, V.S. et al, *Bull. Acad. Sci. USSR (Engl. Transl.)*, 1968, 1867 (*pmr*)
Adcock, W. et al, *J. Organomet. Chem.*, 1975, **102**, 297 (*synth, cmr, pmr*)
Schmidt, H. et al, *J. Chem. Soc., Chem. Commun.*, 1975, 667 (*pe*)
Gerr, R.G. et al, *Kristollografiya*, 1979, **24**, 951 (*cryst struct*)
Kitching, W. et al, *J. Org. Chem.*, 1981, **46**, 2252 (*pmr, cmr, nmr*)
Michel, E. et al, *J. Organomet. Chem.*, 1981, **204**, 1 (*cmr, nmr*)

C₇H₇ClHg — Hg-00400
Chloro(2-methylphenyl)mercury, 9CI

Chloro-o-tolylmercury, 8CI. 2-Methylphenylmercury chloride. 2-Tolylmercury chloride. o-Tolylmercuric chloride

[2777-37-9]

```
   HgCl
    |
  [benzene ring]
    |
   CH₃
```

M 327.175
Solid (EtOH). Sol. THF. Mp 143°, 229.5-230.5°.

Baliah, V. et al, J. Indian Chem. Soc.,, 1963, **40**, 638 (uv)
Nesmeyanov, A.N. et al, J. Gen. Chem. USSR (Engl. Transl.), 1965, **35**, 682 (synth)
Bryant, W.F., J. Organomet. Chem., 1970, **24**, 573 (ms, synth)
Graddon, D.P. et al, J. Organomet. Chem., 1976, **107**, 1.

C₇H₇ClHg — Hg-00401
Chloro(3-methylphenyl)mercury, 9CI

Chloro-m-tolylmercury, 8CI. m-Tolylmercury chloride. 3-Chloromercuritoluene

[5955-19-1]
M 327.175
Solid (EtOH aq.). Mp 156-8°, 163°.

Wilde, W.K, J. Chem. Soc., 1949, 72 (synth)
Baliah, V. et al, J. Indian Chem. Soc., 1963, **40**, 638 (uv)
Banney, P.J. et al, Aust. J. Chem., 1971, **24**, 317 (synth, pmr)

C₇H₇ClHg — Hg-00402
Chloro(4-methylphenyl)mercury, 9CI

Chloro-p-tolylmercury, 8CI. p-Tolylmercury chloride. 4-Chloromercuritoluene

[539-43-5]
M 327.175
Seed dressing. Solid (xylene or C₆H₆). Sol. DMSO, Py. Mp 240°, 233°. ir ν_{HgCl} 325cm^{-1}.

Gowenlock, B.G. et al, J. Chem. Soc., 1955, 1454 (uv)
Org. Synth., Coll. Vol., **1**, 519 (synth)
Green, J.H.S., Spectrochim. Acta, Part A, 1968, **24**, 863 (ir)
Bryant, W.F. et al, J. Organomet. Chem., 1970, **24**, 573 (ms)
Fedorov, L.A. et al, J. Struct. Chem. (Engl. Transl.), 1978, **19**, 549 (pmr)
Furani, C. et al, J. Electron Spectrosc. Relat. Phenom., 1981, **22**, 309 (pe)
Michel, E. et al, J. Organomet. Chem., 1981, **204**, 1 (nmr, cmr)

C₇H₇ClHgO — Hg-00403
Chloro(2-methoxyphenyl)mercury, 9CI

2-Methoxyphenylmercury chloride. Chloro(2-anisyl)mercury. o-Anisylmercury chloride. 2-Chloromercurianisole

[10366-02-6]

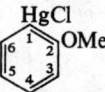

M 343.175
Bactericide, fungicide. Cryst. (C₆H₆ or CHCl₃/EtOH). Mp 180-1°.

Nesmeyanov, A.N. et al, Ber., 1929, **62**, 1010 (synth)
König, W. et al, J. Prakt. Chem., 1930, **128**, 153 (synth)
Sipos, J.C. et al, J. Am. Chem. Soc., 1955, **77**, 2759 (synth)

C₇H₇ClHgO — Hg-00404
Chloro(3-methoxyphenyl)mercury, 9CI

3-Methoxyphenylmercury chloride. Chloro(3-anisyl)mercury. m-Anisylmercury chloride. 3-Chloromercurianisole

[5961-61-5]
M 343.175
Cryst. (CCl₄/dioxan). Mp 163.9-164.4° (156-7°).

König, W. et al, J. Prakt. Chem., 1930, **128**, 153 (synth)
Sipos, J.C. et al, J. Am. Chem. Soc., 1955, **77**, 2759 (synth)
Banney, P.J. et al, Aust. J. Chem., 1971, **24**, 317 (pmr)
Michel, E. et al, J. Organomet. Chem., 1981, **204**, 1 (synth, pmr, cmr)

C₇H₇ClHgO — Hg-00405
Chloro(4-methoxyphenyl)mercury, 9CI

4-Methoxyphenylmercury chloride. p-Anisylmercury chloride. 4-Chloromercurianisole

[3009-79-8]
M 343.175
Cryst. (Me₂CO or EtOAc). Mp 250-251.5° (239°).

Oldekop, Yu.A. et al, Zh. Obshch. Khim., 1952, **22**, 478 (synth)
Torssell, K., Acta Chem. Scand., 1959, **13**, 115 (synth)
Baliah, V. et al, J. Indian Chem. Soc., 1963, **40**, 638 (uv)
Banney, P.J. et al, Aust. J. Chem., 1971, **24**, 317 (pmr, synth)
Michel, E. et al, J. Organomet. Chem., 1981, **204**, 1 (nmr, synth)

C₇H₇HgI — Hg-00406
Benzyliodomercury, 8CI

Iodo(phenylmethyl)mercury, 9CI. Benzylmercury iodide

[20632-18-2]

PhCH₂HgI

M 418.627
Yellow cryst. (EtOH or C₆H₆). Mp 117° (in dark), 111-3° dec. (in light). Store in dark.

Wolff, P., Ber., 1913, **46**, 64 (synth)
Maynard, J.L., J. Am. Chem. Soc., 1932, **54**, 2108 (synth)
Hey, D.H. et al, J. Chem. Soc., 1963, 1958 (synth, photolysis)
Petrosyan, V.S. et al, Bull. Acad. Sci. USSR (Engl. Transl.), 1968, 1867 (pmr)
Shorygin, P.P. et al, Zh. Fiz. Khim., 1968, **42**, 1057 (uv)
Mink, J. et al, J. Org. Chem., 1970, **23**, 193 (ir, raman)
Scheffold, R. et al, Angew. Chem., Int. Ed. Engl., 1972, **11**, 231 (synth, pmr)
Tanner, D.D. et al, J. Org. Chem., 1980, **45**, 5177 (polarog)

C₇H₇HgNO₂ — Hg-00407
(Acetato-O)-3-pyridinylmercury, 9CI

(Acetato)-3-pyridylmercury, 8CI. 3-Acetoxymercuripyridine

[102-99-8]

```
  [pyridine ring]—HgOAc
     N
```

M 337.728
Fungicide, germicide. Cryst. (C₆H₆). Sol. H₂O. Mp 178°.

Swaney, M.W. et al, Ind. Eng. Chem., 1940, **32**, 360 (synth)

Degrand, C. et al, *Bull. Soc. Chim. Fr.*, 1968, 2228, 2233 (*polarog*)

C$_7$H$_8$Hg Hg-00408
Methylphenylmercury, 9CI
[21392-61-0]

MeHgPh

M 292.730
Liq. Bp$_{0.3}$ 70-2°. Disproportionates on heating to Ph$_2$Hg and Me$_2$Hg.

Kharasch, M.S. et al, *J. Am. Chem. Soc.*, 1926, **48**, 3130 (*synth*)
Rausch, M.D. et al, *Inorg. Chem.*, 1964, **3**, 761 (*synth, pmr*)
Goggin, P.L. et al, *J. Chem. Res. (S)*, 1979, 194 (*nmr*)

C$_7$H$_8$HgO Hg-00409
Methoxy(phenyl)mercury
Phenylmercury methoxide
[4104-79-4]

PhHgOMe

M 308.730
Dimeric in C$_6$H$_6$ soln. Solid. Mp 144-5°.

Bloodworth, A.J., *J. Chem. Soc. (C)*, 1970, 2051 (*synth, ir, pmr*)
Canty, A.J. et al, *Spectrochim. Acta, Part A*, 1980, **36**, 495 (*ir, raman*)

C$_7$H$_8$HgO Hg-00410
Methylphenoxymercury, 9CI
Methylmercury phenoxide
[17019-31-7]

MeHgOPh

M 308.730
Monomeric in solid state and in CH$_2$Cl$_2$ soln. Cryst. (CH$_2$Cl$_2$/hexane). Mp 129°. Formation const. in H$_2$O = 10$^{6.5}$ at 25°.

Sytsma, L.F. et al, *J. Organomet. Chem.*, 1973, **54**, 15 (*synth, pmr*)
Canty, A.J. et al, *Spectrochim. Acta, Part A*, 1980, **36**, 495 (*ir, raman*)

C$_7$H$_8$HgS Hg-00411
(Benzenethiolato)methylmercury, 9CI
(Methylmercury)phenyl sulfide. Methylmercury phenylmercaptide
[17019-36-2]

MeHgSPh

M 324.790
Needles (CH$_2$Cl$_2$, EtOH aq. or by subl.). Mp 91-2°. log K$_{stab}$ = 15.1 (H$_2$O, 20°).

Scheffold, R., *Helv. Chim. Acta*, 1969, **52**, 56 (*synth, pmr, ir*)
Sytsma, L.F. et al, *J. Organomet. Chem.*, 1973, **54**, 15 (*pmr, synth*)
Bach, R.D. et al, *J. Am. Chem. Soc.*, 1976, **98**, 6241 (*synth, pmr, ms*)

C$_7$H$_8$HgS Hg-00412
(Methylthio)phenylmercury
(Methanethiolato)phenylmercury, 9CI. *Methylphenylmercuri sulfide*
[64730-50-3]

PhHgSMe

M 324.790
Bactericide. Cryst. (EtOH). Mp 83°.

Canty, A.J. et al, *Inorg. Chim. Acta*, 1977, **24**, 109 (*synth, ir, raman, pmr*)

C$_7$H$_9$ClHg Hg-00413
3-Chloromercuritricyclo[2.2.1.0^{2,6}]heptane
Chlorotricyclo[2.2.1.0^{2,6}]hept-3-ylmercury. Nortricyclylmercury chloride

M 329.191
exo-form
Needles (Me$_2$CO aq.). Mp 144-6°.

Matteson, D.S. et al, *J. Am. Chem. Soc.*, 1963, **85**, 1019 (*synth*)
Matteson, D.S. et al, *J. Am. Chem. Soc.*, 1964, **86**, 3778 (*synth, ir*)

C$_7$H$_{10}$Cl$_2$Hg$_2$ Hg-00414
[1,1-Bis(chloromercuri)methylene]cyclohexane
Chloro[(chloromercurio)cyclohexylidenemethyl]mercury, 10CI
[67091-33-2]

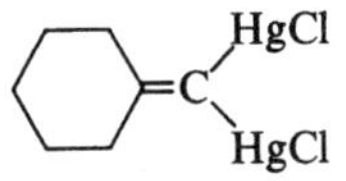

M 566.242
Solid. Mp 175-6°.

Mendoza, A. et al, *J. Organomet. Chem.*, 1978, **152**, 1 (*synth, pmr*)

C$_7$H$_{10}$HgO$_4$ Hg-00415
(Acetato-O)(1-acetyl-2-oxopropyl)mercury, 9CI
Acetoxy(2,4-pentanedion-3-yl)mercury. Acetylacetonylmercury acetate. 3-Acetoxymercuri-2,4-pentanedione
[39224-83-4]

(H$_3$CCO)$_2$CHHgOAc

M 358.744
Solid. Insol. most org. solvs. Dec. at 250°.

Allmann, R. et al, *Chem. Ber.*, 1972, **105**, 3067 (*synth, ir*)

C$_7$H$_{10}$Hg$_2$N$_5$$^{\oplus}$ Hg-00416
(μ-Adeninato-N^7,N^9)bis(methylmercury)(1+)
Dimethyl[μ-(1H-purin-6-aminato-N^6,N^7:N^9)]dimercury(1+)

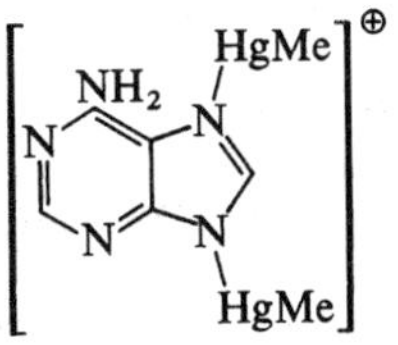

M 565.370 (ion)
Nitrate: [70811-58-4].

$C_7H_{10}Hg_2N_6O_3$ M 627.374
Dihydrate.
Perchlorate: [79716-26-0].
$C_7H_{10}ClHg_2N_5O_4$ M 664.820
Monohydrate.

Beauchamp, A.L., *J. Cryst. Mol. Struct.*, 1980, **10**, 149 (*cryst struct*)
Prizant, L. et al, *Can. J. Chem.*, 1981, **59**, 1311 (*synth*)
Prizant, L. et al, *Acta Crystallogr., Sect. B*, 1982, **38**, 88 (*cryst struct*)
Savoie, R. et al, *Spectrochim. Acta, Part A*, 1982, **38**, 561 (*ir, raman*)

$C_7H_{10}Hg_2O_5$ Hg-00417
1,3-Bis(acetoxymercuri)-2-propanone
Bis(acetato)[μ-(2-oxotrimethylene)]dimercury, 8CI. *1,3-Diacetoximercuri-2-oxopropane*
[18923-70-1]

$$AcOHgCH_2COCH_2HgOAc$$

M 575.333
Solid. Spar. sol. H_2O, insol. org. solvs. Mp 176.5-177.5°. ir ν_{CO} 1616 cm^{-1}.

Waters, W.L. et al, *J. Am. Chem. Soc.*, 1967, **89**, 6261 (*synth, pmr, ir*)

$C_7H_{11}BrCl_2Hg$ Hg-00418
(Bromodichloromethyl)cyclohexylmercury
[40347-46-4]

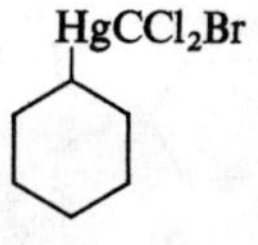

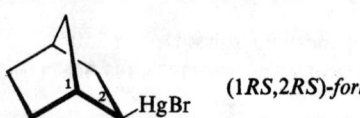

M 446.564
:CCl_2 source. Cryst. (hexane), readily oxidised. Mp 53-6°. Dec. in presence of some oxygen-containing solvs., difficult to store.

Seyferth, D. et al, *J. Organomet. Chem.*, 1976, **104**, 9 (*synth, ir, pmr, use*)

$C_7H_{11}BrHg$ Hg-00419
(Bicyclo[2.2.1]hept-2-yl)bromomercury, 9CI
Bromo-2-norbornylmercury, 8CI. *Bicyclo[2.2.1]heptyl-2-mercury bromide*. *2-Bromomercuribicyclo[2.2.1]heptane*

(1*RS*,2*RS*)-form

M 375.658
(*1RS,2RS*)-*form* [16888-30-5]
(±)-exo-*form*
Needles (MeOH). Mp 169-169.5°.
(*1RS,2SR*)-*form* [16888-31-6]
(±)-endo-*form*
Granular solid. Mp 120-1°.

Winstein, S. et al, *J. Am. Chem. Soc.*, 1962, **84**, 4993 (*synth*)
Whitesides, G.M. et al, *J. Am. Chem. Soc.*, 1970, **92**, 611 (*synth, ir*)
Wilson, N.K. et al, *J. Magn. Reson.*, 1976, **21**, 437 (*cmr*)

$C_7H_{11}BrHgN_2O_4$ Hg-00420
1-Bromomercuri-2-(dinitromethyl)cyclohexane
Bromo[2-(dinitromethyl)cyclohexyl]mercury, 9CI. *2-(Dinitromethyl)cyclohexylmercury bromide*

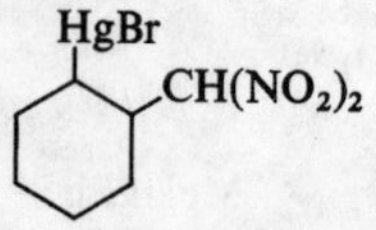

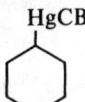

M 467.669
Cryst. (MeOH). Mp 123°. Probably *trans*-isomer.

Tartokovskii, V.A. et al, *Bull. Acad. Sci. USSR (Engl. Transl.)*, 1963, 1204 (*synth*)

$C_7H_{11}Br_2ClHg$ Hg-00421
Cyclohexyl(dibromochloromethyl)mercury
[40347-47-5]

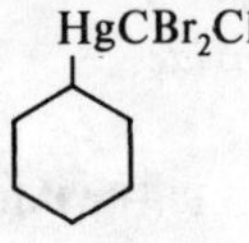

M 491.015
:CClBr source. Cryst. (hexane), unstable in air. Mp 60-3° dec. Dec. in presence of some oxygen-containing solvs. Difficult to store.

Seyferth, D. et al, *J. Organomet. Chem.*, 1976, **104**, 9 (*synth, ir, use*)

$C_7H_{11}Br_3Hg$ Hg-00422
Cyclohexyl(tribromomethyl)mercury
[40347-48-6]

M 535.466
:CBr_2 source. Light-yellow cryst. (hexane), unstable in air. Mp 53-6°. Dec. in presence of some oxygen-containing solvs. Difficult to store.

Seyferth, D. et al, *J. Organomet. Chem.*, 1976, **104**, 9 (*synth, ir, use*)

$C_7H_{11}ClHg$ Hg-00423
Chloro(1-cyclohexen-1-ylmethyl)mercury, 10CI
1-Cyclohexen-1-ylmethylmercury chloride. *1-(Chloromercurimethyl)cyclohexene*
[64120-44-1]

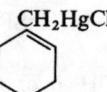

M 331.207

Nesmeyanov, A.N. et al, *J. Organomet. Chem.*, 1979, **172**, 133 (*cmr*)

C₇H₁₁ClHgO — Hg-00424

3-Chloromercuribicyclo[2.2.1]heptan-2-ol

Chloro(3-hydroxybicyclo[2.2.1]hept-2-yl)mercury, 9CI. *Chloro(3-hydroxy-2-norbornyl)mercury*, 8CI. *3-Chloromercuri-3-norbornanol. 3-Hydroxy-2-norbornylmercury chloride*

[21385-96-6]

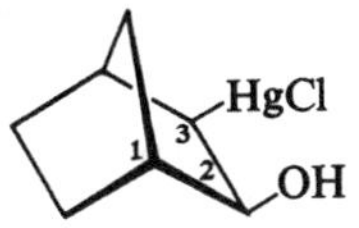

M 347.206

(*1RS,2SR,3RS*)-*form* [698-06-6]
(±)-exo,exo-*form*
Cryst. (EtOH aq. or EtOAc/heptane). Mp 131-131.5°. Dipole moment 4.91D (C₆H₆, 20°).

(*1RS,2SR,3SR*)-*form* [53153-34-7]
exo,endo-*form*
Cryst. (CHCl₃). Mp 119-20°. Dipole moment 3.53D (C₆H₆, 20°).

Abercrombie, M.J. *et al*, *Can. J. Chem.*, 1959, **37**, 1328 (synth)
Traylor, T.G. *et al*, *J. Am. Chem. Soc.*, 1963, **85**, 2746 (synth, ir)
Krehm, H. *et al*, *Rev. Roum. Chim.*, 1974, **19**, 839 (synth, ir)

C₇H₁₁Cl₃Hg — Hg-00425

Cyclohexyl(trichloromethyl)mercury

[21726-99-8]

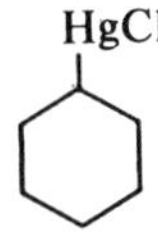

M 402.113

:CCl₂ source. Cryst. (hexane), unstable in air. V. sol. CHCl₃, cyclohexane. Mp 52-5°. Dec. in presence of some oxygen-containing solvs. Difficult to store.

Razuvaev, G.A. *et al*, *Bull. Acad. Sci. USSR (Engl. Transl.)*, 1968, 2652 (synth)
Seyferth, D. *et al*, *J. Organomet. Chem.*, 1976, **104**, 9 (synth, use)

C₇H₁₁F₃HgO₃ — Hg-00426

2-Methoxy-3-(trifluoroacetoxymercuri)butane

(2-Methoxy-1-methylpropyl)(trifluoroacetato-O)mercury, 9CI. *(2-Methoxy-1-methylpropyl)mercury trifluoroacetate. (2-Methoxy-3-butyl)mercury trifluoroacetate*

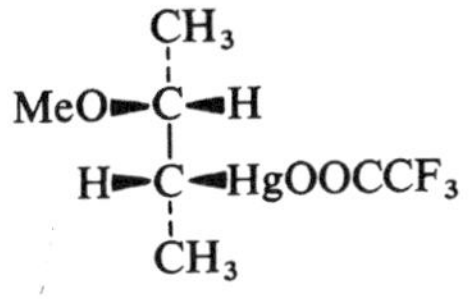

M 400.747

(*RS,RS*)-*form* [55631-97-5]
(±)-threo-*form*
Oil.

(*RS,SR*)-*form*
(±)-erythro-*form*
Oil.

Bloodworth, A.J. *et al*, *J. Chem. Soc., Perkin Trans. 1*, 1975, 195 (synth, nmr)

C₇H₁₂HgO₂Si — Hg-00427

(Acetato-O)[(trimethylsilyl)ethynyl]mercury, 9CI

(Trimethylsilyl)ethynylmercury acetate. Acetoxymercuri(trimethylsilyl)ethyne

[20483-77-6]

$$Me_3SiC{\equiv}CHgOAc$$

M 356.846
Solid. Dec. at 262°.

Shostakovskii, M.F. *et al*, *Bull. Acad. Sci. USSR (Engl. Transl.)*, 1968, 869 (synth)

C₇H₁₃BrHg — Hg-00428

Bromo(4-methylcyclohexyl)mercury

4-Methylcyclohexylmercury bromide. 1-Bromomercuri-4-methylcyclohexane

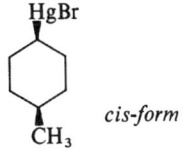

M 377.674

cis-form [21013-99-0]
Cryst. (hexane/C₆H₆). Mp 130.8-131.2°. Isomerizes in pyridine at 95° with benzoyl peroxide catalyst.

trans-form [21013-98-9]
Cryst. (C₆H₆). Mp 157.7-158.0°. Isomerizes in pyridine at 95° with benzoyl peroxide catalyst.

Jensen, F.R. *et al*, *J. Am. Chem. Soc.*, 1959, **81**, 6337; 1960, **82**, 145 (synth, conformn)
Ol'dekop, Yu.A. *et al*, *J. Gen. Chem. USSR (Engl. Transl.)*, 1971, **41**, 2067 (synth)
Kitching, W. *et al*, *J. Org. Chem.*, 1981, **46**, 563 (pmr, cmr)

C₇H₁₃BrHgO — Hg-00429

1-Bromomercuri-2-methoxycyclohexane

Bromo(2-methoxycyclohexyl)mercury. 2-Methoxycyclohexylmercury bromide

[60209-77-0]

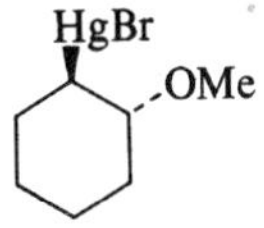

M 393.673

(*1RS,2RS*)-*form* [42085-73-4]
(±)-trans-*form*
Cryst. (MeOH). Sol. DMSO, DMF. Mp 114-114.5°.

(*1RS,2SR*)-*form* [42085-72-3]
(±)-cis-*form*
Cryst. (EtOH). Mp 115-116.1°.

Romeyn, J. *et al*, *J. Am. Chem. Soc.*, 1947, **69**, 697 (synth)
Hill, C.L. *et al*, *J. Am. Chem. Soc.*, 1974, **96**, 870 (synth, pmr)

C₇H₁₃ClHg — Hg-00430
Chloro(2-methylcyclohexyl)mercury, 9CI

2-Methylcyclohexylmercury chloride. 1-Chloromercuri-2-methylcyclohexane

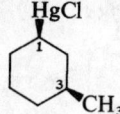

M 333.223
Needles (EtOH). Mp 66-7°.

Arai, T., *Bull. Chem. Soc. Jpn.*, 1959, **32**, 184.

C₇H₁₃ClHg — Hg-00431
Chloro(3-methylcyclohexyl)mercury, 9CI

(3-Methylcyclohexyl)mercury chloride. 1-Chloromercuri-3-methylcyclohexane

M 333.223

(*1RS,3SR*)-*form* [77172-51-1]
  (±)-*cis-form*
  Needles (EtOH). Mp 88-9°.

Arai, T., *Bull. Chem. Soc. Jpn.*, 1959, **32**, 184 (synth)
Kitching, W. et al, *J. Org. Chem.*, 1981, **46**, 2695 (synth, nmr)

C₇H₁₃ClHgO — Hg-00432
1-Chloromercuri-2-methoxycyclohexane

Chloro(2-methoxycyclohexyl)mercury, 9CI. 2-Methoxycyclohexylmercury chloride

[1123-76-8]

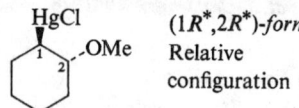

(1R*,2R*)-form
Relative configuration

M 349.222

(*1R*,2R**)-*form*
  (−)-*trans-form*
  Cryst. (pet. ether). Mp 63.5°. [α]_D −40.0° (c, 5 in EtOH).

(*1R*,2S**)-*form*
  (+)-*cis-form*
  Cryst. (pet. ether). Mp 66.2°. [α]_D +12.62° (c, 6 in EtOH).

(*1RS,2RS*)-*form* [5274-83-9]
  (±)-*trans-form*
  Cryst. (C₆H₆/hexane or EtOH aq.). Mp 115-6°. Can be dist. under reduced press. Partially isomerises to *cis*-form in boiling EtOH; isom. catalysed by peroxides.

(*1RS,2SR*)-*form* [42085-74-5]
  (±)-*cis-form*
  Cryst. (MeNO₂ or EtOH). Mp 114.1-114.5°. Distillable under reduced press.

Romeyn, J. et al, *J. Am. Chem. Soc.*, 1947, **69**, 697 (synth)
Rodgman, A. et al, *J. Org. Chem.*, 1953, **18**, 1617.
Bryant, W.F. et al, *J. Organomet. Chem.*, 1970, **24**, 573 (ms)
Waters, W.L. et al, *J. Org. Chem.*, 1973, **38**, 2306 (synth, pmr)
Kitching, W. et al, *J. Org. Chem.*, 1981, **46**, 563 (synth, cmr)

C₇H₁₄ClHgN — Hg-00433
1-Amino-2-chloromercuricycloheptane

(2-Aminocycloheptyl)chloromercury. 2-Aminocycloheptylmercury chloride. 2-Chloromercuricycloheptylamine

As 1-Amino-2-chloromercuricyclopentane, Hg-00241 with

$n = 3$

M 348.237

(*1RS,2RS*)-*form*
  (±)-*trans-form*
  N-*Ac*: [56943-32-9]. *2-[(Acetylamino)cycloheptyl]chloromercury, 9CI. (2-Acetamidocycloheptyl)mercury chloride. 1-Acetamido-2-chloromercuricycloheptane. (2-Acetamidocycloheptyl)chloromercury.*
  C₉H₁₆ClHgNO   M 390.275
  Cryst. (EtOH). Mp 172-5°, 185-6° dec. Dec. at Ca. 200° to *cis*-oxazoline.

Beger, J. et al, *J. Prakt. Chem.*, 1969, **311**, 737 (synth)
Kretchmer, R.A. et al, *J. Org. Chem.*, 1976, **41**, 192 (synth, pmr)

C₇H₁₄ClHgN — Hg-00434
Chloro[2-(1-piperidinyl)ethyl]mercury, 9CI

Chloro(2-piperidinoethyl)mercury, 8CI. 2-Piperidinoethylmercury chloride. 1-Chloromercury-2-(1-piperidino)ethane. N-(2-Chloromercuriethyl)piperidine

[24256-00-6]

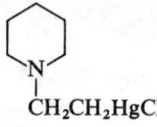

M 348.237
Cryst. (Et₂O). Mp 77.5-78.5°.

Périé, J.J. et al, *Tetrahedron Lett.*, 1969, 2289 (synth)
Wagenknecht, J., *J. Electrochem. Soc.*, 1972, **119**, 1494 (polarog)
Debrule, R.F. et al, *Synthesis*, 1974, 197 (synth, ir, pmr, ms)

C₇H₁₅BrHg — Hg-00435
Bromo(1,4-dimethylpentyl)mercury, 9CI

5-Bromomercuri-2-methylhexane. 1,4-Dimethylpentylmercury bromide

[925-62-2]

$$H_3CCH(HgBr)CH_2CH_2CH(CH_3)_2$$

M 379.690

(±)-*form*

Reutov, O.A. et al, *Izv. Akad. Nauk SSSR, Ser. Khim.*, 1959, 757 (synth)
Sokolov, V.I. et al, *Dokl. Akad. Nauk SSSR, Ser. Sci. Khim.*, 1963, **148**, 867.

C₇H₁₅BrHgO — Hg-00436
Bromo(3-methoxy-1,2-dimethylbutyl)mercury, 9CI

1,2-Dimethyl-3-methoxybutylmercury bromide. 2-Bromomercuri-4-methoxy-3-methylpentane

[52148-97-7]

$$H_3CCH(OMe)CH(CH_3)CH(CH_3)HgBr$$

M 395.689
Mp 67-82°. Two diastereomers present, separable by fractional recryst. from hexane.

Depuy, C.H. et al, *J. Am. Chem. Soc.*, 1974, **96**, 1121 (synth, nmr)

$C_7H_{15}ClHgO$ Hg-00437

Chloro(3-hydroxy-2,2,3-trimethylbutyl)mercury

4-Chloromercuri-2,3,3-trimethyl-2-butanol. 3-Hydroxy-2,2,3-trimethylbutylmercury chloride

$$ClHgCH_2C(CH_3)_2C(CH_3)_2OH$$

M 335.239
Mp 116.5-117°.

Levina, R.Ya. *et al*, *Zh. Obshch. Khim.*, 1953, **23**, 1054 (*synth*)

$C_7H_{15}Hg_2NO_2S$ Hg-00438

μ-Penicillaminatobis(methylmercury)

[μ-[3-Mercaptovalinato(2−)-N,O:S]]dimethyldimercury, 10CI

$$MeHgNHCH(COOH)C(CH_3)_2SHgMe$$

M 578.441

Struct. in solid state is as shown with one Hg N-bonded and one S-bonded.

(±)-*form* [63162-49-2]

Needles (EtOH aq.).

Canty, A.J. *et al*, *Aust. J. Chem.*, 1977, **30**, 669 (*synth, ir, raman*)
Wong, Y.S. *et al*, *J. Chem. Soc., Dalton Trans.*, 1977, 1801 (*synth, cryst struct, ir, raman, pmr, cmr*)

$C_7H_{18}GeHg$ Hg-00439

Butyl(trimethylgermyl)mercury

[57671-87-1]

$$H_3C(CH_2)_3HgGeMe_3$$

M 375.399
Light-sensitive oil.

Werner, F. *et al*, *J. Organomet. Chem.*, 1975, **97**, 389 (*synth, ms, pmr*)
Mitchell, T.N. *et al*, *J. Organomet. Chem.*, 1978, **150**, 171 (*cmr, nmr*)

$C_7H_{18}GeHg$ Hg-00440

Methyl(triethylgermyl)mercury, 9CI

[22752-45-0]

$$MeHgGeEt_3$$

M 375.399
Light-sensitive oil. d_4^{20} 1.881. Bp_1 75-6°.

Vyazankin, N.S. *et al*, *J. Organomet. Chem.*, 1969, **17**, 340 (*synth*)

$C_7H_{18}HgSi$ Hg-00441

Butyl(trimethylsilyl)mercury

[57671-86-0]

$$H_3C(CH_2)_3HgSiMe_3$$

M 330.895
Light-sensitive oil.

Werner, F. *et al*, *J. Organomet. Chem.*, 1975, **97**, 389 (*synth, ms, pmr*)
Mitchell, T.N. *et al*, *J. Organomet. Chem.*, 1978, **150**, 171 (*nmr, cmr*)

$C_7H_{18}HgSn$ Hg-00442

***tert*-Butyl(trimethylstannyl)mercury**

(1,1-Dimethylethyl)(trimethylstannyl)mercury, 9CI

[38650-39-4]

$$(H_3C)_3CHgSnMe_3$$

M 421.499
Yellow oil. Sol. toluene. Dec. in C_6H_6 soln. at 37°. V. sensitive to light and oxygen. Cannot be recryst. or dist.

Mitchell, T.N., *Tetrahedron Lett.*, 1972, 2281 (*synth, pmr*)
Mitchell, T.N., *J. Organomet. Chem.*, 1974, **71**, 27 (*synth, pmr*)

$C_7H_{19}ClHgSi_2$ Hg-00443

[Bis(trimethylsilyl)methyl]chloromercury, 9CI

[Bis(trimethylsilyl)methyl]mercury chloride

[13351-60-5]

$$(Me_3Si)_2CHHgCl$$

M 395.441
Cryst. (EtOH aq.). Mp 90-1°. Sublimes.

Kumada, M. *et al*, *J. Organomet. Chem.*, 1966, **6**, 451 (*synth*)
Glockling, F. *et al*, *J. Chem. Res. (S)*, 1977, 116 (*pmr, cmr, ir, raman*)
Al-Hashimi, S. *et al*, *J. Organomet. Chem.*, 1978, **153**, 253 (*synth, pmr*)

$C_7H_{21}HgNSi_2$ Hg-00444

Methylmercurybis(trimethylsilyl)amide

Methyl[1,1,1-trimethyl-N-(trimethylsilyl)silanaminato]mercury, 9CI. (1,1,1,3,3,3-Hexamethyldisilazanato)methylmercury, 8CI

[34250-32-3]

$$MeHgN(SiMe_3)_2$$

M 376.011
Monomeric in C_6H_6 soln. Bp_1 38-42°.

Lorberth, J. *et al*, *J. Organomet. Chem.*, 1971, **32**, 145; 1973, **54**, 23 (*synth, pmr*)
Barlos, K. *et al*, *J. Magn. Reson.*, 1978, **31**, 363 (*nmr*)

$C_7H_{21}HgN_4P$ Hg-00445

(N,N,N',N',N'',N''-Hexamethylphosphorimidic triamidato-N''')methylmercury, 9CI

(N-Methylmercury)tris(dimethylamino)phosphine imide

[53167-51-4]

$$MeHgN=P(NMe_2)_3$$

M 392.833
Monomeric in C_6H_6. Sol. org. solvs. Mp ca. 30-5°. $Bp_{0.01}$ 68-70°. Reacts with chlorinated solvs.; readily hydrolysed.

Lorberth, J., *J. Organomet. Chem.*, 1974, **71**, 159 (*synth, pmr, nmr, ms, ir, raman*)

$C_8Co_2HgO_8$ Hg-00446

Octacarbonyl(mercury)dicobalt, 9CI

[13964-88-0]

$$(OC)_4Co—Hg—Co(CO)_4$$

M 542.540
Catalyst for cyclotrimerisation of alkynes and perfluoroalkynes, intermed. in $Co_2(CO)_8$-catalysed synthesis of ketones from diarylmercury compds. Orange cryst. (Me_2CO). Mp 81-2°. ir ν_{CO} 2072, 2021, 2007 cm^{-1} (heptane).

Hubel, W. *et al*, *Chem. Ber.*, 1960, **93**, 103.

Lucken, E.A. et al, J. Chem. Soc. (A), 1967, 148 (nmr)
Sheldrick, G.M. et al, J. Chem. Soc., Chem. Commun., 1967, 1015 (cryst struct)
Manning, A.R., J. Chem. Soc. (A), 1968, 1018 (synth, ir)
Seyferth, D. et al, J. Am. Chem. Soc., 1969, **91**, 6192 (use)
Gastinger, R.C. et al, J. Org. Chem., 1978, **43**, 159.

$C_8F_{18}Hg$ Hg-00447
Bis[2,2,2-trifluoro-1,1-bis(trifluoromethyl)ethyl]mercury, 9CI
Bis(nonafluoro-tert-butyl)mercury. Perfluorodi-tert-butylmercury
[649-49-0]

$$(F_3C)_3CHgC(CF_3)_3$$

M 638.649
Cryst. by subl. Mp 65-6°.

Aldrich, P.E. et al, J. Org. Chem., 1963, **28**, 184 (synth, nmr)
Butin, K.P. et al, J. Organomet. Chem., 1970, **25**, 11 (polarog)
Dyatkin, B.L. et al, Tetrahedron, 1971, **27**, 2843 (synth, ms)
Martynov, B.I. et al, Bull. Acad. Sci., USSR (Engl. Transl.), 1974, **23**, 1564 (synth, nmr)
Fedorov, L.A. et al, J. Struct. Chem. (Engl. Transl.), 1975, **16**, 899 (nmr)

$C_8HF_7HgO_2$ Hg-00448
(2,3,5,6-Tetrafluorophenyl)(trifluoroacetato-O)mercury, 9CI
2,3,5,6-Tetrafluorophenylmercury trifluoroacetate
[34666-94-9]

M 462.674
Cryst. by subl. Mp 86-8°. Bp$_{0.05}$ 100° subl.

Albrecht, H.B. et al, Aust. J. Chem., 1972, **25**, 57 (synth, ir, nmr, pmr)

$C_8H_5BrF_4Hg$ Hg-00449
(1-Bromo-1,2,2,2-tetrafluoroethyl)phenylmercury
[42201-75-2]

$$PhHgCBrFCF_3$$

M 457.615
(±)-form
:CFCF$_3$ source at 155°. Prisms (hexane). Mp 121-2°.

Seyferth, D. et al, J. Organomet. Chem., 1975, **92**, 7 (synth, ir, pmr, nmr, use)

C_8H_5ClHg Hg-00450
Chloro(phenylethynyl)mercury, 9CI
Phenylethynylmercuric chloride. (Chloromercuri)-phenylacetylene
[14813-69-5]

$$PhC{\equiv}CHgCl$$

M 337.171
Fungicide. Cryst. (C$_6$H$_6$/dioxan or Et$_2$O/CHCl$_3$). Sol. CHCl$_3$. Mp 268-70°. ν (C≡C) 2200 cm^{-1}.

Dessy, R.E. et al, J. Am. Chem. Soc., 1962, **84**, 1173 (synth)
Coates, G.E. et al, J. Chem. Soc., 1964, 166 (ir)
Gavrilenko, V.V. et al, J. Gen. Chem. USSR (Engl. Transl.), 1964, **37**, 515 (synth)
Denisovich, L.I. et al, J. Organomet. Chem., 1973, **57**, 109 (polarog)

$C_8H_5ClHgS_2$ Hg-00451
2-Chloromercuri-1,4-benzodithiin
2-Chloromercuribenzo-1,4-dithiadiene

M 401.291
Pale-yellow needles (EtOH aq.). Mp 127-30°.

Parham, W.E. et al, J. Org. Chem., 1959, **24**, 262 (synth)

$C_8H_5HgO_6V$ Hg-00452
Hexacarbonyl(ethylmercury)vanadium, 9CI
[36571-13-8]

$$EtHgV(CO)_6$$

M 448.655
Orange platelets (pentane). Sol. CH$_2$Cl$_2$, mod. sol. aliphatic hydrocarbons. Mp 47-8° dec. Subl. at r.t. *in vacuo*, with part. dec.

Davison, A. et al, J. Organomet. Chem., 1972, **36**, 113 (synth, ir)

$C_8H_6Cl_2HgO_2$ Hg-00453
(Acetato-O)(3,5-dichlorophenyl)mercury
3,5-Dichlorophenylmercury acetate
[79175-41-0]

M 405.630
Cryst. (EtOH). Mp 168-9°.

Nesmeyanov, A.N. et al, Bull. Acad. Sci. USSR (Engl. Transl.), 1981, **30**, 548 (synth)

$C_8H_6F_3HgO_2$ Hg-00454
Phenylmercury trifluoroacetate
Phenyl(trifluoroacetato-O)mercury, 9CI. Trifluoroacetoxymercuribenzene
[332-11-6]

$$F_3CCOOHgPh$$

M 391.719
Cubes or needles (C$_6$H$_6$/pet. ether). Mp 115.5-116.5° and 127-8° (dimorph.). Two interconvertible crystal forms.

Abbate, F.W. et al, J. Appl. Polym. Sci., 1969, **13**, 1929 (synth)
Seyferth, D. et al, J. Organomet. Chem., 1972, **46**, 201 (synth)
Knunyants, I.L. et al, Bull. Acad. Sci. USSR (Engl. Transl.), 1973, **22**, 912 (synth)
De Vos, D. et al, Bull. Soc. Chim. Belg., 1980, **89**, 797 (ir)

C_8H_6Hg Hg-00455
Ethynylphenylmercury, 9CI
[64705-13-1]

$$PhHgC{\equiv}CH$$

M 302.725

Cryst. (MeOH). Mp 180-4° dec.
Cano Esquivel, M. et al, J. Inorg. Nucl. Chem., 1977, **39**, 1153 (synth, ir)
Sebald, A. et al, Spectrochim. Acta, Part A, 1982, **38**, 163 (synth, ir, pmr, cmr, nmr)

$C_8H_6HgO_2$ Hg-00456
Di-(2-furanyl)mercury, 9CI
Di-2-furylmercury, 8CI
[28752-79-6]

M 334.724
Prisms (Me$_2$CO aq.). Sol. dioxan. Mp 114°.
Gilman, H. et al, J. Am. Chem. Soc., 1933, **55**, 3302 (synth)
Leandri, G. et al, J. Chem. Soc., 1954, 3357 (uv)
Lunazzi, L. et al, J. Mol. Spectrosc., 1970, **35**, 190 (pmr)
Ebdon, A.P. et al, Tetrahedron Lett., 1971, 2921 (pmr)
Doddrell, D. et al, Aust. J. Chem., 1974, **27**, 417 (cmr)
Colonna, F.P. et al, J. Chem. Soc., Dalton Trans., 1979, 2037 (pe)
Sikirica, M. et al, Acta Crystallogr., Sect. B, 1982, **38**, 926 (cryst struct)

$C_8H_6HgO_2$ Hg-00457
Di-(3-furanyl)mercury, 9CI
Di-3-furylmercury, 8CI
[28752-80-9]
M 334.724
Lunazzi, L. et al, J. Mol. Spectrosc., 1970, **35**, 190 (pmr)
Colonna, F.P. et al, J. Chem. Soc., Dalton Trans., 1979, 2037 (pe)

$C_8H_6HgS_2$ Hg-00458
Di-(2-thienyl)mercury, 9CI
[5980-89-2]

M 366.845
Prismatic cryst. (C$_6$H$_6$). Mp 202°.
Steinkopf, W. et al, Justus Liebigs Ann. Chem., 1917, **413**, 310 (synth)
Leandri, G. et al, J. Chem. Soc., 1954, 3377 (uv)
Lunazzi, L. et al, J. Mol. Spectrosc., 1970, **35**, 190 (pmr)
Huckerby, T.N. et al, Tetrahedron Lett., 1971, 2921 (pmr)
Doddrell, D. et al, Aust. J. Chem., 1974, **27**, 417 (cmr)
Colonna, F.P. et al, J. Chem. Soc., Dalton Trans., 1979, 2037 (pe)
Grdenic, D. et al, Acta Crystallogr., Sect. B, 1979, **35**, 1889 (cryst struct)

$C_8H_6HgS_2$ Hg-00459
Di-3-thienylmercury, 9CI
[28752-81-0]
M 366.845
Cryst. (EtOH). Sol. DMSO. Mp 149-50°.
Lunazzi, L. et al, J. Mol. Spectrosc., 1970, **35**, 190 (synth, pmr)
Colonna, F.P. et al, J. Chem. Soc., Dalton Trans., 1979, 2037 (pe)

C_8H_7BrHg Hg-00460
Bromo(2-phenylethenyl)mercury, 9CI
Bromostyrylmercury, 8CI. *Styrylmercury bromide.*
β-Bromomercuristyrene. 1-Bromomercuri-2-phenylethylene

$$PhCH=CHHgBr$$

M 383.637
(**E**)-*form* [57917-65-4]
Cryst. (dry CHCl$_3$). Mp 208-9°. ir υ 980cm^{-1}.
(**Z**)-*form* [57917-66-5]
Cryst. (CCl$_4$). Mp 185-6° dec. ir υ 715cm^{-1}.
Wright, G.F., J. Org. Chem., 1936, **1**, 457.
Beletskaya, I.P. et al, Bull. Acad. Sci. USSR (Engl. Transl.), 1964, 1615 (synth)

$C_8H_7BrHgO_2$ Hg-00462
(Bromomercuri)phenylacetic acid
Bromo(α-carboxy-α-phenylmethyl)mercury

(R)-form

M 415.636
(**R**)-*form*
(−)-*Menthyl ester:* [70185-40-9]. *Menthyl(bromomercuri)phenylacetate.*
C$_{18}$H$_{25}$BrHgO$_2$ M 553.888
Cryst. (2-propanol). Mp 157.5-158.5°. [α]$_D^{20}$ −132° (c, 1.35 in C$_6$H$_6$).
(**S**)-*form*
(−)-*Menthyl ester:* [70185-41-0]. Cryst. (C$_6$H$_6$/hexane). Mp 118-22°. [α]$_D^{20}$ −18° (C$_6$H$_6$) (94% opt. pure).
Reutov, O.A. et al, Bull. Acad. Sci. USSR (Engl. Transl.), 1979, **28**, 436
Sokolov, V.I. et al, J. Organomet. Chem., 1980, **201**, 29.

C_8H_7ClHg Hg-00463
Chloro(2-phenylethenyl)mercury, 9CI
Chlorostyrylmercury, 8CI. *Styrylmercury chloride.*
β-Chloromercuristyrene. 1-Chloromercuri-2-phenylethylene

$$PhCH=CHHgCl$$

M 339.186
(**E**)-*form* [36525-03-8]
Mp 216-7°.
(**Z**)-*form* [60592-55-4]
Mp 106.5-107°.
Larock, R.C. et al, J. Organomet. Chem., 1972, **36**, 1 (synth, pmr)
Shinozaki, H. et al, Bull. Chem. Soc. Jpn., 1976, **49**, 2280 (synth, pmr, ir)
Baidin, V.N. et al, Bull. Acad. Sci. USSR (Engl. Transl.), 1981, **30**, 2362 (pe)

C_8H_7ClHgO — Hg-00464

(Chloromercuri)phenylacetaldehyde

Chloro(2-oxo-1-phenylethyl)mercury. 2-Oxo-1-phenylethylmercury chloride

ClHgCHPhCHO

M 355.186

(±)-*form*

Cryst. (Me$_2$CO aq.). Mp 121-3°.

Nesmeyanov, A.N. *et al*, *Izv. Akad. Nauk SSSR, Ser. Khim.*, 1960, 217.

$C_8H_7ClHgO_2$ — Hg-00465

(Benzoyloxymethyl)chloromercury

(Benzoatomethyl)chloromercury. (Chloromercuri)methyl benzoate

PhCOOCH$_2$HgCl

M 371.185

Needles (MeOH). Sol. EtOH, dioxan, Py, prac. insol. H$_2$O, pet. ether. Mp 68°.

Pfeiffer, P. *et al*, *Chem. Ber.*, 1947, **80**, 1 (synth)

C_8H_8FHgNO — Hg-00466

(Acetamidato-N)4-fluorophenylmercury, 9CI

N-(4-Fluorophenylmercuri)acetamide

[36453-74-4]

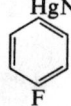

M 353.746

Solid. Mp 162-3°.

Kravtsov, D.N. *et al*, *J. Organomet. Chem.*, 1972, **36**, 227 (synth, nmr)

$C_8H_8HgO_2$ — Hg-00467

(Acetato-O)phenylmercury

Phenylmercury acetate. Acetoxyphenylmercury. Maysan. Ceresol. Acetoxymercuribenzene

[62-38-4]

PhHgOAc

M 336.740

Bactericide, fungicide, algicide etc. Needles (H$_2$O). Mp 146-7°.

▷Highly toxic orally. OV6475000.

Bruker, A.B. *et al*, *Zh. Obshch. Khim.*, 1958, **28**, 2725.
Hutzinger, O. *et al*, *Int. J. Environ. Anal. Chem.*, 1971, **1**, 85 (ms)
Kamenar, B. *et al*, *Inorg. Chim. Acta*, 1972, **6**, 191 (cryst struct)
Sens, M.A. *et al*, *J. Magn. Reson.*, 1975, **19**, 323 (nmr)
Brown, A.J. *et al*, *J. Chem. Soc., Dalton Trans.*, 1976, 1589 (cmr)
Schwartzman, G., *J. Pharm. Sci.*, 1978, **67**, 539 (uv, ir)
Goggin, P.L. *et al*, *J. Chem. Res. (S)*, 1978, 171 (ir, raman)
Fedorov, L.A. *et al*, *J. Struct. Chem.*, 1978, **19**, 549 (pmr)
Michel, E. *et al*, *J. Organomet. Chem.*, 1981, **204**, 1 (cmr, nmr)
Pesticide Manual, 6th Ed., 416.
Sax, N.I., *Dangerous Properties of Industrial Materials*, 5th Ed., Van Nostrand-Reinhold, 1979, 904.
Hazards in the Chemical Laboratory, (Bretherick, L., Ed.), 3rd Ed., Royal Society of Chemistry, London, 1981, 382.

$C_8H_8HgO_2$ — Hg-00468

(Benzoato-O)methylmercury, 9CI

Methylmercury benzoate. (Benzoyloxy)methylmercury. Aabiton

[3626-13-9]

PhCOOHgMe

M 336.740

Fungicide, seed dressing. Platelets (CH$_2$Cl$_2$/hexane or by subl.). Mp 109-10°.

Green, J.H.S., *Spectrochim. Acta., Part A*, 1968, **24**, 863 (ir)
Scheffold, R., *Helv. Chim. Acta*, 1969, **52**, 56 (synth, ir, pmr)
Kalinin, V.N. *et al*, *Bull. Acad. Sci. USSR (Engl. Transl.)*, 1970, 2268 (synth, pmr)
Lampe, P.A. *et al*, *Inorg. Chim. Acta.*, 1979, **36**, 27 (pmr)

$C_8H_8HgO_2$ — Hg-00469

(Methoxycarbonyl)phenylmercury

[19638-01-8]

PhHgCOOMe

M 336.740

Cryst. (pet. ether). Mp 74-6°.

Paulik, F.E. *et al*, *Chem. Ind. (London)*, 1962, 1650
Barlow, L.R. *et al*, *J. Chem. Soc. (A)*, 1968, 1609 (synth, ir, pmr)

$C_8H_8HgS_2$ — Hg-00470

[Ethane(dithioato)-S]phenylmercury, 10CI

Phenylmercury dithioacetate

[79292-94-7]

H$_3$CC(S)SHgPh

M 368.861

Cryst. (CH$_2$Cl$_2$). Mp 140-2° dec. ir $\nu_{C=S}$ 865 cm^{-1}.

Kato, S. *et al*, *Z. Naturforsch., B*, 1981, **36**, 783 (synth, ir, uv, pmr)

C_8H_9BrHg — Hg-00471

Bromo(1-phenylethyl)mercury, 9CI

Bromo(α-methylbenzyl)mercury, 8CI. 1-Phenylethylmercury bromide. 1-Bromomercuri-1-phenylethane

H$_3$CCHPhHgBr

M 385.653

(+)-*form* [17226-38-9]

Mp 90-2° dec. [α]$_D$ +5.8° (c, 4 in THF).

(±)-*form* [17226-37-8]

Solid. Mp 92-3° dec.

Uglova, E.V. *et al*, *J. Org. Chem. USSR (Engl. Transl.)*, 1967, **3**, 802 (synth)

C₈H₉ClHg — **Hg-00472**

Chloro(2,4-dimethylphenyl)mercury, 9CI

2,4-Dimethylphenylmercury chloride. Chloro-2,4-xylylmercury, 8CI. *1-Chloromercuri-2,4-dimethylbenzene. 4-Chloromercuri-m-xylene*

[5955-14-6]

M 341.202
Mp 155-6°.

Banney, P.J. et al, *Aust. J. Chem.*, 1971, **24**, 317 (synth, pmr)

C₈H₉ClHg — **Hg-00473**

Chloro(2,5-dimethylphenyl)mercury, 9CI

Chloro-2,5-xylylmercury, 8CI. *2,5-Dimethylphenylmercury chloride. 2-Chloromercuri-1,4-dimethylbenzene. 2-Chloromercuri-p-xylene*

[31295-68-8]
M 341.202
Cryst. (EtOH). Mp 186.2-186.5°.

McClure, R.E. et al, *J. Am. Chem. Soc.*, 1931, **53**, 319 (synth)
Petrovich, P.I., *Zh. Obshch. Khim.*, 1959, **29**, 2387 (synth)
Borisevich, N.A. et al, *Dokl. Akad. Nauk Belorussk. SSR*, 1960, **4**, 520; *CA*, **57**, 10674 (ir)
Banney, P.J. et al, *Aust. J. Chem.*, 1971, **24**, 317 (synth, pmr)

C₈H₉ClHg — **Hg-00474**

Chloro(2,6-dimethylphenyl)mercury, 9CI

2,6-Dimethylphenylmercury chloride. Chloro-2,6-xylylmercury, 8CI. *2-Chloromercuri-1,3-dimethylbenzene. 2-Chloromercuri-m-xylene*

[31295-69-9]
M 341.202
Mp 156-7°.

Baliah, V. et al, *J. Indian Chem. Soc.*, 1963, **40**, 638 (uv)
Banney, P.J. et al, *Aust. J. Chem.*, 1971, **24**, 317 (synth, pmr)

C₈H₉ClHg — **Hg-00475**

Chloro(3,4-dimethylphenyl)mercury, 9CI

3,4-Dimethylphenylmercury chloride. Chloro-3,4-xylylmercury. 4-Chloromercuri-1,2-dimethylbenzene. 4-Chloromercuri-o-xylene

[40138-90-7]
M 341.202
Mp 210-2°.

Banney, P.J. et al, *Aust. J. Chem.*, 1971, **24**, 317 (synth, pmr)

C₈H₉ClHg — **Hg-00476**

Chloro[(2-methylphenyl)methyl]mercury, 9CI

Chloro(o-methylbenzyl)mercury, 8CI. *o-Methylbenzylmercury chloride*

[4109-87-9]

M 341.202
Cryst. Mp 92°.

Pentin, Yu.A. et al, *Bull. Acad. Sci. USSR, Div. Chem. Sci.*, 1965, 1147 (ir)
Mink, J. et al, *J. Organomet. Chem.*, 1970, **23**, 293 (ir)
Strelenko, Yu.A. et al, *J. Organomet. Chem.*, 1978, **159**, 131 (nmr, pmr, cmr)
Kitching, W. et al, *J. Org. Chem.*, 1981, **46**, 2252 (cmr, nmr, pmr, synth)

C₈H₉ClHg — **Hg-00477**

Chloro[(3-methylphenyl)methyl]mercury, 9CI

Chloro(m-methylbenzyl)mercury, 8CI. *m-Methylbenzylmercury chloride*

[19224-35-2]
M 341.202
Cryst. Mp 109.5° (112°).

Mink, J. et al, *J. Organomet. Chem.*, 1970, **23**, 293 (ir)
Strelenko, Yu.A. et al, *J. Organomet. Chem.*, 1978, **159**, 131 (nmr, pmr, cmr)
Kitching, W. et al, *J. Org. Chem.*, 1981, **46**, 2252 (nmr, pmr, synth)
Michel, E. et al, *J. Organomet. Chem.*, 1981, **204**, 1 (synth, cmr, nmr)

C₈H₉ClHg — **Hg-00478**

Chloro[(4-methylphenyl)methyl]mercury, 9CI

Chloro(p-methylbenzyl)mercury, 8CI. *p-Methylbenzylmercury chloride*

[4158-22-9]
M 341.202
Cryst. Mp 143°.

Pentin, Yu.A. et al, *Bull. Acad. Sci. USSR, Div. Chem. Sci.*, 1965, 1147 (ir)
Mink, J. et al, *J. Organomet. Chem.*, 1970, **23**, 293 (ir)
Strelenko, Yu.A. et al, *J. Organomet. Chem.*, 1978, **159**, 131 (nmr, pmr, cmr)
Kitching, W. et al, *J. Org. Chem.*, 1981, **46**, 2252 (cmr, nmr, pmr, synth)
Michel, E. et al, *J. Organomet. Chem.*, 1981, **204**, 1 (cmr, synth, nmr)

C₈H₉ClHg — **Hg-00479**

Chloro(2-phenylethyl)mercury, 9CI

Chlorophenethylmercury, 8CI. *2-Phenylethylmercury chloride. Phenethylmercury chloride. 1-Chloromercuri-2-phenylethane*

[27151-79-7]

PhCH₂CH₂HgCl

M 341.202
Leaflets (EtOH aq.). Mp 165.5-166°.

Criegee, R. et al, *Chem. Ber.*, 1955, **90**, 1337 (synth)
Larock, R.C. et al, *J. Am. Chem. Soc.*, 1970, **92**, 2467 (synth)
Seyferth, D. et al, *J. Organomet. Chem.*, 1976, **104**, 9 (synth)

C₈H₉ClHgO₂ — **Hg-00480**

Chloro(2,5-dimethoxyphenyl)mercury, 9CI

2,5-Dimethoxyphenylmercury chloride

M 373.201
Cryst. (EtOH). Mp 176-80°.

Wirth, T.H. et al, *J. Am. Chem. Soc.*, 1964, **86**, 4322.

$C_8H_9ClHgO_2$ — Hg-00481

5-Chloromercuri-6-hydroxybicyclo[2.2.1]heptane-2-carboxylic acid lactone

Chloro(hexahydro-2-oxo-3,5-methano-2H-cyclopenta[b]furan-6-yl)mercury, 8CI

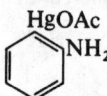

exo-form

M 373.201

exo-form [26097-17-6]
Cryst. (Me$_2$CO aq.). Mp 225-6°.

endo-form
Mp 187.5-188°.

Henbest, H.B. et al, *J. Chem. Soc.*, 1959, 227 (synth)
Malaiyandi, M. et al, *Can. J. Chem.*, 1963, **41**, 1493 (synth)
Jensen, F.A. et al, *Tetrahedron Lett.*, 1966, 4861 (synth, pmr)
Factor, A. et al, *J. Org. Chem.*, 1968, **33**, 2607 (synth, pmr, ir)
Ford, D.N. et al, *Aust. J. Chem.*, 1969, **22**, 1157 (pmr, synth, ir)
Barron, P.F. et al, *J. Organomet. Chem.*, 1977, **132**, 351 (cmr)

C_8H_9HgI — Hg-00482

Benzyl(iodomethyl)mercury

(Iodomethyl)(phenylmethyl)mercury, 9CI

[36254-74-7]

$$PhCH_2HgCH_2I$$

M 432.654

Carbene transfer agent. Oil. Stable in refluxing C$_6$H$_6$.

Scheffold, R. et al, *Angew. Chem., Int. Ed. Engl.*, 1972, **11**, 231 (synth, use, ir, pmr)

C_8H_9HgNO — Hg-00483

(Acetamidato-N)phenylmercury

N-Phenylmercuriacetamide

$$PhHgNHAc$$

M 335.755
Cryst. Mp 167-8°.

Razuvaev, G.A. et al, *Zh. Obshch. Khim.*, 1952, **22**, 640; *CA*, **47**, 2689 (synth)
Smalt, M.A. et al, *J. Biol. Chem.*, 1957, **224**, 999 (synth)

$C_8H_9HgNO_2$ — Hg-00484

Acetato(2-aminophenyl)mercury

(2-Aminophenyl)mercury acetate. 2-(Acetoxymercuri)-aniline

M 351.755
Plates (EtOH aq.). Sol. dil. min. acids. Mp 158-60°.
▷Highly toxic

Dimroth, G., *Ber.*, 1902, **35**, 2853 (synth)
Sax, N.I., *Dangerous Properties of Industrial Materials*, 5th Ed., Van Nostrand-Reinhold, 1979, 362.

$C_8H_9HgNO_2$ — Hg-00485

Acetato(4-aminophenyl)mercury

(4-Aminophenyl)mercury acetate. 4-(Acetoxymercuri)-aniline

[6283-24-5]
M 351.755
Prisms (CHCl$_3$). Spar. sol. EtOH, CHCl$_3$, insol. Et$_2$O, H$_2$O. Mp 166-7°.
▷OV5550000.

Dimroth, G., *Ber.*, 1902, **35**, 2035 (synth)
Baliah, V. et al, *J. Indian Chem. Soc.*, 1963, **40**, 638 (uv)
Jirakova, H. et al, *CA*, 1973, **79**, 5432 (synth)

$C_8H_{10}BrHgN$ — Hg-00486

Bromo[2-(phenylamino)ethyl]mercury, 9CI

2-(Phenylamino)ethylmercury bromide. 1-Anilino-2-bromomercuriethane. 1-Bromomercuri-2-(phenylamino)-ethane

[52969-23-0]

$$PhNHCH_2CH_2HgBr$$

M 400.668
Mp 116-7°.

Gomez Aranda, V. et al, *Synthesis*, 1974, 135 (synth)

$C_8H_{10}Cl_2F_2HgO_4$ — Hg-00487

Bis(1-chloro-2-ethoxy-1-fluoro-2-oxoethyl)mercury, 9CI

Bis(carboxychlorofluoromethyl)mercury diethyl ester, 8CI

[29872-90-0]

$$EtOOCCFClHgCFClCOOEt$$

M 479.657
Cryst. (CCl$_4$). Mp 90-1°.

Butin, K.P. et al, *J. Organomet. Chem.*, 1970, **25**, 11 (polarog)
Polishchuk, V.R. et al, *Bull. Acad. Sci. USSR (Engl. Transl.)*, 1971, **20**, 1908 (synth, nmr, ir)
Seyferth, D. et al, *J. Fluorine Chem.*, 1972-73, **2**, 214.

$C_8H_{10}Hg$ — Hg-00488

Bis(bicyclo[1.1.0]but-1-yl)mercury

[71478-49-4]

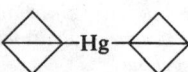

M 306.757
Oil. Bp$_5$ 100°. V. slow dec. at r.t. Rapid dec. at 100° to Hg.

Zerger, R.P. et al, *Synth. React. Inorg. Met.-Org. Chem.*, 1979, **9**, 335 (synth, pmr)

$C_8H_{10}Hg$ — Hg-00489

Di-1-butynylmercury, 10CI

[63776-22-7]

$$(H_3CCH_2C\equiv C)_2Hg$$

M 306.757
Flakes (EtOH). Mp 162-3°.

Johnson, J.R. et al, *J. Am. Chem. Soc.*, 1926, **48**, 469 (synth)

$C_8H_{10}Hg$ — Hg-00490

Ethyl(phenyl)mercury

[1073-63-8]

PhHgEt

M 306.757
Bp$_5$ 105-9°.

Dessy, R.E. et al, J. Am. Chem. Soc., 1961, 83, 1163 (synth, ir, uv)
Nesmeyanov, N.A. et al, Tetrahedron, 1964, 20, 2803 (synth)

C$_8$H$_{10}$HgN$_4$O$_4$ Hg-00491
Bis(1-diazo-2-ethoxy-2-oxoethyl)mercury, 9Cl
Bis(carboxydiazomethyl)mercury diethyl ester, 8Cl. *Bis-[diazo(ethoxycarbonyl)methyl]mercury*
[20363-85-3]

EtOOCC(N$_2$)—Hg—C(N$_2$)COOEt

M 426.781
Source of :CCOOEt. Sulfur-yellow cryst. (Et$_2$O). Mp 103-4°. Stored in dark with exclusion of air and moisture. Dec. at 160° in cyclohexene soln.

▷Prepn. subject to violent exothermic dec. if not carefully controlled

Dominh, T. et al, Tetrahedron Lett., 1968, 5237 (uv, ir, pmr)
Lorberth, J., J. Organomet. Chem., 1971, 27, 303 (synth, ms, pmr, ir)
Strausz, O.P. et al, J. Am. Chem. Soc., 1974, 96, 5723 (synth, ms, ir, pmr, use)
Grüning, R. et al, J. Organomet. Chem., 1977, 128, 167 (cmr)
Smith, R.A. et al, Can. J. Chem., 1977, 55, 3527 (cryst struct)
Fadini, A. et al, J. Organomet. Chem., 1978, 149, 297 (pe)
Patrick, T.B. et al, J. Org. Chem., 1978, 43, 1506.

C$_8$H$_{11}$ClHg   Hg-00492
5-Chloromercuribicyclo[2.2.2]oct-2-ene
Bicyclo[2.2.2]oct-5-en-2-ylchloromercury, 8Cl. *Bicyclo[2.2.2]oct-5-en-2-ylmercury chloride*
[2932-91-4]

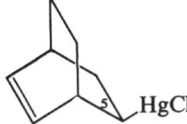

M 343.218

(1RS,5RS)-form
(±)-exo-form
Needles (Me$_2$CO). Mp 149-50° dec.

Matteson, D.S. et al, J. Am. Chem. Soc., 1967, 89, 1123 (synth, pmr, ir)

C$_8$H$_{11}$ClHg   Hg-00493
6-Chloromercuritricyclo[3.2.1.0^{2,7}]octane
Chlorotricyclo[3.2.1.0^{2,7}]oct-6-ylmercury, 8Cl. *Tricyclo[3.2.1.0^{2,7}]oct-6-ylmercury chloride. Tricyclo[2.2.2.0^{2,6}]oct-3-ylmercury chloride*

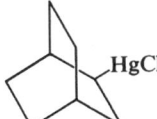

M 343.218
exo-form [2932-94-7]
Cryst. (MeCN aq. or Me$_2$CO aq.). Mp 89-90° dec.

Matteson, D.S. et al, J. Am. Chem. Soc., 1967, 89, 1123 (synth, pmr, ir)

C$_8$H$_{11}$ClHgO   Hg-00494
4-Chloromercuri-6-oxatricyclo[3.2.1.1^{3,8}]nonane
Chloro(hexahydro-3,5-methano-2H-cyclopenta[b]furan-6-yl)mercury, 8Cl

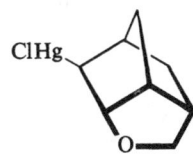

M 359.217
exo-form [34805-93-1]
Cryst. (C$_6$H$_6$/pet. ether). Mp 205°, 228-9°.

Henbest, H.B. et al, J. Chem. Soc., 1959, 227 (synth)
Factor, A. et al, J. Org. Chem., 1968, 33, 2607 (synth, pmr)
Hall, H.K. et al, J. Org. Chem., 1972, 37, 3069 (synth, pmr, ir)

C$_8$H$_{12}$Br$_2$Hg   Hg-00495
Bis(1-bromo-2-methyl-1-propenyl)mercury, 9Cl

(H$_3$C)$_2$C=CBrHgCBr=C(CH$_3$)$_2$

M 468.581
Source of isopropylidenecarbene. Needles (hexane/CH$_2$Cl$_2$). Mp 155.5-156°.

Seyferth, D. et al, J. Organomet. Chem., 1976, 104, 145 (synth, pmr, ir)

C$_8$H$_{12}$HgO$_4$ Hg-00496
1-(Acetoxymercuri)-3-acetoxycyclobutane
(Acetato-O)(3-acetyloxycyclobutyl)mercury, 9Cl. *3-Acetyloxycyclobutylmercury acetate*
[57297-71-9]

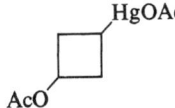

M 372.770

Zotova, S.V. et al, Bull. Acad. Sci. USSR (Engl. Transl.), 1975, 24, 1800 (synth, pmr)

C$_8$H$_{13}$BrHgO$_2$ Hg-00497
1-Acetoxy-3-bromomercuricyclohexane
[(3-(Acetyloxy)cyclohexyl]bromomercury, 9Cl. *[(3-(Acetyloxy)cyclohexyl]mercury bromide. 3-Bromomercuricyclohexyl acetate*

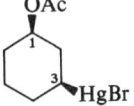

M 421.684
(1RS,3SR)-form [58268-50-1]
(±)-cis-form
Solid. Mp 120.5-123.5°.

Salomon, R.G. et al, J. Org. Chem., 1976, 41, 1529 (synth, pmr)

Handle all chemicals with care

$C_8H_{13}ClHgO$ Hg-00498
3-Chloromercuribicyclo[2.2.2]octan-2-ol
2-Chloromercuri-3-hydroxybicyclo[2.2.2]octane. Chloro(3-hydroxybicyclo[2.2.2]oct-2-yl)mercury. (3-Hydroxybicyclo[2.2.2]oct-2-yl)mercury chloride

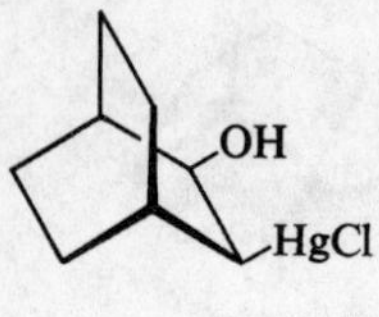

M 361.233
(2RS,3RS)-form
(±)-trans-*form*
Cryst. (CHCl$_3$, CCl$_4$ or EtOAc/heptane). Mp 172-172.5°.
(2RS,3SR)-form
cis-*form*
Cryst. (EtOH aq.). Mp 155-6°.
Traylor, T.G., *J. Am. Chem. Soc.*, 1964, **86**, 244 (synth, ir, pmr)

$C_8H_{13}ClHgO$ Hg-00499
2-Chloromercuri-4,4-dimethylcyclohexanone
Chloro(5,5-dimethyl-2-oxocyclohexyl)mercury, 10CI
[77172-57-7]

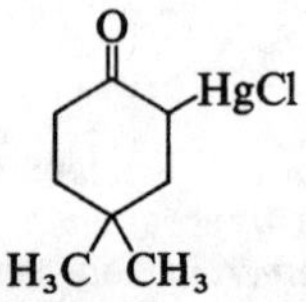

M 361.233
Cryst. Mp 134°.
Kitching, W. *et al*, *J. Org. Chem.*, 1981, **46**, 2695 (synth, pmr, cmr, nmr)

$C_8H_{13}ClHgO_3$ Hg-00500
Chloro[3-(ethoxycarbonyl)-4-oxopentyl]mercury
2-[2-(Chloromercuri)ethyl]acetoacetic acid ethyl ester

ClHgCH$_2$CH$_2$CH(COCH$_3$)COOEt

M 393.232
(±)-form
Oil.
Ichikawa, K. *et al*, *J. Org. Chem.*, 1959, **24**, 1129 (synth)

$C_8H_{13}F_3HgO_4$ Hg-00501
[2-(tert-Butylperoxy)ethyl](trifluoroacetato-O)mercury
2-tert-Butylperoxyethylmercury trifluoroacetate. [2-[(1,1-Dimethyethyl)dioxy]ethyl](trifluoroacetato-O)-mercury, 9CI
[52186-51-3]

F$_3$CCOOHgCH$_2$CH$_2$—O—O—C(CH$_3$)$_3$

M 430.774
Oil.
Bloodworth, A.J. *et al*, *J. Chem. Soc., Perkin Trans. 1*, 1975, 195 (synth, pmr)

$C_8H_{13}HgN$ Hg-00502
(Cyano-C)(4-methylcyclohexyl)mercury, 9CI
4-Methylcyclohexylmercury cyanide. 1-Cyanomercuri-4-methylcyclohexane

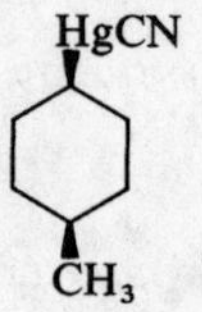

M 323.787
cis-form [42085-60-9]
α-*form*
Mp 137-8°.
trans-form [42085-61-0]
β-*form*
Mp 164-5°.
Wright, G.F., *Can. J. Chem.*, 1973, **51**, 1131.

$C_8H_{13}Hg_3N_5^{\oplus\oplus}$ Hg-00503
(μ_3-Adeninato-N^3,N^7,N^9)tris(methylmercury)(2+)
Trimethyl[μ-(1H-purin-6-aminato-N^3:N^7:N^9)]trimercury(2+)

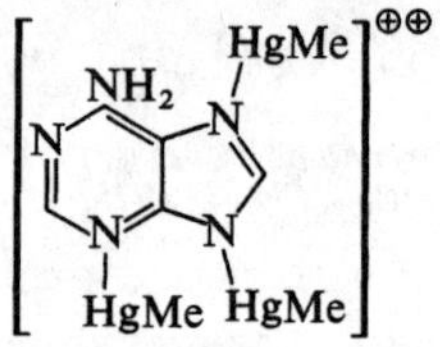

M 780.994 (ion)
Example of use of MeHg$^\oplus$ to probe basicities of donor atoms in multidentate ligands.
Diperchlorate: [75019-97-5].
   $C_8H_{13}Cl_2Hg_3N_5O_8$ M 979.895
   No phys. props. reported.
Dinitrate: [76067-22-6].
   $C_8H_{13}Hg_3N_7O_6$ M 905.004
   No phys. props. reported.
Hubert, J. *et al*, *Can. J. Chem.*, 1980, **58**, 1439 (cryst struct)
Prizant, L. *et al*, *Can. J. Chem.*, 1981, **59**, 1311 (synth, ir)
Savoie, R. *et al*, *Spectrochim. Acta, Part A*, 1982, **38**, 561 (ir, raman)

$C_8H_{14}Hg$ Hg-00504
Di(3-butenyl)mercury, 9CI
[14994-36-6]

H$_2$C=CHCH$_2$CH$_2$HgCH$_2$CH$_2$CH=CH$_2$

M 310.789
Oil. d^{20} 1.86. Bp$_4$ 88-9°. n_D^{20} 1.5383.
Foster, D.J. *et al*, *J. Org. Chem.*, 1962, **27**, 834 (synth)
Smart, J.B. *et al*, *J. Organomet. Chem.*, 1974, **64**, 1 (synth, pmr, uv, ir, ms)
St. Denis, J. *et al*, *J. Organomet. Chem.*, 1974, **71**, 315 (ir, pmr)
Albright, M.J. *et al*, *J. Organomet. Chem.*, 1977, **125**, 1 (cmr)

$C_8H_{14}HgN_2O_2$ Hg-00505
Ethyl tert-butylmercuridiazoacetate
(1-Diazo-2-ethoxy-2-oxoethyl)(1,1-dimethylethyl)mercury, 10CI
[64192-98-9]

(H$_3$C)$_3$CHgC(N$_2$)COOEt

M 370.801

Yellow cryst.
Smith, R.A. et al, Can. J. Chem., 1977, **55**, 2752 (cryst struct, ir)

C₈H₁₄HgO   Hg-00506
(1-Acetyl-2,2-dimethylcyclopropyl)methylmercury, 9CI
1-Methylmercuri-1-acetyl-2,2-dimethylcyclopropane
[42809-72-3]

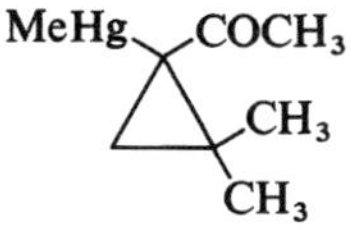

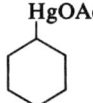

M 326.788
Skell, P.S. et al, J. Am. Chem. Soc., 1973, **95**, 5042 (synth, pmr)

C₈H₁₄HgO₂   Hg-00507
(Acetato-O)cyclohexylmercury, 9CI
Cyclohexylmercury acetate. Acetoxymercuricyclohexane
[10341-90-9]

M 342.787
Cryst. Mp 88.0-88.5°.
Cogdell, T.J., J. Org. Chem., 1972, **37**, 2541 (synth)
Anet, F.A.L. et al, Tetrahedron Lett., 1974, 3255 (pmr, cmr, conformn)
Kitching, W.A. et al, Tetrahedron Lett., 1975, 759 (cmr)

C₈H₁₄HgO₂   Hg-00508
(Acetato-O)(3,3-dimethyl-1-butenyl)mercury
(3,3-Dimethyl-1-butenyl)mercury acetate. 1-Acetoxymercuri-3,3-dimethylbutene

$$(H_3C)_3CCH{=}CHHgOAc$$

M 342.787
(*E*)-*form* [75924-62-8]
No phys. props. reported.
Russell, G.A. et al, J. Am. Chem. Soc., 1980, **102**, 7603.

C₈H₁₄HgO₂   Hg-00509
Bis(2-oxobutyl)mercury, 9CI
1,1′-Mercuridi-2-butanone
[55304-30-8]

$$H_3CCH_2COCH_2HgCH_2COCH_2CH_3$$

M 342.787
Cryst. Mp 89-90°. Associated in C₆H₆ soln.
Lutsenko, I.F. et al, Dokl. Akad. Nauk SSSR, Ser. Sci. Khim., 1955, **102**, 97 (synth)
Nesmeyanov, A.N. et al, Dokl. Chem. (Engl. Transl.), 1975, **220**, 162 (cmr)
Nesmeyanov, A.N. et al, Dokl. Chem. (Engl. Transl.), 1975, **224**, 602 (ir, raman)
Nesmeyanov, A.N. et al, Dokl. Akad. Nauk SSSR, Ser. Sci. Khim., 1978, **241**, 869 (ms)
Strelenko, Yu.A. et al, J. Organomet. Chem., 1980, **192**, 297 (nmr)

C₈H₁₄HgO₂   Hg-00510
Bis(3-oxobutyl)mercury
4,4′-Mercuridi-2-butanone

$$(H_3CCOCH_2CH_2)_2Hg$$

M 342.787
Semicarbazone: Mp 204° dec.
2,4-Dinitrophenylhydrazone: Mp 187°.
Holleck, L. et al, Naturwissenschaften, 1962, **49**, 468 (synth)

C₈H₁₄HgO₃   Hg-00511
(Acetato-O)(2-hydroxycyclohexyl)mercury, 9CI
2-Acetoxymercuricyclohexanol. 2-Hydroxycyclohexylmercury acetate

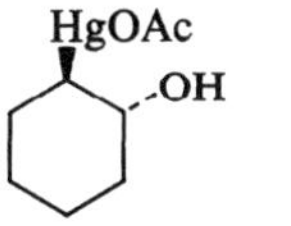

M 358.787
(*1RS,2RS*)-*form* [31023-10-6]
(±)-*trans*-*form*
Cryst. (EtOAc). Mp 113.1-113.6°.
Me ether: see (Acetato-O)(2-methoxycyclohexyl)mercury, Hg-00574
Nesmeyanov, A.N. et al, Ber., 1936, **69**, 1631 (synth)
Brook, A.G. et al, Can. J. Res., Sect. B, 1950, **28**, 623.
Anderson, M.M. et al, Chem. Ind. (London), 1961, 2053 (pmr)
Georgoulis, C. et al, Bull. Soc. Chim. Fr., 1974, 178 (synth, ir)

C₈H₁₄HgO₃   Hg-00512
(Acetato-O)(2-methoxycyclopentyl)mercury, 9CI
2-Methoxycyclopentylmercury acetate. 1-Acetoxymercuri-2-methoxycyclopentane
[67247-62-5]

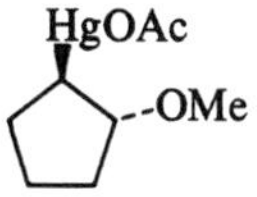

M 358.787
(*1RS,2RS*)-*form* [38512-72-0]
(±)-*trans*-*form*
Cryst. (pet. ether). Mp 41-4°.
Collin, G. et al, J. Prakt. Chem., 1972, **314**, 229 (synth)

C₈H₁₅BrHgO₃   Hg-00513
3-Bromomercuri-4-*tert*-butylperoxy-2-butanone
Bromo[1-[(tert-butyldioxy)methyl]acetonyl]mercury, 8CI. *[1-(tert-Butylperoxy)-3-oxo-2-butyl]mercury bromide. 2-(Bromomercuri)-1-(tert-butylperoxy)-3-oxobutane*
[32308-86-4]

$$(H_3C)_3C{-}O{-}O{-}CH_2CH(HgBr)COCH_3$$

M 439.699
(±)-*form*
Cryst. (CH₂Cl₂/pet. ether). Mp 73°.
Bloodworth, A.J. et al, J. Chem. Soc. (C), 1971, 1453 (synth, pmr)

C₈H₁₅ClHgO — Hg-00514
2-Chloromercuricyclooctanol
Chloro(2-hydroxycyclooctyl)mercury, 9CI
[29682-57-3]

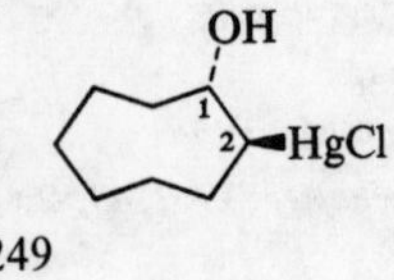

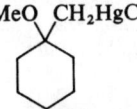 (1S,2S)-form

M 363.249
(1S,2S)-form [22770-30-5]
(+)-trans-form
[α]$_D^{20}$ +16°.
(1RS,2RS)-form [5185-85-3]
(±)-trans-form
Cryst. (CHCl₃/heptane). Mp 93.5°, 96.5-97° (dimorph.).

Sokolov, V.I. et al, Dokl. Chem. (Engl. Transl.), 1966, **166**, 45 (synth)
Sokolov, V.I. et al, J. Organomet. Chem., 1969, **17**, 323.
Bryant, W.F. et al, J. Organomet. Chem., 1970, **24**, 573 (ms)
Waters, W.L. et al, J. Org. Chem., 1973, **38**, 2306 (synth, ir)

C₈H₁₅ClHgO — Hg-00515
Chloro[(1-methoxycyclohexyl)methyl]mercury, 9CI
(1-Methoxycyclohexyl)methylmercury chloride. 1-Chloromercurimethyl-1-methoxycyclohexane

MeO CH₂HgCl

M 363.249
Cryst. (hexane). Mp 68-9°.

Robson, J.H. et al, Can. J. Chem., 1960, **38**, 21 (synth)

C₈H₁₆HgO₃ — Hg-00516
(Acetato-O)(2-butoxyethyl)mercury, 9CI
Acetoxy(2-butoxyethyl)mercury. 2-Butoxyethylmercury acetate. 1-Acetoxymercuri-2-butoxyethane
[38611-90-4]

H₃C(CH₂)₃OCH₂CH₂HgOAc

M 360.803

Nefedov, B.K. et al, Bull. Acad. Sci. USSR, Div. Chem. Sci., 1972, **21**, 1697 (synth)

C₈H₁₆Hg₂ — Hg-00517
1,6-Dimercuracyclodecane
1,6-Dimercurecane, 8CI
[4430-03-9]

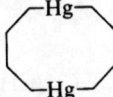

M 513.394
Cryst. (Et₂O/C₆H₆). Mp 44-45.2°.

Sawatzky, H. et al, Can. J. Chem., 1958, **36**, 1555 (synth)

C₈H₁₆Hg₂O₂ — Hg-00518
1,7-Dioxa-4,10-dimercuracyclododecane
cyclo-Bis[μ-(oxydi-2,1-ethanediyl)]dimercury. Mercury diethylene oxide
[294-89-3]

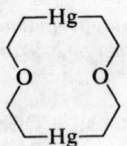

M 545.393
Originally thought to be the monomer. Needles (C₆H₆). Mp 145°.

Sand, J., Ber., 1901, **34**, 2910 (synth)
Grdenic, D., Acta Crystallogr., 1952, **5**, 367 (cryst struct)
Grdenic, D. et al, Acta Crystallogr., Sect. B, 1982, **38**, 252 (cryst struct)

C₈H₁₇BrHgO₂ — Hg-00519
2-Bromomercuri-3-tert-butylperoxybutane
Bromo[2-[(1,1-dimethylethyl)dioxy]-1-methylpropyl]mercury, 9CI. Bromo[2-(tert-butylperoxy)-1-methylpropyl]mercury. [2-(tert-butylperoxy)-1-methylpropyl]mercury bromide
[56708-92-0]

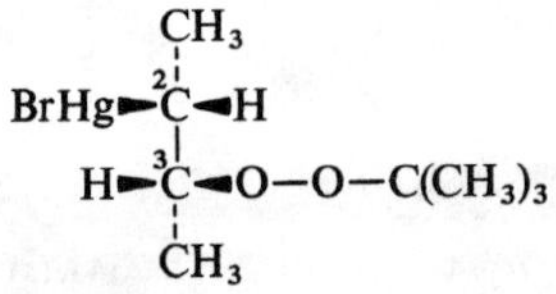

```
        CH₃
         |
  BrHg—²C—H
         |
    H—³C—O—O—C(CH₃)₃
         |
        CH₃
```

M 425.715
(2RS,3RS)-form [56030-79-6]
(±)-threo-form
Oil.
(2RS,3SR)-form [56030-78-5]
(±)-erythro-form
Oil.

Bloodworth, A.J. et al, J. Chem. Soc., Perkin Trans. 1, 1975, 195 (synth, pmr)
Bloodworth, A.J. et al, J. Chem. Soc., Perkin Trans. 1, 1981, 3258 (cmr)

C₈H₁₇ClHgO — Hg-00520
1-Chloromercuri-3-methoxy-2,2,3-trimethylbutane
Chloro(3-methoxy-2,2,3-trimethylbutyl)mercury. 3-Methoxy-2,2,3-trimethylbutylmercury chloride

ClHgCH₂C(CH₃)₂C(CH₃)₂OMe

M 365.265
Mp 103-103.5°.

Levina, R.Ya. et al, Zh. Obshch. Khim., 1953, **23**, 1054 (synth)

C₈H₁₈Cl₄HgSi₂ — Hg-00521
Bis[dichloro(trimethylsilyl)methyl]mercury
[18903-82-7]

Me₃SiCCl₂HgCCl₂SiMe₃

M 512.803
:CClSiMe₃ transfer agent. Cryst. (hexane). Mp 143-6° dec.

Seyferth, et al, J. Am. Chem. Soc., 1968, **90**, 2438 (synth, use)
Seyferth, et al, J. Organomet. Chem., 1970, **23**, 361 (synth, pmr)

C₈H₁₈Hg   Hg-00522
Bis(1-methylpropyl)mercury, 9CI
Di-sec-butylmercury, 8CI
[691-88-3]

$$H_3CCH_2CH(CH_3)HgCH(CH_3)CH_2CH_3$$

M 314.820

Most prepns. are prob. undefined mixts. of stereoisomers. Various opt. active samples also recorded. Unstable in air and light. Bp_{18} 93-6°, Bp_2 51-4°. Reacts with perhalomethanes on heating or photolysis.

▷OW2275000.

Marvel, C.S. *et al, J. Am. Chem. Soc.*, 1923, **45**, 820 (*synth*)
Charman, H.B. *et al, J. Chem. Soc.*, 1959, 2530 (*synth*)
Gale, L.H. *et al, Chem. Ind.* (London), 1960, 118 (*synth*)
Jensen, F.A. *et al, J. Am. Chem. Soc.*, 1960, **82**, 1004, 2469 (*synth*)
Landgrebe, J.A. *et al, J. Am. Chem. Soc.*, 1966, **88**, 3545 (*synth*)
Simonotti, L. *et al, Inorg. Chim. Acta*, 1977, **21**, L27 (*ms*)
Baidin, V.N. *et al, J. Struct. Chem.* (*Engl. Transl.*), 1981, **22**, 616 (*nmr*)

C₈H₁₈Hg   Hg-00523
Bis(2-methylpropyl)mercury, 9CI
Diisobutylmercury, 8CI
[24470-76-6]

$$(H_3C)_2CHCH_2HgCH_2CH(CH_3)_2$$

M 314.820

Liq. d_4^{20} 1.77. Bp_{25} 108-9°, Bp_5 64°. n_D^{20} 1.4966, 1.4948.

Wilde, W.K., *J. Chem. Soc.*, 1949, 72 (*synth*)
Buhler, J.D. *et al, J. Organomet. Chem.*, 1972, **40**, 265 (*synth*)
Fehlner, T. *et al, Inorg. Chem.*, 1976, **15**, 2544 (*pe*)
Simonotti, L. *et al, Inorg. Chim. Acta*, 1977, **21**, L27 (*ms*)
Baidin, V.N. *et al, J. Struct. Chem.* (*Engl. Transl.*), 1981, **22**, 616 (*nmr*)
Steinborn, D. *et al, J. Organomet. Chem.*, 1981, **210**, 139 (*cmr*)

C₈H₁₈Hg   Hg-00524
Dibutylmercury
Mercury dibutyl
[629-35-6]

$$Hg(CH_2CH_2CH_2CH_3)_2$$

M 314.820

Liq. Sol. most org. solvs., insol. H_2O. d_4^{20} 1.78. Bp_{10} 105°. Slow dec. on standing. n_D^{20} 1.5057.

▷Emits highly toxic fumes in contact with acid or on heating to dec. OW2100000.

Gilman, H. *et al, J. Am. Chem. Soc.*, 1930, **52**, 3314 (*synth*)
Seybold, D. *et al, J. Organomet. Chem.*, 1968, **11**, 1 (*ir, raman*)
Bryant, W.F. *et al, J. Organomet. Chem.*, 1970, **24**, 573 (*ms*)
Ol'dekop, Y.A. *et al, J. Gen. Chem. USSR* (*Engl. Transl.*), 1970, **40**, 607 (*synth*)
Tupciauskas, A. *et al, J. Magn. Reson.*, 1972, **7**, 122 (*nmr*)
Buhler, J.D. *et al, J. Organomet. Chem.*, 1972, **40**, 265 (*synth*)
Fedorov, L.A., *J. Struct. Chem.* (*Engl. Transl.*), 1976, **17**, 207 (*pmr*)
Fehlner, T.P. *et al, Inorg. Chem.*, 1976, **15**, 2544 (*pe*)
Browning, J. *et al, J. Chem. Soc., Dalton Trans.*, 1978, 872 (*cmr, nmr*)
Sax, N.I., *Dangerous Properties of Industrial Materials*, 5th Ed., Van Nostrand-Reinhold, 1979, 553.

C₈H₁₈Hg   Hg-00525
Di-*tert*-butylmercury
Bis(1,1-dimethylethyl)mercury, 9CI
[23587-90-8]

$$Hg[C(CH_3)_3]_2$$

M 314.820

Mp 56-8°. $Bp_{0.1}$ 80° subl. Dec. >120°. Slow dec. at r.t., readily oxidised. Reacts readily with perhalomethanes.

Neumann, W.P. *et al, Angew. Chem., Int. Ed. Engl.*, 1969, **8**, 611 (*synth, pmr*)
Blaukat, U. *et al, J. Organomet. Chem.*, 1973, **49**, 323 (*synth, pmr*)
Benn, R., *Chem. Phys.*, 1976, **15**, 369.
Fehlner, T.P. *et al, Inorg. Chem.*, 1976, **15**, 2544 (*pe*)
Hovland, A.K. *et al, J. Organomet. Chem.*, 1976, **120**, 171 (*ms*)
Nugent, W.A. *et al, J. Organomet. Chem.*, 1977, **124**, 371 (*synth, pmr*)
Müller, H. *et al, J. Organomet. Chem.*, 1977, **140**, C17 (*cmr*)
Browning, J. *et al, J. Chem. Soc., Dalton Trans.*, 1978, 872 (*cmr, nmr*)

C₈H₁₈HgOS   Hg-00526
(Ethanethioato-S)phenylmercury
Phenylmercury thioacetate
[79293-07-5]

$$PhHgSAc$$

M 362.880

Cryst. Spar. sol. $CHCl_3$, CH_2Cl_2. Mp 86-87.5°. Slowly dec. at r.t. to HgS.

Kato, S. *et al, Z. Naturforsch., B*, 1981, **36**, 783 (*synth, pmr, ir*)

C₈H₁₈HgO₂   Hg-00527
Bis(2-methoxypropyl)mercury, 9CI
[67247-71-6]

$$H_3CCH(OMe)CH_2HgCH_2CH(OMe)CH_3$$

M 346.819

Oil.

Bloodworth, A.J. *et al, J. Organomet. Chem.*, 1978, **152**, C29 (*synth*)

C₈H₂₁HgPSi   Hg-00528
Methyl[(trimethylphosphoranylidene)(trimethylsilyl)methyl]-mercury, 9CI
Trimethyl[(methylmercury)(trimethylsilyl)methylene]-phosphorane
[51523-38-7]

$$Me_3P=C(HgMe)SiMe_3$$

M 376.903

$Bp_{0.1}$ 39-42°.

Schmidbaur, H. *et al, Chem. Ber.*, 1974, **107**, 102 (*synth, pmr, ir*)

C₈H₂₂Ge₂Hg   Hg-00529
Bis[(trimethylgermyl)methyl]mercury
[62470-60-4]

$$Me_3GeCH_2HgCH_2GeMe_3$$

M 464.032

Glockling, F. *et al, J. Chem. Res. (S)*, 1977, 116 (*cmr*)

$C_8H_{22}HgP_2^{2+}$ — Hg-00530
Bis[(trimethylphosphonio)methyl]mercury(2+)

$$[Me_3PCH_2HgCH_2PMe_3]^{2+}$$

M 380.799 (ion)

Dichloride: [51523-31-0]. *Bis[trimethyl(methylene)-phosphorane]mercury dichloride.*
$C_8H_{22}Cl_2HgP_2$ M 451.705
Cryst. Insol. nonpolar org. solvs., sol. H_2O, alcohols. Dec.at 200°.

Schmidbaur, H. et al, *Chem. Ber.*, 1974, **107**, 102 (*synth*)
Inorg. Synth., 1978, **18**, 140 (*synth*)

$C_8H_{22}HgSi_2$ — Hg-00531
Bis[(trimethylsilyl)methyl]mercury, 9CI
2,2,6,6-Tetramethyl-2,6-disila-4-mercuraheptane
[13294-23-0]

$$Me_3SiCH_2HgCH_2SiMe_3 \quad (C_{2h})$$

M 375.023
Liq. d_4^{20} 1.507. Bp_3 61°, $Bp_{0.17}$ 34-6°. n_D^{25} 1.4869. Slowly dec. at 200°.

Seyferth, D. et al, *J. Org. Chem.*, 1961, **26**, 2604 (*synth*)
Glockling, F. et al, *J. Chem. Soc., Dalton Trans.*, 1973, 2029 (*synth, pmr, ir, raman, ms*)
Glockling, F. et al, *J. Chem. Res. (S)*, 1977, 116 (*cmr*)
Albright, M.J. et al, *J. Organomet. Chem.*, 1983, **259**, 37 (*nmr*)

$C_8H_{23}HgNSi_2$ — Hg-00532
Ethyl(bistrimethylsilylamido)mercury
Ethyl(1,1,1,3,3,3-hexamethyldisilazanato)mercury, 8CI
[34232-12-7]

$$EtHgN(SiMe_3)_2$$

M 390.037
Liq. Bp_1 60-3°.

Lorberth, J. et al, *J. Organomet. Chem.*, 1971, **32**, 145 (*synth, pmr*)

$C_9F_{12}Hg_4O_8$ — Hg-00533
Tetrakis(trifluoroacetoxymercuri)methane
μ_4-Methanetetrayltetrakis(trifluoroacetato-O)tetramercury, 9CI
[55728-45-5]

$$(F_3CCOOHg)_4C$$

M 1266.435

Grdenic, D. et al, *J. Chem. Soc., Chem. Commun.*, 1974, 646.
Breitinger, D. et al, *Z. Naturforsch., B*, 1977, **32**, 1022.
Grdenic, D. et al, *Cryst. Struct. Commun.*, 1982, **11**, 565 (*cryst struct*)
Mink, J. et al, *J. Organomet. Chem.*, 1983, **256**, 203 (*ir, raman*)

$C_9H_5ClCrHgO_3$ — Hg-00534
Tricarbonyl(chloromercury)[μ-[(1-η:1,2,3,4,5,6-η)phenyl-]]chromium
[41576-43-6]

M 449.176
Light-yellow solid. Mp 139° dec.

Magomedov, G.K.I. et al, *J. Gen. Chem. USSR (Engl. Transl.)*, 1972, **42**, 2443 (*synth, ir*)

$C_9H_6FeHgO_5$ — Hg-00535
[1-[(Acetato)mercurio]-1,3-cyclobutadiene]tricarbonyliron, 8CI
Tricarbonyl[(1,2,3,4-η)-1-[(acetato)mercurio]-1,3-cyclobutadiene]iron. [(Acetoxymercuri)cyclobutadiene]iron tricarbonyl

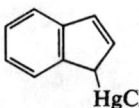

M 450.580
Disproportionates in acid soln. giving di-, tri- and tetra-HgOAc derivs.

Fitzpatrick, J.D. et al, *J. Am. Chem. Soc.*, 1965, **87**, 3254 (*synth*)
Amiet, G. et al, *J. Chem. Soc., Dalton Trans.*, 1970, 161 (*synth*)
Pruitt, P.L. et al, *J. Chem. Soc., Perkin Trans. 2*, 1977, 907 (*pmr*)
Gmelins Handbuch der Anorg. Chem., 1981, **B7**, 42.

C_9H_7ClHg — Hg-00536
Chloro-1-indenylmercury, 8CI
1-Indenylmercury chloride. 1-Chloromercuriindene
[23022-37-9]

M 351.197
Cryst. (MeOH/THF). Sol. THF, DMSO, DMF, spar. sol. C_6H_6, $CHCl_3$, Et_2O, insol. H_2O. Mp 139°, 150°. Stable to air and light.

Samuel, E. et al, *J. Organomet. Chem.*, 1969, **19**, 9 (*synth, ir, pmr*)
Kitching, W. et al, *J. Organomet. Chem.*, 1970, **21**, 29 (*synth, pmr*)
Samuel, E. et al, *J. Organomet. Chem.*, 1971, **30**, 235 (*raman*)

C_9H_7ClHg — Hg-00537
Chloro(3-phenyl-2-propynyl)mercury, 9CI
3-Phenyl-2-propynylmercury chloride. 3-Chloromercuri-1-phenyl-1-propyne

$$PhC\equiv CCH_2HgCl$$

M 351.197
Cryst. (EtOH). Mp 108°.

Gaudemar, M., *Bull. Soc. Chim. Fr.*, 1962, 974 (*synth, ir*)

C_9H_7ClHgO — Hg-00538
Chloro(3-oxo-3-phenyl-1-propenyl)mercury
β-Benzoylvinylmercury chloride. (2-Benzoylvinyl)chloromercury. 3-Chloromercuri-1-phenyl-2-propen-1-one. 1-Benzoyl-3-chloromercuriethylene

$$PhCOCH=CHHgCl$$

M 367.197
(Z)-form is polymeric with Hg—O intermolecular contacts.

(*E*)-*form* [38516-29-9]
Cryst. (Et$_2$O). Mp 134-5°. ir ν_{CO} 1640 cm^{-1}.

(*Z*)-*form* [38516-27-7]
Cryst. (EtOH). Stable to heat. Mp 112-3°. Isom. to (*E*)-form in sunlight in Et$_2$O soln. ir ν_{CO} 1640 cm^{-1}.

Kuzmina, L.G. *et al*, *J. Struct. Chem. (Engl. Transl.)*, 1971, **12**, 943 (*cryst struct*)

Rybinskaya, M.I. *et al*, *J. Gen. Chem. USSR (Engl. Transl.)*, 1972, **42**, 1579 (*synth, pmr, ir*)

C$_9$H$_8$ClFHgO$_2$ Hg-00539

[Chlorofluoro(methoxycarbonyl)methyl]phenylmercury

(*1-Chloro-1-fluoro-2-methoxy-2-oxoethyl)phenylmercury*, 9CI. *Methyl (2-chloro-2-fluoro-2-phenylmercuri)-acetate*

[42117-02-2]

PhHgCFClCOOMe

M 403.202

:CFCOOMe transfer agent. Cryst. (CHCl$_3$/hexane). Mp 115-7°.

Seyferth, D. *et al*, *J. Org. Chem.*, 1973, **38**, 4031 (*synth, pmr, ir, use*)

C$_9$H$_8$Cl$_2$HgO$_2$ Hg-00540

(1,1-Dichloro-2-methoxy-2-oxoethyl)phenylmercury, 9CI

(*Carboxydichloromethyl)phenylmercury methyl ester*, 8CI

[22060-03-3]

PhHgCCl$_2$COOMe

M 419.657

:CCl(COOMe) transfer agent. Cryst. (pet. ether/CH$_2$Cl$_2$). Mp 140-4° dec. Stable in refluxing C$_6$H$_6$.

Seyferth, D. *et al*, *J. Organomet. Chem.*, 1972, **43**, 55 (*synth, pmr, ir, use*)

C$_9$H$_8$HgN$_2$O Hg-00541

(1-Diazo-2-oxo-2-phenylethyl)methylmercury, 9CI

2-Diazo-2-methylmercuri-1-phenylethanone. (α-*Diazophenacyl)methylmercury.*
Methylmercuridiazoacetophenone

[43123-14-4]

N$_2$=C(HgMe)COPh

M 360.765

Source of :C(COPh)HgMe. Yellow needles (CCl$_4$). Mp 104-5° dec. (97-100°).

Lorberth, J. *et al*, *J. Organomet. Chem.*, 1973, **54**, 23 (*synth, ms, pmr, ir*)

Yates, P. *et al*, *Tetrahedron*, 1975, **31**, 1979 (*synth, cmr, uv, ir, pmr*)

C$_9$H$_9$BrCl$_2$Hg Hg-00542

(Bromodichloromethyl)(2-phenylethyl)mercury

[58926-16-2]

PhCH$_2$CH$_2$HgCCl$_2$Br

M 468.570

:CCl$_2$ source. Cryst. (pentane/CHCl$_3$). Mp 50-2° dec.

Seyferth, D. *et al*, *J. Organomet. Chem.*, 1976, **104**, 9 (*synth, use, pmr*)

C$_9$H$_9$BrHg Hg-00543

Bromo(3-phenyl-2-propenyl)mercury, 9CI

Bromocinnamylmercury, 8CI. *Cinnamylmercury bromide. 3-Phenyl-2-propenylmercury bromide. 3-Bromomercuri-1-phenylpropene*

[22700-54-5]

PhCH=CHCH$_2$HgBr

M 397.664

Cryst. (EtOH). Mp 340-5° dec.

Reutov, O.A. *et al*, *Izv. Akad. Nauk SSSR, Ser. Khim.*, 1953, 655.

C$_9$H$_9$ClHg Hg-00544

Chloro(2-phenyl-1-propenyl)mercury

2-Phenyl-1-propenylmercury chloride. 1-Chloromercuri-2-phenyl-1-propene

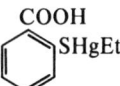

M 353.213

(*E*)-*form* [83673-71-6]
Cryst. (CH$_2$Cl$_2$/hexane). Mp 169-71°.

Negishi, E.-I. *et al*, *Tetrahedron Lett.*, 1982, **23**, 2085 (*synth, pmr, cmr, ir*)

C$_9$H$_9$ClHgO Hg-00545

(Chloromethyl)(2-oxo-2-phenylethyl)mercury

Chloromethyl(phenacyl)mercury

[73269-48-4]

PhCOCH$_2$HgCH$_2$Cl

M 369.213

:CH$_2$ transfer agent. Oil, slowly dec. at $-10°$.

▷Highly toxic; causes severe skin lesions even in dil. soln.

Barluenga, J. *et al*, *Synthesis*, 1979, 893 (*synth, ir, pmr, use*)

Barluenga, J. *et al*, *J. Chem. Soc., Perkin Trans. 1*, 1980, 1420 (*use*)

C$_9$H$_{10}$HgOS Hg-00546

Ethyl(2-mercaptobenzoato-S)mercury, 9CI

Ethyl(hydrogen-o-mercaptobenzoate)mercury. [(*o-Carboxyphenyl)thio*]*ethylmercury. Ethylmercurithiosalicylic acid*

[54-64-8]

M 366.827

▷OV8400000.

Na salt: Thiomersal. Thimerosal. Thiomersalate. Merthiolate.
C$_9$H$_9$HgNaO$_2$S   M 404.809
Antiseptic, topical antiinfective, bactericide, fungicide. Cream cryst. powder, air stable, unstable in light. Sol. in H$_2$O, EtOH, insol. in Et$_2$O, C$_6$H$_6$.

U.S.P., 1 672 615, (*1928*); *CA*, **22**, 2639

Swirska, J. *et al*, *Przem. Chem.*, 1960, **39**, 371; *CA*, **55**, 3507 (*synth*)

Merck Index, 9th Ed., No. 9046.

C9H10HgO2   Hg-00547
(Acetato)benzylmercury, 8CI

(*Acetato*-O)(*phenylmethyl*)*mercury*, 9CI. *Benzylmercury acetate.* (*Acetoxymercurimethyl*)*benzene*

[10341-89-6]

PhCH₂HgOAc

M 350.767
Solid (EtOH). Sol. CHCl₃, DMSO, Py. Mp 128-128.8°. Dec. at 250°.

Coleman, G.H. *et al, J. Am. Chem. Soc.*, 1937, **59**, 2703 (*synth*)
Petrosyan, V.S. *et al, Bull. Acad. Sci. USSR*, (*Engl. Transl.*), 1968, 1867 (*pmr*)
Inamoto, N. *et al, Bull. Chem. Soc. Jpn.*, 1970, **43**, 2574.
Fish, R.H. *et al, Tetrahedron Lett.*, 1976, 2497 (*cims*)
Michel, E. *et al, J. Organomet. Chem.*, 1981, **204**, 1 (*cmr, nmr*)

C9H10HgO2   Hg-00548
(Acetato-O)(2-methylphenyl)mercury, 9CI

o-*Tolylmercury acetate.* (*Acetato*)-o-*tolylmercury*, 8CI. *2-Methylphenylmercury acetate. 2-Acetoxymercuritoluene*

[2948-49-4]

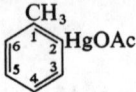

M 350.767
Leaflets. Mp 101°.

König, W. *et al, J. Prakt. Chem.*, 1930, **128**, 153 (*synth*)
Evans, D.F. *et al, J. Chem. Soc.* (*A*), 1968, 2127 (*pmr*)

C9H10HgO2   Hg-00549
(Acetato-O)(3-methylphenyl)mercury, 9CI

m-*Tolylmercury acetate.* (*Acetato*)-m-*tolylmercury*, 8CI. *3-Methylphenylmercury acetate. 3-Acetoxymercuritoluene*

[21450-78-2]
M 350.767
Needles (H₂O). Sol. hot H₂O, hot EtOH, spar. sol. cold H₂O. Mp 83-4°.

Michaelis, A. *et al, Ber.*, 1895, **28**, 588 (*synth*)
König, W. *et al, J. Prakt. Chem.*, 1930, **128**, 153 (*synth*)
Evans, D.F. *et al, J. Chem. Soc.* (*A*), 1968, 2127 (*pmr*)

C9H10HgO2   Hg-00550
(Acetato-O)(4-methylphenyl)mercury, 9CI

Acetato-p-*tolylmercury*, 8CI. *4-Methylphenylmercury acetate.* p-*Tolylmercury acetate. 4-Acetoxymercuritoluene*

[2440-35-9]
M 350.767
Fungicide, seed dressing. Solid. Mp 149.6-151°.

Coleman, G.H. *et al, J. Am. Chem. Soc.*, 1937, **59**, 2703 (*synth*)
Evans, D.E. *et al, J. Chem. Soc.* (*A*), 1968, 2127 (*pmr*)
Chernov, N.F. *et al, Zh. Obshch. Khim.*, 1977, **47**, 794 (*synth*)
Fedorov, L.A. *et al, J. Struct. Chem. USSR* (*Engl. Transl.*), 1978, **19**, 549 (*pmr*)

C9H10HgO2S   Hg-00551
(Acetato-O)[4-(methylthio)phenyl]mercury

4-Methylmercaptophenylmercury acetate. 4-(*Acetoxymercuri*)*phenyl methyl sulfide. Acetoxy*[*4-*(*methylthio*)*phenyl*]*mercury. 4-Methylthiophenylmercury acetate. 4-Acetoxymercurithioanisole*

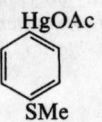

M 382.827
Needles (EtOH or EtOAc). Mp 184°.

Gilman, H. *et al, J. Am. Chem. Soc.*, 1949, **71**, 4062 (*synth*)

C9H11ClHg   Hg-00552
Chloro(2-phenylpropyl)mercury

Chloro(β-*methylstryryl*)*mercury*, 8CI. *2-Phenylpropylmercury chloride. 1-Chloromercuri-2-phenylpropane*

[27190-78-9]

PhCH(CH₃)CH₂HgCl

M 355.229
(±)-*form*
Solid (EtOH). Mp 55.5-56°.

Larock, R.C. *et al, J. Am. Chem. Soc.*, 1970, **92**, 2467 (*synth*)

C9H11ClHg   Hg-00553
Chloro(3-phenylpropyl)mercury, 9CI

3-Phenylpropylmercuric chloride. 1-Chloromercuri-3-phenylpropane

[41408-75-7]

PhCH₂CH₂CH₂HgCl

M 355.229
Cryst. (EtOH/hexane). Mp 51-2°.

Ol'dekop, Yu.A. *et al, Vesti Akad. Navuk Belarus. SSR, Ser. Khim. Nauk*, 1973, 116; *CA*, **78**, 97776 (*synth*)
Kitching, W. *et al, Organometallics*, 1982, **1**, 331 (*pmr, cmr, nmr, synth*)

C9H11ClHg   Hg-00554
Chloro(2,4,5-trimethylphenyl)mercury, 9CI

2,4,5-Trimethylphenylmercury chloride. 1-Chloromercuri-2,4,5-trimethylbenzene

[31295-70-2]

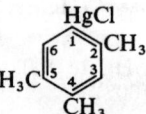

M 355.229
Mp 201°.

Banney, P.J. *et al, Aust. J. Chem.*, 1971, **24**, 317 (*synth, pmr*)

C9H11ClHg   Hg-00555
Chloro(2,4,6-trimethylphenyl)mercury, 9CI

Chloromesitylmercury, 8CI. *Mesitylmercury chloride. Chloromercurimesitylene. 1-Chloromercuri-2,4,6-trimethylbenzene*

[20883-32-3]
M 355.229
Cryst. (EtOH). Mp 202-3°.

Heck, R.F., *J. Am. Chem. Soc.*, 1968, **90**, 5518 (*synth*)
Banney, P.J. et al, *Aust. J. Chem.*, 1971, **24**, 317 (*synth, pmr*)

$C_9H_{11}ClHgO$ — Hg-00556
Chloro(2-methoxy-2-phenylethyl)mercury, 9CI
(2-Methoxy-2-phenylethyl)mercury chloride. 2-Chloromercuri-1-methoxy-1-phenylethane
[72887-18-4]

$$PhCH(OMe)CH_2HgCl$$

M 371.228
(±)-*form*
  Insecticide. Cryst. Mp 73-5°.
Spengler, G. et al, *Brennstoff-Chem.*, 1959, **40**, 22; *CA*, **53**, 19937 (*synth*)
Lewis, A. et al, *J. Org. Chem.*, 1981, **46**, 1764 (*pmr, synth*)

$C_9H_{11}ClHgO_2$ — Hg-00557
5-Acetoxy-6-chloromercuribicyclo[2.2.1]hept-2-ene
[3-(Acetyloxy)bicyclo[2.2.1]hept-5-en-2-yl]chloromercury, 9CI. Chloro(3-hydroxy-5-norbornen-2-yl)mercury acetate, 8CI. 3-Chloromercuri-5-norbornen-2-ol acetate. 2-Acetoxynorborn-5-enyl-3-mercury chloride
[26203-64-5]

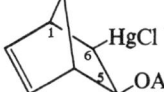 (1*RS*,5*SR*,6*RS*)-*form*

M 387.228
(*1RS,5SR,6RS*)-*form* [1077-98-1]
  (±)-5-exo, 6-exo-*form*
  Cryst. (MeOH). Mp 155-6° dec.
(*1RS,5SR,6SR*)-*form* [34454-52-9]
  (±)-5-exo, 6-endo-*form*
  Cryst. (MeOH). Mp 105.5-106°.
Pande, K.C. et al, *Tetrahedron Lett.*, 1964, 3393 (*synth, pmr*)
Vedejs, E. et al, *J. Org. Chem.*, 1972, **37**, 2075 (*synth, pmr, ir*)

$C_9H_{11}ClHgO_2$ — Hg-00558
3-Acetoxy-5-chloromercuritricyclo[2.2.1.0^{2,6}]heptane
[5-(Acetyloxy)tricyclo[2.2.1.0^{2,6}]hept-3-yl]chloromercury, 9CI. 5-Acetoxy-3-nortricyclylmercury chloride. 5-Chloromercuritricyclo[2.2.1.0^{2,6}]heptan-3-ol acetate. Chloro(5-hydroxytricyclo[2.2.1.0^{2,6}]hept-3-yl)mercury acetate, 8CI
[1078-53-1]

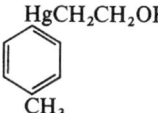 *exo,exo-form*

M 387.228
exo,exo-form [32737-75-0]
  Cryst. (EtOH). Mp 150-1°. Stable to epimerisation in AcOH soln.
3-endo, 5-exo-form [34454-50-7]
  Cryst. (MeOH). Mp 136-7°.
Pande, K.C. et al, *Tetrahedron Lett.*, 1964, 3393 (*synth*)
Vedejs, E. et al, *J. Org. Chem.*, 1972, **37**, 2075 (*synth, pmr, ir*)
Kitchen, W. et al, *J. Org. Chem.*, 1981, **46**, 563 (*cmr*)

$C_9H_{11}ClHgO_2$ — Hg-00559
Chloro(3-hydroperoxy-3-phenylpropyl)mercury, 9CI
(3-Hydroxyperoxy-3-phenylpropyl)mercury chloride
[23932-58-3]

$$PhCH(OOH)CH_2CH_2HgCl$$

M 387.228
Cryst. (toluene). Mp 74-6°.
Sokolov, V.I. et al, *Bull. Acad. Sci. USSR, Div. Chem. Sci.*, 1972, **21**, 1043 (*synth, ir*)

$C_9H_{11}HgNO_2$ — Hg-00560
(Ethylcarbamato-*O*)phenylmercury, 9CI
Phenylmercury ethylcarbamate
[41005-81-6]

$$PhHgOOCNHEt$$

M 365.781
Cryst. Mp 65-70°.
Bloodworth, A.J. et al, *J. Chem. Soc., Perkin Trans. 1*, 1973, 261 (*synth, pmr, ir*)

$C_9H_{11}HgNS_2$ — Hg-00561
(Dimethylcarbamodithioato-*S,S'*)phenylmercury, 9CI
(Dimethyldithiocarbamato)phenylmercury, 8CI. Phenylmercury dimethyldithiocarbamate. Phelam
[32407-99-1]

$$PhHgSC(S)NMe_2$$

M 397.903
Top fruit fungicide; antifouling agent. Grey-white powder. V. spar. sol. H_2O, spar. sol. most org. solvs., sol. $CHCl_3$. Mp 175°.
Pesticide Manual, 6th Ed., 417.

$C_9H_{12}HgO$ — Hg-00562
(2-Hydroxyethyl)(4-methylphenyl)mercury
2-p-Tolylmercuriethanol

M 336.783
Cryst. (pet. ether). Mp 52.5-53.5°.
Nesmeyanov, A.N. et al, *Ber. B*, 1936, **69**, 1631 (*synth*)

$C_9H_{12}Hg_4O_8$ — Hg-00563
Tetrakis(acetoxymercuri)methane
Tetrakis(acetato-O)-μ_4-methanetetrayltetramercury, 9CI
[25201-30-3]

$$C(HgOAc)_4$$

M 1050.549
Cryst. (EtOH). Mp 265° dec. Forms a dihydrate.
Matteson, D.S. et al, *J. Am. Chem. Soc.*, 1970, **92**, 231 (*synth, pmr*)
Grdenic, D. et al, *J. Chem. Soc., Chem. Commun.*, 1974, 646 (*synth, cryst struct*)
Strothkamp, K.G. et al, *Proc. Natl. Acad. Sci. USA*, 1978, **75**, 1181.

$C_9H_{13}ClHg$ — Hg-00564
tert-Butylcyclopentadienylchloromercury
Chloro[(1,1-dimethylethyl)cyclopentadienyl]mercury, 9CI. tert-*Butylcyclopentadienylmercury chloride*. tert-*Butyl(chloromercuri)cyclopentadiene*
[41539-66-6]

(H₃C)₃C— —HgCl

M 357.245
Fluxional molecule. Pale-yellow cryst. (Me₂CO). Mp 88-9°.

Floris, B. et al, *J. Organomet. Chem.*, 1973, **50**, 33 (synth, ir, pmr)

$C_9H_{13}ClHgO$ — Hg-00565
1-Chloromercuri-3,3-dimethylbicyclo[2.2.1]heptan-2-one
Chloro(3,3-dimethyl-2-oxobicyclo[2.2.1]hept-1-yl)-mercury, 9CI. (3,3-*Dimethyl-2-oxobicyclo[2.2.1]hept-1-yl)mercury chloride*. α-*Chloromercuricamphenilone*
[55304-28-4]

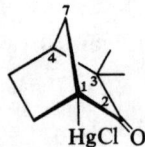

M 373.244
Solid.

Nesmeyanov, A.N. et al, *Dokl. Chem. (Engl. Transl.)*, 1975, **220**, 162 (cmr)
Nesmeyanov, A.N. et al, *Dokl. Chem. (Engl. Transl.)*, 1975, **224**, 602 (raman, ir)
Nesmeyanov, A.N. et al, *Dokl. Akad. Nauk SSSR, Ser. Sci. Khim.*, 1978, **241**, 869 (ms)
Nesmeyanov, A.N. et al, *J. Organomet. Chem.*, 1979, **172**, 133 (cmr, raman)
Grishin, Yu.K. et al, *Bull. Acad. Sci. USSR (Engl. Transl.)*, 1982, **31**, 921 (nmr)

$C_9H_{13}ClHgO$ — Hg-00566
1-Chloromercuri-7,7-dimethylbicyclo[2.2.1]heptan-2-one
Chloro(7,7-dimethyl-2-oxobicyclo[2.2.1]hept-1-yl)-mercury, 10CI. (7,7-*Dimethyl-2-oxobicyclo[2.2.1]hept-1-yl)mercury chloride*
[66965-40-0]
M 373.244
- (*1R*)-*form* [64194-27-0]
  Mp 201°. [θ]₂₉₈ + 6000 (EtOH).

Ol'dekop, Yu.A. et al, *Dokl. Akad. Nauk SSSR, Ser. Sci. Khim.*, 1977, **235**, 828.
Ol'dekop, Yu.A. et al, *J. Organomet. Chem.*, 1980, **201**, 39 (synth)
Grishin, Yu.K. et al, *Bull. Acad. Sci. USSR (Engl. Transl.)*, 1982, **31**, 921 (nmr)

Grdenic, D. et al, *Z. Kristallogr., Kristallgeom., Kristallphys., Kristallchem.*, 1979, **150**, 107 (cryst struct)
Mink, J. et al, *J. Organomet. Chem.*, 1983, **256**, 203 (ir, raman)

$C_9H_{13}ClHgO_2$ — Hg-00567
2-Chloromercuri-3-acetoxybicyclo[2.2.1]heptane
[3-(*Acetyloxy*)*bicyclo[2.2.1]hept-2-yl]chloromercury*, 9CI. *Chloro(3-hydroxy-2-norbornyl)mercury acetate*, 8CI. 3-*Chloromercuri-2-norbornyl acetate*

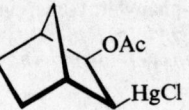

M 389.244
- **exo,exo-form** [63865-17-8]
  Cryst. (Me₂CO). Mp 130.8-131.8°.

Tobler, E. et al, *Helv. Chim. Acta*, 1965, **48**, 366 (synth)
Kreevoy, M.M. et al, *J. Organomet. Chem.*, 1966, **6**, 589 (pmr)
Barron, P.F. et al, *J. Organomet. Chem.*, 1977, **132**, 351 (cmr)
Halfpenny, J. et al, *Acta Crystallogr., Sect. B*, 1978, **34**, 3077 (cryst struct)

$C_9H_{14}HgO_2$ — Hg-00568
(Acetato-*O*)bicyclo[2.2.1]hept-2-ylmercury, 9CI
Acetato-2-norbornylmercury. Norborn-2-ylmercury acetate. 2-*Acetoxymercurinorbornane*
[70712-65-1]

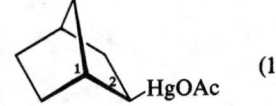

(*1RS,2RS*)-*form*

M 354.798
- (*1RS,2RS*)-*form* [55794-34-8]
  (±)-*exo-form*
  Mp 110-110.8° (109°).
- (*1RS,2SR*)-*form* [55794-35-9]
  (±)-*endo-form*
  Mp 70.4-71°.

Winstein, S. et al, *J. Am. Chem. Soc.*, 1962, **84**, 4993 (synth)
Kitching, W. et al, *Tetrahedron Lett.*, 1975, 759 (cmr)
Barron, P.F. et al, *J. Organomet. Chem.*, 1977, **132**, 351 (cmr)

$C_9H_{14}HgO_4$ — Hg-00569
(Acetato-*O*)[2-(acetyloxy)cyclopentyl]mercury, 9CI
2-*Acetoxycyclopentylmercury acetate*. 1-*Acetoxymercuri-2-acetyloxycyclopentane*

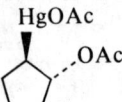

M 386.797
- (*1RS,2RS*)-*form* [38512-31-1]
  (±)-*trans-form*
  Cryst. (pet. ether). Mp 52-4°.

Collin, G. et al, *J. Prakt. Chem.*, 1972, **314**, 229 (synth)

$C_9H_{14}HgO_4$ Hg-00570

(Acetato-*O*)(3-hydroperoxybicyclo[2.2.1]hept-2-yl)mercury, 9CI

(3-Hydroperoxybicyclo[2.2.1]hept-2-yl)mercury acetate. (Acetato)(3-hydroperoxynorborn-3-yl)mercury. 2-Acetoxymercuri-3-hydroperoxybicyclo[2.2.1]heptane

[38056-42-7]

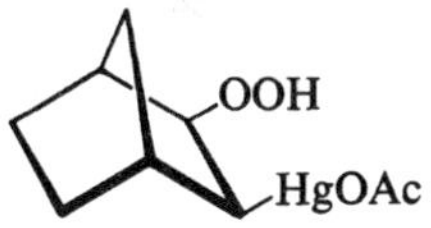

M 386.797

exo,exo-(?)-form
Cryst. (MeNO$_2$). Mp 98-9°. Dec. near the Mp or on storage.

Sokolov, V.I., *Bull. Acad. Sci. USSR (Engl. Transl.)*, 1972, **21**, 1043 (synth)

$C_9H_{15}BrHgO$ Hg-00571

7-Bromomercuri-1-ethoxybicyclo[2.2.1]heptane

Bromo(1-ethoxy-7-norbornyl)mercury, 8CI. *1-Ethoxy-7-norbornylmercury bromide*

[33444-26-7]

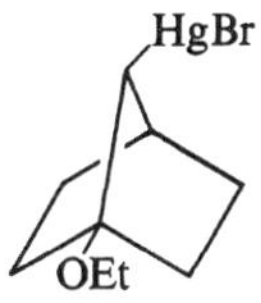

M 419.711
Mp 110°.

Grootveld, H.H. et al, *Tetrahedron Lett.*, 1971, 1999 (synth, ms)

$C_9H_{16}ClHgNO$ Hg-00572

[(2-Acetamidocyclohexyl)methyl]chloromercury, 8CI

1-Acetamido-2-(chlorimercurimethyl)cyclohexane. N-[2-[(chloromercuri)methyl]cyclohexyl]acetamide. [(2-Acetamidocyclohexyl)methyl]mercury chloride

[7029-51-8]

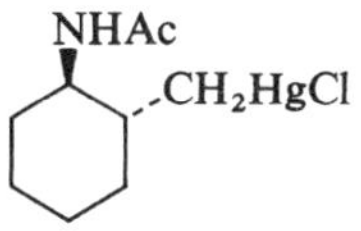

M 390.275

(1RS,2RS)-form
(±)-trans-*form*
Cryst. (MeNO$_2$). Mp 143-4°.

Sokolov, V.I. et al, *J. Org. Chem. USSR (Engl. Transl.)*, 1967, **3**, 2038 (synth, ir)

$C_9H_{16}HgO_2$ Hg-00573

(Acetato-*O*)(4-methylcyclohexyl)mercury, 9CI

4-Methylcyclohexylmercury acetate. 1-Acetoxymercuri-4-methylcyclohexane

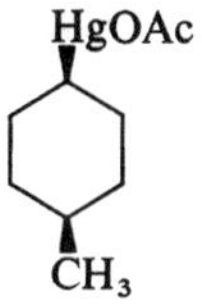

M 356.814

cis-form [55794-32-6]
No phys. props. reported.
trans-form [55794-31-5]
No phys. props. reported. 1d-deriv. has Mp 114.4-115.4°.

Jensen, F.R. et al, *J. Am. Chem. Soc.*, 1960, **82**, 145.
Kitching, W. et al, *Tetrahedron Lett.*, 1975, 759 (cmr)

$C_9H_{16}HgO_3$ Hg-00574

(Acetato-*O*)(2-methoxycyclohexyl)mercury, 9CI

2-Methoxycyclohexylmercury acetate. 1-Acetoxymercuri-2-methoxycyclohexane

[51664-95-0]

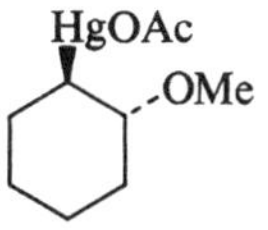

M 372.814

(1RS,2RS)-form [38512-74-2]
(±)-trans-*form*
Cryst. (pet. ether). Mp 66-7°.
(1RS,2SR)-form
(±)-cis-*form*
Cryst. (CHCl$_3$/pet. ether). Mp 83.0-83.6°.

Romeyn, J. et al, *J. Am. Chem. Soc.*, 1947, **69**, 697 (synth)
Brook, A.G. et al, *J. Am. Chem. Soc.*, 1950, **72**, 3821 (synth)
Collin, G. et al, *J. Prakt. Chem.*, 1972, **314**, 2497 (synth)
Fish, R.H. et al, *Tetrahedron Lett.*, 1976, 2497 (ms)

$C_9H_{18}ClHgN_3O$ Hg-00575

[3-[(Aminocarbonyl)amino]-2-(1-piperidinyl)propyl]chloromercury, 9CI

3-Chloromercuri-2-(1-piperidinyl)propylurea

[34805-79-3]

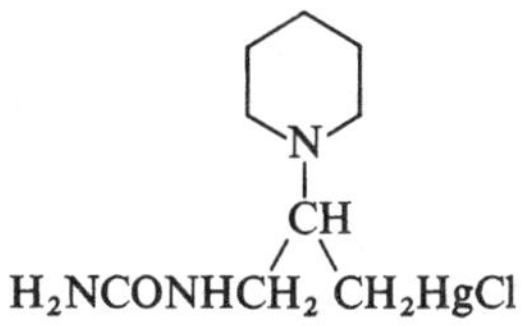

M 420.304
Cryst. (EtOAc/isopropyl acetate). Mp 115-6°.

Hall, H.K. et al, *J. Org. Chem.*, 1972, **37**, 3069 (synth, pmr, ir)

$C_{10}Cl_{10}FeHg_{10}$ Hg-00576
Decakis(chloromercurio)ferrocene, 10CI
[63495-08-9]

M 2536.387
Grey powder. Sol. DMF, insol. Me$_2$CO, H$_2$O. Dec. without melting.

Boev, V.I. et al, *Zh. Obshch. Khim.*, 1977, **47**, 727 (synth, ir)

$C_{10}Cl_{10}Hg$ Hg-00577
Bis(1,2,3,4,5-pentachloro-2,4-cyclopentadien-1-yl)mercury, 9CI
[33997-11-4]

$$(C_5Cl_5)_2Hg$$

M 675.230
Exists in 3 cryst. modifications.

α-form
Obt. from complex with DME on evaporation of DME. White. Mp 112-3°.

β-form
From α-form on grinding with cyclohexane. Yellow. Mp 106° dec.

γ-form
Formed by cooling β-form to 77° K. Yellow.

Wulfsberg, G. et al, *J. Am. Chem. Soc.*, 1973, **95**, 8658 (synth, ir, nqr, uv)
Wulfsberg, G. et al, *J. Organomet. Chem.*, 1975, **86**, 303 (nqr)

$C_{10}F_8HgN_2$ Hg-00578
Bis(2,3,5,6-tetrafluoro-4-pyridinyl)mercury, 9CI
[15235-46-8]

M 500.701
Solid. Mp 201-2°.

2,2'-Bipyridine adduct: Mp 181°.

Chambers, R.D. et al, *Tetrahedron Lett.*, 1967, 1705 (synth)
Sartori, P. et al, *J. Fluorine Chem.*, 1973, **3**, 275.

$C_{10}H_5F_9Hg$ Hg-00579
Phenyl[2,2,2-trifluoro-1,1-bis(trifluoromethyl)ethyl]mercury
Nonafluoro-tert-butylphenylmercury. Perfluoro-tert-butyl(phenyl)mercury
[33676-17-4]

$$PhHgC(CF_3)_3$$

M 496.725
Oil, cryst. at r.t. Bp$_{1.5}$ 59-61°.

Dyatkin, B.L. et al, *Tetrahedron*, 1971, **27**, 2843 (synth, ms)

$C_{10}H_6Hg$ Hg-00580
Di-1,3-pentadiynylmercury, 10CI
Bis(1,3-pentadiynyl)mercury, 8CI
[30353-48-1]

$$(H_3CC\equiv CC\equiv C)_2Hg$$

M 326.747
Needles (EtOH or C$_6$H$_6$). Mp 130° dec. Polymerizes in solid state on UV irradiation or on heating to 100-200°. ir $\nu_{C\equiv C}$ 2230 and 2110 cm^{-1}.

Hartmann, H. et al, *Naturwissenschaften*, 1964, **51**, 213 (synth)
Curtis, R.F. et al, *J. Chem. Soc.* (C), 1971, 186 (synth)
Steinbach, M. et al, *Makromol. Chem.*, 1977, **178**, 1671 (synth)

$C_{10}H_7ClHg$ Hg-00581
Chloro-1-naphthylmercury
Chloro-1-naphthalenylmercury, 9CI. *1-Chloromercurinaphthalene. α-Naphthylmercury chloride*
[1802-41-1]

M 363.208
Solid. Mp 191°.

Nesmeyanov, A.N., *Ber., B.*, 1929, **62**, 1010 (synth)
McClure, R.E. et al, *J. Am. Chem. Soc.*, 1931, **53**, 319 (synth)

$C_{10}H_7ClHg$ Hg-00582
Chloro-2-naphthylmercury
Chloro-2-naphthalenylmercury, 9CI. *2-Naphthylmercury chloride. 2-Chloromercurinaphthalene*
[39966-41-1]

M 363.208
Insol. Et$_2$O, pet. ether, spar. sol. EtOH. Mp 271°.

Nesmeyanov, A.N. et al, *Ber.*, 1929, **62**, 1010 (synth)
Konig, W. et al, *J. Prakt. Chem.*, 1930, **128**, 153 (synth)
Beattie, R.W. et al, *J. Am. Chem. Soc.*, 1933, **55**, 1567 (synth)
Org. Synth., Coll. Vol., **2**, 432.
Hegarty, B.F. et al, *J. Org. Chem.*, 1976, **41**, 2247 (synth, pmr)

$C_{10}H_8Cl_2FeHg_2$ Hg-00583
1,1′-Bis(chloromercuri)ferrocene
1,1′-Bis(chloromercurio)ferrocene, 10CI, 9CI
[12145-90-3]

M 656.106
Yellow infusible solid. Spar. sol.

Nesmeyanov, A.N. et al, *Dokl. Akad. Nauk SSSR*, 1954, **97**, 459.
Rausch, M.D. et al, *J. Org. Chem.*, 1963, **28**, 3337.
Rausch, M.D. et al, *Synth. React. Inorg. Metal-Org. Chem.*, 1973, **3**, 193 (synth)
Haworth, D.T. et al, *Sep. Sci.*, 1976, **11**, 327 (tlc)

$C_{10}H_8Cl_2FeHg_2$ Hg-00584
1,2-Bis(chloromercuri)ferrocene

1,2-Bis(chloromercurio)ferrocene, 9CI

[51021-49-9]

M 656.106

Yellow cryst. (Me$_2$CO). Mp 200-5° dec. Previously assigned the 1,3-structure. Forms a solvate Mp. 170-2° with DMSO.

Nefedov, V.A. et al, *Zh. Obshch. Khim.*, 1966, **36**, 122.
Roling, P.V. et al, *J. Org. Chem.*, 1974, **39**, 1420 (*synth, pmr*)

$C_{10}H_8Cl_2Hg_2Ru$ Hg-00585
1,1′-Bis(chloromercuri)ruthenocene

ClHg—[Cp]—Ru—[Cp]—HgCl

M 701.329

Long yellow needles (butanol). Mp 217-8°. Contaminated with monosubstitution prod.

Rausch, M.D. et al, *J. Am. Chem. Soc.*, 1960, **82**, 76 (*synth*)
Nesmeyanov, A.N. et al, *Izv. Akad. Nauk SSSR, Ser. Khim.*, 1972, 1823.

$C_{10}H_8HgO$ Hg-00586
Hydroxy(1-naphthyl)mercury

Hydroxy(1-naphthalenyl)mercury, 9CI. *1-Naphthylmercury hydroxide. 1-Hydroxymercurinaphthalene*

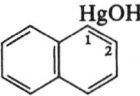

M 344.763

Mp 228° (sinters).

Slotta, K.H. et al, *J. Prakt. Chem.*, 1929, **120**, 249.

$C_{10}H_9ClFeHg$ Hg-00587
Chloromercuriferrocene

Ferrocenylmercury chloride. Chloroferrocenyl mercury. (Chloromercurio)ferrocene, 10CI, 9CI

[1273-75-2]

[Cp]—Fe—[Cp]—HgCl

M 421.071

Golden platelets (CH$_2$Cl$_2$/pet. ether). Mp 197-9°.

Fish, R.W. et al, *J. Org. Chem.*, 1957, **22**, 960 (*synth*)
Nesmeyanov, A.N. et al, *Dokl. Akad. Nauk SSSR*, 1959, **126**, 1004; 1971, **198**, 1099; *Chem. Ber.*, 1960, **93**, 2717; *Izv. Akad. Nauk. SSSR, Otd. Khim. Nauk.*, 1962, 47.
Tanikawa, K. et al, *CA*, 1971, **75**, 29735 (*tlc*)
Rausch, M.D. et al, *Synth. React. Inorg. Metal-Org. Chem.*, 1973, **3**, 193 (*synth*)
Maslowski, E., *J. Mol. Struct.*, 1974, **21**, 468 (*ir*)

$C_{10}H_9HgNO$ Hg-00588
Methyl(8-quinolinolato-N^1,O^8)mercury, 10CI

Methylmercury-8-quinolinolate. Metisol

[86-85-1]

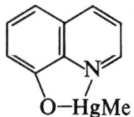

M 359.777

Monomeric in C$_6$H$_6$. Herbicide, fungicide. Pale-yellow cryst. (hexane). Mp 90° (99°).

▷OW7000000.

Monohydrate: Formed readily in moist air. Mp 93-5° dec.

Sytsma, L.F. et al, *J. Organomet. Chem.*, 1973, **54**, 15 (*nmr*)
Glockling, F. et al, *Inorg. Chim. Acta*, 1977, **25**, L117 (*synth, pmr, nmr, ms*)
Bertino, R.J. et al, *Aust. J. Chem.*, 1978, **31**, 527 (*synth, uv, ms, ir*)

$C_{10}H_{10}Hg$ Hg-00589
Di-2,4-cyclopentadien-1-ylmercury, 9CI

[18263-08-6]

$(C_5H_5)_2Hg$

M 330.779

Yellow cryst. (Et$_2$O), sensitive to light, moisture and heat. Mp 83-4° dec. Turns grey on storage.

Lenzer, S., *Aust. J. Chem.*, 1969, **22**, 1303 (*synth*)
Lorberth, J., *J. Organomet. Chem.*, 1969, **19**, 189 (*synth, pmr*)
Maslowsky, E. et al, *Inorg. Chem.*, 1969, **8**, 1108 (*pmr, ir, raman*)
West, P. et al, *J. Am. Chem. Soc.*, 1969, **91**, 5649 (*pmr*)
Mink, J. et al, *J. Organomet. Chem.*, 1972, **34**, 4C (*ir*)
Cotton, F.A. et al, *Inorg. Chim. Acta*, 1975, **15**, 245 (*cmr*)
Cradock, S. et al, *J. Chem. Soc., Faraday Trans. 2*, 1978, **74**, 194 (*pe*)

$C_{10}H_{11}Br_2Hg_2NO_2S$ Hg-00590
2,6-Bis(bromomercuri)-4-phenyltetrahydro-1,4-thiazine 1,1-dioxide

Dibromo[μ-(4-phenylthiomorpholine-2,6-diyl)]dimercury S,S-dioxide, 10CI. *2,6-Bis(bromomercuri)-4-phenylthiomorpholine 1,1-dioxide*

[82222-63-7]

M 770.250

Solid. Mp 98-100° dec.

Barluenga, J. et al, *Synthesis*, 1982, 417 (*synth, ir*)

$C_{10}H_{11}ClHgO_3$ Hg-00591
2-Chloromercuri-3-methoxy-3-phenylpropanoic acid

α-(Chloromercuri)-β-methoxyhydrocinnamic acid. (1-Carboxy-2-methoxy-2-phenylethyl)chloromercury

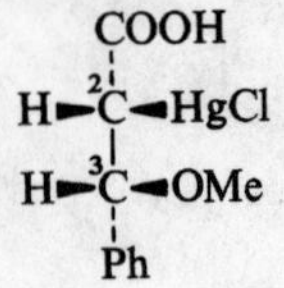

(2RS,3RS)-form

M 415.238

(2RS,3RS)-form
β-form
Cryst. Mp 100-2° dec. In MeOH soln. is converted to a polymeric anhydromercurial, Mp 186-8°.

CHCl₃ solvate:
$C_{11}H_{12}Cl_4HgO_4$ M 550.615
Mp 89-91°.

(2RS,3SR)-form
α-form
Cryst. (MeOH aq.). Mp 179-81° dec. Stable in boiling MeOH.

Park, W.R.R. et al, *J. Org. Chem.*, 1954, **19**, 1325 (synth)

$C_{10}H_{11}Cl_3Hg$ Hg-00592
(Trichloromethyl)(2,4,6-trimethylphenyl)mercury, 9CI

Mesityl(trichloromethyl)mercury

[58926-18-4]

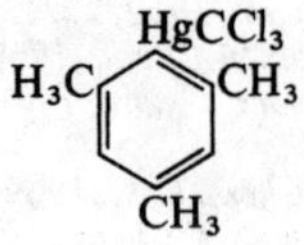

M 438.146
Cryst. (CCl₄). Mp 111-3°. Dec. at 170°.

Seyferth, D. et al, *J. Organomet. Chem.*, 1976, **104**, 9 (synth, pmr, ir)

$C_{10}H_{11}Hg_2NO_4$ Hg-00593
2,4-Bis(acetoxymercuri)aniline

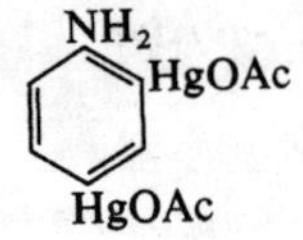

M 610.381
Mp 209° dec.

Bruice, T.C., *J. Am. Chem. Soc.*, 1950, **72**, 1398 (synth)

$C_{10}H_{12}ClHgNO_3$ Hg-00594
Chloro[3-methoxy-3-(4-nitrophenyl)propyl]mercury, 10CI

3-Methoxy-3-(4-nitrophenyl)propylmercury chloride. 3-Chloromercuri-1-methoxy-1-(4-nitrophenyl)propane

[53720-12-0]

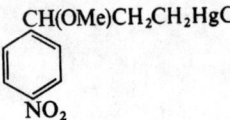

M 430.253

(±)-form
Cryst. (C₆H₆). Mp 97°.

Shabarov, Yu.S. et al, *J. Organomet. Chem.*, 1978, **150**, 7 (synth, pmr)

$C_{10}H_{12}HgN_2O_4$ Hg-00595
Bis(1-cyano-2-ethoxy-2-oxoethyl)mercury, 10CI

[64451-26-9]

EtOOCCH(CN)HgCH(CN)COOEt

M 424.806
Solid.

Glidewell, C., *J. Organomet. Chem.*, 1977, **136**, 7 (synth, pmr, cmr, ir)

$C_{10}H_{12}HgO_4$ Hg-00596
(Acetato-O)(2-hydroperoxy-2-phenylethyl)mercury, 9CI

(Acetato)(β-hydroperoxyphenethyl)mercury, 8CI. 2-Hydroperoxy-2-phenylethylmercury acetate. 2-Acetoxymercuri-1-hydroperoxy-1-phenylethane

[21803-29-2]

AcOHgCH₂CHPhOOH

M 396.792

(±)-form
Cryst. (Me₂CO or C₆H₆). Mp 118-9° (115-6°).

Sokolov, V.I. et al, *J. Org. Chem. USSR (Engl. Transl.)*, 1969, **5**, 168 (synth, ir)
Schmitz, E. et al, *J. Prakt. Chem.*, 1970, **312**, 30 (synth, pmr)
Sokolov, V.I., *Bull. Acad. Sci. USSR (Engl. Transl.)*, 1972, **21**, 1043
Bloodworth, A.J. et al, *J. Chem. Soc., Perkin Trans. 1*, 1977, 1031 (synth, pmr, cmr)

$C_{10}H_{13}ClHg$ Hg-00597
Chloro(2,3,4,5-tetramethylphenyl)mercury

(2,3,4,5-Tetramethylphenyl)mercury chloride. 1-Chloromercuri-2,3,4,5-tetramethylbenzene

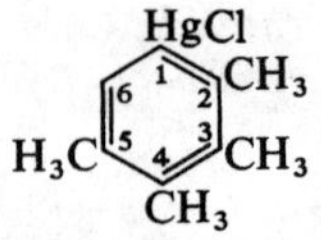

M 369.256
Cryst. (CHCl₃). Mp 216-7°.

Smith, L.I. et al, *J. Am. Chem. Soc.*, 1935, **57**, 2370 (synth)

$C_{10}H_{13}ClHg$ Hg-00598
Chloro(2,3,4,6-tetramethylphenyl)mercury

(2,3,4,6-Tetramethylphenyl)mercury chloride. 2-Chloromercuri-1,3,4,5-tetramethylbenzene

M 369.256
Cryst. (MeOH/CHCl₃). Mp 174°.

Smith, L.I. et al, *J. Am. Chem. Soc.*, 1935, **57**, 2370 (synth)

C₁₀H₁₃ClHg — Hg-00599

Chloro(2,3,5,6-tetramethylphenyl)mercury, 9CI

Durylmercury chloride. 2,3,5,6-Tetramethylphenylmercury chloride. Chloromercuridurene

[31295-71-3]

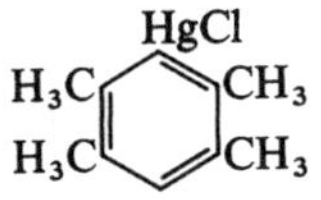

M 369.256
Cryst. (CHCl₃). Mp 188-9°.

Smith, L.I. et al, *J. Am. Chem. Soc.*, 1935, **57**, 2370 (synth)
Banney, P.J. et al, *Aust. J. Chem.*, 1971, **24**, 317 (synth, pmr)

C₁₀H₁₃ClHgO — Hg-00600

1-Chloromercuri-2-methoxy-1-phenylpropane

Chloro(2-methoxy-1-phenylpropyl)mercury. (2-Methoxy-1-phenylpropyl)mercury chloride

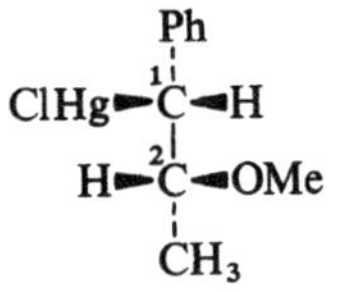

(1RS,2RS)-form

M 385.255

(**1RS,2RS**)-*form*
(±)-threo-*form*
Cryst. (MeOH). Mp 62-3°.

(**1RS,2SR**)-*form*
(±)-erythro-*form*
Cryst. (EtOH). Mp 29.5-30.9°.

Park, W.R.R. et al, *J. Org. Chem.*, 1954, **19**, 1435 (synth)

C₁₀H₁₃ClHgO — Hg-00601

2-Chloromercuri-1-methoxy-1-phenylpropane

(1-Methoxy-1-phenyl-2-propyl)mercury chloride. Chloro(2-methoxy-1-methyl-2-phenylethyl)mercury

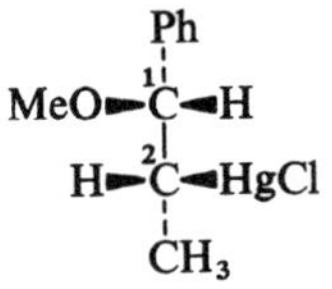

(1RS,2RS)-form

M 385.255

(**1RS,2RS**)-*form*
(±)-threo-*form*
Cryst. (MeOH). Mp 114-5°.

(**1RS,2SR**)-*form*
(±)-erythro-*form*
Cryst. (MeOH). Mp 93-5°.

Park, W.R.R. et al, *J. Org. Chem.*, 1954, **19**, 1435 (synth)

C₁₀H₁₃HgNO₂ — Hg-00602

(Acetato-O)[4-dimethylaminophenyl]mercury, 9CI

4-Dimethylaminophenylmercury acetate. p-Acetoxymercuri-N,N-dimethylaniline

[23332-31-2]

M 379.808
Needles (EtOH). Sol. C₆H₆, CCl₄. Mp 165°.

Dimroth, O. et al, *Ber.*, 1902, **35**, 2032 (synth)

Albert, A.F. et al, *Justus Liebigs Ann. Chem.*, 1928, **465**, 257 (synth)
Whitmore, F.C. et al, *J. Am. Chem. Soc.*, 1929, **51**, 894 (synth)
Baliah, V. et al, *J. Indian. Chem. Soc.*, 1963, **40**, 638 (uv)
Fedorov, L.A. et al, *J. Struct. Chem.*, (Engl. Transl.), 1978, **19**, 549 (pmr)

C₁₀H₁₃HgNO₃ — Hg-00603

Methyl(tyrosinato-O')mercury

Methylmercury tyrosinate

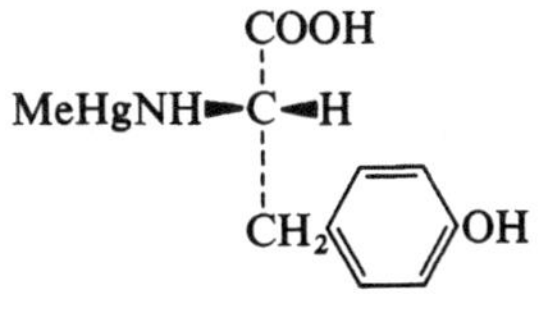

M 395.808
Zwitterionic with *N*-bound Hg in solid state. Weaker interaction between Hg and COOH and benzene ring.

(**S**)-*form* [71836-32-3]
L-*form*
Needles + 1H₂O (H₂O).

Brown, A.J. et al, *J. Chem. Soc., Dalton Trans.*, 1976, 1589 (cmr)
Alcock, N.W. et al, *J. Chem. Soc., Dalton Trans.*, 1978, 1324 (synth, cryst struct, pmr)
Lampe, P.A. et al, *Inorg. Chim. Acta*, 1979, **36**, 27 (pmr)
Hershberger, M.V. et al, *J. Inorg. Biochem.*, 1980, **13**, 273.

C₁₀H₁₄ClHgN — Hg-00604

Chloro[2-[1-(dimethylamino)ethyl]phenyl]mercury, 10CI

2-[1-(N,N-Dimethylamino)ethyl]phenylmercury chloride

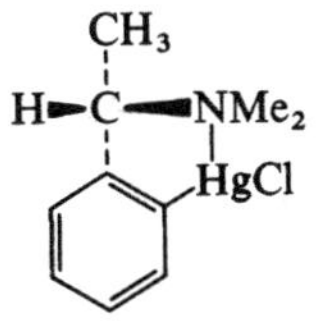

M 384.270
Monomeric in CHCl₃, fluxional at r.t.

(**S**)-*form* [79411-71-5]
Needles (pentane). Mp 70°. Optical rotation not recorded.

Van der Ploeg, A.F.M.J. et al, *J. Organomet. Chem.*, 1981, **212**, 283 (synth, pmr, cmr)

C₁₀H₁₄Hg — Hg-00605

Di-1-cyclopenten-1-ylmercury

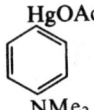

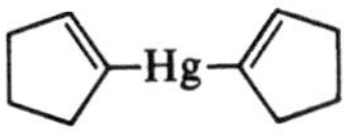

M 334.811
Cryst. (EtOH). Mp 63.5-64.5°.

Foster, D.J. et al, *J. Am. Chem. Soc.*, 1961, **83**, 851 (synth)

C₁₀H₁₄HgO₄ — Hg-00606

Bis(1-acetyl-2-oxopropyl)mercury, 9CI

Bis(1-acetylacetonyl)mercury, 8CI. *Mercurybis(acetylacetonate). Bis(2,4-pentanedionato)mercury. Bis(2,4-dioxo-3-pentyl)mercury*

[27259-68-3]

(H₃CCO)₂CHHgCH(COCH₃)₂

M 398.808
Catalyst for formn. of polyamide acid films and for alkene polym. Cryst. (2,4-pentanedione). Spar. sol. common solvs. Mp 254° dec.

Flautau, K. et al, *Angew. Chem., Int. Ed. Engl.*, 1970, **9**, 379 (synth, pmr, ir)
Allmann, R. et al, *Chem. Ber.*, 1972, **105**, 3067 (synth, ir)

$C_{10}H_{15}ClHg$ Hg-00607
1-Chloromercuriadamantane
Chlorotricyclo[3.3.1.1^{3,7}]dec-1-ylmercury, 10CI. *1-Chloromercuritricyclo[3.3.1.1^{3,7}]decane. 1-Adamantylmercury chloride. 1-Adamantylchloromercury*
[76283-33-5]

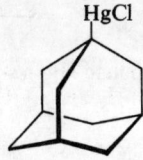

M 371.272
Cryst. (Me$_2$CO/hexane). Mp 195-9°. Sublimes.

Ol'dekop, Yu.A. et al, *J. Organomet. Chem.*, 1980, **201**, 39 (synth, ir)

$C_{10}H_{15}ClHg$ Hg-00608
1-Chloromercuri-2-methylene-3,3-dimethylbicyclo[2.2.1]-heptane
Chloro(3,3-dimethyl-2-methylenebicyclo[2.2.1]hept-1-yl)mercury, 9CI. *(3,3-Dimethyl-2-methylenebicyclo[2.2.1]hept-1-yl)mercury chloride. α-Chloromercuricamphene*
[64120-46-3]

M 371.272
Nesmeyanov, A.N. et al, *Dokl. Akad. Nauk SSSR, Ser. Sci. Khim.*, 1977, **235**, 362 (cmr)
Nesmeyanov, A.N. et al, *Izv. Akad. Nauk SSSR, Ser. Khim.*, 1977, 2346 (synth)
Nesmeyanov, A.N. et al, *Dokl. Akad. Nauk SSSR, Ser. Sci. Khim.*, 1978, **241**, 869 (ms)
Andrianov, V.G. et al, *Bull. Akad. Sci., USSR, Div. Chem. Sci.*, 1979, **28**, 1865 (cryst struct)
Nesmeyanov, A.N. et al, *J. Organomet. Chem.*, 1979, **172**, 133.
Nesmeyanov, A.N. et al, *Dokl. Akad. Nauk SSSR, Ser. Sci. Khim.*, 1980, **251**, 1172 (pe)

$C_{10}H_{15}ClHgO_2$ Hg-00609
2-Acetoxy-3-chloromercuribicyclo[2.2.2]octane
(3-Acetoxybicyclo[2.2.2]oct-2-yl)chloromercury. (3-Acetoxybicyclo[2.2.2]oct-2-yl)mercury chloride

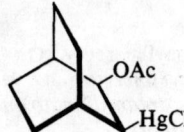

M 403.270

cis-form
Oil (solidifies at ca. 10°).

Traylor, T.G., *J. Am. Chem. Soc.*, 1964, **86**, 244 (synth, ir)

$C_{10}H_{16}HgO_4$ Hg-00610
1-Acetoxy-2-acetoxymercuricyclohexane
(Acetato-O)[(2-acetyloxy)cyclohexyl]mercury, 9CI. *2-Acetoxycyclohexylmercury acetate*

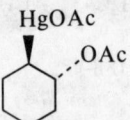

M 400.824
(*1RS,2RS*)-form [38512-73-1]
(±)-trans-*form*
Cryst. (pet. ether). Mp 86-8°.

Brook, A.G. et al, *Can. J. Res., Sect. B*, 1950, **28**, 623 (synth)
Collin, G. et al, *J. Prakt. Chem.*, 1972, **314**, 229 (synth)
Bloodworth, A.J. et al, *J. Chem. Soc., Perkin Trans. 1*, 1981, 3258 (synth, pmr, cmr)

$C_{10}H_{16}HgO_4$ Hg-00611
1-Acetoxy-4-acetoxymercuricyclohexane
(Acetato-O)[4-(acetyloxy)cyclohexyl]mercury, 9CI. *4-Acetoxycyclohexylmercury acetate*

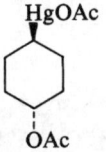

M 400.824
trans-form [42742-04-1]
Cryst. (C$_6$H$_6$/pet. ether). Mp 114-5°.

Julia, M. et al, *Bull. Soc. Chim. Fr.*, 1973, 1796 (synth)

$C_{10}H_{16}HgO_4$ Hg-00612
3-Acetoxy-4-(acetoxymercuri)-3-hexene
(Acetato-O)[2-(acetyloxy)-1-ethyl-1-butenyl]mercury

$$\begin{array}{c} \text{AcO} \quad\quad \text{CH}_2\text{CH}_3 \\ \diagdown\;\;\;\;\diagup \\ \text{C}=\text{C} \\ \diagup\;\;\;\;\diagdown \\ \text{H}_3\text{CH}_2\text{C} \quad\quad \text{HgOAc} \end{array}$$

M 400.824
(*E*)-*form* [82352-03-2]
Cryst. (cyclohexane). Mp 57°.

Bach, R.D. et al, *J. Org. Chem.*, 1982, **47**, 3707 (synth, ir, pmr, cryst struct)

$C_{10}H_{17}ClHg$ Hg-00613
Chloro[(6,6-dimethylbicyclo[3.1.1]heptane-2-yl)methyl]mercury
Chloro-10-pinanylmercury. Myrtanylmercury chloride. 10-Chloromercuripinane

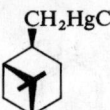

M 373.287
cis-form [27494-98-0]
Mp 127-127.4°.

Larock, R.C. et al, *J. Am. Chem. Soc.*, 1970, **92**, 2467 (synth)

$C_{10}H_{17}ClHgO$ Hg-00614
4-*tert*-Butyl-2-chloromercuricyclohexanone
Chloro[5-(1,1-dimethylethyl)-2-oxocyclohexyl]mercury

(2RS,4RS)-form

M 389.287
Cryst. (CHCl$_3$). Mp 187-8°. Characterised spectroscopically.
(2RS,4RS)-form [77172-56-6]
(±)-cis-*form*
Characterised spectroscopically.
(1RS,2SR)-form [77172-55-5]
(±)-trans-*form*
Characterised spectroscopically.

Kitching, W. *et al*, *J. Org. Chem.*, 1981, **46**, 2695 (*synth, cmr, nmr, pmr*)

$C_{10}H_{17}F_3HgO_4$ Hg-00615
[2-(*tert*-Butylperoxy)-1-methylpropyl](trifluoroacetato)mercury
[2-[(1,1-Dimethylethyl)dioxy]-1-methylpropyl](trifluoroacetato-O)mercury, 9CI. 2-(1,1-Dimethylethyldioxy)-3-(trifluoroacetoxymercuri)butane. (2-tert-Butylperoxy-3-butyl)mercury trifluoroacetate
[56030-64-9]

(RS,RS)-form

M 458.827
(RS,RS)-form
±)-threo-*form*
Cryst. Mp 40°.
(RS,SR)-form [56030-63-8]
(±)-erythro-*form*
Oil.

Bloodworth, A.J. *et al*, *J. Chem. Soc., Perkin Trans. 1*, 1975, 195 (*synth, pmr*)
Bloodworth, A.J. *et al*, *J. Chem. Soc., Perkin Trans. 2*, 1975, 531 (*pmr*)

$C_{10}H_{18}Hg$ Hg-00616
Dicyclopentylmercury, 8CI
[23786-94-9]

M 338.842
Needles (EtOH aq.). Mp 106-8°. Dec. on standing.
Arai, T., *Bull. Chem. Soc. Jpn.*, 1959, **32**, 184 (*synth*)
Shihada, A.-F. *et al*, *J. Organomet. Chem.*, 1970, **24**, 45 (*ir*)

$C_{10}H_{18}Hg$ Hg-00617
Di-4-pentenylmercury, 9CI
[53103-00-7]

$(H_2C=CHCH_2CH_2CH_2)_2Hg$

M 338.842
Oil.
St. Denis, J. *et al*, *J. Organomet. Chem.*, 1974, **71**, 315 (*synth, pmr, ir*)
Albright, M.J. *et al*, *J. Organomet. Chem.*, 1977, **125**, 1 (*cmr*)

$C_{10}H_{18}HgO_2$ Hg-00618
Bis(4-oxopentyl)mercury
5,5′-Mercuridi-2-pentanone

$(H_3CCOCH_2CH_2CH_2)_2Hg$

M 370.841
Bp$_3$ 167-9°.
Ichikawa, K. *et al*, *J. Org. Chem.*, 1958, **24**, 1129 (*synth*)

$C_{10}H_{19}BrHgO_2$ Hg-00619
1-Bromomercuri-2-*tert*-butylperoxycyclohexane
Bromo[2-[(1,1-dimethylethyl)dioxy]cyclohexyl]mercury, 9CI. Bromo[2-(tert-butylperoxy)cyclohexyl]mercury. [2-(tert-Butylperoxy)cyclohexyl]mercury bromide
[56030-71-8]

M 451.753
(1RS,2RS)-form [56660-47-0]
(±)-trans-*form*
Cryst. (pet. ether/CH$_2$Cl$_2$). Mp 90°.

Bloodworth, A.J. *et al*, *J. Chem. Soc., Perkin Trans. 1*, 1975, 195 (*synth, pmr*)
Bloodworth, A.J. *et al*, *J. Chem. Soc., Perkin Trans. 2*, 1975, 531 (*pmr*)
Bloodworth, A.J. *et al*, *J. Chem. Soc., Perkin Trans. 1*, 1981, 3258 (*synth, cmr*)

$C_{10}H_{20}ClHgNO$ Hg-00620
[2-(Acetylamino)octyl]chloromercury, 9CI
2-Acetamidooctylmercury chloride. N-Acetyl-2-aminooctylmercury chloride. (2-Acetamidooctyl)chloromercury. 2-Acetamido-1-chloromercurioctane
[56943-37-4]

$H_3C(CH_2)_5CH(NHAc)CH_2HgCl$

M 406.317
(±)-*form*
Cryst. (EtOH aq.). Mp 101-2°.
Kretchmer, R.A. *et al*, *J. Org. Chem.*, 1976, **41**, 192 (*synth, pmr*)

$C_{10}H_{20}HgN_2O_2$ Hg-00621
Bis(diethylaminocarbonyl)mercury, 9CI
Bis(diethylcarbamoyl)mercury, 8CI. 1,1′-Mercuribis(N,N-diethylformamide)
[7547-29-7]

$Et_2NCOHgCONEt_2$

M 400.870
Solid (C$_6$H$_6$, Et$_2$O or THF); stable towards conc. H$_2$SO$_4$ but dec. by dil. HCl. ir (CO) 1575 cm^{-1}.
Schöllkopf, U. *et al*, *Angew. Chem., Int. Ed. Engl.*, 1966, **5**, 664 (*synth, ir, pmr*)
Toman, K. *et al*, *Z. Kristallogr., Kristallgeom., Kristallphys., Kristallchem.*, 1975, **142**, 35 (*cryst struct*)

C₁₀H₂₀Hg₂ — Hg-00622
1,7-Dimercuracyclododecane
[294-75-7]

M 541.448
See also Mercuracyclohexane, Hg-00243 and 1,7,13,19-Tetramercuracyclotetracosane, Hg-00837. Cryst. (dimorph.; low-melting form from C₆H₆/MeOH, high-melting form from Et₂O or Me₂O). Mp 113°, 120°.

Sawatzky, H. et al, *Can. J. Chem.*, 1958, **36**, 1555.
Beinert, G. et al, *Makromol. Chem.*, 1964, **70**, 61 (synth)
Beinert, G., *Bull. Soc. Chim. Fr.*, 1970, 2284 (synth)

C₁₀H₂₁HgN₂O₇P — Hg-00623
[1-(Diethoxyphosphinyl)-2-(diethylamino)-2-oxoethyl]nitratomercury
Diethyl N,N-diethylcarbamylmethylenephosphonatomercury nitrate
[82744-73-8]

M 512.849
Dimeric in solid state.
Dimer: Bis[μ-[1-(diethoxyphosphinyl)-2-(diethylamino)-2-oxoethyl]]bis(nitrato-O,O')dimercury.
C₂₀H₄₂Hg₂N₄O₁₄P₂   M 1025.698
Cryst. (EtOH). Sol CH₂Cl₂, CHCl₃, MeCN, spar. sol. EtOH, insol. hexane, H₂O.

Bowen, S.M. et al, *Inorg. Chim. Acta*, 1982, **59**, 53 (synth, pmr, cmr, nmr, ir)

C₁₀H₂₂Hg — Hg-00624
Bis(2,2-dimethylpropyl)mercury, 9CI
Dineopentylmercury, 8CI
[10284-49-8]

(H₃C)₃CCH₂HgCH₂C(CH₃)₃

M 342.874
Mp 38-9° (31-3°). Bp₃ 67-9°.

Whitmore, F.C. et al, *J. Am. Chem. Soc.*, 1939, **61**, 1591 (synth)
Singh, G. et al, *J. Organomet. Chem.*, 1975, **42**, 267 (cmr, pmr)
Fehlner, T.P. et al, *Inorg. Chem.*, 1976, **15**, 2544 (pe)
Kennedy, J.D. et al, *J. Chem. Soc., Faraday Trans. 2*, 1976, **72**, 1653 (nmr)
Foley, P. et al, *J. Am. Chem. Soc.*, 1980, **102**, 6713 (synth, pmr)

C₁₀H₂₂HgSi₂ — Hg-00625
Bis[(2-trimethylsilyl)ethenyl]mercury, 9CI
Bis[(2-trimethylsilyl)vinyl]mercury, 8CI

(Me₃SiCH=CH)₂Hg

M 399.045
(*E,E*)-*form* [65801-57-2]
Colourless liq. Bp₀.₀₃ 78-9°. n_D 1.5264.

Seyferth, D. et al, *J. Organomet. Chem.*, 1978, **144**, 1 (synth, pmr)

C₁₀H₂₄As₂Hg — Hg-00626
Bis(3-dimethylarsinopropyl)mercury, 8CI
[27350-64-7]

(Me₂AsCH₂CH₂CH₂)₂Hg

M 494.733
Oil. Bp₁ 170°.

Tzschach, A. et al, *Z. Chem.*, 1970, **10**, 195 (synth)

C₁₀H₂₇ClHgSi₃ — Hg-00627
Chloro[tris(trimethylsilyl)methyl]mercury, 9CI
[Tris(trimethylsilyl)methyl]mercury chloride
[63676-59-5]

(Me₃Si)₃CHgCl

M 467.623
Cryst. Mp 196-200°.

Glockling, F. et al, *J. Chem. Res. (S)*, 1977, 116 (pmr, cmr, ir, raman, synth)

C₁₁H₁₀BrHgN — Hg-00628
Bromo[1-(8-quinolinyl)ethyl-C,N]mercury
8-(α-Bromomercuriethyl)quinoline. 1-(8-Quinolinyl)-ethylmercury bromide
[81894-25-9]

M 436.701
(+)-*form*
[α]$_D^{20}$ +19.4° (c, 1.14 in CH₂Cl₂).
(−)-*form* [82169-21-9]
Mp 132° (dec.). [α]$_D^{20}$ −9.0° (c, 1.71 in CH₂Cl₂).
(±)-*form*
Cryst. (CH₂Cl₂ or C₆H₆/pentane). Mp 156-7° (152°).

Reutov, O.A. et al, *Bull. Acad. Sci., USSR (Engl. Transl.)*, 1981, **30**, 928 (synth, ir)
Sokolov, V.I. et al, *J. Organomet. Chem.*, 1982, **225**, 57 (synth)

C₁₁H₁₁ClHgO₂ — Hg-00629
1-Acetoxy-2-chloromercuri-1-phenylpropene
[2-(Acetyloxy)-1-methyl-2-phenylethenyl]chloromercury, 9CI. *[2-(Acetyloxy)-1-methyl-2-phenylethenyl]mercury chloride*
[72950-46-0]

M 411.250
(*E*)-*form* [56955-01-2]
Cryst. (EtOH). Mp 120° (112-4°).

Spear, R.J. et al, *Tetrahedron Lett.*, 1977, 4535 (synth, ir, pmr)
Kartashov, V.R. et al, *J. Org. Chem. USSR (Engl. Transl.)*, 1979, **15**, 1829 (synth, pmr)
Uemura, S. et al, *J. Chem. Soc., Perkin Trans. 1*, 1980, 1098 (synth, ir)

$C_{11}H_{11}ClHgO_2$ — Hg-00630

2-Acetoxy-1-chloromercuri-1-phenylpropene

[2-(Acetyloxy)-1-phenyl-1-propenyl]chloromercury, 9CI. [2-(Acetyloxy)-1-phenyl-1-propenyl]mercury chloride

[72950-47-1]

$$\begin{array}{c} AcO \\ \diagdown \\ C=C \\ \diagup \\ H_3C \end{array} \begin{array}{c} Ph \\ \diagup \\ \diagdown \\ HgCl \end{array}$$

M 411.250

(E)-form [56955-02-3]

Cryst. (EtOH or MeOH). Mp 155-7° (165°).

Spear, R.J. et al, *Tetrahedron Lett.*, 1977, 4535 (synth, ir, pmr)
Kartashov, V.R. et al, *J. Org. Chem. USSR (Engl. Transl.)*, 1979, **15**, 1829 (synth, pmr)
Uemura, S. et al, *J. Chem. Soc., Perkin Trans. 1*, 1980, 1098 (synth, ir, pmr)

$C_{11}H_{11}HgN_2^{\oplus}$ — Hg-00631

(2,2'-Bipyridine)methylmercury(1+)

$$\left[\begin{array}{c} \text{(bipyridine)} \\ \text{HgMe} \end{array} \right]^{\oplus}$$

M 371.811 (ion)

Nitrate: [56665-11-3].
  $C_{11}H_{11}HgN_3O_3$ M 433.816
  Needles (MeOH or EtOH). Mp 200-1° dec. Stability const. = $10^{5.86}$ (H_2O, 25°).

Coates, G.E. et al, *J. Chem. Soc.*, 1965, 1857 (synth, ir)
Canty, A.J. et al, *Inorg. Chem.*, 1976, **15**, 425 (synth, ir, pmr, cmr)
Canty, A.J. et al, *J. Chem. Soc., Dalton Trans.*, 1976, 2018 (cryst struct)
Canty, A.J. et al, *J. Organomet. Chem.*, 1978, **144**, 371 (nmr)

$C_{11}H_{13}ClHgO_2$ — Hg-00632

[3-(Acetyloxy)-3-phenylpropyl]chloromercury, 9CI

3-Acetoxy-3-phenylpropylmercury chloride. 1-Acetoxy-3-chloromercuri-1-phenylpropane

[56786-69-7]

$$PhCH(OAc)CH_2CH_2HgCl$$

M 413.266

(±)-form

Viscous oil.

Shabarov, Yu.S. et al, *J. Org. Chem. USSR (Engl. Transl.)*, 1975, **11**, 1207 (synth, ir, pmr)

$C_{11}H_{15}HgNO_2$ — Hg-00633

(2-Amino-4-phenylbutanoato)methylmercury

(α-Aminobenzenebutanoato-N,O)methylmercury

[71836-33-4]

$$\begin{array}{c} COOH \\ | \\ MeHgNH\!-\!C\!\leftarrow\!H \\ | \\ CH_2CH_2Ph \end{array}$$

M 393.835

Zwitterionic. In solid state Hg is bound to N with a weaker HgCOOH interaction.

(S)-form [69091-10-7]

Needles (H_2O).

Alcock, N.W. et al, *J. Chem. Soc., Dalton Trans.*, 1978, 1324 (cryst struct, pmr)
Lampe, P.A. et al, *Inorg. Chim. Acta*, 1979, **36**, 27 (pmr)

$C_{11}H_{16}ClHgN$ — Hg-00634

(Chloromethyl)[(4-diethylamino)phenyl]mercury

[73269-52-0]

$$\begin{array}{c} HgCH_2Cl \\ | \\ \text{(phenyl ring)} \\ | \\ NEt_2 \end{array}$$

M 398.297

Oil, stable below −10°.

▷Highly toxic; causes severe skin lesions even in dil. soln.

Barluenga, J. et al, *Synthesis*, 1979, 893 (synth, ir, pmr, use)
Barluenga, J. et al, *J. Chem. Soc., Perkin Trans. 1*, 1980, 1420 (use)

$C_{11}H_{18}ClHgN$ — Hg-00635

5-Chloromercuri-3-propyl-3-azatricyclo[4.2.1.0^{4,8}]nonane

Chloro(octahydro-1-propyl-3,5-methanocyclopenta[b]pyrrol-6-yl)mercury, 9CI

[35180-40-6]

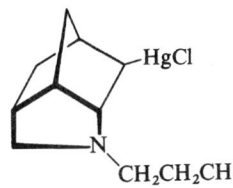

M 400.313

exo-form known.

Perie, J.J. et al, *Tetrahedron Lett.*, 1971, 4399 (synth, pmr)

$C_{11}H_{19}BrHgO_2$ — Hg-00636

2-Bromomercuri-3-(tert-butylperoxy)bicyclo[2.2.1]heptane

Bromo[3-[(1,1-dimethylethyl)dioxy]bicyclo[2.2.1]hept-2-yl]mercury, 9CI. Bromo[2-(tert-butylperoxy)norborn-3-yl]mercury. [2-(tert-Butylperoxy)bicyclo[2.2.1]-hept-2-yl]mercury bromide. [2-(tert-Butylperoxy)norborn-3-yl]mercury bromide

[56030-73-0]

$$\begin{array}{c} \text{(norbornane)} \!-\! HgBr \\ | \\ O\!-\!O\!-\!C(CH_3)_3 \end{array}$$

M 463.764

(1RS,2SR,3SR)-form [80778-23-0]

(±)-exo,exo-*form*

Cryst. (MeOH). Mp 92°.

Bloodworth, A.J. et al, *J. Chem. Soc., Perkin Trans. 1*, 1975, 195 (synth, pmr)
Bloodworth, A.J. et al, *J. Chem. Soc., Perkin Trans. 2*, 1975, 531 (pmr)
Bloodworth, A.J. et al, *J. Chem. Soc., Perkin Trans. 1*, 1981, 3258 (synth, cmr)

$C_{11}H_{21}ClHgO_2$ Hg-00637
11-Chloromercuriundecanoic acid
(*10-Carboxydecyl*)*chloromercury*, 8CI

$$ClHg(CH_2)_{10}COOH$$

M 421.329
Me ester: [27151-78-6].
    $C_{12}H_{23}ClHgO_2$ M 435.356
    Cryst. (MeOH). Mp 97.5-98°.

Larock, R.C. *et al*, *J. Am. Chem. Soc.*, 1970, **92**, 2467 (*synth*)

$C_{11}H_{23}ClHgO$ Hg-00638
3-Chloromercuri-4-methoxy-2,2,5,5-tetramethylhexane
Chloro[1-(1,1-dimethylethyl)-2-methoxy-3,3-dimethylbutyl]mercury, 9CI. (*4-Methoxy-2,2,5,5-tetramethyl-3-hexyl*)*mercury chloride*

M 407.345
(**3RS,4RS**)-*form* [42915-98-0]
(±)-threo-*form*
Mp 85.5-87°.

Bach, R.D. *et al*, *J. Org. Chem.*, 1973, **38**, 3442 (*synth, ir, pmr*)

$C_{11}H_{23}HgNSi_2$ Hg-00639
(η^1-2,4-Cyclopentadien-1-yl)[bis(trimethylsilyl)amido]mercury
2,4-Cyclopentadienyl-1-yl[1,1,1-trimethyl-N-(trimethylsilyl)silanaminato]mercury, 10CI
[66568-20-5]

M 426.070
Monohapto bonded. Solid. Mp 120° dec. Light-sensitive, sublimes.

Sarraje, I. *et al*, *J. Organomet. Chem.*, 1978, **146**, 113 (*synth, pmr, ir*)

$C_{12}Br_8F_2Hg$ Hg-00640
Bis(2,3,5,6-tetrabromo-4-fluorophenyl)mercury
Bis(p-fluorotetrabromophenyl)mercury
[63266-16-0]

X = F

M 1021.951
Cryst. (xylene). Spar. sol. common org. solvs. Mp >300°. Stable to at least 300°.

Deacon, G.B. *et al*, *Aust. J. Chem.*, 1977, **30**, 1013 (*synth, ir, ms*)

$C_{12}Br_{10}Hg$ Hg-00641
Bis(pentabromophenyl)mercury
[57137-96-9]

$$(C_6Br_5)_2Hg$$

M 1143.762
Cryst. (xylene/PhNO$_2$). Mp 406°.

Deacon, G.B. *et al*, *Aust. J. Chem.*, 1977, **30**, 1013 (*synth, ir, ms*)

$C_{12}Cl_{10}Hg$ Hg-00642
Bis(pentachlorophenyl)mercury
[1043-49-8]

$$(C_6Cl_5)_2Hg$$

M 699.252
Needles (PhNO$_2$). Mp 383°.

Paulik, F.E. *et al*, *J. Organomet. Chem.*, 1965, **3**, 229 (*synth*)
Rausch, M.D. *et al*, *J. Organomet. Chem.*, 1966, **5**, 493 (*synth, ir*)
Deacon, G.B. *et al*, *J. Chem. Soc.* (*C*), 1967, 2313 (*synth*)
Cohen, S.C., *J. Chem. Soc.* (*A*), 1971, 632 (*ms*)
Bertino, R.J. *et al*, *Aust. J. Chem.*, 1973, **25**, 1645 (*synth*)
Cookson, P.G. *et al*, *Aust. J. Chem.*, 1973, **26**, 1893 (*synth*)
Wulfsberg, G. *et al*, *Inorg. Chem.*, 1978, **17**, 3426 (*nqr*)

$C_{12}F_{10}Hg$ Hg-00643
Bis(pentafluorophenyl)mercury, 9CI
[973-17-1]

M 534.706
Needles (pet. ether or CCl$_4$). Mp 116°, 141-2° (dimorph.). Lower-melting cryst. obt. from pet. ether >80°, high-melting form on aging or cryst. <40°.

Chambers, R.D. *et al*, *J. Chem. Soc.*, 1962, 4367 (*synth, ir*)
Kunchur, N.R. *et al*, *J. Chem. Soc., Chem. Commun.*, 1966, 71 (*cryst struct*)
Birchall, J.M. *et al*, *J. Chem. Soc.* (*C*), 1967, 47 (*synth*)
McFarlane, W., *J. Chem. Soc.* (*A*), 1968, 2280 (*nmr*)
Seybold, D. *et al*, *J. Organomet. Chem.*, 1968, **11**, 1 (*ir*)
Cohen, S.C. *et al*, *J. Chem. Soc., Chem. Commun.*, 1970, 226 (*ms*)
Deacon, G.B. *et al*, *J. Organomet. Chem.*, 1978, **156**, 403.

$C_{12}H_2Cl_8Hg$ Hg-00644
Bis(2,3,4,5-tetrachlorophenyl)mercury
[37963-58-9]

X = Cl

M 630.362
Cryst. (xylene). Mp 259-60°.

Bertino, R.J. *et al*, *Aust. J. Chem.*, 1972, **25**, 1645 (*synth, ir*)

$C_{12}H_2Cl_8Hg$ Hg-00645
Bis(2,3,4,6-tetrachlorophenyl)mercury
[37963-59-0]

M 630.362
Cryst. (xylene or C_6H_6/hexane). Mp 277-8°.

Bertino, R.J. et al, *Aust. J. Chem.*, 1972, **25**, 1645 (*synth, ir*)
Cookson, P.G. et al, *Aust. J. Chem.*, 1973, **26**, 541, 1893 (*synth*)

$C_{12}H_2Cl_8Hg$ — Hg-00646
Bis(2,3,5,6-tetrachlorophenyl)mercury
[38180-52-8]
M 630.362
Cryst. (xylene). Mp 331-3°.

Bertino, R.J. et al, *Aust. J. Chem.*, 1972, **25**, 1645 (*synth, ir*)
Cookson, P.G. et al, *Aust. J. Chem.*, 1973, **26**, 541, 1893 (*synth*)

$C_{12}H_2F_8Hg$ — Hg-00647
Bis(2,3,4,5-tetrafluorophenyl)mercury
[22871-68-7]
As Bis(2,3,4,5-tetrachlorophenyl)mercury, Hg-00644 with

X = H

M 498.725
Cryst. (CCl_4 or pet. ether). Mp 134-6° (130-1°).

Tamborski, C. et al, *J. Organomet. Chem.*, 1969, **17**, 185 (*synth*)
Cohen, S.C. et al, *Adv. Fluorine Chem.*, 1970, **6**, 83 (*nmr*)
Albrecht, H.B. et al, *J. Organomet. Chem.*, 1973, **57**, 77 (*synth, ir*)
Brown, D.S. et al, *J. Organomet. Chem.*, 1980, **194**, 131 (*cryst struct*)

$C_{12}H_2F_8Hg$ — Hg-00648
Bis(2,3,4,6-tetrafluorophenyl)mercury
[36133-56-9]
M 498.725
Cryst. (hexane or MeOH aq.). Mp 84-84.5°.

Cohen, S.C. et al, *Adv. Fluorine Chem.*, 1970, **6**, 83 (*nmr*)
Albrecht, H.B. et al, *J. Organomet. Chem.*, 1973, **57**, 77 (*synth, ir*)
Cookson, P.G. et al, *Aust. J. Chem.*, 1973, **26**, 1893 (*synth*)

$C_{12}H_2F_8Hg$ — Hg-00649
Bis(2,3,5,6-tetrafluorophenyl)mercury
[2262-05-7]
M 498.725
Cryst. (pet. ether). Mp 149.5-150°.

Albrecht, H.B. et al, *Aust. J. Chem.*, 1972, **25**, 57 (*synth, ir, pmr, nmr*)
Cookson, P.G. et al, *Aust. J. Chem.*, 1973, **26**, 541 (*synth*)
Deacon, G.B. et al, *J. Organomet. Chem.*, 1978, **156**, 403 (*synth*)

$C_{12}H_4Cl_6Hg$ — Hg-00650
Bis(2,3,4-trichlorophenyl)mercury
[33327-71-8]

M 561.472
Cryst. (xylene). Mp 265-6°.

Cookson, P.G. et al, *Aust. J. Chem.*, 1971, **24**, 1599 (*synth, ir*)
Bertino, R.J. et al, *Aust. J. Chem.*, 1972, **25**, 1645 (*synth*)

$C_{12}H_4Cl_6Hg$ — Hg-00651
Bis(2,3,5-trichlorophenyl)mercury
[78921-26-3]
M 561.472
Needles (toluene). Mp 237°.

Deacon, G.B. et al, *Aust. J. Chem.*, 1981, **34**, 301 (*synth, ms, ir*)

$C_{12}H_4Cl_6Hg$ — Hg-00652
Bis(2,3,6-trichlorophenyl)mercury
[78921-28-5]
M 561.472
Cryst. (xylene). Mp 263°.

Deacon, G.B. et al, *Aust. J. Chem.*, 1981, **34**, 301 (*synth, ir, ms*)

$C_{12}H_4Cl_6Hg$ — Hg-00653
Bis(2,4,5-trichlorophenyl)mercury
[33327-72-9]
M 561.472
Needles (toluene). Mp 238-9°.

Cookson, P.G. et al, *Aust. J. Chem.*, 1971, **24**, 1599 (*synth, ir*)
Deacon, G.B. et al, *Aust. J. Chem.*, 1981, **34**, 301 (*synth*)

$C_{12}H_4Cl_6Hg$ — Hg-00654
Bis(2,4,6-trichlorophenyl)mercury
[37963-61-4]
M 561.472
Cryst. (xylene). Mp 274-6°.

Bertino, R.J. et al, *Aust. J. Chem.*, 1972, **25**, 1645 (*synth, ir*)

$C_{12}H_4Cl_6Hg$ — Hg-00655
Bis(3,4,5-trichlorophenyl)mercury
[78921-27-4]
M 561.472
Cryst. (xylene). Mp 315°.

Deacon, G.B. et al, *Aust. J. Chem.*, 1981, **34**, 301 (*synth, ir, ms*)

$C_{12}H_4HgN_6O_{12}$ — Hg-00656
Bis(2,4,6-trinitrophenyl)mercury
Dipicrylmercury

M 624.787
Pale-yellow cryst. (Me_2CO/EtOH). Sol Py, Me_2CO, sl. sol. EtOH, prac. insol. Et_2O. Mp 272°. Pink soln. in Py which dec. in air.
▷Explosion hazard

Kharasch, M.S., *J. Am. Chem. Soc.*, 1921, **43**, 2238.

$C_{12}H_5Br_5Hg$ — Hg-00657
(Pentabromophenyl)phenylmercury
[57137-97-0]

M 749.282
Cryst. (C_6H_6). Mp >300°. Symmetrizes on heating to $(C_6Br_5)_2Hg + Ph_2Hg$.

Deacon, G.B. et al, J. Organomet. Chem., 1975, **94**, C33.
Deacon, G.B. et al, Aust. J. Chem., 1977, **30**, 1013 (synth, ir, ms)

C$_{12}$H$_5$Cl$_5$Hg   Hg-00658
(Pentachlorophenyl)phenylmercury
[1217-65-8]

M 527.027
Cryst. (C$_6$H$_6$). Mp 220°. Disproportionates on prolonged heating in soln.

Paulik, F.E. et al, J. Organomet. Chem., 1965, **3**, 229 (synth)
Bregadze, V.I. et al, Teor. Eksp. Khim., 1967, **3**, 547; CA, **68**, 100 521 (nqr)
Deacon, G.B. et al, J. Chem. Soc. (C), 1967, 2313 (synth, ir)

C$_{12}$H$_5$F$_5$Hg   Hg-00659
(Pentafluorophenyl)phenylmercury
[1534-67-4]

M 444.754
Cryst. (MeOH aq. or CCl$_4$). Mp 161-2°.

Chambers, R.D. et al, J. Chem. Soc., 1962, 4367 (synth, ir)
Connett, J.E. et al, J. Chem. Soc. (C), 1966, 106 (synth)
Deacon, G.B. et al, Inorg. Nucl. Chem. Lett., 1969, **5**, 985 (synth)
Tupciauskas, A.P. et al, J. Magn. Reson., 1972, **7**, 124 (nmr)
Albrecht, H.B. et al, J. Organomet. Chem., 1974, **70**, 313 (synth)

C$_{12}$H$_5$HgO$_6$Ta   Hg-00660
Hexacarbonyl(phenylmercury)tantalum

$$(OC)_6TaHgPh$$

M 626.706
Orange-red plates. Sol. CH$_2$Cl$_2$. Mp 65-8° dec.

Keblys, K.A. et al, Inorg. Chem., 1964, **3**, 1646 (synth)
Davison, A. et al, J. Organomet. Chem., 1972, **36**, 113 (ir)

C$_{12}$H$_6$Cl$_4$Hg   Hg-00661
Bis(2,4-dichlorophenyl)mercury
[78921-25-2]

M 492.581
Needles (C$_6$H$_6$). Mp 182°.

Deacon, G.B. et al, Aust. J. Chem., 1981, **34**, 301 (synth, ir)

C$_{12}$H$_6$Cl$_4$Hg   Hg-00662
Bis(2,5-dichlorophenyl)mercury
[37963-62-5]
M 492.581

Needles (xylene). V. sol. Me$_2$CO, C$_6$H$_6$, toluene, EtOAc, spar. sol. hot MeOH, hot EtOH, CHCl$_3$, Et$_2$O, prac. insol. cold EtOH, pet. ether, H$_2$O. Mp 235-7°.

Nesmeyanov, A.N. et al, Ber. B, 1929, **62**, 1018 (synth)
Petrovich, P.I., J. Gen. Chem. USSR, 1960, **30**, 2785 (synth)
Bertino, R.J. et al, Aust. J. Chem., 1972, **25**, 1645 (synth, ir)

C$_{12}$H$_6$Cl$_4$Hg   Hg-00663
Bis(2,6-dichlorophenyl)mercury
[80006-61-7]
M 492.581
Cryst. (C$_6$H$_6$/pet. ether). Mp 228°.

Deacon, G.B. et al, J. Organomet. Chem., 1981, **218**, 123 (synth, ir, pmr, ms)

C$_{12}$H$_6$Cl$_4$Hg   Hg-00664
Bis(3,4-dichlorophenyl)mercury
[73282-89-0]
M 492.581
Cryst. (EtOH or xylene). Mp 218-9°.

Grishin, Yu.K. et al, Dokl. Akad. Nauk SSSR, Ser. Sci. Khim., 1979, **249**, 892 (nmr)
Nesmeyanov, A.N. et al, Bull. Acad. Sci. USSR (Engl. Transl.), 1981, **30**, 548 (synth)

C$_{12}$H$_6$Cl$_4$Hg   Hg-00665
Bis(3,5-dichlorophenyl)mercury
[73282-90-3]
M 492.581
Cryst. (xylene). Mp 274-5°.

Grishin, Yu.K. et al, Dokl. Akad. Nauk SSSR, Ser. Sci. Khim., 1979, **249**, 892 (nmr)
Nesmeyanov, A.N. et al, Bull. Acad. Sci. USSR (Engl. Transl.), 1981, **30**, 548 (synth)

C$_{12}$H$_6$F$_4$Hg   Hg-00666
Bis(2,6-difluorophenyl)mercury
[80006-60-6]

M 426.763
Cryst. (EtOH). Mp 145°.

Deacon, G.B. et al, J. Organomet. Chem., 1981, **218**, 123 (synth, ir, nmr, pmr, ms)

C$_{12}$H$_6$F$_{12}$HgO$_6$ Hg-00667
Bis[1-(acetyloxy)carbonyl]-2,2,2-trifluoro-1-(trifluoromethyl)ethyl]mercury, 10CI
[72084-33-4]

$$(F_3C)_2CCOOCOCH_3$$
$$|$$
$$Hg$$
$$|$$
$$(F_3C)_2CCOOCOCH_3$$

M 674.747
Cryst. (Et$_2$O), stable at 20°. Mp 75-8° dec. Readily hydrol.

Knunyants, I.L. et al, Bull. Acad. Sci. USSR, Div. Chem. Sci., 1979, **28**, 1692 (synth, pmr, nmr)

C₁₂H₈BrClHgO — **Hg-00668**

(4-Bromo-2-chlorophenolato)phenylmercury, 9CI

Phenylmercury 2-chloro-4-bromophenolate

[49591-32-4]

M 484.142

Cryst. (EtOH). Mp 137-9°.

Kuz'mina, L.G. et al, *J. Struct. Chem. (Engl. Transl.)*, 1973, **14**, 463 (cryst struct, synth)

C₁₂H₈Br₂Hg — **Hg-00669**

Bis(2-bromophenyl)mercury

X = Br

M 512.593

Cryst. (C₆H₆). Mp 251°.

Spinelli, D. et al, *Ann. Chim. (Rome)*, 1960, **50**, 1423; *CA*, **55**, 10360 (synth)

C₁₂H₈Br₂Hg — **Hg-00670**

Bis(3-bromophenyl)mercury, 9CI

[40469-05-4]
M 512.593

Cryst. (Me₂CO). Mp 163-4°.

Stanko, V.I. et al, *J. Organomet. Chem.*, 1973, **56**, 111 (synth)

C₁₂H₈Br₂Hg — **Hg-00671**

Bis(4-bromophenyl)mercury

[19719-72-3]
M 512.593

Needles (Me₂CO or dioxan aq.). Sol. dioxan, C₆H₆, DMF, CHCl₃, Py. Mp 243-5°, 246-51°. Mp range due to polymorphism. Dipole moment 0.83D (C₆H₆, 20°).

Nesmeyanov, A.N. et al, *Ber., B*, 1929, **62**, 1018 (synth)
Horning, W.C. et al, *Can. J. Chem.*, 1963, **41**, 1441 (synth)
Petrosyan, V.S. et al, *Bull. Acad. Sci. USSR (Engl. Transl.)*, 1968, 1871 (pmr)
Breuer, S.W. et al, *J. Chem. Soc. (C)*, 1971, 3519 (ms)
Cookson, P.G. et al, *Aust. J. Chem.*, 1971, **24**, 1599 (synth, ir)
Garti, N. et al, *J. Appl. Chem. Biotechnol.*, 1975, **25**, 249 (synth)

C₁₂H₈ClHgN₃O₃ — **Hg-00672**

2-Chloromercuri-4-(4-nitrophenylazo)phenol

3-Chloromercuri-4-hydroxy-4′-nitroazobenzene

M 478.257

Chromogenic reagent for thiol groups. Orange-red cryst. Mp 218-20°.

Chang, S.F. et al, *Nature (London)*, 1964, **203**, 1065 (synth, uv)

C₁₂H₈Cl₂Hg — **Hg-00673**

Bis(2-chlorophenyl)mercury, 9CI

[6535-11-1]

As Bis(2-bromophenyl)mercury, Hg-00669 with

X = Cl

M 423.691

Cryst. (C₆H₆ or EtOH/Me₂CO). Mp 146-7°.

Spinelli, D. et al, *Ann. Chim. (Rome)*, 1960, **50**, 1423 (synth)
Pollard, D.R. et al, *J. Am. Chem. Soc.*, 1966, **88**, 1404 (synth)
Grishin, Yu.K. et al, *CA*, 1981, **95**, 186474 (cmr)
Grishin, Yu.K. et al, *Dokl. Akad. Nauk SSSR, Ser. Sci. Khim.*, 1981, **257**, 919 (nmr)

C₁₂H₈Cl₂Hg — **Hg-00674**

Bis(3-chlorophenyl)mercury, 9CI

[2146-78-3]
M 423.691

Cryst. (C₆H₆, Et₂O or EtOH). Mp 152-152.5° (148-9°).

Yagupol'skii, L.M. et al, *Zh. Obshch. Khim.*, 1958, **28**, 2853 (synth)
Spinelli, D. et al, *Ann. Chim. (Rome)*, 1960, **50**, 1423
Borisov, A.E. et al, *Bull. Acad. Sci. USSR (Engl. Transl.)*, 1965, 896 (synth)
Pollard, D.R. et al, *J. Am. Chem. Soc.*, 1966, **88**, 1404 (synth)
Grishin, Yu.K. et al, *Dokl. Akad. Nauk SSSR, Ser. Sci. Khim.*, 1979, **249**, 892 (nmr)

C₁₂H₈Cl₂Hg — **Hg-00675**

Bis(4-chlorophenyl)mercury

[2146-79-4]
M 423.691

Catalyst for butadiene oligomerization. Needles (Me₂CO), cryst. (dioxane, EtOH or CHCl₃). V. sol. Py, hot Me₂CO, sol. CHCl₃, Et₂O. Mp 249-51° (244-5°).

Leandri, G. et al, *J. Chem. Soc.*, 1954, 3377 (uv)
Borisov, A.E. et al, *Bull. Acad. Sci. USSR (Engl. Transl.)*, 1965, 896 (synth)
Pollard, D.R. et al, *J. Am. Chem. Soc.*, 1966, **88**, 1404 (synth)
Petrosyan, V.S. et al, *Bull. Acad. Sci. USSR (Engl. Transl.)*, 1968, 1871 (pmr)
Breuer, S.W. et al, *J. Chem. Soc. (C)*, 1971, 3519 (ms)
Cookson, P.G. et al, *Aust. J. Chem.*, 1971, **24**, 1599 (synth, ir)
Borzo, M. et al, *J. Magn. Reson.*, 1975, **19**, 279 (nmr)

C₁₂H₈F₂Hg — **Hg-00676**

Bis(2-fluorophenyl)mercury

[3833-01-0]

As Bis(2-bromophenyl)mercury, Hg-00669 with

X = F

M 390.782

Solid (EtOH). Mp 109-10°.

Wittig, G. et al, *Chem. Ber.*, 1960, **93**, 944 (synth)
Nesmeyanov, A.N. et al, *Dokl. Akad. Nauk SSSR, Ser. Sci. Khim.*, 1980, **255**, 1136 (synth)
Grishin, Yu.K. et al, *Dokl. Akad. Nauk SSSR, Ser. Sci. Khim.*, 1981, **257**, 919.
Grishin, Yu.K. et al, *Vestn. Mosk. Univ., Ser. 2: Khim.*, 1981, **22**, 374; *CA*, **95**, 186474 (cmr)

C₁₂H₈F₂Hg — **Hg-00677**

Bis(3-fluorophenyl)mercury, 9CI

[1961-02-0]
M 390.782

Solid (EtOH or hexane). Mp 117-9°.

Borisov, A.E. et al, *Bull. Acad. Sci. USSR (Engl. Transl.)*, 1965, 896 (synth)

Kitching, W. et al, *Aust. J. Chem.*, 1968, **21**, 2411 (*pmr, nmr*)
Kravtsov, D.N. et al, *Bull. Acad. Sci. USSR (Engl. Transl.)*, 1969, 477 (*nmr*)
Glockling, F. et al, *Inorg. Chim. Acta.*, 1976, **19**, 267 (*ms*)
Grishin, Yu.K. et al, *Dokl. Akad. Nauk SSSR, Ser. Sci. Khim.*, 1979, **249**, 892.

C₁₂H₈F₂Hg Hg-00678
Bis(4-fluorophenyl)mercury, 9CI
[404-36-4]
M 390.782
Solid (C₆H₆/pet. ether). Sol. DMSO, dioxan. Mp 153-5° (145-6°).

Dessy, R.E. et al, *J. Am. Chem. Soc.*, 1960, **82**, 686 (*synth*)
Borisov, A.E. et al, *Bull. Acad. Sci. USSR (Engl. Transl.)*, 1965, 896 (*synth*)
Kitching, W. et al, *Aust. J. Chem.*, 1968, **21**, 2411 (*pmr, nmr*)
Fedorov, L.A. et al, *Dokl. Chem. (Engl. Transl.)*, 1973, **209**, 203 (*cmr*)
Glockling, F. et al, *Inorg. Chim. Acta.*, 1976, **19**, 267 (*ms*)
Grishin, Yu.K. et al, *Dokl. Akad. Nauk SSSR, Ser. Sci. Khim.*, 1979, **249**, 892 (*nmr*)
Kravtsov, D.N. et al, *Bull. Acad. Sci. USSR (Engl. Transl.)*, 1979, **28**, 1540 (*nmr*)

C₁₂H₈HgI₂ Hg-00679
Bis(4-iodophenyl)mercury
[22009-68-3]

M 606.594
Cryst. (Py or xylene). Sol. hot Py, insol. H₂O, MeOH, EtOH, spar. sol. Me₂CO, CHCl₃. Mp 270-2°.

Nesmeyanov, A.N. et al, *Ber. B*, 1929, **62**, 1018 (*synth*)
Petrosyan, V.S. et al, *Bull. Acad. Sci. USSR (Engl. Transl.)*, 1968, 1871 (*pmr*)

C₁₂H₈HgN₂O₄ Hg-00680
Bis(2-nitrophenyl)mercury
[26953-08-2]

M 444.796
Yellow needles (Me₂CO or EtOH). Sol. Py, Me₂CO, CS₂, warm Et₂O, C₆H₆, CHCl₃, EtOH, spar. sol. CCl₄. Mp 206-7°.

Hein, F. et al, *Ber. B*, 1925, **58**, 1499 (*synth*)
Mayuranathan, P.S., *J. Chem. Soc.*, 1957, 495 (*synth*)

C₁₂H₈HgN₂O₄ Hg-00681
Bis(3-nitrophenyl)mercury
[26953-06-0]
M 444.796
Cryst. (xylene). Mp 286-7°. Dipole moment 5.61D (dioxane, 40°).

Challenger, F. et al, *J. Chem. Soc.*, 1934, 405 (*synth*)

C₁₂H₈HgN₂O₄ Hg-00682
Bis(4-nitrophenyl)mercury
[19719-73-4]
M 444.796

Yellow solid. Spar. sol. org. solvs. Dec. at 320° without melting.

Nesmeyanov, A.N. et al, *Ber. B*, 1929, **62**, 1018 (*synth*)
Leandri, G. et al, *J. Chem. Soc.*, 1954, 3377 (*uv*)
Breuer, S.W. et al, *J. Chem. Soc. (C)*, 1971, 3519 (*ms*)
Grishin, Yu.K. et al, *Dokl. Akad. Nauk SSSR, Ser. Sci. Khim.*, 1979, **249**, 892 (*nmr*)

C₁₂H₉ClHgN₂ Hg-00683
Chloro[2-(phenylazo)phenyl]mercury, 9CI
2-(Phenylazo)phenylmercury chloride. 2-Chloromercuriazobenzene
[57411-19-5]

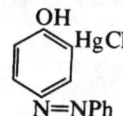

M 417.260
Yellow-orange needles (C₆H₆/heptane). Mp 202-4°.

Cross, R.J. et al, *J. Organomet. Chem.*, 1973, **61**, 33 (*synth*)
Roling, P.V. et al, *J. Organomet. Chem.*, 1976, **116**, 39 (*synth, uv*)

C₁₂H₉ClHgN₂O Hg-00684
2-Chloromercuri-4-phenylazophenol
3-Chloromercuri-4-hydroxyazobenzene

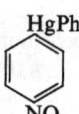

M 433.259
Chromogenic reagent for thiol groups. Orange-yellow cryst. (C₆H₆). Mp 146-7°.

Chang, S.F. et al, *Nature (London)*, 1964, **203**, 1065 (*synth, uv*)

C₁₂H₉HgNO₂ Hg-00685
(4-Nitrophenyl)phenylmercury
[20265-01-4]

M 399.799
Cryst. (C₆H₆). Mp 144-5° dec. Slowly disproportionates in THF soln.

Freidling, R.Ch. et al, *Ber. B*, 1935, **68**, 565 (*synth*)
Leandri, G. et al, *J. Chem. Soc.*, 1954, 3377 (*uv*)
Beletskaya, I.P. et al, *Dokl. Chem. (Engl. Transl.)*, 1969, **186**, 359 (*synth*)

C₁₂H₉HgNO₃ Hg-00686
(4-Nitrophenolato-*O'***)phenylmercury**
[54904-42-6]

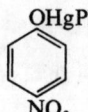

M 415.798
Cryst. (xylene/heptane). Mp 168-9°.

Leandri, G. et al, *Ann. Chim. (Rome)*, 1960, **50**, 1046
Epshtein, L.M. et al, *Bull. Acad. Sci. USSR, Div. Chem. Sci.*, 1975, **24**, 2334 (*synth*)

Epshtein, L.M. et al, *Bull. Acad. Sci. USSR, Div. Chem. Sci.*, 1978, **27**, 2243 (*uv*)
Epshtein, L.M. et al, *J. Organomet. Chem.*, 1978, **162**, C5 (*ir*)

Rodionov, A.N. et al, *Bull. Acad. Sci. USSR* (Engl. Transl.), 1974, **23**, 1222 (*ir*)
Hegarty, B.F. et al, *J. Org. Chem.*, 1976, **41**, 2247 (*synth, pmr*)

$C_{12}H_{10}Hg$ — Hg-00687
Diphenylmercury
[587-85-9]

$$HgPh_2$$

M 354.801
Needles (EtOH). Mp 124.5-125°. Bp$_{10.5}$ 204°. Turns yellow on exp. to light.
▷ Highly toxic. Reacts violently with SO_3 and Cl_2O. OW3150000.

McCutchan, R.T. et al, *Ind. Eng. Chem.*, 1954, **46**, 675 (*synth*)
Ol'dekop, Y.A. et al, *CA*, 1962, **56**, 3052 (*synth*)
Fedorov, L.A. et al, *CA*, 1968, **68**, 100438 (*pmr*)
Vilkov, L.V. et al, *J. Struct. Chem.* (Engl. Transl.), 1968, **9**, 572 (*ed*)
Tupciauskas, A. et al, *J. Magn. Reson.*, 1972, **7**, 124 (*nmr*)
Glockling, F. et al, *Inorg. Chim. Acta*, 1976, **19**, 267 (*ms*)
Grdenic, D. et al, *Acta Crystallogr.*, Sect. B, 1977, **33**, 587 (*cryst struct*)
Browning, J. et al, *J. Chem. Soc., Dalton Trans.*, 1978, 872 (*cmr, nmr*)
Goggin, P.L. et al, *J. Chem. Res.* (S), 1978, 171 (*ir, raman*)
Furlani, C. et al, *J. Electron. Spectrosc. Relat. Phenom.*, 1981, **22**, 309 (*pe*)
Bretherick, L., *Handbook of Reactive Chemical Hazards*, 2nd Ed., Butterworths, London and Boston, 1979, 708.
Sax, N.I., *Dangerous Properties of Industrial Materials*, 5th Ed., Van Nostrand-Reinhold, 1979, 624.
Hazards in the Chemical Laboratory, (Bretherick, L., Ed.), 3rd Ed., Royal Society of Chemistry, London, 1981, 314.

$C_{12}H_{10}HgN_2O_3S$ — Hg-00688
(4-Carboxyphenyl)(3,4-dihydro-1-methyl-4-thioxo-2(1H)-pyrimidinonato-S)mercury, 9CI
1-Methyl-4-thiouracilyl-p-mercuribenzoic acid
[57159-36-1]

Me—N⟨⟩S—Hg—⟨⟩COOH
          ‖
          O

M 462.873
H-Bonded dimer in the solid state.
Dimer:
$C_{24}H_{20}Hg_2N_4O_6S_2$ M 925.745
Cryst. Mp 236°.

Pal, B.C. et al, *Arch. Biochem. Biophys.*, 1972, **150**, 86 (*synth, uv*)
Hawkinson, S.W. et al, *Cryst. Struct. Commun.*, 1975, **4**, 557; *CA*, **83**, 186666.

$C_{12}H_{10}HgO_2$ — Hg-00689
(Acetato-O)-1-naphthalenylmercury, 9CI
Acetato-1-naphthylmercury, 8CI. *α-Naphthylmercury acetate. 1-Acetoxymercurinaphthalene*
[32049-36-8]

HgOAc (on naphthalene)

M 386.800
Wood preservative, seed dressing. Needles (MeOH). Sol. AcOH, CH_2Cl_2. Mp 156-9°.

König, W. et al, *J. Prakt. Chem.*, 1930, **128**, 153 (*synth*)

$C_{12}H_{10}HgO_2$ — Hg-00690
(Acetato-O)-2-naphthalenylmercury, 9CI
Acetato-2-naphthylmercury, 8CI. *β-Naphthylmercury acetate. 2-Acetoxymercurinaphthalene*
[38487-16-0]
M 386.800
Needles (MeOH). Sol. in AcOH, CH_2Cl_2. Mp 148-50°.

König, W. et al, *J. Prakt. Chem.*, 1930, **128**, 153 (*synth*)
Hegarty, B.F. et al, *J. Org. Chem.*, 1976, **41**, 2247 (*synth, pmr*)

$C_{12}H_{10}HgO_2S$ — Hg-00691
(Benzenesulfinato)phenylmercury
Phenylmercury benzenesulfinate. Phenylmercury phenylsulfinate
[18837-42-8]

$$PhS(O)OHgPh$$

M 418.860
Probably aggregated in the solid state; monomeric $CHCl_3$ soln. Air-stable cryst. ($CHCl_3$/pentane). Sol. $CHCl_3$, THF, MeOH, EtOH, Me_2CO, EtOAc, MeCN, Py, SO_2. Mp 110-1° dec., 105°. Crystallisation from Me_2CO at −23° provides Phenyl(phenylsulfonyl)-mercury, Hg-00692.

Deacon, G.B. et al, *J. Am. Chem. Soc.*, 1968, **90**, 493 (*synth, ir*)
Deacon, G.B. et al, *Aust. J. Chem.*, 1969, **22**, 549 (*synth, ir*)
Pollick, P.J. et al, *J. Organomet. Chem.*, 1969, **16**, 201 (*synth, ir*)
Cookson, P.G. et al, *Aust. J. Chem.*, 1971, **24**, 1599 (*synth*)

$C_{12}H_{10}HgO_2S$ — Hg-00692
Phenyl(phenylsulfonyl)mercury
[17833-81-7]

$$PhHgSO_2Ph$$

M 418.860
Cryst. (Me_2CO at −23°). Sol. $CHCl_3$, Me_2CO, MeOH, Py. Mp 119° dec. Cryst. from $CHCl_3$ provides the linkage isomer (Benzenesulfinato)phenylmercury, Hg-00691.

Deacon, G.B. et al, *J. Am. Chem. Soc.*, 1968, **90**, 493 (*synth, ir*)
Deacon, G.B. et al, *Aust. J. Chem.*, 1969, **22**, 549 (*synth, ir*)
Pollick, P.J. et al, *J. Organomet. Chem.*, 1969, **16**, 201 (*synth, ir*)

$C_{12}H_{10}HgS$ — Hg-00693
Phenyl(phenylthio)mercury
(*Benzenethiolato*)*phenylmercury,* 9CI. *Phenyl phenylmercury sulfide*
[5980-94-9]

$$PhHgSPh$$

M 386.861
Fungicide, germicide. Needles (EtOH). Mp 104-5°.

Leandri, G. et al, *Ann. Chim.* (Rome), 1959, **49**, 1885 (*synth*)
Leandri, G. et al, *Boll. Sci. Fac. Chim. Ind., Bologna*, 1959, **17**, 88; *CA*, **54**, 17041 (*uv*)

Kline, R.J. et al, Inorg. Nucl. Chem. Lett., 1972, **8**, 1 (pmr)
Canty, A.J. et al, Inorg. Chim. Acta, 1977, **24**, 109 (ir, pmr, raman)

$C_{12}H_{10}Hg_2O$ Hg-00694
μ-Oxodiphenyldimercury, 9CI

Phenylmercuric oxide. Oxybis[phenylmercury]
[20333-31-7]

PhHgOHgPh

M 571.390
Cryst. Mp 235-8°. Converts to PhHgOH in H_2O, stable in air.

Green, J.H.S., Spectrochim. Acta, Part A, 1968, **24**, 863 (ir)
Shorygin, P.P. et al, Zh. Fiz. Khim., 1968, **42**, 1057 (uv)
Bloodworth, A.J., J. Organomet. Chem., 1970, **23**, 27 (synth, ir)

$C_{12}H_{10}Hg_2O_4S$ Hg-00695
Diphenylsulfatodimercury, 8CI

Diphenyl[μ-(sulfato(2−)-O,O′)]dimercury, 9CI. Phenylmercury sulfate
[39693-25-9]

$(PhHgO)_2SO_2$

M 651.449
Cryst. (MeOH). Poorly sol. most org. solvs. Mp >350°. On boiling with H_2O, the basic sulfate, $[(PhHg)_3(OH,SO_4)]$, is formed.

Barlow, L.R. et al, J. Chem. Soc. (A), 1968, 1609 (synth)

$C_{12}H_{11}HgN$ Hg-00696
(Benzenaminato)phenylmercury, 9CI

N-Phenylmercurianiline. Anilinophenylmercury. Phenyl(phenylamino)mercury
[41005-84-9]

PhHgNHPh

M 369.816
Pale-yellow solid. Mp 68-75°. Reacts slowly with $CHCl_3$.

Smalt, M.A. et al, J. Biol. Chem., 1957, **224**, 999 (synth)
Bloodworth, A.J. et al, J. Chem. Soc., Perkin Trans. 1, 1973, 261 (synth, pmr, ir)

$C_{12}H_{11}Hg_2O^{\oplus}$ Hg-00697
Hydroxydiphenyldimercury(1+)

$[(PhHg)_2OH]^{\oplus}$

M 572.398 (ion)
Nitrate: [77090-26-7]. *Basic phenylmercury nitrate.*
  $C_{12}H_{11}Hg_2NO_4$ M 634.403
  Pharmaceutical and agricultural fungicide. Cryst. (EtOH). Spar. sol. H_2O, org. solvs. Mp 188° dec. (177-80°).
Perchlorate: Basic phenylmercury perchlorate.
  $C_{12}H_{11}ClHg_2O_5$ M 671.849
  Mp 196-8° dec.
Tetrafluoroborate: Basic phenylmercury tetrafluoroborate.
  $C_{12}H_{11}BF_4Hg_2O$ M 659.202
  Mp 170.5-172°.

Kuivila, H.G. et al, J. Am. Chem. Soc., 1962, **84**, 377.
Barlow, L.R. et al, J. Chem. Soc. (A), 1968, 1609 (synth)

Dutta, R.L. et al, J. Inorg. Nucl. Chem., 1981, **43**, 1533 (ir)
Pesticide Manual, 6th Ed., 418.

$C_{12}H_{12}Hg^{\oplus\oplus}$ Hg-00698
Dibenzenemercury(2+)

Bis[(deloc-2,3,4,5,6)-3,5-cyclohexadien-2-ylium-1-yl]mercury(2+)

M 356.817 (ion)
Fluxional η^1-complex with symmetrical C_6 rings.
Bis(hexafluoroantimonate): [73066-89-4].
  $C_{12}H_{12}F_{12}HgSb_2$ M 828.298
  Colourless solid, v. moisture-sensitive. Partially dissociates in soln. Intermolecular exchange of free and bound C_6H_6 rapid in SO_2 soln.

Damude, L.C. et al, J. Organomet. Chem., 1979, **181**, 1 (synth, cmr)
Damude, L.C. et al, J. Organomet. Chem., 1982, **226**, 105 (cmr)

$C_{12}H_{12}HgN_2$ Hg-00699
Bis(4-aminophenyl)mercury

4,4′-Mercuribisaniline
[6052-23-9]

$H_2N-\text{C}_6\text{H}_4-Hg-\text{C}_6\text{H}_4-NH_2$

M 384.830
N-Tetra-Me: [4219-76-5]. *Bis(4-dimethylaminophenyl)-mercury*, 9CI. *4,4′-Mercuribis(N,N-dimethylaniline).*
  $C_{16}H_{20}HgN_2$ M 440.937
  Cryst. (C_6H_6). Mp 168-9°.
Di-N-Ac: [22009-67-2]. *Bis-[4-(acetylamino)phenyl]mercury*, 9CI. *Bis(p-acetamidophenyl)mercury*, 8CI.
  $C_{16}H_{16}HgN_2O_2$ M 468.905
  Mp 234°.

Whitmore, F.C. et al, J. Am. Chem. Soc., 1929, **51**, 894 (synth)
Austin, P.A., J. Am. Chem. Soc., 1932, **54**, 3726 (synth)
Leandri, G. et al, J. Chem. Soc., 1954, 3377 (uv)
Petrosyan, V.S. et al, Bull. Acad. Sci. USSR (Engl. Transl.), 1968, 1871 (pmr)
Breuer, S.W. et al, J. Chem. Soc. (C), 1971, 3519 (ms)
Garti, N. et al, J. Appl. Chem. Biotechnol., 1975, **25**, 249 (synth)
Grishin, Yu.K. et al, Dokl. Akad. Nauk SSSR, Ser. Sci. Khim., 1979, **249**, 892 (nmr)

$C_{12}H_{13}Hg_4NO_8$ Hg-00700
2,3,4,5-Tetrakis(acetoxymercuri)pyrrole

AcOHg HgOAc
AcOHg   HgOAc
       N
       H

M 1101.597
Cryst. (AcOH/EtOH). Mp >200° dec.

O'Connor, G.N. et al, J. Org. Chem., 1965, **30**, 4090 (synth, ir)

C₁₂H₁₄Hg — Hg-00701

Bis(1-methyl-2,4-cyclopentadien-1-yl)mercury, 10CI
[74836-75-2]

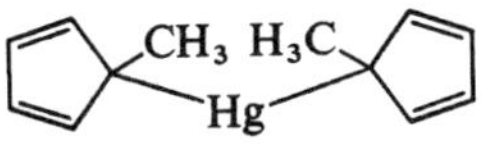

M 358.833
Fluxional molecule. Pale-yellow cryst. Stable for weeks at −70°; dec. at 20° in solid state or in soln. Unstable to air and light. Also reported as oil.

Campbell, C.H. et al, J. Chem. Soc. (A), 1971, 3282 (synth, pmr)
Floris, B. et al, J. Organomet. Chem., 1973, **50**, 33 (synth)
Barker, P.J. et al, J. Chem. Soc., Perkin Trans. 2, 1980, 941 (synth)

C₁₂H₁₅Br₂Hg₂N — Hg-00702

2,5-Bis(bromomercurimethyl)-1-phenylpyrrolidine
Dibromo[μ-[(1-phenyl-2,5-pyrrolidinediyl)bis[methylene]]]dimercury, 9CI
[56686-64-7]

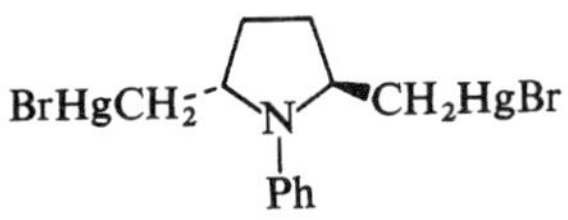

trans-form

M 734.245
Cryst. (dioxan). Mp 137-8° dec. Mixt. of cis and trans isomers (trans predominates).

Barluenga, J. et al, Synthesis, 1975, 116 (ir, pmr)
Barluenga, J. et al, J. Heterocycl. Chem., 1981, **18**, 1297 (synth)

C₁₂H₁₅Br₂Hg₂NO — Hg-00703

3,5-Bis(bromomercurimethyl)-4-phenylmorpholine
Dibromo[μ-[(4-phenyl-3,5-morpholinediyl)bis[methylene]]]dimercury, 10CI
[69511-82-6]

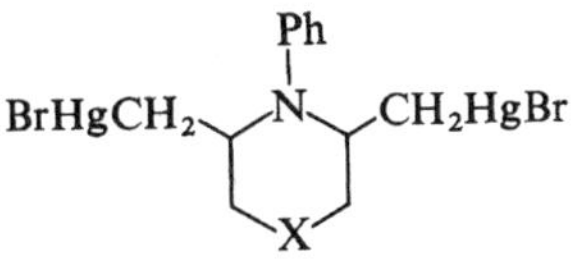

X = O

M 750.245
Cryst. (dioxan/MeOH). Mp 130-1° dec.

Barluenga, J. et al, Synthesis, 1978, 911 (synth, ir)

C₁₂H₁₅Br₂Hg₂NS — Hg-00704

3,5-Bis(bromomercurimethyl)-4-phenyltetrahydro-1,4-thiazine
Dibromo[μ-[(4-phenyl-3,5-thiomorpholinediyl)bis[methylene]]]dimercury, 10CI. 3,5-Bis(bromomercurimethyl)-4-phenylthiomorpholine
[69511-83-7]

As 3,5-Bis(bromomercurimethyl)-4-phenylmorpholine, Hg-00703 with

X = S

M 766.305
Solid. Mp 70-2° dec.

Barluenga, J. et al, Synthesis, 1978, 911 (synth, ir)

C₁₂H₁₆BrHgN — Hg-00705

Bromo[(2-phenylamino)cyclohexyl]mercury, 9CI
2-(Phenylamino)cyclohexylmercury bromide. 1-Anilino-2-bromomercuricyclohexane
[52969-25-2]

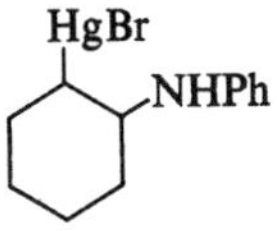

M 454.759
Mp 134-5°.

Gomez Aranda, V. et al, Synthesis, 1974, 135.
Barluenga, J. et al, An. Quim., 1978, **74**, 512.

C₁₂H₁₆Br₂HgO₂ — Hg-00706

Bis[(7-bromo-2-oxabicyclo[4.1.0]hept-7-yl)]mercury, 8CI
[27024-96-0]

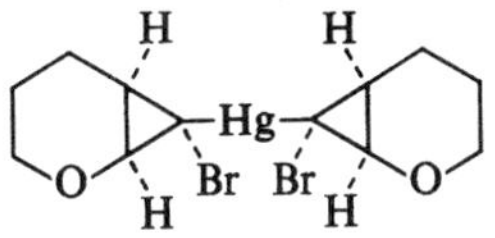

M 552.655
Needles (EtOH aq.). Mp 154-5°.

Taylor, K.G. et al, J. Org. Chem., 1971, **36**, 369 (synth)

C₁₂H₁₆Br₂Hg₂N₂ — Hg-00707

2,6-Bis(bromomercurimethyl)-1-phenylhexahydropyrazine
Dibromo[μ-[(1-phenyl-2,6-piperazinediyl)bis(methylene)]]dimercury. 2,6-Bis(bromomercurimethyl)-1-phenylpiperazine
[69511-84-8]

As 3,5-Bis(bromomercurimethyl)-4-phenylmorpholine, Hg-00703 with

X = NH

M 749.260
Solid. Mp 108-10° dec.

Barluenga, J. et al, Synthesis, 1978, 911 (synth, ir)

C₁₂H₁₆HgO₂ — Hg-00708

(Acetato-O)(2,3,4,6-tetramethylphenyl)mercury
2,3,4,6-Tetramethylphenylmercury acetate
[56457-40-0]

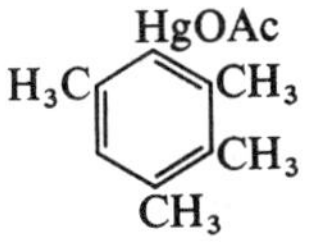

M 392.847
Mp 108°.

Smith, L.I. et al, J. Am. Chem. Soc., 1935, **57**, 2370 (synth)

C₁₂H₁₆HgO₃ — Hg-00709

(Acetato-O)(2-methoxy-3-phenylpropyl)mercury, 10CI
(2-Methoxy-3-phenylpropyl)mercury acetate. 1-Acetoxymercuri-2-methoxy-3-phenylpropane
[77387-39-4]

PhCH₂CH(OMe)CH₂HgOAc

M 408.847

(±)-*form*
Oil.

Bassetti, M. et al, *J. Organomet. Chem.*, 1980, **202**, 351 (synth, pmr)

C$_{12}$H$_{16}$Hg$_2$O$_6$ Hg-00710
4,8-Bis(acetoxymercuri)-2,6-dioxaadamantane
Bis(acetato-O)-μ-2,6-dioxatricyclo[3.3.1.1^{3,7}]decane-4,8-diyldimercury, 9CI. *Bis(acetato)(μ-2,6-dioxaadamant-4,8-ylene)dimercury*, 8CI. *2,6-Dioxaadamant-4,8-ylenebis(acetoxymercury)*
[10279-77-3]

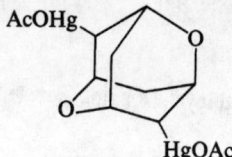

M 657.435
Cryst. (EtOH or CH$_2$Cl$_2$/CCl$_4$). Mp 200° dec.

Stetter, H. et al, *Tetrahedron Lett.*, 1966, 4599 (synth)
Stetter, H. et al, *Chem. Ber.*, 1968, **101**, 2889 (synth)
Ackermann, P. et al, *Helv. Chim. Acta*, 1976, **59**, 2515 (synth, ir, ms)

C$_{12}$H$_{17}$BrHgO   Hg-00711
Bromo(3-methoxy-1,2-dimethyl-3-phenylpropyl)mercury, 9CI
3-Methoxy-1,2-dimethyl-3-phenylpropylmercury bromide. 3-Bromomercuri-1-methoxy-2-methyl-1-phenylbutane
[52148-93-3]

$$\text{PhCH(OMe)CH(CH}_3\text{)CH(CH}_3\text{)HgBr}$$

M 457.760
Cryst. (CHCl$_3$/hexane). Mp 112-4°. Diastereoisomeric mixture.

de Puy, C.H. et al, *J. Am. Chem. Soc.*, 1974, **96**, 1121 (synth, pmr)

C$_{12}$H$_{18}$Hg   Hg-00712
Di-1-cyclohexen-1-ylmercury, 9CI
Bis(1-cyclohexenyl)mercury

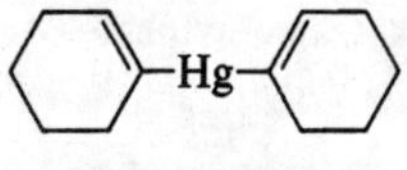

M 362.864
d$_4^{25}$ 1.83. Bp$_{10}$ 170°, Bp$_{0.4}$ 122-5°. n$_D^{20}$ 1.5918.

Nesmeyanov, A.N. et al, *Dokl. Akad. Nauk SSSR, Ser. Sci. Khim.*, 1956, **111**, 835 (synth)
Foster, D.J. et al, *J. Am. Chem. Soc.*, 1961, **83**, 851 (synth)

C$_{12}$H$_{18}$HgO$_2$ Hg-00713
Bis(2-oxocyclohexyl)mercury
2,2'-Mercuridicyclohexanone
[37160-46-6]

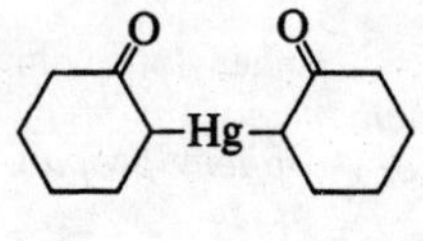

M 394.863
Cryst. (C$_6$H$_6$/pentane). Mp 120° dec., 137-9°.

Nesmeyanov, A.N. et al, *Dokl. Akad. Nauk SSSR, Ser. Sci. Khim.*, 1953, **88**, 837 (synth)
House, H.O. et al, *J. Org. Chem.*, 1973, **38**, 514 (synth, ir, pmr)
Nesmeyanov, A.N. et al, *J. Organomet. Chem.*, 1979, **172**, 133 (cmr, raman, polarog)
Kitching, W. et al, *J. Org. Chem.*, 1981, **46**, 2695 (cmr, pmr)

C$_{12}$H$_{18}$HgO$_6$ Hg-00714
Bis[1-(ethoxycarbonyl)-2-oxopropyl]mercury, 10CI
Bis(1-carboxyacetonyl)mercury diethyl ester, 8CI
[17101-63-2]

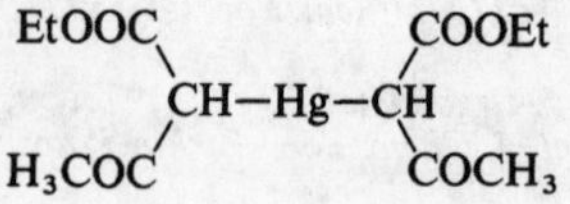

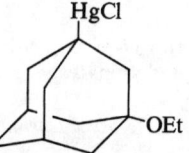

M 458.861
Solid.

Glidewell, C., *J. Organomet. Chem.*, 1977, **136**, 7 (synth, ir, cmr, pmr)

C$_{12}$H$_{19}$ClHgO   Hg-00715
1-Chloromercuri-3-ethoxytricyclo[3.3.1.1^{3,7}]decane
Chloro[3-ethoxytricyclo[3.3.1.1^{3,7}]dec-1-yl]mercury, 9CI. *1-Chloromercuri-3-ethoxyadamantane*
[83718-24-5]

M 415.325
Cryst. (EtOH). Mp 135°.

Kogai, B.E. et al, *Bull. Acad. Sci. USSR, Div. Chem. Sci.*, 1982, **31**, 1464 (synth, cmr)

C$_{12}$H$_{22}$Hg   Hg-00716
Bis(cyclopentylmethyl)mercury, 9CI
[39595-24-9]

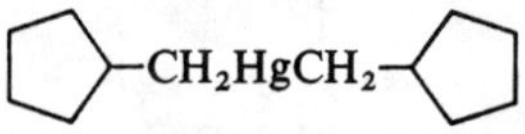

M 366.896

St. Denis, J. et al, *J. Organomet. Chem.*, 1974, **71**, 315 (synth, pmr)

C$_{12}$H$_{22}$Hg   Hg-00717
Dicyclohexylmercury, 9CI
[4848-85-5]

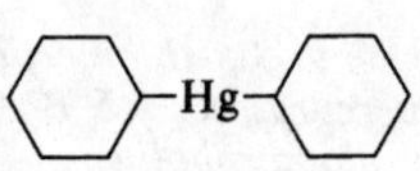

M 366.896
Air-sensitive cryst. (EtOH). Mp 78-9°. Bp$_1$ 125°. Thermal dec. >180°.

French, W.E. et al, *Can. J. Chem.*, 1964, **42**, 2228 (synth)
Ouellette, R.J. et al, *J. Org. Chem.*, 1965, **30**, 3967 (synth)
Shihada, A.-F. et al, *J. Organomet. Chem.*, 1970, **24**, 45 (ir, raman)

$C_{12}H_{22}HgO_2$ — Hg-00718
Bis(3,3-dimethyl-2-oxobutyl)mercury, 9CI
1,1'-Mercuribispinacolone
[16004-47-0]

$$(H_3C)_3CCOCH_2HgCH_2COC(CH_3)_3$$

M 398.895
Cryst. (C_6H_6/hexane). Mp 102-3°.

Fedorov, L.A. et al, *J. Struct. Chem. USSR (Engl. Transl.)*, 1969, **10**, 231 (*pmr*)
Fedorov, L.A. et al, *J. Struct. Chem. USSR (Engl. Transl.)*, 1976, **17**, 207 (*pmr*)
Olofson, R.A. et al, *J. Org. Chem.*, 1978, **43**, 752 (*synth, pmr, ir, use*)

$C_{12}H_{26}Hg$ — Hg-00719
Dihexylmercury
[10217-65-9]

$$H_3C(CH_2)_5Hg(CH_2)_5CH_3$$

M 370.927
Liq. d_4^{20} 1.54. Bp_{10} 155-7°, $Bp_{0.001}$ 100°. n_D^{20} 1.4933.
▷Highly toxic

Jones, W.J. et al, *J. Chem. Soc.*, 1935, 39 (*synth*)
Honeycutt, J.B., et al, *J. Am. Chem. Soc.*, 1960, **82**, 3051 (*synth*)
Casanova, J. et al, *J. Am. Chem. Soc.*, 1974, **96**, 1942 (*synth*)
Beinert, G. et al, *C.R. Hebd. Seances Acad. Sci.*, 1966, **263**, 492 (*synth*)
Casanova, J. et al, *Org. Magn. Reson.*, 1975, **7**, 57 (*cmr*)
Sax, N.I., *Dangerous Properties of Industrial Materials*, 5th Ed., Van Nostrand-Reinhold, 1979, 585.

$C_{12}H_{26}HgO_4$ — Hg-00720
Bis(2,2-diethoxyethyl)mercury
[67247-88-5]

$$(EtO)_2CHCH_2HgCH_2CH(OEt)_2$$

M 434.925
Oil.

Bloodworth, A.J. et al, *J. Organomet. Chem.*, 1978, **152**, C29 (*synth, ms*)

$C_{12}H_{30}Ge_2Hg$ — Hg-00721
Bis(triethylgermyl)mercury, 10CI
[4149-28-4]

$$(Et_3Ge)_2Hg$$

M 520.139
Yellow liq. $Bp_{1.5}$ 118-20°.

Vyazankin, N.S. et al, *Dokl. Akad. Nauk SSSR, Ser. Sci. Khim.*, 1963, **151**, 1326 (*synth*)
Vyazankin, N.S. et al, *J. Organomet. Chem.*, 1967, **7**, 353.
Razuvaev, G.A. et al, *J. Organomet. Chem.*, 1968, **14**, 339.

$C_{12}H_{30}HgSn_2$ — Hg-00722
Bis(triethylstannyl)mercury, 9CI
[15001-38-4]

$$(Et_3Sn)_2Hg$$

M 612.339
Yellow liq. Stable only at low temps. Dec. >−10°.
Blaukat, U. et al, *J. Organomet. Chem.*, 1973, **63**, 27.

$C_{13}H_9ClHg$ — Hg-00723
Chloro-9H-fluoren-9-ylmercury, 9CI
9-Fluorenylmercury chloride. 9-Chloromercurifluorene
[36108-75-5]

M 401.257
Cryst. (CH_2Cl_2), stable to air and light. Spar. sol. CH_2Cl_2, $CHCl_3$, THF, C_6H_6. Dec. at 220° without melting.

Samuel, E. et al, *J. Organomet. Chem.*, 1972, **37**, 29 (*synth, ms, pmr*)

$C_{13}H_{10}Cl_2Hg$ — Hg-00724
Chloro(chlorodiphenylmethyl)mercury
α-Chlorobenzhydrylmercury chloride

$$Ph_2CClHgCl$$

M 437.718
Amorph. solid. Spar. sol. Et_2O. Readily hydrol.
Hellerman, L. et al, *J. Am. Chem. Soc.*, 1932, **54**, 2859 (*synth*)

$C_{13}H_{10}Cl_2HgO_2S$ — Hg-00725
[Dichloro(phenylsulfonyl)methyl]phenylmercury, 9CI
[53235-06-6]

$$PhHgCCl_2SO_2Ph$$

M 501.777
:$CClSO_2Ph$ transfer agent. Cryst. ($CHCl_3$/hexane). Mp 175.5-177°. Stable to air and water, thermally v. stable.

Seyferth, D. et al, *J. Organomet. Chem.*, 1974, **71**, 335 (*synth, pmr, ir, use*)

$C_{13}H_{10}FeHgO_2$ — Hg-00726
Dicarbonyl(η^5-2,4-cyclopentadien-1-yl)(phenylmercury)iron, 9CI
Dicarbonyl-π-cyclopentadienyl(phenylmercurio)iron. (Cyclopentadienyldicarbonyliron)phenylmercury
[41617-44-1]

As (Bromomercury)dicarbonyl(η^5-2,4-cyclopentadien-1-yl)iron, Hg-00373 with

$$X = Ph$$

M 454.658
Orange cryst. Mp 101°.

Roberts, R.M.G., *J. Organomet. Chem.*, 1973, **47**, 359 (*synth, ir, pmr*)

$C_{13}H_{10}HgO_2$ — Hg-00727
(Benzoato-O)phenylmercury, 9CI
(Benzoyloxy)phenylmercury. Phenylmercury benzoate
[25358-71-8]

$$PhHgOOCPh$$

M 398.811

Germicide. Leaflets (propanol or C_6H_6/heptane). Sol. C_6H_6, Et_2O, dioxan, Me_2CO. Mp 97-8°. Dec. at 220-40°.

Pfeiffer, P. et al, Chem. Ber., 1947, **80**, 1 (synth)
Reichle, W.T. et al, J. Organomet. Chem., 1969, **18**, 105.
Sens, M.A. et al, J. Magn. Reson., 1975, **19**, 323 (nmr)
Wilson, N.K. et al, J. Magn. Reson., 1976, **21**, 437 (cmr)

$C_{13}H_{11}BrHgO_2$ Hg-00728
Bromo(diphenoxymethyl)mercury, 8CI
Diphenoxymethylmercury bromide
[17154-98-2]

$(PhO)_2CHHgBr$

M 479.723
Cryst. (Me_2CO). Sol. C_6H_6, CH_2Cl_2. Mp 169.5-170.5°.

Kazankova, M.A. et al, J. Gen. Chem. USSR (Engl. Transl.), 1967, **37**, 1630 (synth)

$C_{13}H_{11}Cl_7HgO$ Hg-00729
6-Chloromercuri-6,7-dihydro-7-methoxyaldrin
1,2,3,4,10,10-Hexachloro-6-chloromercuri-1,4,4a,5,6,7,8,8a-octahydro-1,4:5,8-dimethano-7-methoxynaphthalene. Chloro(5,6,7,8,9,9-hexachloro-1,2,3,4,4a,5,8,8a-octahydro-3-methoxy-1,4:5,8-dimethanonaphthalen-2-yl)mercury, 9CI
[69310-45-8]

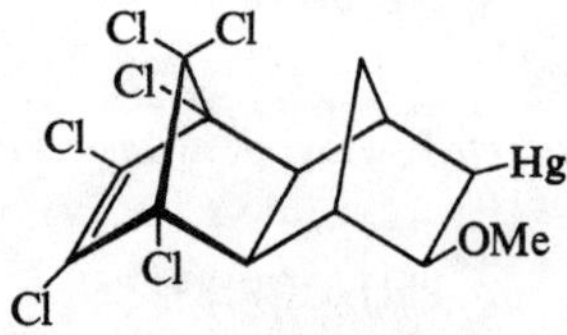

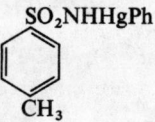

M 631.990
Needles (MeOH/$CHCl_3$).

Atwood, J.L. et al, J. Chem. Soc., Dalton Trans., 1978, 1573 (synth, cryst struct, ir, pmr)

$C_{13}H_{11}HgNO$ Hg-00730
(Benzamidato-N)phenylmercury, 10CI
N-Phenylmercuribenzamide. Benzamido(phenyl)mercury
[21003-68-9]

$PhHgNHCOPh$

M 397.826
Mp 168-71°.

Smalt, M.A. et al, J. Biol. Chem., 1957, **224**, 999 (synth)
Kravtsov, D.N. et al, Bull. Acad. Sci. USSR, Div. Chem. Sci., 1968, 987 (ir)
Halfpenny, J. et al, Acta Crystallogr., Sect. B, 1980, **36**, 2786 (cryst struct)

$C_{13}H_{12}Hg$ Hg-00731
Benzylphenylmercury
Phenyl(phenylmethyl)mercury, 9CI
[60221-80-9]

$PhHgCH_2Ph$

M 368.828
Oil.

Razuvaev, G.A. et al, Zh. Obshch. Khim., 1949, **19**, 1483 (synth)
Nesmeyanov, A.N. et al, Tetrahedron, 1962, **18**, 683.

$C_{13}H_{13}HgNO_2S$ Hg-00732
(4-Methylbenzenesulfonamidato-N)phenylmercury, 9CI
Phenyl-p-toluenesulfonamidomercury. N-Phenylmercuri-p-toluenesulfonamide
[37556-46-0]

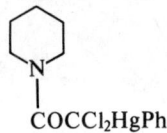

M 447.901
Fungicide. Mp 148°.

U.S.P., 2 135 553, (1939); CA, **33**, 1449

$C_{13}H_{13}HgNO_2S$ Hg-00733
Phenyl(N-phenylmethanesulfonamidato-N)mercury
[72197-66-1]

$PhHgNPhSO_2Me$

M 447.901
Cryst. Mp 147°.

Peringer, P., Monatsh. Chem., 1979, **110**, 1123 (synth)

$C_{13}H_{15}Cl_2HgNO$ Hg-00734
[1,1-Dichloro-2-oxo-2-(1-piperidinyl)ethyl]phenylmercury, 9CI
[Dichloro(N,N-pentamethyleneaminocarbonyl)methyl]phenylmercury
[42597-86-4]

[piperidine ring]-$COCCl_2HgPh$

M 472.764
Carbene transfer agent. Solid. Mp 103-4°. Dec. on heating in PhBr for 22 hrs.

Johansson, N.G., Acta Chem. Scand., 1973, **27**, 1417 (synth, pmr, ir)

$C_{13}H_{15}F_3HgO_2$ Hg-00735
Pentamethylphenyl(trifluoroacetato-O)mercury, 9CI
Pentamethylphenylmercury trifluoroacetate
[33814-59-4]

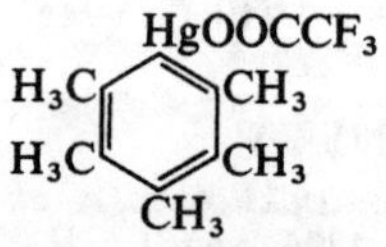

[pentamethylphenyl with $HgOOCCF_3$]

M 460.846
Cryst. (MeOH). Sol. Me_2CO, C_6H_6. Mp 192°.

Sokolov, V.I. et al, Dokl. Chem. (Engl. Transl.), 1971, **197**, 184 (synth, pmr)

$C_{13}H_{16}HgO_3$ — Hg-00736
(Acetato)(2-benzoyl-1-methylpropyl)mercury, 8CI

4-Oxo-3-methyl-4-phenyl-2-butylmercury acetate. β-Acetoxymercuri-α-methylbutyrophenone. 1-Acetoxymercuri-2-benzoylbutane

$$\text{AcOHg}-\underset{\underset{\text{CH}_3}{|}}{\overset{\overset{\text{CH}_3}{|}}{\text{C}}}-\text{H} \quad (RS,RS)\text{-}form$$
$$\text{H}-\text{C}-\text{COPh}$$

M 420.858

(**RS,RS**)-*form* [29587-75-5]
(±)-threo-*form*
Viscous oil.

(**RS,SR**)-*form* [29587-74-4]
(±)-erythro-*form*
Viscous oil.

deBoer, A. et al, *J. Am. Chem. Soc.*, 1970, **92**, 4008 (synth, pmr)

$C_{13}H_{22}HgO_4$ — Hg-00737
(Acetato-O)[1-(2,2-dimethyl-1-oxopropyl)-3,3-dimethyl-2-oxobutyl]mercury, 9CI

(Acetato-O)(2,2,6,6-tetramethyl-3,5-dioxo-4-heptyl)mercury. Dipivaloylmethylmercury acetate. (Acetoxymercuri)dipivaloylmethane

[35937-10-1]

$$[(H_3C)_3CCO]_2CHHgOAc$$

M 442.904
Rods or cubes (C_6H_6, MeCN or EtOH) (dimorph.). Mp 179-81° (rods), 209-11° (cubes).

Allmann, R. et al, *Chem. Ber.*, 1972, **105**, 3067 (ir, synth, pmr)
Fish, R.H. et al, *Tetrahedron Lett.*, 1972, 921 (synth, pmr, ir, ms)
Allmann, R. et al, *Chem. Ber.*, 1973, **106**, 3001 (cryst struct)
Fish, R.H. et al, *J. Organomet. Chem.*, 1975, **84**, 281 (synth, pmr, ir, uv)
Fish, R.H. et al, *Tetrahedron Lett.*, 1976, 2497 (ms)

$C_{13}H_{26}Hg_2O_{10}P_2$ — Hg-00738
Tetraethyl bis(acetoxymercuri)methylenediphosphonate

Bis(acetato-O)[μ-[bis(diethoxyphosphinyl)methylene]]dimercury, 9CI
[50870-72-9]

$$[(EtO)_2PO]_2C(HgOAc)_2$$

M 805.470
Cryst. (EtOH). Mp 236-7° dec.

Seyferth, D. et al, *J. Organomet. Chem.*, 1973, **59**, 231 (synth, pmr)

$C_{14}H_6Br_8Hg$ — Hg-00739
Bis(2,3,5,6-tetrabromo-4-methylphenyl)mercury, 9CI

Bis(p-methyltetrabromophenyl)mercury
[63266-22-8]

As Bis(2,3,5,6-tetrabromo-4-fluorophenyl)mercury, Hg-00640 with

$$X = CH_3$$

M 1014.023
Cryst. (xylene/nitrobenzene). Spar. sol. common org. solvs. Mp >300°. Stable to at least 300°.

Deacon, G.B. et al, *Aust. J. Chem.*, 1977, **30**, 1013 (synth, ir, ms)

$C_{14}H_8F_6Hg$ — Hg-00740
Bis(2-trifluoromethylphenyl)mercury

Bis(α,α,α-trifluoro-o-tolyl)mercury, 8CI
[1580-26-3]

M 490.798
Cryst. Mp 133-5°.

Maung, M.T. et al, *J. Chem. Soc.*, 1963, 4257 (synth)
McFarlane, W., *J. Chem. Soc., Chem. Commun.*, 1971, 609 (nmr)

$C_{14}H_8F_6Hg$ — Hg-00741
Bis(3-trifluoromethylphenyl)mercury

Bis(α,α,α-trifluoro-m-tolyl)mercury, 8CI
[1763-67-3]
M 490.798
Cryst. ($CHCl_3$). Mp 181.5-182° (165-7°).

Maung, M.T. et al, *J. Chem. Soc.*, 1963, 4257 (synth)
Eaborn, C. et al, *J. Chem. Soc.*, 1963, 5626 (synth)
McFarlane, W., *J. Chem. Soc., Chem. Commun.*, 1971, 609 (nmr)
Wells, P.R. et al, *Org. Magn. Reson.*, 1981, **17**, 26 (nmr)

$C_{14}H_8F_6Hg$ — Hg-00742
Bis(4-trifluoromethylphenyl)mercury

Bis(α,α,α-trifluoro-p-tolyl)mercury, 8CI
[1580-27-4]
M 490.798
Cryst. Mp 142-3° (130-2°).

Maung, M.T. et al, *J. Chem. Soc.*, 1963, 4257 (synth)
Bryant, W.F. et al, *J. Organomet. Chem.*, 1970, **24**, 573 (ms)
McFarlane, W., *J. Chem. Soc., Chem. Commun.*, 1971, 609 (nmr)
Wells, P.R. et al, *Org. Magn. Reson.*, 1981, **17**, 26 (nmr)

$C_{14}H_{10}Fe_2HgO_4$ — Hg-00743
Tetracarbonylbis(η⁵-2,4-cyclopentadien-1-yl)(mercury)diiron, 9CI

Tetracarbonyldi-π-cyclopentadienyl-μ-mercuriodiiron, 8CI. *Bis[dicarbonyl-π-cyclopentadienyliron]mercury*
[35885-95-1]

M 554.515
Orange-yellow cryst., stable in air. Mp 145-6°.

King, R.B., *J. Inorg. Nucl. Chem.*, 1963, **25**, 1296 (synth, ir, pmr)
Lewis, J. et al, *J. Chem. Soc. (A)*, 1966, 1663 (ms)
Fischer, R.D. et al, *J. Organomet. Chem.*, 1967, **7**, 135 (ir)
Nesmeyanov, A.N. et al, *Izv. Akad. Nauk SSSR, Ser. Khim.*, 1972, 2605 (synth)
Roberts, R.M.G., *J. Organomet. Chem.*, 1973, **47**, 359 (synth)
Miholova, D. et al, *Inorg. Chim. Acta*, 1980, **41**, 119; **43**, 43 (synth)

C₁₄H₁₀HgO₄   Hg-00744
Bis(4-carboxyphenyl)mercury
4,4'-Mercuribisbenzoic acid. 4,4'-Mercuridibenzoic acid
[2013-22-1]

HOOC—C₆H₄—Hg—C₆H₄—COOH

M 442.821
Reacts with SH groups of enzymes. Sol. NaHCO₃ aq. Mp >300°. Pptd. from aq. NaHCO₃ on addn. of HCl.
Di-Et ester: [15245-47-3]. *Bis(4-ethoxycarbonylphenyl)-mercury, 9CI. Bis(p-carbethoxyphenyl)mercury.*
$C_{18}H_{18}HgO_4$ M 498.928
Cryst. (EtOH). Mp 192°.

Whitmore, F.C. et al, *J. Am. Chem. Soc.*, 1926, **48**, 533 (synth)
Nesmeyanov, A.N. et al, *J. Gen. Chem. USSR*, 1931, **1**, 598 (ester)
Fedorov, L.A. et al, *CA*, 1968, **68**, 100438 (pmr)
Riordan, J.F. et al, *Methods Enzymol.*, Part B, 1972, **25**, 449; *CA*, **77**, 110690 (rev)
Todhunter, J.A. et al, *J. Org. Chem.*, 1975, **40**, 1362 (synth)
Grishin, Yu.K. et al, *Dokl. Akad. Nauk SSSR, Ser. Sci. Khim.*, 1981, **257**, 919 (nmr)

C₁₄H₁₀HgO₄Ru₂   Hg-00745
Tetracarbonylbis(η⁵-2,4-cyclopentadien-1-yl)(mercury)diruthenium
Tetracarbonyldi-π-cyclopentadienyl-μ-mercuriodiruthenium, 8CI
[12131-08-7]

(Cp)Ru(CO)₂—Hg—Ru(CO)₂(Cp)

M 644.961
Fine-yellow cryst. (pet. ether). Mp 176° (173-5°).

Fischer, R.D. et al, *J. Organomet. Chem.*, 1967, **7**, 135 (synth, ir)
Blackmore, T. et al, *J. Chem. Soc. (A)*, 1968, 2931 (synth, ir, ms)

C₁₄H₁₀Hg₂   Hg-00746
Bis(phenylmercuri)ethyne
μ-1,2-Ethynediyldiphenyldimercury, 10CI. Bis(phenylmercuri)acetylene. Ethynylbis[phenylmercury]
[82490-22-0]

PhHgC≡CHgPh

M 579.413
Cryst. (CCl₄). Mp 179-80°.

Spahr, R.J. et al, *J. Am. Chem. Soc.*, 1933, **55**, 2465 (synth)
Sebald, A. et al, *Spectrochim. Acta, Part A*, 1982, **38**, 163 (cmr, nmr, synth)

C₁₄H₁₁BrHg   Hg-00747
Bromo(1,2-diphenylethenyl)mercury, 9CI
(1,2-Diphenylvinyl)mercury bromide. 1,2-Diphenylethenylmercury bromide. 1-Bromomercuri-1,2-diphenylethene. Bromo(1,2-diphenylvinyl)mercury

Ph\C=C/Ph, H/ , \HgBr   (E)-form

M 459.735

(E)-form
cis-*form*
Mp 118-9°.
(Z)-form
trans-*form*
Mp 157-8°.

Nesmeyanov, A.N. et al, *Izv. Akad. Nauk SSSR, Ser. Khim.*, 1956, 162 (synth)

C₁₄H₁₁BrHg   Hg-00748
Bromo(2,2-diphenylethenyl)mercury, 9CI
Bromo(2,2-diphenylvinyl)mercury, 8CI. 2,2-Diphenylethenylmercury bromide. 2,2-Diphenylvinylmercury bromide. 2-Bromomercuri-1,1-diphenylethylene
[67341-86-0]

Ph₂C=CHHgBr

M 459.735
Cryst. (EtOH). Mp 157°.

Schlenk, W. et al, *Justus Liebigs Ann. Chem.*, 1928, **463**, 98 (synth)
Sokolov, V.I. et al, *J. Organomet. Chem.*, 1978, **162**, 271 (synth, pmr)

C₁₄H₁₃HgNO   Hg-00749
[6-[(Methylamino)methylene]-2,4-cyclohexadien-1-onato-N]phenylmercury, 9CI
[2-[(Methylimino)methyl]phenolato-N,O]phenylmercury, 9CI. Phenylmercury N-methylsalicylaldehydiminate
[53799-48-7]

M 411.853
Tautomeric. Cryst. (EtOH). Mp 98°.

Kuz'mina, L.G. et al, *J. Struct. Chem. (Engl. Transl.)*, 1974, **15**, 561 (cryst struct)
Minkin, V.I. et al, *J. Org. Chem. USSR (Engl. Transl.)*, 1974, **10**, 819 (synth, uv)

C₁₄H₁₄ClHgN   Hg-00750
Chloro[2-phenyl-2-(phenylamino)ethyl]mercury, 9CI
[2-Phenyl-2-(phenylamino)ethyl]mercury chloride. 1-Anilino-2-chloromercuri-1-phenylethane
[69699-22-5]

PhCH(NHPh)CH₂HgCl

M 432.314
(±)-form
Cryst. (CHCl₃/pet. ether). Mp 140-1°.

Gasc, M.B. et al, *Tetrahedron*, 1978, **34**, 1943 (synth, pmr, ir)

$C_{14}H_{14}Hg$ — Hg-00751

Bis(2-methylphenyl)mercury

[616-99-9]. *Di-o-tolylmercury*

M 382.855
Cryst. (EtOH or by subl.). Sol. THF. Mp 107°.

Whitmore, F.C. et al, *J. Am. Chem. Soc.*, 1933, **55**, 1128 (*synth*)
Pollard, D.R. et al, *J. Am. Chem. Soc.*, 1966, **88**, 1404 (*synth*)
Liptak, D. et al, *J. Organomet. Chem.*, 1980, **191**, 339 (*cryst struct*)
Grishin, Yu.K. et al, *Dokl. Akad. Nauk SSSR, Ser. Sci. Khim.*, 1981, **257**, 919 (*nmr*)
Grishin, Yu.K. et al, *CA*, 1981, **95**, 18647u (*cmr*)

$C_{14}H_{14}Hg$ — Hg-00752

Bis(3-methylphenyl)mercury, 9CI

Di-m-tolylmercury, 8CI

[626-12-0]
M 382.855
Solid ($CHCl_3$). Mp 103-4°.

Spinelli, D. et al, *Ann. Chim. (Rome)*, 1960, **50**, 1423 (*synth*)
Pollard, D.R. et al, *J. Am. Chem. Soc.*, 1966, **88**, 1404 (*synth*)
Grishin, Yu.N. et al, *Dokl. Akad. Nauk SSSR, Ser. Sci. Khim.*, 1981, **257**, 919 (*nmr*)

$C_{14}H_{14}Hg$ — Hg-00753

Bis(4-methylphenyl)mercury, 9CI

Di-p-tolylmercury, 8CI

[537-64-4]
M 382.855
Solid (*p*-xylene or C_6H_6). Mp 243° (238°). Dipole moment 0.74D.

Org. Synth., Coll. Vol., **1**, 231 (*synth*)
Pollard, D.R. et al, *J. Am. Chem. Soc.*, 1966, **88**, 1404 (*synth*)
Bryant, W.F. et al, *J. Organomet. Chem.*, 1970, **24**, 573 (*ms*)
Mathew, M. et al, *Can. J. Chem.*, 1970, **48**, 429 (*cryst struct*)
Borzo, M. et al, *J. Magn. Reson.*, 1975, **19**, 279 (*nmr*)
Wilson, N.K. et al, *J. Magn. Reson.*, 1976, **21**, 437 (*cmr*)
Furlani, C. et al, *J. Electron Spectrosc. Relat. Phenom.*, 1981, **22**, 309 (*pe*)

$C_{14}H_{14}Hg$ — Hg-00754

Dibenzylmercury

Bis(phenylmethyl)mercury, 9CI

[780-24-5]

$Hg(CH_2Ph)_2$

M 382.855
Needles (EtOH). Insol. Et_2O, pet. ether, spar. sol. EtOH, C_6H_6. Mp 111°.

▷ Highly toxic. OW2070000.

Hein, F. et al, *Ber.*, 1925, **58**, 1499 (*synth*)
Green, J.H.S., *Spectrochim. Acta, Part A*, 1968, **24**, 863 (*ir*)
Beinant, G., *Bull. Soc. Chim. Fr.*, 1969, 3223 (*synth*)
Federov, L.A. et al, *Dokl. Akad. Nauk SSSR*, 1970, **195**, 879 (*pmr*)
Breuer, S.W. et al, *J. Chem. Soc. (C)*, 1971, 3519 (*ms*)
Tupciauskus, A. et al, *J. Magn. Reson.*, 1972, **7**, 124 (*nmr*)
Hitchcock, P.B., *Acta Crystallogr., Sect B*, 1979, **35**, 746 (*cryst struct*)
Kitching, W. et al, *J. Org. Chem.*, 1981, **46**, 2252 (*pmr, cmr, nmr, synth*)
Sax, N.I., *Dangerous Properties of Industrial Materials*, 5th Ed., Van Nostrand-Reinhold, 1979, 548.

$C_{14}H_{14}HgO_2$ — Hg-00755

Bis(4-methoxyphenyl)mercury, 9CI

Di-p-anisylmercury

[2097-72-5]

M 414.853
Cryst. ($CHCl_3$ or C_6H_6). Mp 200-2°. Dec. at 130° in soln.

Blicke, F.F. et al, *J. Am. Chem. Soc.*, 1929, **51**, 3479 (*synth*)
Spinelli, D. et al, *Ann. Chim. (Rome)*, 1960, **50**, 1423 (*synth*)
Pollard, D.R. et al, *J. Am. Chem. Soc.*, 1966, **88**, 1404 (*synth*)
Petrosyan, V.S. et al, *Bull. Acad. Sci. USSR (Engl. Transl.)*, 1968, 1871 (*pmr*)
Breuer, S.W. et al, *J. Chem. Soc. (C)*, 1971, 3519 (*ms*)
Borzo, M. et al, *J. Magn. Reson.*, 1975, **19**, 279 (*nmr*)

$C_{14}H_{14}HgO_4S_2$ — Hg-00756

Bis[(phenylsulfonyl)methyl]mercury, 9CI

[19967-06-7]

$Hg(CH_2SO_2Ph)_2$

M 510.972
Cryst. (DMF aq.). Mp 289° dec.

Nesmeyanov, A.N. et al, *Bull. Acad. Sci. USSR (Engl. Transl.)*, 1968, 521 (*synth, ir, pmr*)

$C_{14}H_{14}HgS_2$ — Hg-00757

Bis[(phenylthio)methyl]mercury, 9CI

[51353-57-2]

$PhSCH_2HgCH_2SPh$

M 446.975
Solid. Mp 134°.

Taube, R. et al, *J. Organomet. Chem.*, 1974, **65**, C9 (*synth*)
Steinborn, D. et al, *J. Organomet. Chem.*, 1981, **210**, 139 (*nmr*)

$C_{14}H_{15}HgNS$ — Hg-00758

[2-(Dimethylamino)benzenethiolato-N,S]phenylmercury, 10CI

Phenylmercury 2-dimethylaminothiophenolate

[76601-95-1]

M 429.929
Cryst. (EtOH). Mp 93-5°.

Kravtsov, D.N. et al, *J. Organomet. Chem.*, 1980, **201**, 61 (*synth*)
Grishin, Yu.K. et al, *Bull. Acad. Sci. USSR (Engl. Transl.)*, 1982, **31**, 926 (*nmr*)
Kuz'mina, L.G. et al, *J. Struct. Chem. (Engl. Transl.)*, 1982, **22**, 718 (*cryst struct, synth*)

$C_{14}H_{20}Br_2Hg$ — Hg-00759

Bis(7-bromobicyclo[4.1.0]hept-7-yl)mercury, 9CI

[56431-84-6]

M 548.710

Cryst. (hexane). Mp 94-6°.

Seyferth, D. et al, *J. Organomet. Chem.*, 1975, **88**, 255 (*synth, pmr*)

C$_{14}$H$_{20}$ClHgNO Hg-00760
Chloro[3-phenoxy-2-(1-piperidinyl)propyl]mercury, 9CI
*3-Phenoxy-2-(1-piperidinyl)propylmercury chloride.
1-Chloromercuri-3-phenoxy-2-(1-piperidinyl)propane*
[34805-91-9]

M 454.361
Cryst. (EtOH). Mp 75°.

Hall, H.K. et al, *J. Org. Chem.*, 1972, **37**, 3069 (*synth, pmr, ir*)

C$_{14}$H$_{22}$HgO$_2$ Hg-00761
Bis(3-hydroxybicyclo[2.2.1]hept-2-yl)mercury, 9CI
Bis(3-hydroxy-2-norbornyl)mercury. 3,3'-Mercuridi-2-norbornanol

M 422.917

(*exo,exo*),(*exo,exo*)-*form* [53176-39-9]
Cryst. (Et$_2$O). Mp 152-152.5°.

Traylor, T.G. et al, *J. Am. Chem. Soc.*, 1963, **85**, 2746 (*synth, ir*)
Krehm, H. et al, *Rev. Roum. Chim.*, 1974, **19**, 839 (*synth*)
Todhunter, J.A. et al, *J. Org. Chem.*, 1975, **40**, 1362 (*synth*)

C$_{14}$H$_{22}$HgO$_8$ Hg-00762
Bis[2-ethoxy-1-(ethoxycarbonyl)-2-oxoethyl]mercury
Mercuribis[propanedioic acid]diethyl ester
[64451-25-8]

$$(EtOOC)_2CHHgCH(COOEt)_2$$

M 518.913
Solid.

Glidewell, C., *J. Organomet. Chem.*, 1977, **136**, 7 (*synth, pmr, cmr, ir*)

C$_{14}$H$_{26}$Hg Hg-00763
Bis(cyclohexylmethyl)mercury
[24423-70-9]

M 394.949
Liq. Bp$_{0.7}$ 133°.

Landgrebe, J.A. et al, *J. Am. Chem. Soc.*, 1969, **91**, 1759 (*synth, pmr*)

C$_{14}$H$_{26}$HgO$_2$ Hg-00764
Bis(2-methoxycyclohexyl)mercury, 9CI

M 426.948
cis,cis-form
d_4^{20} 1.66. Bp$_{0.2}$ 135-40°. n_D^{20} 1.5365.

Wright, G.F., *Can. J. Chem.*, 1952, **30**, 268 (*synth*)

C$_{14}$H$_{30}$HgO$_2$ Hg-00765
Bis(3-hydroxy-2,2,3-trimethylbutyl)mercury

$$Hg[CH_2C(CH_3)_2C(CH_3)_2OH]_2$$

M 430.980
Mp 113-4°.

Levina, R.Ya. et al, *Zh. Obshch. Khim.*, 1953, **23**, 1054 (*synth*)

C$_{14}$H$_{34}$HgP$_4$ Hg-00766
Bis[methylene(dimethylphosphinidenio)methylidyne(dimethylphosphoranylidyne)methylene]mercury, 9CI
Mercurybis[methanidylenebis(dimethylphosphoniummethylide)]
[64385-19-9]

M 526.908
Yellow cryst., air and light-sensitive. Mp 82°. Bp$_{0.0001}$ 130°.

Schmidbaur, H. et al, *J. Chem. Soc., Chem. Commun.*, 1977, 334 (*synth, pmr, nmr*)

C$_{14}$H$_{38}$HgSi$_4$ Hg-00767
Bis[bis(trimethylsilyl)methyl]mercury, 9CI
2,2,6,6-Tetramethyl-3,5-bis(trimethylsilyl)-2,6-disila-4-mercuraheptane, 8CI
[13294-24-1]

$$(Me_3Si)_2CHHgCH(SiMe_3)_2$$

M 519.386
Solid. Mp 35°. Bp$_4$ 108°, Bp$_{0.01}$ 80°.

Kumada, M. et al, *J. Organomet. Chem.*, 1966, **6**, 451 (*synth*)
Seyferth, D. et al, *J. Organomet. Chem.*, 1970, **24**, 647 (*synth, pmr*)
Glockling, F. et al, *J. Chem. Res. (S)*, 1977, 116 (*pmr, cmr, ir, raman, synth*)
Al-Hashimi, S. et al, *J. Organomet. Chem.*, 1978, **153**, 253 (*ir, raman, ms, synth, pmr*)

$C_{15}H_{11}Cl_2FHg_2O$ Hg-00768

2-(4-Fluorophenyl)-2-(4-methoxyphenyl)-1,1-bis(chloromercuri)ethylene

Dichloro[μ-[(4-fluorophenyl)(4-methoxyphenyl)ethenylidene]]dimercury

[69549-70-8]

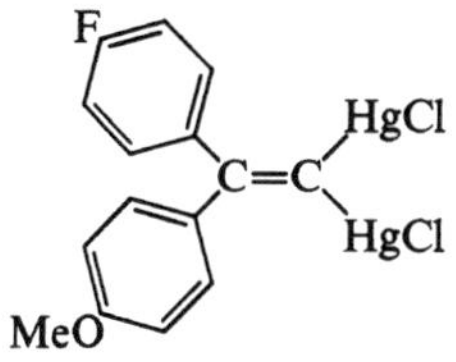

M 698.336

Cryst. (Me$_2$CO/C$_6$H$_6$/pet. ether). Mp 263° dec.

Sokolov, V.I. et al, *J. Organomet. Chem.*, 1978, **162**, 271 (synth, pmr)

$C_{15}H_{11}HgNO$ Hg-00769

Phenylmercury-8-quinolinolate

Phenyl(8-quinolinolato-N^1,O^8)mercury, 9CI. (*8-Phenylmercurioxy)quinoline*

[14354-56-4]

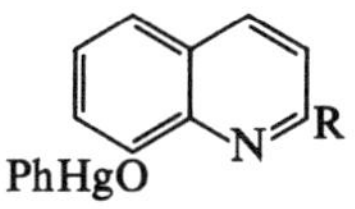

R = H

M 421.848

Partial dimerization in soln.; associated in vapour phase. Fungicide, pesticide. Dimorph. both orthorhombic forms; infinite polymer (MeOH); helical array (CCl$_4$). Mp 162-3° dec. N chelated to Hg.

▷OW9730000.

Dimer: [66139-78-4]. *Diphenylbis[μ-(8-quinolinolato-N^1,O^8:O^8)]dimercury.*
$C_{30}H_{22}Hg_2N_2O_2$ M 843.696

Bertino, R.J. et al, *Aust. J. Chem.*, 1978, **31**, 527 (synth, ir, ms, uv)

Raston, R.J. et al, *Aust. J. Chem.*, 1978, **31**, 537 (cryst struct)

$C_{15}H_{12}HgN_2O_2S_2$ Hg-00770

N-Phenylmercuri-2-phenylsulfonylimino-1,2-dihydrothiazole

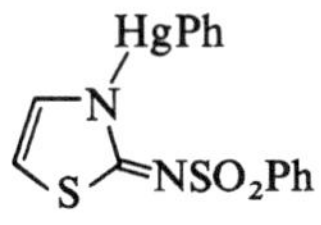

M 516.982

Cryst. (propanol). Mp 182-3°.

Kuz'mina, L.G. et al, *J. Struct. Chem.* (Engl. Transl.), 1982, **23**, 85 (synth, cryst struct)

The first digit of the Entry number defines the Supplement in which the Entry is found. 0 indicates the Main Work

---

$C_{15}H_{13}HgN_3O_4$ Hg-00771

(Acetato-O)[5-nitro-2[(phenylmethylene)hydrazino]phenyl]-mercury, 9CI

Benzaldehyde o-acetoxymercuri-p-nitrophenylhydrazone

[72706-00-4]

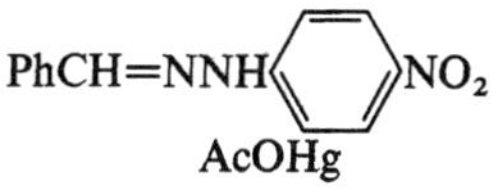

M 499.875

Cryst. (CHCl$_3$). Mp 203-5°.

Butler, R.N. et al, *J. Chem. Soc., Perkin Trans. 1*, 1976, 986 (synth)

$C_{15}H_{14}HgO_6S_2$ Hg-00772

(Acetato)[bis(phenylsulfonyl)methyl]mercury, 8CI

[Bis(phenylsulfonyl)methyl]mercury acetate

(PhSO$_2$)$_2$CHHgOAc

M 554.982

Needles (DMF aq.). Mp 289-90°.

Neplyuev, V.M. et al, *J. Org. Chem. USSR* (Engl. Transl.), 1970, **6**, 2120 (synth, ir)

$C_{15}H_{15}ClHgO$ Hg-00773

1-Chloromercuri-2-methoxy-1,2-diphenylethane

Chloro(2-methoxy-1,2-diphenylethyl)mercury, 9CI. (*2-Methoxy-1,2-diphenylethyl)mercury chloride*

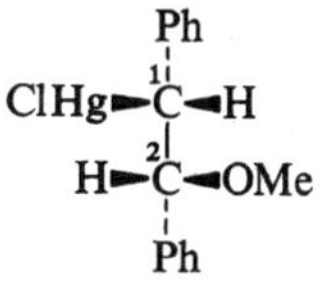

(1RS,2RS)-form

M 447.326

(1RS,2RS)-form

(±)-threo-form. α-form

Cryst. (EtOH). Mp 141-3°. Dipole moment 4.3D.

(1RS,2SR)-form

(±)-erythro-form. β-form

Cryst. (CHCl$_3$/pet. ether). Mp 130-130.5°. Dipole moment 3.6D.

Wright, G.F., *J. Am. Chem. Soc.*, 1935, **57**, 1993 (synth)

Wright, G.F., *Can. J. Chem.*, 1952, **30**, 268 (synth)

Shearer, D.A. et al, *Can. J. Chem.*, 1955, **33**, 1002 (synth)

$C_{15}H_{17}HgNO_2S$ Hg-00774

Ethyl(4-methyl-N-phenylbenzenesulfonamidato-N)mercury, 9CI

Ethyl(p-toluenesulfonanilidato)mercury, 8CI. *N-Ethylmercuri-p-toluenesulfonanilide. Ceresan M*

[517-16-8]

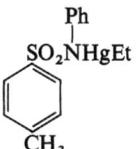

M 475.955

Pesticide used for control of smut on bulbs and grains, no longer in widespread use. Cryst. (EtOH). Prac. insol. H$_2$O. Mp 156°.

▷Highly toxic. OW3850000.

U.S.P., 2 452 595, (1949); CA, 43, 1805 (synth)
Bialas, J. et al, CA, 1962, 57, 12523 (synth)
Merck Index, 9th Ed., 3765 (rev, tox)

$C_{16}F_{16}Hg_5O_{10}$ Hg-00775
Fluoropentakis(trifluoroacetato-O-mercuri)benzene
[μ₅-(6-Fluoro-1,2,3,4,5-benzenepentayl)]pentakis(trifluoroacetato-O)pentamercury, 10CI
[64349-81-1]

M 1659.094

Deacon, G.B. et al, Aust. J. Chem., 1977, 30, 1701 (synth)

$C_{16}HF_{15}Hg_5O_{10}$ Hg-00776
Pentakis(trifluoroacetoxymercuri)benzene
[(μ₅-1,2,3,4,5-Benzenepentayl)pentakis(trifluoroacetato-O)]pentamercury, 9CI
[52198-26-2]

M 1641.104

Deacon, G.B. et al, Aust. J. Chem., 1976, 29, 627 (synth)

$C_{16}H_{10}Cr_2HgO_6$ Hg-00777
Hexacarbonyldi-π-cyclopentadienyl-μ-mercuriodichromium, 8CI
Bis[tricarbonyl(η⁵-cyclopentadienyl)chromium]mercury
[12194-11-5]

M 602.833
Yellow cryst. Mp 201-3°. Bp₀.₁ 130° subl.
▷GB6225000.

Inorg. Synth., 1963, 7, 99 (synth)
Dub, M., Organometallic Compounds, Springer-Verlag, Berlin, 2nd Ed., 1966, 1.
Burlitch, J.M. et al, Inorg. Chem., 1970, 9, 563 (props)
Manning, A.R. et al, J. Chem. Soc. (A), 1971, 637 (synth, props)

$C_{16}H_{10}Hg$ Hg-00778
Bis(phenylethynyl)mercury, 9CI
[6077-10-7]

PhC≡CHgC≡CPh

M 402.845
Diamond-shaped plates (EtOH). Sol. dioxan, CH₂Cl₂. Mp 124-5°. n_D^{20} 1.6085.

Johnson, J.R. et al, J. Am. Chem. Soc., 1926, 48, 469.

Eglington, G. et al, J. Chem. Soc., 1963, 2295 (synth)
Gorshkova, G.N. et al, Russ. J. Phys. Chem., 1965, 39, 1441 (ir, uv)
Fedorov, L.A. et al, Dokl. Chem. (Engl. Transl.), 1973, 209, 203 (cmr)
Bell, N.A. et al, J. Chem. Soc., Perkin Trans. 2, 1974, 717 (ms)

$C_{16}H_{10}HgN_4O_2$ Hg-00779
Bis(1-diazo-2-oxo-2-phenylethyl)mercury, 9CI
Bis(α-diazophenacyl)mercury, 8CI.
Mercuribis(diazoacetophenone)
[13661-25-1]

PhCOC(N₂)HgC(N₂)COPh

M 490.871
Carbene: source. Yellow cryst. (CH₂Cl₂). Mp 148-149.5°. Some dec. before melting, Mp depends on rate of heating.

Yates, P. et al, Tetrahedron Lett., 1967, 71 (synth, uv, pmr)
Lorberth, J. et al, J. Organomet. Chem., 1973, 54, 23 (synth, ms, pmr, ir)
Yates, P. et al, Tetrahedron, 1975, 31, 1979 (synth, ir, uv, pmr, cmr)
Demaree, P. et al, Can. J. Chem., 1977, 55, 243 (use)

$C_{16}H_{10}HgS_2$ Hg-00780
Bis(phenylthioethynyl)mercury
[79718-45-9]

(PhSC≡C)₂Hg

M 466.965
Needles (EtOH). Sol. Et₂O, C₆H₆. Mp 137-138.5°.

Parham, E.W. et al, J. Am. Chem. Soc., 1956, 78, 4783.
Angeletti, E. et al, Gazz. Chim. Ital., 1957, 87, 1115.
Filippova, A.Kh et al, Bull. Acad. Sci. USSR, Div. Chem. Sci., 1981, 30, 1414.

$C_{16}H_{12}HgN_2$ Hg-00781
Bis[(4-cyanophenyl)methyl]mercury
Bis(4-cyanobenzyl)mercury

NC—C₆H₄—CH₂HgCH₂—C₆H₄—CN

M 432.874
Cryst. (Et₂O). Mp 148-9°.

Agirbas, H. et al, J. Chem. Soc., Perkin Trans. 2, 1983, 739 (synth, uv, pmr, cmr)

$C_{16}H_{13}HgNO$ Hg-00782
Phenylmercury 2-methyl-8-quinolinolate
2-Methyl-8-quinolinolato(phenyl)mercury
As Phenylmercury-8-quinolinolate, Hg-00769 with

R = CH₃

M 435.875
Dimeric in the solid state.
Dimer: [66139-79-5]. Bis[μ-(2-methyl-8-quinolinato-N¹,O⁸:O⁸]diphenyldimercury, 10CI.
$C_{32}H_{26}Hg_2N_2O_2$ M 871.750
Fungicide, pesticide. Cryst. (MeOH). Mp 175-6° dec.

Bertino, R.J. et al, Aust. J. Chem., 1978, 31, 527 (synth, ir, ms, uv)

Raston, C.L. et al, *Aust. J. Chem.*, 1978, **31**, 537 (cryst struct)

$C_{16}H_{14}HgO_2$ Hg-00783
Bis(2-oxo-2-phenylethyl)mercury, 9CI

2,2′-Mercuribisacetophenone. Diphenacylmercury

[37160-45-5]

$$PhCOCH_2HgCH_2COPh$$

M 438.875

Needles (EtOH or CHCl$_3$/2,2,3-trimethylpentane). Sol. hot EtOH, Me$_2$CO, insol. Et$_2$O, H$_2$O. Mp 172-172.5°. Sensitive to diffused light.

Kharasch, M.S. et al, *J. Am. Chem. Soc.*, 1923, **45**, 2961 (synth)
Morton, A.A. et al, *J. Am. Chem. Soc.*, 1951, **73**, 3300 (synth)
House, H.O. et al, *J. Org. Chem.*, 1973, **38**, 514 (synth, ir, pmr)
Lutsenko, I.F. et al, *J. Gen. Chem. USSR*, (Engl. Transl.), 1974, **44**, 2318 (synth)
Nesmeyanov, A.N. et al, *Dokl. Chem.* (Engl. Transl.), 1975, **220**, 162 (cmr)
Nesmeyanov, A.N. et al, *J. Organomet. Chem.*, 1979, **172**, 133 (cmr)

$C_{16}H_{15}BrHg$ Hg-00784
Bromo(1-methyl-2,2-diphenylcyclopropyl)mercury, 8CI

1-Methyl-2,2-diphenylcyclopropylmercury bromide. 1-Bromomercuri-1-methyl-2,2-diphenylcyclopropane

[27468-39-9]

M 487.789

(−)-form
Cryst. (MeOH). Mp 205-6°. [α]$_{546}^{26}$ −135.37° (c, 0.790 in CHCl$_3$).

(±)-form
Cryst. (pet. ether). Mp 187.3-188.5°.

Webb, J.L. et al, *J. Am. Chem. Soc.*, 1970, **92**, 2042 (synth, ir, pmr)

$C_{16}H_{16}HgO_2$ Hg-00785
7,8-Dihydro-5H,10H-dibenzo[f,i][1,4,8]dioxamercuracycloundecine

Dibenzo-1,4-dioxa-8-mercura-6,9-cycloundecadiene

[17296-83-2]

X = O

M 440.891
Needles (EtOH). Sol. C$_6$H$_6$, THF, CS$_2$. Mp 110-1°.

Bähr, G. et al, *Chem. Ber.*, 1967, **100**, 3992 (synth)
Küpper, F.W. et al, *Z. Anorg. Allg. Chem.*, 1968, **359**, 41 (cryst struct)

$C_{16}H_{16}HgO_3$ Hg-00786
(Acetato-O)(2-hydroxy-2,2-diphenylethyl)mercury, 8CI

(2-Hydroxy-2,2-diphenylethyl)mercury acetate. 2-Acetoxymercuri-1,1-diphenylethanol

[29053-02-9]

$$Ph_2C(OH)CH_2HgOAc$$

M 456.891
Cryst. (CH$_2$Cl$_2$/Et$_2$O). Mp 116.5-117.5°.

Coxon, J.M. et al, *Tetrahedron*, 1970, **26**, 3755 (synth, ir, pmr)

$C_{16}H_{17}ClHgO$ Hg-00787
1,2-Diphenyl-1-methoxy-3-chloromercuripropane

Chloro(3-methoxy-1,2-diphenylpropyl)mercury, 9CI. *(3-Methoxy-1,2-diphenylpropyl)mercury chloride*

(1RS,2RS)-form

M 461.353

(1RS,2RS)-form [82288-98-0]
(±)-erythro-form
Cryst. (EtOH). Mp 145°.

(1RS,2SR)-form [82288-93-5]
(±)-threo-form
Oil.

Shabarov, Yu.S. et al, *Zh. Obshch. Khim.*, 1975, **45**, 2300.
Bandaev, S.G. et al, *J. Prakt. Chem.*, 1980, **322**, 643 (synth, pmr)
Bandaev, S.G. et al, *J. Org. Chem. USSR* (Engl. Transl.), 1982, **18**, 257 (synth, pmr, ir)

$C_{16}H_{18}F_6HgO_4$ Hg-00788
Hexamethylbenzenemercury bistrifluoroacetate

[(deloc-2,3,4,5,6)-1,2,3,4,5,6-Hexamethyl-3,5-cyclohexadien-2-ylium-1-yl]mercury(2+) bistrifluoroacetate

[73067-02-4]

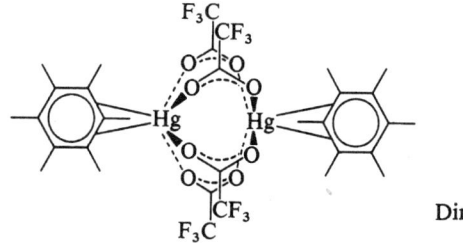

Dimer

M 588.896
η^2-Bonded dimeric struct.

Dimer: [82871-36-1]. *Bis[(1,2-η)hexamethylbenzene]tetrakis[μ-(trifluoroacetato-O:O^1)]dimercury.*
$C_{32}H_{36}F_{12}Hg_2O_8$ M 1177.792
Pale-yellow cryst (CF$_3$COOH).

Damude, L.C. et al, *J. Organomet. Chem.*, 1979, **181**, 1 (synth)
Fukuzumi, S. et al, *J. Org. Chem.*, 1981, **46**, 4116 (uv)
Fukuzumi, S. et al, *J. Phys. Chem.*, 1981, **85**, 648 (uv)
Lau, W. et al, *J. Am. Chem. Soc.*, 1982, **104**, 5515 (cryst struct, uv, cmr, esr)

$C_{16}H_{18}Hg$ Hg-00789
Bis(3,5-dimethylphenyl)mercury

[80330-38-7]

M 410.908
Wells, P.R. et al, *Org. Magn. Reson.*, 1981, **17**, 26 (nmr)

$C_{16}H_{18}Hg$ Hg-00790
Bis(4-ethylphenyl)mercury
[10217-72-8]

H₃CH₂C—⟨C₆H₄⟩—Hg—⟨C₆H₄⟩—CH₂CH₃

M 410.908
Cryst. (EtOH). Spar. sol. cold EtOH. Mp 136.5°.
Whitmore, F.C. et al, *J. Am. Chem. Soc.*, 1933, **55**, 1128 (synth)
Breuer, S.W. et al, *J. Chem. Soc. (C)*, 1971, 3519 (ms)

$C_{16}H_{18}HgS_2$ Hg-00791
Bis[[(4-methylthio)phenyl]methyl]mercury
Bis(4-methylthiobenzyl)mercury

MeS—⟨C₆H₄⟩—CH₂HgCH₂—⟨C₆H₄⟩—SMe

M 475.028
Cream cryst. (EtOAc). Mp 108-9°.
Agirbas, H. et al, *J. Chem. Soc., Perkin Trans. 2*, 1983, 739 (synth, uv, pmr, cmr)

$C_{16}H_{18}Hg_2O_2$ Hg-00792
Bis(2,5-dimethylphenyl)[μ-(peroxy)-O:O']dimercury, 10CI
Bis(2,5-dimethylphenylmercury)peroxide
[72721-25-6]

(2,5-Me₂C₆H₃)—Hg—O—O—Hg—(C₆H₃-2,5-Me₂)

M 643.497
Yellow cryst. Sol. MeOH, spar. sol. C₆H₆, insol. alkanes. Dec. at 131-2°. Readily hydrol. in air.
Lyashenko, S.D. et al, *Dokl. Chem. (Engl. Transl.)*, 1979, **248**, 458 (synth, ir)

$C_{16}H_{22}HgN_6O_7$ Hg-00793
Meralluride, BAN
*[3-[[[(3-Carboxy-1-oxopropyl)amino]carbonyl]amino]-
-2-methoxypropyl](1,2,3,6-tetrahydro-1,3-dimethyl-
2,6-dioxo-7H-purin-7-yl)mercury, 9CI. Mercuhydrin*
[113-50-8]

HgCH₂CHCH₂NHCONHCOCH₂CH₂COOH
             OMe
(theophylline-N7 attached)

M 610.976
Diuretic. White or pale-yellow powder. Sol. hot H₂O, AcOH, spar. sol. cold H₂O, prac. insol. EtOH, CHCl₃, EtOH. Dec. slowly in light.
Ray, C.T. et al, *Am. J. Med. Sci.*, 1949, **217**, 96; CA, **44**, 3615 (rev)
Pearson, D.E. et al, *J. Org. Chem.*, 1950, **15**, 1055 (struct)
Merck Index, 9th Ed., No. 5695.

$C_{16}H_{24}HgO_3$ Hg-00794
2-Acetoxymercuri-4-(1,1,3,3-tetramethylbutyl)phenol
Acetomeroctol. Merbak
[584-18-9]

(phenol with OH, HgOAc ortho, and C(CH₃)₂CH₂C(CH₃)₃ para)

M 464.954
Topical antiinfective. Cryst. (EtOH aq. contg. 5% AcOH). Prac. insol. H₂O, sol. EtOH, Et₂O, CHCl₃, spar. sol. C₆H₆. Mp 158°.
Niederl, J.B. et al, *J. Am. Chem. Soc.*, 1944, **66**, 844 (synth)
Merck Index, 9th Ed., No. 51.

$C_{16}H_{26}HgO_4$ Hg-00795
Bis[(2-acetyloxy)-1-ethyl-1-butenyl]mercury
Bis(2-acetoxy-1-ethyl-1-butenyl)mercury

(Et)(AcO)C=C(Et)—Hg—C(Et)=C(OAc)(Et)

M 482.969
(E,E)-form [82352-08-7]
Mp 63-4°.
Bach, R.D. et al, *J. Org. Chem.*, 1982, **47**, 3707 (synth, ir, pmr)

$C_{16}H_{27}HgNO_6S$ Hg-00796
Mercaptomerin
[3-(3-Carboxy-2,3,3-trimethylcyclopentanecarboxamido)-2-methoxypropyl](hydrogen mercaptoacetato)mercury, 8CI

CONHCH₂CHCH₂HgSCH₂COOH
              OMe
(cyclopentane with CH₃, CH₃, CH₃, COOH substituents)

M 562.042
Di-Na salt: [21259-76-7]. **Mercaptomerin sodium**, BAN. *Thiomerin sodium.* Diuretic. Powder. Freely sol. H₂O, pract. insol. Et₂O, C₆H₆, CHCl₃. Mp 150-5° dec. Hygroscopic.
▷OV8700000.
Wendt, G. et al, *J. Org. Chem.*, 1958, **23**, 1448 (synth)
Merck Index, 9th Ed., No. 5700.

$C_{16}H_{28}HgO_4$ Hg-00797
**tert-Butyl[1,2-bis(ethoxycarbonyl)-3,3-dimethyl-1-butenyl]-
mercury**
*[1,2-Bis(ethoxycarbonyl)-3,3-dimethyl-1-butenyl]-
(1,1-dimethylethyl)mercury, 9CI*
[41262-27-5]

EtOOC\   /COOEt
     C=C
(H₃C)₃C/   \HgC(CH₃)₃

M 484.985

(*E*)-*form*
Oil, dec. at 80°.
Blaukat, U. *et al*, *J. Organomet. Chem.*, 1973, **49**, 323 (*synth*)

C₁₆H₃₄Hg   Hg-00798
Dioctylmercury
[32701-55-6]

$$H_3C(CH_2)_7Hg(CH_2)_7CH_3$$

M 427.035
Liq. n_D^{20} 1.4880.
Wilde, W.K., *J. Chem. Soc.*, 1949, 72.

C₁₇H₁₅F₃HgO₃   Hg-00799
(2-Methoxy-1,2-diphenylethyl)(trifluoroacetato-*O*)mercury, 9CI
(2-Methoxy-1,2-diphenylethyl)mercury trifluoroacetate

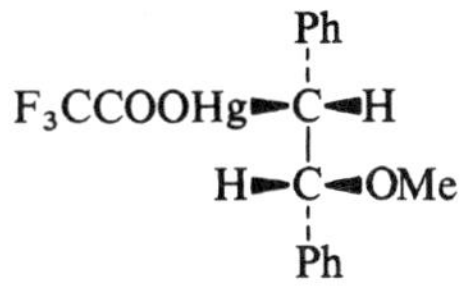

F₃CCOOHg—C(Ph)(H)—C(H)(Ph)—OMe   (*RS,RS*)-*form*

M 524.889
(*RS,RS*)-*form* [55632-00-3]
(±)-threo-*form*
Characterised spectroscopically.
(*RS,SR*)-*form* [55631-99-7]
(±)-erythro-*form*
Characterised spectroscopically.
Bloodworth, A.J. *et al*, *J. Chem. Soc., Perkin Trans. 1*, 1975, 195 (*synth, pmr*)

C₁₇H₁₆HgO₄   Hg-00800
(Acetato-*O*)(1-methoxy-2-oxo-1,2-diphenylethyl)mercury
2-Acetoxymercuri-2-methoxy-2-phenylacetophenone

PhCOCPh(OMe)HgOAc

M 484.901
Oil. Readily dec., depositing Hg.
Gudkova, A.S. *et al*, *Bull. Acad. Sci. USSR, Div. Chem. Sci.*, 1966, 1121 (*synth*)

C₁₇H₁₇ClHgO₂   Hg-00801
1-Acetoxy-3-chloromercuri-1,2-diphenylpropane
[3-(Acetyloxy)-2,3-diphenylpropyl]chloromercury, 9CI.
[3-(Acetyloxy)-2,3-diphenylpropyl]mercury chloride
[57786-95-5]

AcOCHPhCHPhCH₂HgCl

M 489.363
Solid. Mp 126°. Obt. as mixt. of diastereomers.
Shabarov, Yu.S. *et al*, *J. Gen. Chem. USSR (Engl. Transl.)*, 1975, **45**, 2258 (*synth, pmr*)
Shabarov, Yu.S. *et al*, *J. Organomet. Chem.*, 1975, **99**, 213 (*synth, ir*)
Shabarov, Yu.S. *et al*, *Zh. Obshch. Khim.*, 1980, **16**, 886.

C₁₇H₁₇ClHgO₂   Hg-00802
1-Acetoxy-3-chloromercuri-1,3-diphenylpropane
[3-(Acetyloxy)-1,3-diphenylpropyl]chloromercury, 9CI.
[3-Acetyloxy-1,3-diphenylpropyl]mercury chloride
[51384-90-8]

AcOCHPhCH₂CHPhHgCl

M 489.363
Solid. Mp 134°.
Shabarov, Yu.S. *et al*, *J. Gen. Chem. USSR (Engl. Transl.)*, 1975, **45**, 2258 (*synth, pmr, ir*)
Shabarov, Yu.S. *et al*, *J. Organomet. Chem.*, 1975, **99**, 213 (*synth, ir, pmr*)

C₁₇H₁₈HgO₂   Hg-00803
(2,6-Dimethylbenzoato-*O*)(2,6-dimethylphenyl)mercury, 9CI
2,6-Dimethylphenylmercury 2,6-dimethylbenzoate
[80006-62-8]

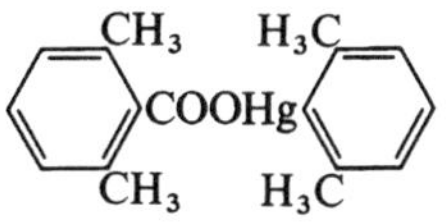

M 454.918
Insol. H₂O, pet. ether. Mp 150-2°.
Deacon, G.B. *et al*, *J. Organomet. Chem.*, 1981, **218**, 123 (*synth, ir, ms, pmr*)

C₁₇H₁₈Hg₆O₁₂   Hg-00804
Hexakis(acetoxymercuri)-1,3-cyclopentadiene

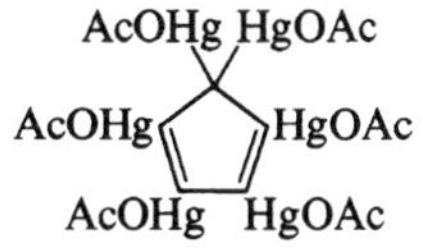

M 1617.862
Cream-coloured solid.
Watt, G.W. *et al*, *J. Inorg. Nucl. Chem.*, 1964, **26**, 1531 (*synth*)

C₁₈F₁₂Hg₃   Hg-00805
Dodecafluorotribenzo[*b,e,h*][1,4,7]trimercuronin, 8CI
cyclo-Tris[μ-(3,4,5,6-tetrafluoro-1,2-phenylene)]trimercury, 9CI. *Perfluorotribenzo[b,e,h][1,4,7]trimercuronin. Perfluoro-2-phenylenemercury*
[18734-63-9]

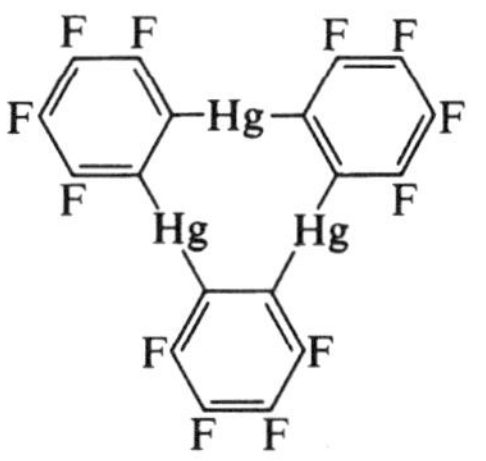

M 1045.949
Solid. Sol. CHCl₃, Me₂CO, EtOH. Bp₀.₁ 300° subl. Dec. at 340°. Forms solvates with polar org. molecules.
Sartori, P. *et al*, *Chem. Ber.*, 1968, **101**, 2004 (*synth, ir*)
Cookson, P.G. *et al*, *Aust. J. Chem.*, 1973, **26**, 541 (*synth, ir*)
Woodard, C.M. *et al*, *J. Organomet. Chem.*, 1976, **112**, 9 (*synth, ms*)
Ball, M.C. *et al*, *J. Organomet. Chem.*, 1981, **206**, 265.

C$_{18}$H$_{12}$HgN$_2$ — Hg-00806
Di(8-quinolinyl)mercury

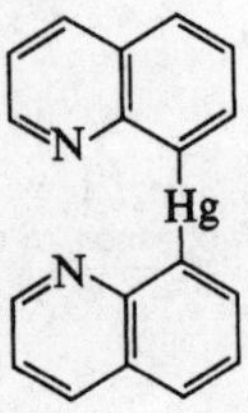

M 456.896
Cryst. by subl. Mp 188-90°.

Cookson, P.G. et al, Aust. J. Chem., 1971, **24**, 1599 (synth, ir)

C$_{18}$H$_{12}$Hg$_3$ — Hg-00807
Tribenzo[b,e,h][1,4,7]trimercuronin
cyclo-Tri-μ-1,2-phenylenetrimercury, 9CI. 2-Phenylenemercury
[20742-67-0]

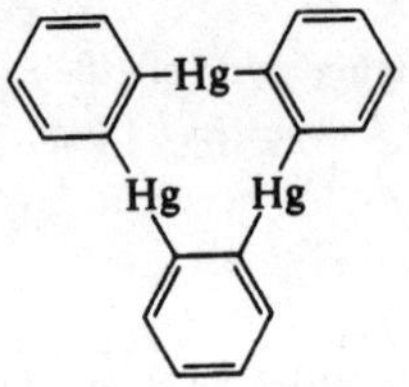

M 830.063
Monoclinic cryst. (DMF) or orthorhombic cryst. (quinoline). Mp 325-6° (sealed tube), >350°. Bp$_1$ 260° subl.

Awad, S.B. et al, J. Organomet. Chem. 1977, **127**, 127 (synth, ms, ir)
Brown, D.S. et al, Acta Crystallogr., Sect. B, 1978, **34**, 1695 (cryst struct)
Brown, D.S. et al, Inorg. Chim. Acta, 1980, **44**, L193 (cryst struct)

C$_{18}$H$_{14}$ClHgN$_3$ — Hg-00808
[1-(2-Chlorophenyl)-3-phenyl-1-triazenato-N^1,N^3]phenylmercury, 10CI
[71562-50-0]

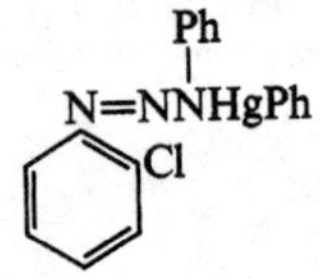

M 508.372
Orange cryst. (propanol). Mp 151-2° dec.

Kuz'mina, L.G. et al, J. Struct. Chem. (Engl. Transl.), 1979, **20**, 470 (cryst struct, synth)

C$_{18}$H$_{14}$Hg — Hg-00809
Di-1H-indenyl-1-ylmercury, 9CI
[23767-63-7]

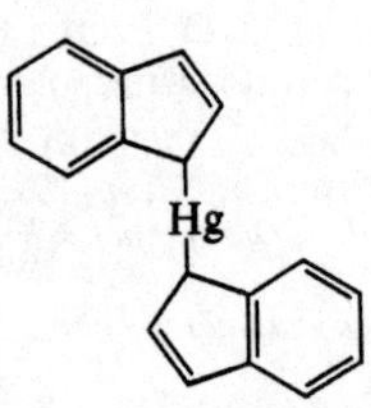

M 430.899
Fluxional molecule. Cryst. (CHCl$_3$). Spar. sol. CH$_2$Cl$_2$, CHCl$_3$, THF, sol. nonpolar org. solvs. Mp 130°. Slowly dec. on standing at 25°, dec. rapidly at higher temp. Blackens on prolonged exp. to air and light.

Cotton, F.A. et al, J. Am. Chem. Soc., 1969, **91**, 3178 (synth, pmr)
Samuel, E. et al, J. Organomet. Chem., 1969, **19**, 9 (synth, ir)
Samuel, E. et al, J. Organomet. Chem., 1971, **30**, 235 (raman)

C$_{18}$H$_{14}$HgO$_2$ — Hg-00810
Bis(3-oxo-3-phenyl-1-propenyl)mercury, 9CI

(PhCOCH=CH)$_2$Hg

M 462.897
(Z,Z)-form [38516-25-5]
Cryst. (EtOH). Mp 124-5°.

Rybinskaya, M.I. et al, J. Gen. Chem. USSR (Engl. Transl.), 1972, **42**, 1579 (synth, ir, pmr)

C$_{18}$H$_{15}$HgN$_3$ — Hg-00811
(1,3-Diphenyl-1-triazenato-N^3)phenylmercury
1,3-Diphenyl-3(phenylmercuri)triazene
[68574-40-3]

PhHgNPhN=NPh

M 473.927
Cryst. (toluene/pet. ether). Mp 181°.

Peringer, P., Z. Naturforsch., B, 1978, **33**, 1091 (synth, ir, pmr, ms, uv)
Nesmeyanov, A.N. et al, Dokl. Akad. Nauk SSSR, Ser. Sci. Khim., 1979, **247**, 1154 (pmr, nmr)
Peringer, P., Inorg. Chim. Acta, 1980, **42**, 129 (nmr)

C$_{18}$H$_{16}$HgO$_4$ — Hg-00812
(Acetato-O)[2-(acetyloxy)-1,2-diphenylethenyl]mercury
α-Acetoxy-β-acetoxymercuristilbene. (2-Acetoxy-1,2-diphenylethenyl)mercury acetate

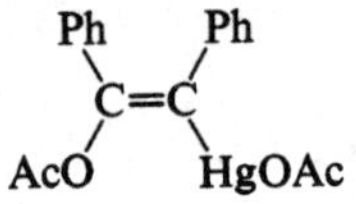

M 496.912
(Z)-form [82352-02-1]

Bach, R.D. et al, J. Org. Chem., 1982, **47**, 3707 (synth)

C$_{18}$H$_{18}$HgO$_2$ — Hg-00813
Bis[2-(2-propenyloxy)phenyl]mercury
Bis(o-allyloxyphenyl)mercury
[81500-62-1]

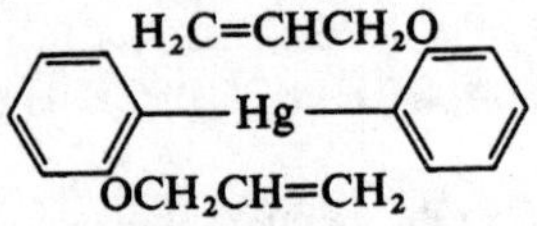

M 466.929
Cryst. (EtOH aq.). Mp 69.5-70.5°.

Russell, G.A. et al, J. Organomet. Chem., 1982, **225**, 43 (synth)

C$_{18}$H$_{20}$HgO$_3$ — Hg-00814
(Acetato-O)(3-methoxy-3,3-diphenylpropyl)mercury
3-Methoxy-3,3-diphenylpropylmercury acetate
[37896-65-4]

Ph$_2$C(OMe)CH$_2$CH$_2$HgOAc

M 484.944
Mp 148-9°.

Shabarov, Yu.S. et al, J. Gen. Chem. USSR (Engl. Transl.), 1972, **42**, 1305 (synth)

$C_{18}H_{21}BrHgO_2$ Hg-00815
1-Bromomercuri-2-tert-butyldioxy-1,2-diphenylethane

Bromo[2-[(1,1-dimethylethyl)dioxy]-1,2-diphenylethyl]mercury, 9CI. (*2-tert-Butylperoxy-1,2-diphenylethyl*)*mercury bromide*

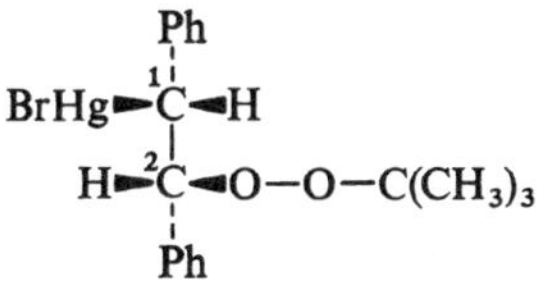

$$BrHg-\overset{Ph}{\underset{1}{C}}-H$$
$$H-\overset{2}{\underset{Ph}{C}}-O-O-C(CH_3)_3 \quad (1RS,2RS)\text{-form}$$

M 549.857

(**1RS,2RS**)-form [56030-68-3]
(±)-threo-form
Cryst. (pet. ether). Mp 118-20°.

(**1RS,2SR**)-form [56030-67-2]
(±)-erythro-form
Cryst. (pet. ether). Mp 138°.

Halfpenny, J. et al, J. Chem. Soc., Chem. Commun., 1979, 879 (cryst struct)
Bloodworth, A.J. et al, J. Chem. Soc., Perkin Trans. 1, 1975, 195 (synth, pmr)

$C_{18}H_{22}Hg$ Hg-00816
Bis(4-isopropylphenyl)mercury

Bis[4-(1-methylethyl)phenyl]mercury, 9CI
[78637-97-5]

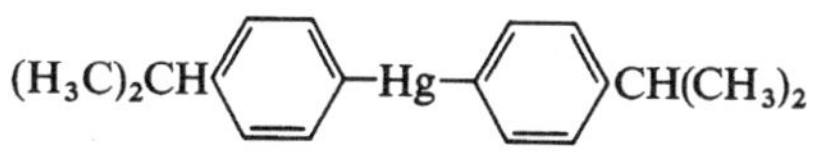

$(H_3C)_2CH-\langle\rangle-Hg-\langle\rangle-CH(CH_3)_2$

M 438.962

Grishin, Yu.K. et al, Dokl. Chem. (Engl. Transl.), 1981, **257**, 289 (synth, ir)

$C_{18}H_{22}HgN_2$ Hg-00817
5,6,7,8,9,10-Hexahydro-6,9-dimethyldibenzo[f,i][1,4,8]diazamercuracycloundecine, 8CI

1,4-Dimethyldibenzo-1,4-diaza-8-mercura-6,9-cycloundecadiene
[17296-79-6]

As 7,8-Dihydro-5H,10H-dibenzo[f,i][1,4,8]-dioxamercuracycloundecine, Hg-00785 with

$$X = NMe$$

M 466.975
Needles (EtOH). Sol. C_6H_6, THF, CS_2. Mp 109-11°.

Bähr, G. et al, Chem. Ber., 1967, **100**, 3992 (synth)
Küpper, F.W. et al, Z. Anorg. Allg. Chem., 1968, **359**, 41 (cryst struct)

$C_{18}H_{22}HgO_2$ Hg-00818
3-Acetoxymercuri-1,7,7-trimethyl-2-phenylbicyclo[2.2.1]-hept-2-ene

(*Acetato*)(*2-phenyl-2-bornen-3-yl*)*mercury*, 8CI. *2-Phenyl-2-bornen-3-ylmercury acetate*

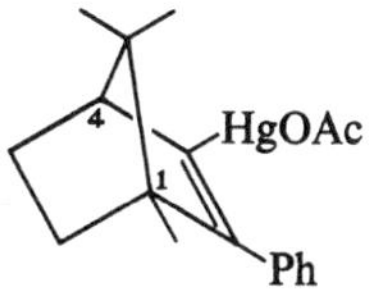

M 470.961

(**1R,4S**)-form [25121-27-1]
D-form
Viscous gum. $[\alpha]_D$ −14° (c, 1.10 in $CHCl_3$). n_D^{24} 1.5928.

Coxon, J.M. et al, Tetrahedron, 1970, **26**, 3755 (synth, ir, uv, pmr)

$C_{18}H_{22}HgO_2$ Hg-00819
Bis(2-methoxy-2-phenylethyl)mercury

[67247-77-2]

$$PhCH(OMe)CH_2HgCH_2CH(OMe)Ph$$

M 470.961
Cryst. Mp 60-1°.

Bloodworth, A.J. et al, J. Organomet. Chem., 1978, **152**, C29 (synth)

$C_{18}H_{24}HgN_2$ Hg-00820
Bis[2-[(dimethylamino)methyl]phenyl-C,N]mercury, 10CI
[81352-61-6]

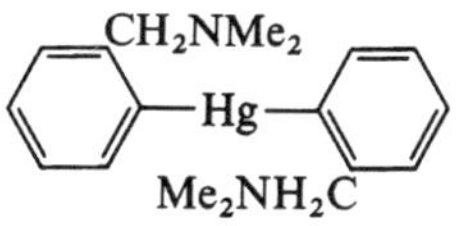

M 468.991
Needles (pentane), plates (Et_2O). Mp 72°.

van der Ploeg, A.F.M.J. et al, J. Organomet. Chem., 1981, **212**, 283 (synth, pmr, cmr)
van der Ploeg, A.F.M.J. et al, J. Organomet. Chem., 1981, **222**, 155 (pmr, cmr)
Atwood, J.L. et al, Inorg. Chem., 1983, **22**, 3480 (synth, ms, pmr, cmr, cryst struct)

$C_{18}H_{26}Hg$ Hg-00821
Bis(tert-butylcyclopentadienyl)mercury

Bis[(1,1-dimethylethyl)cyclopentadienyl]mercury, 9CI
[41539-67-7]

$$[(H_3C)_3CC_5H_4]_2Hg$$

M 442.993

Floris, B. et al, J. Organomet. Chem., 1973, **50**, 33 (synth, ir, ms, pmr)
Barber, P.J. et al, J. Chem. Soc., Perkin Trans. 2, 1980, 941 (synth)

C₁₉H₁₅HgN₃O₂ Hg-00822

[Benzaldehyde(4-nitrophenyl)hydrazonato]phenylmercury, 9CI

Benzaldehyde N-phenylmercuri-N-4-nitrophenylhydrazine. N'-Benzylidene-N-(4-nitrophenyl)-N-phenylmercurihydrazine

[17154-89-1]

M 517.936

Red cryst. (propanol). Mp 192-3°.

Kravtsov, D.N. et al, *Bull. Acad. Sci. USSR*, (Engl. Transl.), 1967, 1436 (synth)

Butler, R.N. et al, *J. Chem. Soc., Perkin Trans. 1*, 1976, 986 (synth, pmr)

C₁₉H₁₆BrHgP Hg-00823

Bromo[2-[(diphenylphosphino)methyl]phenyl]mercury, 9CI

[2-[(Diphenylphosphino)methyl]phenylmercury bromide. 1-Bromomercuri-2-[(diphenylphosphino)methyl]-benzene

[59807-70-4]

M 555.803

Spar. sol. MeOH, Et₂O, C₆H₆, Me₂CO, v. sol. CHCl₃. Mp 197-9°.

Abicht, H.P. et al, *Z. Anorg. Allg. Chem.*, 1976, **422**, 237 (synth)

C₁₉H₁₆HgN₄S Hg-00824

Phenylmercury dithiozonate

Phenyl(phenyldiazenecarbothioic acid 2-phenylhydrazidato)mercury, 9CI. *Phenyl[(phenylazo)thioformic acid 2-phenylhydrazidato]mercury*, 8CI. *(1,5-Diphenylthiocarbazonato-N,S)phenylmercury*

[12406-51-8]

M 533.012

Photochromic agent. Red-brown cryst. Mp 172-3°. Undergoes reversible yellow ⇌ blue photoisomerism in soln. Yellow form is the stable form. Ionises at v.high pH → magenta anion.

Webb, J.L.A. et al, *J. Am. Chem. Soc.*, 1950, **72**, 91 (synth)
Irving, M.N.H. et al, *J. Chem. Soc.*, 1963, 466 (synth, uv)
Irving, M.N.H. et al, *Anal. Chim. Acta*, 1969, **45**, 271.
Hutton, A.T. et al, *Acta Crystallogr., Sect. B*, 1980, **36**, 2064 (cryst struct)
Hutton, A.T. et al, *J. Chem. Soc., Dalton Trans.*, 1982, 2299 (uv, ir, pmr)

C₁₉H₁₆HgS₂ Hg-00825

[Bis(phenylthio)methyl]phenylmercury

[64148-06-7]

PhHgCH(SPh)₂

M 509.045

Cryst. (toluene/pentane). Mp 107-8°. Readily dec. to Hg in the solid state, or in soln. at r.t.

Chivers, T. et al, *Can. J. Chem.*, 1977, **55**, 2554 (synth, pmr, ir, ms)

C₂₀H₁₄Hg Hg-00826

Di-1-naphthylmercury

Di-1-naphthalenylmercury, 9CI

[607-51-2]

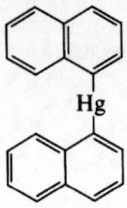

M 454.921

Cryst. (C₆H₆). Spar. sol. C₆H₆. Mp 249° (244°).

Blicke, F.F. et al, *J. Am. Chem. Soc.*, 1929, **51**, 3479 (synth)
Nesmeyanov, A.N. et al, *Ber.*, 1929, **62**, 1018 (synth)
Eskin, I.T., *Bull. Acad. Sci. USSR, Div. Chem. Sci.* (Engl. Transl.), 1942, 302; *CA*, **39**, 1636 (synth)
Breuer, S.W. et al, *J. Chem. Soc. (C)*, 1971, 3519 (ms)
Garti, N. et al, *J. Appl. Chem. Biotechnol.*, 1975, **25**, 249 (synth)
Panov, E.M. et al, *Zh. Obshch. Khim.*, 1977, **47**, 838; *CA*, **87**, 135710 (synth)

C₂₀H₁₄Hg Hg-00827

Di-2-naphthylmercury

Di-2-naphthalenylmercury, 9CI

[19510-26-0]

M 454.921

Cryst. (C₆H₆). Spar. sol. EtOH, Et₂O. Mp 247-8° (238°).

Chattaway, F.D., *J. Chem. Soc.*, 1894, **65**, 877 (synth)
Beattie, R.W. et al, *J. Am. Chem. Soc.*, 1933, **55**, 1567 (synth)

C₂₀H₁₇ClHgO₂P⊕ Hg-00828

[Carboxy(chloromercuri)methyl]triphenylphosphonium(1+)

[Ph₃PCH(HgCl)COOH]⊕

M 556.370 (ion)

Me ester, chloride:
C₂₁H₁₉Cl₂HgO₂P   M 605.850
Cryst. (MeNO₂/Et₂O at −70°). Mp 190-1°. Partial dissociation to HgCl₂ and Ph₃P=CHCOOMe occurs in DMSO soln.

Nesmeyanov, N.A. et al, *Dokl. Chem.* (Engl. Transl.), 1965, **162**, 471 (synth, ir)
Nesmeyanov, N.A. et al, *J. Organomet. Chem.*, 1965, **4**, 202 (synth, ir)
Nesmeyanov, N.A. et al, *J. Org. Chem. USSR* (Engl. Transl.), 1968, **4**, 1621 (ir)

$C_{20}H_{18}Fe_2Hg$ Hg-00829
Diferrocenylmercury, 8CI
(Ferrocenylmercurio)ferrocene, 9CI
[1274-09-5]

⟨Cp⟩–Fe–⟨Cp⟩–Hg–⟨Cp⟩–Fe–⟨Cp⟩

M 570.646
Orange cryst. (xylene). Mp 235-6° dec.

Nesmeyanov, A.N. *et al*, *Dokl. Akad. Nauk SSSR*, 1955, **100**, 1099; *CA*, **50**, 2558 (*synth*)
Rausch, M. *et al*, *J. Org. Chem.*, 1957, **22**, 900; 1963, **28**, 3337 (*synth, spectra*)
Wertheim, G.K. *et al*, *J. Chem. Phys.*, 1963, **38**, 2106 (*mössbauer*)
Breuer, S.W. *et al*, *J. Chem. Soc. (C)*, 1971, 3519 (*ms*)
Roling, P.V. *et al*, *Synth. React. Inorg. Metal-Org. Chem.*, 1971, **1**, 97 (*synth*)
Nesmeyanov, A.N. *et al*, *Zh. Strukt. Khim.*, 1973, **14**, 49 (*cmr*)

$C_{20}H_{18}HgRu_2$ Hg-00830
Diruthenocenylmercury, 9CI
[37298-86-5]

⟨Cp⟩–Ru–⟨Cp⟩–Hg–⟨Cp⟩–Ru–⟨Cp⟩

M 661.092
Cryst. (xylene). Dec. >190°.

Nesmeyanov, A.N. *et al*, *Izv. Akad. Nauk SSSR, Ser. Khim.*, 1972, 1823 (*synth*)

$C_{20}H_{20}F_{14}HgO_4$ Hg-00831
Bis(6,6,7,7,8,8,8-heptafluoro-2,2-dimethyl-3,5-octanediona-to-O,O')mercury, 9CI
Bis(1,1,2,2,3,3-heptafluoro-7,7-dimethyl-4,6-octanedion-5-yl)mercury
[54202-97-0]

$$F_3CCF_2CF_2COCHCOC(CH_3)_3$$
$$|$$
$$Hg$$
$$|$$
$$F_3CCF_2CF_2COCHCOC(CH_3)_3$$

M 790.943
Cryst. (EtOH aq.). Mp 117-9°. Part-enolised in soln.

Fish, R.H., *J. Am. Chem. Soc.*, 1974, **96**, 6664 (*synth, pmr, raman, ir, uv*)

$C_{20}H_{24}HgO_4$ Hg-00832
(Acetato-O)[2-[(1,1-dimethylethyl)dioxy]-2,2-diphenylethyl]-mercury, 10CI
(Acetyloxy)[[2-(1,1-dimethylethyl)dioxy]-2,2-diphenylethyl]mercury, 9CI. *2-tert-Butylperoxy-2,2-diphenylethylmercury acetate. 1-Acetoxymercuri-2,2-diphenyl-2-tert-butylperoxyethane*
[38310-19-9]

$$AcOHgCH_2CPh_2-O-O-C(CH_3)_3$$

M 528.997
Cryst. (CH_2Cl_2/pet. ether). Mp 109-11°.

Bloodworth, A.J. *et al*, *J. Chem. Soc., Perkin Trans. 1*, 1972, 2433.

$C_{20}H_{26}Hg$ Hg-00833
Bis(4-*tert*-butylphenyl)mercury
Bis[4-(1,1-dimethylethyl)phenyl]mercury, 9CI
[20657-25-4]

$(H_3C)_3C$–⟨C_6H_4⟩–Hg–⟨C_6H_4⟩–$C(CH_3)_3$

M 467.015
Cryst. (C_6H_6 or by subl.). Mp 188-90°.

Benkeser, R.A. *et al*, *J. Am. Chem. Soc.*, 1968, **90**, 4366 (*synth, pmr*)

$C_{20}H_{28}Hg^{\oplus\oplus}$ Hg-00834
Bis-1,2,3,4-tetramethylbenzenemercury(2+)
Bis[(deloc-2,3,4,5,6)-2,3,4,5-tetramethyl-3,5-cyclohex-adien-2-ylium-1-yl]mercury(2+)

M 469.031 (ion)
Fluxional η^1-bound complex.

Bis(hexafluoroantimonate): [81986-70-1].
$C_{20}H_{28}F_{12}HgSb_2$ M 940.512
Yellow-powder, highly moisture-sensitive.

Damude, L.C. *et al*, *J. Organomet. Chem.*, 1982, **226**, 105 (*synth, cmr*)

$C_{20}H_{30}Hg$ Hg-00835
Bis(1,2,3,4,5-pentamethyl-2,4-cyclopentadien-1-yl)mercury, 9CI
[25027-90-1]

$$[(H_3C)_5C_5]_2Hg$$

M 471.047
Cryst. (pet. ether). Mp 125-6°.

Floris, B. *et al*, *J. Chem. Soc., Chem. Commun.*, 1969, 492 (*synth, uv, ir, pmr*)
Davies, A.G. *et al*, *J. Chem. Soc., Perkin Trans. 2*, 1981, 692.

$C_{20}H_{38}HgO_6$ Hg-00836
Bis(1-acetyl-2-methyl-2-*tert*-butyldioxypropyl)mercury
Bis[1-acetyl-2-[(1,1-dimethylethyl)dioxy]-2-methyl-propyl]mercury, 9CI
[38860-43-4]

$$\begin{array}{c} CH_3 \\ | \\ (H_3C)_3C-O-O-CCHCOCH_3 \\ | \\ H_3C \\ | \\ Hg \\ | \\ H_3C \\ | \\ (H_3C)_3C-O-O-CCHCOCH_3 \\ | \\ CH_3 \end{array}$$

M 575.107
Cryst. Insol. pet. ether. Mp 111.5-112.0°.

Bloodworth, A.J. *et al*, *J. Chem. Soc., Perkin Trans. 1*, 1972, 2787 (*synth, pmr*)

$C_{20}H_{40}Hg_4$ Hg-00837
1,7,13,19-Tetramercuracyclotetracosane
[26283-83-0]

M 1082.896
See also 1,7-Dimercuracyclododecane, Hg-00622 and Mercuracyclohexane, Hg-00243. Mp 42°.

Hilpert, S. et al, Ber., 1914, **47**, 186.
Holkamp, H.C. et al, J. Organomet. Chem., 1969, **19**, 279 (synth)

$C_{20}H_{42}Hg$ Hg-00838
Didecylmercury
[62439-69-4]

$$H_3C(CH_2)_9Hg(CH_2)_9CH_3$$

M 483.142
Cryst. (Et_2O at 0°).

McNamee, G.M. et al, J. Am. Chem. Soc., 1977, **99**, 1831 (synth)

$C_{20}H_{54}HgSi_6$ Hg-00839
Bis[tris(trimethylsilyl)methyl]mercury
[29728-36-7]

$$(Me_3Si)_3CHgC(SiMe_3)_3$$

M 663.750
Cryst. (toluene). Sol. warm C_6H_6, Et_2O, $CHCl_3$, spar. sol. EtOH. Mp 263-5°, 291°. Thermally v. stable.

Bassindale, A.R. et al, J. Chem. Soc., Chem. Commun., 1970, 559.
Glockling, F. et al, J. Chem. Res. (S), 1977, 116 (pmr, cmr, ir, raman, cryst struct, synth)
Eaborn, C. et al, J. Organomet. Chem., 1980, **190**, 101 (synth, pmr, ir, ms)

$C_{21}H_{19}Cl_2HgOP$ Hg-00840
Dichloro(triphenylphosphonium-2-oxopropylide)mercury

M 589.850
Bridged dimer.
Dimer: [58300-14-4]. *Di-μ-chlorodichlorobis[triphenylphosphonium(1-η)-2-oxopropylide]dimercury. Tetrachlorobis[triphenylphosphonium-2-oxopropylide]dimercury.*
$C_{42}H_{38}Cl_4Hg_2O_2P_2$ M 1179.701
Mp 206-8°.

Weleski, E.T. et al, J. Organomet. Chem., 1975, **102**, 365 (synth, ir, pmr)

$C_{22}H_{38}HgO_4$ Hg-00841
Bis[1-(2,2-dimethyl-1-oxopropyl)-3,3-dimethyl-2-oxobutyl]mercury, 9CI
Bis(2,2,6,6-tetramethyl-3,5-heptanedionato-O,O')mercury, 9CI. Bis(3,3-dimethyl-2-oxo-1-pivaloylbutyl)mercury. Bis(dipivaloylmethyl)mercury

[27279-40-9]

$$[(H_3C)_3CCO]_2CHHgCH[COC(CH_3)_3]_2$$

M 567.130
Dimeric in solid state, monomeric in soln. $CHCl_3$ soln. conts. ca. 5% of Hg—O bonded spp. Cubes or platelets (C_6H_6); cryst. by subl. Sol. most org. solvs. Mp 195-7°, 198-202°, 214-9°. Darkens on exp. to x-rays.

Flatau, K. et al, Angew. Chem., Int. Ed. Engl., 1970, **9**, 379 (synth, pmr)
Allmann, R. et al, Chem. Ber., 1972, **105**, 3067 (synth, cryst struct, pmr, ir)
Berg, E.W. et al, Anal. Chim. Acta, 1972, **60**, 117 (ir, synth)
Dietrich, K. et al, J. Organomet. Chem., 1975, **93**, 15.
Fish, R.H. et al, J. Organomet. Chem., 1975, **84**, 281 (synth)

$C_{23}H_{19}HgI_2P$ Hg-00842
Diiodo[triphenylphosphonium(1-η)-2,4-cyclopentadien-1-ylide]mercury
[77979-59-0]

Solid-state structure

M 780.776
Dimeric in solid state, fluxional molecule in soln.
Dimer: [61195-94-6]. *Di-μ-iododiiodobis[3-(triphenylphosphonio)-2,4-cyclopentadien-1-yl]dimercury, 10CI. Di-μ-iododiiodobis(triphenylphosphoniumcyclopentadien-1-ylide)dimercury.*
$C_{46}H_{38}Hg_2I_4P_2$ M 1561.552
Yellow cryst. (THF). Mp 191-2° (181°) dec. Air-stable at r.t.

Holy, N.L. et al, J. Am. Chem. Soc., 1976, **98**, 7823 (synth, pmr, ir, cmr, uv)
Baenziger, N.C. et al, Acta Crystallogr., Sect. B, 1978, **34**, 2300 (cryst struct)
Roberts, R.M.G., Tetrahedron, 1980, **36**, 3295 (synth)

$C_{24}H_{50}Hg$ Hg-00843
Didodecylmercury, 9CI
[10217-68-2]

$$H_3C(CH_2)_{11}Hg(CH_2)_{11}CH_3$$

M 539.249
Solid (hexane at −10° or EtOAc/MeOH). Mp 4.5-5.5°. Dec. on dist.

Meals, R.N., J. Org. Chem., 1944, **9**, 211 (synth)
Beinert, G. et al, C.R. Hebd. Seances Acad. Sci., 1966, **263**, 492 (synth)
Buhler, J.D. et al, J. Organomet. Chem., 1972, **40**, 265 (synth)
Casanova, J. et al, J. Am. Chem. Soc., 1974, **96**, 1942 (synth)

$C_{24}H_{66}HgSi_6Sn_2$ Hg-00844
Bis[tris[(trimethylsilyl)methyl]stannyl]mercury, 10CI
[34501-62-7]

$$(Me_3SiCH_2)_3SnHgSn(CH_2SiMe_3)_3$$

M 961.268
Yellow cryst. (hexane). Mp 101-3°.

Kruglaya, O.A. et al, J. Organomet. Chem., 1972, **46**, 51 (synth)
Kalinina, G.S. et al, J. Gen. Chem. USSR, (Engl. Transl.), 1973, **44**, 2215
Petrov, B.I. et al, Izv. Akad. Nauk SSSR, Ser. Khim., 1973, 189.
Fedor'ev, B.V. et al, Izv. Akad. Nauk SSSR, Ser. Khim., 1974, 713.

C$_{25}$H$_{21}$BrHgO$_2$P$_2$ — Hg-00845

[Bis(diphenylphosphinyl)methyl]bromomercury, 8CI
Bis(diphenylphosphinyl)methylmercury bromide
[28926-73-0]

$$(Ph_2PO)_2CHHgBr$$

M 695.881
Solid. Sol. DMF, DMSO, spar. sol. Me$_2$O, MeOH, THF, insol. H$_2$O, pet. ether. Mp 186-8°.

Issleib, K. et al, J. Prakt. Chem., 1970, **312**, 456 (synth, ir)

C$_{25}$H$_{21}$BrHgP$_2$ — Hg-00846

[Bis(diphenylphosphino)methyl]bromomercury, 8CI
[Bis(diphenylphosphino)methyl]mercury bromide
[28926-72-9]

$$(Ph_2P)_2CHHgBr$$

M 663.882
Yellow solid. Sol. DMF, DMSO, insol. EtOH, C$_6$H$_6$, pet. ether. Mp 168-71°.

Issleib, K. et al, J. Prakt. Chem., 1970, **312**, 456 (synth, ir)

C$_{26}$F$_{24}$Hg$_8$O$_{16}$ — Hg-00847

Octakis(trifluoroacetoxymercuri)naphthalene
μ_8-1,2,3,4,5,6,7,8-Naphthaleneoctayloctakis(trifluoroacetato-O)octamercury, 10CI
[64385-01-9]

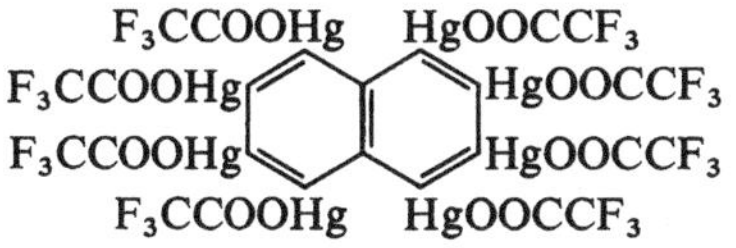

M 2628.958

Deacon, G.B. et al, Aust. J. Chem., 1977, **30**, 1701 (synth, ir)

C$_{26}$H$_{18}$Hg — Hg-00848

Di-9H-fluoren-9-ylmercury, 9CI
[36108-76-6]

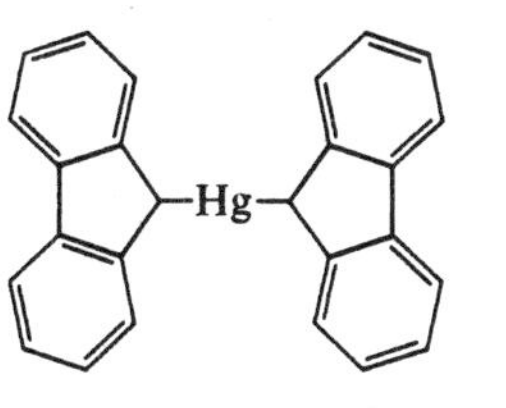

M 531.018
Cream cryst. (CH$_2$Cl$_2$). Spar. sol. CH$_2$Cl$_2$, CHCl$_3$, THF, C$_6$H$_6$. Dec. without melting at 150°.

Samuel, E. et al, J. Organomet. Chem., 1972, **37**, 29 (synth, ir)

C$_{26}$H$_{21}$ClHgOP$^{\oplus}$ — Hg-00849

(1-Chloromercuri-2-oxo-2-phenylethyl)triphenylphosphonium(1+)
[α-(Chloromercuri)phenacyl]triphenylphosphonium

[Ph$_3$PCH(COPh)HgCl]$^{\oplus}$

M 616.468 (ion)
Chloride:
C$_{26}$H$_{21}$Cl$_2$HgOP   M 651.921
Cryst. (MeNO$_2$). Mp 208-10°. ν(CO) 1645 cm^{-1}.

Nesmeyanov, N.A. et al, J. Organomet. Chem., 1965, **4**, 202 (synth)

C$_{26}$H$_{22}$HgS$_4$ — Hg-00850

Bis[bis(phenylthio)methyl]mercury
[64148-05-6]

$$(PhS)_2CHHgCH(SPh)_2$$

M 663.290
Cryst. (THF/pentane). Mp 92-4°. Dec. on heating to 150° or in refluxing toluene or Me$_2$CO. Stable in refluxing cyclohexane.

Chivers, T. et al, Can. J. Chem., 1977, **55**, 2554 (synth, pmr, ir, ms)

C$_{28}$H$_{22}$Hg — Hg-00851

Bis(1,2-diphenylethenyl)mercury, 9CI
Bis(1,2-diphenylvinyl)mercury, 8CI. Bis-α-mercuribisstilbene

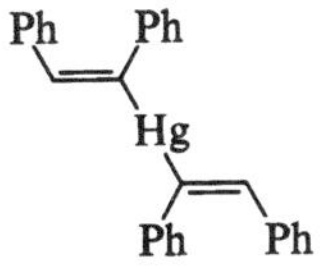

M 559.072
(E,E)-form
cis-form
Cryst. (C$_6$H$_6$/EtOH). Mp 145-7°.
(Z,Z)-form
trans-form
Mp 243-4°.

Nesmeyanov, A.N. et al, Izv. Akad. Nauk SSSR, Ser. Khim., 1954, 992.

C$_{30}$H$_{24}$HgN$_4^{\oplus\oplus}$ — Hg-00852

Bis(1,3-diphenyl-1H-imidazolium-2-yl)mercury(2+), 9CI

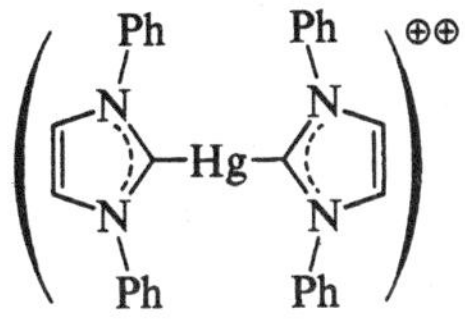

M 641.136 (ion)
Diperchlorate: [23209-17-8].
C$_{30}$H$_{24}$Cl$_2$HgN$_4$O$_8$ M 840.038
Cryst. (2-methyl-2-propanol/DMSO). Mp 370°. Darkens ~250°.

Schönherr, H-J. et al, Chem. Ber., 1970, **103**, 1037 (synth, pmr, ir, ms)
Luger, P. et al, Acta Crystallogr., Sect. B, 1971, **27**, 2276 (cryst struct)

C$_{30}$H$_{25}$HgNO$_6$P$_2$ — Hg-00853

(Tetraphenylimidodiphosphato-N)phenylmercury
[74969-84-9]

PhHgN[P(O)(OPh)$_2$]$_2$

C₃₀H₃₀HgO₂ – C₃₆H₂₄Hg₃   Hg-00854 – Hg-00861

M 758.068
Cryst. (C_6H_6/pentane). Insol. pentane. Mp 98°.
Richter, H. et al, Z. Naturforsch, B, 1980, **35**, 578.
Richter, H. et al, Z. Anorg. Allg. Chem., 1982, **491**, 266 (synth, cryst struct, nmr)

$C_{30}H_{30}HgO_2$ Hg-00854
Bis(2-methoxy-2,2-diphenylethyl)mercury

$$MeOCPh_2CH_2HgCH_2CPh_2OMe$$

M 623.156
Solid. Mp 126-8°.
Bloodworth, A.J. et al, J. Organomet. Chem., 1978, **152**, C29 (synth)

$C_{30}H_{54}Co_2HgO_6P_2$ Hg-00855
Hexacarbonyl-μ-mercuriobis(tributylphosphine)dicobalt, 8CI
Bis(tricarbonyltributylphosphinocobalt)mercury
[18115-13-4]

$$(H_3CCH_2CH_2CH_2)_3PCo(CO)_3-Hg-Co(CO)_3P(CH_2CH_2CH_2CH_3)_3$$

M 891.157
Yellow solid (Me_2CO/MeOH). Mp 108-9°. ir ν_{CO} 2017, 1987.5, 1944.5, 1931 cm^{-1} (hexane).
Bonati, F. et al, J. Chem. Soc. (A), 1967, 932 (synth, ir)
Van Reutergem, M. et al, J. Mol. Struct., 1982, **82**, 43 (ir)

$C_{32}H_{30}Hg$ Hg-00856
Bis(1-methyl-2,2-diphenylcyclopropyl)mercury

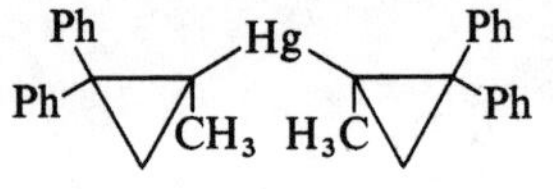

M 615.179
Cryst. Mp 198-200°.
Webb, J.C. et al, J. Am. Chem. Soc., 1970, **92**, 2042 (synth, ir, pmr)

$C_{32}H_{30}HgO_4$ Hg-00857
Bis(1-benzoyl-2-methoxy-2-phenylethyl)mercury, 9CI
[38860-44-5]

PhCH(OMe)CHCOPh
          |
          Hg
          |
PhCH(OMe)CHCOPh

M 679.177
Cryst. Mp 153-7°.
Bloodworth, A.J. et al, J. Chem. Soc., Perkin Trans. 1, 1972, 2787 (synth, ir)

$C_{33}H_{24}Hg_2O_6S_2$ Hg-00858
Hydrargaphen, BAN, INN
[μ-[[3,3′-Methylenebis[2-naphthalenesulfonato]](2−)-]]diphenyldimercury. *Penotrane*
[14235-86-0]

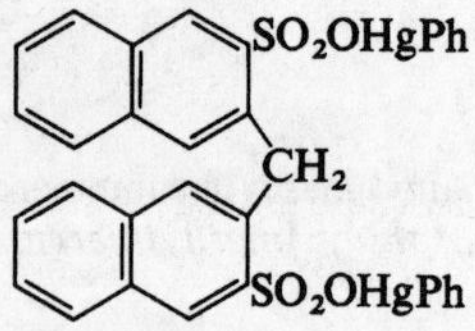

M 981.849
Antiparasitic, topical antiinfective, bactericide, fungicide. Amorph. powder.
▷OW6300000.
B.P., 584 196, (1947); CA, **41**, 3253 (synth)
Goldberg, A.A., Manuf. Chem., 1951, **22**, 182 (rev)
Hopf, P.P., Manuf. Chem., 1953, **24**, 44 (rev)
Ito, A. et al, CA, 1961, **55**, 1539 (synth)
Merck Index, 9th Ed., No. 4649.

$C_{36}F_{30}Ge_2Hg$ Hg-00859
Bis[tris(pentafluorophenyl)germyl]mercury, 10CI, 9CI
[35406-49-6]

$$(C_6F_5)_3GeHgGe(C_6F_5)_3$$

M 1348.118
Colourless cryst. Mp 228-31°.
Bochkarev, M.N. et al, J. Organomet. Chem., 1973, **55**, 89 (synth)
Kuzmina, L.G. et al, Zh. Strukt. Khim., 1981, **22**, 60 (cryst struct)

$C_{36}F_{30}HgSn_2$ Hg-00860
[Bis[tris(pentafluorophenyl)stannyl]]mercury, 10CI
[40171-35-5]

$$[(C_6F_5)_3Sn]_2Hg$$

M 1440.318
Colourless cryst. Mp 171-3°. Undergoes demercuration >80° in soln.
Bochkarev, M.N. et al, J. Gen. Chem. USSR (Engl. Transl.), 1972, **42**, 2344; 1974, **44**, 293
Sokolov, V.I. et al, J. Organomet. Chem., 1976, **112**, C47.
Bochkarev, M.N. et al, Zh. Obshch. Khim., 1978, **48**, 2706.

$C_{36}H_{24}Hg_3$ Hg-00861
Tri-μ-[1,1′-biphenyl]-2,2′-diyltrimercury
2,2′-Biphenylenemercury
[62830-22-2]

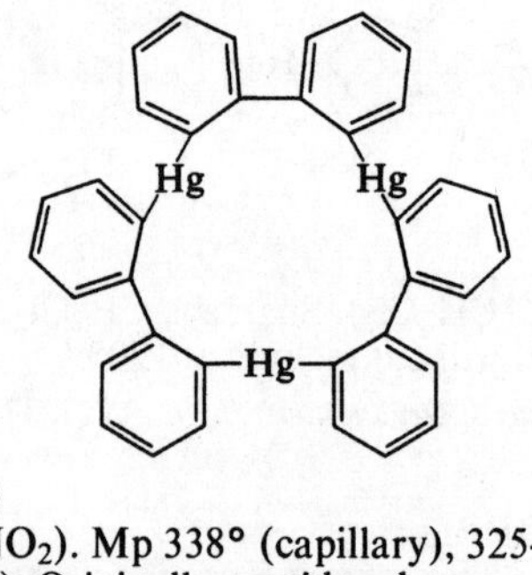

M 1058.356
Cryst. ($PhNO_2$). Mp 338° (capillary), 325-6° (capillary). Originally considered as a monomer(dibenzomercurole), a tetramer and a hexamer have also been described.

Wittig, G. et al, Chem. Ber., 1954, **87**, 1511; 1957, **90**, 875 (synth)
Awad, S.B. et al, J. Organomet. Chem., 1977, **127**, 127 (synth, ir)
Stender, K. et al, Cryst. Struct. Commun., 1981, **10**, 613 (cryst struct)

$C_{36}H_{24}Hg_6$ — Hg-00862

Hexakis(o-phenylenemercury)

o-*Phenylenemercury hexamer*

M 1660.126
Cryst. (4-methylpyridine). Mp 326-8° dec.

Wittig, G. et al, Chem. Ber., 1958, **91**, 883 (synth)
Grdenic, D., Chem. Ber., 1959, **92**, 231 (cryst struct)

$C_{36}H_{30}Cl_3HgNOOsP_2$ — Hg-00863

Dichloro(chloromercurio)nitrosylbis(triphenylphosphine)osmium, 8CI

[30258-60-7]

M 1051.736
Yellow cryst. Mp 267-9°.

Bentley, G.A. et al, J. Chem. Soc., Chem. Commun., 1970, 998 (synth, cryst struct)

$C_{36}H_{30}Ge_2Hg$ — Hg-00864

Bis(triphenylgermyl)mercury, 9CI

1,1,1,3,3,3-Hexaphenyl-1,3-digerma-2-mercurapropane, 8CI

[23082-96-4]

$$Ph_3GeHgGePh_3$$

M 808.403
Yellow cryst. (toluene). Sol. THF; mod. sol. Et_2O, C_6H_6, toluene; insol. pentane. Mp 180° dec., 215° (sealed tube *in vacuo*). Dec. in uv light, readily oxidised in air to Hg and $(Ph_3Ge)_2O$, solns. are unstable >5° readily hydrolysed.

Amberger, E. et al, J. Organomet. Chem., 1969, **18**, 83 (synth)
Vyazankin, N.S. et al, J. Gen. Chem. USSR (Engl. Transl.), 1969, **39**, 950 (synth)
Blaukat, U. et al, J. Organomet. Chem., 1973, **63**, 27 (synth)
Titova, S.N. et al, Inorg. Chim. Acta, 1981, **50**, 71 (cryst struct)

$C_{36}H_{30}HgSi_2$ — Hg-00865

Bis(triphenylsilyl)mercury, 9CI

1,1,1,3,3,3-Hexaphenyl-1,3-disila-2-mercurapropane, 8CI

[13529-03-8]

$$Ph_3SiHgSiPh_3$$

M 719.394
Source of Ph_3Si radicals. Cream cryst. Mp 210-2°. Stable in air as solid, rapidly dec. by air in soln. Thermally dec. to Hg and $(Ph_3Si)_2$. Photochem. unstable but stable to H_2O.

Jackson, R.A., J. Chem. Soc., Chem. Commun., 1966, 827 (synth)
Eaborn, C. et al, J. Chem. Soc., Perkin Trans. 2, 1972, 55 (synth, uv)
Hovland, A.K. et al, J. Organomet. Chem., 1976, **120**, 171 (ms)
Ilsley, W.H. et al, J. Organomet. Chem., 1980, **190**, 257 (cryst struct)
Schaaf, T.F. et al, J. Organomet. Chem., 1980, **197**, 169 (uv)

$C_{36}H_{30}HgSn_2$ — Hg-00866

Bis(triphenylstannyl)mercury, 9CI

1,1,1,3,3,3-Hexaphenyl-1,3-distanna-2-mercurapropane

[20763-02-4]

$$Ph_3SnHgSnPh_3$$

M 900.603
Yellow solid. Sol. THF, C_6H_6, spar. sol. hexane. Stable for months at r.t. in the dark, dec. at ca. 20° as solid, more rapidly in soln. Dec. in light, oxidised in air.

Eaborn, C. et al, J. Chem. Soc., Chem. Commun., 1968, 1051 (synth)
Blaukat, U. et al, J. Organomet. Chem., 1973, **63**, 27 (synth)

$C_{36}H_{58}Hg$ — Hg-00867

Bis(2,4,6-tri-*tert*-butylphenyl)mercury

Bis[2,4,6-tris(1,1-dimethylethyl)phenyl]mercury

[74063-09-5]

M 691.444
Cryst. (EtOH). Sol. hydrocarbons. Mp 177-9°. Darkens in light.

Huffmann, J.C. et al, Inorg. Chem., 1980, **19**, 2749 (synth, pmr, cmr, ms)

$C_{38}H_{34}HgP_2^{\oplus\oplus}$ — Hg-00868

Bis(triphenylphosphonium-η-methylide)mercury(2+)

$$[Ph_3PCH_2HgCH_2PPh_3]^{\oplus\oplus}$$

M 753.224 (ion)
Dichloride: [76426-21-6]. *Bis(triphenylphosphoniummethylide)mercury dichloride. Bis[triphenyl(methylene)phosphorane]mercury dichloride.*
$C_{38}H_{34}Cl_2HgP_2$ M 824.130
Mp 182° dec. Dec. in CH_2Cl_2 soln. at r.t., thermally stable as solid.

Yamamoto, Y. et al, Bull. Chem. Soc. Jpn., 1980, **53**, 3176 (synth, pmr, cmr)

C₃₈H₄₂HgN₄O₂   Hg-00869
Bis[[acetyl(2,6-dimethylphenyl)amino][(2,6-dimethylphenyl)-imino]methyl-*C,O*]mercury, 10CI
[61374-76-3]

M 787.365
Cryst. (THF/Et₂O). Sol. THF, insol. Et₂O. Mp 224-5°. ν_{CO} 1660 cm⁻¹, ν_{CN} 1648 cm⁻¹.

Sawai, H. et al, *J. Organomet. Chem.*, 1976, **120**, 161 (synth, cryst struct, ir, pmr)

C₃₈H₄₂HgO₆   Hg-00870
Bis(1-benzoyl-2-phenyl-2-*tert*-butylperoxyethyl)mercury
Bis[1-benzoyl-2-[(1,1-dimethylethyl)dioxy]-2-phenyl-ethyl]mercury, 9CI
[39016-54-1]

$$(H_3C)_3C-O-O-\underset{Ph}{CH}CHCOPh$$
$$\text{Hg}$$
$$(H_3C)_3C-O-O-\underset{Ph}{CH}CHCOPh$$

M 795.336
Cryst. (CH₂Cl₂/pet. ether). Mp 123-4°.

Bloodworth, A.J. et al, *J. Chem. Soc., Perkin Trans. 1*, 1972, 2787 (synth, pmr)

C₄₀H₃₀Fe₂HgN₂O₆P₂   Hg-00871
Tetracarbonyl(mercury)dinitrosylbis(triphenylphosphine)diiron, 9CI
Tetracarbonyl-μ-mercuriodinitrosylbis(triphenylphosphine)diiron, 8CI
[28411-09-8]

$$(OC)_2(Ph_3P)(NO)Fe-Hg-Fe(PPh_3)(CO)_2NO$$

M 1008.918
Orange-yellow cryst. (C₆H₆). Dec. at 196°.

Hieber, W. et al, *Z. Anorg. Allg. Chem.*, 1963, **320**, 101 (synth)
Casey, M. et al, *J. Chem. Soc. (A)*, 1970, 2258 (synth, ir)
McAuliffe, C.A. et al, *J. Chem. Soc., Dalton Trans.*, 1976, 2477 (mössbauer)

C₄₀H₃₀HgN₂P₂   Hg-00872
Bis[triphenyl(cyanomethylene)phosphorane]mercury
Bis[cyano(triphenylphosphoranylidene)methyl]mercury, 9CI
[31109-50-9]

$$Ph_3P=C(CN)HgC(CN)=PPh_3$$

M 801.228
Mp 242-5° dec. Forms an adduct with CHCl₃.

Nesmeyanov, N.A. et al, *Dokl. Chem. (Engl. Transl.)*, 1970, **195**, 788 (synth, ir)

C₄₂H₃₆HgO₄P₂   Hg-00873
Bis[triphenyl(methoxycarbonylmethylene)phosphorane]mercury
Bis[2-methoxy-2-oxo-1-triphenylphosphoranylidene)-ethyl]mercury, 9CI. *Bis[carboxy(triphenylphosphoranyl-idene)methyl]mercury dimethyl ester*, 8CI
[23932-78-7]

$$Ph_3P=C(COOMe)HgC(COOMe)=PPh_3$$

M 867.282
Mp 243-6°.

Nesmeyanov, N.A. et al, *Dokl. Chem. (Engl. Transl.)*, 1970, **195**, 788 (synth)

Zn Zinc

J. L. Wardell

Zinc (Fr.), Zink (Ger.), Zinc (Sp.), Zinco (Ital.), Цинк (Tsink) (Russ.), 亜鉛 (Japan.)

Atomic Number. 30

Atomic Weight. 65.38

Electronic Configuration. [Ar] $3d^{10} 4s^2$

Valency. 2

Coordination Number. Coordination numbers found for Zn in organometallic compounds are two in simple diorganozincs, occasionally three (eg. in $(EtZnNPh_2)_2$) and more usually four. The latter is found in a variety of compounds including functionally substituted organozincs such as $(Me_2NCH_2CH_2CH_2)_2Zn$ and $(PhCOOCH_2)_2Zn$, organozinc halides, eg. $(EtZnBr)_4$, alkoxides, eg. $(MeZnOMe)_4$ and oximes, eg. $(MeZnON=CMe_2)_2$, adducts, R_2ZnL_2 (L_2 = bipy or 2py) and the ylides:

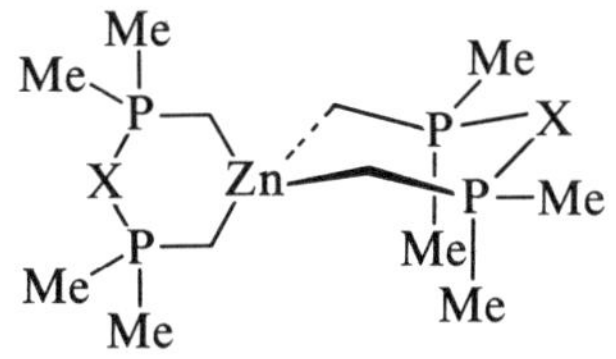

X = N or CH

Colour. Colourless to yellow is the usual colour range. However complexes R_2ZnL_2, involving nitrogen chelating donors, eg. L_2 = bipy, may be highly coloured (eg. red or purple).

Availability. Zinc metal and salts are available at low cost from the usual chemical suppliers. Only a few diorganozincs are available.

Handling. Inert atmosphere techniques should be used since organozincs react with both H_2O and O_2. The lower dialkylzincs are spontaneously flammable in air. Generally the best solvents for organozincs are C_6H_6, THF, Et_2O, dioxane, pyridine and DMSO.

Toxicity. Zinc compounds are not generally regarded as toxic.

Isotopic Abundance. ^{64}Zn, 48.89%; ^{66}Zn, 27.81%; ^{67}Zn, 4.11%; ^{68}Zn, 18.57% and ^{70}Zn, 0.62%.

Spectroscopy. ^{62}Zn has $I = \frac{5}{2}$ but because of its low receptivity and high quadrupole moment it has been little studied as a nmr nucleus.

Analysis. Methods of analysis of organozinc compounds are given below.

References. In addition to reviews listed in the introduction to the *Sourcebook*, the following provide further reading:

General

Coates, G. E. and Wade, K., *The Main Group Elements*, 3rd Edn, Methuen, London, 1967, Chapt. 2.

Nutzel, K., *Houben-Weyls Methoden der Organischen Chemie*, Thieme, Stuttgart, 1973, **13/2**, 852.

Sheverdina, N. I. and Kocheshkov, K. A., *Methods of Elemento-Organic Chemistry*, Nesmeyanov, A. N. and Kocheshkov, K. A. Eds, North-Holland, Amsterdam, 1967, Vol. 3.

Analysis

Crompton, T. R., *Analysis of Organoaluminium and Organozinc Compounds*, Pergamon, Oxford, 1968.

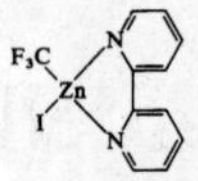

Structure Index to Zn

Zn-00001: F$_3$C-Zn-I, Bipy complex

Zn-00002: MeZnBr

Zn-00003: MeZnCl

Zn-00004: MeZnI

Zn-00005: MeZnN$_3$

Zn-00006: MeZn$^{\ominus}$

Zn-00007: (F$_3$C)$_2$Zn

Zn-00008: BrZnCH$_2$CN

Zn-00009: MeZnCF$_3$

Zn-00010: ICH$_2$ZnCH$_2$I

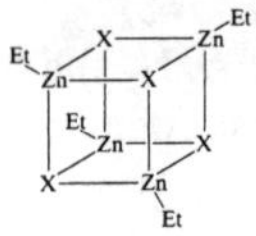

Zn-00011: Et-Zn cluster with X = Br

Zn-00012: As Zn-00011 with X = Cl

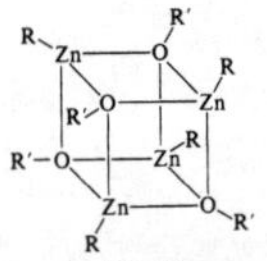

Zn-00013: EtZnI

Zn-00014: R-Zn-O cluster, R = R' = Me

Zn-00015: MeZn-O-O-Me

Zn-00016: [MeZnSMe]$_n$

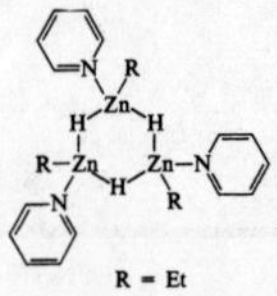

Zn-00017: ZnMe$_2$

Zn-00018: Py complex, R = Et

Zn-00019: Me$_2$ZnH$^{\ominus}$

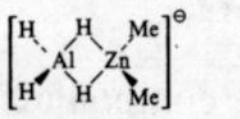

Zn-00020: [H$_2$Al(μ-H)$_2$ZnMe$_2$]$^{\ominus}$

Zn-00021: F$_3$CCF$_2$CF$_2$ZnI

Zn-00022: HC≡CCH$_2$ZnBr

Zn-00023: [MeZnOAc]$_n$

Zn-00024: H$_3$CCH$_2$CH$_2$ZnI

Zn-00025: As Zn-00014 with R = Me, R' = Et

Zn-00026: As Zn-00014 with R = Et, R' = Me

Zn-00027: Zn[Fe(CO)$_4$]

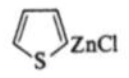

Zn-00028: Thienyl-ZnCl

Zn-00029: H$_2$C=CHZnCH=CH$_2$

Zn-00030: EtZnOAc

Zn-00031: (H$_3$C)$_3$CZnBr

Zn-00032: (H$_3$C)$_3$CZnCl

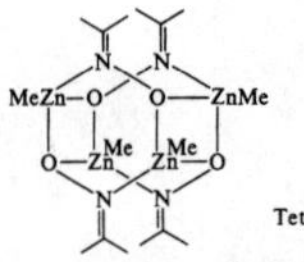

Zn-00033: MeZn-O-ZnMe Tetramer

Zn-00034: EtZnOEt

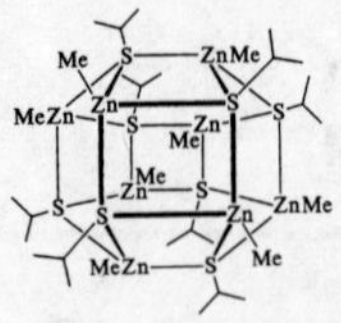

Zn-00035: MeZn/S Octamer

Zn-00036: ZnEt$_2$

Zn-00037: [MeZnN=PMe$_3$]$_4$

Zn-00038: As Zn-00014 with R = Me, R' = SiMe$_3$

Zn-00039: ZnMe$_4^{\ominus\ominus}$

Zn-00040: [Me$_2$Zn-H-ZnMe$_2$]$^{\ominus}$

Zn-00041: [Me$_2$Zn(μ-H)$_2$AlH$_2$(μ-H)$_2$ZnMe$_2$]$^{\ominus}$

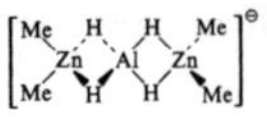

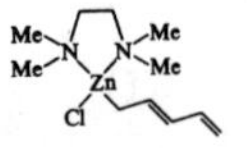

Zn-00042: TMEDA adduct

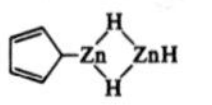

Zn-00043: CpZnH

Zn-00044: As Zn-00014 with R = Me, R' = C(CH$_3$)$_3$

Zn-00045: MeZn-O-O-C(CH$_3$)$_3$

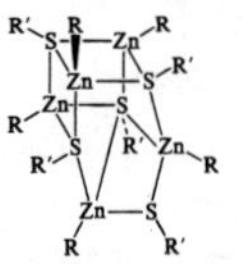

Zn-00046: Zn-S cluster, R = Me, R' = -C(CH$_3$)$_3$

Zn-00047: H$_3$CCH$_2$CH$_2$ZnEt

Zn-00048: C$_6$F$_5$ZnBr

Zn-00049: C$_6$F$_5$ZnI

Zn-00051: PhZnBr

Zn-00052: PhZnCl

Zn-00053: PhZnI

Zn-00054: As Zn-00018 with R = Ph

Zn-00055: Ph$_2$Zn-H-ZnH

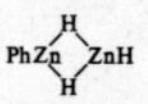

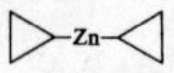

Zn-00056: (cyclopropyl)$_2$Zn

Zn-00057: H$_2$C=CHCH$_2$ZnCH$_2$CH=CH$_2$

Zn-00058: BrZnCH$_2$COOC(CH$_3$)$_3$

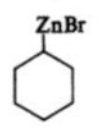

Zn-00059: CyZnBr

Zn-00060: BrZnCH$_2$CONEt$_2$

Zn-00061: EtZnOC(CH$_3$)$_3$

Zn-00062: H$_3$C(CH$_2$)$_3$ZnEt

Zn-00063: Zn[CH(CH$_3$)$_2$]$_2$

Zn-00064: Zn(CH$_2$CH$_2$CH$_3$)$_2$

Zn-00065: (H$_3$C)$_2$CHCH$_2$ZnEt

Zn-00066: Me$_3$SiZnSiMe$_3$

Zn-00068: As Zn-00014 with R = Me, R' = Ph

Zn-00069: Zn(acac)Et Dimer

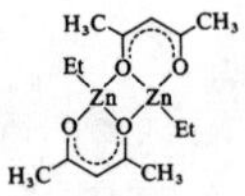

Zn-00070: EtZnC≡CCH$_2$NMe$_2$

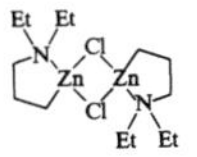

Zn-00071

H₃C(CH₂)₃ZnCH₂CH₃
Zn-00072

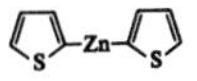

Zn-00073

EtOOCC(N₂)ZnC(N₂)COOEt
Zn-00074

As Zn-00014 with
R = Et, R' = Ph
Zn-00075

H₂C=C(CH₃)CH₂ZnCH₂C(CH₃)=CH₂
Zn-00076

H₃CCH=CHCH₂ZnCH₂CH=CHCH₃
Zn-00077

H₂C=CHCH₂CH₂ZnCH₂CH₂CH=CH₂
Zn-00078

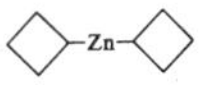

Zn-00079

EtZnC≡CCH₂NMe₂
Zn-00080

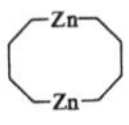

Zn-00081

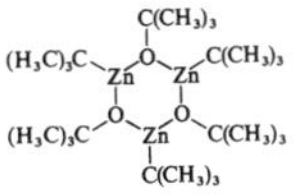

Zn-00082 (Trimer)

(MeOCH₂CH₂)₂Zn
Zn-00083

(MeSCH₂CH₂)₂Zn
Zn-00084

Zn[CH(CH₃)CH₂CH₃]₂
Zn-00085

Zn[CH₂CH(CH₃)₂]₂
Zn-00086

(H₃CCH₂CH₂CH₂)₂Zn
Zn-00087

(H₃C)₃CZnC(CH₃)₃
Zn-00088

Me₃SiCH₂ZnCH₂SiMe₃
Zn-00089

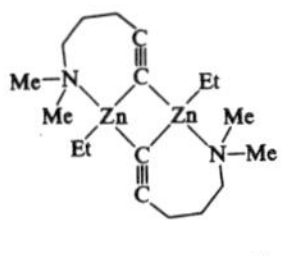

Zn-00090

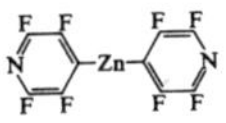

Zn-00091

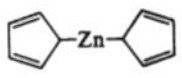

Zn-00092

EtZnON=C(CH₃)Ph
Zn-00093

EtZnNPhAc
Zn-00094

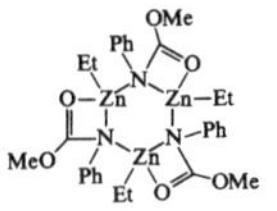

Zn-00095 Trimer

Zn-00096 Dimer

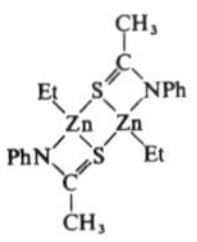

Zn-00097 TMEDA adduct

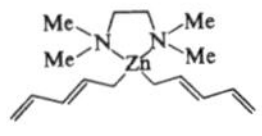

PhZnONEt₂
Zn-00098

(H₃C)₂C=CHCH₂ZnCH₂CH=C(CH₃)₂
Zn-00099

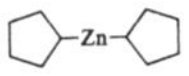

Zn-00100

(H₂C=CHCH₂CH₂)₂Zn
Zn-00101

EtZnC≡C(CH₂)₄NMe₂
Zn-00102

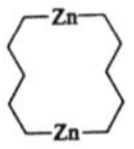

Zn-00103

(MeOCH₂CH₂CH₂CH₂)₂Zn
Zn-00104

(H₃C)₃CCH₂ZnCH₂C(CH₃)₃
Zn-00105

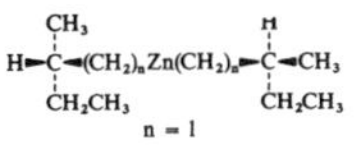

Zn-00106

(Me₂NCH₂CH₂CH₂)₂Zn
Zn-00107

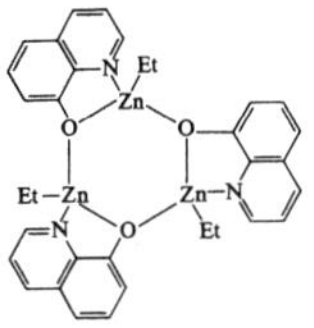

Zn-00108 Trimer

Et₂ZnCH(PMe₃)(SiMe₃)
Zn-00109

Zn(C₆F₅)₂
Zn-00110

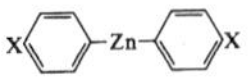

X = Cl
Zn-00111

As Zn-00111 with
X = F
Zn-00112

ZnPh₂
Zn-00113

Ph₂ZnH⁻
Zn-00114

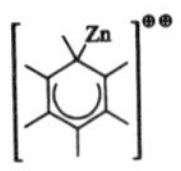

Zn-00115

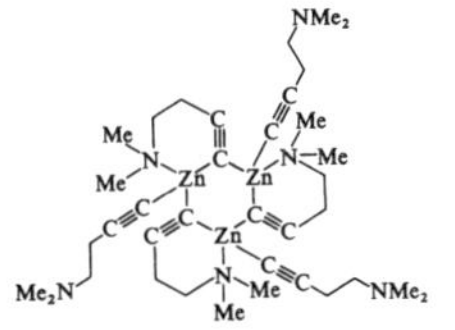

Zn-00116 Trimer

[H₂C=CHCH(CH₃)CH₂CH₂]₂Zn
Zn-00117

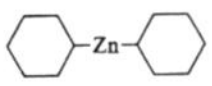

Zn-00118

(H₂C=CHCH₂CH₂CH₂)₂Zn
Zn-00119

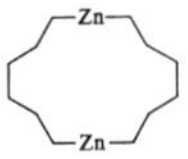

Zn-00120

As Zn-00106 with
n = 2
Zn-00121

[(H₃C)₂CHO]₂AlOZnOAl[OCH(CH₃)₂]₂
Zn-00122

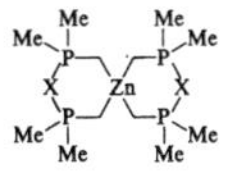

X = N
Zn-00123

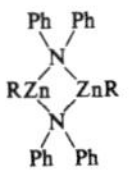

R = Me
Zn-00124

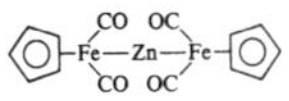

Zn-00125

PhZnC≡CPh
Zn-00126

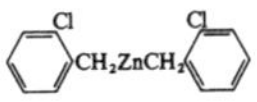

Zn-00127

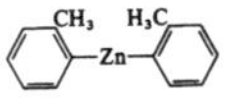

Zn-00129

As Zn-00111 with
X = CH₃
Zn-00131

PhCH₂ZnCH₂Ph
Zn-00132

As Zn-00124 with
R = Et
Zn-00133

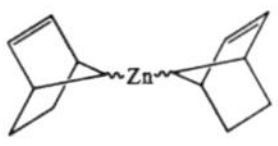

Zn-00134

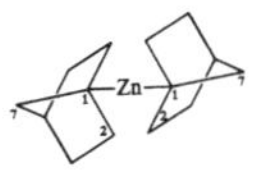

Zn-00135

As Zn-00106 with
n = 3
Zn-00138

As Zn-00123 with
X = CH
Zn-00139

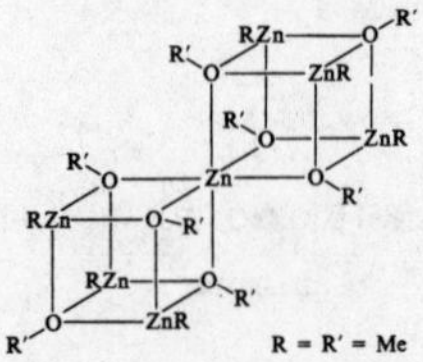

[Structure Zn-00140: cubane-like cluster with RZn and OR' vertices, R = R' = Me]
Zn-00140

[PhC≡CZnC≡CPh]$_n$
Zn-00141

(PhOOCH$_2$)$_2$Zn
Zn-00142

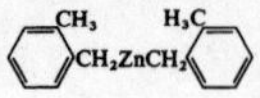

PhCH$_2$ZnCH$_2$Ph
Zn-00143

As Zn-00111 with
X = NMe$_2$
Zn-00144

[H$_3$C(CH$_2$)$_5$C≡CZnC≡C(CH$_2$)$_5$CH$_3$]$_n$
Zn-00145

CH$_3$(CH$_2$)$_7$Zn(CH$_2$)$_7$CH$_3$
Zn-00146

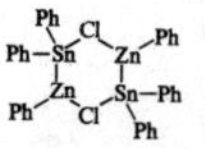

[Ph$_3$Sn–Zn(Cl)–Ph / Ph–(Cl)Zn–SnPh$_3$] Dimer
Zn-00147

[PhZnPPh$_2$]$_n$
Zn-00148

Ph$_3$Zn$^\ominus$
Zn-00149

PhCH=CHCH$_2$ZnCH$_2$CH=CHPh
Zn-00150

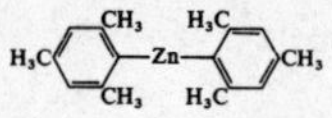

[2,6-dimethylphenyl–Zn–2,6-dimethylphenyl]
Zn-00151

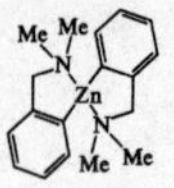

[Zn bis(N,N-dimethylaminomethyl) chelate]
Zn-00152

[Salicylaldiminato Zn dimer, N-Ph] Dimer
Zn-00153

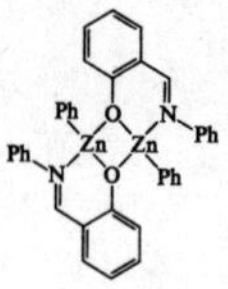

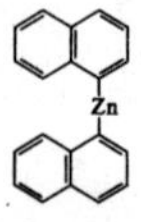

[bis(1-naphthyl)Zn]
Zn-00154

Ph$_3$GeOZnEt
Zn-00155

As Zn-00140 with
R = Et, R' = Me
Zn-00156

(Me$_3$Si)$_3$CZnC(SiMe$_3$)$_3$
Zn-00157

EtZnOCPh$_3$
Zn-00158

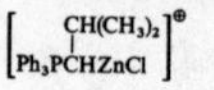

$\left[\begin{array}{c}\text{CH(CH}_3\text{)}_2\\ \text{Ph}_3\text{PCHZnCl}\end{array}\right]^{\ominus}$
Zn-00159

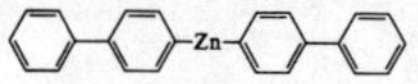

[Ph–C$_6$H$_4$–C$_6$H$_4$–Zn–C$_6$H$_4$–C$_6$H$_4$–Ph]
Zn-00160

Ph$_2$CHZnCHPh$_2$
Zn-00161

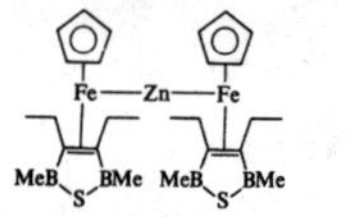

[bis(ferrocenyl) Zn with MeB–BMe dithia bridges]
Zn-00162

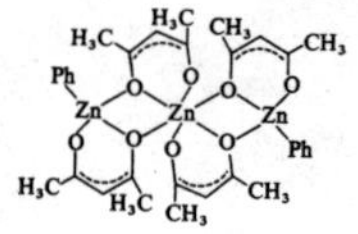

[trinuclear Zn acac-type cluster, Ph substituents]
Zn-00163

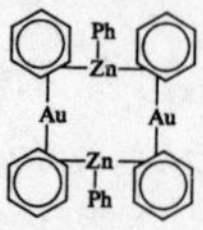

[Ph$_2$Zn(Au–C$_6$H$_4$)$_2$ZnPh$_2$ bridged complex]
Zn-00164

Ph$_3$GeZnGePh$_3$
Zn-00165

Ph$_3$SiZnSiPh$_3$
Zn-00166

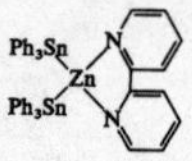

[Ph$_3$Sn–Zn–SnPh$_3$ · Bipy adduct]
Zn-00167

[Ph$_3$PCH$_2$ZnCH$_2$PPh$_3$]$^{\oplus\oplus}$
Zn-00168

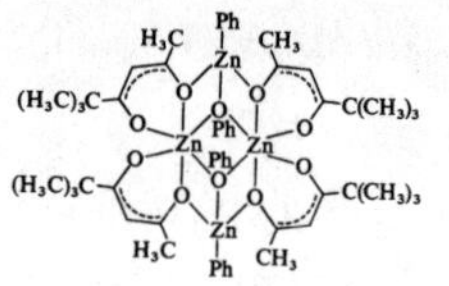

[tetranuclear Zn β-diketonate cluster with Ph and C(CH$_3$)$_3$ groups]
Zn-00169

CF₃IZn Zn-00001
Iodo(trifluoromethyl)zinc
Trifluoromethylzinc iodide

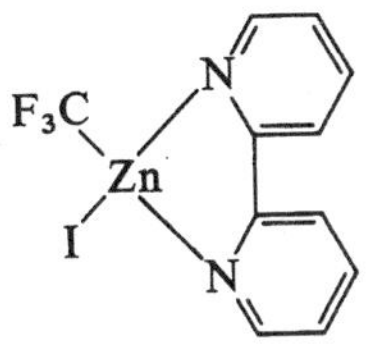

F₃C—Zn(I)—Bipy complex

M 261.291
Known only as Bipy complex.
2,2′-Bipyridine complex: [73112-27-3].
C₁₁H₈F₃IN₂Zn   M 417.477
Brown solid. Sl. sol. MeCN, insol. Me₂CO, C₆H₆, Et₂O, pet. ether.

Habeeb, J.J. *et al, J. Organomet. Chem.*, 1980, **185**, 117 (synth)

CH₃BrZn Zn-00002
Bromomethylzinc, 9CI
Methylzinc bromide
[18815-74-2]

MeZnBr

M 160.319
Prepd. in soln.

Evans, D.F. *et al, J. Chem. Soc. (A)*, 1968, 783 (ir)

CH₃ClZn Zn-00003
Chloromethylzinc, 9CI
Methylzinc chloride
[5158-46-3]

MeZnCl

M 115.868
Polymerisation catalyst. Prepd. in soln.

Evans, D.F. *et al, J. Chem. Soc. (A)*, 1968, 783 (ir)

CH₃IZn Zn-00004
Iodomethylzinc, 9CI
Methylzinc iodide
[18815-73-1]

MeZnI

M 207.319
Sol. ethers. Prepd. in soln.
2,2′-Bipyridine adduct: [18988-15-3].
C₁₁H₁₁IN₂Zn   M 363.506
Yellow solid. Dec. >240° dec.

Evans, D.F. *et al, J. Chem. Soc. (A)*, 1968, 783 (ir)
Evans, D.F. *et al, J. Chem. Soc. (A)*, 1971, 182 (pmr)
Habeeb, J.J. *et al, J. Organomet. Chem.*, 1980, **185**, 117 (synth, ir)

CH₃N₃Zn Zn-00005
Azidomethylzinc
Methylzinc azide
[19101-77-0]

MeZnN₃

M 122.435
Cryst. Sol. Py, insol. hexane, C₆H₆. Dec. about 160° on slow heating.

▷Explodes on fast heating or on percussion. Reacts violently with H₂O

Mueller, H. *et al, J. Organomet. Chem.*, 1967, **10**, P1 (synth, ir)

CH₃Zn⊕ Zn-00006
Methylzinc(1+)

MeZn⊕

M 80.415 (ion)
Tetrahydroborate: [41654-87-9]. *Methylzinc borohydride.*
CH₇BZn   M 95.256
Needles. Stored at −20°. Slow dec. to Me₂Zn + Zn(BH₄)₂.

Nibler, J.W. *et al, J. Chem. Phys.*, 1973, **58**, 1596 (synth, ir, raman)

C₂F₆Zn Zn-00007
Bis(trifluoromethyl)zinc

(F₃C)₂Zn

M 203.392
Known as Py complex.
Bis(pyridine) complex: [71672-49-6]. *Bis(pyridine)bis(trifluoromethyl)zinc.*
C₁₂H₁₀F₆N₂Zn   M 361.595
Air-sensitive solid. Stable for weeks at r.t., dec. at 100°.

Liu, E.K.S., *Inorg. Chem.*, 1980, **19**, 266 (synth, ir, nmr, cmr)

C₂H₂BrNZn Zn-00008
Bromo(cyanomethyl)zinc, 9CI
Cyanomethylzinc bromide
[38046-39-8]

BrZnCH₂CN

M 185.329
Prepd. and characterised spectroscopically in soln.

Goasdoué, N. *et al, J. Organomet. Chem.*, 1972, **39**, 17 (ir, pmr, use)

C₂H₃F₃Zn Zn-00009
Methyl(trifluoromethyl)zinc
[70331-88-3]

MeZnCF₃

M 149.421
Prepd. in Py soln. Characterised spectroscopically in soln.

Liu, E.K.S. *et al, J. Organomet. Chem.*, 1979, **169**, 249 (nmr, pmr)

C₂H₄I₂Zn Zn-00010
Bis(iodomethyl)zinc
[1439-53-2]

ICH₂ZnCH₂I

M 347.243
:CH₂ transfer agent. Cryst. (dioxan or cyclohexane). Mp 81-2°. Readily hydrol. Sensitive to oxygen.

Wittig, G. et al, *Justus Liebigs Ann. Chem.*, 1961, **650**, 1 (synth, use)
Wittig, G. et al, *Justus Liebigs Ann. Chem.*, 1962, **656**, 18 (use)

C₂H₅BrZn Zn-00011
Bromoethylzinc, 9CI
Ethylzinc bromide
[6107-37-5]

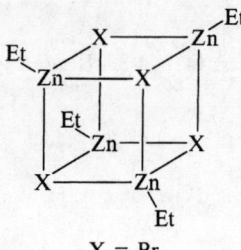

X = Br

M 174.346
Monomeric in THF, tetrameric in solid state and in C₆H₆.
Tetramer: Tetra-μ₃-bromotetraethyltetrazinc, 9CI.
C₈H₂₀Br₄Zn₄   M 697.382
Cryst. (pentane). Sol. hexane, toluene. Mp 81°.
2,2'-Bipyridine adduct: [73104-23-1].
C₁₂H₁₃BrN₂Zn   M 330.532
Pale-yellow solid.

Boersma, J. et al, *Tetrahedron Lett.*, 1966, 1521 (synth, pmr)
Evans, D.F. et al, *J. Chem. Soc. (A)*, 1968, 783 (ir)
Habeeb, J.J. et al, *J. Organomet. Chem.*, 1980, **185**, 117 (synth, ir)

C₂H₅ClZn Zn-00012
Chloroethylzinc, 9CI
Ethylzinc chloride
[2633-75-2]

As Bromoethylzinc, Zn-00011 with

X = Cl

M 129.895
Monomeric in THF, tetrameric in solid state and in C₆H₆.
Tetramer: [78793-86-9]. Tetra-μ₃-chlorotetraethyltetrazinc.
C₈H₂₀Cl₄Zn₄   M 519.578
Polymerisation catalyst. Cryst. (pentane). Sol. hexane, toluene. Mp 68°.
2,2'-Bipyridine complex:
C₁₂H₁₃ClN₂Zn   M 286.081
Mp >240° dec.

Boersma, J. et al, *Tetrahedron Lett.*, 1966, 1521 (synth, pmr)
Boersma, J. et al, *J. Organomet. Chem.*, 1967, **8**, 551 (pmr)
Evans, D.F. et al, *J. Chem. Soc. (A)*, 1968, 783 (ir)

C₂H₅IZn Zn-00013
Ethyliodozinc, 9CI
Ethylzinc iodide
[999-75-7]

EtZnI

M 221.346
Polymeric in the solid state. Monomeric in Et₂O, THF and EtI. Cryst. (pentane or EtI). Sol. hexane, toluene. Mp 98° dec. Deposits ZnI₂ on redissolution in apolar solvs.

2,2'-Bipyridine adduct: [18988-16-4].
C₁₂H₁₃IN₂Zn   M 377.533
Yellow solid. Mp >240° dec.

Boersma, J. et al, *Tetrahedron Lett.*, 1966, 1521 (synth, pmr)
Abraham, M.H. et al, *J. Organomet. Chem.*, 1967, **7**, 35 (synth)
Boersma, J. et al, *J. Organomet. Chem.*, 1967, **8**, 551 (pmr)
Evans, D.F. et al, *J. Chem. Soc. (A)*, 1968, 783 (ir, raman)
Evans, D.F. et al, *J. Chem. Soc. (A)*, 1971, 182 (pmr)
Moseley, P.T. et al, *J. Chem. Soc., Dalton Trans.*, 1973, 64 (cryst struct)
Habeeb, J.J. et al, *J. Organomet. Chem.*, 1980, **185**, 117 (synth)

C₂H₆OZn Zn-00014
Methoxymethylzinc
Methylzinc methoxide
[4278-42-6]

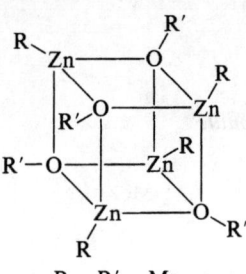

R = R' = Me

M 111.449
Tetrameric in the solid state and in C₆H₆ soln. Heptameric in gas phase.
Tetramer: [59034-77-4]. Tetra-μ₃-methoxytetramethyltetrazinc, 10CI.
C₈H₂₄O₄Zn₄   M 445.795
Needles (hexane). Sol. Py. Mp 190-1° dec. (becomes opaque at 150-70°). Bp₀.₀₀₀₁ 60° subl. Melts with evolution of ZnMe₂. Slowly dec. in soln.
Heptamer: [60704-57-6]. Heptamethoxyheptamethylheptazinc.
C₁₄H₄₂O₇Zn₇   M 780.142
Predominates in the gas phase.

Coates, G.E. et al, *J. Chem. Soc.*, 1965, 1870 (synth, ir, pmr)
Allen, G. et al, *J. Chem. Soc. (B)*, 1966, 799 (synth, pmr)
Eisenhuth, W.H. et al, *J. Am. Chem. Soc.*, 1968, **90**, 5397 (pmr)
Adler, B. et al, *Z. Anorg. Allg. Chem.*, 1976, **423**, 27 (ms)
Shearer, H.M.M. et al, *Acta Crystallogr., Sect. B*, 1980, **36**, 2046 (cryst struct)

C₂H₆O₂Zn Zn-00015
Methyl(methyldioxy)zinc
Methyl(methyl hydroperoxidato-O²)zinc. Methyl(methylperoxy)zinc. Methyl methylzinc peroxide
[72838-44-9]

MeZn—O—O—Me

M 127.448
Tetrameric in C₆H₆.
Tetramer:
C₈H₂₄O₈Zn₄   M 509.793
Cryst. (hexane). Mod. sol. hexane. Readily hydrol., thermally unstable.

Lebedev, S.A. et al, *Zh. Obshch. Khim.*, 1979, **49**, 2263 (synth)
Alexandrov, Yu.A. et al, *J. Organomet. Chem.*, 1980, **201**, 21 (synth)

C₂H₆SZn — Zn-00016
(Methanethiolato)methylzinc
Methyl(methylthio)zinc. Methyl methylzinc sulfide. Methylzinc methylmercaptide

[MeZnSMe]$_n$

M 127.509
Polymeric. Solid. Insol. hot C_6H_6, hexane.
Disproportionates at 90° to Me_2Zn + $(MeS)_2Zn$.

Coates, G.E. et al, *J. Chem. Soc.*, 1965, 1870 (synth, ir)

C₂H₆Zn — Zn-00017
Dimethylzinc, 9CI
Zinc dimethyl. Zinc methyl
[544-97-8]

ZnMe$_2$

M 95.449
Polymerisation catalyst. Liq. $d_4^{10.5}$ 1.386. Mp −42.5°. Bp 46°. Hydrol. by $H_2O \rightarrow Zn(OH)_2$ + CH_4.

▷Pyrophoric. Explodes in oxygen. ZH2320000.

Renshaw, R.R. et al, *J. Am. Chem. Soc.*, 1920, **42**, 1472 (synth)
Krug, R.C. et al, *J. Am. Chem. Soc.*, 1954, **76**, 2262 (synth)
Hota, N.K. et al, *J. Organomet. Chem.*, 1967, **9**, 169 (synth)
Winters, R.E. et al, *J. Organomet. Chem.*, 1967, **10**, 7 (ms)
Weigert, F.J. et al, *J. Am. Chem. Soc.*, 1968, **90**, 1566 (cmr)
Bakke, A.M.W., *J. Mol. Spectrosc.*, 1972, **41**, 1 (struct)
Hanlan, J.F. et al, *Can. J. Chem.*, 1972, **50**, 747 (pmr)
Butler, I.S. et al, *Spectrochim. Acta, Part A*, 1977, **33**, 669 (ir, raman)
Inorg. Synth., 1979, **19**, 253 (synth)
Creber, D.K. et al, *Inorg. Chem.*, 1980, **19**, 643 (pe)
Almenningen, A. et al, *Acta Chem. Scand., Part A*, 1982, **36**, 159 (ed)
Bretherick, L., *Handbook of Reactive Chemical Hazards*, 2nd Ed., Butterworths, London and Boston, 1979, 399.
Sax, N.I., *Dangerous Properties of Industrial Materials*, 5th Ed., Van Nostrand-Reinhold, 1979, 1101.
Hazards in the Chemical Laboratory, (Bretherick, L., Ed.), 3rd Ed., Royal Society of Chemistry, London, 1981, 307.

C₂H₆Zn — Zn-00018
Ethylhydrozinc
Ethylzinc hydride. Ethylhydridozinc

Py complex
R = Et

M 95.449
Obt. as trimeric Py complex.
Trimer, Py complex: [67552-46-9]. cyclo-*Triethyltri-µ-hydrotris(pyridine)zinc.*
$C_{21}H_{33}N_3Zn_3$ M 523.652
Reducing agent. Viscous yellow liq. Sol. C_6H_6, THF, insol. pentane. Dec. at 100°. Air- and moisture-sensitive.

de Koning, A.J. et al, *J. Organomet. Chem.*, 1980, **195**, 1 (synth, pmr, cmr, ir)

C₂H₇Zn⁻ — Zn-00019
Hydrodimethylzincate(1−)

Me$_2$ZnH$^\ominus$

M 96.457 (ion)
Salts are monomeric in THF.
Li salt: [26520-83-2]. *Lithium dimethylhydridozincate.*
C_2H_7LiZn M 103.398
Solid. Forms etherates.
Na salt: [26520-81-0]. *Sodium dimethylhydridozincate.*
C_2H_7NaZn M 119.447
Solid. Forms etherates.
K salt: [41202-98-6]. *Potassium dimethylhydridozincate.*
C_2H_7KZn M 135.556
Solid.

Kubas, G.J. et al, *J. Am. Chem. Soc.*, 1970, **92**, 1949 (synth, pmr, raman)
Ashby, E.C. et al, *Inorg. Chem.*, 1973, **12**, 2493 (synth)
Ashby, E.C. et al, *Inorg. Chem.*, 1977, **16**, 1445 (ir, pmr)
Watkins, J.J. et al, *Inorg. Chem.*, 1977, **16**, 2075 (ir)

C₂H₁₀AlZn⁻ — Zn-00020
(Dihydroaluminato)di-µ-hydrodimethylzincate(1−)

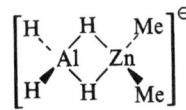

M 126.463 (ion)
Some dimer is also present in soln.
Li salt: [59092-43-2].
$C_2H_{10}AlLiZn$ M 133.404
Prepd. and characterised spectroscopically in soln.

Ashby, E.C. et al, *Inorg. Chem.*, 1977, **16**, 1445 (synth, ir, pmr)
Watkins, J.J. et al, *Inorg. Chem.*, 1977, **16**, 2062 (synth, ir, pmr)

C₃F₇IZn — Zn-00021
(1,1,2,2,3,3,3-Heptafluoropropyl)iodozinc
Perfluoropropylzinc iodide
[423-27-8]

$F_3CCF_2CF_2ZnI$

M 361.306
Cryst. $Bp_{0.0001}$ 60° subl. Dec. on heating to $F_3CCF=CF_2$. Forms a 1:1 dioxan adduct.

Hazeldine, R.N. et al, *J. Chem. Soc.*, 1953, 3607 (synth)
Miller, W.T. et al, *J. Am. Chem. Soc.*, 1957, **79**, 4159 (synth)

C₃H₃BrZn — Zn-00022
Bromo-2-propynylzinc
2-Propynylzinc bromide. Propargylzinc bromide

$HC\equiv CCH_2ZnBr$

M 184.341
THF complex: [23128-93-0]. *Bromo-2-propynyl(tetrahydrofuran)zinc.*
$C_7H_{11}BrOZn$ M 256.447
Solid. Sol. THF, hexane, C_6H_6, Et_2O. Mp 85-9°. Readily hydrol., slowly oxid. in air. Partial loss of THF on htg.

Thiele, K.-H. et al, *Z. Anorg. Allg. Chem.*, 1969, **365**, 301 (synth, ir)

C₃H₆O₂Zn Zn-00023
(Acetato-*O*)methylzinc
Methylzinc acetate. Acetoxymethylzinc

[MeZnOAc]$_n$

M 139.459
Polymeric. Solid. Insol. C_6H_6. Dec. at 75° to Me_2Zn.
Py adduct:
$C_{16}H_{22}N_2O_4Zn_2$ M 437.121
Needles (C_6H_6/hexane). Mp 106-8°. Dimeric.
Coates, G.E. et al, *J. Chem. Soc.*, 1965, 1870 (*synth, ir*)

C₃H₇IZn Zn-00024
Iodopropylzinc
Propylzinc iodide

$H_3CCH_2CH_2ZnI$

M 235.373
Dioxan adduct:
$C_7H_{15}IO_2Zn$ M 323.479
Cryst. Sol. C_6H_6, dioxan, Et_2O, $CHCl_3$, DMSO, insol. CCl_4. Softens at 64-7° without melting.
Paleeva, I.E. et al, *Dokl. Chem. (Engl. Transl.)*, 1964, **159**, 1230 (*synth*)

C₃H₈OZn Zn-00025
Ethoxymethylzinc, 8CI
Methylzinc ethoxide
[10217-77-3]

As Methoxymethylzinc, Zn-00014 with

R = Me, R' = Et

M 125.476
Tetrameric in soln. Hexameric in gas phase.
Tetramer: Tetraethoxytetramethyltetrazinc.
$C_{12}H_{32}O_4Zn_4$ M 501.902
Cryst.
Hexamer: [60704-58-7].
Hexaethoxyhexamethylhexazinc.
$C_{18}H_{48}O_6Zn_6$ M 752.854

Bruce, J.M. et al, *J. Chem. Soc. (B)*, 1966, 1020 (*pmr*)
Jeffery, E.A. et al, *Aust. J. Chem.*, 1968, **21**, 1187 (*pmr*)
Adler, B. et al, *Z. Anorg. Allg. Chem.*, 1976, **423**, 27 (*ms*)

C₃H₈OZn Zn-00026
Ethylmethoxyzinc
Ethylzinc methoxide
[15860-82-9]

As Methoxymethylzinc, Zn-00014 with

R = Et, R' = Me

M 125.476
Tetrameric in the solid state and in C_6H_6.
Tetramer: Tetraethyltetramethoxytetrazinc.
$C_{12}H_{32}O_4Zn_4$ M 501.902
Polymerisation catalyst. Cryst. Mp 76.0-76.4°.
Ishimori, M. et al, *Kogyo Kagaku Zasshi*, 1967, **70**, 548; *CA*, **68**, 40098 (*synth*)
Jeffery, E.A. et al, *Aust. J. Chem.*, 1968, **21**, 1187 (*pmr*)
Inoue, S. et al, *J. Organomet. Chem.*, 1974, **81**, 17 (*pmr, ir*)

C₄FeO₄Zn Zn-00027
Tetracarbonyl(zinc)iron, 9CI
Tetracarbonylzincioiron, 8CI

[32458-92-7]

$Zn[Fe(CO)_4]$

M 233.269
Prepd. in aq. soln. and not isol.
Galembeck, F. et al, *J. Am. Chem. Soc.*, 1971, **93**, 1909 (*synth*)

C₄H₃ClSZn Zn-00028
Chloro-2-thienylzinc, 9CI
2-Thienylzinc chloride
[81745-84-8]

M 183.961
Solid. Spar. sol. hot DMSO, insol. common org. solvs. Dec. >60°. Forms a 1:1 dioxan complex.
Sheverdina, N.I. et al, *Bull. Acad. Sci. USSR (Engl. Transl.)*, 1967, 1038 (*synth*)

C₄H₆Zn Zn-00029
Divinylzinc
Diethenylzinc, 9CI
[1119-22-8]

$H_2C=CHZnCH=CH_2$

M 119.471
Liq. Bp_{22} 32°. Readily hydrolyzed.
▷ Inflames in air
Bartocha, B. et al, *Z. Naturforsch., B*, 1959, **14**, 352 (*synth*)
Kaesz, H.D. et al, *Spectrochim. Acta*, 1959, **15**, 360 (*ir*)
U.S.P., 3 087 947, (1963); *CA*, **59**, 10119 (*synth*)
Visser, H.D. et al, *J. Organomet. Chem.*, 1972, **40**, 7 (*pmr*)

C₄H₈O₂Zn Zn-00030
(Acetato-*O*)ethylzinc, 9CI
Acetoxyethylzinc. Ethylzinc acetate
[34050-06-1]

EtZnOAc

M 153.486
Tetrameric in C_6H_6.
Tetramer: Tetraacetoxytetraethyltetrazinc.
$C_{16}H_{32}O_8Zn_4$ M 613.944
Solid.
Inoue, S. et al, *J. Organomet. Chem.*, 1974, **81**, 17 (*synth, pmr, ir*)

C₄H₉BrZn Zn-00031
Bromo-*tert*-butylzinc
Bromo(1,1-dimethylethyl)zinc, 9CI. *tert-Butylzinc bromide*

$(H_3C)_3CZnBr$

M 202.399
Solid. Mp 232° dec. Forms a 1:1 dioxan adduct.
Galiulina, R.F. et al, *J. Gen. Chem. USSR (Engl. Transl.)*, 1966, **36**, 1306 (*synth*)

C₄H₉ClZn Zn-00032
***tert*-Butylchlorozinc**
Chloro(1,1-dimethylethyl)zinc, 9CI. *tert-Butylzinc chloride*

[62987-33-1]

$(H_3C)_3CZnCl$

M 157.948
Solid. Dec. at 125°.
Curtin, D.Y. et al, J. Org. Chem., 1956, **21**, 1221.
Boersma, J. et al, *Organozinc Coordination Chemistry*, International Lead-Zinc Research Organisation, Inc., 1968 (synth)
Stang, P.J. et al, J. Am. Chem. Soc., 1977, **99**, 2597.

C_4H_9NOZn — Zn-00033
Methyl(2-propanoneoximato)zinc
(Acetoneoximato)methylzinc. Methylzinc dimethylketoximate

Tetramer

M 152.501
Tetrameric in C_6H_6.
Tetramer: Tetrakis(acetoneoximato)-tetramethyltetrazinc.
$C_{16}H_{36}N_4O_4Zn_4$ M 610.005
Solid. Sol. Et_2O. Dec. at 170° without melting.
Coates, G.E. et al, J. Chem. Soc. (A), 1966, 1064 (synth, ir, pmr)

$C_4H_{10}OZn$ — Zn-00034
Ethoxyethylzinc
Ethylzinc ethoxide
[13173-80-3]

EtZnOEt

M 139.502
Cryst.
Ishimori, M. et al, Makromol. Chem., 1963, **64**, 190 (ir)
Jeffery, E.A. et al, Aust. J. Chem., 1968, **21**, 1187 (synth, pmr)

$C_4H_{10}SZn$ — Zn-00035
(Isopropylthio)methylzinc
Methyl(2-propanethiolato)zinc, 8CI. Isopropyl methylzinc sulfide

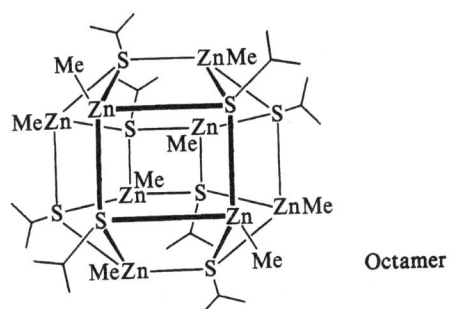

Octamer

M 155.563
Octameric in the solid state. Hexameric in C_6H_6 soln.
Hexamer: [25867-69-0].
$C_{24}H_{60}S_6Zn_6$ M 933.378
Octamer: Octamethyloctakis(μ_3-2-propanethiolato)-octazinc.
$C_{32}H_{80}S_8Zn_8$ M 1244.504
Air-sensitive cryst. (hexane). Mp 90-105° (shrinks from 75°). Dec. to $ZnMe_2$ on heating *in vacuo* at 95°.
Coates, G.E. et al, J. Chem. Soc., 1965, 1870 (synth, ir)
Adamson, G.W. et al, J. Chem. Soc., Chem. Commun., 1969, 897 (cryst struct)

$C_4H_{10}Zn$ — Zn-00036
Diethylzinc, 9CI
Zinc diethyl. Zinc ethyl
[557-20-0]

$ZnEt_2$

M 123.503
Polymerisation catalyst. Liq. d^{18} 1.187. Mp −28°. Bp 118°, Bp_{30} 27°. Hydrol. by H_2O.
▷ Pyrophoric in air, reacts violently with water. ZH2070000.
Org. Synth., Coll. Vol., **2**, 184 (synth)
Thompson, H.W. et al, Nature (London), 1935, **135**, 507 (uv)
Kraesz, H.D. et al, Spectrochim. Acta, 1959, **15**, 360 (ir)
Narasimhan, P.T. et al, J. Am. Chem. Soc., 1960, **82**, 5983 (pmr)
Hota, N.K. et al, J. Org. Chem., 1967, **9**, 169 (synth)
Müller, H. et al, J. Organomet. Chem., 1977, **140**, C17 (cmr)
Almenningen, A. et al, Acta Chem. Scand., Part A, 1982, **36**, 159 (ed)
Bretherick, L., *Handbook of Reactive Chemical Hazards*, 2nd Ed., Butterworths, London and Boston, 1979, 508.
Sax, N.I., *Dangerous Properties of Industrial Materials*, 5th Ed., Van Nostrand-Reinhold, 1979, 1101.
Hazards in the Chemical Laboratory, (Bretherick, L., Ed.), 3rd Ed., Royal Society of Chemistry, London, 1981, 291.

$C_4H_{12}NPZn$ — Zn-00037
Methyl(P,P,P-trimethylphosphine imidato)zinc
[17608-91-2]

$[MeZnN=PMe_3]_4$

M 170.499
Tetrameric in C_6H_6.
Tetramer: [18128-69-3]. Tetramethyltetrakis[μ_3-(P,P,P-trimethylphosphine imidato)tetrazinc.
$C_{16}H_{48}N_4P_4Zn_4$ M 681.997
Cryst. by subl. Mp 350°.
Schmidbaur, H. et al, Chem. Ber., 1968, **101**, 1271 (synth, ir, pmr)

$C_4H_{12}OSiZn$ — Zn-00038
Methyl(trimethylsilyloxy)zinc
Methylzinc trimethylsiloxide
As Methoxymethylzinc, Zn-00014 with

R = Me, R′ = $SiMe_3$

M 169.604
Tetrameric in soln.
Tetramer: Tetramethyltetrakis(trimethylsilyloxy)-tetrazinc.
$C_{16}H_{48}O_4Si_4Zn_4$ M 678.415
Cryst. Sol. most org. solvs. Bp_1 125° subl. Dec. at 150°.
Schindler, F. et al, Angew. Chem., Int. Ed. Engl., 1965, **4**, 876 (synth, pmr, ir)

C$_4$H$_{12}$Zn$^{\ominus\ominus}$ Zn-00039
Tetramethylzincate(2−)

$$ZnMe_4^{\ominus\ominus}$$

M 125.519 (ion)
Di-Li salt: [15691-62-0].
  C$_4$H$_{12}$Li$_2$Zn   M 139.401
  Leaflets (hexane).
  ▷Pyrophoric
Mg salt: [69745-62-6].
  C$_4$H$_{12}$MgZn   M 149.824
  Some dissociation in Et$_2$O soln.

Hurd, D.T., *J. Org. Chem.*, 1948, **13**, 711 (*synth*)
Seitz, L.M. *et al*, *J. Am. Chem. Soc.*, 1966, **88**, 4140 (*pmr, nmr*)
Weiss, E. *et al*, *Chem. Ber.*, 1968, **101**, 35 (*cryst struct*)
Yamamoto, J. *et al*, *Inorg. Chem.*, 1971, **10**, 1129 (*synth, ir, raman*)
Goel, A.B. *et al*, *Inorg. Chem.*, 1979, **18**, 1433 (*ir, pmr*)

C$_4$H$_{13}$Zn$_2^{\ominus}$ Zn-00040
μ-Hydrotetramethyldizincate(1−)

$$[Me_2Zn-H-ZnMe_2]^{\ominus}$$

M 191.907 (ion)
Partially dissociated. V. air- and moisture-sensitive.
Li salt: [62126-56-1].
  C$_4$H$_{13}$LiZn$_2$ M 198.848
  Prepd. in soln.
Na salt: [62816-26-6].
  C$_4$H$_{13}$NaZn$_2$ M 214.896
  Prepd. in soln.
K salt: [62816-04-0].
  C$_4$H$_{13}$KZn$_2$ M 231.005
  Prepd. in soln.

Kubas, G.J. *et al*, *J. Am. Chem. Soc.*, 1970, **92**, 1949 (*synth, ir, raman, pmr*)
Ashby, E.C. *et al*, *Inorg. Chem.*, 1977, **16**, 1445 (*synth, ir, pmr*)
Watkins, J.J. *et al*, *Inorg. Chem.*, 1977, **16**, 2075 (*synth, ir, pmr*)

C$_4$H$_{16}$AlZn$_2^{\ominus}$ Zn-00041
Aluminatetetra-μ-hydrotetramethyldizincate(1−)

M 221.912 (ion)
Air- and moisture-sensitive.
Li salt: [62166-60-3].
  C$_4$H$_{16}$AlLiZn$_2$ M 228.853
  Prepd. and characterised spectroscopically in soln.

Ashby, E.C. *et al*, *Inorg. Chem.*, 1977, **16**, 1445 (*synth, ir, pmr*)
Watkins, J.J. *et al*, *Inorg. Chem.*, 1977, **16**, 2062 (*synth, ir, pmr*)

C$_5$H$_7$ClZn Zn-00042
Chloro-2,4-pentadienylzinc
2,4-Pentadienylzinc chloride

TMEDA adduct

M 167.943

Tetramethylethylenediamine adduct: [74200-92-3].
Chloro-2,4-pentadienyl(N,N,N′,N′-tetramethyl-1,2-ethanediamine-N,N′)zinc.
C$_{11}$H$_{23}$ClN$_2$Zn   M 284.149
σ-Bonded fluxional molecule. Needles (toluene/pentane). Mp 77°. Dec. at 125°. Readily hydrolysed.

Yasuda, H. *et al*, *Bull. Chem. Soc. Jpn.*, 1980, **53**, 1101 (*synth, pmr, cryst struct*)

C$_5$H$_8$Zn$_2$ Zn-00043
2,4-Cyclopentadien-1-yldi-μ-hydrohydrodizinc
[76137-15-0]

M 198.878
Amorph. solid. Dec. at 180°.

Ashby, E.C. *et al*, *Inorg. Chem.*, 1981, **20**, 1096 (*synth, ir*)

C$_5$H$_{12}$OZn Zn-00044
Methyl(2-methyl-2-propanolato)zinc, 9CI
tert-*Butoxymethylzinc*, 8CI. *Methylzinc tert-butoxide*
[10217-81-9]

As Methoxymethylzinc, Zn-00014 with

$$R = Me, R' = C(CH_3)_3$$

M 153.529
Tetrameric in C$_6$H$_6$. Hexameric in the gas phase.
Tetramer: Tetramethyltetrakis(2-methyl-2-propanolato)tetrazinc.
  C$_{20}$H$_{48}$O$_4$Zn$_4$ M 614.117
  Bp$_{0.0001}$ 95° subl. Dec. >270°.
Hexamer: [60704-59-8]. *Hexamethylhexakis(2-methyl-2-propanolato)hexazinc*, 9CI.
  C$_{30}$H$_{72}$O$_6$Zn$_6$ M 921.175

Coates, G.E. *et al*, *J. Chem. Soc.*, 1965, 1870 (*synth, ir*)
Bruce, J.M. *et al*, *J. Chem. Soc.* (B), 1966, 1020 (*pmr*)
Jeffery, E.A. *et al*, *Aust. J. Chem.*, 1968, **21**, 1187 (*pmr*)
Alder, B. *et al*, *Z. Anorg. Allg. Chem.*, 1976, **423**, 27 (*ms*)

C$_5$H$_{12}$O$_2$Zn Zn-00045
(*tert*-Butyldioxy)methylzinc
(1,1-Dimethylethyl hydroperoxidato-O^2)methylzinc. Methyl(tert-butylperoxy)zinc. tert-Butyl methylzinc peroxide. (1,1-Dimethylethyldioxy)methylzinc
[76063-28-0]

$$MeZn-O-O-C(CH_3)_3$$

M 169.529
Cryst. (hexane). Mod. sol. hexane. Thermally unstable.

Alexandrov, Yu.A. *et al*, *J. Organomet. Chem.*, 1980, **201**, 21 (*synth*)

C₅H₁₂SZn — Zn-00046

(*tert*-Butylthio)methylzinc

(1,1-Dimethylethylthio)methylzinc. Methylzinc tert-butyl sulfide

R = Me
R′ = —C(CH₃)₃

M 169.590

Pentameric in solid state and in C_6H_6, with struct. based on a square-based pyramid of Zn atoms.

Pentamer: [81218-51-1]. *Pentamethyl[μ-(2-methyl-2-propanethiolato)]tris[μ₃-(2-methyl-2-propanethiolato)][μ₄-(2-methyl-2-propanethiolato)]pentazinc.*
$C_{25}H_{60}S_5Zn_5$ M 847.949
Needles (hexane).

Py complex:
$C_{20}H_{34}N_2S_2Zn_2$ M 497.382
Mp 147-55° dec. Dimeric [MeZnSC(CH₃)₃Py]₂.

Coates, G.E. et al, *J. Chem. Soc.*, 1965, 1870 (synth, ir)
Adamson, G.W. et al, *Acta Crystallogr., Sect. B*, 1982, **38**, 462 (cryst struct)

C₅H₁₂Zn — Zn-00047

Ethylpropylzinc

[1072-01-1]

$H_3CCH_2CH_2ZnEt$

M 137.530

Liq. Bp_{20} 42-4;° Bp_{10} 27°. Disproportionates on heating. Sensitive to O_2 and moisture.

Krause, E. et al, *Ber.*, 1926, **59**, 931 (synth)
Abraham, M.H. et al, *J. Organomet. Chem.*, 1967, **7**, 23 (synth)
Sheverdina, N.I. et al, *Bull. Acad. Sci. USSR (Engl. Transl.)*, 1967, 565 (synth)

C₆BrF₅Zn — Zn-00048

Bromo(pentafluorophenyl)zinc, 9CI

Pentafluorophenylzinc bromide

C_6F_5ZnBr

M 312.342

Takes part in Schlenk equilibrium in soln. Forms a Bipy adduct. Characterised spectroscopically in soln.

Evans, D.F. et al, *J. Chem. Soc., Dalton Trans.*, 1973, 978 (nmr)

C₆F₅IZn — Zn-00049

Iodo(pentafluorophenyl)zinc, 9CI

Pentafluorophenylzinc iodide

[41242-24-4]

C_6F_5ZnI

M 359.343

Prepd. and characterised spectroscopically in soln. Takes part in Schlenk equilibrium in soln.

Evans, D.F. et al, *J. Chem. Soc., Dalton Trans.*, 1973, 978 (nmr)

C₆H₄ClNO₂Zn — Zn-00050

Chloro(2-nitrophenyl)zinc

2-Nitrophenylzinc chloride

M 222.936

2,2′-Bipyridine adduct: [80579-30-2]. *(2,2′-Bipyridine-N,N′)chloro(2-nitrophenyl)zinc.*
$C_{16}H_{12}ClN_3O_2Zn$ M 379.123
Brown solid. Air- and moisture-sensitive.

Said, F.F. et al, *J. Organomet. Chem.*, 1982, **224**, 121 (synth)

C₆H₅BrZn — Zn-00051

Bromophenylzinc

Phenylzinc bromide

PhZnBr

M 222.390

Dioxan complex(1:1):
$C_{10}H_{13}BrO_2Zn$ M 310.496
Solid. Sol. Et_2O, dioxan, CCl_4, $CHCl_3$, EtOAc, DMSO. Softens without melting at 200°.

Paleeva, I.E. et al, *Dokl. Chem. (Engl. Transl.)*, 1964, **159**, 1230 (synth)

C₆H₅ClZn — Zn-00052

Chlorophenylzinc, 9CI

Phenylzinc chloride

[28557-00-8]

PhZnCl

M 177.939
Solid. Mp 176°.

Curtin, D.Y. et al, *J. Org. Chem.*, 1956, **21**, 1221 (synth)
Boersma, J. et al, *Organozinc Coordination Chemistry*, International Lead Zinc Research Organization, Inc., 1968 (synth)
Negishi, E-I. et al, *J. Org. Chem.*, 1977, **42**, 1821 (synth, use)

C₆H₅IZn — Zn-00053

Iodophenylzinc, 9CI

Phenylzinc iodide

[23665-09-0]

PhZnI

M 269.390

Solid. Sol. dioxan, EtOAc, DMSO, spar. sol. Et_2O, hexane, CCl_4. Does not melt, sinters at 100°. Forms a 1:1 dioxan complex.

Sheverdina, N.I. et al, *Bull. Acad. Sci. USSR (Engl. Transl.)*, 1967, 1038 (synth)
Rodionov, A.N. et al, *Zh. Prikl. Spektrosk.*, 1969, **10**, 797; *CA*, **71**, 34709 (ir)

C₆H₆Zn — Zn-00054

Hydrophenylzinc

Phenylzinc hydride. Hydridophenylzinc

As Ethylhydrozinc, Zn-00018 with

R = Ph

M 143.493

Obt. as trimeric Py complex.
Trimer, Py complex: [67552-47-0]. cyclo-*Tri-μ-hydro-triphenyltris(pyridine)trizinc*.
C₃₃H₃₃N₃Zn₃   M 667.784
Reducing agent. Solid. Sol. THF, C₆H₆, insol. pentane. Dec. at 100°. Air- and moisture-sensitive.

de Koning, A.J. *et al*, *J. Organomet. Chem.*, 1980, **195**, 1 (*synth, pmr, cmr, ir*)

C₆H₈Zn₂   Zn-00055
Di-μ-hydrohydrophenyldizinc
[65123-79-7]

PhZn⟨H,H⟩ZnH

M 210.889
Cryst. Dec. at 120°; forms a THF adduct.

Ashby, E.C. *et al*, *Inorg. Chem.*, 1981, **20**, 1096 (*synth, ir*)

C₆H₁₀Zn   Zn-00056
Dicyclopropylzinc
[20525-76-2]

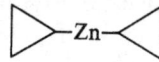

M 147.525
Liq. Sol. hydrocarbons, ethers. Mp −4°. Bp₄ 61°. Stable up to at least 100°.
▷ Reacts vigorously with H₂O, ignites in air

Thiele, K.H. *et al*, *J. Organomet. Chem.*, 1968, **14**, 13 (*synth, ir*)

C₆H₁₀Zn   Zn-00057
Di-2-propenylzinc, 9CI
Diallylzinc, 8CI
[1802-55-7]

H₂C=CHCH₂ZnCH₂CH=CH₂

M 147.525
Monomeric in C₆H₆. Fluxional. Yellow solid. Sol. C₆H₆, Et₂O, THF, dioxan, sl. sol. hydrocarbons. Mp 84° dec. Air-, light- and moisture-sensitive. Thermally unstable. Sublimes.

Gaudemar, M., *Bull. Soc. Chim. Fr.*, 1962, 974 (*synth, use*)
Thiele, K.-H. *et al*, *J. Organomet. Chem.*, 1965, **4**, 10 (*synth, ir, pmr*)
Benn, R. *et al*, *J. Organomet. Chem.*, 1978, **146**, 103 (*pmr, ir*)

C₆H₁₁BrO₂Zn   Zn-00058
Bromo(2-*tert*-butoxy-2-oxoethyl)zinc
Bromo[2-(1,1-dimethylethoxy)-2-oxoethyl]zinc, 9CI. *2-tert-Butoxy-2-oxoethylzinc bromide*
[51656-70-3]

BrZnCH₂COOC(CH₃)₃

M 260.436
Cryst. Zn—C bonded; also Zn—O=C coordination in THF.

Calmes, D. *et al*, *Tetrahedron*, 1981, **37**, 879 (*synth, cmr, ir, use*)
Orsini, F. *et al*, *Tetrahedron Lett.*, 1982, **23**, 3945 (*synth, pmr, cmr, ir*)

C₆H₁₁BrZn   Zn-00059
Bromocyclohexylzinc
Cyclohexylzinc bromide

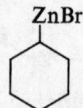

M 228.437
Cryst. Mp 237-40° dec.
Dioxan adduct:
C₁₀H₁₉BrO₂Zn   M 316.543
Cryst.

Galiulina, R.F. *et al*, *J. Gen. Chem. USSR (Engl. Transl.)*, 1966, **36**, 1306 (*synth*)

C₆H₁₂BrNOZn   Zn-00060
Bromo[2-(diethylamino)-2-oxoethyl]zinc
[50653-15-1]

BrZnCH₂CONEt₂

M 259.451
Prepd. and characterised in soln.

Poller, R.C. *et al*, *J. Organomet. Chem.*, 1978, **157**, 247 (*synth, pmr*)

C₆H₁₄OZn   Zn-00061
***tert*-Butoxyethylzinc,** 8CI
Ethyl(2-methyl-2-propanolato)zinc, 9CI. *(1,1-Dimethylethyloxy)ethylzinc. Ethylzinc* tert-*butoxide*
[14887-13-9]

EtZnOC(CH₃)₃

M 167.556
Tetrameric in solid state and in C₆H₆ soln.
Tetramer:
C₂₄H₅₆O₄Zn₄   M 670.224
Ethylene oxide, propylene oxide polymerisation catalyst. Cryst. by subl. Bp₀.₀₀₁ 105° subl.

Coates, G.E. *et al*, *J. Chem. Soc.*, 1965, 1870 (*synth, ir*)
Matsui, Y. *et al*, *Bull. Chem. Soc. Jpn.*, 1966, **39**, 1828 (*cryst struct*)

C₆H₁₄Zn   Zn-00062
Butylethylzinc
[15106-83-9]

H₃C(CH₂)₃ZnEt

M 151.557
Liq. Bp₄ 39-41°. Disproportionates to Et₂Zn and Bu₂Zn on heating. Air- and moisture-sensitive.

Sheverdina, N.I. *et al*, *Bull. Acad. Sci. USSR, Div. Chem. Sci.*, 1967, 565 (*synth*)

C₆H₁₄Zn   Zn-00063
Diisopropylzinc, 8CI
Bis(1-methylethyl)zinc, 9CI
[625-81-0]

Zn[CH(CH₃)₂]₂

M 151.557
Polymerisation catalyst. Liq. Bp 139°, Bp₄₀ 94-8°, Bp₂ 30°. Fumes and oxid. in air.

▷Can inflame in air

Soroos, H. et al, J. Am. Chem. Soc., 1944, **66**, 893 (synth)
Krug, R.C. et al, J. Am. Chem. Soc., 1954, **76**, 2262 (synth)
Rathke, M.W., J. Org. Chem., 1977, **37**, 1732 (synth)

$C_6H_{14}Zn$ — Zn-00064

Dipropylzinc, 9CI

Zinc dipropyl

[628-91-1]

$$Zn(CH_2CH_2CH_3)_2$$

M 151.557

Polymerisation catalyst. Liq. d_4^{20} 1.080. Bp 157°, Bp_9 39-40°. Reacts with H_2O.

▷Pyrophoric

Org. Synth., Coll. Vol., **2**, 184 (synth)
Hatch, L.F. et al, J. Org. Chem., 1949, **14**, 1130 (synth)
Krug, R.C. et al, J. Am. Chem. Soc., 1954, **76**, 2262 (synth)
Sheverdina, N.I. et al, Bull. Acad. Sci. USSR (Engl. Transl.), 1967, 582 (synth)
Almenningen, A. et al, Acta Chem. Scand., Part A, 1982, **36**, 159 (ed)

$C_6H_{14}Zn$ — Zn-00065

Ethyl(2-methylpropyl)zinc, 9CI

Ethylisobutylzinc, 8CI

[15106-84-0]

$$(H_3C)_2CHCH_2ZnEt$$

M 151.557

Liq. Bp_{11} 47-52°. Disproportionates on heating. Air- and moisture-sensitive.

Krause, E. et al, Ber., 1926, **59**, 931 (synth)
Sheverdina, N.I. et al, Bull. Acad. Sci. USSR (Engl. Transl.), 1967, 565 (synth)

$C_6H_{18}Si_2Zn$ — Zn-00066

Bis(trimethylsilyl)zinc

2,2,4,4-Tetramethyl-2,4-disila-3-zincapentane

[68782-23-0]

$$Me_3SiZnSiMe_3$$

M 211.759

Yellow cryst. by subl. in vacuo. Sol. Et_2O, C_6H_6, pentane. Slowly dec. at r.t. Stored at −20°.

▷Ignites in air

Rösch, L. et al, Angew. Chem., Int. Ed. Engl., 1979, **18**, 60 (synth, ms, pmr, ir, raman)

C_7H_4ClNZn — Zn-00067

Chloro(2-cyanophenyl)zinc

2-Cyanophenylzinc chloride

M 202.948

2,2′-Bipyridine adduct: [80579-27-7]. *(2,2′-Bipyridine-N,N′)chloro(2-cyanophenyl)zinc.*
  $C_{17}H_{12}ClN_3Zn$ M 359.135
  Brown solid. Air- and moisture-sensitive.

Said, F.F. et al, J. Organomet. Chem., 1982, **224**, 121 (synth, ir)

C_7H_8OZn — Zn-00068

Methylphenoxyzinc

Methylzinc phenoxide

As Methoxymethylzinc, Zn-00014 with

R = Me, R′ = Ph

M 173.520

Tetrameric in C_6H_6.

Tetramer: Tetramethyltetraphenoxytetrazinc.
  $C_{28}H_{32}O_4Zn_4$ M 694.078
  Cryst. Spar. sol. C_6H_6. Mp 219-21° dec.

Py adduct:
  $C_{24}H_{26}O_2N_2Zn_2$ M 505.242
  Prisms (C_6H_6). Mp 193-200° dec. Dimeric.

Coates, G.E. et al, J. Chem. Soc., 1965, 1870 (synth, ir)

$C_7H_{12}O_2Zn$ — Zn-00069

Ethyl(2,4-pentanedionato-O,O')zinc

Ethylzinc acetylacetonate

[15749-24-3]

Dimer

M 193.551

Monomer-dimer equilibrium in soln. Cryst. (hexane). Mp 95-8°.

Dimer: [20572-57-0]. *Diethylbis(μ-2,4-pentanedionato)-dizinc,* 8CI.
  $C_{14}H_{24}O_4Zn_2$ M 387.101

Py adduct: [20572-58-1].
  $C_{12}H_{17}NO_2Zn$ M 272.652
  Solid. Mp 36°.

Boersma, J. et al, J. Organomet. Chem., 1968, **13**, 291 (synth, pmr, ir)

$C_7H_{13}NZn$ — Zn-00070

[3-(Dimethylamino)-1-propynyl]ethylzinc

[71402-91-0]

$$EtZnC{\equiv}CCH_2NMe_2$$

M 176.566

Monomeric in Py, prob. polymeric in solid state. Solid. Mod. sol. THF, Py, insol. C_6H_6, aliphatic hydrocarbons. Dec. at 168° without melting. Sensitive to O_2 and moisture.

de Koning, A.J. et al, J. Organomet. Chem., 1979, **174**, 129 (synth, ir, cmr, pmr)

$C_7H_{16}ClNZn$ — Zn-00071

Chloro[3-(diethylamino)propyl]zinc

[3-(Diethylamino)propyl]zinc chloride

M 215.043

Dimeric in C_6H_6.

Dimer: [75183-03-8]. *Di-μ-chlorobis[3-(diethylamino)propyl-C,N]dizinc,* 10CI.
  $C_{14}H_{32}Cl_2N_2Zn_2$ M 430.086
  Moisture-sensitive cryst. Mp 120-5° dec.

Thiele, K.H. et al, Z. Anorg. Allg. Chem., 1980, **462**, 152 (synth, ir, ms)

$C_7H_{16}Zn$ Zn-00072
Butylpropylzinc
[14753-27-6]

$$H_3C(CH_2)_3ZnCH_2CH_2CH_3$$

M 165.583
Air- and moisture-sensitive liq. Bp_3 38-43°. Disproportionates on heating.

Abraham, M.H. et al, *J. Organomet. Chem.*, 1967, **7**, 23 (synth)

$C_8H_6S_2Zn$ Zn-00073
Di-2-thienylzinc
[15106-95-3]

M 231.635
Cryst. Readily sol. cold dioxan, $CHCl_3$, spar. sol. C_6H_6, hexane, DMSO. Dec. >150° without melting.

Sheverdina, N.I. et al, *Dokl. Akad. Nauk SSSR, Ser. Sci. Khim.*, 1964, **155**, 299 (synth)
Sheverdina, N.I. et al, *Bull. Acad. Sci. USSR (Engl. Transl.)*, 1967, 561 (synth)

$C_8H_{10}N_4O_4Zn$ Zn-00074
Bis(1-diazo-2-ethoxy-2-oxoethyl)zinc
Bis(carboxydiazomethyl)zinc diethyl ester, 8CI
[11071-32-2]

$$EtOOCC(N_2)ZnC(N_2)COOEt$$

M 291.571
Red-brown oil. Stable at −30°, dec. at r.t. with N_2 evolution, cannot be dist.

Lorberth, J., *J. Organomet. Chem.*, 1971, **27**, 303 (synth, pmr, ir)

$C_8H_{10}OZn$ Zn-00075
Ethylphenoxyzinc
Ethylzinc phenoxide
[28557-01-9]

As Methoxymethylzinc, Zn-00014 with

R = Et, R′ = Ph

M 187.546
Tetrameric in C_6H_6.
Tetramer: [20558-62-7]. *Tetraethyltetra-μ₃-phenoxytetrazinc*, 8CI.
  $C_{32}H_{40}O_4Zn_4$ M 750.186
Polymerisation catalyst. Cryst. (hexane). Mp 177-8°.
Py adduct: [20558-61-6].
  $C_{26}H_{30}N_2O_2Zn_2$ M 533.295
Mp 190°. Dimeric.

Noltes, J.G. et al, *J. Organomet. Chem.*, 1968, **12**, 425 (synth)

$C_8H_{14}Zn$ Zn-00076
Bis(2-methyl-2-propenyl)zinc, 9CI
Bis(2-methylallyl)zinc
[15961-33-8]

$$H_2C=C(CH_3)CH_2ZnCH_2C(CH_3)=CH_2$$

M 175.579
Monomeric in C_6H_6. Fluxional. Yellow cryst. V. sol. Et_2O, THF. Mp 68° dec. $Bp_{0.001}$ 50° subl. Reacts vigorously with O_2 and H_2O. Thermochromic; colourless at −30°. Dec. on heating.
2,2′-Bipyridine adduct: [15975-89-0].
  $C_{18}H_{22}N_2Zn$ M 331.765
Deep-red solid. Mp 84°.

Thiele, K.-H. et al, *J. Organomet. Chem.*, 1967, **9**, 385 (synth, ir, pmr)
Benn, R. et al, *J. Organomet. Chem.*, 1978, **146**, 103 (pmr)
Lehmkuhl, H. et al, *J. Organomet. Chem.*, 1981, **221**, 1 (synth, ms, pmr)

$C_8H_{14}Zn$ Zn-00077
Di-2-butenylzinc, 9CI
Dicrotylzinc
[7544-41-4]

$$H_3CCH=CHCH_2ZnCH_2CH=CHCH_3$$

M 175.579
Monomeric in C_6H_6. Fluxional. Oil. V. sol. Et_2O, hydrocarbons. Mp 0-1°. $Bp_{0.0001}$ 32-7°. Reacts with H_2O. Thermally unstable, dec. at 50°.
▷Inflames in air

Thiele, K.-H. et al, *J. Organomet. Chem.*, 1967, **9**, 385 (synth, ir, pmr)
Benn, R. et al, *J. Organomet. Chem.*, 1978, **146**, 103 (pmr)
Lehmkuhl, H. et al, *J. Organomet. Chem.*, 1981, **221**, 1 (synth, pmr, ms)

$C_8H_{14}Zn$ Zn-00078
Di-3-butenylzinc
[29067-32-1]

$$H_2C=CHCH_2CH_2ZnCH_2CH_2CH=CH_2$$

M 175.579
Oil. Sol. hydrocarbons. $Bp_{0.000001}$ 25°. Air- and moisture-sensitive.

St. Denis, J. et al, *J. Organomet. Chem.*, 1974, **71**, 315 (synth, ir, pmr)
Albright, M.J. et al, *J. Organomet. Chem.*, 1977, **125**, 1 (cmr)

$C_8H_{14}Zn$ Zn-00079
Dicyclobutylzinc
[20525-75-1]

M 175.579
Liq. Sol. hydrocarbons, ethers. Mp −78°. $Bp_{0.8}$ 42-5°. Readily hydrolysed, stable to 100°.
▷Ignites in air

Thiele, K.H. et al, *J. Organomet. Chem.*, 1968, **14**, 13 (synth, ir)

$C_8H_{15}NZn$ Zn-00080
[4-(Dimethylamino)-1-butynyl]ethylzinc
[67564-55-0]

$$EtZnC\equiv CCH_2CH_2NMe_2$$

M 190.593
Trimeric in C_6H_6, monomeric in Py. Solid. Sol. THF, C_6H_6, Py, DMSO, insol. hexane, pentane. Mp 137°. Dec. at 168°. Sensitive towards O_2 and moisture.

Trimer: [67578-89-6]. cyclo-*Tris*[μ-[4-(dimethylamino)-1-butynyl-C:C,N]]triethyltrizinc.
C$_{24}$H$_{45}$N$_3$Zn$_3$ M 571.780
de Koning, A.J. et al, *J. Organomet. Chem.*, 1979, **174**, 129 (synth, ir, pmr, cmr)

C$_8$H$_{16}$Zn$_2$ Zn-00081
1,6-Dizincacyclodecane

M 242.974
Solid. Sol THF, dioxan; insol. pentane. Forms THF and dioxan adducts. Sensitive to oxygen and moisture.
Freijee, F.J.M. et al, *J. Organomet. Chem.*, 1982, **224**, 217 (synth, pmr, cmr)

C$_8$H$_{18}$OZn   Zn-00082
tert-Butoxy-tert-butylzinc
(1,1-Dimethylethyl)(1,1-dimethylethoxy)zinc. tert-Butylzinc tert-butoxide
[17469-39-5]

Trimer

M 195.610
Trimeric in C$_6$H$_6$ by cryscopy and ebullioscopy.
Trimer: Tri-tert-butoxytri-tert-butyltrizinc.
C$_{24}$H$_{54}$O$_3$Zn$_3$ M 586.829
Cryst. (hexane). Mp 169°, 179-84° dec.
Coater, G.E. et al, *J. Chem. Soc. (A)*, 1967, 1233 (synth, pmr, ir)
Noltes, J.G. et al, *J. Organomet. Chem.*, 1968, **12**, 425 (synth, pmr, ir)

C$_8$H$_{18}$O$_2$Zn   Zn-00083
Bis(3-methoxypropyl)zinc
[67501-30-8]

(MeOCH$_2$CH$_2$CH$_2$)$_2$Zn

M 211.609
Monomeric in C$_6$H$_6$. V. sol. polar, nonpolar solvs. V. sensitive to O$_2$ and moisture.
2,2'-Bipyridine complex: [67501-34-2].
C$_{18}$H$_{26}$N$_2$O$_2$Zn   M 367.796
Orange-red solid.
Hofstee, H.K. et al, *J. Organomet. Chem.*, 1978, **153**, 245 (synth, uv, cmr, pmr)

C$_8$H$_{18}$S$_2$Zn   Zn-00084
Bis[(3-methylthio)propyl-C,N]zinc
[67501-31-9]

(MeSCH$_2$CH$_2$CH$_2$)$_2$Zn

M 243.730
Monomeric in C$_6$H$_6$. Viscous liq. V. sol. polar, nonpolar solvs. V. sensitive to O$_2$ and moisture.

2,2'-Bipyridine adduct: [67501-35-3].
C$_{18}$H$_{26}$N$_2$S$_2$Zn   M 399.917
Orange solid.
Hofstee, H.K. et al, *J. Organomet. Chem.*, 1978, **153**, 245 (synth, uv, pmr, cmr)

C$_8$H$_{18}$Zn   Zn-00085
Bis(1-methylpropyl)zinc, 9CI
Di-sec-*butylzinc*
[7446-94-8]

Zn[CH(CH$_3$)CH$_2$CH$_3$]$_2$

M 179.610
Polymerisation catalyst. Liq. Bp$_4$ 56°, Bp$_2$ 48°.
Soroos, H. et al, *J. Am. Chem. Soc.*, 1944, **66**, 893 (synth)

C$_8$H$_{18}$Zn   Zn-00086
Bis(2-methylpropyl)zinc, 9CI
Diisobutylzinc
[1854-19-9]

Zn[CH$_2$CH(CH$_3$)$_2$]$_2$

M 179.610
Polymerisation catalyst. Liq. d$_4^{16}$ 1.01. Bp 185°, Bp$_{10}$ 55°.
Krause, E. et al, *Ber.*, 1926, **59**, 931 (synth)
Sheverdina, N.I. et al, *Dokl. Chem. (Engl. Transl.)*, 1964, **155**, 299 (synth)

C$_8$H$_{18}$Zn   Zn-00087
Dibutylzinc
[1119-90-0]

(H$_3$CCH$_2$CH$_2$CH$_2$)$_2$Zn

M 179.610
Oil. Bp$_9$ 82°, Bp$_4$ 55-60°. Readily oxid. and hydrol.
2,2'-Bipyridine adduct:
C$_{18}$H$_{26}$N$_2$Zn   M 335.797
Red solid.
Org. Synth., Coll. Vol., **2**, 184.
Abraham, M.H., *J. Chem. Soc.*, 1960, 4130 (synth)
Sheverdina, N.I. et al, *Bull. Acad. Sci. USSR, Div. Chem. Sci.*, 1967, 561 (synth)
Hofstee, H.K. et al, *J. Organomet. Chem.*, 1978, **153**, 245 (pmr, uv, cmr)

C$_8$H$_{18}$Zn   Zn-00088
Di-tert-butylzinc, 8CI
Bis(1,1-dimethylethyl)zinc, 9CI
[16636-96-7]

(H$_3$C)$_3$CZnC(CH$_3$)$_3$

M 179.610
Cryst. Mp 28.8°. Bp$_9$ 34-5°, Bp$_{0.001}$ 25° subl. Readily oxid. and hydrol. Dec. at 100°. Store in dark <5°.
2,2'-Bipyridine complex: [16998-10-0].
C$_{18}$H$_{26}$N$_2$Zn   M 335.797
Dark-purple solid. Mp 94°.
Coates, G.E. et al, *J. Chem. Soc. (A)*, 1967, 1085 (synth, ir, raman, pmr)
Noltes, J.G. et al, *J. Organomet. Chem.*, 1967, **9**, 1 (synth, pmr)

Lehmkuhl, H. et al, *Justus Liebigs Ann. Chem.*, 1975, 1162 (synth, pmr)
Müller, H. et al, *J. Organomet. Chem.*, 1977, **140**, C17 (cmr)

$C_8H_{22}Si_2Zn$ Zn-00089
Bis[(trimethylsilyl)methyl]zinc, 9CI
[41924-26-9]

$$Me_3SiCH_2ZnCH_2SiMe_3$$

M 239.813
Liq. $Bp_{1.5}$ 44°.
▷Spont. flammable in air
2,2′-Bipyridine adduct(1:1): [41982-00-7].
  $C_{18}H_{30}N_2Si_2Zn$ M 395.999
  Red-orange solid. Mp 91-2°. Air-stable.
Moorhouse, S. et al, *J. Chem. Soc., Dalton Trans.*, 1974, 2187 (synth, pmr)
Heinekey, D.M. et al, *Inorg. Chem.*, 1978, **17**, 1463 (synth, pmr)

$C_9H_{17}NZn$ Zn-00090
[5-(Dimethylamino)-1-pentynyl]ethylzinc, 10CI

M 204.620
Dimeric in C_6H_6, monomeric in Py. Solid. Mod. sol. THF, C_6H_6, Py, insol. alkanes. Mp 164°. Oxygen- and moisture-sensitive. Dec. at 176°.
Dimer: [71414-79-4]. *Bis[μ-[5-(dimethylamino)-1-pentynyl-C:C,N]]diethyldizinc*.
  $C_{18}H_{34}N_2Zn_2$ M 409.240
de Koning, A.J. et al, *J. Organomet. Chem.*, 1979, **174**, 129 (synth, ir, cmr, pmr)

$C_{10}F_8N_2Zn$ Zn-00091
Bis(2,3,5,6-tetrafluoro-4-pyridinyl)zinc
[51276-52-9]

M 365.491
Solid. Insol. Et_2O, C_6H_6, hexane, sol. Me_2CO, Py.
Sartori, P. et al, *J. Fluorine Chem.*, 1973, **3**, 275 (synth, ms)

$C_{10}H_{10}Zn$ Zn-00092
Zincocene, 9CI
Dicyclopentadienylzinc
[11077-31-9]

M 195.569
Fluxional molecule. Polymerisation catalyst. Cryst. by subl. at 100°. Sol. Et_2O, insol. C_6H_6, CH_2Cl_2, pet. ether. Mp 150°. Dec. in air, readily hydrolysed.

Fischer, E.O. et al, *Z. Naturforsch., B*, 1959, **14**, 599 (synth, ir)
Lorberth, J. et al, *J. Organomet. Chem.*, 1969, **19**, 189 (synth, pmr)

$C_{10}H_{13}NOZn$ Zn-00093
(Acetophenone oximato)ethylzinc, 8CI
Ethylzinc methylphenylketoximate
[21204-55-7]

$$EtZnON=C(CH_3)Ph$$

M 228.599
Tetrameric in C_6H_6 with Zn—N coordination.
Tetramer: Tetrakis(acetophenoneoximato)-tetraethyltetrazinc.
  $C_{40}H_{52}N_4O_4Zn_4$ M 914.395
  Cryst. Mp 130-2°.
Noltes, J.G. et al, *J. Organomet. Chem.*, 1968, **12**, 425 (synth, pmr, ir)

$C_{10}H_{13}NOZn$ Zn-00094
Ethyl(N-phenylacetamidato-N)zinc, 10CI
Acetanilidatoethylzinc, 8CI. *N-(Ethylzinc)acetanilide*

$$EtZnNPhAc$$

M 228.599
Tetrameric in C_6H_6 soln. with Zn—O coordination.
Tetramer: [12392-73-3]. *Tetrakis(acetanilidato)te-traethyltetrazinc*, 8CI. *Tetraethyltetrakis(N-phenyla-cetamido)tetrazinc.*
  $C_{40}H_{52}N_4O_4Zn_4$ M 914.395
  Cryst. (hexane at −78°). Sol. C_6H_6, sl. sol. hexane. Mp 140°.
Py adduct: [22189-44-2].
  $C_{30}H_{36}N_4O_2Zn_2$ M 615.400
  Solid. Mp 125°. Dimeric.
Noltes, J.G. et al, *J. Organomet. Chem.*, 1969, **16**, 345 (synth, ir, pmr)

$C_{10}H_{13}NO_2Zn$ Zn-00095
Ethyl(methyl phenylcarbamato-N,O′)zinc, 10CI
Ethyl(hydrogen carbanilato)zinc methyl ester, 8CI. *N-(Ethylzinc)carbanilic acid methyl ester*
[23151-20-4]

Trimer

M 244.598
Dissociating trimer in C_6H_6.
Trimer: [22337-71-9]. *cyclo-Triethyltris[μ-(hydrogen carbanilato)]trizinc trimethyl ester*, 8CI.
  $C_{30}H_{39}N_3O_6Zn_3$ M 733.795
  Cryst. Sol. C_6H_6, insol. hexane. Mp 158°.
Boersma, J. et al, *Organozinc Coordination Chemistry*, International Lead-Zinc Research Organisation, Inc., 1968.
Noltes, J.G. et al, *J. Organomet. Chem.*, 1969, **16**, 345 (synth, ir, pmr)
van Santvoort, F.A.J.J. et al, *Inorg. Chem.*, 1978, **17**, 388 (pmr, cmr)

$C_{10}H_{13}NSZn$ — Zn-00096

Ethyl(thioacetanilidato)zinc, 8CI

N-(Ethylzinc)thioacetanilide

[26744-23-0]

Dimer

M 244.659

Dimeric in C_6H_6 with coordinated thiocarbonyl gp.
Dimer: [22807-27-8]. *Diethylbis[μ-(thioacetanilidato)-]dizinc,* 8CI.
  $C_{20}H_{26}N_2S_2Zn_2$ M 489.319
  Cryst. (hexane). Mp 105°.
Py adduct: [22722-86-7].
  $C_{15}H_{18}N_2SZn$ M 323.761
  Solid. Mp 70°.

Boersma, J. et al, *J. Organomet. Chem.*, 1969, **17**, 1 (*synth, pmr*)

$C_{10}H_{14}Zn$ — Zn-00097

Di-2,4-pentadienylzinc, 9CI

TMEDA adduct

M 199.601

Tetramethylethylenediamine adduct: Di-2,4-pentadienyl(N,N,N',N'-tetramethyl-1,2-ethanediamine-N,N')zinc, 9CI.
  $C_{16}H_{30}N_2Zn$ M 315.806
  Cryst. (THF/pentane). Mp 59°. Dec. at 70°.
  Equilibrium mixt. of (E)- and (Z)-isomers in soln.

Yasuda, H. et al, *Tetrahedron Lett.*, 1975, 11 (*synth, cmr, pmr, ir*)
Yasuda, H. et al, *Bull. Chem. Soc. Jpn.*, 1980, **53**, 1101 (*synth, pmr*)

$C_{10}H_{15}NOZn$ — Zn-00098

(N,N-Diethylhydroxylaminato)phenylzinc, 8CI

[21204-54-6]

$PhZnONEt_2$

M 230.615

Hexameric in C_6H_6 soln. with Zn—N coordination.
Hexamer: Hexakis(N,N-diethylhydroxylaminato)hexaphenylhexazinc, 8CI.
  $C_{60}H_{90}N_6O_6Zn_6$ M 1383.688
  Cryst. (hexane). Mp 168-9°.

Noltes, J.G. et al, *J. Organomet. Chem.*, 1968, **12**, 425 (*synth, pmr*)

$C_{10}H_{18}Zn$ — Zn-00099

Bis(3-methyl-2-butenyl)zinc

Bis(3,3-dimethylallyl)zinc

[66094-28-8]

$(H_3C)_2C=CHCH_2ZnCH_2CH=C(CH_3)_2$

M 203.632

Oil. $Bp_{0.0001}$ 40°. Dec. at r.t. in soln. Readily oxid., sensitive to moisture.

Benn, R. et al, *J. Organomet. Chem.*, 1978, **146**, 103 (*pmr, ir*)
Lehmkuhl, H. et al, *J. Organomet. Chem.*, 1981, **221**, 1 (*synth, pmr, ms*)

$C_{10}H_{18}Zn$ — Zn-00100

Dicyclopentylzinc

[20525-74-0]

M 203.632

Sol. hydrocarbons, ethers. Mp 36° dec. $Bp_{0.0001}$ 44-6°. V. sensitive towards air and moisture. Dec. rapidly >40°.

Thiele, K.H. et al, *J. Organomet. Chem.*, 1968, **14**, 13 (*synth, ir*)

$C_{10}H_{18}Zn$ — Zn-00101

Di-4-pentenylzinc, 9CI

[39995-48-7]

$(H_2C=CHCH_2CH_2CH_2)_2Zn$

M 203.632

Oil. $Bp_{0.0001}$ 27°. Sensitive to O_2 and moisture. Forms a 1:1 Bipy adduct.

St. Denis, J. et al, *J. Organomet. Chem.*, 1974, **71**, 315 (*synth, ir, pmr*)
Albright, M.J. et al, *J. Organomet. Chem.*, 1977, **125**, 1 (*cmr*)
Lehmkuhl, H. et al, *J. Organomet. Chem.*, 1981, **221**, 123 (*synth, cmr*)

$C_{10}H_{19}NZn$ — Zn-00102

[6-(Dimethylamino)-1-hexynyl]ethylzinc

[71402-89-6]

$EtZnC\equiv C(CH_2)_4NMe_2$

M 218.647

Monomeric in Py, prob. aggregated in solid state. Solid. Sol. DMSO, Py; mod. sol. THF, insol. aliphatic hydrocarbons. Mp 158°. Dec. at 199°. Sensitive towards O_2 and moisture.

de Koning, A.J. et al, *J. Organomet. Chem.*, 1979, **174**, 129 (*synth, ir, pmr, cmr*)

$C_{10}H_{20}Zn_2$ — Zn-00103

1,7-Dizincacyclododecane

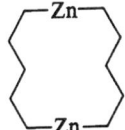

M 271.028

Solid. Sol. THF, dioxan, insol. pentane. Forms THF and dioxan adducts. V. sensitive to oxygen and moisture.

Freijee, F.J.M. et al, *J. Organomet. Chem.*, 1982, **224**, 217 (*synth, cmr, pmr*)

$C_{10}H_{22}O_2Zn$ — Zn-00104

Bis(4-methoxybutyl)zinc

[64654-07-5]

(MeOCH$_2$CH$_2$CH$_2$CH$_2$)$_2$Zn
M 239.663
Monomeric in C$_6$H$_6$. Viscous liq. V. sol. polar, nonpolar solvs. Mp $-36°$. Bp$_{2.5}$ 105-6°. Dec. at 160°. V. sensitive to O$_2$ and moisture.

2,2'-Bipyridine adduct: [67501-36-4].
C$_{20}$H$_{30}$N$_2$O$_2$Zn   M 395.849
Red solid.

Thiele, K-H. *et al, Z. Anorg. Allg. Chem.*, 1977, **432**, 221 (*synth, ms, pmr, ir*)
Hofstee, H.K. *et al, J. Organomet. Chem.*, 1978, **153**, 245 (*synth, uv, pmr, cmr*)

C$_{10}$H$_{22}$Zn   Zn-00105
Bis(2,2-dimethylpropyl)zinc, 9CI
Dineopentylzinc
[54773-23-8]

(H$_3$C)$_3$CCH$_2$ZnCH$_2$C(CH$_3$)$_3$

M 207.664
Liq. Bp$_{27}$ 82°, Bp$_{9.7}$ 58-9°.
▷Spontaneously flammable

Moorhouse, S. *et al, J. Chem. Soc., Dalton Trans.*, 1974, 2187 (*synth, pmr*)
Schrock, R.R. *et al, J. Am. Chem. Soc.*, 1978, **100**, 3359 (*synth, pmr*)

C$_{10}$H$_{22}$Zn   Zn-00106
Bis(2-methylbutyl)zinc

$$\begin{array}{cc} CH_3 & H \\ H-C-(CH_2)_n Zn(CH_2)_n-C-CH_3 \\ CH_2CH_3 & CH_2CH_3 \end{array}$$
n = 1

M 207.664

(*S,S*)-*form* [1731-05-1]
Stereoselective polymerisation catalyst. Asymmetric reducing agent for ketones. Liq. Bp$_4$ 66.5-77.5°, Bp$_{0.1}$ 40-1°. $[\alpha]_D^{20}$ +9.37°.

Lardicci, L. *et al, Ann. Chim. (Rome)*, 1964, **54**, 1233 (*synth*)
Inoue, S. *et al, J. Organomet. Chem.*, 1970, **25**, 1 (*synth*)
Giacomelli, G. *et al, J. Org. Chem.*, 1974, **39**, 2736.

C$_{10}$H$_{24}$N$_2$Zn   Zn-00107
Bis[(3-dimethylamino)propyl-*C,N*]zinc
[67501-32-0]

(Me$_2$NCH$_2$CH$_2$CH$_2$)$_2$Zn

M 237.693
Monomeric in C$_6$H$_6$. Cryst. Sol. Et$_2$O, hydrocarbons. Mp 37°. Air- and moisture-sensitive.

2,2'-Bipyridine adduct: [67501-24-0].
C$_{20}$H$_{32}$N$_4$Zn   M 393.880
Purple solid.

Hofstee, H.K. *et al, J. Organomet. Chem.*, 1978, **153**, 245 (*synth, uv, pmr, cmr*)
Thiele, K.-H. *et al, Z. Anorg. Allg. Chem.*, 1980, **462**, 152 (*synth, ir, ms*)

C$_{11}$H$_{11}$NOZn   Zn-00108
Ethyl(8-quinolinolato)zinc, 8CI
Ethylzinc 8-hydroxyquinolinate

Trimer

M 238.594
Trimeric in C$_6$H$_6$.

Trimer: [20572-53-6]. *Triethyltris(μ-8-quinolinolato)trizinc*, 8CI.
C$_{33}$H$_{33}$N$_3$O$_3$Zn$_3$ M 715.782
Cryst. (C$_6$H$_6$). Mp 245-50°.

Boersma, J. *et al, J. Organomet. Chem.*, 1968, **13**, 291.

C$_{11}$H$_{29}$PSiZn   Zn-00109
Diethyl[trimethylphosphonium η-(trimethylsilyl)methylide]zinc
[66288-16-2]

Et$_2$ZnCH(PMe$_3$)(SiMe$_3$)

M 285.789
Liq. V. sol. org. solvs. Mp $-11°$ to $-9°$. Bp$_{0.01}$ 55°.

Schmidbaur, H. *et al, Z. Anorg. Allg. Chem.*, 1977, **434**, 145 (*synth, ir, pmr, nmr*)

C$_{12}$F$_{10}$Zn   Zn-00110
Bis(pentafluorophenyl)zinc
[1799-90-2]

Zn(C$_6$F$_5$)$_2$

M 399.496
Cryst. (pet. ether). Bp$_{0.01}$ 60°.

low-melting-form
Mp 106-8°.
high-melting-form
Mp 232°. Partial melting at 104-6°.
unsublimable-form
Dec. without melting at 375°.

2,2'-Bipyridine adduct:
C$_{22}$H$_8$F$_{10}$N$_2$Zn   M 555.683
Mp 245-60° dec.

Noltes, J.G. *et al, J. Organomet. Chem.*, 1964, **1**, 377 (*synth*)
Sartori, P. *et al, Chem. Ber.*, 1967, **100**, 3016 (*synth*)
Deacon, G.B. *et al, J. Organomet. Chem.*, 1970, **22**, 287 (*synth, ir*)
Evans, D.F. *et al, J. Chem. Soc., Dalton Trans.*, 1973, 978 (*synth, nmr*)

C₁₂H₈Cl₂Zn — Zn-00111
Bis(4-chlorophenyl)zinc
[2632-70-4]

X—⟨⟩—Zn—⟨⟩—X   X = Cl

M 288.481
Propylene oxide and ethylene oxide polymerisation catalyst. Cryst. (xylene). Sol. hot xylene, spar. sol. cold xylene, pet. ether. Mp 212-4°. Readily hydrol. Sensitive to oxygen.

Kocheshkov, K.A. *et al*, *Ber.*, 1934, **67**, 1138 (*synth*)

$C_{12}H_8F_2Zn$ — Zn-00112
Bis(4-fluorophenyl)zinc

As Bis(4-chlorophenyl)zinc, Zn-00111 with

X = F

M 255.572
Cryst. (xylene). Sol. xylene, spar. sol. pet. ether. Mp 135-6°. Readily hydrol., sensitive to oxygen.

Kocheshkov, K.A. *et al*, *Ber.*, 1934, **67**, 1138 (*synth*)

$C_{12}H_{10}Zn$ — Zn-00113
Diphenylzinc, 9CI
Zinc diphenyl
[1078-58-6]

$ZnPh_2$

M 219.591
Polymerisation catalyst. Needles (C_6H_6). Sol. Et_2O, C_6H_6, spar. sol. pet. ether. Mp 107°. Bp 280-5° dec., $Bp_{0.0001}$ 180°. Dec. in dry air → ZnO + biphenyl. Hydrol. by H_2O. Reacts with $CHCl_3$. Forms adducts, e.g. 1:1 adduct with *p*-dioxan, Mp 113°.

Hilpert, S. *et al*, *Ber.*, 1913, **46**, 1675 (*synth*)
Kozeschkow, K.A. *et al*, *Ber.*, 1934, **67**, 1138 (*synth*)
Wittig, G. *et al*, *Justus Liebigs Ann. Chem.*, 1951, **571**, 167 (*synth*)
Curtin, D.Y. *et al*, *J. Org. Chem.*, 1961, **26**, 1764 (*synth*)
Ladd, J.A., *Spectrochim. Acta*, 1966, **22**, 1157 (*pmr*)
Fieser, M. *et al*, *Reagents for Organic Synthesis*, Wiley, 1967-83, **1**, 349.
Sheverdina, N.I. *et al*, *Bull. Acad. Sci. USSR (Engl. Transl.)*, 1967, 561 (*synth*)
Radionov, A.N. *et al*, *Zh. Fiz. Khim.*, 1975, **49**, 1416 (*ir*)
Hofstee, H.K. *et al*, *J. Organomet. Chem.*, 1978, **144**, 255 (*synth*)

$C_{12}H_{11}Zn^{\ominus}$ — Zn-00114
Hydrodiphenylzincate(1−)

$Ph_2ZnH^{\ominus}$

M 220.599 (ion)
Li salt: [26520-84-3].
   $C_{12}H_{11}LiZn$ M 227.540
   Solid. Forms etherates.
Na salt: [26602-48-2].
   $C_{12}H_{11}NaZn$ M 243.589
   Solid. Forms dietherate.

Wittig, G. *et al*, *Justus Liebigs Ann. Chem.*, 1952, **577**, 11 (*synth*)
Kubas, G.J. *et al*, *J. Am. Chem. Soc.*, 1970, **92**, 1949 (*synth, raman, ir, pmr*)

$C_{12}H_{18}Zn^{\oplus\oplus}$ — Zn-00115
[(1,2,3,4,5,6-η)-Hexamethylbenzene]zinc(2+)

M 227.654 (ion)
Localised bonding of Zn to arene. Readily hydrolyzed.
Bishexafluoroantimonate: [62660-55-3].
   $C_{12}H_{18}F_{12}Sb_2Zn$ M 699.135
   Red solid. Dec. by H_2O and org. solvs.

Damude, L.C. *et al*, *J. Organomet. Chem.*, 1979, **168**, 123 (*synth, pmr, cmr, ir*)

$C_{12}H_{20}N_2Zn$ — Zn-00116
Bis[4-(dimethylamino)-1-butynyl]zinc
[67564-56-1]

Trimer

M 257.683
Trimeric in C_6H_6, monomeric in Py.
Trimer: [67578-90-9]. cyclo-*Hexakis*[μ-[4-(dimethylamino)-1-butynyl-C:N]]*trizinc*. cyclo-*Tris*[μ-[4-(dimethylamino)-1-butynyl-C:C,N]]*tris*[4-(dimethylamino)-1-butynyl]*trizinc*.
   $C_{36}H_{60}N_6Zn_3$ M 773.050
   Air- and moisture-sensitive cryst. Mp 110°. Dec. >186°.

de Koning, A.J. *et al*, *J. Organomet. Chem.*, 1979, **174**, 129 (*synth, ir, pmr, cmr*)

$C_{12}H_{22}Zn$ — Zn-00117
Bis(3-methyl-4-pentenyl)zinc
[50871-02-8]

$[H_2C=CHCH(CH_3)CH_2CH_2]_2Zn$

M 231.686
Liq. $Bp_{0.0001}$ 27°.

Lehmkuhl, H. *et al*, *J. Organomet. Chem.*, 1973, **60**, 1 (*synth, pmr*)
Lehmkuhl, H. *et al*, *J. Organomet. Chem.*, 1981, **221**, 123 (*synth, pmr, cmr*)

$C_{12}H_{22}Zn$ — Zn-00118
Dicyclohexylzinc
[15658-08-9]

M 231.686
Solid. Sol. hydrocarbons, ethers. Mp 55°. $Bp_{0.0001}$ 64-6°. Rapid dec. >80°. Readily oxidised and hydrolysed.

Thiele, K.H. et al, *J. Organomet. Chem.*, 1968, **14**, 13 (synth, ir)

C$_{12}$H$_{22}$Zn — Zn-00119
Di-5-hexenylzinc
[53103-01-8]

$$(H_2C=CHCH_2CH_2CH_2CH_2)_2Zn$$

M 231.686
Oil. Sensitive to O$_2$ and moisture; forms a 1:1 Bipy adduct.

St. Denis, J. et al, *J. Organomet. Chem.*, 1974, **71**, 315 (synth, ir, pmr)
Albright, M.J. et al, *J. Organomet. Chem.*, 1977, **125**, 1 (cmr)

C$_{12}$H$_{24}$Zn$_2$ — Zn-00120
1,8-Dizincacyclotetradecane

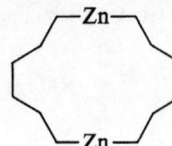

M 299.082
Very sensitive to oxygen and moisture.

Freijee, F.J.M. et al, *J. Organomet. Chem.*, 1982, **224**, 217 (synth, pmr, cmr)

C$_{12}$H$_{26}$Zn — Zn-00121
Bis(3-methylpentyl)zinc

As Bis(2-methylbutyl)zinc, Zn-00106 with

$$n = 2$$

M 235.717
(*S,S*)-*form* [1731-04-0]
Liq. Bp$_{0.12}$ 64-5°. $[\alpha]_D^{25}$ +7.68°.

Lardicci, L. et al, *Ann. Chim. (Rome)*, 1964, **54**, 1233 (synth)
Giacomelli, G. et al, *J. Org. Chem.*, 1974, **39**, 2736.

C$_{12}$H$_{28}$Al$_2$O$_6$Zn — Zn-00122
Dioxotetrakis(2-propanolato)bis(aluminum)zinc
[57572-17-5]

$$[(H_3C)_2CHO]_2AlOZnOAl[OCH(CH_3)_2]_2$$

M 387.693
Associated in C$_6$H$_6$; molecular complexity varies with concentration and solvent. Initiator for ring-opening polymerisations of esters and ethers. Orange glass with green fluorescence. V. sol. hydrocarbons.

Teyssié, P. et al, *J. Polym. Sci. Polym. Lett.*, 1970, **8**, 319 (synth)
Teyssié, P. et al, *Int. Rev. Phys. Inorg. Chem. Series II*, 1975, 191 (synth, ir, pmr, use)
Ouhadi, T. et al, *Inorg. Chim. Acta*, 1976, **19**, 203 (cmr)
Hamitou, A. et al, *J. Polym. Sci., Polym. Chem. Ed.*, 1977, **15**, 865, 1035 (use)

C$_{12}$H$_{32}$N$_2$P$_4$Zn — Zn-00123
Zinc bis[nitridobis(dimethylphosphoniummethylide)]
Bis[methylene(dimethylphosphinidenio)nitrilo(dimethylphosphoranylidyne)methylene]zinc, 10CI. *Bis(dimethylphosphorus)di-μ-methylenebis[μ-[P,P,P-trimethylphosphineimidato(2−)-C:N]]zinc*
[60084-55-1]

$$X = N$$

M 393.673
Cryst. Sol. aprotic org. solvs. Mp 75-7°. Bp$_{0.1}$ 110°. Air- and moisture-sensitive.

Schmidbaur, H. et al, *Chem. Ber.*, 1977, **110**, 3536 (synth, pmr, cmr, nmr)

C$_{13}$H$_{13}$NZn — Zn-00124
(Diphenylamino)methylzinc

R = Me

M 248.632
Dimeric in C$_6$H$_6$ and in the solid state.
Dimer: Bis(diphenylamino)dimethyldizinc.
C$_{26}$H$_{26}$N$_2$Zn$_2$ M 497.265
Cryst. (C$_6$H$_6$).
Bis-Py adduct:
C$_{23}$H$_{23}$N$_3$Zn   M 406.835
Yellow needles (C$_6$H$_6$/hexane). Mp 110°. Rapid dec. in air.

Coates, G.E. et al, *J. Chem. Soc.*, 1965, 1870 (synth, ir)
Bell, N.A. et al, *Acta Crystallogr., Sect. C*, 1983, **39**, 1182 (cryst struct)

C$_{14}$H$_{10}$Fe$_2$O$_4$Zn — Zn-00125
Tetracarbonylbis(η^5-2,4-cyclopentadien-1-yl)(zinc)diiron
Bis(cyclopentadienyldicarbonyliron)zinc
[82246-68-2]

M 419.305
Orange or red prismatic cryst. (toluene). Mp 158.5-160°. Reacts with H$_2$O and alcohols.

Burlitch, J.M. et al, *Inorg. Chem.*, 1970, **9**, 563 (synth, ir, mössbauer)
Burlitch, J.M. et al, *Organometallics*, 1982, **1**, 1074 (synth, props)

C$_{14}$H$_{10}$Zn — Zn-00126
Phenyl(phenylethynyl)zinc

$$PhZnC\equiv CPh$$

M 243.613
Cryst. V. sol. THF, sol. Et$_2$O, C$_6$H$_6$. Mp 132.5-133.5° dec. Turns yellow on storage. Readily hydrolyzed. Forms etherate.

Nast, R. et al, Chem. Ber., 1962, **95**, 2155 (synth, ir)

C$_{14}$H$_{12}$Cl$_2$Zn — Zn-00127
Bis(2-chlorophenylmethyl)zinc
Bis(2-chlorobenzyl)zinc
[76656-94-5]

M 316.535
Cryst. Mp 39-42°.
2,2′-Bipyridine adduct: [76721-50-1].
C$_{24}$H$_{20}$Cl$_2$N$_2$Zn   M 472.721
Red solid. Mp 55-8°.
Dioxan adduct: [76721-57-8].
C$_{18}$H$_{20}$Cl$_2$O$_2$Zn   M 404.641
Solid. Mp 49-51°.

Weissig, V. et al, Z. Anorg. Allg. Chem., 1980, **487**, 61 (synth)

C$_{14}$H$_{12}$Cl$_2$Zn — Zn-00128
Bis(4-chlorophenylmethyl)zinc
Bis(4-chlorobenzyl)zinc
[76637-71-3]
M 316.535
Cryst. Mp 135° dec.
2,2′-Bipyridine adduct: [76721-53-4].
C$_{24}$H$_{20}$Cl$_2$N$_2$Zn   M 472.721
Red solid. Mp 125-7°.
Dioxan adduct: [76738-19-7].
C$_{18}$H$_{20}$Cl$_2$O$_2$Zn   M 404.641
Solid. Mp 70-3°.

Weissig, V. et al, Z. Anorg. Allg. Chem., 1980, **467**, 61 (synth)

C$_{14}$H$_{14}$Zn — Zn-00129
Bis(2-methylphenyl)zinc, 9CI
Di-o-tolylzinc, 8CI
[7029-31-4]

M 247.645
Cryst. (xylene or toluene). Sol. aromatic hydrocarbons, Et$_2$O, dioxan, CCl$_4$, insol. hexane. Mp 70°.

Thiele, K.-H. et al, J. Prakt. Chem., 1966, **304**, 54 (synth)
Sheverdina, N.I. et al, Bull. Acad. Sci. USSR (Engl. Transl.), 1967, 561 (synth)
de Graaf, P.W.J. et al, J. Organomet. Chem., 1977, **127**, 391 (synth)

C$_{14}$H$_{14}$Zn — Zn-00130
Bis(3-methylphenyl)zinc, 9CI
Di-m-tolylzinc, 8CI
[5286-47-5]
M 247.645
Cryst. (cyclohexane). Mp 75-6°. Bp$_{0.0001}$ 180°.

Allen, G. et al, J. Chem. Soc., 1965, 5476 (synth, pmr)

C$_{14}$H$_{14}$Zn — Zn-00131
Bis(4-methylphenyl)zinc
Di-p-tolylzinc
[15106-88-4]
As Bis(4-chlorophenyl)zinc, Zn-00111 with

X = CH$_3$

M 247.645
Cryst. (toluene). Sol. C$_6$H$_6$, Et$_2$O, CCl$_4$, hot xylene, CS$_2$, insol. hexane, CHCl$_3$. Mp 169-70°.
Dioxan adduct:
C$_{18}$H$_{22}$O$_2$Zn   M 335.751
Solid. Mp 144-5°.

Sheverdina, N.I. et al, Bull. Acad. Sci. USSR, Div. Chem. Sci., 1967, 561 (synth)
de Graaf, P.W.J. et al, J. Organomet. Chem., 1977, **127**, 391 (synth, pmr, cmr)

C$_{14}$H$_{14}$Zn — Zn-00132
Dibenzylzinc, 8CI
Bis(phenylmethyl)zinc, 9CI
[7029-30-3]

PhCH$_2$ZnCH$_2$Ph

M 247.645
Cryst. (Et$_2$O/hexane). Spar. sol. hexane. Mp 39.5-41.5°. Air- and moisture-sensitive.
2,2′-Bipyridine adduct:
C$_{24}$H$_{22}$N$_2$Zn   M 403.831
Red solid. Mp 128°.

Thiele, K.H. et al, Z. Anorg. Allg. Chem., 1965, **337**, 260 (synth)
Pino, P. et al, Justus Liebigs Ann. Chem., 1975, 509 (synth, pmr)
Schrock, R.R., J. Organomet. Chem., 1976, **122**, 209 (synth, pmr)

C$_{14}$H$_{15}$NZn — Zn-00133
(Diphenylaminato)ethylzinc, 8CI
Ethyl(N-phenylbenzenaminato)zinc, 9CI
[1730-61-6]
As (Diphenylamino)methylzinc, Zn-00124 with

R = Et

M 262.659
Dimeric in C$_6$H$_6$.
Dimer: [22143-34-6]. *Bis(μ-diphenylaminato)diethyldizinc*, 8CI.
C$_{28}$H$_{30}$N$_2$Zn$_2$ M 525.318
Polymerisation catalyst. Cryst. (hexane). Sol. C$_6$H$_6$, sl. sol. hexane. Mp 106°.
Bis-Py adduct: [22189-41-9].
C$_{24}$H$_{25}$N$_3$Zn   M 420.862
Mp 111°.

Coates, G.E. et al, J. Chem. Soc., 1965, 1870 (synth, ir)
Noltes, J.G. et al, J. Organomet. Chem., 1969, **16**, 345 (synth)

C$_{14}$H$_{18}$Zn — Zn-00134
Bis(bicyclo[2.2.1]hept-2-en-7-yl)zinc
Bis(2-norbornen-7-yl)zinc
[81374-33-6]

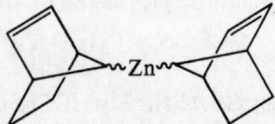

M 251.676
Monomeric in C$_6$H$_6$. Prob. mixt. of geom. isomers. Cryst. (pentane). Sol. Et$_2$O, hydrocarbons. Mp 46°. Dec. at 170°, oxidised in air; moisture-sensitive.

Thiele, K.-H. *et al, Z. Anorg. Allg. Chem.*, 1981, **483**, 145 (*synth, ir, ms, cmr*)

C$_{14}$H$_{22}$Zn — Zn-00135
Bis(bicyclo[2.2.1]hept-1-yl)zinc
Bis(1-norbonyl)zinc
[81374-30-3]

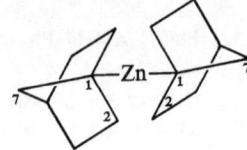

M 255.708
Monomeric in C$_6$H$_6$. Cryst. (hexane). Sol. Et$_2$O, hydrocarbons. Mp 200-2° dec. Bp 140° subl. Oxidised in air; moisture-sensitive.

Thiele, K.-H. *et al, Z. Anorg. Allg. Chem.*, 1981, **483**, 145 (*synth, ir, cmr, ms*)

C$_{14}$H$_{22}$Zn — Zn-00136
Bis(bicyclo[2.2.1]hept-2-yl)zinc
Bis(2-norbornyl)zinc
[81374-31-4]
M 255.708
Monomeric in C$_6$H$_6$. Cryst. (hexane). Sol. Et$_2$O, hydrocarbons. Dec. at 115°; oxidised in air; moisture-sensitive.

Thiele, K.-H. *et al, Z. Anorg. Allg. Chem.*, 1981, **483**, 145 (*synth, ir, ms, cmr*)

C$_{14}$H$_{22}$Zn — Zn-00137
Bis(bicyclo[2.2.1]hept-7-yl)zinc
Bis(7-norbornyl)zinc
[81374-32-5]
M 255.708
Monomeric in C$_6$H$_6$. Cryst. (hexane). Sol. Et$_2$O, hydrocarbons. Bp 105° subl. Dec. 240°, oxidised in air, moisture-sensitive.

Thiele, K.-H. *et al, Z. Anorg. Allg. Chem.*, 1981, **483**, 145 (*synth, ir, ms, cmr*)

C$_{14}$H$_{30}$Zn — Zn-00138
Bis(4-methylhexyl)zinc

As Bis(2-methylbutyl)zinc, Zn-00106 with

$$n = 3$$

M 263.771

(S,S)-form [1731-03-9]
Liq. Bp$_{0.07}$ 81-2°. $[\alpha]_D^{25}$ +14.36°.

Lardicci, L. *et al, Ann. Chim. (Rome)*, 1964, **54**, 1233 (*synth*)
Giacomelli, G. *et al, J. Org. Chem.*, 1974, **39**, 2736.

C$_{14}$H$_{34}$P$_4$Zn — Zn-00139
Zinc bis[methanidobis(dimethylphosphoniummethylide)]
Bis[methylene(dimethylphosphinidenio)methylidyne(dimethylphosphoranylidyne)methylene]zinc, 9CI
[60064-62-2]

As Zinc bis[nitridobis(dimethylphosphoniummethylide)], Zn-00123 with

$$X = CH$$

M 391.698
Solid. Sol. aprotic org. solvs. Mp 85°. Bp$_{0.01}$ 130°. Thermally stable; air- and moisture-sensitive.

Schmidbaur, H. *et al, Chem. Ber.*, 1977, **110**, 3517 (*synth, pmr, cmr, nmr*)

C$_{14}$H$_{42}$O$_8$Zn$_7$ — Zn-00140
Octa-μ_3-methoxyhexamethylheptazinc
[12215-96-2]

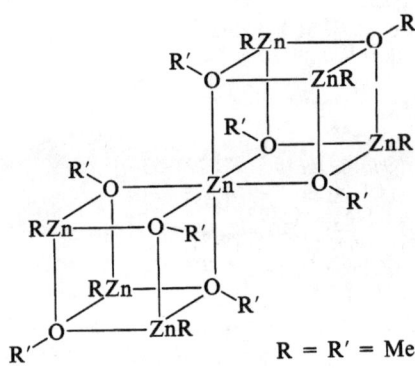

M 796.141
Cryst. (C$_6$H$_6$). Mp 255-7° dec. Solid state struct. is maintained in soln. Sensitive to air and moisture.

Eisenhuth, W.H. *et al, J. Am. Chem. Soc.*, 1968, **90**, 5397 (*synth, pmr*)
Ziegler, M.L. *et al, Angew. Chem., Int. Ed. Engl.*, 1970, **9**, 905 (*cryst struct*)

C$_{16}$H$_{10}$Zn — Zn-00141
Bis(phenylethynyl)zinc
[29469-33-8]

$$[PhC\equiv CZnC\equiv CPh]_n$$

M 267.635
Polymeric in solid state, aggregated in Py soln. Cryst. Sol. DMSO, DMF, HMPA, sl. sol. Py, insol. Et$_2$O, THF, hydrocarbons. Dec. at 200° without melting, forms 1:2 adduct with NH$_3$. Readily hydrolysed.

Nast, R. *et al, Chem. Ber.*, 1962, **95**, 2155 (*synth*)
Okhlobystin, O.Yu. *et al, J. Organomet. Chem.*, 1965, **3**, 257 (*synth*)
Jeffery, E.A. *et al, J. Organomet. Chem.*, 1968, **11**, 393 (*synth, pmr, ir*)

$C_{16}H_{14}O_4Zn$ Zn-00142
Bis[(benzoyloxy)methyl]zinc, 8CI
[15614-71-8]

$$(PhCOOCH_2)_2Zn$$

M 335.664
Carbene transfer agent. Cryst. (Et$_2$O). Mp 112° dec. (sinters at 107°). Zn—O coordination.

Wittig, G. et al, *Justus Liebigs Ann. Chem.*, 1967, **702**, 24 (synth, ir)

$C_{16}H_{18}Zn$ Zn-00143
Bis[(2-methylphenyl)methyl]zinc
Bis(2-methylbenzyl)zinc

M 275.698
2,2′-Bipyridine complex: [76721-54-5]. (2,2′-Bipyridine-N,N′)bis[(2-methylphenyl)methyl]zinc, 10CI.
   $C_{26}H_{26}N_2Zn$ M 431.885
   Red solid. Mp 105-7°.

Weissig, V. et al, *Z. Anorg. Allg. Chem.*, 1980, **467**, 61 (synth)

$C_{16}H_{20}N_2Zn$ Zn-00144
Bis(4-dimethylaminophenyl)zinc

As Bis(4-chlorophenyl)zinc, Zn-00111 with

$$X = NMe_2$$

M 305.727
Cryst. (xylene). Sol. xylene, insol. pet. ether. Mp 135-7°. Readily hydrol., sensitive to oxygen.

Kocheshkov, K.A. et al, *Ber.*, 1934, **67**, 1138 (synth)

$C_{16}H_{26}Zn$ Zn-00145
Di-1-octynylzinc
[29469-31-6]

$$[H_3C(CH_2)_5C\equiv CZnC\equiv C(CH_2)_5CH_3]_n$$

M 283.761
Polymeric in the solid state, aggregated in C$_6$H$_6$. Solid. Mod. sol. C$_6$H$_6$. Dec. at 200° without melting.

Jeffery, E.A. et al, *J. Organomet. Chem.*, 1968, **11**, 393 (synth, ir, pmr)

$C_{16}H_{34}Zn$ Zn-00146
Dioctylzinc, 9CI
[14403-26-0]

$$CH_3(CH_2)_7Zn(CH_2)_7CH_3$$

M 291.825
Liq. Mp 3°. Bp$_{1.5}$ 138°. Air- and moisture-sensitive.

Thiele, K.H. et al, *J. Prakt. Chem.*, 1966, **305**, 229 (synth)

$C_{18}H_{15}ClSnZn$ Zn-00147
Chloro(triphenyltin)zinc, 9CI
Chloro(triphenylstannyl)zinc, 8CI
[37298-73-0]

Dimer

M 450.840
Dimeric in C$_6$H$_6$.
Dimer: [33724-22-0]. Dichlorobis(triphenylstannyl)dizinc, 8CI. Di-μ-chlorodiphenylbis[μ-(diphenylstannio-)]dizinc, 8CI.
   $C_{36}H_{30}Cl_2Sn_2Zn_2$ M 901.679
   Yellow solid. Dec. without melting at 102-5°. Reacts with H$_2$O.
Tetramethylethylenediamine adduct: [21774-02-7].
   $C_{24}H_{31}ClN_2SnZn$ M 567.045
   Mp 164-5°.

des Tombe, F.J.A. et al, *J. Organomet. Chem.*, 1968, **13**, P9; 1972, **43**, 323 (synth)
Harrison, P.G. et al, *J. Organomet. Chem.*, 1971, **31**, C23 (mössbauer)

$C_{18}H_{15}PZn$ Zn-00148
(Diphenylphosphino)phenylzinc
[2129-33-1]

$$[PhZnPPh_2]_n$$

M 327.670
Polymeric. Cryst. (pentane/C$_6$H$_6$). Mp 179-80°.
▷Ignites in air

Noltes, J.G., *Recl. Trav. Chim. Pays-Bas*, 1965, **84**, 782 (synth)

$C_{18}H_{15}Zn^{\ominus}$ Zn-00149
Triphenylzincate(1−)

$$Ph_3Zn^{\ominus}$$

M 296.697 (ion)
Li salt: [63676-99-3].
   $C_{18}H_{15}LiZn$ M 303.638
   Cryst. (xylene). Sol. Et$_2$O. Dec. at 164-6°.

Wittig, G. et al, *Justus Liebigs Ann. Chem.*, 1951, **571**, 167 (synth)
Isobe, M. et al, *Chem. Lett.*, 1977, 679.

$C_{18}H_{18}Zn$ Zn-00150
Bis(3-phenyl-2-propenyl)zinc

$$PhCH=CHCH_2ZnCH_2CH=CHPh$$

M 299.720
Dioxan complex:
   $C_{22}H_{26}O_2Zn$ M 387.826
   Yellow powder.

Lehmkuhl, H. et al, *J. Organomet. Chem.*, 1981, **221**, 1 (synth, pmr, cmr)

$C_{18}H_{22}Zn$ — Zn-00151
Bis(2,4,6-trimethylphenyl)zinc
Dimesitylzinc
[73681-65-9]

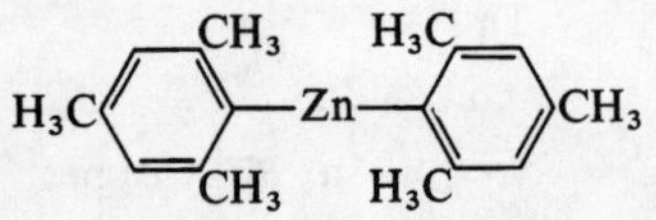

M 303.752
Monomeric in C_6H_6. Cryst. (Et_2O). V. sol. THF, mod. sol. C_6H_6, toluene, Et_2O, CCl_4, insol. pet. ether. Mp 195°. $Bp_{0.000001}$ 150° subl. Sensitive to O_2 and moisture. Dec. >300°.

2,2'-Bipyridine adduct: [79169-34-9].
$C_{28}H_{30}N_2Zn$ M 459.938
Yellow solid. Mp 220°.

Sharp, P.R. et al, *J. Organomet. Chem.*, 1979, **182**, 477 (*synth, pmr*)
Seidel, W. et al, *Z. Anorg. Allg. Chem.*, 1981, **473**, 166 (*synth, ms, pmr*)

$C_{18}H_{24}N_2Zn$ — Zn-00152
Bis[2-(N,N-dimethylaminomethyl)phenyl-C,N]zinc
[85380-67-2]

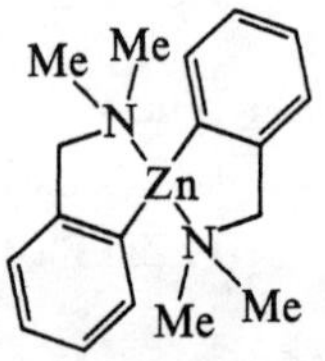

M 333.781
Cryst. (C_6H_6).

Budzelaar, P.H.M. et al, *J. Organomet. Chem.*, 1983, **243**, 137 (*synth, pmr, cmr*)

$C_{19}H_{15}NOZn$ — Zn-00153
(2-Hydroxy-N-phenylbenzaldehydeiminato-O)phenylzinc
Phenylzinc N-phenylsalicylaldiminate

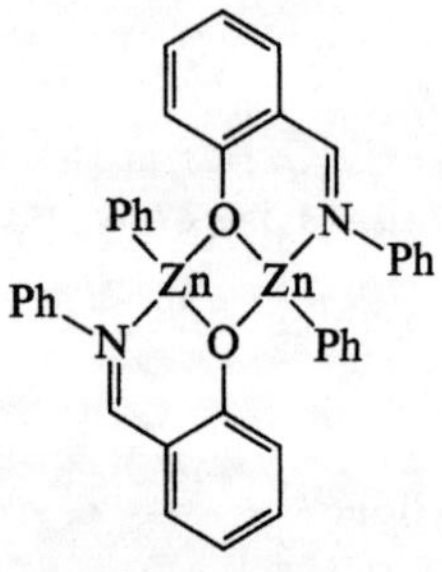

Dimer

M 338.714
Dimeric in C_6H_6. Cryst. (C_6H_6). Mp 200-2°.

Dimer: [20572-59-2]. *Diphenylbis[μ-[2-(N-phenylformimidoyl)phenolato]]dizinc, 8CI.*
$C_{38}H_{30}N_2O_2Zn_2$ M 677.427

Boersma, J. et al, *J. Organomet. Chem.*, 1968, **13**, 291 (*synth, pmr*)

$C_{20}H_{14}Zn$ — Zn-00154
Di-1-naphthylzinc
Di-1-naphthalenylzinc
[7029-32-5]

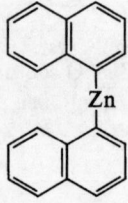

M 319.711
Cryst. (Et_2O/xylene). Dec. without melting >200°. Forms a 1:1 dioxan adduct.

Thiele, K.-H. et al, *J. Prakt. Chem.*, 1966, **304**, 54 (*synth*)
Sheverdina, N.I. et al, *Bull. Acad. Sci. USSR (Engl. Transl.)*, 1967, 561 (*synth*)

$C_{20}H_{20}GeOZn$ — Zn-00155
(Triphenylgermyloxy)ethylzinc
Ethyl(hydroxytriphenylgermanato)zinc, 10CI
[51826-15-4]

$Ph_3GeOZnEt$

M 414.347

Galiullina, R.F. et al, *Zh. Obshch. Khim.*, 1976, **46**, 1770 (*synth*)
Krasnov, Yu.M. et al, *Zh. Obshch. Khim.*, 1976, **46**, 2565.

$C_{20}H_{54}O_8Zn_7$ — Zn-00156
Hexaethylocta-μ_3-methoxyheptazinc
[59930-74-4]

As Octa-μ_3-methoxyhexamethylheptazinc, Zn-00140 with

R = Et, R' = Me

M 880.302
Propylene oxide polymerisation catalyst. Cryst. (heptane). Solid state struct. is maintained in C_6H_6.

Ishimori, M. et al, *Bull. Chem. Soc. Jpn.*, 1976, **49**, 1165 (*synth, cryst struct*)
Hagiwara, T. et al, *Makromol. Chem.*, 1981, **182**, 501 (*cmr*)

$C_{20}H_{54}Si_6Zn$ — Zn-00157
Bis[tris(trimethylsilyl)methyl]zinc
[74357-48-5]

$(Me_3Si)_3CZnC(SiMe_3)_3$

M 528.540
Cryst. (toluene). Mp 304-5°. Stable in boiling aq. THF, steam-volatile.

Eaborn, C. et al, *J. Organomet. Chem.*, 1980, **190**, 101 (*synth, pmr, ir, ms*)

$C_{21}H_{20}OZn$ — Zn-00158
Ethyl(triphenylmethoxy)zinc
(α,α-Diphenylbenzenemethanolato-O)ethylzinc, 9CI.
Ethylzinc triphenylmethoxide
[35379-43-2]

$EtZnOCPh_3$

M 353.768
Associated in soln. Propylene oxide polymerisation catalyst. Cryst. Sol. aromatic hydrocarbons, insol. hexane, pentane. Dec. at 190°. Readily hydrolysed by water.

$C_{22}H_{23}ClPZn^{\oplus}$ — Zn-00159

Chloro[triphenylphosphonium(1-η)-2-methylpropylide]zinc(1+)

Chloro(triphenylphosphoniumisobutylide)zinc(1+)

$$\left[\begin{array}{c} CH(CH_3)_2 \\ | \\ Ph_3PCHZnCl \end{array} \right]^{\oplus}$$

M 419.230 (ion)

Chloride: [76426-17-0].
$C_{22}H_{23}Cl_2PZn$ M 454.683
Mp 180° dec.

Yamamoto, Y. *et al*, *Bull. Chem. Soc. Jpn.*, 1980, **53**, 3176 (*synth*)

Galiullina, R.F. *et al*, *J. Gen. Chem. USSR (Engl. Transl.)*, 1976, **46**, 1719 (*synth*)

$C_{24}H_{18}Zn$ — Zn-00160

Di-4-biphenylylzinc

M 371.786

Readily sol. C_6H_6, dioxan, CCl_4, $CHCl_3$, EtOAc, DMSO, spar. sol. Et_2O, hot pet. ether. Dec. >100° without melting. Forms a 1:1 dioxan adduct.

Sheverdina, N.I. *et al*, *Dokl. Chem. (Engl. Transl.)*, 1964, **155**, 299 (*synth*)
Sheverdina, N.I. *et al*, *Bull. Acad. Sci. USSR (Engl. Transl.)*, 1967, 561 (*synth*)

$C_{26}H_{22}Zn$ — Zn-00161

Bis(diphenylmethyl)zinc

[55943-04-9]

$$Ph_2CHZnCHPh_2$$

M 399.840

Yellowish powder. V. sol. Et_2O, THF, C_6H_6. Thermally unstable. Sensitive to air and moisture.

2,2'-Bipyridine adduct: [56111-72-9].
$C_{36}H_{30}N_2Zn$ M 556.026
Violet solid.

Seidel, W. *et al*, *Z. Anorg. Allg. Chem.*, 1975, **413**, 261 (*synth*)

$C_{26}H_{42}B_4Fe_2S_2Zn$ — Zn-00162

Bis-μ-[(η⁵-2,4-cyclopentadien-1-yl)bis[μ-[(3,4-η:3,4-η)-3,4-diethyl-2,5-dihydro-2,5-dimethyl-1,2,5-thiadiborole-B^2,B^5,S^1:B^2,B^5,S^1]]diiron]zinc, 10CI

M 639.052

Intermed. for triple decker sandwich compds. Red cryst. (hexane). Mp 182-4°.

Siebert, W. *et al*, *Angew. Chem., Int. Ed. Engl.*, 1980, **19**, 746 (*synth, nmr, ms*)

$C_{32}H_{38}O_8Zn_3$ — Zn-00163

Tetrakis[μ-(2,4-pentanedionato-O:O,O')]diphenyltrizinc

Bis[phenyl(acetylacetonato)zinc]bis(acetylacetonato)zinc

[36550-40-0]

M 746.787

Solid. Mp 118°. Dissociates in boiling C_6H_6.

Boersma, J. *et al*, *J. Organomet. Chem.*, 1971, **33**, C53 (*synth, ir, pmr*)
Spek, A.L., *Cryst. Struct. Commun.*, 1973, **2**, 535 (*cryst struct*)

$C_{36}H_{30}Au_2Zn_2$ — Zn-00164

Tetra-μ-phenylbis(phenylzinc)digold, 9CI

[54183-45-8]

M 987.326

Orange-red air-sensitive cryst. (Et_2O). Sol. C_6H_6, CS_2, dec. in THF, DMF. Mp 114° dec.

De Graaf, P.W.J. *et al*, *J. Organomet. Chem.*, 1974, **78**, C19; 1977, **127**, 391 (*synth, nmr*)

$C_{36}H_{30}Ge_2Zn$ — Zn-00165

Bis(triphenylgermyl)zinc, 9CI

1,1,1,3,3,3-Hexaphenyl-1,3-digerma-2-zincapropane

[10078-92-9]

$$Ph_3GeZnGePh_3$$

M 673.193

Yellow solid. Dec. without melting at 110°. Light-, air- and moisture-sensitive.

2,2'-Bipyridine adduct: [39587-90-1].
$C_{46}H_{38}Ge_2N_2Zn$ M 829.380
Orange solid. Mp 205° dec.

Amberger, E. *et al*, *J. Organomet. Chem.*, 1969, **18**, 83 (*synth*)
Des Tombe, F.J.A. *et al*, *J. Organomet. Chem.*, 1972, **44**, 247 (*deriv*)

$C_{36}H_{30}Si_2Zn$ — Zn-00166

Bis(triphenylsilyl)zinc

1,1,1,3,3,3-Hexaphenyl-1,3-disila-2-zincapropane

$$Ph_3SiZnSiPh_3$$

M 584.184

Monomeric in C_6H_6. Ivory-coloured solid. Dec. >105°. Readily hydrolysed.

Wiberg, E. *et al*, *Angew. Chem., Int. Ed. Engl.*, 1963, **2**, 507 (*synth*)

C₃₆H₃₀Sn₂Zn   Zn-00167
Bis(triphenylstannyl)zinc
1,1,1,3,3,3-Hexaphenyl-1,3-distanna-2-zincapropane

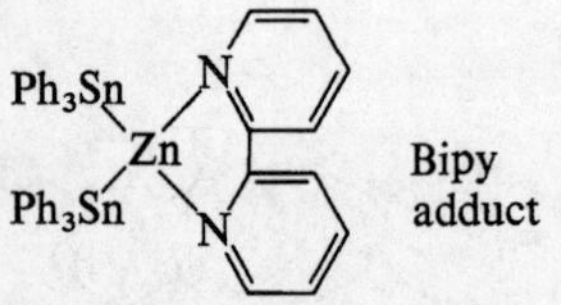

[Structure: Ph₃Sn–Zn(bipy)–SnPh₃, Bipy adduct]

M 765.393

2,2′-Bipyridine adduct: (*2,2′-Bipyridine-N,N′*)*bis*(*triphenylstannyl*)*zinc*.
$C_{46}H_{38}N_2Sn_2Zn$ M 921.580
Red solid (DME/pentane). Mp 141.5-4°.

des Tombe, F.J.A. *et al*, *J. Organomet. Chem.*, 1972, **44**, 247 (*synth, uv*)

C₃₈H₃₄P₂Zn^⊕⊕   Zn-00168
Bis(triphenylphosphonium η-methylide)zinc(2+)

$$[Ph_3PCH_2ZnCH_2PPh_3]^{\oplus\oplus}$$

M 618.014 (ion)

Dichloride: [76426-15-8].
$C_{38}H_{34}Cl_2P_2Zn_2$ M 754.300
Sol. $CHCl_3$, CH_2Cl_2; insol. most other org. solvs. Mp 190° dec. Dec. in $CHCl_3$ or CH_2Cl_2 solns. at r.t.

Yamamoto, Y. *et al*, *Bull. Chem. Soc. Jpn.*, 1980, **53**, 3176 (*synth*)

C₅₆H₇₂O₁₀Zn₄   Zn-00169
Tetrakis[μ-(5,5-dimethyl-2,4-hexanedionato-O^2:O^2,O^4)]-di-μ₃-phenoxydiphenyltetrazinc
Phenylzinc phenoxide bis(2,2-dimethyl-3,5-hexanedionato)zinc complex
[54816-08-9]

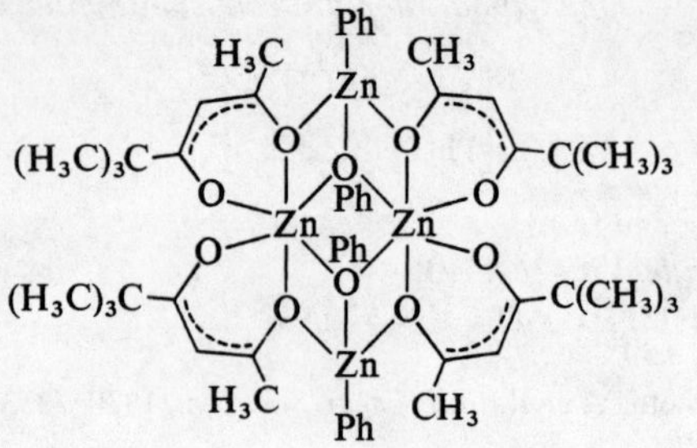

[Structure of tetrazinc complex]

M 1166.699

Cryst. (hexane). Mp 141°. Air- and moisture-sensitive. Some dissociation to monomeric PhZnOPh + H_3C $COCH_2COBu^t$ occurs in C_6H_6 soln.

Boersma, J. *et al*, *J. Organomet. Chem.*, 1974, **81**, 7 (*synth, cryst struct*)

Name Index

Aabiton, see Hg-00468
(Acetamidato-N)4-fluorophenylmercury, Hg-00466
(Acetamidato-N)phenylmercury, Hg-00483
1-Acetamido-2-(chlorimercurimethyl)cyclohexane, see Hg-00572
1-Acetamido-2-chloromercuricycloheptane, in Hg-00433
1-Acetamido-2-chloromercuricyclohexane, in Hg-00347
1-Acetamido-2-chloromercuricyclopentane, in Hg-00241
1-Acetamido-2-chloromercuriethane, see Hg-00174
2-Acetamido-1-chloromercurioctane, see Hg-00620
(2-Acetamidocycloheptyl)chloromercury, in Hg-00433
(2-Acetamidocycloheptyl)mercury chloride, in Hg-00433
(2-Acetamidocyclohexyl)chloromercury, in Hg-00347
(2-Acetamidocyclohexyl)mercury chloride, in Hg-00347
[(2-Acetamidocyclohexyl)methyl]chloromercury, Hg-00572
[(2-Acetamidocyclohexyl)methyl]mercury chloride, see Hg-00572
(2-Acetamidocyclopentyl)chloromercury, in Hg-00241
(2-Acetamidocyclopentyl)mercury chloride, in Hg-00241
(2-Acetamidoethyl)chloromercury, Hg-00174
2-Acetamidoethylmercury chloride, see Hg-00174
(2-Acetamido-1-methylpropyl)chloromercury, in Hg-00198
(2-Acetamidooctyl)chloromercury, see Hg-00620
2-Acetamidooctylmercury chloride, see Hg-00620
Acetanilidatoethylzinc, see Zn-00094
(Acetato-O)(1-acetyl-2-oxopropyl)mercury, Hg-00415
(Acetato-O)(3-acetyloxycyclobutyl)mercury, see Hg-00496
(Acetato-O)[(2-acetyloxy)cyclohexyl]mercury, see Hg-00610
(Acetato-O)[4-(acetyloxy)cyclohexyl]mercury, see Hg-00611
(Acetato-O)[2-(acetyloxy)cyclopentyl]mercury, Hg-00569
(Acetato-O)[2-(acetyloxy)-1,2-diphenylethenyl]mercury, Hg-00812
(Acetato-O)[2-(acetyloxy)-1-ethyl-1-butenyl]mercury, see Hg-00612
(Acetato-O)[2-(acetyloxy)ethyl]mercury, Hg-00335
(Acetato)allylmercury, see Hg-00227
▷Acetato(2-aminophenyl)mercury, Hg-00484
▷Acetato(4-aminophenyl)mercury, Hg-00485
(Acetato)(2-benzoyl-1-methylpropyl)mercury, Hg-00736
(Acetato)benzylmercury, Hg-00547
(Acetato-O)bicyclo[2.2.1]hept-2-ylmercury, Hg-00568
(Acetato)[bis(phenylsulfonyl)methyl]mercury, Hg-00772
(Acetato-O)(2-butoxyethyl)mercury, Hg-00516
(Acetato-O)butylmercury, Hg-00352
(Acetato-O)cyanomethylmercury, Hg-00153
(Acetato-O)cyclohexylmercury, Hg-00507
(Acetato-O)(3,5-dichlorophenyl)mercury, Hg-00453
(Acetato-O)[4-dimethylaminophenyl]mercury, Hg-00602
(Acetato-O)(3,3-dimethyl-1-butenyl)mercury, Hg-00508
(Acetato-O)[2-[(1,1-dimethylethyl)dioxy]-2,2-diphenylethyl]mercury, Hg-00832
(Acetato-O)[1-(2,2-dimethyl-1-oxopropyl)-3,3-dimethyl-2-oxobutyl]mercury, Hg-00737
(Acetato-O)ethenylmercury, Hg-00161
(Acetato-O)(2-ethoxyethyl)mercury, Hg-00353
▷(Acetato-O)ethylmercury, Hg-00180
(Acetato-O)ethylzinc, Zn-00030
(Acetato-O)(3-hydroperoxybicyclo[2.2.1]hept-2-yl)mercury, Hg-00570
(Acetato)(3-hydroperoxynorborn-3-yl)mercury, see Hg-00570
(Acetato-O)(β-hydroperoxyphenethyl)mercury, see Hg-00596
(Acetato-O)(2-hydroperoxy-2-phenylethyl)mercury, Hg-00596
(Acetato-O)(2-hydroxycyclohexyl)mercury, Hg-00511
(Acetato-O)(2-hydroxy-2,2-diphenylethyl)mercury, Hg-00786
(Acetato-O)(2-hydroxyethyl)mercury, Hg-00181
(Acetato-O)(2-hydroxyphenyl)mercury, in Hg-00310
(Acetato-O)(4-hydroxyphenyl)mercury, in Hg-00311
(Acetato)isopropylmercury, Hg-00244
[1-[(Acetato)mercurio]-1,3-cyclobutadiene]tricarbonyliron, Hg-00535

(Acetato-O)(2-methoxycyclohexyl)mercury, Hg-00574
(Acetato-O)(2-methoxycyclopentyl)mercury, Hg-00512
(Acetato-O)(3-methoxy-3,3-diphenylpropyl)mercury, Hg-00814
▷(Acetato-O)(2-methoxyethyl)mercury, Hg-00246
(Acetato-O)(1-methoxy-2-oxo-1,2-diphenylethyl)mercury, Hg-00800
(Acetato-O)(2-methoxyphenyl)mercury, in Hg-00310
(Acetato-O)(4-methoxyphenyl)mercury, in Hg-00311
(Acetato-O)(2-methoxy-3-phenylpropyl)mercury, Hg-00709
(Acetato-O)(4-methylcyclohexyl)mercury, Hg-00573
(Acetato-O)(1-methylethyl)mercury, see Hg-00244
(Acetato-O)methylmercury, Hg-00099
(Acetato-O)(2-methylphenyl)mercury, Hg-00548
(Acetato-O)(3-methylphenyl)mercury, Hg-00549
(Acetato-O)(4-methylphenyl)mercury, Hg-00550
(Acetato-O)[4-(methylthio)phenyl]mercury, Hg-00551
(Acetato-O)methylzinc, Zn-00023
(Acetato-O)-1-naphthalenylmercury, Hg-00689
(Acetato-O)-2-naphthalenylmercury, Hg-00690
Acetato-1-naphthylmercury, see Hg-00689
Acetato-2-naphthylmercury, see Hg-00690
(Acetato-O)(4-nitrophenyl)mercury, in Hg-00301
(Acetato-O)[5-nitro-2[(phenylmethylene)hydrazino]phenyl]mercury, Hg-00771
Acetato-2-norbornylmercury, see Hg-00568
(Acetato)(2-phenyl-2-bornen-3-yl)mercury, see Hg-00818
▷(Acetato-O)phenylmercury, Hg-00467
(Acetato-O)(phenylmethyl)mercury, see Hg-00547
(Acetato-O)-2-propenylmercury, Hg-00227
(Acetato-O)propylmercury, Hg-00245
(Acetato-O)-3-pyridinylmercury, Hg-00407
(Acetato)-3-pyridylmercury, see Hg-00407
(Acetato-O)(2,2,6,6-tetramethyl-3,5-dioxo-4-heptyl)mercury, see Hg-00737
(Acetato-O)(2,3,4,6-tetramethylphenyl)mercury, Hg-00708
(Acetato)-m-tolylmercury, see Hg-00549
(Acetato)-o-tolylmercury, see Hg-00548
Acetato-p-tolylmercury, see Hg-00550
(Acetato-O)[(trimethylsilyl)ethynyl]mercury, Hg-00427
Acetomeroctol, see Hg-00794
(Acetoneoximato)methylzinc, see Zn-00033
Acetonylbromomercury, see Hg-00086
Acetonylchloromercury, see Hg-00090
▷Acetonyl(chloromethyl)mercury, see Hg-00171
(Acetophenone oximato)ethylzinc, Zn-00093
1-Acetoxy-2-acetoxymercuricyclohexane, Hg-00610
1-Acetoxy-4-acetoxymercuricyclohexane, Hg-00611
3-Acetoxy-4-(acetoxymercuri)-3-hexene, Hg-00612
α-Acetoxy-β-acetoxymercuristilbene, see Hg-00812
Acetoxyallylmercury, see Hg-00227
(3-Acetoxybicyclo[2.2.2]oct-2-yl)chloromercury, see Hg-00609
(3-Acetoxybicyclo[2.2.2]oct-2-yl)mercury chloride, see Hg-00609
1-Acetoxy-3-bromomercuricyclohexane, Hg-00497
2-Acetoxy-2-buten-3-ylmercury chloride, see Hg-00324
Acetoxy(2-butoxyethyl)mercury, Hg-00516
Acetoxybutylmercury, Hg-00352
5-Acetoxy-6-chloromercuribicyclo[2.2.1]hept-2-ene, Hg-00557
2-Acetoxy-3-chloromercuribicyclo[2.2.2]octane, Hg-00609
2-Acetoxy-3-chloromercuri-2-butene, see Hg-00324
1-Acetoxy-3-chloromercuricyclobutane, see Hg-00325
1-Acetoxy-3-chloromercuri-1,2-diphenylpropane, Hg-00801
1-Acetoxy-3-chloromercuri-1,3-diphenylpropane, Hg-00802
1-Acetoxy-1-chloromercuriethane, in Hg-00051
1-Acetoxy-2-chloromercuriethane, see Hg-00172
1-Acetoxy-3-chloromercuri-1-phenylpropane, see Hg-00632
1-Acetoxy-2-chloromercuri-1-phenylpropene, Hg-00629

2-Acetoxy-1-chloromercuri-1-phenylpropene, Hg-00630
3-Acetoxy-5-chloromercuritricyclo[2.2.1.0^{2,6}]heptane, Hg-00558
2-Acetoxycyclohexylmercury acetate, see Hg-00610
4-Acetoxycyclohexylmercury acetate, see Hg-00611
2-Acetoxycyclopentylmercury acetate, see Hg-00569
(2-Acetoxy-1,2-diphenylethenyl)mercury acetate, see Hg-00812
Acetoxy(2-ethoxyethyl)mercury, see Hg-00353
(1-Acetoxyethyl)chloromercury, in Hg-00051
▷ Acetoxyethylmercury, see Hg-00180
2-Acetoxyethylmercury acetate, see Hg-00335
1-Acetoxyethylmercury chloride, in Hg-00051
2-Acetoxyethylmercury chloride, see Hg-00172
Acetoxyethylzinc, see Zn-00030
Acetoxy(2-hydroxyethyl)mercury, see Hg-00181
1-(Acetoxymercuri)-3-acetoxycyclobutane, Hg-00496
1-Acetoxymercuri-2-acetoxycyclopentane, see Hg-00569
1-Acetoxymercuri-2-(acetyloxy)ethane, see Hg-00335
▷ 2-(Acetoxymercuri)aniline, see Hg-00484
▷ 4-(Acetoxymercuri)aniline, see Hg-00485
▷ Acetoxymercuribenzene, see Hg-00467
1-Acetoxymercuri-2-benzoylbutane, see Hg-00736
1-Acetoxymercuributane, see Hg-00352
1-Acetoxymercuri-2-butoxyethane, see Hg-00516
[(Acetoxymercuri)cyclobutadiene]iron tricarbonyl, see Hg-00535
Acetoxymercuricyclohexane, see Hg-00507
2-Acetoxymercuricyclohexanol, see Hg-00511
p-Acetoxymercuri-N,N-dimethylaniline, see Hg-00602
1-Acetoxymercuri-3,3-dimethylbutene, see Hg-00508
1-Acetoxymercuri-2,2-diphenyl-2-tert-butylperoxyethane, see Hg-00832
2-Acetoxymercuri-1,1-diphenylethanol, see Hg-00786
(Acetoxymercuri)dipivaloylmethane, see Hg-00737
2-Acetoxymercuriethanol, see Hg-00181
1-Acetoxymercuri-2-ethoxyethane, see Hg-00353
2-Acetoxymercuri-3-hydroperoxybicyclo[2.2.1]heptane, see Hg-00570
2-Acetoxymercuri-1-hydroperoxy-1-phenylethane, see Hg-00596
1-Acetoxymercuri-2-methoxycyclohexane, see Hg-00574
1-Acetoxymercuri-2-methoxycyclopentane, see Hg-00512
▷ 1-Acetoxymercuri-2-methoxyethane, see Hg-00246
2-Acetoxymercuri-2-methoxy-2-phenylacetophenone, see Hg-00800
1-Acetoxymercuri-2-methoxy-3-phenylpropane, see Hg-00709
(Acetoxymercurimethyl)benzene, see Hg-00547
β-Acetoxymercuri-α-methylbutyrophenone, see Hg-00736
1-Acetoxymercuri-4-methylcyclohexane, see Hg-00573
1-Acetoxymercurinaphthalene, see Hg-00689
2-Acetoxymercurinaphthalene, see Hg-00690
2-Acetoxymercurinorbornane, see Hg-00568
3-Acetoxymercuri-2,4-pentanedione, see Hg-00415
2-(Acetoxymercuri)phenol, in Hg-00310
4-(Acetoxymercuri)phenol, in Hg-00311
4-(Acetoxymercuri)phenyl methyl sulfide, see Hg-00551
1-Acetoxymercuripropane, see Hg-00245
2-Acetoxymercuripropane, see Hg-00244
3-Acetoxymercuri-1-propene, see Hg-00227
3-Acetoxymercuripyridine, see Hg-00407
2-Acetoxymercuri-4-(1,1,3,3-tetramethylbutyl)phenol, Hg-00794
4-Acetoxymercurithioanisole, see Hg-00551
2-Acetoxymercuritoluene, see Hg-00548
3-Acetoxymercuritoluene, see Hg-00549
4-Acetoxymercuritoluene, see Hg-00550
3-Acetoxymercuri-1,7,7-trimethyl-2-phenylbicyclo[2.2.1]hept-2-ene, Hg-00818
Acetoxymercuri(trimethylsilyl)ethyne, see Hg-00427
▷ Acetoxy(2-methoxyethyl)mercury, see Hg-00246
Acetoxy(methyl)mercury, see Hg-00099
Acetoxy[4-(methylthio)phenyl]mercury, see Hg-00551
Acetoxymethylzinc, see Zn-00023
2-Acetoxynorborn-5-enyl-3-mercury chloride, see Hg-00557
5-Acetoxy-3-nortricyclylmercury chloride, see Hg-00558
Acetoxy(2,4-pentanedion-3-yl)mercury, see Hg-00415
▷ Acetoxyphenylmercury, see Hg-00467

3-Acetoxy-3-phenylpropylmercury chloride, see Hg-00632
Acetoxypropylmercury, see Hg-00245
Acetoxyvinylmercury, see Hg-00161
Acetylacetonylmercury acetate, see Hg-00415
2-[(Acetylamino)cycloheptyl]chloromercury, in Hg-00433
2-[(Acetylamino)cyclohexyl]chloromercury, in Hg-00347
[2-(Acetylamino)cyclopentyl]chloromercury, in Hg-00241
[2-(Acetylamino)octyl]chloromercury, Hg-00620
N-Acetyl-2-aminooctylmercury chloride, see Hg-00620
(1-Acetyl-2,2-dimethylcyclopropyl)methylmercury, Hg-00506
(1-Acetyl-2-methoxyethyl)bromomercury, see Hg-00229
(1-Acetyl-2-methoxyethyl)mercury bromide, see Hg-00229
[μ-(1-Acetyl-2-oxopropylidene)]dichlorodimercury, see Hg-00223
[3-(Acetyloxy)bicyclo[2.2.1]hept-5-en-2-yl]chloromercury, see Hg-00557
[3-(Acetyloxy)bicyclo[2.2.1]hept-2-yl]chloromercury, see Hg-00567
[(3-Acetyloxy)cyclobutyl]chloromercury, Hg-00325
3-Acetyloxycyclobutylmercury acetate, see Hg-00496
[3-(Acetyloxy)cyclobutyl]mercury chloride, see Hg-00325
[(3-(Acetyloxy)cyclohexyl]bromomercury, see Hg-00497
[(3-(Acetyloxy)cyclohexyl]mercury bromide, see Hg-00497
(Acetyloxy)[[2-(1,1-dimethylethyl)dioxy]-2,2-diphenylethyl]mercury, see Hg-00832
[3-(Acetyloxy)-1,3-diphenylpropyl]chloromercury, see Hg-00802
[3-(Acetyloxy)-2,3-diphenylpropyl]chloromercury, see Hg-00801
[3-Acetyloxy-1,3-diphenylpropyl]mercury chloride, see Hg-00802
[3-(Acetyloxy)-2,3-diphenylpropyl]mercury chloride, see Hg-00801
[2-(Acetyloxy)ethyl]chloromercury, Hg-00172
[2-(Acetyloxy)-1-methyl-2-phenylethenyl]chloromercury, see Hg-00629
[2-(Acetyloxy)-1-methyl-2-phenylethenyl]mercury chloride, see Hg-00629
[2-(Acetyloxy)-1-methyl-1-propenyl]chloromercury, see Hg-00324
[2-(Acetyloxy)-1-phenyl-1-propenyl]chloromercury, see Hg-00630
[2-(Acetyloxy)-1-phenyl-1-propenyl]mercury chloride, see Hg-00630
[3-(Acetyloxy)-3-phenylpropyl]chloromercury, Hg-00632
[5-(Acetyloxy)tricyclo[2.2.1.0^{2,6}]hept-3-yl]chloromercury, see Hg-00558
1-Adamantylchloromercury, see Hg-00607
1-Adamantylmercury chloride, see Hg-00607
(μ-Adeninato-N^7,N^9)bis(methylmercury)(1+), Hg-00416
(Adeninato-N^9)methylmercury, Hg-00314
($μ_3$-Adeninato-N^3,N^7,N^9)tris(methylmercury)(2+), Hg-00503
▷ Agallol, see Hg-00111
Allenylmercury chloride, see Hg-00076
Allylbromomercury, see Hg-00085
Allylchloromercury, see Hg-00087
Allylethylmercury, see Hg-00242
Allyliodomercury, Hg-00092
Allylmercury acetate, see Hg-00227
Allylmercury bromide, see Hg-00085
Allylmercury chloride, see Hg-00087
Allylmercury iodide, see Hg-00092
Aluminatetetra-μ-hydrotetramethyldizincate(1−), Zn-00041
μ-Amidodimethyldimercury(1+), Hg-00065
(α-Aminobenzenebutanoato-N,O)methylmercury, see Hg-00633
▷ [3-[(Aminocarbonyl)amino]-2-methoxypropyl]chloromercury, see Hg-00250
[3-[(Aminocarbonyl)amino]-2-(1-piperidinyl)propyl]chloromercury, Hg-00575
[(2-Amino-2-carboxyethyl)thio]methylmercury, Hg-00197
2-Amino-3-chloromercuributane, see Hg-00198
1-Amino-2-chloromercuricycloheptane, Hg-00433
1-Amino-2-chloromercuricyclohexane, Hg-00347
1-Amino-2-chloromercuricyclopentane, Hg-00241
(2-Aminocycloheptyl)chloromercury, see Hg-00433
2-Aminocycloheptylmercury chloride, see Hg-00433
(2-Aminocyclohexyl)chloromercury, see Hg-00347

Name Index

2-Aminocyclohexylmercury chloride, see Hg-00347
(2-Aminocyclopentyl)chloromercury, see Hg-00241
2-Aminocyclopentylmercury chloride, see Hg-00241
6-Amino-2,3-dihydro-2-thioxo-4(1H)-pyrimidinonato-S)methylmercury, Hg-00238
(2-Aminoethaneselenolato-Se)methylmercury, Hg-00121
(4-Amino-2-mercapto-6-pyrimidinonato)methylmercury, see Hg-00238
(2-Amino-1-methylpropyl)mercury chloride, see Hg-00198
(4-Amino-5-methyl-2-pyrimidinethiolato)methylmercury, Hg-00327
(4-Amino-5-methyl-2(1H)-pyrimidinethionato-S)methylmercury, see Hg-00327
(2-Amino-4-phenylbutanoato)methylmercury, Hg-00633
(4-Aminophenyl)chloromercury, Hg-00303
▷ (2-Aminophenyl)mercury acetate, see Hg-00484
▷ (4-Aminophenyl)mercury acetate, see Hg-00485
4-Aminophenylmercury chloride, see Hg-00303
Amminemethylmercury(1+), Hg-00018
1-Anilino-2-bromomercuricyclohexane, see Hg-00705
1-Anilino-2-bromomercuriethane, see Hg-00486
1-Anilino-2-chloromercuri-1-phenylethane, see Hg-00750
Anilinophenylmercury, see Hg-00696
2-Anisylmercury acetate, in Hg-00310
4-Anisylmercury acetate, in Hg-00311
p-Anisylmercury bromide, see Hg-00398
m-Anisylmercury chloride, see Hg-00404
o-Anisylmercury chloride, see Hg-00403
p-Anisylmercury chloride, see Hg-00405
▷ Aretan, see Hg-00111
μ_4-Arsenidotetramethyltetramercury(1+), Hg-00207
μ_3-Arsinidynetrimethyltrimercury, Hg-00119
1-Azido-2-bromomercuricyclopropane, Hg-00080
1-Azido-2-chloromercuricyclohexane, Hg-00329
(2-Azidocyclohexyl)chloromercury, see Hg-00329
2-Azidocyclohexylmercury chloride, see Hg-00329
Azido(η^1-2,4-cyclopentadien-1-yl)mercury, Hg-00222
(2-Azidocyclopropyl)bromomercury, see Hg-00080
2-Azidocyclopropylmercury bromide, see Hg-00080
Azidoethylmercury, Hg-00054
Azidomethylcadmium, Cd-00005
▷ Azidomethylmercury, Hg-00016
▷ Azidomethylzinc, Zn-00005
Azido(trifluoromethyl)mercury, Hg-00005
Basic phenylmercury nitrate, in Hg-00697
Basic phenylmercury perchlorate, in Hg-00697
Basic phenylmercury tetrafluoroborate, in Hg-00697
Benzaldehyde *o*-acetoxymercuri-*p*-nitrophenylhydrazone, see Hg-00771
[Benzaldehyde(4-nitrophenyl)hydrazonato]phenylmercury, Hg-00822
Benzaldehyde *N*-phenylmercuri-*N*-4-nitrophenylhydrazine, see Hg-00822
(Benzamidato-*N*)phenylmercury, Hg-00730
Benzamido(phenyl)mercury, see Hg-00730
(Benzenaminato)phenylmercury, Hg-00696
(η^6-Benzene)cadmium(2+), Cd-00030
1,4-Benzenediylbis[bromomercury], see Hg-00283
1,3-Benzenediylbis[chloromercury], see Hg-00292
[(μ_5-1,2,3,4,5-Benzenepentayl)pentakis(trifluoroacetato-*O*)]-pentamercury, see Hg-00776
(Benzenesulfinato)phenylmercury, Hg-00691
(Benzenethiolato)methylmercury, Hg-00411
(Benzenethiolato)phenylmercury, see Hg-00693
(Benzoatomethyl)chloromercury, see Hg-00465
(Benzoato-*O*)methylmercury, Hg-00468
(Benzoato-*O*)phenylmercury, Hg-00727
1-Benzoyl-3-chloromercuriethylene, see Hg-00538
(Benzoyloxymethyl)chloromercury, see Hg-00465
(Benzoyloxy)methylmercury, see Hg-00468
(Benzoyloxy)phenylmercury, see Hg-00727
(2-Benzoylvinyl)chloromercury, see Hg-00538
β-Benzoylvinylmercury chloride, see Hg-00538
Benzylbromomercury, Hg-00394
Benzylchloromercury, Hg-00399
N'-Benzylidene-*N*-(4-nitrophenyl)-*N*-phenylmercurihydrazine, see Hg-00822
Benzyliodomercury, Hg-00406

Benzyl(iodomethyl)mercury, Hg-00482
Benzylmercury acetate, see Hg-00547
Benzylmercury bromide, see Hg-00394
Benzylmercury chloride, see Hg-00399
Benzylmercury iodide, see Hg-00406
Benzylphenylmercury, Hg-00731
(Bicyclo[2.2.1]hept-2-yl)bromomercury, Hg-00419
Bicyclo[2.2.1]heptyl-2-mercury bromide, see Hg-00419
Bicyclo[2.2.2]oct-5-en-2-ylchloromercury, see Hg-00492
Bicyclo[2.2.2]oct-5-en-2-ylmercury chloride, see Hg-00492
2,2'-Biphenylenemercury, see Hg-00861
(2,2'-Bipyridine-*N*,*N'*)bis[(2-methylphenyl)methyl]zinc, in Zn-00143
(2,2'-Bipyridine-*N*,*N'*)bis(triphenylstannyl)cadmium, in Cd-00065
(2,2'-Bipyridine-*N*,*N'*)bis(triphenylstannyl)zinc, in Zn-00167
(2,2'-Bipyridine-*N*,*N'*)bromo(2-cyanophenyl)cadmium, in Cd-00036
(2,2'-Bipyridine-*N*,*N'*)chloro(2-cyanophenyl)zinc, in Zn-00067
(2,2'-Bipyridine-*N*,*N'*)chloro(2-nitrophenyl)zinc, in Zn-00050
(2,2'-Bipyridine-*N*,*N'*)methylmercury(1+), Hg-00631
Bis(*p*-acetamidophenyl)mercury, in Hg-00699
Bis(acetato-*O*)[μ-[bis(diethoxyphosphinyl)methylene]]dimercury, see Hg-00738
Bis(acetato-*O*)[μ-(dicyanomethylene)]dimercury, see Hg-00393
Bis(acetato)(μ-2,6-dioxaadamant-4,8-ylene)dimercury, see Hg-00710
Bis(acetato-*O*)-μ-2,6-dioxatricyclo[3.3.1.1^{3,7}]decane-4,8-diyldimercury, see Hg-00710
Bis(acetato-*O*)[μ-(oxoethenylidene)]dimercury, Hg-00312
Bis(acetato-*O*)[μ-(oxoethenylidene)]tetramercury, Hg-00313
Bis(acetato)[μ-(2-oxotrimethylene)]dimercury, see Hg-00417
Bis(2-acetoxy-1-ethyl-1-butenyl)mercury, see Hg-00795
2,4-Bis(acetoxymercuri)aniline, Hg-00593
Bis(acetoxymercuri)dicyanomethane, Hg-00393
4,8-Bis(acetoxymercuri)-2,6-dioxaadamantane, Hg-00710
Bis(acetoxymercuri)malononitrile, see Hg-00393
1,3-Bis(acetoxymercuri)-2-propanone, Hg-00417
Bis(1-acetylacetonyl)mercury, see Hg-00606
Bis-[4-(acetylamino)phenyl]mercury, in Hg-00699
Bis[1-acetyl-2-[(1,1-dimethylethyl)dioxy]-2-methylpropyl]mercury, see Hg-00836
Bis[[acetyl(2,6-dimethylphenyl)amino][(2,6-dimethylphenyl)-imino]methyl-*C*,*O*]mercury, Hg-00869
Bis(1-acetyl-2-methyl-2-*tert*-butyldioxypropyl)mercury, Hg-00836
Bis(1-acetyl-2-oxopropyl)mercury, Hg-00606
Bis[1-(acetyloxy)carbonyl]-2,2,2-trifluoro-1-(trifluoromethyl)ethyl]mercury, Hg-00667
Bis[(2-acetyloxy)-1-ethyl-1-butenyl]mercury, Hg-00795
Bis(*o*-allyloxyphenyl)mercury, see Hg-00813
Bis(4-aminophenyl)mercury, Hg-00699
Bis[1-benzoyl-2-[(1,1-dimethylethyl)dioxy]-2-phenylethyl]mercury, see Hg-00870
Bis(1-benzoyl-2-methoxy-2-phenylethyl)mercury, Hg-00857
Bis[(benzoyloxy)methyl]zinc, Zn-00142
Bis(1-benzoyl-2-phenyl-*tert*-butylperoxyethyl)mercury, Hg-00870
Bis(bicyclo[1.1.0]but-1-yl)mercury, Hg-00488
Bis(bicyclo[2.2.1]hept-2-en-7-yl)zinc, Zn-00134
Bis(bicyclo[2.2.1]hept-1-yl)zinc, Zn-00135
Bis(bicyclo[2.2.1]hept-2-yl)zinc, Zn-00136
Bis(bicyclo[2.2.1]hept-7-yl)zinc, Zn-00137
Bis[bis(phenylthio)methyl]mercury, Hg-00850
Bis[bis(trimethylsilyl)methyl]cadmium, Cd-00058
Bis[bis(trimethylsilyl)methyl]mercury, Hg-00767
Bis(7-bromobicyclo[4.1.0]hept-7-yl)mercury, Hg-00759
1,4-Bis(bromomercuri)benzene, Hg-00283
2,6-Bis(bromomercurimethyl)-1-phenylhexahydropyrazine, Hg-00707
3,5-Bis(bromomercurimethyl)-4-phenylmorpholine, Hg-00703
2,6-Bis(bromomercurimethyl)-1-phenylpiperazine, see Hg-00707
2,5-Bis(bromomercurimethyl)-1-phenylpyrrolidine, Hg-00702
3,5-Bis(bromomercurimethyl)-4-phenyltetrahydro-1,4-thiazine, Hg-00704
3,5-Bis(bromomercurimethyl)-4-phenylthiomorpholine, see Hg-00704

Bis(bromomercurio)tetracarbonyliron, Hg-00127
1,5-Bis(bromomercuri)pentane, Hg-00240
2,6-Bis(bromomercuri)-4-phenyltetrahydro-1,4-thiazine 1,1-dioxide, Hg-00590
2,6-Bis(bromomercuri)-4-phenylthiomorpholine 1,1-dioxide, see Hg-00590
Bis(bromomercury)tetracarbonyliron, see Hg-00127
Bis(bromomethyl)mercury, Hg-00042
Bis(1-bromo-2-methyl-1-propenyl)mercury, Hg-00495
Bis[(7-bromo-2-oxabicyclo[4.1.0]hept-7-yl)]mercury, Hg-00706
Bis(2-bromophenyl)mercury, Hg-00669
Bis(3-bromophenyl)mercury, Hg-00670
Bis(4-bromophenyl)mercury, Hg-00671
Bis(tert-butylcyclopentadienyl)mercury, Hg-00821
Bis(4-tert-butylphenyl)mercury, Hg-00833
Bis(p-carbethoxyphenyl)mercury, in Hg-00744
Bis[(carbomethoxy)methyl]mercury, see Hg-00336
Bis(carbonyldiazomethyl)cadmium diethyl ester, see Cd-00039
Bis(1-carboxyacetonyl)mercury diethyl ester, see Hg-00714
Bis(carboxychlorofluoromethyl)mercury diethyl ester, see Hg-00487
Bis(carboxydiazomethyl)cadmium diethyl ester, see Cd-00039
▷ Bis(carboxydiazomethyl)mercury diethyl ester, see Hg-00491
Bis(carboxydiazomethyl)zinc diethyl ester, see Zn-00074
Bis(carboxymethyl)mercury, Hg-00163
Bis(carboxymethyl)mercury dimethyl ester, see Hg-00336
Bis(4-carboxyphenyl)mercury, Hg-00744
Bis[carboxy(triphenylphosphoranylidene)methyl]mercury dimethyl ester, see Hg-00873
Bis(2-chlorobenzyl)zinc, see Zn-00127
Bis(4-chlorobenzyl)zinc, see Zn-00128
Bis(1-chloroethenyl)mercury, see Hg-00145
Bis(2-chloroethenyl)mercury, see Hg-00146
Bis(1-chloro-2-ethoxy-1-fluoro-2-oxoethyl)mercury, Hg-00487
1,2-Bis(chloromercuri)benzene, Hg-00291
1,3-Bis(chloromercuri)benzene, Hg-00292
1,4-Bis(chloromercuri)butane, Hg-00175
1,4-Bis(chloromercuri)-2,3-butanediol, Hg-00177
Bis(chloromercuri)dicyanomethane, Hg-00070
α,α-Bis(chloromercuri)diethyl ether, see Hg-00176
1,1-Bis(chloromercuri)ethane, Hg-00047
1,2-Bis(chloromercuri)ethene, see Hg-00031
1,1-Bis(chloromercuri)ethylene, Hg-00030
1,2-Bis(chloromercuri)ethylene, Hg-00031
Bis(2-chloromercuriethyl)peroxide, see Hg-00178
1,1'-Bis(chloromercuri)ferrocene, Hg-00583
1,2-Bis(chloromercuri)ferrocene, Hg-00584
2,5-Bis(chloromercuri)furan, Hg-00137
1,6-Bis(chloromercuri)hexane, Hg-00348
Bis(chloromercuri)malonic acid, see Hg-00075
Bis(chloromercuri)malononitrile, see Hg-00070
Bis(chloromercuri)methane, Hg-00009
2,6-Bis(chloromercurimethyl)-1,4-dioxan, Hg-00330
3,5-Bis(chloromercurimethyl)-1,2-dioxolane, Hg-00226
[1,1-Bis(chloromercuri)methylene]cyclohexane, Hg-00414
1,1-Bis(chloromercuri)-2-methylpropene, Hg-00156
1,1'-Bis(chloromercurio)ferrocene, see Hg-00583
1,2-Bis(chloromercurio)ferrocene, see Hg-00584
3,3-Bis(chloromercuri)-2,4-pentanedione, Hg-00223
1,3-Bis(chloromercuri)propane, Hg-00097
Bis(chloromercuri)propanedioic acid, Hg-00075
1,1'-Bis(chloromercuri)ruthenocene, Hg-00585
1,2-Bis(chloromercuri)-3,4,5,6-tetrafluorobenzene, Hg-00267
1,3-Bis(chloromercuri)-2,4,5,6-tetrafluorobenzene, Hg-00268
1,4-Bis(chloromercuri)-2,3,5,6-tetrafluorobenzene, Hg-00269
Bis(chloromethyl)mercury, Hg-00044
Bis(4-chlorophenyl)cadmium, Cd-00048
Bis(2-chlorophenyl)mercury, Hg-00673
Bis(3-chlorophenyl)mercury, Hg-00674
Bis(4-chlorophenyl)mercury, Hg-00675
Bis(2-chlorophenylmethyl)zinc, Zn-00127
Bis(4-chlorophenylmethyl)zinc, Zn-00128

Bis(4-chlorophenyl)zinc, Zn-00111
Bis(1-chlorovinyl)mercury, Hg-00145
Bis(2-chlorovinyl)mercury, Hg-00146
Bis(4-cyanobenzyl)mercury, see Hg-00781
Bis(1-cyano-2-ethoxy-2-oxoethyl)mercury, Hg-00595
Bis(2-cyanoethyl)mercury, Hg-00318
Bis(cyanomethyl)mercury, Hg-00150
Bis[(4-cyanophenyl)methyl]mercury, Hg-00781
Bis[cyano(triphenylphosphoranylidene)methyl]mercury, see Hg-00872
Bis[(deloc-2,3,4,5,6)-3,5-cyclohexadien-2-ylium-1-yl]mercury(2+), see Hg-00698
Bis(1-cyclohexenyl)mercury, see Hg-00712
Bis(cyclohexylmethyl)mercury, Hg-00763
Bis-μ-[(η⁵-2,4-cyclopentadien-1-yl)bis[μ-[(3,4-η:3,4-η)-3,4-diethyl-2,5-dihydro-2,5-dimethyl-1,2,5-thiadiborole-$B^2,B^5,S^1:B^2,B^5,S^1$]]diiron]zinc, Zn-00162
Bis(2,4-cyclopentadien-1-yl)cadmium, Cd-00045
Bis(cyclopentadienyldicarbonyliron)zinc, see Zn-00125
Bis(cyclopentylmethyl)mercury, Hg-00716
Bis(1-diazoacetonyl)mercury, see Hg-00307
Bis[diazo(dimethoxyphosphenyl)methyl]mercury, see Hg-00351
Bis(diazodimethoxyphosphonomethyl)mercury, Hg-00351
▷ Bis[diazo(ethoxycarbonyl)methyl]mercury, see Hg-00491
Bis(1-diazo-2-ethoxy-2-oxoethyl)cadmium, Cd-00039
▷ Bis(1-diazo-2-ethoxy-2-oxoethyl)mercury, Hg-00491
Bis(1-diazo-2-ethoxy-2-oxoethyl)zinc, Zn-00074
▷ Bis(diazonitromethyl)mercury, Hg-00066
Bis(1-diazo-2-oxo-2-phenylethyl)mercury, Hg-00779
Bis(1-diazo-2-oxopropyl)mercury, Hg-00307
Bis(α-diazophenacyl)mercury, see Hg-00779
Bis(diazophosphonomethyl)mercury tetramethyl ester, see Hg-00351
▷ Bis(1-diazo-2,2,2-trifluoroethyl)mercury, Hg-00134
Bis(dibromomethyl)mercury, Hg-00027
Bis[dicarbonyl-π-cyclopentadienyliron]mercury, see Hg-00743
Bis(1,2-dichloroethenyl)mercury, see Hg-00138
Bis(dichloromethyl)mercury, Hg-00032
Bis(2,4-dichlorophenyl)mercury, Hg-00661
Bis(2,5-dichlorophenyl)mercury, Hg-00662
Bis(2,6-dichlorophenyl)mercury, Hg-00663
Bis(3,4-dichlorophenyl)mercury, Hg-00664
Bis(3,5-dichlorophenyl)mercury, Hg-00665
Bis[dichloro(trimethylsilyl)methyl]mercury, Hg-00521
Bis(1,2-dichlorovinyl)mercury, Hg-00138
Bis(dicyanomethyl)mercury, Hg-00278
Bis(2,2-diethoxyethyl)mercury, Hg-00720
Bis[μ-[1-(diethoxyphosphinyl)-2-(diethylamino)-2-oxoethyl]]-bis(nitrato-O,O')dimercury, in Hg-00623
Bis(diethylaminocarbonyl)mercury, Hg-00621
Bis(diethylcarbamoyl)mercury, see Hg-00621
Bis(2,6-difluorophenyl)mercury, Hg-00666
Bis(3,3-dimethylallyl)zinc, see Zn-00099
Bis[4-(dimethylamino)-1-butynyl]zinc, Zn-00116
Bis(dimethylaminocarbonyl)mercury, Hg-00350
Bis[2-[(dimethylamino)methyl]phenyl-C,N]mercury, Hg-00820
Bis[2-(N,N-dimethylaminomethyl)phenyl-C,N]zinc, Zn-00152
Bis[μ-[5-(dimethylamino)-1-pentynyl-C:C,N]]diethyldizinc, in Zn-00090
Bis(4-dimethylaminophenyl)mercury, in Hg-00699
Bis(4-dimethylaminophenyl)zinc, Zn-00144
Bis[(3-dimethylamino)propyl-C,N]zinc, Zn-00107
Bis(3-dimethylarsinopropyl)mercury, Hg-00626
Bis[(1,1-dimethylethyl)cyclopentadienyl]mercury, see Hg-00821
Bis(1,1-dimethylethyl)mercury, see Hg-00525
Bis[4-(1,1-dimethylethyl)phenyl]mercury, see Hg-00833
Bis(1,1-dimethylethyl)zinc, see Zn-00088
Bis(3,3-dimethyl-2-oxobutyl)mercury, Hg-00718
Bis(3,3-dimethyl-2-oxo-1-pivaloylbutyl)mercury, see Hg-00841
Bis[1-(2,2-dimethyl-1-oxopropyl)-3,3-dimethyl-2-oxobutyl]mercury, Hg-00841
Bis(3,5-dimethylphenyl)mercury, Hg-00789
Bis(2,5-dimethylphenylmercury)peroxide, see Hg-00792
Bis(2,5-dimethylphenyl)[μ-(peroxy)-O:O']dimercury, Hg-00792

Name Index — Bis(dimethylphosphorus)di-μ... – Bis(perfluorovinyl)mercury

Bis(dimethylphosphorus)di-μ-methylenebis[μ-[*P,P,P*-trimethylphosphineimidato(2−)-*C:N*]]cadmium, *see* Cd-00054
Bis(dimethylphosphorus)di-μ-methylenebis[μ-[*P,P,P*-trimethylphosphineimidato(2−)-*C:N*]]zinc, *see* Zn-00123
Bis(2,2-dimethylpropyl)mercury, Hg-00624
▷Bis(2,2-dimethylpropyl)zinc, Zn-00105
Bis(2,4-dioxo-3-pentyl)mercury, *see* Hg-00606
Bis(μ-diphenylaminato)diethyldizinc, *in* Zn-00133
Bis(diphenylamino)dimethyldizinc, *in* Zn-00124
Bis(1,2-diphenylethenyl)mercury, Hg-00851
Bis(1,3-diphenyl-1*H*-imidazolium-2-yl)mercury(2+), Hg-00852
Bis(diphenylmethyl)zinc, Zn-00161
[Bis(diphenylphosphino)methyl]bromomercury, Hg-00846
[Bis(diphenylphosphino)methyl]mercury bromide, *see* Hg-00846
[Bis(diphenylphosphinyl)methyl]bromomercury, Hg-00845
Bis(diphenylphosphinyl)methylmercury bromide, *see* Hg-00845
Bis(1,2-diphenylvinyl)mercury, *see* Hg-00851
Bis(dipivalolylmethyl)mercury, *see* Hg-00841
[1,2-Bis(ethoxycarbonyl)-3,3-dimethyl-1-butenyl](1,1-dimethylethyl)mercury, *see* Hg-00797
Bis[1-(ethoxycarbonyl)-2-oxopropyl]mercury, Hg-00714
Bis(4-ethoxycarbonylphenyl)mercury, *in* Hg-00744
Bis[2-ethoxy-1-(ethoxycarbonyl)-2-oxoethyl]mercury, Hg-00762
Bisethylmercury oxide, *see* Hg-00204
Bis(4-ethylphenyl)mercury, Hg-00790
Bis(fluorodinitromethyl)mercury, Hg-00022
▷Bis(fluoroethynyl)mercury, Hg-00132
Bis(2-fluorophenyl)mercury, Hg-00676
Bis(3-fluorophenyl)mercury, Hg-00677
Bis(4-fluorophenyl)mercury, Hg-00678
Bis(4-fluorophenyl)zinc, Zn-00112
Bis(*p*-fluorotetrabromophenyl)mercury, *see* Hg-00640
▷Bis(formylmethyl)mercury, *see* Hg-00162
Bis(6,6,7,7,8,8,8-heptafluoro-2,2-dimethyl-3,5-octanedionato-*O,O'*)mercury, Hg-00831
Bis(1,1,1,2,2,3,3-heptafluoro-7,7-dimethyl-4,6-octanedion-5-yl)mercury, *see* Hg-00831
▷Bis(heptafluoroisopropyl)mercury, *see* Hg-00271
▷Bis(2,2,2,2',2',2'-hexafluoroisopropyl)mercury, *see* Hg-00277
Bis[(1,2-η)hexamethylbenzene]tetrakis[μ-(trifluoroacetato-*O:O¹*)]dimercury, *in* Hg-00788
Bis(3-hydroxybicyclo[2.2.1]hept-2-yl)mercury, Hg-00761
Bis(3-hydroxy-2-norbornyl)mercury, *see* Hg-00761
Bis(3-hydroxy-2,2,3-trimethylbutyl)mercury, Hg-00765
Bis(iodomethyl)mercury, Hg-00048
Bis(iodomethyl)zinc, Zn-00010
Bis(4-iodophenyl)mercury, Hg-00679
Bis(4-isopropylphenyl)mercury, Hg-00816
Bis-α-mercuribisstilbene, *see* Hg-00851
Bis(4-methoxybutyl)zinc, Zn-00104
Bis(methoxycarbonyl)mercury, Hg-00164
Bis(2-methoxycyclohexyl)mercury, Hg-00764
Bis(2-methoxy-2,2-diphenylethyl)mercury, Hg-00854
Bis(2-methoxy-2-oxoethyl)mercury, Hg-00336
Bis[2-methoxy-2-oxo-1-triphenylphosphoranylidene)ethyl]mercury, *see* Hg-00873
Bis(2-methoxy-2-phenylethyl)mercury, Hg-00819
Bis(4-methoxyphenyl)mercury, Hg-00755
Bis(2-methoxypropyl)mercury, Hg-00527
Bis(3-methoxypropyl)zinc, Zn-00083
Bis(2-methylallyl)cadmium, *see* Cd-00040
Bis(2-methylallyl)zinc, *see* Zn-00076
Bis(2-methylbenzyl)zinc, *see* Zn-00143
Bis(3-methyl-2-butenyl)zinc, Zn-00099
Bis(2-methylbutyl)cadmium, Cd-00046
Bis(2-methylbutyl)zinc, Zn-00106
Bis(1-methyl-2,4-cyclopentadien-1-yl)mercury, Hg-00701
Bis(1-methyl-2,2-diphenylcyclopropyl)mercury, Hg-00856
Bis[methylene(dimethylphosphinidenio)-methylidyne(dimethylphosphoranylidyne)methylene]mercury, Hg-00766
Bis[methylene(dimethylphosphinidenio)-methylidyne(dimethylphosphoranylidyne)methylenecadmium], *see* Cd-00057
Bis[methylene(dimethylphosphinidenio)-methylidyne(dimethylphosphoranylidyne)methylene]zinc, *see* Zn-00139
Bis[methylene(dimethylphosphinidenio)-nitrilo(dimethylphosphoranylidyne)methylene]cadmium, *see* Cd-00054
Bis[methylene(dimethylphosphinidenio)-nitrilo(dimethylphosphoranylidyne)methylene]zinc, *see* Zn-00123
Bis(1-methylethyl)cadmium, *see* Cd-00033
▷Bis(1-methylethyl)mercury, *see* Hg-00363
Bis[4-(1-methylethyl)phenyl]mercury, *see* Hg-00816
▷Bis(1-methylethyl)zinc, *see* Zn-00063
Bis(4-methylhexyl)zinc, Zn-00138
Bis(methylmercuri)ammonium(1+), *see* Hg-00065
▷Bis(methylmercuri)diazomethane, Hg-00100
Bis(methylmercury) carbonate, *see* Hg-00101
Bis(methylmercury) oxide, Hg-00060
Bis(methylmercury) selenide, *see* Hg-00063
▷Bis(methylmercury) sulfate, *see* Hg-00061
Bis(methylmercury) sulfide, Hg-00062
Bis(methylmercury) telluride, *see* Hg-00064
Bis(3-methyl-4-pentenyl)zinc, Zn-00117
Bis(3-methylpentyl)zinc, Zn-00121
Bis(2-methylphenyl)cadmium, Cd-00055
Bis(4-methylphenyl)cadmium, Cd-00056
Bis(2-methylphenyl)mercury, Hg-00751
Bis(3-methylphenyl)mercury, Hg-00752
Bis(4-methylphenyl)mercury, Hg-00753
Bis[(2-methylphenyl)methyl]zinc, Zn-00143
Bis(2-methylphenyl)zinc, Zn-00129
Bis(3-methylphenyl)zinc, Zn-00130
Bis(4-methylphenyl)zinc, Zn-00131
Bis(2-methyl-2-propenyl)cadmium, Cd-00040
Bis(2-methyl-2-propenyl)zinc, Zn-00076
Bis(2-methylpropyl)cadmium, Cd-00042
▷Bis(1-methylpropyl)mercury, Hg-00522
Bis(2-methylpropyl)mercury, Hg-00523
Bis(1-methylpropyl)zinc, Zn-00085
Bis(2-methylpropyl)zinc, Zn-00086
Bis[μ-(2-methyl-8-quinolinato-*N¹,O⁸:O⁸*]diphenyldimercury, *in* Hg-00782
Bis(*p*-methyltetrabromophenyl)mercury, *see* Hg-00739
Bis(4-methylthiobenzyl)mercury, *see* Hg-00791
Bis[[(4-methylthio)phenyl]methyl]mercury, Hg-00791
Bis[(3-methylthio)propyl-*C,N*]zinc, Zn-00084
Bis(2-nitrophenyl)mercury, Hg-00680
Bis(3-nitrophenyl)mercury, Hg-00681
Bis(4-nitrophenyl)mercury, Hg-00682
Bis(nonafluoro-*tert*-butyl)mercury, *see* Hg-00447
Bis(1-norbornyl)zinc, *see* Zn-00135
Bis(2-norbornen-7-yl)zinc, *see* Zn-00134
Bis(2-norbornyl)zinc, *see* Zn-00136
Bis(7-norbornyl)zinc, *see* Zn-00137
Bis(2-oxobutyl)mercury, Hg-00509
Bis(3-oxobutyl)mercury, Hg-00510
Bis(2-oxocyclohexyl)mercury, Hg-00713
▷Bis(2-oxoethyl)mercury, Hg-00162
Bis(4-oxopentyl)mercury, Hg-00618
Bis(2-oxo-2-phenylethyl)mercury, Hg-00783
Bis(3-oxo-3-phenyl-1-propenyl)mercury, Hg-00810
Bis(2-oxopropyl)mercury, Hg-00334
cyclo-Bis[μ-(oxydi-2,1-ethanediyl)]dimercury, *see* Hg-00518
Bis(pentabromophenyl)mercury, Hg-00641
Bis(1,2,3,4,5-pentachloro-2,4-cyclopentadien-1-yl)mercury, Hg-00577
Bis(pentachlorophenyl)mercury, Hg-00642
Bis(1,3-pentadiynyl)mercury, Hg-00580
Bis(pentafluoroethyl)mercury, Hg-00135
Bis(pentafluorophenyl)cadmium, Cd-00047
Bis(pentafluorophenyl)mercury, Hg-00643
Bis(pentafluorophenyl)zinc, Zn-00110
Bis(1,2,3,4,5-pentamethyl-2,4-cyclopentadien-1-yl)mercury, Hg-00835
Bis(2,4-pentanedionato)mercury, *see* Hg-00606
Bis(perfluorovinyl)mercury, *see* Hg-00133

Bis[phenyl(acetylacetonato)zinc]bis(acetylacetonato)zinc, see Zn-00163
Bis(phenylethynyl)cadmium, Cd-00059
Bis(phenylethynyl)mercury, Hg-00778
Bis(phenylethynyl)zinc, Zn-00141
Bis(phenylmercuri)acetylene, see Hg-00746
Bis(phenylmercuri)ethyne, Hg-00746
▷Bis(phenylmethyl)mercury, see Hg-00754
Bis(phenylmethyl)zinc, see Zn-00132
Bis(3-phenyl-2-propenyl)zinc, Zn-00150
Bis[(phenylsulfonyl)methyl]mercury, Hg-00756
[Bis(phenylsulfonyl)methyl]mercury acetate, see Hg-00772
Bis(phenylthioethynyl)mercury, Hg-00780
Bis[(phenylthio)methyl]mercury, Hg-00757
[Bis(phenylthio)methyl]phenylmercury, Hg-00825
Bis[2-(2-propenyloxy)phenyl]mercury, Hg-00813
Bis(pyridine)bis(trifluoromethyl)zinc, in Zn-00007
Bis(2,3,5,6-tetrabromo-4-fluorophenyl)mercury, Hg-00640
Bis(2,3,5,6-tetrabromo-4-methylphenyl)mercury, Hg-00739
Bis(2,3,4,5-tetrachlorophenyl)mercury, Hg-00644
Bis(2,3,4,6-tetrachlorophenyl)mercury, Hg-00645
Bis(2,3,5,6-tetrachlorophenyl)mercury, Hg-00646
Bis(2,3,4,5-tetrafluorophenyl)mercury, Hg-00647
Bis(2,3,4,6-tetrafluorophenyl)mercury, Hg-00648
Bis(2,3,5,6-tetrafluorophenyl)mercury, Hg-00649
Bis(2,3,5,6-tetrafluoro-4-pyridinyl)mercury, Hg-00578
Bis(2,3,5,6-tetrafluoro-4-pyridinyl)zinc, Zn-00091
▷Bis[1,2,2,2-tetrafluoro-1-(trifluoromethyl)ethyl]mercury, Hg-00271
Bis-1,2,3,4-tetramethylbenzenemercury(2+), Hg-00834
Bis[(deloc-2,3,4,5,6)-2,3,4,5-tetramethyl-3,5-cyclohexadien-2-ylium-1-yl]mercury(2+), see Hg-00834
Bis(2,2,6,6-tetramethyl-3,5-heptanedionato-O,O')mercury, see Hg-00841
Bis(tribromomethyl)mercury, Hg-00020
Bis(2,4,6-tri-*tert*-butylphenyl)mercury, Hg-00867
▷Bis[tricarbonyl(η^5-cyclopentadienyl)chromium]mercury, see Hg-00777
Bis(tricarbonyltributylphosphinocobalt)mercury, see Hg-00855
Bis(trichloroethenyl)mercury, see Hg-00131
Bis(trichloromethyl)mercury, Hg-00021
Bis(2,3,4-trichlorophenyl)mercury, Hg-00650
Bis(2,3,5-trichlorophenyl)mercury, Hg-00651
Bis(2,3,6-trichlorophenyl)mercury, Hg-00652
Bis(2,4,5-trichlorophenyl)mercury, Hg-00653
Bis(2,4,6-trichlorophenyl)mercury, Hg-00654
Bis(3,4,5-trichlorophenyl)mercury, Hg-00655
Bis(trichlorovinyl)mercury, Hg-00131
Bis(triethylgermyl)cadmium, Cd-00052
Bis(triethylgermyl)mercury, Hg-00721
Bis(triethylsilyl)cadmium, Cd-00053
Bis(triethylstannyl)mercury, Hg-00722
Bis[2,2,2-trifluoro-1,1-bis(trifluoromethyl)ethyl]mercury, Hg-00447
Bis(trifluoroethenyl)mercury, see Hg-00133
Bis(2,2,2-trifluoroethyl)mercury, Hg-00148
[Bis(trifluoromethyl)amino]methylmercury, see Hg-00078
Bis(trifluoromethyl)cadmium, Cd-00006
Bis(trifluoromethyl)mercury, Hg-00024
Bis(2-trifluoromethylphenyl)mercury, Hg-00740
Bis(3-trifluoromethylphenyl)mercury, Hg-00741
Bis(4-trifluoromethylphenyl)mercury, Hg-00742
Bis(trifluoromethyl)zinc, Zn-00007
Bis(α,α,α-trifluoro-*m*-tolyl)mercury, see Hg-00741
Bis(α,α,α-trifluoro-*o*-tolyl)mercury, see Hg-00740
Bis(α,α,α-trifluoro-*p*-tolyl)mercury, see Hg-00742
▷Bis[2,2,2-trifluoro-1-(trifluoromethyl)ethyl]mercury, Hg-00277
Bis(trifluorovinyl)mercury, Hg-00133
Bis(trimethylgermyl)mercury, Hg-00366
Bis[(trimethylgermyl)methyl]mercury, Hg-00529
Bis[trimethyl(methylene)phosphorane]mercury dichloride, in Hg-00530
Bis(2,4,6-trimethylphenyl)zinc, Zn-00151
Bis[(trimethylphosphonio)methyl]mercury(2+), Hg-00530

Bis[(2-trimethylsilyl)ethenyl]mercury, Hg-00625
Bis(trimethylsilyl)mercury, Hg-00367
Bis[(trimethylsilyl)methyl]cadmium, Cd-00044
[Bis(trimethylsilyl)methyl]chloromercury, Hg-00443
Bis[(trimethylsilyl)methyl]mercury, Hg-00531
[Bis(trimethylsilyl)methyl]mercury chloride, see Hg-00443
▷Bis[(trimethylsilyl)methyl]zinc, Zn-00089
Bis[(2-trimethylsilyl)vinyl]mercury, see Hg-00625
▷Bis(trimethylsilyl)zinc, Zn-00066
Bis(trimethylstannyl)mercury, Hg-00368
▷Bis(trinitromethyl)mercury, Hg-00067
▷Bis(2,4,6-trinitrophenyl)mercury, Hg-00656
Bis[triphenyl(cyanomethylene)phosphorane]mercury, Hg-00872
Bis(triphenylgermyl)cadmium, Cd-00064
Bis(triphenylgermyl)mercury, Hg-00864
Bis(triphenylgermyl)zinc, Zn-00165
Bis[triphenyl(methoxycarbonylmethylene)phosphorane]mercury, Hg-00873
Bis[triphenyl(methylene)phosphorane]mercury dichloride, in Hg-00868
Bis(triphenylphosphonium-η-methylide)cadmium(2+), Cd-00066
Bis(triphenylphosphonium-η-methylide)mercury(2+), Hg-00868
Bis(triphenylphosphoniummethylide)mercury dichloride, in Hg-00868
Bis(triphenylphosphonium η-methylide)zinc(2+), Zn-00168
Bis(triphenylsilyl)mercury, Hg-00865
Bis(triphenylsilyl)zinc, Zn-00166
Bis(triphenylstannyl)cadmium, Cd-00065
Bis(triphenylstannyl)mercury, Hg-00866
Bis(triphenylstannyl)zinc, Zn-00167
Bis[2,4,6-tris(1,1-dimethylethyl)phenyl]mercury, see Hg-00867
Bis[tris(pentafluorophenyl)germyl]cadmium, Cd-00063
Bis[tris(pentafluorophenyl)germyl]mercury, Hg-00859
[Bis[tris(pentafluorophenyl)stannyl]]mercury, Hg-00860
Bis[tris(trimethylsilyl)methyl]cadmium, Cd-00062
Bis[tris(trimethylsilyl)methyl]mercury, Hg-00839
Bis[tris[(trimethylsilyl)methyl]stannyl]mercury, Hg-00844
Bis[tris(trimethylsilyl)methyl]zinc, Zn-00157
1-Bromo-1-bromomercuri-2-methylpropene, see Hg-00154
2-Bromo-2-bromomercuripropane, see Hg-00094
Bromo(1-bromo-1-methylethyl)mercury, Hg-00094
Bromo(bromomethyl)mercury, Hg-00008
Bromo(1-bromo-2-methyl-1-propenyl)mercury, Hg-00154
Bromo(3-bromophenyl)mercury, Hg-00282
Bromo(2-bromo-2-propyl)mercury, see Hg-00094
Bromo(2-butenyl)mercury, Hg-00165
Bromo(2-butoxyethyl)mercury, Hg-00354
Bromo(2-*tert*-butoxy-2-oxoethyl)zinc, Zn-00058
Bromobutylcadmium, Cd-00017
Bromo[1-[(*tert*-butyldioxy)methyl]acetonyl]mercury, see Hg-00513
Bromobutylmercury, Hg-00182
Bromo-*sec*-butylmercury, see Hg-00185
Bromo-*tert*-butylmercury, Hg-00183
Bromo[2-(*tert*-butylperoxy)cyclohexyl]mercury, see Hg-00619
Bromo[2-(*tert*-butylperoxy)ethyl]mercury, Hg-00355
Bromo[2-(*tert*-butylperoxy)-1-methylpropyl]mercury, see Hg-00519
Bromo[2-(*tert*-butylperoxy)norborn-3-yl]mercury, see Hg-00636
Bromo-*tert*-butylzinc, Zn-00031
Bromo(α-carboxybenzyl)mercury, see Hg-00461
Bromo(carboxymethyl)mercury, Hg-00035
Bromo(α-carboxy-α-phenylmethyl)mercury, see Hg-00462
Bromo(2-chloroethenyl)mercury, see Hg-00026
▷(Bromochloroiodomethyl)phenylmercury, Hg-00371
1-Bromo-4-chloromercuribenzene, see Hg-00279
(4-Bromo-2-chlorophenolato)phenylmercury, Hg-00668
Bromo(2-chlorovinyl)mercury, Hg-00026
Bromocinnamylmercury, see Hg-00543
Bromocrotylmercury, see Hg-00165
Bromo(cyanomethyl)zinc, Zn-00008
Bromo(2-cyanophenyl)cadmium, Cd-00036
Bromocyclobutylmercury, Hg-00166
Bromocyclohexylmercury, Hg-00337

Bromocyclohexylzinc, Zn-00059
Bromo-2,4-cyclopentadien-1-ylmercury, Hg-00219
Bromocyclopentylmercury, Hg-00228
Bromo(cyclopropyl)mercury, Hg-00083
(Bromodichloromethyl)cyclohexylmercury, Hg-00418
(Bromodichloromethyl)(2-phenylethyl)mercury, Hg-00542
(Bromodichloromethyl)phenylmercury, Hg-00372
Bromo[2-(diethylamino)-2-oxoethyl]zinc, Zn-00060
Bromo[2-(1,1-dimethylethoxy)-2-oxoethyl]zinc, see Zn-00058
Bromo[3-[(1,1-dimethylethyl)dioxy]bicyclo[2.2.1]hept-2-yl]mercury, see Hg-00636
Bromo[2-[(1,1-dimethylethyl)dioxy]cyclohexyl]mercury, see Hg-00619
Bromo[2-[(1,1-dimethylethyl)dioxy]-1,2-diphenylethyl]mercury, see Hg-00815
Bromo[2-[(1,1-dimethylethyl)dioxy]ethyl]mercury, see Hg-00355
Bromo[2-[(1,1-dimethylethyl)dioxy]-1-methylpropyl]mercury, see Hg-00519
Bromo(1,1-dimethylethyl)mercury, see Hg-00183
Bromo(1,1-dimethylethyl)zinc, see Zn-00031
Bromo(1,4-dimethylpentyl)mercury, Hg-00435
Bromo(2,2-dimethylpropyl)mercury, Hg-00247
Bromo[2-(dinitromethyl)cyclohexyl]mercury, see Hg-00420
Bromo(diphenoxymethyl)mercury, Hg-00728
Bromo(1,2-diphenylethenyl)mercury, Hg-00747
Bromo(2,2-diphenylethenyl)mercury, Hg-00748
Bromo[2-[(diphenylphosphino)methyl]phenyl]mercury, Hg-00823
Bromo(1,2-diphenylvinyl)mercury, see Hg-00747
Bromo(2,2-diphenylvinyl)mercury, see Hg-00748
Bromoethenylmercury, see Hg-00033
Bromo(1-ethoxy-7-norbornyl)mercury, see Hg-00571
Bromo(2-ethoxy-2-oxo-1-phenylethyl)mercury, in Hg-00461
Bromoethylcadmium, Cd-00008
Bromoethylmercury, Hg-00049
Bromoethylzinc, Zn-00011
Bromo(3-fluorophenyl)mercury, Hg-00280
Bromo(4-fluorophenyl)mercury, Hg-00281
Bromo(formylethyl)mercury, see Hg-00034
Bromo-5-hexenylmercury, Hg-00338
Bromo(3-hydroxybutyl)mercury, Hg-00187
Bromo(3-hydroxy-2-methoxypropyl)mercury, see Hg-00189
Bromo(2-hydroxy-1-methylpropyl)mercury, see Hg-00188
Bromo(2-hydroxypropyl)mercury, see Hg-00104
Bromoisobutylmercury, see Hg-00186
Bromoisopropylmercury, Hg-00102
(Bromomercuri)acetaldehyde, see Hg-00034
(Bromomercuri)acetic acid, see Hg-00035
p-Bromomercurianisole, see Hg-00398
▷Bromomercuribenzene, see Hg-00293
2-Bromomercuribicyclo[2.2.1]heptane, see Hg-00419
1-Bromomercuri-3-bromobenzene, see Hg-00282
1-Bromomercuributane, see Hg-00182
2-Bromomercuributane, see Hg-00185
3-Bromomercuri-2-butanol, Hg-00188
4-Bromomercuri-2-butanol, see Hg-00187
1-Bromomercuri-2-butene, see Hg-00165
1-Bromomercuri-2-butoxyethane, see Hg-00354
1-Bromomercuri-2-tert-butyldioxy-1,2-diphenylethane, Hg-00815
2-Bromomercuri-3-(tert-butylperoxy)bicyclo[2.2.1]heptane, Hg-00636
2-Bromomercuri-3-tert-butylperoxybutane, Hg-00519
3-Bromomercuri-4-tert-butylperoxy-2-butanone, Hg-00513
1-Bromomercuri-2-tert-butylperoxycyclohexane, Hg-00619
1-Bromomercuri-2-tert-butylperoxyethane, see Hg-00355
2-(Bromomercuri)-1-(tert-butylperoxy)-3-oxobutane, see Hg-00513
1-Bromomercuri-2-chloroethylene, see Hg-00026
Bromomercuricyclobutane, see Hg-00166
Bromomercuricyclohexane, see Hg-00337
3-Bromomercuricyclohexyl acetate, see Hg-00497
5-Bromomercuri-1,3-cyclopentadiene, see Hg-00219
Bromomercuricyclopentane, see Hg-00228
Bromomercuricyclopropane, see Hg-00083

1-Bromomercuri-2,2-dimethylpropane, see Hg-00247
1-Bromomercuri-2-(dinitromethyl)cyclohexane, Hg-00420
1-Bromomercuri-1,2-diphenylethene, see Hg-00747
2-Bromomercuri-1,1-diphenylethylene, see Hg-00748
1-Bromomercuri-2-[(diphenylphosphino)methyl]benzene, see Hg-00823
7-Bromomercuri-1-ethoxybicyclo[2.2.1]heptane, Hg-00571
Bromomercuriethylene, see Hg-00033
8-(α-Bromomercuriethyl)quinoline, see Hg-00628
1-Bromomercuri-3-fluorobenzene, see Hg-00280
1-Bromomercuri-4-fluorobenzene, see Hg-00281
6-Bromomercuri-1-hexene, see Hg-00338
1-Bromomercuri-2-hydroxypropane, see Hg-00104
3-Bromomercuri-4-methoxy-2-butanone, Hg-00229
1-Bromomercuri-2-methoxycyclohexane, Hg-00429
1-Bromomercuri-2-methoxycyclopentane, see Hg-00339
2-Bromomercuri-1-methoxyethane, see Hg-00105
2-Bromomercuri-4-methoxy-3-methylpentane, see Hg-00436
3-Bromomercuri-1-methoxy-2-methyl-1-phenylbutane, see Hg-00711
1-Bromomercuri-2-methoxy-2-methylpropane, see Hg-00248
2-(Bromomercuri)-1-methoxy-3-oxobutane, see Hg-00229
3-Bromomercuri-2-methoxy-1-propanol, Hg-00189
1-Bromomercuri-4-methylcyclohexane, see Hg-00428
1-Bromomercuri-1-methyl-2,2-diphenylcyclopropane, see Hg-00784
5-Bromomercuri-2-methylhexane, see Hg-00435
2-Bromomercuri-2-methylpropane, see Hg-00183
1-Bromomercuri-2-nitrocyclohexane, Hg-00328
(Bromomercurio)dicarbonyl-π-cyclopentadienyliron, see Hg-00373
(Bromomercurio)tricarbonylnitrosyliron, Hg-00068
(Bromomercuri)phenylacetic acid, Hg-00461
(Bromomercuri)phenylacetic acid, Hg-00462
1-Bromomercuri-2-(phenylamino)ethane, see Hg-00486
1-Bromomercuri-1-phenylethane, see Hg-00471
1-Bromomercuri-2-phenylethylene, see Hg-00460
3-Bromomercuri-1-phenylpropene, see Hg-00543
1-Bromomercuripropane, see Hg-00103
2-Bromomercuripropane, see Hg-00102
1-Bromomercuri-2-propanol, Hg-00104
1-Bromomercuri-2-propanone, see Hg-00086
1-Bromomercuri-1-propene, see Hg-00084
3-Bromomercuri-1-propene, see Hg-00085
β-Bromomercuristyrene, see Hg-00460
2-Bromomercuritoluene, see Hg-00395
3-Bromomercuritoluene, see Hg-00396
4-Bromomercuritoluene, see Hg-00397
(Bromomercuri)trichloroethylene, see Hg-00019
(Bromomercuri)(trimethylgermyl)methane, see Hg-00205
(Bromomercuri)(trimethylsilyl)methane, see Hg-00206
(Bromomercury)dicarbonyl(η^5-2,4-cyclopentadien-1-yl)iron, Hg-00373
Bromo(2-methoxycyclohexyl)mercury, see Hg-00429
Bromo(2-methoxycyclopentyl)mercury, see Hg-00339
Bromo(3-methoxy-1,2-dimethylbutyl)mercury, Hg-00436
Bromo(3-methoxy-1,2-dimethyl-3-phenylpropyl)mercury, Hg-00711
Bromo(2-methoxyethyl)mercury, Hg-00105
Bromo[1-(methoxymethyl)acetonyl]mercury, see Hg-00229
Bromo(2-methoxy-2-methylpropyl)mercury, Hg-00248
Bromo(4-methoxyphenyl)mercury, Hg-00398
Bromo(α-methylbenzyl)mercury, Hg-00471
Bromomethylcadmium, Cd-00001
Bromo(4-methylcyclohexyl)mercury, Hg-00428
Bromo(1-methyl-2,2-diphenylcyclopropyl)mercury, Hg-00784
Bromo(1-methylethyl)mercury, see Hg-00102
(1-Bromo-1-methylethyl)mercury bromide, see Hg-00094
▷(Bromomethyl)(2-hydroxyethyl)mercury, Hg-00106
Bromomethylmercury, Hg-00011
Bromomethylmercury bromide, see Hg-00008
Bromo(2-methylphenyl)mercury, Hg-00395
Bromo(3-methylphenyl)mercury, Hg-00396
Bromo(4-methylphenyl)mercury, Hg-00397
1-Bromo-2-methylpropenylmercuric bromide, see Hg-00154

1-Bromo-2-methyl-1-propenylmercury bromide, see Hg-00154
▷(Bromomethyl)propylmercury, Hg-00184
Bromo(1-methylpropyl)mercury, Hg-00185
Bromo(2-methylpropyl)mercury, Hg-00186
Bromomethylzinc, Zn-00002
Bromoneopentylmercury, see Hg-00247
Bromo(2-nitrocyclohexyl)mercury, see Hg-00328
Bromo-2-norbornylmercury, see Hg-00419
Bromo(2-oxoethyl)mercury, Hg-00034
Bromo(2-oxopropyl)mercury, Hg-00086
Bromo(pentabromophenyl)mercury, Hg-00265
Bromo(1,2,3,4,5-pentachloro-2,4-cyclopentadien-1-yl)mercury, Hg-00213
Bromo(pentachlorophenyl)mercury, Hg-00263
Bromo(pentafluorophenyl)mercury, Hg-00264
Bromo(pentafluorophenyl)zinc, Zn-00048
Bromo[(2-phenylamino)cyclohexyl]mercury, Hg-00705
Bromo[2-(phenylamino)ethyl]mercury, Hg-00486
(4-Bromophenyl)chloromercury, Hg-00279
Bromo(2-phenylethenyl)mercury, Hg-00460
Bromo(1-phenylethyl)mercury, Hg-00471
▷Bromophenylmercury, Hg-00293
3-Bromophenylmercury bromide, see Hg-00282
4-Bromophenylmercury chloride, see Hg-00279
Bromo(phenylmethyl)mercury, see Hg-00394
Bromo(3-phenyl-2-propenyl)mercury, see Hg-00543
Bromophenylzinc, Zn-00051
Bromo-1-propenylmercury, Hg-00084
Bromo-2-propenylmercury, Hg-00085
Bromopropylmercury, Hg-00103
Bromo-2-propynyl(tetrahydrofuran)zinc, in Zn-00022
Bromo-2-propynylzinc, Zn-00022
Bromo[1-(8-quinolinyl)ethyl-C,N]mercury, Hg-00628
Bromostyrylmercury, see Hg-00460
(1-Bromo-1,2,2,2-tetrafluoroethyl)phenylmercury, Hg-00449
Bromo(2,3,4,5-tetrafluorophenyl)mercury, Hg-00273
Bromo(2,3,4,6-tetrafluorophenyl)mercury, Hg-00274
Bromo(2,3,5,6-tetrafluorophenyl)mercury, Hg-00275
Bromo-m-tolylmercury, see Hg-00396
Bromo-o-tolylmercury, see Hg-00395
Bromo-p-tolylmercury, see Hg-00397
Bromo(trichloroethenyl)mercury, see Hg-00019
Bromo(3,4,5-trichlorophenyl)mercury, Hg-00276
Bromo(trichlorovinyl)mercury, Hg-00019
Bromo(trifluoromethyl)mercury, Hg-00001
Bromo[(trimethylgermyl)methyl]mercury, Hg-00205
Bromo[(trimethylsilyl)methyl]mercury, Hg-00206
Bromovinylmercury, Hg-00033
2-(1,3-Butadienyl)mercury chloride, see Hg-00152
(tert-Butaneselenolato)methylmercury, Hg-00259
2-Butenylchloromercury, Hg-00167
2-Butenylmercury bromide, see Hg-00165
2-Butenylmercury chloride, see Hg-00167
tert-Butoxy-tert-butylzinc, Zn-00082
2-Butoxyethylmercury acetate, see Hg-00516
2-Butoxyethylmercury bromide, see Hg-00354
tert-Butoxyethylzinc, Zn-00061
tert-Butoxymethylcadmium, see Cd-00024
tert-Butoxymethylzinc, see Zn-00044
2-tert-Butoxy-2-oxoethylzinc bromide, see Zn-00058
tert-Butyl[1,2-bis(ethoxycarbonyl)-3,3-dimethyl-1-butenyl]mercury, Hg-00797
Butylcadmium bromide, see Cd-00017
4-tert-Butyl-2-chloromercuricyclohexanone, Hg-00614
tert-Butyl(chloromercuri)cyclopentadiene, see Hg-00564
▷Butylchloromercury, Hg-00190
tert-Butylchlorozinc, Zn-00032
tert-Butylcyclopentadienylchloromercury, Hg-00564
tert-Butylcyclopentadienylmercury chloride, see Hg-00564
(tert-Butyldioxy)ethylmercury, see Hg-00365
(tert-Butyldioxy)methylzinc, see Zn-00045
Butylethylcadmium, Cd-00032
Butylethylmercury, Hg-00361
tert-Butylethylmercury, Hg-00362
Butylethylzinc, Zn-00062
Butylhydroxymercury, Hg-00202

Butyliodomercury, Hg-00195
2-Butylmercuric chloride, see Hg-00192
Butylmercury acetate, see Hg-00352
Butylmercury bromide, see Hg-00182
2-Butylmercury bromide, see Hg-00185
sec-Butylmercury bromide, see Hg-00185
tert-Butylmercury bromide, see Hg-00183
▷Butylmercury chloride, see Hg-00190
tert-Butylmercury chloride, see Hg-00191
Butylmercury hydroxide, see Hg-00202
Butylmercury iodide, see Hg-00195
tert-Butyl methylcadmium peroxide, see Cd-00025
tert-Butyl methylcadmium sulfide, see Cd-00026
Butylmethylmercury, Hg-00255
sec-Butylmethylmercury, see Hg-00257
tert-Butylmethylmercury, Hg-00256
tert-Butyl methylzinc peroxide, see Zn-00045
[2-(tert-Butylperoxy)bicyclo[2.2.1]hept-2-yl]mercury bromide, see Hg-00636
(2-tert-Butylperoxy-3-butyl)mercury trifluoroacetate, see Hg-00615
[2-(tert-Butylperoxy)cyclohexyl]mercury bromide, see Hg-00619
2-tert-Butylperoxy-2,2-diphenylethylmercury acetate, see Hg-00832
(2-tert-Butylperoxy-1,2-diphenylethyl)mercury bromide, see Hg-00815
(tert-Butylperoxy)ethylmercury, see Hg-00365
[2-(tert-Butylperoxy)ethyl]mercury bromide, see Hg-00355
2-tert-Butylperoxyethylmercury trifluoroacetate, see Hg-00501
[2-(tert-Butylperoxy)ethyl](trifluoroacetato-O)mercury, Hg-00501
[2-(tert-butylperoxy)-1-methylpropyl]mercury bromide, see Hg-00519
[2-(tert-Butylperoxy)-1-methylpropyl](trifluoroacetato)mercury, Hg-00615
[2-(tert-Butylperoxy)norborn-3-yl]mercury bromide, see Hg-00636
[1-(tert-Butylperoxy)-3-oxo-2-butyl]mercury bromide, see Hg-00513
Butylpropylzinc, Zn-00072
(tert-Butylthio)methylcadmium, Cd-00026
(tert-Butylthio)methylzinc, Zn-00046
Butyl(trimethylgermyl)mercury, Hg-00439
Butyl(trimethylsilyl)mercury, Hg-00441
tert-Butyl(trimethylstannyl)mercury, Hg-00442
tert-Butylzinc bromide, see Zn-00031
tert-Butylzinc tert-butoxide, see Zn-00082
tert-Butylzinc chloride, see Zn-00032
Cadmium bis[methanidobis(dimethylphosphoniummethylide)], Cd-00057
Cadmium bis[nitridobis(dimethylphosphoniummethylide)], Cd-00054
Cadmium diphenyl, see Cd-00049
Cadmocene, see Cd-00045
(4-Carbomethoxyphenyl)chloromercury, in Hg-00381
Carbonatobis(methylmercury), Hg-00101
[Carboxy(chloromercuri)methyl]triphenylphosphonium(1+), Hg-00828
(10-Carboxydecyl)chloromercury, see Hg-00637
(Carboxydichloromethyl)phenylmercury methyl ester, see Hg-00540
[(Carboxyethyl)chloromethyl]mercury chloride, see Hg-00155
(1-Carboxy-2-methoxy-2-phenylethyl)chloromercury, see Hg-00591
(Carboxymethyl)chloromercury, in Hg-00038
▷(Carboxymethyl)(chloromethyl)mercury methyl ester, see Hg-00173
(Carboxymethyl)mercury bromide, see Hg-00035
(Carboxymethyl)mercury chloride, in Hg-00038
[3-[[[(3-Carboxy-1-oxopropyl)amino]carbonyl]amino]-2-methoxypropyl](1,2,3,6-tetrahydro-1,3-dimethyl-2,6-dioxo-7H-purin-7-yl)mercury, Hg-00793
(2-Carboxyphenyl)chloromercury, Hg-00379
(3-Carboxyphenyl)chloromercury, Hg-00380
▷(4-Carboxyphenyl)chloromercury, Hg-00381
(4-Carboxyphenyl)(3,4-dihydro-1-methyl-4-thioxo-2(1H)-pyrimidinonato-S)mercury, Hg-00688
2-Carboxyphenylmercury chloride, see Hg-00379
3-Carboxyphenylmercury chloride, see Hg-00380
▷4-Carboxyphenylmercury choride, see Hg-00381

▷ [(o-Carboxyphenyl)thio]ethylmercury, see Hg-00546
[3-(3-Carboxy-2,3,3-trimethylcyclopentanecarboxamido)-2-methoxypropyl](hydrogen mercaptoacetato)mercury, see Hg-00796
▷ Ceresan, see Hg-00050
▷ Ceresan M, see Hg-00774
▷ Ceresol, see Hg-00467
▷ Chlormerodrin, Hg-00250
▷ Chlormeroprin, see Hg-00250
Chloro(2-amino-1-methylpropyl)mercury, see Hg-00198
Chloro(2-anisyl)mercury, see Hg-00403
Chloro(3-anisyl)mercury, see Hg-00404
α-Chlorobenzhydrylmercury chloride, see Hg-00724
4-Chloro-1,3-butadienylmercury chloride, see Hg-00147
Chloro-sec-butylmercury, see Hg-00192
Chloro-tert-butylmercury, Hg-00191
Chloro(4-chloro-1,3-butadienyl)mercury, Hg-00147
Chloro(chlorodiphenylmethyl)mercury, Hg-00724
Chloro(1-chloroethenyl)mercury, see Hg-00028
Chloro(2-chloroethenyl)mercury, see Hg-00029
Chloro(1-chloro-2-ethoxy-2-oxoethyl)mercury, Hg-00155
Chloro(1-chloroethyl)mercury, Hg-00045
1-Chloro-2-chloromercuribenzene, see Hg-00288
1-Chloro-3-chloromercuribenzene, see Hg-00289
1-Chloro-4-chloromercuribenzene, see Hg-00290
1-Chloro-4-chloromercuri-1,3-butadiene, see Hg-00147
1-Chloro-1-chloromercuriethane, see Hg-00045
1-Chloro-1-chloromercuriethylene, see Hg-00028
1-Chloro-2-chloromercuriethylene, see Hg-00029
Chloro[(chloromercurio)cyclohexylidenemethyl]mercury, see Hg-00414
Chloro(2-chlorophenyl)mercury, Hg-00288
Chloro(3-chlorophenyl)mercury, Hg-00289
Chloro(4-chlorophenyl)mercury, Hg-00290
Chloro(1-chlorovinyl)mercury, see Hg-00028
Chloro(2-chlorovinyl)mercury, see Hg-00029
Chlorocrotylmercury, see Hg-00167
Chloro(2-cyanophenyl)zinc, Zn-00067
Chloro-1-cyclohexene-1-ylmercury, see Hg-00319
Chloro-2-cyclohexen-1-ylmercury, see Hg-00320
Chloro(1-cyclohexen-1-ylmethyl)mercury, Hg-00423
Chlorocyclohexylmercury, Hg-00340
Chloro-2,4-cyclopentadien-1-ylmercury, Hg-00220
Chlorocyclopentylmercury, Hg-00230
Chloro(cyclopentylmethyl)mercury, Hg-00341
Chloro(cyclopropylmethyl)mercury, Hg-00168
Chloro[(3-cyclopropyl)propyl]mercury, Hg-00346
Chloro(3,3-dichloro-2-propenyl)mercury, Hg-00077
Chloro(2,2-diethoxyethyl)mercury, Hg-00356
Chloro[2-(diethylamino)ethyl]mercury, Hg-00360
Chloro[(diethylamino)methyl]mercury, Hg-00254
Chloro[3-(diethylamino)propyl]zinc, Zn-00071
Chloro(2,5-dimethoxyphenyl)mercury, Hg-00480
Chloro[2-[1-(dimethylamino)ethyl]phenyl]mercury, Hg-00604
Chloro[2-(dimethylamino)-1-methylproyl]mercury, in Hg-00198
Chloro[(6,6-dimethylbicyclo[3.1.1]heptane-2-yl)methyl]mercury, Hg-00613
Chloro(2,3-dimethyl-1,3-butadienyl)mercury, see Hg-00321
Chloro[(1,1-dimethylethyl)cyclopentadienyl]mercury, see Hg-00564
Chloro(1,1-dimethylethyl)mercury, see Hg-00191
Chloro[1-(1,1-dimethylethyl)-2-methoxy-3,3-dimethylbutyl]mercury, see Hg-00638
Chloro[5-(1,1-dimethylethyl)-2-oxocyclohexyl]mercury, see Hg-00614
Chloro(1,1-dimethylethyl)zinc, see Zn-00032
Chloro(3,3-dimethyl-2-methylenebicyclo[2.2.1]hept-1-yl)mercury, see Hg-00608
Chloro(3,3-dimethyl-2-oxobicyclo[2.2.1]hept-1-yl)mercury, see Hg-00565
Chloro(7,7-dimethyl-2-oxobicyclo[2.2.1]hept-1-yl)mercury, see Hg-00566
Chloro(3,3-dimethyl-2-oxobutyl)mercury, Hg-00344
Chloro(5,5-dimethyl-2-oxocyclohexyl)mercury, see Hg-00499
Chloro(1,1-dimethyl-2-oxopropyl)mercury, Hg-00232
Chloro(2,4-dimethylphenyl)mercury, Hg-00472

Chloro(2,5-dimethylphenyl)mercury, Hg-00473
Chloro(2,6-dimethylphenyl)mercury, Hg-00474
Chloro(3,4-dimethylphenyl)mercury, Hg-00475
Chloro(2,2-dimethylpropyl)mercury, Hg-00249
Chloro(3,3-dinitropropyl)mercury, Hg-00088
Chloroethenylmercury, see Hg-00036
Chloro[3-(ethoxycarbonyl)-4-oxopentyl]mercury, Hg-00500
Chloro(2-ethoxyethyl)mercury, in Hg-00052
Chloro[3-ethoxytricyclo[3.3.1.1^{3,7}]dec-1-yl]mercury, see Hg-00715
Chloro-(1-ethyl-1-butenyl)mercury, see Hg-00343
Chloroethylcadmium, Cd-00009
▷ Chloroethylmercury, Hg-00050
1-Chloroethylmercury chloride, see Hg-00045
Chloroethylzinc, Zn-00012
Chloroferrocenyl mercury, see Hg-00587
Chloro-9H-fluoren-9-ylmercury, Hg-00723
[Chlorofluoro(methoxycarbonyl)methyl]phenylmercury, Hg-00539
(1-Chloro-1-fluoro-2-methoxy-2-oxoethyl)phenylmercury, see Hg-00539
Chloro(2-formylethyl)mercury, see Hg-00091
Chloro(formylmethyl)mercury, see Hg-00037
Chloro(formylmethyl)mercury diethyl acetal, see Hg-00356
▷ Chloro-2-furanylmercury, see Hg-00140
Chloro-3-furanylmercury, see Hg-00141
▷ Chloro-2-furylmercury, see Hg-00140
Chloro-3-furylmercury, see Hg-00141
Chloro(5,6,7,8,9,9-hexachloro-1,2,3,4,4a,5,8,8a-octahydro-3-methoxy-1,4:5,8-dimethanonaphthalen-2-ylmercury, see Hg-00729
Chloro(hexahydro-3,5-methano-2H-cyclopenta[b]furan-6-yl)mercury, see Hg-00494
Chloro(hexahydro-2-oxo-3,5-methano-2H-cyclopenta[b]furan-6-yl)mercury, see Hg-00481
Chloro-5-hexenylmercury, Hg-00342
Chloro(3-hydroperoxy-3-phenylpropyl)mercury, Hg-00559
Chloro(3-hydroxybicyclo[2.2.1]hept-2-yl)mercury, see Hg-00424
Chloro(3-hydroxybicyclo[2.1.1]hex-2-yl)mercury, see Hg-00323
Chloro(3-hydroxybicyclo[2.2.2]oct-2-yl)mercury, see Hg-00498
Chloro(2-hydroxycyclobutyl)mercury, see Hg-00170
Chloro(2-hydroxycyclooctyl)mercury, see Hg-00514
Chloro(2-hydroxycyclopentyl)mercury, see Hg-00234
Chloro(3-hydroxycyclopentyl)mercury, Hg-00233
Chloro(1-hydroxyethyl)mercury, Hg-00051
Chloro(2-hydroxyethyl)mercury, Hg-00052
Chloro(2-hydroxyethyl)mercury acetate, see Hg-00172
Chloro(2-hydroxy-1-methylpropenyl)mercury acetate, see Hg-00324
Chloro(3-hydroxy-5-norbornen-2-yl)mercury acetate, see Hg-00557
Chloro(3-hydroxy-2-norbornyl)mercury, see Hg-00424
Chloro(3-hydroxy-2-norbornyl)mercury acetate, see Hg-00567
Chloro(5-hydroxypentyl)mercury, Hg-00251
▷ Chloro(2-hydroxyphenyl)mercury, Hg-00295
Chloro(3-hydroxyphenyl)mercury, Hg-00296
▷ Chloro(4-hydroxyphenyl)mercury, Hg-00297
Chloro(3-hydroxypropyl)mercury, Hg-00109
Chloro(5-hydroxytricyclo[2.2.1.0^{2,6}]hept-3-yl)mercury acetate, see Hg-00558
Chloro(3-hydroxy-2,2,3-trimethylbutyl)mercury, Hg-00437
Chloro[2-hydroxy-1-(trimethylsilyl)ethyl]mercury, see Hg-00261
Chloro-1-indenylmercury, Hg-00536
Chloro(4-iodophenyl)mercury, Hg-00284
Chloroisobutylmercury, see Hg-00193
Chloro(isopropyl)mercury, Hg-00107
(Chloromercuri)acetaldehyde, see Hg-00037
Chloromercuriacetaldehyde diethyl acetal, see Hg-00356
(Chloromercuri)acetic acid, Hg-00038
2-Chloromercuri-3-acetoxybicyclo[2.2.1]heptane, Hg-00567
1-Chloromercuriadamantane, Hg-00607
Chloromercuriallene, see Hg-00076
p-(Chloromercuri)aniline, see Hg-00303
2-Chloromercurianisole, see Hg-00403

3-Chloromercurianisole, see Hg-00404
4-Chloromercurianisole, see Hg-00405
2-Chloromercuriazobenzene, see Hg-00683
▷Chloromercuribenzene, see Hg-00294
4-Chloromercuribenzenesulfonic acid, Hg-00298
2-Chloromercuribenzo-1,4-dithiadiene, see Hg-00451
2-Chloromercuri-1,4-benzodithiin, Hg-00451
m-Chloromercuribenzoic acid, see Hg-00380
o-Chloromercuribenzoic acid, see Hg-00379
▷p-Chloromercuribenzoic acid, see Hg-00381
3-Chloromercuribicyclo[2.2.1]heptan-2-ol, Hg-00424
3-Chloromercuribicyclo[2.2.2]octan-2-ol, Hg-00498
5-Chloromercuribicyclo[2.2.2]oct-2-ene, Hg-00492
2-Chloromercuri-1,3-butadiene, Hg-00152
▷1-Chloromercuributane, see Hg-00190
2-Chloromercuributane, see Hg-00192
1-Chloromercuri-2-butene, see Hg-00167
3-Chloromercuri-2-buten-2-ol acetate, see Hg-00324
3-Chloromercuri-2-butylamine, see Hg-00198
α-Chloromercuricamphene, see Hg-00608
α-Chloromercuricamphenilone, see Hg-00565
2-Chloromercuricyclobutanol, Hg-00170
2-Chloromercuricycloheptylamine, see Hg-00433
Chloromercuricyclohexane, see Hg-00340
2-Chloromercuricyclohexanone, Hg-00322
1-Chloromercuricyclohexene, Hg-00319
3-Chloromercuricyclohexene, Hg-00320
2-Chloromercuricyclohexylamine, see Hg-00347
2-Chloromercuricyclooctanol, Hg-00514
5-Chloromercuri-1,3-cyclopentadiene, see Hg-00220
Chloromercuricyclopentane, see Hg-00230
2-Chloromercuricyclopentanol, Hg-00234
3-Chloromercuricyclopentanol, see Hg-00233
2-Chloromercuricyclopentylamine, see Hg-00241
Chloromercuri(cyclopropyl)methane, see Hg-00168
1-Chloromercuri-3-cyclopropylpropane, see Hg-00346
1-Chloromercuri-2,2-diethoxyethane, see Hg-00356
1-Chloromercuri-2-diethylaminoethane, see Hg-00360
6-Chloromercuri-6,7-dihydro-7-methoxyaldrin, Hg-00729
(Chloromercuri)(dimethoxyboryl)methane, see Hg-00114
2-Chloromercuri-3-dimethylaminobutane, in Hg-00198
1-Chloromercuri-2,4-dimethylbenzene, see Hg-00472
2-Chloromercuri-1,3-dimethylbenzene, see Hg-00474
2-Chloromercuri-1,4-dimethylbenzene, see Hg-00473
4-Chloromercuri-1,2-dimethylbenzene, see Hg-00475
1-Chloromercuri-3,3-dimethylbicyclo[2.2.1]heptan-2-one, Hg-00565
1-Chloromercuri-7,7-dimethylbicyclo[2.2.1]heptan-2-one, Hg-00566
1-Chloromercuri-2,3-dimethyl-1,3-butadiene, Hg-00321
1-Chloromercuri-3,3-dimethyl-2-butanone, see Hg-00344
2-Chloromercuri-4,4-dimethylcyclohexanone, Hg-00499
1-Chloromercuri-2,2-dimethylpropane, see Hg-00249
3-Chloromercuri-1,1-dinitropropane, see Hg-00088
Chloromercuridurene, see Hg-00599
1-Chloromercuriethanol, see Hg-00051
2-Chloromercuriethanol, see Hg-00052
1-Chloromercuri-3-ethoxyadamantane, see Hg-00715
1-Chloromercuri-2-ethoxyethane, in Hg-00052
1-Chloromercuri-3-ethoxytricyclo[3.3.1.1³,⁷]decane, Hg-00715
2-Chloromercuriethyl acetate, see Hg-00172
2-[2-(Chloromercuri)ethyl]acetoacetic acid ethyl ester, see Hg-00500
N-(2-Chloromercuriethyl)diethylamine, see Hg-00360
Chloromercuriethylene, see Hg-00036
N-(2-Chloromercuriethyl)piperidine, see Hg-00434
Chloromercuriferrocene, Hg-00587
9-Chloromercurifluorene, see Hg-00723
▷2-Chloromercurifuran, Hg-00140
3-Chloromercurifuran, Hg-00141
3-Chloromercuri-3-hexene, Hg-00343
6-Chloromercuri-1-hexene, see Hg-00342
3-Chloromercuri-4-hydroxyazobenzene, see Hg-00684
5-Chloromercuri-6-hydroxybicyclo[2.2.1]heptane-2-carboxylic acid lactone, Hg-00481
2-Chloromercuri-3-hydroxybicyclo[2.1.1]hexane, Hg-00323
2-Chloromercuri-3-hydroxybicyclo[2.2.2]octane, see Hg-00498
3-Chloromercuri-4-hydroxy-4′-nitroazobenzene, see Hg-00672
1-Chloromercuriindene, see Hg-00536
1-Chloromercuri-4-iodobenzene, see Hg-00284
Chloromercurimesitylene, see Hg-00555
4-Chloromercuri-3-methoxy-1-butene, see Hg-00235
1-Chloromercuri-2-methoxycyclohexane, Hg-00432
1-Chloromercuri-1-methoxycyclopentane, Hg-00345
1-Chloromercuri-2-methoxy-1,2-diphenylethane, Hg-00773
1-Chloromercuri-1-methoxyethane, see Hg-00110
▷1-Chloromercuri-3-methoxyethane, see Hg-00111
α-(Chloromercuri)-β-methoxyhydrocinnamic acid, see Hg-00591
1-Chloromercuri-2-methoxy-2-methylpropane, see Hg-00252
3-Chloromercuri-1-methoxy-1-(4-nitrophenyl)propane, see Hg-00594
2-Chloromercuri-1-methoxy-1-phenylethane, see Hg-00556
1-Chloromercuri-2-methoxy-1-phenylpropane, Hg-00600
2-Chloromercuri-1-methoxy-1-phenylpropane, Hg-00601
2-Chloromercuri-3-methoxy-3-phenylpropanoic acid, Hg-00591
1-Chloromercuri-2-methoxypropane, see Hg-00194
▷3-Chloromercuri-2-methoxypropylurea, see Hg-00250
3-Chloromercuri-4-methoxy-2,2,5,5-tetramethylhexane, Hg-00638
1-Chloromercuri-3-methoxy-2,2,3-trimethylbutane, Hg-00520
(Chloromercuri)methyl benzoate, see Hg-00465
[(Chloromercuri)methyl]borinic acid dimethyl ester, see Hg-00114
1-Chloromercuri-3-methyl-1,3-butadiene, Hg-00225
3-Chloromercuri-3-methyl-2-butanone, Hg-00232
1-Chloromercuri-2-methylcyclohexane, Hg-00430
1-Chloromercuri-3-methylcyclohexane, see Hg-00431
1-(Chloromercurimethyl)cyclohexene, see Hg-00423
N-[2-[(chloromercuri)methyl]cyclohexyl]acetamide, see Hg-00572
(Chloromercurimethyl)cyclopropane, see Hg-00168
[(Chloromercuri)methyl]diethylamine, see Hg-00254
(Chloromercurimethyl)dimethoxyboron, Hg-00114
1-Chloromercurimethyl-2-methylene-3,3-dimethylbicyclo[2.2.1]heptane, Hg-00608
1-Chloromercurimethyl-1-methoxycyclohexane, see Hg-00515
1-Chloromercuri-2-methylpropane, see Hg-00193
2-Chloromercuri-2-methylpropane, see Hg-00191
3-Chloromercuri-2-methyl-1-propene, see Hg-00169
2-(Chloromercurimethyl)tetrahydrofuran, see Hg-00236
1-Chloromercurinaphthalene, see Hg-00581
2-Chloromercurinaphthalene, see Hg-00582
1-Chloromercuri-2-nitrobenzene, see Hg-00285
1-Chloromercuri-4-nitrobenzene, see Hg-00287
1-Chloromercuri-2-nitroethane, Hg-00043
2-Chloromercuri-4-(4-nitrophenylazo)phenol, Hg-00672
1-Chloromercuri-2-nitropropane, Hg-00095
2-(Chloromercuri)-2-nitropropane, see Hg-00096
3-Chloromercuri-3-norbornanol, see Hg-00424
3-Chloromercuri-5-norbornen-2-ol acetate, see Hg-00557
3-Chloromercuri-2-norbornyl acetate, see Hg-00567
(Chloromercurio)ferrocene, see Hg-00587
4-Chloromercuri-6-oxatricyclo[3.2.1.1³,⁸]nonane, Hg-00494
(1-Chloromercuri-2-oxo-2-phenylethyl)triphenylphosphonium, Hg-00849
5-(Chloromercuri)-1-pentanol, see Hg-00251
1-Chloromercuri-1-pentene, see Hg-00231
[α-(Chloromercuri)phenacyl]triphenylphosphonium, see Hg-00849
▷2-Chloromercuriphenol, see Hg-00295
3-Chloromercuriphenol, see Hg-00296
▷4-Chloromercuriphenol, see Hg-00297
1-Chloromercuri-3-phenoxy-2-(1-piperidinyl)propane, see Hg-00760
(Chloromercuri)phenylacetaldehyde, Hg-00464
(Chloromercuri)phenylacetylene, see Hg-00450
2-Chloromercuri-4-phenylazophenol, Hg-00684
1-Chloromercuri-2-phenylethane, see Hg-00479
1-Chloromercuri-2-phenylethylene, see Hg-00463
1-Chloromercuri-2-phenylpropane, see Hg-00552
1-Chloromercuri-3-phenylpropane, see Hg-00553
1-Chloromercuri-2-phenyl-1-propene, see Hg-00544

3-Chloromercuri-1-phenyl-2-propen-1-one, see Hg-00538
3-Chloromercuri-1-phenyl-1-propyne, see Hg-00537
10-Chloromercuripinane, see Hg-00613
3-Chloromercuri-2-(1-piperidinyl)propylurea, see Hg-00575
3-Chloromercuripropanal, see Hg-00091
1-Chloromercuripropane, see Hg-00108
2-Chloromercuripropane, see Hg-00107
3-Chloromercuri-1-propanol, see Hg-00109
1-Chloromercuri-2-propanone, see Hg-00090
3-Chloromercuri-1-propene, see Hg-00087
5-Chloromercuri-3-propyl-3-azatricyclo[4.2.1.0^{4,8}]nonane, Hg-00635
2-Chloromercuripyridine, see Hg-00216
▷3-Chloromercuripyridine, see Hg-00217
4-Chloromercuripyridine, see Hg-00218
2-Chloromercuriselenophene, Hg-00143
β-Chloromercuristyrene, see Hg-00463
1-Chloromercuri-2,3,4,5-tetramethylbenzene, see Hg-00597
2-Chloromercuri-1,3,4,5-tetramethylbenzene, see Hg-00598
2-Chloromercurithiazole, Hg-00073
1-Chloromercuri-2-thiocyanatoethylene, see Hg-00074
2-(Chloromercuri)thiophene, Hg-00142
3-Chloromercuritoluene, see Hg-00401
4-Chloromercuritoluene, see Hg-00402
1-Chloromercuritricyclo[3.3.1.1^{3,7}]decane, see Hg-00607
3-Chloromercuritricyclo[2.2.1.0^{2,6}]heptane, Hg-00413
5-Chloromercuritricyclo[2.2.1.0^{2,6}]heptan-3-ol acetate, see Hg-00558
6-Chloromercuritricyclo[3.2.1.0^{2,7}]octane, Hg-00493
1-Chloromercuri-2,4,5-trimethylbenzene, see Hg-00554
1-Chloromercuri-2,4,6-trimethylbenzene, see Hg-00555
4-Chloromercuri-2,3,3-trimethyl-2-butanol, see Hg-00437
2-Chloromercuri-2-trimethylsilylethanol, Hg-00261
11-Chloromercuriundecanoic acid, Hg-00637
2-Chloromercuri-m-xylene, see Hg-00474
2-Chloromercuri-p-xylene, see Hg-00473
4-Chloromercuri-m-xylene, see Hg-00472
4-Chloromercuri-o-xylene, see Hg-00475
1-Chloromercury-2-(1-piperidino)ethane, see Hg-00434
Chloromesitylmercury, see Hg-00555
Chloro(2-methoxy-3-butenyl)mercury, Hg-00235
Chloro[(2-methoxycarbonyl)phenyl]mercury, in Hg-00379
Chloro[(3-methoxycarbonyl)phenyl]mercury, in Hg-00380
Chloro[(4-methoxycarbonyl)phenyl]mercury, in Hg-00381
Chloro(2-methoxycyclohexyl)mercury, see Hg-00432
Chloro[(1-methoxycyclohexyl)methyl]mercury, Hg-00515
Chloro(1-methoxycyclopentyl)mercury, see Hg-00345
Chloro(2-methoxy-1,2-diphenylethyl)mercury, see Hg-00773
Chloro(3-methoxy-1,2-diphenylpropyl)mercury, see Hg-00787
Chloro(1-methoxyethyl)mercury, Hg-00110
▷Chloro(2-methoxyethyl)mercury, Hg-00111
Chloro(2-methoxy-1-methyl-2-phenylethyl)mercury, see Hg-00601
Chloro(2-methoxy-2-methylpropyl)mercury, Hg-00252
Chloro[3-methoxy-3-(4-nitrophenyl)propyl]mercury, see Hg-00594
Chloro(2-methoxy-2-oxoethyl)mercury, in Hg-00038
Chloro(2-methoxy-2-phenylethyl)mercury, see Hg-00556
Chloro(2-methoxyphenyl)mercury, Hg-00403
Chloro(3-methoxyphenyl)mercury, Hg-00404
Chloro(4-methoxyphenyl)mercury, Hg-00405
Chloro(2-methoxy-1-phenylpropyl)mercury, see Hg-00600
Chloro(2-methoxypropyl)mercury, Hg-00194
Chloro(3-methoxy-2,2,3-trimethylbutyl)mercury, see Hg-00520
Chloro(m-methylbenzyl)mercury, see Hg-00477
Chloro(o-methylbenzyl)mercury, see Hg-00476
Chloro(p-methylbenzyl)mercury, see Hg-00478
Chloro(3-methyl-1,3-butadienyl)mercury, see Hg-00225
Chloromethylcadmium, Cd-00003
Chloro(2-methylcyclohexyl)mercury, Hg-00430
Chloro(3-methylcyclohexyl)mercury, Hg-00431
▷(Chloromethyl)[(4-diethylamino)phenyl]mercury, Hg-00634
Chloro(1-methyleneallyl)mercury, see Hg-00152
Chloro(1-methylene-2-propenyl)mercury, see Hg-00152
Chloro(1-methylethyl)mercury, see Hg-00107
▷(Chloromethyl)(formylmethyl)mercury, see Hg-00089

▷Chloromethylmercury, Hg-00012
▷(Chloromethyl)(2-methoxy-2-oxoethyl)mercury, Hg-00173
Chloro(1-methyl-1-nitroethyl)mercury, Hg-00096
▷(Chloromethyl)(2-oxoethyl)mercury, Hg-00089
▷(Chloromethyl)(2-oxo-2-phenylethyl)mercury, Hg-00545
▷(Chloromethyl)(2-oxopropyl)mercury, Hg-00171
▷Chloromethyl(phenacyl)mercury, see Hg-00545
Chloro(2-methylphenyl)mercury, Hg-00400
Chloro(3-methylphenyl)mercury, Hg-00401
Chloro(4-methylphenyl)mercury, Hg-00402
Chloro[(2-methylphenyl)methyl]mercury, Hg-00476
Chloro[(3-methylphenyl)methyl]mercury, Hg-00477
Chloro[(4-methylphenyl)methyl]mercury, Hg-00478
Chloro(2-methyl-2-propenyl)mercury, Hg-00169
Chloro(1-methylpropyl)mercury, Hg-00192
Chloro(2-methylpropyl)mercury, Hg-00193
Chloro(β-methylstryryl)mercury, see Hg-00552
Chloromethylzinc, Zn-00003
Chloro-1-naphthalenylmercury, see Hg-00581
Chloro-2-naphthalenylmercury, see Hg-00582
Chloro-1-naphthylmercury, Hg-00581
Chloro-2-naphthylmercury, Hg-00582
Chloroneopentylmercury, see Hg-00249
Chloro(p-nitrobenzyl)mercury, see Hg-00391
Chloro(2-nitroethyl)mercury, see Hg-00043
Chloro(2-nitrophenyl)mercury, Hg-00285
Chloro(3-nitrophenyl)mercury, Hg-00286
Chloro(4-nitrophenyl)mercury, Hg-00287
Chloro[(4-nitrophenyl)methyl]mercury, Hg-00391
Chloro(2-nitrophenyl)zinc, Zn-00050
Chloro(2-nitropropyl)mercury, see Hg-00095
Chloro(octahydro-1-propyl-3,5-methanocyclopenta[b]pyrrol-6-yl)mercury, see Hg-00635
Chloro(2-oxocyclohexyl)mercury, see Hg-00322
Chloro(2-oxoethyl)mercury, Hg-00037
Chloro(2-oxo-1-phenylethyl)mercury, see Hg-00464
Chloro(3-oxo-3-phenyl-1-propenyl)mercury, Hg-00538
Chloro(2-oxopropyl)mercury, Hg-00090
Chloro(3-oxopropyl)mercury, Hg-00091
Chloro(1,2,3,4,5-pentachloro-2,4-cyclopentadien-1-yl)mercury, Hg-00215
Chloro(pentachlorophenyl)mercury, Hg-00270
Chloro-2,4-pentadienyl(N,N,N′,N′-tetramethyl-1,2-ethanediamine-N,N′)zinc, in Zn-00042
Chloro-2,4-pentadienylzinc, Zn-00042
Chloro(pentafluorophenyl)mercury, Hg-00266
Chloro-1-pentenylmercury, Hg-00231
Chlorophenethylmercury, see Hg-00479
Chloro[3-phenoxy-2-(1-piperidinyl)propyl]mercury, Hg-00760
Chloro[2-(phenylazo)phenyl]mercury, Hg-00683
Chloro(2-phenylethenyl)mercury, Hg-00463
Chloro(2-phenylethyl)mercury, Hg-00479
Chloro(phenylethynyl)mercury, Hg-00450
▷Chlorophenylmercury, Hg-00294
2-Chlorophenylmercury chloride, see Hg-00288
3-Chlorophenylmercury chloride, see Hg-00289
4-Chlorophenylmercury chloride, see Hg-00290
Chloro(phenylmethyl)mercury, see Hg-00399
Chloro[2-phenyl-2-(phenylamino)ethyl]mercury, Hg-00750
[1-(2-Chlorophenyl)-3-phenyl-1-triazenato-N^1,N^3]phenylmercury, Hg-00808
Chloro(2-phenyl-1-propenyl)mercury, Hg-00544
Chloro(2-phenylpropyl)mercury, Hg-00552
Chloro(3-phenylpropyl)mercury, Hg-00553
Chloro(3-phenyl-2-propynyl)mercury, Hg-00537
Chlorophenylzinc, Zn-00052
Chloro-10-pinanylmercury, see Hg-00613
Chloro(2-piperidinoethyl)mercury, see Hg-00434
Chloro[2-(1-piperidinyl)ethyl]mercury, Hg-00434
Chloro-1,2-propadienylmercury, Hg-00076
Chloro-2-propenylmercury, Hg-00087
Chloropropylcadmium, Cd-00014
Chloropropylmercury, Hg-00108
Chloro-2-pyridinylmercury, Hg-00216
▷Chloro-3-pyridinylmercury, Hg-00217
Chloro-4-pyridinylmercury, Hg-00218

Chlorostyrylmercury, see Hg-00463
Chloro(4-sulfophenyl)mercury, see Hg-00298
Chloro[(tetrahydro-2-furanyl)methyl]mercury, Hg-00236
Chloro(N,N,N',N'-tetramethyl-1,2-ethanediamine-N,N')-(triphenylstannyl)cadmium, in Cd-00061
Chloro(2,3,4,5-tetramethylphenyl)mercury, Hg-00597
Chloro(2,3,4,6-tetramethylphenyl)mercury, Hg-00598
Chloro(2,3,5,6-tetramethylphenyl)mercury, Hg-00599
Chloro-2-thiazolylmercury, see Hg-00073
Chloro(2-thienyl)mercury, see Hg-00142
Chloro-2-thienylzinc, Zn-00028
Chloro(2-thiocyanatoethenyl)mercury, Hg-00074
Chloro(2-thiocyanatovinyl)mercury, see Hg-00074
Chloro-m-tolylmercury, see Hg-00401
Chloro-o-tolylmercury, see Hg-00400
Chloro-p-tolylmercury, see Hg-00402
Chloro(trichloromethyl)mercury, Hg-00003
Chlorotricyclo[3.3.1.1^{3,7}]dec-1-ylmercury, see Hg-00607
Chlorotricyclo[2.2.1.0^{2,6}]hept-3-ylmercury, see Hg-00413
Chlorotricyclo[3.2.1.0^{2,7}]oct-6-ylmercury, see Hg-00493
Chloro(trifluoromethyl)mercury, Hg-00002
Chloro[3,3,3-trifluoro-1-oxo-2,2-bis(trifluoromethyl)propyl]mercury, Hg-00214
Chloro(2,4,5-trimethylphenyl)mercury, Hg-00554
Chloro(2,4,6-trimethylphenyl)mercury, Hg-00555
Chloro(triphenylphosphoniumisobutylide)zinc(1+), see Zn-00159
Chloro[triphenylphosphonium(1-η)-2-methylpropylide]zinc(1+), Zn-00159
Chloro(triphenylstannyl)cadmium, Cd-00061
Chloro(triphenylstannyl)zinc, see Zn-00147
Chloro(triphenyltin)zinc, Zn-00147
Chloro[tris(trimethylsilyl)methyl]mercury, Hg-00627
Chlorovinylmercury, Hg-00036
β-Chlorovinylmercury bromide, see Hg-00026
1-Chlorovinylmercury chloride, see Hg-00028
β-Chlorovinylmercury chloride, see Hg-00029
Chloro-2,4-xylylmercury, see Hg-00472
Chloro-2,5-xylylmercury, see Hg-00473
Chloro-2,6-xylylmercury, see Hg-00474
Chloro-3,4-xylylmercury, see Hg-00475
Cinnamylmercury bromide, see Hg-00543
Crotylmercury bromide, see Hg-00165
Crotylmercury chloride, see Hg-00167
Cyanato(phenyl)mercury, see Hg-00387
(Cyanato-N)(trifluoromethyl)mercury, Hg-00023
(Cyanodiazomethyl)methylmercury, Hg-00079
(2-Cyanoethyl)iodomercury, Hg-00082
2-Cyanoethylmercury iodide, see Hg-00082
1-Cyanomercuri-4-methylcyclohexane, see Hg-00502
(Cyano-C)(4-methylcyclohexyl)mercury, Hg-00502
[μ_3-(Cyanomethylidyne)]trimethyltrimercury, see Hg-00239
▷(Cyano-C)methylmercury, Hg-00040
Cyanomethylmercury acetate, see Hg-00153
(Cyanomethyl)methylmercury, Hg-00093
Cyanomethylzinc bromide, see Zn-00008
(Cyano-C)phenylmercury, Hg-00386
2-Cyanophenylzinc chloride, see Zn-00067
Cyanotris(methylmercuri)methane, see Hg-00239
Cyclobutylmercury bromide, see Hg-00166
1-Cyclohexen-1-ylmercury chloride, see Hg-00319
1-Cyclohexen-1-ylmethylmercury chloride, see Hg-00423
Cyclohexyl(dibromochloromethyl)mercury, Hg-00421
Cyclohexylmercury acetate, see Hg-00507
Cyclohexylmercury bromide, see Hg-00337
Cyclohexylmercury chloride, see Hg-00340
Cyclohexyl(tribromomethyl)mercury, Hg-00422
Cyclohexyl(trichloromethyl)mercury, Hg-00425
Cyclohexylzinc bromide, see Zn-00059
(η^1-2,4-Cyclopentadien-1-yl)bis(trimethylsilylamido)mercury, Hg-00639
(Cyclopentadienyldicarbonyliron)mercuric bromide, see Hg-00373
(Cyclopentadienyldicarbonyliron)mercuric chloride, see Hg-00378
(Cyclopentadienyldicarbonyliron)phenylmercury, see Hg-00726
2,4-Cyclopentadien-1-yldi-μ-hydrohydrodizinc, Zn-00043

(2,4-Cyclopentadien-1-yl)iodomercury, Hg-00221
(Cyclopentadienyl)mercury azide, see Hg-00222
Cyclopentadienylmercury bromide, see Hg-00219
Cyclopentadienylmercury chloride, see Hg-00220
Cyclopentadienylmercury iodide, see Hg-00221
2,4-Cyclopentadien-1-ylmethylmercury, Hg-00316
2,4-Cyclopentadienyl-1-yl[1,1,1-trimethyl-N-(trimethylsilyl)silanaminato]mercury, see Hg-00639
Cyclopentylmercury bromide, see Hg-00228
Cyclopentylmercury chloride, see Hg-00230
Cyclopentylmethylmercury chloride, see Hg-00341
Cyclopropylcarbinylmercury chloride, see Hg-00168
Cyclopropylmercury bromide, see Hg-00083
Cyclopropylmethylmercury, Hg-00179
3-(Cyclopropyl)propylmercuric chloride, see Hg-00346
(Cysteinato)methylmercury, see Hg-00197
Decakis(chloromercurio)ferrocene, see Hg-00576
Diacetonylmercury, see Hg-00334
1,3-Diacetoximercuri-2-oxopropane, see Hg-00417
Diallenylmercury, see Hg-00305
Diallylcadmium, see Cd-00031
Diallylmercury, see Hg-00333
Diallylzinc, see Zn-00057
Di-p-anisylmercury, see Hg-00755
(1-Diazo-2-ethoxy-2-oxoethyl)(1,1-dimethylethyl)mercury, see Hg-00505
(1-Diazo-2-methoxy-2-oxoethyl)methylmercury, Hg-00160
▷[μ-(Diazomethylene)]dimethyldimercury, see Hg-00100
2-Diazo-2-methylmercuri-1-phenylethanone, see Hg-00541
1-Diazo-1-methylmercuri-2-propanone, see Hg-00159
(1-Diazo-2-oxo-2-phenylethyl)methylmercury, see Hg-00541
(1-Diazo-2-oxopropyl)methylmercury, Hg-00159
(α-Diazophenacyl)methylmercury, see Hg-00541
Dibenzenemercury(2+), Hg-00698
Dibenzo-1,4-dioxa-8-mercura-6,9-cycloundecadiene, see Hg-00785
▷Dibenzylmercury, Hg-00754
Dibenzylzinc, Zn-00132
Di-4-biphenylylzinc, Zn-00160
(Dibromochloromethyl)phenylmercury, Hg-00374
▷(Dibromofluoromethyl)phenylmercury, Hg-00375
(Dibromoiodomethyl)phenylmercury, Hg-00376
Dibromomethylcadmate(1−), Cd-00002
(Dibromomethyl)phenylmercury, Hg-00390
Dibromo-1,4-phenylenedimercury, see Hg-00283
Dibromo[μ-[(4-phenyl-3,5-morpholinediyl)bis[methylene]]]dimercury, see Hg-00703
Dibromo[μ-[(1-phenyl-2,6-piperazinediyl)bis(methylene)]]dimercury, see Hg-00707
Dibromo[μ-[(1-phenyl-2,5-pyrrolidinediyl)bis[methylene]]]dimercury, see Hg-00702
Dibromo[μ-[(4-phenyl-3,5-thiomorpholinediyl)bis[methylene]]]dimercury, see Hg-00704
Dibromo[μ-(4-phenylthiomorpholine-2,6-diyl)]dimercury S,S-dioxide, see Hg-00590
Di-2-butenylcadmium, Cd-00041
Di(3-butenyl)mercury, see Hg-00504
▷Di-2-butenylzinc, Zn-00077
Di-3-butenylzinc, Zn-00078
Di-$tert$-butoxydimethyldicadmium, in Cd-00024
▷Dibutylcadmium, Cd-00043
▷Dibutylmercury, Hg-00524
▷Di-sec-butylmercury, see Hg-00522
Di-$tert$-butylmercury, Hg-00525
Dibutylzinc, Zn-00087
Di-sec-butylzinc, see Zn-00085
Di-$tert$-butylzinc, Zn-00088
Di-1-butynylmercury, Hg-00489
Dicarbonyl(chloromercurio)-π-cyclopentadienyliron, see Hg-00378
Dicarbonyl(chloromercury)(η^5-2,4-cyclopentadien-1-yl)iron, Hg-00378
Dicarbonyl-π-cyclopentadienyl(phenylmercurio)iron, see Hg-00726
Dicarbonyl(η^5-2,4-cyclopentadien-1-yl)(phenylmercury)iron, Hg-00726

3,3-Dichloroallylmercury chloride, see Hg-00077
Di-μ-chlorobis[3-(diethylamino)propyl-C,N]dizinc, in Zn-00071
Dichlorobis(triphenylstannyl)dizinc, in Zn-00147
Dichloro(1,4-butanediyl)dimercury, see Hg-00175
Dichloro(chloromercurio)nitrosylbis(triphenylphosphine)osmium, Hg-00863
1,1-Dichloro-3-chloromercuripropene, see Hg-00077
Dichloro[μ-(diacetylmethylene)]dimercury, see Hg-00223
Di-μ-chlorodichlorobis[triphenylphosphonium(1-η)-2-oxopropylide]dimercury, in Hg-00840
Dichloro[μ-(dicyanomethylene)]dimercury, see Hg-00070
Dichloro(μ-2,3-dihydroxytetramethylene)dimercury, see Hg-00177
Dichloro(dimethylsulfoxonium-η-methylide)mercury, Hg-00115
Dichloro[μ-[1,2-dioxolane-3,5-diylbis(methylene)]]dimercury, see Hg-00226
Dichloro[μ-(dioxydi-2,1-ethanediyl)]dimercury, Hg-00178
Di-μ-chlorodiphenylbis[μ-(diphenylstannio)]dizinc, in Zn-00147
2,2'-Dichlorodivinylmercury, see Hg-00146
Dichloro(η^2-ethene)mercury, Hg-00046
Dichloro-μ-ethenylidenedimercury, see Hg-00030
Dichloro[μ-[1-(ethoxycarbonyl)-2-oxopropylidene]]dimercury, Hg-00315
Dichloro[μ-2-ethoxy-1-(ethoxycarbonyl)-2-oxoethylidene]dimercury, in Hg-00075
Dichloro(η^2-ethylene)mercury, see Hg-00046
Dichloro-μ-ethylidenedimercury, see Hg-00047
(Dichlorofluoromethyl)phenylmercury, Hg-00382
Dichloro[μ-[(4-fluorophenyl)(4-methoxyphenyl)ethenylidene]]dimercury, see Hg-00768
Dichloro-μ-2,5-furandiyldimercury, see Hg-00137
Dichloro(1,6-hexanediyl)dimercury, see Hg-00348
(Dichloroiodomethyl)phenylmercury, Hg-00383
(1,1-Dichloro-2-methoxy-2-oxoethyl)phenylmercury, Hg-00540
Dichloro-μ-methylenedimercury, see Hg-00009
(Dichloromethyl)phenylmercury, Hg-00392
Dichloro[μ-(2-methyl-1-propenylidene)]dimercury, see Hg-00156
[1,1-Dichloro-2-oxo-2-(1-piperidinyl)ethyl]phenylmercury, Hg-00734
[Dichloro(N,N-pentamethyleneaminocarbonyl)methyl]phenylmercury, see Hg-00734
Dichlorophenylcadmate(1−), Cd-00028
Dichloro-1,2-phenylenedimercury, see Hg-00291
Dichloro-1,3-phenylenedimercury, see Hg-00292
3,5-Dichlorophenylmercury acetate, see Hg-00453
[Dichloro(phenylsulfonyl)methyl]phenylmercury, Hg-00725
Dichloro-μ-1,3-propanediyldimercury, see Hg-00097
Dichloro(μ-2,3,5,6-tetrafluoro-1,4-phenylene)dimercury, see Hg-00269
Dichloro(μ-2,4,5,6-tetrafluoro-1,3-phenylene)dimercury, see Hg-00268
Dichloro(μ-3,4,5,6-tetrafluoro-1,2-phenylene)dimercury, see Hg-00267
Dichloro(triphenylphosphonium-2-oxopropylide)mercury, Hg-00840
Dichloro-μ-vinylenedimercury, see Hg-00031
Dicrotylcadmium, see Cd-00041
▷Dicrotylzinc, see Zn-00077
▷Dicyclobutylzinc, Zn-00079
Di-1-cyclohexen-1-ylmercury, Hg-00712
Dicyclohexylcadmium, Cd-00051
Dicyclohexylmercury, Hg-00717
Dicyclohexylzinc, Zn-00118
Di-π-cyclopentadienylcadmium, see Cd-00045
Di-2,4-cyclopentadien-1-ylmercury, Hg-00589
Dicyclopentadienylzinc, see Zn-00092
Di-1-cyclopenten-1-ylmercury, see Hg-00605
Dicyclopentylmercury, Hg-00616
Dicyclopentylzinc, Zn-00100
Dicyclopropylmercury, Hg-00331
▷Dicyclopropylzinc, Zn-00056
Didecylmercury, Hg-00838
Didodecylmercury, Hg-00843
Diethenylcadmium, see Cd-00016

Diethenylmercury, see Hg-00157
▷Diethenylzinc, see Zn-00029
[1-(Diethoxyphosphinyl)-2-(diethylamino)-2-oxoethyl]nitratomercury, Hg-00623
2-Diethylaminoethylmercury chloride, see Hg-00360
(Diethylamino)methylmercury chloride, see Hg-00254
[3-(Diethylamino)propyl]zinc chloride, see Zn-00071
Diethyl bis(chloromercuri)malonate, in Hg-00075
Diethylbis(μ-2,4-pentanedionato)dizinc, in Zn-00069
Diethylbis[μ-(thioacetanilidato)]dizinc, in Zn-00096
▷Diethylcadmium, Cd-00018
(Diethylcarbamodithioato-S)methylmercury, Hg-00359
Diethyl N,N-diethylcarbamylmethylenephosphonatomercury nitrate, see Hg-00623
(Diethyldithiocarbamato)methylmercury, see Hg-00359
(N,N-Diethylhydroxylaminato)phenylzinc, Zn-00098
▷Diethylmercury, Hg-00199
Diethyl-μ-oxodimercury, Hg-00204
Diethyl[trimethylphosphonium η-(trimethylsilyl)methylide]zinc, Zn-00109
▷Diethylzinc, Zn-00036
Diethynylmercury, Hg-00139
Diferrocenylmercury, Hg-00829
Di-9H-fluoren-9-ylmercury, Hg-00848
Di-(2-furanyl)mercury, Hg-00456
Di-(3-furanyl)mercury, Hg-00457
Di-2-furylmercury, see Hg-00456
Di-3-furylmercury, see Hg-00457
Di-5-hexenylzinc, Zn-00119
▷Dihexylmercury, Hg-00719
(Dihydroaluminato)di-μ-hydrodimethylzincate(1−), Zn-00020
7,8-Dihydro-5H,10H-dibenzo[f,i][1,4,8]dioxamercuracycloundecine, Hg-00785
Di-μ-hydrohydrophenyldizinc, Zn-00055
Di-1H-indenyl-1-ylmercury, Hg-00809
Di-μ-iododiiodobis[3-(triphenylphosphonio)-2,4-cyclopentadien-1-yl]dimercury, in Hg-00842
Di-μ-iododiiodobis(triphenylphosphoniumcyclopentadien-1-ylide)dimercury, in Hg-00842
Diiodo[triphenylphosphonium(1-η)-2,4-cyclopentadien-1-ylide]mercury, Hg-00842
Diisobutylcadmium, see Cd-00042
Diisobutylmercury, see Hg-00523
Diisobutylzinc, see Zn-00086
Diisopropylcadmium, Cd-00033
▷Diisopropylmercury, Hg-00363
▷Diisopropylzinc, Zn-00063
1,6-Dimercuracyclodecane, Hg-00517
1,7-Dimercuracyclododecane, Hg-00622
1,6-Dimercurecane, see Hg-00517
Dimesitylzinc, see Zn-00151
2,5-Dimethoxyphenylmercury chloride, see Hg-00480
[2-[(1,1-Dimethyethyl)dioxy]ethyl](trifluoroacetato-O)mercury, see Hg-00501
[2-(Dimethylamino)benzenethiolato-N,S]phenylmercury, Hg-00758
[4-(Dimethylamino)-1-butynyl]ethylzinc, Zn-00080
2-[1-(N,N-Dimethylamino)ethyl]phenylmercury chloride, see Hg-00604
[6-(Dimethylamino)-1-hexynyl]ethylzinc, Zn-00102
[(2-Dimethylamino)-1-methylpropyl]mercury chloride, in Hg-00198
[5-(Dimethylamino)-1-pentynyl]ethylzinc, Zn-00090
4-Dimethylaminophenylmercury acetate, see Hg-00602
[3-(Dimethylamino)-1-propynyl]ethylzinc, Zn-00070
(2,6-Dimethylbenzoato-O)(2,6-dimethylphenyl)mercury, Hg-00803
Dimethylbis(2-methyl-2-propanolato)dicadmium, in Cd-00024
Dimethylbis[trimethylphosphonium-η-(trimethylsilyl)methylide]cadmium, Cd-00060
(2,3-Dimethyl-1,3-butadienyl)mercury chloride, see Hg-00321
(3,3-Dimethyl-1-butenyl)mercury acetate, see Hg-00508
▷Dimethylcadmium, Cd-00011
(Dimethylcarbamodithioato-S,S')phenylmercury, Hg-00561
1,4-Dimethyldibenzo-1,4-diaza-8-mercura-6,9-cycloundecadiene, see Hg-00817
(Dimethyldithiocarbamato)phenylmercury, see Hg-00561
(1,1-Dimethylethyl)(1,1-dimethylethoxy)zinc, see Zn-00082
[(1,1-Dimethylethyl)dioxy]ethylmercury, Hg-00365

(1,1-Dimethylethyldioxy)methylcadmium, see Cd-00025
[2-[(1,1-Dimethylethyl)dioxy]-1-methylpropyl]-(trifluoroacetato-O)mercury, see Hg-00615
(1,1-Dimethylethyldioxy)methylzinc, see Zn-00045
2-(1,1-Dimethylethyldioxy)-3-(trifluoroacetoxymercuri)butane, see Hg-00615
(1,1-Dimethylethylhydroperoxidato-O^2)methylcadmium, see Cd-00025
(1,1-Dimethylethyl hydroperoxidato-O^2)methylzinc, see Zn-00045
(1,1-Dimethylethyloxy)ethylzinc, see Zn-00061
(1,1-Dimethylethylthio)methylcadmium, see Cd-00026
(1,1-Dimethylethylthio)methylzinc, see Zn-00046
(1,1-Dimethylethyl)(trimethylstannyl)mercury, see Hg-00442
▷ Dimethylmercury, Hg-00056
1,2-Dimethyl-3-methoxybutylmercury bromide, see Hg-00436
(3,3-Dimethyl-2-methylenebicyclo[2.2.1]hept-1-yl)mercury chloride, see Hg-00608
(3,3-Dimethyl-2-oxobicyclo[2.2.1]hept-1-yl)mercury chloride, see Hg-00565
(7,7-Dimethyl-2-oxobicyclo[2.2.1]hept-1-yl)mercury chloride, see Hg-00566
3,3-Dimethyl-2-oxobutylmercury chloride, see Hg-00344
Dimethyl-μ-oxodimercury, see Hg-00060
1,1-Dimethyl-2-oxopropylmercury chloride, see Hg-00232
1,4-Dimethylpentylmercury bromide, see Hg-00435
2,4-Dimethylphenylmercury chloride, see Hg-00472
2,5-Dimethylphenylmercury chloride, see Hg-00473
2,6-Dimethylphenylmercury chloride, see Hg-00474
3,4-Dimethylphenylmercury chloride, see Hg-00475
2,6-Dimethylphenylmercury 2,6-dimethylbenzoate, see Hg-00803
(2,2-Dimethylpropyl)iodomercury, Hg-00253
Dimethyl[μ-(1H-purin-6-aminato-$N^6,N^7:N^9$)]dimercury(1+), see Hg-00416
Dimethyl-μ-selenoxodimercury, Hg-00063
▷ Dimethyl[μ-[sulfato(2−)-O,O']]dimercury, Hg-00061
Dimethyl-μ-telluroxodimercury, Hg-00064
Dimethyl-μ-thiodimercury, see Hg-00062
Dimethyl-μ-thioxodimercury, see Hg-00062
▷ Dimethylzinc, Zn-00017
Di-1-naphthalenylmercury, see Hg-00826
Di-2-naphthalenylmercury, see Hg-00827
Di-1-naphthalenylzinc, see Zn-00154
Di-1-naphthylmercury, Hg-00826
Di-2-naphthylmercury, Hg-00827
Di-1-naphthylzinc, Zn-00154
Dineopentylmercury, see Hg-00624
▷ Dineopentylzinc, see Zn-00105
2-(Dinitromethyl)cyclohexylmercury bromide, see Hg-00420
3,3-Dinitropropylmercury chloride, see Hg-00088
Dioctylmercury, Hg-00798
Dioctylzinc, Zn-00146
Di-1-octynylzinc, Zn-00145
2,6-Dioxaadamant-4,8-ylenebis(acetoxymercury), see Hg-00710
1,7-Dioxa-4,10-dimercuracyclododecane, Hg-00518
[(1,4-Dioxane-2-yl)methyl]iodomercury, see Hg-00237
Dioxotetrakis(2-propanolato)bis(aluminum)zinc, Zn-00122
Di-2,4-pentadienyl(N,N,N',N'-tetramethyl-1,2-ethanediamine-N,N')zinc, in Zn-00097
Di-2,4-pentadienylzinc, Zn-00097
Di-1,3-pentadiynylmercury, Hg-00580
Di-4-pentenylmercury, Hg-00617
Di-4-pentenylzinc, Zn-00101
Diphenacylmercury, see Hg-00783
Diphenoxymethylmercury bromide, see Hg-00728
(Diphenylaminato)ethylzinc, Zn-00133
(Diphenylamino)methylzinc, Zn-00124
(α,α-Diphenylbenzenemethanolato-O)ethylzinc, see Zn-00158
Diphenylbis[μ-[2-(N-phenylformimidoyl)phenolato]]dizinc, in Zn-00153
Diphenylbis[μ-(8-quinolinolato-$N^1,O^8:O^8$)]dimercury, in Hg-00769
Diphenylbis(μ-thiocyanato)dimercury, in Hg-00388
Diphenylcadmium, Cd-00049
1,2-Diphenylethenylmercury bromide, see Hg-00747
2,2-Diphenylethenylmercury bromide, see Hg-00748
▷ Diphenylmercury, Hg-00687

1,2-Diphenyl-1-methoxy-3-chloromercuripropane, see Hg-00787
1,3-Diphenyl-3-(phenylmercuri)triazene, see Hg-00811
[2-[(Diphenylphosphino)methyl]phenylmercury bromide, see Hg-00823
▷ (Diphenylphosphino)phenylzinc, Zn-00148
Diphenylsulfatodimercury, Hg-00695
Diphenyl[μ-(sulfato(2−)-O,O')]dimercury, see Hg-00695
(1,5-Diphenylthiocarbazonato-N,S)phenylmercury, see Hg-00824
(1,3-Diphenyl-1-triazenato-N^3)phenylmercury, Hg-00811
(1,2-Diphenylvinyl)mercury bromide, see Hg-00747
2,2-Diphenylvinylmercury bromide, see Hg-00748
Diphenylzinc, Zn-00113
▷ Dipicrylmercury, see Hg-00656
Dipivalolylmethylmercury acetate, see Hg-00737
Di-1,2-propadienylmercury, Hg-00305
Di-2-propenylcadmium, Cd-00031
Di-1-propenylmercury, Hg-00332
Di-2-propenylmercury, Hg-00333
Di-2-propenylzinc, Zn-00057
Dipropylcadmium, Cd-00034
▷ Dipropylmercury, Hg-00364
▷ Dipropylzinc, Zn-00064
Di-1-propynylmercury, Hg-00306
Di(8-quinolinyl)mercury, Hg-00806
Diruthenocenylmercury, Hg-00830
Di-2-thienylcadmium, Cd-00038
Di-(2-thienyl)mercury, Hg-00458
Di-3-thienylmercury, Hg-00459
Di-2-thienylzinc, Zn-00073
Di-p-tolylcadmium, see Cd-00056
Di-2-tolylcadmium, see Cd-00055
Di-m-tolylmercury, see Hg-00752
Di-o-tolylmercury, see Hg-00751
Di-p-tolylmercury, see Hg-00753
Di-m-tolylzinc, see Zn-00130
Di-o-tolylzinc, see Zn-00129
Di-p-tolylzinc, see Zn-00131
Divinylcadmium, Cd-00016
Divinylmercury, Hg-00157
▷ Divinylzinc, Zn-00029
1,6-Dizincacyclodecane, Zn-00081
1,7-Dizincacyclododecane, Zn-00103
1,8-Dizincacyclotetradecane, Zn-00120
Dodecafluorotribenzo[b,e,h][1,4,7]trimercuronin, Hg-00805
Durylmercury chloride, see Hg-00599
[Ethane(dithioato)-S]phenylmercury, Hg-00470
(Ethanesulfinato)ethylmercury, Hg-00203
(Ethanethioato-S)phenylmercury, Hg-00526
(Ethanethiolato-S)methylmercury, see Hg-00098
Ethenylethynylmercury, see Hg-00149
Etheniodomercury, see Hg-00039
Ethenyl(trifluoroethenyl)mercury, see Hg-00144
2-Ethoxyethylmercury acetate, see Hg-00353
2-Ethoxyethylmercury chloride, in Hg-00052
Ethoxyethylzinc, Zn-00034
Ethoxymethylcadmium, Cd-00015
▷ Ethoxymethylmercury, Hg-00117
Ethoxymethylzinc, Zn-00025
1-Ethoxy-7-norbornylmercury bromide, see Hg-00571
Ethyl acetobis(chloromercuri)acetate, see Hg-00315
Ethyl(bistrimethylsilylamido)mercury, Hg-00532
Ethyl α-(bromomercuri)phenylacetate, in Hg-00461
Ethyl tert-butylmercuridiazoacetate, Hg-00505
Ethylcadmium bromide, see Cd-00008
Ethylcadmium chloride, see Cd-00009
Ethylcadmium iodide, see Cd-00010
(Ethylcarbamato-O)phenylmercury, Hg-00560
Ethyl chloro(chloromercuri)acetate, see Hg-00155
Ethyl(1,1-dimethylethyl)mercury, see Hg-00362
Ethyl(1,1,1,3,3,3-hexamethyldisilazanato)mercury, see Hg-00532
Ethylhydridozinc, see Zn-00018
Ethyl(hydrogen carbanilato)zinc methyl ester, see Zn-00095
▷ Ethyl(hydrogen-o-mercaptobenzoate)mercury, see Hg-00546
▷ Ethylhydroxymercury, Hg-00057

Ethyl(hydroxytriphenylgermanato)zinc, see Zn-00155
Ethylhydrozinc, Zn-00018
Ethyliodocadmium, Cd-00010
▷Ethyliodomercury, Hg-00055
Ethyliodozinc, Zn-00013
Ethylisobutylcadmium, see Cd-00035
Ethylisobutylzinc, see Zn-00065
▷Ethyl(2-mercaptobenzoato-S)mercury, Hg-00546
▷Ethylmercurithiosalicylic acid, see Hg-00546
▷N-Ethylmercuri-p-toluenesulfonanilide, see Hg-00774
▷Ethylmercury acetate, see Hg-00180
Ethylmercury azide, see Hg-00054
Ethylmercury bromide, see Hg-00049
▷Ethylmercury chloride, see Hg-00050
Ethylmercury ethanesulfinate, see Hg-00203
▷Ethylmercury hydroxide, see Hg-00057
▷Ethylmercury iodide, see Hg-00055
Ethylmethoxyzinc, Zn-00026
Ethylmethylmercury, Hg-00116
▷Ethyl(4-methyl-N-phenylbenzenesulfonamidato-N)mercury, Hg-00774
Ethyl(methyl phenylcarbamato-N,O')zinc, Zn-00095
Ethyl(2-methyl-2-propanolato)zinc, see Zn-00061
Ethyl(2-methylpropyl)cadmium, Cd-00035
Ethyl(2-methylpropyl)zinc, Zn-00065
Ethyl(2,4-pentanedionato-O,O')zinc, Zn-00069
Ethylphenoxyzinc, Zn-00075
Ethyl(N-phenylacetamidato-N)zinc, Zn-00094
Ethyl(N-phenylbenzenaminato)zinc, see Zn-00133
Ethyl(phenyl)mercury, Hg-00490
Ethyl(2-propenyl)mercury, Hg-00242
Ethylpropylcadmium, Cd-00023
Ethylpropylzinc, Zn-00047
Ethyl(8-quinolinolato)zinc, Zn-00108
Ethyl(thioacetanilidato)zinc, Zn-00096
▷Ethyl(p-toluenesulfonanilidato)mercury, see Hg-00774
Ethyl(triphenylmethoxy)zinc, Zn-00158
N-(Ethylzinc)acetanilide, see Zn-00094
Ethylzinc acetate, see Zn-00030
Ethylzinc acetylacetonate, see Zn-00069
Ethylzinc bromide, see Zn-00011
Ethylzinc $tert$-butoxide, see Zn-00061
N-(Ethylzinc)carbanilic acid methyl ester, see Zn-00095
Ethylzinc chloride, see Zn-00012
Ethylzinc ethoxide, see Zn-00034
Ethylzinc hydride, see Zn-00018
Ethylzinc 8-hydroxyquinolinate, see Zn-00108
Ethylzinc iodide, see Zn-00013
Ethylzinc methoxide, see Zn-00026
Ethylzinc methylphenylketoximate, see Zn-00093
Ethylzinc phenoxide, see Zn-00075
N-(Ethylzinc)thioacetanilide, see Zn-00096
Ethylzinc triphenylmethoxide, see Zn-00158
μ-1,2-Ethynediyldiphenyldimercury, see Hg-00746
Ethynylbis[phenylmercury], see Hg-00746
Ethynylmethylmercury, Hg-00081
Ethynylphenylmercury, Hg-00455
Ethynylvinylmercury, Hg-00149
(Ferrocenylmercurio)ferrocene, see Hg-00829
Ferrocenylmercury chloride, see Hg-00587
9-Fluorenylmercury chloride, see Hg-00723
[μ_5-(6-Fluoro-1,2,3,4,5-benzenepentayl)]-pentakis(trifluoroacetato-O)pentamercury, see Hg-00775
Fluoromercuribenzene, see Hg-00299
Fluoromethylmercury, Hg-00013
Fluoropentakis(trifluoroacetato-O-mercuri)benzene, Hg-00775
N-(4-Fluorophenylmercuri)acetamide, see Hg-00466
Fluorophenylmercury, Hg-00299
3-Fluorophenylmercury bromide, see Hg-00280
4-Fluorophenylmercury bromide, see Hg-00281
2-(4-Fluorophenyl)-2-(4-methoxyphenyl)-1,1-bis(chloromercuri)ethylene, Hg-00768
(Fulminato)phenylmercury, see Hg-00387
▷2-Furylmercury chloride, see Hg-00140
3-Furylmercury chloride, see Hg-00141
Germisan, see Hg-00386

▷Granosan, see Hg-00050
(1,1,2,2,3,3,3-Heptafluoropropyl)iodozinc, Zn-00021
Heptamethoxyheptamethylheptazinc, in Zn-00014
▷Hexacarbonyldi-π-cyclopentadienyl-μ-mercuriodichromium, Hg-00777
Hexacarbonyl(ethylmercury)vanadium, Hg-00452
Hexacarbonyl-μ-mercuriobis(tributylphosphine)dicobalt, Hg-00855
Hexacarbonyl-μ-mercuriodinitrosyldiiron, see Hg-00272
Hexacarbonyl(mercury)dinitrosyldiiron, Hg-00272
Hexacarbonyl(phenylmercury)tantalum, Hg-00660
1,2,3,4,10,10-Hexachloro-6-chloromercuri-1,4,4a,5,6,7,8,8a-octahydro-1,4:5,8-dimethano-7-methoxynaphthalene, see Hg-00729
Hexachlorodivinylmercury, see Hg-00131
Hexaethoxyhexamethylhexazinc, in Zn-00025
Hexaethylocta-μ_3-methoxyheptazinc, Zn-00156
Hexafluorodivinylmercury, see Hg-00133
5,6,7,8,9,10-Hexahydro-6,9-dimethyldibenzo[f,i][1,4,8]diazamercuracycloundecine, Hg-00817
Hexakis(acetoxymercuri)-1,3-cyclopentadiene, Hg-00804
Hexakis(N,N-diethylhydroxylaminato)hexaphenylhexazinc, in Zn-00098
$cyclo$-Hexakis[μ-[4-(dimethylamino)-1-butynyl-$C:N$]]trizinc, in Zn-00116
Hexakis(isopropylthio)hexamethylhexacadmium, in Cd-00020
Hexakis(o-phenylenemercury), Hg-00862
[(1,2,3,4,5,6-η)Hexamethylbenzene]cadmium(2+), Cd-00050
Hexamethylbenzenemercury bistrifluoroacetate, Hg-00788
[(1,2,3,4,5,6-η)-Hexamethylbenzene]zinc(2+), Zn-00115
[($deloc$-2,3,4,5,6)-1,2,3,4,5,6-Hexamethyl-3,5-cyclohexadien-2-ylium-1-yl]mercury(2+) bistrifluoroacetate, see Hg-00788
(1,1,1,3,3,3-Hexamethyldisilazanato)methylmercury, see Hg-00444
Hexamethylhexakis(2-methyl-2-propanolato)hexazinc, in Zn-00044
(N,N,N',N',N'',N''-Hexamethylphosphorimidic triamidato-N''')methylmercury, Hg-00445
1,6-Hexanediylmercury, Hg-00349
1,1,1,3,3,3-Hexaphenyl-1,3-digerma-2-cadmapropane, see Cd-00064
1,1,1,3,3,3-Hexaphenyl-1,3-digerma-2-mercurapropane, see Hg-00864
1,1,1,3,3,3-Hexaphenyl-1,3-digerma-2-zincapropane, see Zn-00165
1,1,1,3,3,3-Hexaphenyl-1,3-disila-2-mercurapropane, see Hg-00865
1,1,1,3,3,3-Hexaphenyl-1,3-disila-2-zincapropane, see Zn-00166
1,1,1,3,3,3-Hexaphenyl-1,3-distanna-2-mercurapropane, see Hg-00866
1,1,1,3,3,3-Hexaphenyl-1,3-distanna-2-zincapropane, see Zn-00167
5-Hexenylmercury bromide, see Hg-00338
5-Hexenylmercury chloride, see Hg-00342
3-Hexenylmercury chloride (incorr.), see Hg-00343
▷Hydrargaphen, Hg-00858
Hydridophenylzinc, see Zn-00054
Hydrodimethylzincate(1−), Zn-00019
Hydrodiphenylzincate(1−), Zn-00114
(3-Hydroperoxybicyclo[2.2.1]hept-2-yl)mercury acetate, see Hg-00570
(2-Hydroperoxy-2-methylpropyl)mercury trifluoroacetate, see Hg-00326
(2-Hydroperoxy-2-methylpropyl)(trifluoroacetato-O)mercury, Hg-00326
2-Hydroperoxy-2-phenylethylmercury acetate, see Hg-00596
(Hydroperoxy)phenylmercury, Hg-00309
Hydrophenylzinc, Zn-00054
μ-Hydrotetramethyldizincate(1−), Zn-00040
(3-Hydroxybicyclo[2.2.2]oct-2-yl)mercury chloride, see Hg-00498
3-Hydroxybutylmercury bromide, see Hg-00187
2-Hydroxycyclobutylmercury chloride, see Hg-00170
2-Hydroxycyclohexylmercury acetate, see Hg-00511
2-Hydroxycyclopentylmercury chloride, see Hg-00234

3-Hydroxycyclopentylmercury chloride, see Hg-00233
Hydroxydiphenyldimercury(1+), Hg-00697
(2-Hydroxy-2,2-diphenylethyl)mercury acetate, see Hg-00786
2-Hydroxyethylmercury acetate, see Hg-00181
(1-Hydroxyethyl)mercury chloride, see Hg-00051
2-Hydroxyethylmercury chloride, see Hg-00052
(2-Hydroxyethyl)(4-methylphenyl)mercury, Hg-00562
Hydroxy(2-hydroxyphenyl)mercury, Hg-00310
Hydroxy(4-hydroxyphenyl)mercury, Hg-00311
▷(Hydroxymercuri)ethane, see Hg-00057
1-Hydroxymercurinaphthalene, see Hg-00586
4-(Hydroxymercuri)phenol, see Hg-00311
o-(Hydroxymercuri)phenol, see Hg-00310
1-Hydroxymercuripropane, see Hg-00118
3-Hydroxy-2-methoxypropylmercury bromide, see Hg-00189
▷Hydroxymethylmercury, Hg-00017
(2-Hydroxy-1-methylpropyl)mercury bromide, see Hg-00188
Hydroxy(1-naphthalenyl)mercury, see Hg-00586
Hydroxy(1-naphthyl)mercury, Hg-00586
Hydroxy(4-nitrophenyl)mercury, Hg-00301
3-Hydroxy-2-norbornylmercury chloride, see Hg-00424
5-Hydroxypentylmercury chloride, see Hg-00251
(3-Hydroxyperoxy-3-phenylpropyl)mercury chloride, see Hg-00559
(2-Hydroxy-N-phenylbenzaldehydeiminato-O)phenylzinc, Zn-00153
▷Hydroxyphenylmercury, Hg-00308
2-Hydroxyphenylmercury acetate, in Hg-00310
4-Hydroxyphenylmercury acetate, in Hg-00311
▷2-Hydroxyphenylmercury chloride, see Hg-00295
3-Hydroxyphenylmercury chloride, see Hg-00296
▷4-Hydroxyphenylmercury chloride, see Hg-00297
2-Hydroxyphenylmercury hydroxide, see Hg-00310
4-Hydroxyphenylmercury hydroxide, see Hg-00311
Hydroxypropylmercury, Hg-00118
2-Hydroxypropylmercury bromide, see Hg-00104
3-Hydroxypropylmercury chloride, see Hg-00109
3-Hydroxy-2,2,3-trimethylbutylmercury chloride, see Hg-00437
[2-Hydroxy-1-(trimethylsilyl)ethyl]mercury chloride, see Hg-00261
μ_3-Imidotrimethyltrimercury(1+), Hg-00126
Iminotris(methymercury), see Hg-00120
1-Indenylmercury chloride, see Hg-00536
Iodo(iodomethyl)mercury, Hg-00010
Iodoisobutylmercury, see Hg-00196
Iodoisopropylmercury, Hg-00112
▷Iodomercuribenzene, see Hg-00300
1-Iodomercuributane, see Hg-00195
5-Iodomercuri-1,3-cyclopentadiene, see Hg-00221
1-Iodomercuri-2,2-dimethylpropane, see Hg-00253
2-[(Iodomercuri)methyl]-1,4-dioxane, Hg-00237
1-Iodomercuri-2-methylpropane, see Hg-00196
1-Iodomercuripropane, see Hg-00113
2-Iodomercuripropane, see Hg-00112
3-Iodomercuripropene, see Hg-00092
3-(Iodomercuri)propionitrile, see Hg-00082
Iodomethylcadmium, Cd-00004
Iodo(1-methylethyl)mercury, see Hg-00112
Iodomethylmercury, Hg-00014
Iodomethylmercury iodide, see Hg-00010
(Iodomethyl)(phenylmethyl)mercury, see Hg-00482
Iodo(2-methylpropyl)mercury, see Hg-00196
Iodomethylzinc, Zn-00004
Iodoneopentylmercury, see Hg-00253
Iodo(pentafluorophenyl)cadmium, Cd-00027
Iodo(pentafluorophenyl)zinc, Zn-00049
Iodophenylcadmium, Cd-00029
▷Iodophenylmercury, Hg-00300
p-Iodophenylmercury chloride, see Hg-00284
Iodo(phenylmethyl)mercury, see Hg-00406
Iodophenylzinc, Zn-00053
Iodo-2-propenylmercury, see Hg-00092
Iodopropylmercury, Hg-00113
Iodopropylzinc, Zn-00024
Iodo(trifluoromethyl)zinc, Zn-00001
Iodovinylmercury, Hg-00039
Isobutylmercury bromide, see Hg-00186
Isobutylmercury chloride, see Hg-00193

Isobutylmercury iodide, see Hg-00196
Isobutylmethylmercury, see Hg-00258
Isopropoxymethylcadmium, see Cd-00019
Isopropylmercury acetate, see Hg-00244
Isopropylmercury bromide, see Hg-00102
Isopropylmercury chloride, see Hg-00107
Isopropylmercury iodide, see Hg-00112
Isopropylmethylcadmium sulfide, see Cd-00020
Isopropyl methylzinc sulfide, see Zn-00035
(Isopropylthio)methylcadmium, Cd-00020
(Isopropylthio)methylzinc, Zn-00035
Lithium dimethylhydridozincate, in Zn-00019
▷Maysan, see Hg-00467
Menthyl(bromomercuri)phenylacetate, in Hg-00462
Meralluride, Hg-00793
Merbak, see Hg-00794
Mercaptomerin, Hg-00796
▷Mercaptomerin sodium, in Hg-00796
(2-Mercaptopyrimidinato-S)methylmercury, Hg-00224
[μ-[3-Mercaptovalinato(2−)-N,O:S]]dimethyldimercury, see Hg-00438
▷Mercloran, see Hg-00250
▷Mercufenol chloride, see Hg-00295
Mercuhydrin, see Hg-00793
Mercuracycloheptane, see Hg-00349
Mercuracyclohexane, Hg-00243
▷Mercuran, see Hg-00246
2,2′-Mercuribisacetic acid, see Hg-00163
2,2′-Mercuribisacetophenone, see Hg-00783
4,4′-Mercuribisaniline, see Hg-00699
4,4′-Mercuribisbenzoic acid, see Hg-00744
Mercuribis(diazoacetophenone), see Hg-00779
1,1′-Mercuribis(N,N-diethylformamide), see Hg-00621
4,4′-Mercuribis(N,N-dimethylaniline), in Hg-00699
1,1′-Mercuribis(N,N-dimethylformamide), see Hg-00350
1,1′-Mercuribis(formic acid)dimethyl ester, see Hg-00164
1,1′-Mercuribispinacolone, see Hg-00718
Mercuribis[propanedioic acid]diethyl ester, see Hg-00762
▷1,1′-Mercuridiacetaldehyde, see Hg-00162
α,α'-Mercuridiacetic acid, see Hg-00163
Mercuridiacetic acid dimethyl ester, see Hg-00336
4,4′-Mercuridibenzoic acid, see Hg-00744
1,1′-Mercuridi-2-butanone, see Hg-00509
4,4′-Mercuridi-2-butanone, see Hg-00510
2,2′-Mercuridicyclohexanone, see Hg-00713
3,3′-Mercuridi-2-norbornanol, see Hg-00761
5,5′-Mercuridi-2-pentanone, see Hg-00618
1,1′-Mercuridi-2-propanone, see Hg-00334
Mercury acetylide, see Hg-00139
Mercurybis(acetylacetonate), see Hg-00606
Mercurybis[methanidylenebis(dimethylphosphoniummethylide)], see Hg-00766
Mercury diallyl, see Hg-00333
▷Mercury dibutyl, see Hg-00524
▷Mercury diethyl, see Hg-00199
Mercury diethylene oxide, see Hg-00518
▷Mercury dimethyl, see Hg-00056
▷Mercury dipropyl, see Hg-00364
▷Merilid, see Hg-00250
Merthiolate, in Hg-00546
Mesitylmercury chloride, see Hg-00555
Mesityl(trichloromethyl)mercury, see Hg-00592
β-Methallylmercury chloride, see Hg-00169
μ_4-Methanetetrayltetrakis(methanethiolato)tetramercury, see Hg-00260
μ_4-Methanetetrayltetrakis(trifluoroacetato-O)tetramercury, see Hg-00533
(Methanethiolato)methylcadmium, Cd-00013
▷(Methanethiolato)methylmercury, Hg-00059
(Methanethiolato)methylzinc, Zn-00016
(Methanethiolato)phenylmercury, see Hg-00412
(Methioninato-N,O)methylmercury, Hg-00357
(2-Methoxy-3-butenyl)mercury chloride, see Hg-00235
(2-Methoxy-3-butyl)mercury trifluoroacetate, see Hg-00426
(Methoxycarbonyl)phenylmercury, Hg-00469
2-Methoxycyclohexylmercury acetate, see Hg-00574

Name Index   2-Methoxycyclohexylmercury ... − 4-Methylphenylmercury bromide

2-Methoxycyclohexylmercury bromide, see Hg-00429
2-Methoxycyclohexylmercury chloride, see Hg-00432
(1-Methoxycyclohexyl)methylmercury chloride, see Hg-00515
2-Methoxycyclopentylmercury acetate, see Hg-00512
2-Methoxycyclopentylmercury bromide, see Hg-00339
1-Methoxycyclopentylmercury chloride, see Hg-00345
3-Methoxy-1,2-dimethyl-3-phenylpropylmercury bromide, see Hg-00711
(2-Methoxy-1,2-diphenylethyl)mercury chloride, see Hg-00773
(2-Methoxy-1,2-diphenylethyl)mercury trifluoroacetate, see Hg-00799
(2-Methoxy-1,2-diphenylethyl)(trifluoroacetato-O)mercury, Hg-00799
3-Methoxy-3,3-diphenylpropylmercury acetate, see Hg-00814
(3-Methoxy-1,2-diphenylpropyl)mercury chloride, see Hg-00787
▷ 2-Methoxyethylmercury acetate, see Hg-00246
2-Methoxyethylmercury bromide, see Hg-00105
1-Methoxyethylmercury chloride, see Hg-00110
▷ 2-Methoxyethylmercury chloride, see Hg-00111
Methoxymethylcadmium, Cd-00012
(2-Methoxy-2-methylpropyl)mercury bromide, see Hg-00248
(2-Methoxy-2-methylpropyl)mercury chloride, see Hg-00252
(2-Methoxy-1-methylpropyl)mercury trifluoroacetate, see Hg-00426
(2-Methoxy-1-methylpropyl)(trifluoroacetato-O)mercury, see Hg-00426
Methoxymethylzinc, Zn-00014
3-Methoxy-3-(4-nitrophenyl)propylmercury chloride, see Hg-00594
(2-Methoxy-2-oxoethyl)mercury chloride, in Hg-00038
(2-Methoxy-2-phenylethyl)mercury chloride, see Hg-00556
Methoxy(phenyl)mercury, Hg-00409
2-Methoxyphenylmercury acetate, in Hg-00310
4-Methoxyphenylmercury acetate, in Hg-00311
4-Methoxyphenylmercury bromide, see Hg-00398
2-Methoxyphenylmercury chloride, see Hg-00403
3-Methoxyphenylmercury chloride, see Hg-00404
4-Methoxyphenylmercury chloride, see Hg-00405
(2-Methoxy-3-phenylpropyl)mercury acetate, see Hg-00709
(2-Methoxy-1-phenylpropyl)mercury chloride, see Hg-00600
(1-Methoxy-1-phenyl-2-propyl)mercury chloride, see Hg-00601
2-Methoxypropylmercury chloride, see Hg-00194
(Methoxysulfinyl)methylmercury, Hg-00058
(4-Methoxy-2,2,5,5-tetramethyl-3-hexyl)mercury chloride, see Hg-00638
2-Methoxy-3-(trifluoroacetoxymercuri)butane, Hg-00426
3-Methoxy-2,2,3-trimethylbutylmercury chloride, see Hg-00520
[6-[(Methylamino)methylene]-2,4-cyclohexadien-1-onato-N]phenylmercury, Hg-00749
(4-Methylbenzenesulfonamidato-N)phenylmercury, Hg-00732
m-Methylbenzylmercury chloride, see Hg-00477
o-Methylbenzylmercury chloride, see Hg-00476
p-Methylbenzylmercury chloride, see Hg-00478
Methyl[bis(trifluoromethylamido)]mercury, Hg-00078
3-Methyl-1,3-butadienylmercury chloride, see Hg-00225
Methyl(tert-butylperoxy)cadmium, Cd-00025
Methyl(tert-butylperoxy)zinc, Zn-00045
Methylcadmium azide, see Cd-00005
Methylcadmium bromide, see Cd-00001
Methylcadmium chloride, see Cd-00003
Methylcadmium ethoxide, see Cd-00015
Methylcadmium iodide, see Cd-00004
Methylcadmium methoxide, see Cd-00012
Methylcadmium phenoxide, see Cd-00037
Methylcadmium thiocyanate, see Cd-00007
Methylcadmium thiomethoxide, see Cd-00013
Methylcadmium trimethylsiloxide, see Cd-00022
Methyl (2-chloro-2-fluoro-2-phenylmercuri)acetate, see Hg-00539
Methyl(chloromercuri)acetate, in Hg-00038
4-Methylcyclohexylmercury acetate, see Hg-00573
4-Methylcyclohexylmercury bromide, see Hg-00428
2-Methylcyclohexylmercury chloride, see Hg-00430
(3-Methylcyclohexyl)mercury chloride, see Hg-00431
4-Methylcyclohexylmercury cyanide, see Hg-00502
Methyl(1,1-dimethylethyl)mercury, see Hg-00256
Methyl(1,1-dimethylethylseleno)mercury, see Hg-00259
1-Methyl-2,2-diphenylcyclopropylmercury bromide, see Hg-00784

Methylenebis[chloromercury], see Hg-00009
▷ [μ-[[3,3′-Methylenebis[2-naphthalenesulfonato]](2−)]]diphenyldimercury, see Hg-00858
[2-[(Methylimino)methyl]phenolato-N,O]phenylmercury, see Hg-00749
Methyl(isopropyl)mercury, Hg-00200
4-Methylmercaptophenylmercury acetate, see Hg-00551
(Methylmercuri)acetonitrile, see Hg-00093
1-Methylmercuri-1-acetyl-2,2-dimethylcyclopropane, see Hg-00506
(Methylmercuri)acetylene, see Hg-00081
Methylmercuriammonium(1+), see Hg-00018
(Methylmercuri)cyanodiazomethane, see Hg-00079
Methylmercuridiazoacetone, see Hg-00159
α-Methylmercuridiazoacetonitrile, see Hg-00079
Methylmercuridiazoacetophenone, see Hg-00541
1-(Methylmercuri)-1-propyne, see Hg-00158
Methylmercury acetate, see Hg-00099
▷ Methylmercury azide, see Hg-00016
Methylmercury benzoate, see Hg-00468
Methylmercurybis(trimethylsilyl)amide, Hg-00444
Methylmercury bromide, see Hg-00011
▷ Methylmercury chloride, see Hg-00012
▷ Methylmercury cyanide, see Hg-00040
▷ Methylmercury ethoxide, see Hg-00117
Methylmercury fluoride, see Hg-00013
▷ Methylmercury hydroxide, see Hg-00017
Methylmercury iodide, see Hg-00014
Methylmercury methanesulfinate, see Hg-00058
Methylmercury methioninate, see Hg-00357
▷ Methylmercury methylmercaptide, see Hg-00059
Methylmercury nitrate, see Hg-00015
Methylmercury phenoxide, see Hg-00410
Methylmercury phenylmercaptide, see Hg-00411
(Methylmercury)phenyl sulfide, see Hg-00411
Methylmercury phosphate, see Hg-00123
▷ Methylmercury-8-quinolinolate, see Hg-00588
Methylmercury selenocysteaminate, see Hg-00121
Methylmercury thioacetate, Hg-00098
Methylmercury thiocyanate, see Hg-00041
(N-Methylmercury)tris(dimethylamino)phosphine imide, see Hg-00445
Methylmercury tyrosinate, see Hg-00603
Methyl methylcadmium sulfide, see Cd-00013
Methyl(methyldioxy)zinc, Zn-00015
Methyl(1-methylethyl)mercury, see Hg-00200
Methyl(1-methylethylthio)cadmium, see Cd-00020
Methyl(methyl hydroperoxidato-O^2)zinc, see Zn-00015
Methyl methylmercuridiazoacetate, see Hg-00160
▷ Methyl(methylmercury) sulfide, see Hg-00059
Methyl (methylperoxy)zinc, see Zn-00015
Methyl(2-methyl-2-propaneselenolato)mercury, see Hg-00259
Methyl(2-methyl-2-propanethiolato)cadmium, see Cd-00026
Methyl(2-methyl-2-propanolato)cadmium, Cd-00024
Methyl(2-methyl-2-propanolato)zinc, Zn-00044
Methyl(1-methylpropyl)mercury, Hg-00257
Methyl(2-methylpropyl)mercury, Hg-00258
Methyl(methylthio)cadmium, see Cd-00013
▷ Methyl(methylthio)mercury, see Hg-00059
Methyl(methylthio)zinc, see Zn-00016
Methyl methylzinc peroxide, see Zn-00015
Methyl methylzinc sulfide, see Zn-00016
Methyl(nitrato-O)mercury, Hg-00015
1-Methyl-1-nitroethylmercury chloride, see Hg-00096
Methyl(aci-nitromethanato-O)mercury, Hg-00053
Methyl(penicillaminato)mercury, Hg-00358
Methyl(pentafluorophenyl)mercury, Hg-00370
Methylphenolatocadmium, see Cd-00037
Methylphenoxycadmium, Cd-00037
Methylphenoxymercury, Hg-00410
Methylphenoxyzinc, Zn-00068
Methylphenylmercuri sulfide, see Hg-00412
Methylphenylmercury, Hg-00408
2-Methylphenylmercury acetate, see Hg-00548
3-Methylphenylmercury acetate, see Hg-00549
4-Methylphenylmercury acetate, see Hg-00550
4-Methylphenylmercury bromide, see Hg-00397

2-Methylphenylmercury chloride, see Hg-00400
Methyl(2-propanethiolato)cadmium, see Cd-00020
Methyl(2-propanethiolato)zinc, see Zn-00035
Methyl(2-propanolato)cadmium, Cd-00019
Methyl(2-propanoneoximato)zinc, Zn-00033
2-Methyl-2-propenylmercury chloride, see Hg-00169
Methylpropylmercury, Hg-00201
Methyl-1-propynylmercury, Hg-00158
Methyl(1H-purin-6-aminato-N^9)mercury, see Hg-00314
Methyl(pyridine-N)mercury(1+), Hg-00317
Methyl[2(1H)-pyrimidinethionato-S]mercury, see Hg-00224
▷ Methyl(8-quinolinolato-N^1,O^8)mercury, Hg-00588
2-Methyl-8-quinolinolato(phenyl)mercury, see Hg-00782
Methyl(thiocyanato)cadmium, Cd-00007
Methyl(thiocyanato-S)mercury, Hg-00041
(Methylthio)phenylmercury, Hg-00412
4-Methylthiophenylmercury acetate, see Hg-00551
1-Methyl-4-thiouracilyl-p-mercuribenzoic acid, see Hg-00688
Methyl(triethylgermyl)mercury, Hg-00440
Methyl(trifluoromethyl)zinc, Zn-00009
Methyl(trimethylgermyl)mercury, Hg-00208
Methyl(P,P,P-trimethylphosphine imidato)cadmium, Cd-00021
Methyl(P,P,P-trimethylphosphine imidato)zinc, Zn-00037
Methyl[(trimethylphosphoranylidene)(trimethylsilyl)methyl-]mercury, Hg-00528
Methyl(trimethylsilanolato)mercury, see Hg-00209
Methyl(trimethylsilyl)mercury, Hg-00210
Methyl(trimethylsilyloxy)cadmium, Cd-00022
Methyl(trimethylsilyloxy)mercury, Hg-00209
Methyl(trimethylsilyloxy)zinc, Zn-00038
Methyl[1,1,1-trimethyl-N-(trimethylsilyl)silanaminato]mercury, see Hg-00444
Methyl(tyrosinato-O')mercury, Hg-00603
Methylzinc(1+), Zn-00006
Methylzinc acetate, see Zn-00023
▷ Methylzinc azide, see Zn-00005
Methylzinc borohydride, in Zn-00006
Methylzinc bromide, see Zn-00002
Methylzinc tert-butoxide, see Zn-00044
Methylzinc tert-butyl sulfide, see Zn-00046
Methylzinc chloride, see Zn-00003
Methylzinc dimethylketoximate, see Zn-00033
Methylzinc ethoxide, see Zn-00025
Methylzinc iodide, see Zn-00004
Methylzinc methoxide, see Zn-00014
Methylzinc methylmercaptide, see Zn-00016
Methylzinc phenoxide, see Zn-00068
Methylzinc trimethylsiloxide, see Zn-00038
▷ Metisol, see Hg-00588
▷ Myringacaine, see Hg-00295
Myrtanylmercury chloride, see Hg-00613
μ_8-1,2,3,4,5,6,7,8-Naphthaleneoctaylocta kis(trifluoroacetato-O)octamercury, see Hg-00847
α-Naphthylmercury acetate, see Hg-00689
β-Naphthylmercury acetate, see Hg-00690
2-Naphthylmercury chloride, see Hg-00582
α-Naphthylmercury chloride, see Hg-00581
1-Naphthylmercury hydroxide, see Hg-00586
▷ Neohydrin, see Hg-00250
Neopentylmercury bromide, see Hg-00247
Neopentylmercury chloride, see Hg-00249
Neopentylmercury iodide, see Hg-00253
▷ (Nitrato-O)phenylmercury, Hg-00302
4-Nitrobenzylmercury chloride, see Hg-00391
2-Nitrocyclohexylmercury bromide, see Hg-00328
2-Nitroethylmercury chloride, see Hg-00043
(4-Nitrophenolato-O')phenylmercury, Hg-00686
2-Nitrophenylmercury chloride, see Hg-00285
3-Nitrophenylmercury chloride, see Hg-00286
4-Nitrophenylmercury chloride, see Hg-00287
4-Nitrophenylmercury hydroxide, see Hg-00301
(4-Nitrophenyl)phenylmercury, Hg-00685
2-Nitrophenylzinc chloride, see Zn-00050
2-Nitropropylmercury chloride, see Hg-00095
Nonafluoro-tert-butylphenylmercury, see Hg-00579

Norborn-2-ylmercury acetate, see Hg-00568
Nortricyclylmercury chloride, see Hg-00413
Octacarbonyl(mercury)dicobalt, Hg-00446
Octakis(trifluoroacetoxymercuri)naphthalene, Hg-00847
Octa-μ_3-methoxyhexamethylheptazinc, Zn-00140
Octamethyloctakis(μ_3-2-propanethiolato)octazinc, in Zn-00035
2-Oxocyclohexylmercury chloride, see Hg-00322
μ-Oxodiphenyldimercury, Hg-00694
2-Oxoethylmercury bromide, see Hg-00034
2-Oxoethylmercury chloride, see Hg-00037
4-Oxo-3-methyl-4-phenyl-2-butylmercury acetate, see Hg-00736
2-Oxo-1-phenylethylmercury chloride, see Hg-00464
2-Oxopropylmercury bromide, see Hg-00086
2-Oxopropylmercury chloride, see Hg-00090
3-Oxopropylmercury chloride, see Hg-00091
1,1'-Oxybis[1-chloromercuriethane], Hg-00176
Oxybis[ethylmercury], see Hg-00204
Oxybis(methylmercury), see Hg-00060
Oxybis[phenylmercury], see Hg-00694
(Oxydiethylidene)bis(mercury chloride), see Hg-00176
μ-Penicillaminatobis(methylmercury), Hg-00438
▷ Penotrane, see Hg-00858
Pentabromophenylmercury bromide, see Hg-00265
(Pentabromophenyl)phenylmercury, Hg-00657
Pentachlorocyclopentadienylmercury bromide, see Hg-00213
Pentachlorocyclopentadienylmercury chloride, see Hg-00215
Pentachlorophenylmercury bromide, see Hg-00263
Pentachlorophenylmercury chloride, see Hg-00270
(Pentachlorophenyl)phenylmercury, Hg-00658
2,4-Pentadienylzinc chloride, see Zn-00042
Pentafluorophenylcadmium iodide, see Cd-00027
Pentafluorophenylmercury bromide, see Hg-00264
Pentafluorophenylmercury chloride, see Hg-00266
(Pentafluorophenyl)phenylmercury, Hg-00659
Pentafluorophenylzinc bromide, see Zn-00048
Pentafluorophenylzinc iodide, see Zn-00049
Pentakis(trifluoroacetoxymercuri)benzene, Hg-00776
Pentamethylenebis(bromomercury), Hg-00240
Pentamethyl[μ-(2-methyl-2-propanethiolato)]tris[μ_3-(2-methyl-2-propanethiolato)][μ_4-(2-methyl-2-propanethiolato)]pentazinc, in Zn-00046
Pentamethylphenylmercury trifluoroacetate, see Hg-00735
Pentamethylphenyl(trifluoroacetato-O)mercury, Hg-00735
1-Pentenylmercury chloride, see Hg-00231
▷ Percapyl, see Hg-00250
Perfluoro-tert-butyl(phenyl)mercury, see Hg-00579
Perfluorodi-tert-butylmercury, see Hg-00447
▷ Perfluorodiisopropylmercury, see Hg-00271
Perfluorodivinylmercury, see Hg-00133
Perfluoro-2-phenylenemercury, see Hg-00805
Perfluoropropylzinc iodide, see Zn-00021
Perfluorotribenzo[b,e,h][1,4,7]trimercuronin, see Hg-00805
Phelam, see Hg-00561
Phenethylmercury chloride, see Hg-00479
3-Phenoxy-2-(1-piperidinyl)propylmercury chloride, see Hg-00760
2-(Phenylamino)cyclohexylmercury bromide, see Hg-00705
2-(Phenylamino)ethylmercury bromide, see Hg-00486
2-(Phenylazo)phenylmercury chloride, see Hg-00683
2-Phenyl-2-bornen-3-ylmercury acetate, see Hg-00818
Phenylcadmium iodide, see Cd-00029
p-Phenylenebis[bromomercury], see Hg-00283
m-Phenylenebis[chloromercury], see Hg-00292
o-Phenylenebis(chloromercury), see Hg-00291
2-Phenylenemercury, see Hg-00807
o-Phenylenemercury hexamer, see Hg-00862
1-Phenylethylmercury bromide, see Hg-00471
2-Phenylethylmercury chloride, see Hg-00479
Phenylethynylmercuric chloride, see Hg-00450
N-Phenylmercuriacetamide, see Hg-00483
N-Phenylmercurianiline, see Hg-00696
N-Phenylmercuribenzamide, see Hg-00730
Phenylmercuric oxide, see Hg-00694
▷ (8-Phenylmercurioxy)quinoline, see Hg-00769
N-Phenylmercuri-2-phenylsulfonylimino-1,2-dihydrothiazole, Hg-00770

N-Phenylmercuri-p-toluenesulfonamide, see Hg-00732
▷Phenylmercury acetate, see Hg-00467
Phenylmercury benzenesulfinate, see Hg-00691
Phenylmercury benzoate, see Hg-00727
▷Phenylmercury bromide, see Hg-00293
▷Phenylmercury chloride, see Hg-00294
Phenylmercury 2-chloro-4-bromophenolate, see Hg-00668
Phenylmercury cyanate, Hg-00387
Phenylmercury cyanide, see Hg-00386
Phenylmercury 2-dimethylaminothiophenolate, see Hg-00758
Phenylmercury dimethyldithiocarbamate, see Hg-00561
Phenylmercury dithioacetate, see Hg-00470
Phenylmercury dithiozonate, Hg-00824
Phenylmercury ethylcarbamate, see Hg-00560
Phenylmercury fluoride, see Hg-00299
Phenylmercury hydroperoxide, see Hg-00309
▷Phenylmercury hydroxide, see Hg-00308
▷Phenylmercury iodide, see Hg-00300
Phenylmercury methoxide, see Hg-00409
Phenylmercury 2-methyl-8-quinolinolate, Hg-00782
Phenylmercury N-methylsalicylaldehydiminate, see Hg-00749
▷Phenylmercury nitrate, see Hg-00302
Phenylmercury phenylsulfinate, see Hg-00691
▷Phenylmercury-8-quinolinolate, Hg-00769
Phenylmercury sulfate, see Hg-00695
Phenylmercury thioacetate, see Hg-00526
Phenylmercury thiocyanate, see Hg-00388
Phenylmercury trifluoroacetate, Hg-00454
[2-Phenyl-2-(phenylamino)ethyl]mercury chloride, see Hg-00750
Phenyl(phenylamino)mercury, see Hg-00696
Phenyl[(phenylazo)thioformic acid 2-phenylhydrazidato]mercury, see Hg-00824
Phenyl(phenyldiazenecarbothioic acid 2-phenylhydrazidato)mercury, see Hg-00824
Phenyl(phenylethynyl)zinc, Zn-00126
Phenyl phenylmercury sulfide, see Hg-00693
Phenyl(N-phenylmethanesulfonamidato-N)mercury, Hg-00733
Phenyl(phenylmethyl)mercury, see Hg-00731
Phenyl(phenylsulfonyl)mercury, Hg-00692
Phenyl(phenylthio)mercury, see Hg-00693
3-Phenyl-2-propenylmercury bromide, see Hg-00543
2-Phenyl-1-propenylmercury chloride, see Hg-00544
3-Phenylpropylmercuric chloride, see Hg-00553
2-Phenylpropylmercury chloride, see Hg-00552
3-Phenyl-2-propynylmercury chloride, see Hg-00537
▷Phenyl(8-quinolinolato-N^1,O^8)mercury, see Hg-00769
Phenyl(thiocyanato-S)mercury, see Hg-00388
Phenyl-p-toluenesulfonamidomercury, see Hg-00732
Phenyl(tribromomethyl)mercury, Hg-00377
Phenyl(trichloromethyl)mercury, Hg-00384
Phenyl(trifluoroacetato-O)mercury, see Hg-00454
Phenyl[2,2,2-trifluoro-1,1-bis(trifluoromethyl)ethyl]mercury, Hg-00579
Phenyl(trifluoromethyl)mercury, Hg-00385
Phenyl(trinitromethyl)mercury, Hg-00389
Phenylzinc bromide, see Zn-00051
Phenylzinc chloride, see Zn-00052
Phenylzinc hydride, see Zn-00054
Phenylzinc iodide, see Zn-00053
Phenylzinc phenoxide bis(2,2-dimethyl-3,5-hexanedionato)-zinc complex, see Zn-00169
Phenylzinc N-phenylsalicylaldiminate, see Zn-00153
Phosphato[tris(methylmercury)], see Hg-00123
2-Piperidinoethylmercury chloride, see Hg-00434
Potassium dimethylhydridozincate, in Zn-00019
Propargylzinc bromide, see Zn-00022
Propenylmercury bromide, see Hg-00084
Propylcadmium chloride, see Cd-00014
Propylmercury acetate, see Hg-00245
2-Propylmercury acetate, see Hg-00244
Propylmercury bromide, see Hg-00103
Propylmercury chloride, see Hg-00108
Propylmercury hydroxide, see Hg-00118
Propylmercury iodide, see Hg-00113
Propylzinc iodide, see Zn-00024
2-Propynylzinc bromide, see Zn-00022

2-Pyridylmercury chloride, see Hg-00216
▷3-Pyridylmercury chloride, see Hg-00217
4-Pyridylmercury chloride, see Hg-00218
1-(8-Quinolinyl)ethylmercury bromide, see Hg-00628
▷Salicresin, see Hg-00295
Selenobis[methylmercury], see Hg-00063
Sodium dimethylhydridozincate, in Zn-00019
Styrylmercury bromide, see Hg-00460
Styrylmercury chloride, see Hg-00463
▷Sulfatobis(methylmercury), see Hg-00061
Tellurobis[methylmercury], see Hg-00064
Tetraacetoxytetraethyltetrazinc, in Zn-00030
Tetra-μ_3-bromotetraethyltetrazinc, in Zn-00011
Tetracarbonylbis(chloromercurio)osmium, Hg-00129
Tetracarbonylbis(chloromercurio)ruthenium, Hg-00130
Tetracarbonylbis(chloromercury)iron, Hg-00128
Tetracarbonylbis(η^5-2,4-cyclopentadien-1-yl)(mercury)diiron, Hg-00743
Tetracarbonylbis(η^5-2,4-cyclopentadien-1-yl)(mercury)diruthenium, Hg-00745
Tetracarbonylbis(η^5-2,4-cyclopentadien-1-yl)(zinc)diiron, Zn-00125
Tetracarbonylbis(methylmercurio)iron, Hg-00304
Tetracarbonyldi-π-cyclopentadienyl-μ-mercuriodiiron, see Hg-00743
Tetracarbonyldi-π-cyclopentadienyl-μ-mercuriodiruthenium, see Hg-00745
Tetracarbonyl-μ-mercuriodinitrosylbis(triphenylphosphine)diiron, see Hg-00871
Tetracarbonylmercurioiron, Hg-00136
Tetracarbonyl(mercury)dinitrosylbis(triphenylphosphine)diiron, Hg-00871
Tetracarbonylzincioiron, see Zn-00027
Tetracarbonyl(zinc)iron, Zn-00027
Tetrachlorobis[triphenylphosphonium-2-oxopropylide]dimercury, in Hg-00840
1,1′,2,2′-Tetrachlorodivinylmercury, see Hg-00138
Tetrachloro-μ_4-methanetetrayltetramercury, see Hg-00004
Tetra-μ_3-chlorotetraethyltetrazinc, in Zn-00012
Tetraethoxytetramethyltetracadmium, in Cd-00015
Tetraethoxytetramethyltetrazinc, in Zn-00025
Tetraethyl bis(acetoxymercuri)methylenediphosphonate, Hg-00738
3,3,5,5-Tetraethyl-3,5-digerma-4-cadmaheptane, see Cd-00052
3,3,5,5-Tetraethyl-3,5-disila-4-cadmaheptane, see Cd-00053
Tetraethyltetrakis(N-phenylacetamido)tetrazinc, in Zn-00094
Tetraethyltetramethoxytetrazinc, in Zn-00026
Tetraethyltetra-μ_3-phenoxytetrazinc, in Zn-00075
Tetrafluoro-μ_4-methanetetrayltetramercury, see Hg-00006
2,3,4,5-Tetrafluorophenylmercury bromide, see Hg-00273
2,3,4,6-Tetrafluorophenylmercury bromide, see Hg-00274
2,3,5,6-Tetrafluorophenylmercury bromide, see Hg-00275
2,3,5,6-Tetrafluorophenylmercury trifluoroacetate, see Hg-00448
(2,3,5,6-Tetrafluorophenyl)(trifluoroacetato-O)mercury, Hg-00448
Tetrakis(acetanilidato)tetraethyltetrazinc, in Zn-00094
Tetrakis(acetato-O)-μ_4-methanetetrayltetramercury, see Hg-00563
Tetrakis(acetoneoximato)tetramethyltetrazinc, in Zn-00033
Tetrakis(acetophenoneoximato)tetraethyltetrazinc, in Zn-00093
Tetrakis(acetoxymercuri)methane, Hg-00563
2,3,4,5-Tetrakis(acetoxymercuri)pyrrole, Hg-00700
Tetrakis(tert-butylthio)tetramethyltetracadmium, in Cd-00026
Tetrakis(chloromercuri)methane, Hg-00004
Tetrakis(cyano-C-mercuri)methane, Hg-00262
Tetrakis(cyano-C)-μ_4-methanetetrayltetramercury, see Hg-00262
Tetrakis[μ-(5,5-dimethyl-2,4-hexanedionato-O^2:O^2,O^4)]-di-μ_3-phenoxydiphenyltetrazinc, Zn-00169
Tetrakis(fluoromercuri)methane, Hg-00006
Tetrakis(methylmercuri)ammonium(1+), see Hg-00211
Tetrakis(methylmercuri)arsonium(1+), see Hg-00207
Tetrakis(methylmercuri)phosphonium(1+), see Hg-00212
Tetrakis(methylthiomercuri)methane, Hg-00260

Tetrakis[μ-(2,4-pentanedionato-O:O,O′)]diphenyltrizinc, Zn-00163
Tetrakis(trifluoroacetoxymercuri)methane, Hg-00533
1,7,13,19-Tetramercuracyclotetracosane, Hg-00837
Tetra-$μ_3$-methoxytetramethyltetrazinc, in Zn-00014
2,2,6,6-Tetramethyl-3,5-bis(trimethylsilyl)-2,6-disila-4-mercuraheptane, see Hg-00767
2,2,4,4-Tetramethyl-2,4-digerma-3-mercurapentane, see Hg-00366
2,2,6,6-Tetramethyl-2,6-disila-4-mercuraheptane, see Hg-00531
2,2,4,4-Tetramethyl-2,4-disila-3-mercurapentane, see Hg-00367
▷ 2,2,4,4-Tetramethyl-2,4-disila-3-zincapentane, see Zn-00066
2,2,4,4-Tetramethyl-2,4-distanna-3-mercurapentane, see Hg-00368
Tetramethyl-$μ_4$-nitridotetramercury(1+), Hg-00211
2,3,4,6-Tetramethylphenylmercury acetate, see Hg-00708
(2,3,4,5-Tetramethylphenyl)mercury chloride, see Hg-00597
(2,3,4,6-Tetramethylphenyl)mercury chloride, see Hg-00598
2,3,5,6-Tetramethylphenylmercury chloride, see Hg-00599
Tetramethyl-$μ_4$-phosphidotetramercury(1+), Hg-00212
Tetramethyltetrakis(2-methyl-2-propanolato)tetrazinc, in Zn-00044
Tetramethyltetrakis(2-propanolato)tetracadmium, in Cd-00019
Tetramethyltetrakis[($μ_3$-(P,P,P-trimethylphosphine imidato)]tetracadmium, in Cd-00021
Tetramethyltetrakis[$μ_3$-(P,P,P-trimethylphosphine imidato)-tetrazinc, in Zn-00037
Tetramethyltetrakis[$μ_3$-(trimethylsilanolato)]tetramercury, in Hg-00209
Tetramethyltetrakis(trimethylsilyloxy)tetracadmium, in Cd-00022
Tetramethyltetrakis(trimethylsilyloxy)tetrazinc, in Zn-00038
▷ Tetramethyltetraphenoxytetracadmium, in Cd-00037
Tetramethyltetraphenoxytetrazinc, in Zn-00068
Tetramethylzincate(2−), Zn-00039
Tetra-μ-phenylbis(phenylzinc)digold, Zn-00164
(Tetraphenylimidodiphosphato-N)phenylmercury, Hg-00853
2-Thiazolylmercury chloride, see Hg-00073
2-Thienylmercury chloride, see Hg-00142
2-Thienylzinc chloride, see Zn-00028
Thimerosal, in Hg-00546
(Thioacetato-S)methylmercury, see Hg-00098
Thiobis[methylmercury], see Hg-00062
(2-Thiocyanatoethenyl)mercury chloride, see Hg-00074
▷ Thiomerin sodium, in Hg-00796
Thiomersal, in Hg-00546
Thiomersalate, in Hg-00546
o-Tolylmercuric chloride, see Hg-00400
2-p-Tolylmercuriethanol, see Hg-00562
m-Tolylmercury acetate, see Hg-00549
o-Tolylmercury acetate, see Hg-00548
p-Tolylmercury acetate, see Hg-00550
m-Tolylmercury bromide, see Hg-00396
o-Tolylmercury bromide, see Hg-00395
p-Tolylmercury bromide, see Hg-00397
2-Tolylmercury chloride, see Hg-00400
m-Tolylmercury chloride, see Hg-00401
p-Tolylmercury chloride, see Hg-00402
Tribenzo[b,e,h][1,4,7]trimercuronin, Hg-00807
Tri-μ-[1,1′-biphenyl]-2,2′-diyltrimercury, Hg-00861
Tri-tert-butoxytri-tert-butyltrizinc, in Zn-00082
Tricarbonyl[(1,2,3,4-η)-1-[(acetato)mercurio]-1,3-cyclobutadiene]iron, see Hg-00535
Tricarbonyl[$η^4$-(chloromercuri-1,3-cyclobutadiene)]iron, Hg-00369
Tricarbonyl(chloromercurio)nitrosyliron, Hg-00069
Tricarbonyl(chloromercury)[μ-(η:$η^4$-1,3-cyclobutadiene)]iron, see Hg-00369
Tricarbonyl(chloromercury)[μ-[(1-η:1,2,3,4,5,6-η)phenyl]]chromium, Hg-00534

Tricarbonyl(iodomercurio)nitrosyliron, Hg-00072
Trichloro-[$μ_3$-(formylmethylidyne)]trimercury, see Hg-00025
Trichloro-$μ_3$-methylidynetrimercury, see Hg-00007
Trichloromethylmercury chloride, see Hg-00003
(Trichloromethyl)(2,4,6-trimethylphenyl)mercury, Hg-00592
3,4,5-Trichlorophenylmercury bromide, see Hg-00276
Tricyclo[2.2.2.0^{2,6}]oct-3-ylmercury chloride, see Hg-00493
Tricyclo[3.2.1.0^{2,7}]oct-6-ylmercury chloride, see Hg-00493
cyclo-Triethyltri-μ-hydrotris(pyridine)zinc, in Zn-00018
cyclo-Triethyltris[μ-(hydrogen carbanilato)]trizinc trimethyl ester, in Zn-00095
Triethyltris($μ$-8-quinolinolato)trizinc, in Zn-00108
(Trifluoroacetato-O)(trifluoromethyl)mercury, Hg-00071
Trifluoroacetoxymercuribenzene, see Hg-00454
Trifluoromethylmercury azide, see Hg-00005
Trifluoromethylmercury bromide, see Hg-00001
Trifluoromethylmercury chloride, see Hg-00002
Trifluoromethylmercury isocyanate, see Hg-00023
Trifluoromethylmercury trifluoroacetate, see Hg-00071
Trifluoromethylzinc iodide, see Zn-00001
3,3,3-Trifluoro-1-oxo-2,2-bis(trifluoromethyl)-propylmercury chloride, see Hg-00214
(Trifluorovinyl)vinylmercury, Hg-00144
cyclo-Tri-μ-hydrotriphenyltris(pyridine)trizinc, in Zn-00054
Trimethylgermylmethylmercury bromide, see Hg-00205
Trimethyl[(methylmercury)(trimethylsilyl)methylene]phosphorane, see Hg-00528
Trimethyl-μ-nitridotrimercury, see Hg-00120
Trimethyl-$μ_3$-oxotrimercury(1+), Hg-00122
2,4,5-Trimethylphenylmercury chloride, see Hg-00554
Trimethyl($μ_3$-phosphato(3−)-O,O′,O″)trimercury, Hg-00123
Trimethyl[μ-(1H-purin-6-aminato-N^3:N^7:N^9)]trimercury(2+), see Hg-00503
Trimethyl-$μ_3$-selenoxotrimercury(1+), Hg-00125
(Trimethylsilyl)ethynylmercury acetate, see Hg-00427
(Trimethylsilylmethyl)mercury bromide, see Hg-00206
Trimethyl-$μ_3$-thioxotrimercury(1+), Hg-00124
(Trinitromethyl)(3,3,3-trinitropropyl)mercury, Hg-00151
cyclo-Tri-μ-1,2-phenylenetrimercury, see Hg-00807
(Triphenylgermyloxy)ethylzinc, Zn-00155
Triphenylstannylcadmium chloride, see Cd-00061
Triphenylzincate(1−), Zn-00149
Tris(chloromercuri)acetaldehyde, Hg-00025
Tris(chloromercuri)methane, Hg-00007
cyclo-Tris[μ-[4-(dimethylamino)-1-butynyl-C:C,N]]triethyltrizinc, in Zn-00080
cyclo-Tris[μ-[4-(dimethylamino)-1-butynyl-C:C,N]]tris[4-(dimethylamino)-1-butynyl]trizinc, in Zn-00116
Tris(methylmercuri)acetonitrile, Hg-00239
Tris(methylmercuri)amine, Hg-00120
Tris(methylmercuri)ammonium(1+), see Hg-00126
Tris(methylmercuri)arsine, Hg-00119
Tris(methylmercuri)oxonium(1+), see Hg-00122
Tris(methylmercuri)selenonium(1+), see Hg-00125
Tris(methylmercuri)sulfonium(1+), see Hg-00124
cyclo-Tris[μ-(3,4,5,6-tetrafluoro-1,2-phenylene)]trimercury, see Hg-00805
[Tris(trimethylsilyl)methyl]mercury chloride, see Hg-00627
Vinylmercury acetate, see Hg-00161
Vinylmercury bromide, see Hg-00033
Vinylmercury chloride, see Hg-00036
Vinylmercury iodide, see Hg-00039
Zinc bis[methanidobis(dimethylphosphoniummethylide)], Zn-00139
Zinc bis[nitridobis(dimethylphosphoniummethylide)], Zn-00123
▷ Zinc diethyl, see Zn-00036
▷ Zinc dimethyl, see Zn-00017
Zinc diphenyl, see Zn-00113
▷ Zinc dipropyl, see Zn-00064
▷ Zinc ethyl, see Zn-00036
▷ Zinc methyl, see Zn-00017
Zincocene, Zn-00092

Molecular Formula Index

CBrF₃Hg
  Bromo(trifluoromethyl)mercury, Hg-00001
CClF₃Hg
  Chloro(trifluoromethyl)mercury, Hg-00002
CCl₄Hg
  Chloro(trichloromethyl)mercury, Hg-00003
CCl₄Hg₄
  Tetrakis(chloromercuri)methane, Hg-00004
CF₃HgN₃
  Azido(trifluoromethyl)mercury, Hg-00005
CF₃IZn
  Iodo(trifluoromethyl)zinc, Zn-00001
CF₄Hg₄
  Tetrakis(fluoromercuri)methane, Hg-00006
CHCl₃Hg₃
  Tris(chloromercuri)methane, Hg-00007
CH₂Br₂Hg
  Bromo(bromomethyl)mercury, Hg-00008
CH₂Cl₂Hg₂
  Bis(chloromercuri)methane, Hg-00009
CH₂HgI₂
  Iodo(iodomethyl)mercury, Hg-00010
CH₃BrCd
  Bromomethylcadmium, Cd-00001
CH₃BrHg
  Bromomethylmercury, Hg-00011
CH₃BrZn
  Bromomethylzinc, Zn-00002
CH₃Br₂Cd⁻
  Dibromomethylcadmate(1−), Cd-00002
CH₃CdCl
  Chloromethylcadmium, Cd-00003
CH₃CdI
  Iodomethylcadmium, Cd-00004
CH₃CdN₃
  Azidomethylcadmium, Cd-00005
CH₃ClHg
  ▷Chloromethylmercury, Hg-00012
CH₃ClZn
  Chloromethylzinc, Zn-00003
CH₃FHg
  Fluoromethylmercury, Hg-00013
CH₃HgI
  Iodomethylmercury, Hg-00014
CH₃HgNO₃
  Methyl(nitrato-O)mercury, Hg-00015
CH₃HgN₃
  ▷Azidomethylmercury, Hg-00016
CH₃IZn
  Iodomethylzinc, Zn-00004
CH₃N₃Zn
  ▷Azidomethylzinc, Zn-00005
CH₃Zn⁺
  Methylzinc(1+), Zn-00006
CH₄HgO
  ▷Hydroxymethylmercury, Hg-00017
CH₆ClHgNO₄
  Amminemethylmercury(1+); Perchlorate, in Hg-00018

CH₆HgN⁺
  Amminemethylmercury(1+), Hg-00018
CH₇BZn
  Methylzinc borohydride, in Zn-00006
C₂BrCl₃Hg
  Bromo(trichlorovinyl)mercury, Hg-00019
C₂Br₆Hg
  Bis(tribromomethyl)mercury, Hg-00020
C₂CdF₆
  Bis(trifluoromethyl)cadmium, Cd-00006
C₂Cl₆Hg
  Bis(trichloromethyl)mercury, Hg-00021
C₂F₂HgN₄O₈
  Bis(fluorodinitromethyl)mercury, Hg-00022
C₂F₃HgNO
  (Cyanato-N)(trifluoromethyl)mercury, Hg-00023
C₂F₆Hg
  Bis(trifluoromethyl)mercury, Hg-00024
C₂F₆Hg₂N₆
  Azido(trifluoromethyl)mercury; Dimer, in Hg-00005
C₂F₆Zn
  Bis(trifluoromethyl)zinc, Zn-00007
C₂HCl₃Hg₃O
  Tris(chloromercuri)acetaldehyde, Hg-00025
C₂H₂BrClHg
  Bromo(2-chlorovinyl)mercury, Hg-00026
C₂H₂BrNZn
  Bromo(cyanomethyl)zinc, Zn-00008
C₂H₂Br₄Hg
  Bis(dibromomethyl)mercury, Hg-00027
C₂H₂Cl₂Hg
  Chloro(1-chlorovinyl)mercury, Hg-00028
  Chloro(2-chlorovinyl)mercury, Hg-00029
C₂H₂Cl₂Hg₂
  1,1-Bis(chloromercuri)ethylene, Hg-00030
  1,2-Bis(chloromercuri)ethylene, Hg-00031
C₂H₂Cl₄Hg
  Bis(dichloromethyl)mercury, Hg-00032
C₂H₃BrHg
  Bromovinylmercury, Hg-00033
C₂H₃BrHgO
  Bromo(2-oxoethyl)mercury, Hg-00034
C₂H₃BrHgO₂
  Bromo(carboxymethyl)mercury, Hg-00035
C₂H₃CdNS
  Methyl(thiocyanato)cadmium, Cd-00007
C₂H₃ClHg
  Chlorovinylmercury, Hg-00036
C₂H₃ClHgO
  Chloro(2-oxoethyl)mercury, Hg-00037
C₂H₃ClHgO₂
  (Chloromercuri)acetic acid, Hg-00038
C₂H₃F₃Zn
  Methyl(trifluoromethyl)zinc, Zn-00009
C₂H₃HgI
  Iodovinylmercury, Hg-00039
C₂H₃HgN
  ▷(Cyano-C)methylmercury, Hg-00040

C₂H₃HgNS
Methyl(thiocyanato-S)mercury, Hg-00041

C₂H₄Br₂Hg
Bis(bromomethyl)mercury, Hg-00042

C₂H₄ClHgNO₂
1-Chloromercuri-2-nitroethane, Hg-00043

C₂H₄Cl₂Hg
Bis(chloromethyl)mercury, Hg-00044
Chloro(1-chloroethyl)mercury, Hg-00045
Dichloro(η^2-ethene)mercury, Hg-00046

C₂H₄Cl₂Hg₂
1,1-Bis(chloromercuri)ethane, Hg-00047

C₂H₄HgI₂
Bis(iodomethyl)mercury, Hg-00048

C₂H₄I₂Zn
Bis(iodomethyl)zinc, Zn-00010

C₂H₅BrCd
Bromoethylcadmium, Cd-00008

C₂H₅BrHg
Bromoethylmercury, Hg-00049

C₂H₅BrZn
Bromoethylzinc, Zn-00011

C₂H₅CdCl
Chloroethylcadmium, Cd-00009

C₂H₅CdI
Ethyliodocadmium, Cd-00010

C₂H₅ClHg
▷Chloroethylmercury, Hg-00050

C₂H₅ClHgO
Chloro(1-hydroxyethyl)mercury, Hg-00051
Chloro(2-hydroxyethyl)mercury, Hg-00052

C₂H₅ClZn
Chloroethylzinc, Zn-00012

C₂H₅HgNO₂
Methyl(*aci*-nitromethanato-*O*)mercury, Hg-00053

C₂H₅HgN₃
Azidoethylmercury, Hg-00054

C₂H₅IHg
▷Ethyliodomercury, Hg-00055

C₂H₅IZn
Ethyliodozinc, Zn-00013

C₂H₆Cd
▷Dimethylcadmium, Cd-00011

C₂H₆CdO
Methoxymethylcadmium, Cd-00012

C₂H₆CdS
(Methanethiolato)methylcadmium, Cd-00013

C₂H₆Hg
▷Dimethylmercury, Hg-00056

C₂H₆HgO
▷Ethylhydroxymercury, Hg-00057

C₂H₆HgO₂S
(Methoxysulfinyl)methylmercury, Hg-00058

C₂H₆HgS
▷(Methanethiolato)methylmercury, Hg-00059

C₂H₆Hg₂O
Bis(methylmercury) oxide, Hg-00060

C₂H₆Hg₂O₄S
▷Dimethyl[μ-[sulfato(2−)-*O*,*O*′]]dimercury, Hg-00061

C₂H₆Hg₂S
Bis(methylmercury) sulfide, Hg-00062

C₂H₆Hg₂Se
Dimethyl-μ-selenoxodimercury, Hg-00063

C₂H₆Hg₂Te
Dimethyl-μ-telluroxodimercury, Hg-00064

C₂H₆OZn
Methoxymethylzinc, Zn-00014

C₂H₆O₂Zn
Methyl(methyldioxy)zinc, Zn-00015

C₂H₆SZn
(Methanethiolato)methylzinc, Zn-00016

C₂H₆Zn
▷Dimethylzinc, Zn-00017
Ethylhydrozinc, Zn-00018

C₂H₇KZn
Potassium dimethylhydridozincate, *in* Zn-00019

C₂H₇LiZn
Lithium dimethylhydridozincate, *in* Zn-00019

C₂H₇NaZn
Sodium dimethylhydridozincate, *in* Zn-00019

C₂H₇Zn⊖
Hydrodimethylzincate(1−), Zn-00019

C₂H₈ClHg₂NO₄
μ-Amidodimethyldimercury(1+); Perchlorate, *in* Hg-00065

C₂H₈Hg₂N⊕
μ-Amidodimethyldimercury(1+), Hg-00065

C₂H₁₀AlLiZn
(Dihydroaluminato)di-μ-hydrodimethylzincate(1−); Li salt, *in* Zn-00020

C₂H₁₀AlZn⊖
(Dihydroaluminato)di-μ-hydrodimethylzincate(1−), Zn-00020

C₂HgN₆O₄
▷Bis(diazonitromethyl)mercury, Hg-00066

C₂HgN₆O₁₂
▷Bis(trinitromethyl)mercury, Hg-00067

C₃BrFeHgNO₄
(Bromomercurio)tricarbonylnitrosyliron, Hg-00068

C₃ClFeHgNO₄
Tricarbonyl(chloromercurio)nitrosyliron, Hg-00069

C₃Cl₂Hg₂N₂
Bis(chloromercuri)dicyanomethane, Hg-00070

C₃F₆HgO₂
(Trifluoroacetato-*O*)(trifluoromethyl)mercury, Hg-00071

C₃F₇IZn
(1,1,2,2,3,3,3-Heptafluoropropyl)iodozinc, Zn-00021

C₃FeHgINO₄
Tricarbonyl(iodomercurio)nitrosyliron, Hg-00072

C₃H₂ClHgNS
2-Chloromercurithiazole, Hg-00073
Chloro(2-thiocyanatoethenyl)mercury, Hg-00074

C₃H₂Cl₂Hg₂O₄
Bis(chloromercuri)propanedioic acid, Hg-00075

C₃H₃BrZn
Bromo-2-propynylzinc, Zn-00022

C₃H₃ClHg
Chloro-1,2-propadienylmercury, Hg-00076

C₃H₃Cl₃Hg
Chloro(3,3-dichloro-2-propenyl)mercury, Hg-00077

C₃H₃F₆HgN
Methyl[bis(trifluoromethylamido)]mercury, Hg-00078

C₃H₃HgN₃
(Cyanodiazomethyl)methylmercury, Hg-00079

C₃H₄BrHgN₃
1-Azido-2-bromomercuricyclopropane, Hg-00080

C₃H₄Hg
Ethynylmethylmercury, Hg-00081

Molecular Formula Index

C₃H₄HgIN
  (2-Cyanoethyl)iodomercury, Hg-00082
C₃H₅BrHg
  Bromo(cyclopropyl)mercury, Hg-00083
  Bromo-1-propenylmercury, Hg-00084
  Bromo-2-propenylmercury, Hg-00085
C₃H₅BrHgO
  Bromo(2-oxopropyl)mercury, Hg-00086
C₃H₅ClHg
  Chloro-2-propenylmercury, Hg-00087
C₃H₅ClHgN₂O₄
  Chloro(3,3-dinitropropyl)mercury, Hg-00088
C₃H₅ClHgO
  ▷(Chloromethyl)(2-oxoethyl)mercury, Hg-00089
  Chloro(2-oxopropyl)mercury, Hg-00090
  Chloro(3-oxopropyl)mercury, Hg-00091
C₃H₅ClHgO₂
  Chloro(2-methoxy-2-oxoethyl)mercury, in Hg-00038
C₃H₅HgI
  Allyliodomercury, Hg-00092
C₃H₅HgN
  (Cyanomethyl)methylmercury, Hg-00093
C₃H₆Br₂Hg
  Bromo(1-bromo-1-methylethyl)mercury, Hg-00094
C₃H₆ClHgNO₂
  1-Chloromercuri-2-nitropropane, Hg-00095
  Chloro(1-methyl-1-nitroethyl)mercury, Hg-00096
C₃H₆Cl₂Hg₂
  1,3-Bis(chloromercuri)propane, Hg-00097
C₃H₆HgOS
  Methylmercury thioacetate, Hg-00098
C₃H₆HgO₂
  (Acetato-O)methylmercury, Hg-00099
C₃H₆Hg₂N₂
  ▷Bis(methylmercuri)diazomethane, Hg-00100
C₃H₆Hg₂O₃
  Carbonatobis(methylmercury), Hg-00101
C₃H₆O₂Zn
  (Acetato-O)methylzinc, Zn-00023
C₃H₇BrHg
  Bromoisopropylmercury, Hg-00102
  Bromopropylmercury, Hg-00103
C₃H₇BrHgO
  1-Bromomercuri-2-propanol, Hg-00104
  Bromo(2-methoxyethyl)mercury, Hg-00105
  ▷(Bromomethyl)(2-hydroxyethyl)mercury, Hg-00106
C₃H₇CdCl
  Chloropropylcadmium, Cd-00014
C₃H₇ClHg
  Chloro(isopropyl)mercury, Hg-00107
  Chloropropylmercury, Hg-00108
C₃H₇ClHgO
  Chloro(3-hydroxypropyl)mercury, Hg-00109
  Chloro(1-methoxyethyl)mercury, Hg-00110
  ▷Chloro(2-methoxyethyl)mercury, Hg-00111
C₃H₇HgI
  Iodoisopropylmercury, Hg-00112
  Iodopropylmercury, Hg-00113
C₃H₇IZn
  Iodopropylzinc, Zn-00024
C₃H₈BClHgO₂
  (Chloromercurimethyl)dimethoxyboron, Hg-00114
C₃H₈CdO
  Ethoxymethylcadmium, Cd-00015
C₃H₈Cl₂HgOS
  Dichloro(dimethylsulfoxonium-η-methylide)mercury, Hg-00115

C₃H₈Hg
  Ethylmethylmercury, Hg-00116
C₃H₈HgO
  ▷Ethoxymethylmercury, Hg-00117
  Hydroxypropylmercury, Hg-00118
C₃H₈OZn
  Ethoxymethylzinc, Zn-00025
  Ethylmethoxyzinc, Zn-00026
C₃H₉AsHg₃
  μ_3-Arsinidynetrimethyltrimercury, Hg-00119
C₃H₉BF₄Hg₃O
  Trimethyl-μ_3-oxotrimercury(1+); Tetrafluoroborate, in Hg-00122
C₃H₉BrHg₃O
  Trimethyl-μ_3-oxotrimercury(1+); Bromide, in Hg-00122
C₃H₉ClHg₃O₄S
  Trimethyl-μ_3-thioxotrimercury(1+); Perchlorate, in Hg-00124
C₃H₉ClHg₃O₅
  Trimethyl-μ_3-oxotrimercury(1+); Perchlorate, in Hg-00122
C₃H₉F₆Hg₃OP
  Trimethyl-μ_3-oxotrimercury(1+); Hexafluorophosphate, in Hg-00122
C₃H₉HgN
  Tris(methylmercuri)amine, Hg-00120
C₃H₉HgNSe
  (2-Aminoethaneselenolato-Se)methylmercury, Hg-00121
C₃H₉Hg₃MnO₅
  ▷Trimethyl-μ_3-oxotrimercury(1+); Permanganate, in Hg-00122
C₃H₉Hg₃NO₃S
  Trimethyl-μ_3-thioxotrimercury(1+); Nitrate, in Hg-00124
C₃H₉Hg₃NO₃Se
  Trimethyl-μ_3-selenoxotrimercury(1+); Nitrate, in Hg-00125
C₃H₉Hg₃NO₄
  Trimethyl-μ_3-oxotrimercury(1+); Nitrate, in Hg-00122
C₃H₉Hg₃N₃O
  Trimethyl-μ_3-oxotrimercury(1+); Azide, in Hg-00122
C₃H₉Hg₃O⊕
  Trimethyl-μ_3-oxotrimercury(1+), Hg-00122
C₃H₉Hg₃O₄P
  Trimethyl(μ_3-phosphato(3−)-O,O',O'')trimercury, Hg-00123
C₃H₉Hg₃S⊕
  Trimethyl-μ_3-thioxotrimercury(1+), Hg-00124
C₃H₉Hg₃Se⊕
  Trimethyl-μ_3-selenoxotrimercury(1+), Hg-00125
C₃H₁₀ClHg₃NO₄
  μ_3-Imidotrimethyltrimercury(1+); Perchlorate, in Hg-00126
C₃H₁₀Hg₃N⊕
  μ_3-Imidotrimethyltrimercury(1+), Hg-00126
C₃H₁₀Hg₃O₂
  Trimethyl-μ_3-oxotrimercury(1+); Hydroxide, in Hg-00122
C₄Br₂FeHg₂O₄
  Bis(bromomercurio)tetracarbonyliron, Hg-00127
C₄Cl₂FeHg₂O₄
  Tetracarbonylbis(chloromercury)iron, Hg-00128
C₄Cl₂Hg₂O₄Os
  Tetracarbonylbis(chloromercurio)osmium, Hg-00129
C₄Cl₂Hg₂O₄Ru
  Tetracarbonylbis(chloromercurio)ruthenium, Hg-00130
C₄Cl₆Hg
  Bis(trichlorovinyl)mercury, Hg-00131
C₄F₂Hg
  ▷Bis(fluoroethynyl)mercury, Hg-00132
C₄F₆Hg
  Bis(trifluorovinyl)mercury, Hg-00133

$C_4F_6HgN_4$
▷Bis(1-diazo-2,2,2-trifluoroethyl)mercury, Hg-00134

$C_4F_6Hg_2N_2O_2$
(Cyanato-*N*)(trifluoromethyl)mercury; Dimer, *in* Hg-00023

$C_4F_{10}Hg$
Bis(pentafluoroethyl)mercury, Hg-00135

C_4FeHgO_4
Tetracarbonylmercurioiron, Hg-00136

C_4FeO_4Zn
Tetracarbonyl(zinc)iron, Zn-00027

$C_4H_2Cl_2Hg_2O$
2,5-Bis(chloromercuri)furan, Hg-00137

$C_4H_2Cl_4Hg$
Bis(1,2-dichlorovinyl)mercury, Hg-00138

C_4H_2Hg
Diethynylmercury, Hg-00139

C_4H_3ClHgO
▷2-Chloromercurifuran, Hg-00140
3-Chloromercurifuran, Hg-00141

C_4H_3ClHgS
2-(Chloromercuri)thiophene, Hg-00142

$C_4H_3ClHgSe$
2-Chloromercuriselenophene, Hg-00143

C_4H_3ClSZn
Chloro-2-thienylzinc, Zn-00028

$C_4H_3F_3Hg$
(Trifluorovinyl)vinylmercury, Hg-00144

$C_4H_4Cl_2Hg$
Bis(1-chlorovinyl)mercury, Hg-00145
Bis(2-chlorovinyl)mercury, Hg-00146
Chloro(4-chloro-1,3-butadienyl)mercury, Hg-00147

$C_4H_4F_6Hg$
Bis(2,2,2-trifluoroethyl)mercury, Hg-00148

C_4H_4Hg
Ethynylvinylmercury, Hg-00149

$C_4H_4HgN_2$
Bis(cyanomethyl)mercury, Hg-00150

$C_4H_4HgN_6O_{12}$
(Trinitromethyl)(3,3,3-trinitropropyl)mercury, Hg-00151

C_4H_5ClHg
2-Chloromercuri-1,3-butadiene, Hg-00152

$C_4H_5HgNO_2$
(Acetato-*O*)cyanomethylmercury, Hg-00153

$C_4H_6Br_2Hg$
Bromo(1-bromo-2-methyl-1-propenyl)mercury, Hg-00154

C_4H_6Cd
Divinylcadmium, Cd-00016

$C_4H_6Cl_2HgO_2$
Chloro(1-chloro-2-ethoxy-2-oxoethyl)mercury, Hg-00155

$C_4H_6Cl_2Hg_2$
1,1-Bis(chloromercuri)-2-methylpropene, Hg-00156

C_4H_6Hg
Divinylmercury, Hg-00157
Methyl-1-propynylmercury, Hg-00158

$C_4H_6HgN_2O$
(1-Diazo-2-oxopropyl)methylmercury, Hg-00159

$C_4H_6HgN_2O_2$
(1-Diazo-2-methoxy-2-oxoethyl)methylmercury, Hg-00160

$C_4H_6HgO_2$
(Acetato-*O*)ethenylmercury, Hg-00161
▷Bis(2-oxoethyl)mercury, Hg-00162

$C_4H_6HgO_4$
Bis(carboxymethyl)mercury, Hg-00163
Bis(methoxycarbonyl)mercury, Hg-00164

C_4H_6Zn
▷Divinylzinc, Zn-00029

C_4H_7BrHg
Bromo(2-butenyl)mercury, Hg-00165
Bromocyclobutylmercury, Hg-00166

C_4H_7ClHg
2-Butenylchloromercury, Hg-00167
Chloro(cyclopropyl)mercury, Hg-00168
Chloro(2-methyl-2-propenyl)mercury, Hg-00169

C_4H_7ClHgO
2-Chloromercuricyclobutanol, Hg-00170
▷(Chloromethyl)(2-oxopropyl)mercury, Hg-00171

$C_4H_7ClHgO_2$
(1-Acetoxyethyl)chloromercury, *in* Hg-00051
[2-(Acetyloxy)ethyl]chloromercury, Hg-00172
▷(Chloromethyl)(2-methoxy-2-oxoethyl)mercury, Hg-00173

$C_4H_7Cl_3Hg_3O_2S$
Tris(chloromercuri)acetaldehyde; DMSO adduct, *in* Hg-00025

$C_4H_8ClHgNO$
(2-Acetamidoethyl)chloromercury, Hg-00174

$C_4H_8Cl_2Hg_2$
1,4-Bis(chloromercuri)butane, Hg-00175

$C_4H_8Cl_2Hg_2O$
1,1'-Oxybis[1-chloromercuriethane], Hg-00176

$C_4H_8Cl_2Hg_2O_2$
1,4-Bis(chloromercuri)-2,3-butanediol, Hg-00177
Dichloro[μ-(dioxydi-2,1-ethanediyl)]dimercury, Hg-00178

C_4H_8Hg
Cyclopropylmethylmercury, Hg-00179

$C_4H_8HgO_2$
▷(Acetato-*O*)ethylmercury, Hg-00180

$C_4H_8HgO_3$
(Acetato-*O*)(2-hydroxyethyl)mercury, Hg-00181

$C_4H_8O_2Zn$
(Acetato-*O*)ethylzinc, Zn-00030

C_4H_9BrCd
Bromobutylcadmium, Cd-00017

C_4H_9BrHg
Bromobutylmercury, Hg-00182
Bromo-*tert*-butylmercury, Hg-00183
▷(Bromomethyl)propylmercury, Hg-00184
Bromo(1-methylpropyl)mercury, Hg-00185
Bromo(2-methylpropyl)mercury, Hg-00186

C_4H_9BrHgO
Bromo(3-hydroxybutyl)mercury, Hg-00187
3-Bromomercuri-2-butanol, Hg-00188

$C_4H_9BrHgO_2$
3-Bromomercuri-2-methoxy-1-propanol, Hg-00189

C_4H_9BrZn
Bromo-*tert*-butylzinc, Zn-00031

C_4H_9ClHg
▷Butylchloromercury, Hg-00190
Chloro-*tert*-butylmercury, Hg-00191
Chloro(1-methylpropyl)mercury, Hg-00192
Chloro(2-methylpropyl)mercury, Hg-00193

C_4H_9ClHgO
Chloro(2-ethoxyethyl)mercury, *in* Hg-00052
Chloro(2-methoxypropyl)mercury, Hg-00194

C_4H_9ClZn
tert-Butylchlorozinc, Zn-00032

C_4H_9HgI
Butyliodomercury, Hg-00195
Iodo(2-methylpropyl)mercury, Hg-00196

$C_4H_9HgNO_2S$
[(2-Amino-2-carboxyethyl)thio]methylmercury, Hg-00197

C_4H_9NOZn
Methyl(2-propanoneoximato)zinc, Zn-00033

C₄H₁₀Cd
▷Diethylcadmium, Cd-00018

C₄H₁₀CdO
Methyl(2-propanolato)cadmium, Cd-00019

C₄H₁₀CdS
(Isopropylthio)methylcadmium, Cd-00020

C₄H₁₀ClHgN
3-Chloromercuri-2-butylamine, Hg-00198

C₄H₁₀Hg
▷Diethylmercury, Hg-00199
Methyl(isopropyl)mercury, Hg-00200
Methylpropylmercury, Hg-00201

C₄H₁₀HgO
Butylhydroxymercury, Hg-00202

C₄H₁₀HgO₂S
(Ethanesulfinato)ethylmercury, Hg-00203

C₄H₁₀Hg₂O
Diethyl-μ-oxodimercury, Hg-00204

C₄H₁₀OZn
Ethoxyethylzinc, Zn-00034

C₄H₁₀SZn
(Isopropylthio)methylzinc, Zn-00035

C₄H₁₀Zn
▷Diethylzinc, Zn-00036

C₄H₁₁BrGeHg
Bromo[(trimethylgermyl)methyl]mercury, Hg-00205

C₄H₁₁BrHgSi
Bromo[(trimethylsilyl)methyl]mercury, Hg-00206

C₄H₁₂AsBF₄Hg₄
μ₄-Arsenidotetramethyltetramercury(1+); Tetrafluoroborate, in Hg-00207

C₄H₁₂AsF₆Hg₄P
μ₄-Arsenidotetramethyltetramercury(1+); Hexafluorophosphate, in Hg-00207

C₄H₁₂AsHg₄⊕
μ₄-Arsenidotetramethyltetramercury(1+), Hg-00207

C₄H₁₂AsHg₄NO₃
μ₄-Arsenidotetramethyltetramercury(1+); Nitrate, in Hg-00207

C₄H₁₂BF₄Hg₄P
Tetramethyl-μ₄-phosphidotetramercury(1+); Tetrafluoroborate, in Hg-00212

C₄H₁₂CdNP
Methyl(P,P,P-trimethylphosphine imidato)cadmium, Cd-00021

C₄H₁₂CdOSi
Methyl(trimethylsilyloxy)cadmium, Cd-00022

C₄H₁₂ClHg₄NO₄
Tetramethyl-μ₄-nitridotetramercury(1+); Perchlorate, in Hg-00211

C₄H₁₂F₆Hg₄PSb
Tetramethyl-μ₄-phosphidotetramercury(1+); Hexafluoroantimonate, in Hg-00212

C₄H₁₂F₆Hg₄P₂
Tetramethyl-μ₄-phosphidotetramercury(1+); Hexafluorophosphate, in Hg-00212

C₄H₁₂GeHg
Methyl(trimethylgermyl)mercury, Hg-00208

C₄H₁₂HgOSi
Methyl(trimethylsilyloxy)mercury, Hg-00209

C₄H₁₂HgSi
Methyl(trimethylsilyl)mercury, Hg-00210

C₄H₁₂Hg₄N⊕
Tetramethyl-μ₄-nitridotetramercury(1+), Hg-00211

C₄H₁₂Hg₄P⊕
Tetramethyl-μ₄-phosphidotetramercury(1+), Hg-00212

C₄H₁₂Li₂Zn
▷Tetramethylzincate(2−); Di-Li salt, in Zn-00039

C₄H₁₂MgZn
Tetramethylzincate(2−); Mg salt, in Zn-00039

C₄H₁₂NPZn
Methyl(P,P,P-trimethylphosphine imidato)zinc, Zn-00037

C₄H₁₂OSiZn
Methyl(trimethylsilyloxy)zinc, Zn-00038

C₄H₁₂Zn⊖⊖
Tetramethylzincate(2−), Zn-00039

C₄H₁₃KZn₂
μ-Hydrotetramethyldizincate(1−); K salt, in Zn-00040

C₄H₁₃LiZn₂
μ-Hydrotetramethyldizincate(1−); Li salt, in Zn-00040

C₄H₁₃NaZn₂
μ-Hydrotetramethyldizincate(1−); Na salt, in Zn-00040

C₄H₁₃Zn₂⊖
μ-Hydrotetramethyldizincate(1−), Zn-00040

C₄H₁₆AlLiZn₂
Aluminatetetra-μ-hydrotetramethyldizincate(1−); Li salt, in Zn-00041

C₄H₁₆AlZn₂⊖
Aluminatetetra-μ-hydrotetramethyldizincate(1−), Zn-00041

C₅BrCl₅Hg
Bromo(1,2,3,4,5-pentachloro-2,4-cyclopentadien-1-yl)mercury, Hg-00213

C₅ClF₉HgO
Chloro[3,3,3-trifluoro-1-oxo-2,2-bis(trifluoromethyl)propyl]mercury, Hg-00214

C₅Cl₆Hg
Chloro(1,2,3,4,5-pentachloro-2,4-cyclopentadien-1-yl)mercury, Hg-00215

C₅H₄ClHgN
Chloro-2-pyridinylmercury, Hg-00216
▷Chloro-3-pyridinylmercury, Hg-00217
Chloro-4-pyridinylmercury, Hg-00218

C₅H₅BrHg
Bromo-2,4-cyclopentadien-1-ylmercury, Hg-00219

C₅H₅ClHg
Chloro-2,4-cyclopentadien-1-ylmercury, Hg-00220

C₅H₅HgI
(2,4-Cyclopentadien-1-yl)iodomercury, Hg-00221

C₅H₅HgN₃
Azido(η¹-2,4-cyclopentadien-1-yl)mercury, Hg-00222

C₅H₆Cl₂Hg₂O₂
3,3-Bis(chloromercuri)-2,4-pentanedione, Hg-00223

C₅H₆HgN₂S
(2-Mercaptopyrimidinato-S)methylmercury, Hg-00224

C₅H₇ClHg
1-Chloromercuri-3-methyl-1,3-butadiene, Hg-00225

C₅H₇ClZn
Chloro-2,4-pentadienylzinc, Zn-00042

C₅H₈Cl₂Hg₂O₂
3,5-Bis(chloromercurimethyl)-1,2-dioxolane, Hg-00226

C₅H₈Cl₃Hg₃NO₂
Tris(chloromercuri)acetaldehyde; DMF adduct, in Hg-00025

C₅H₈HgO₂
(Acetato-O)-2-propenylmercury, Hg-00227

C₅H₈Zn₂
2,4-Cyclopentadien-1-yldi-μ-hydrohydrodizinc, Zn-00043

C₅H₉BrHg
Bromocyclopentylmercury, Hg-00228

C₅H₉BrHgO₂
3-Bromomercuri-4-methoxy-2-butanone, Hg-00229

C₅H₉ClHg
Chlorocyclopentylmercury, Hg-00230
Chloro-1-pentenylmercury, Hg-00231

C₅H₉ClHgO
Chloro(1,1-dimethyl-2-oxopropyl)mercury, Hg-00232
Chloro(3-hydroxycyclopentyl)mercury, Hg-00233
2-Chloromercuricyclopentanol, Hg-00234
Chloro(2-methoxy-3-butenyl)mercury, Hg-00235
Chloro[(tetrahydro-2-furanyl)methyl]mercury, Hg-00236

C₅H₉HgIO₂
2-[(Iodomercuri)methyl]-1,4-dioxane, Hg-00237

C₅H₉HgN₃OS
6-Amino-2,3-dihydro-2-thioxo-4(1H)-pyrimidinonato-S)-methylmercury, Hg-00238

C₅H₉Hg₃N
Tris(methylmercuri)acetonitrile, Hg-00239

C₅H₁₀Br₂Hg₂
1,5-Bis(bromomercuri)pentane, Hg-00240

C₅H₁₀ClHgN
1-Amino-2-chloromercuricyclopentane, Hg-00241

C₅H₁₀Hg
Ethyl(2-propenyl)mercury, Hg-00242
Mercuracyclohexane, Hg-00243

C₅H₁₀HgO₂
(Acetato)isopropylmercury, Hg-00244
(Acetato-O)propylmercury, Hg-00245

C₅H₁₀HgO₃
▷(Acetato-O)(2-methoxyethyl)mercury, Hg-00246

C₅H₁₁BrHg
Bromo(2,2-dimethylpropyl)mercury, Hg-00247

C₅H₁₁BrHgO
Bromo(2-methoxy-2-methylpropyl)mercury, Hg-00248

C₅H₁₁ClHg
Chloro(2,2-dimethylpropyl)mercury, Hg-00249

C₅H₁₁ClHgN₂O₂
▷Chlormerodrin, Hg-00250

C₅H₁₁ClHgO
Chloro(5-hydroxypentyl)mercury, Hg-00251
Chloro(2-methoxy-2-methylpropyl)mercury, Hg-00252

C₅H₁₁HgI
(2,2-Dimethylpropyl)iodomercury, Hg-00253

C₅H₁₂Cd
Ethylpropylcadmium, Cd-00023

C₅H₁₂CdO
Methyl(2-methyl-2-propanolato)cadmium, Cd-00024

C₅H₁₂CdO₂
Methyl(tert-butylperoxy)cadmium, Cd-00025

C₅H₁₂CdS
(tert-Butylthio)methylcadmium, Cd-00026

C₅H₁₂ClHgN
Chloro[(diethylamino)methyl]mercury, Hg-00254

C₅H₁₂Hg
Butylmethylmercury, Hg-00255
tert-Butylmethylmercury, Hg-00256
Methyl(1-methylpropyl)mercury, Hg-00257
Methyl(2-methylpropyl)mercury, Hg-00258

C₅H₁₂HgSe
(tert-Butaneselenolato)methylmercury, Hg-00259

C₅H₁₂Hg₄S₄
Tetrakis(methylthiomercuri)methane, Hg-00260

C₅H₁₂OZn
Methyl(2-methyl-2-propanolato)zinc, Zn-00044

C₅H₁₂O₂Zn
(tert-Butyldioxy)methylzinc, Zn-00045

C₅H₁₂SZn
(tert-Butylthio)methylzinc, Zn-00046

C₅H₁₂Zn
Ethylpropylzinc, Zn-00047

C₅H₁₃ClHgOSi
2-Chloromercuri-2-trimethylsilylethanol, Hg-00261

C₅Hg₄N₄
Tetrakis(cyano-C-mercuri)methane, Hg-00262

C₆BrCl₅Hg
Bromo(pentachlorophenyl)mercury, Hg-00263

C₆BrF₅Hg
Bromo(pentafluorophenyl)mercury, Hg-00264

C₆BrF₅Zn
Bromo(pentafluorophenyl)zinc, Zn-00048

C₆Br₆Hg
Bromo(pentabromophenyl)mercury, Hg-00265

C₆CdF₅I
Iodo(pentafluorophenyl)cadmium, Cd-00027

C₆ClF₅Hg
Chloro(pentafluorophenyl)mercury, Hg-00266

C₆Cl₂F₄Hg₂
1,2-Bis(chloromercuri)-3,4,5,6-tetrafluorobenzene, Hg-00267
1,3-Bis(chloromercuri)-2,4,5,6-tetrafluorobenzene, Hg-00268
1,4-Bis(chloromercuri)-2,3,5,6-tetrafluorobenzene, Hg-00269

C₆Cl₆Hg
Chloro(pentachlorophenyl)mercury, Hg-00270

C₆F₅IZn
Iodo(pentafluorophenyl)zinc, Zn-00049

C₆F₁₄Hg
▷Bis[1,2,2,2-tetrafluoro-1-(trifluoromethyl)ethyl]mercury, Hg-00271

C₆Fe₂HgN₂O₈
Hexacarbonyl(mercury)dinitrosyldiiron, Hg-00272

C₆HBrF₄Hg
Bromo(2,3,4,5-tetrafluorophenyl)mercury, Hg-00273
Bromo(2,3,4,6-tetrafluorophenyl)mercury, Hg-00274
Bromo(2,3,5,6-tetrafluorophenyl)mercury, Hg-00275

C₆H₂BrCl₃Hg
Bromo(3,4,5-trichlorophenyl)mercury, Hg-00276

C₆H₂F₁₂Hg
▷Bis[2,2,2-trifluoro-1-(trifluoromethyl)ethyl]mercury, Hg-00277

C₆H₂HgN₄
Bis(dicyanomethyl)mercury, Hg-00278

C₆H₄BrClHg
(4-Bromophenyl)chloromercury, Hg-00279

C₆H₄BrFHg
Bromo(3-fluorophenyl)mercury, Hg-00280
Bromo(4-fluorophenyl)mercury, Hg-00281

C₆H₄Br₂Hg
Bromo(3-bromophenyl)mercury, Hg-00282

C₆H₄Br₂Hg₂
1,4-Bis(bromomercuri)benzene, Hg-00283

C₆H₄ClHgI
Chloro(4-iodophenyl)mercury, Hg-00284

C₆H₄ClHgNO₂
Chloro(2-nitrophenyl)mercury, Hg-00285
Chloro(3-nitrophenyl)mercury, Hg-00286
Chloro(4-nitrophenyl)mercury, Hg-00287

C₆H₄ClNO₂Zn
Chloro(2-nitrophenyl)zinc, Zn-00050

C₆H₄Cl₂Hg
Chloro(2-chlorophenyl)mercury, Hg-00288
Chloro(3-chlorophenyl)mercury, Hg-00289
Chloro(4-chlorophenyl)mercury, Hg-00290

Molecular Formula Index

C₆H₄Cl₂Hg₂
1,2-Bis(chloromercuri)benzene, Hg-00291
1,3-Bis(chloromercuri)benzene, Hg-00292

C₆H₅BrHg
▷Bromophenylmercury, Hg-00293

C₆H₅BrZn
Bromophenylzinc, Zn-00051

C₆H₅CdCl₂⁻
Dichlorophenylcadmate(1−), Cd-00028

C₆H₅CdI
Iodophenylcadmium, Cd-00029

C₆H₅ClHg
▷Chlorophenylmercury, Hg-00294

C₆H₅ClHgO
▷Chloro(2-hydroxyphenyl)mercury, Hg-00295
Chloro(3-hydroxyphenyl)mercury, Hg-00296
▷Chloro(4-hydroxyphenyl)mercury, Hg-00297

C₆H₅ClHgO₃S
4-Chloromercuribenzenesulfonic acid, Hg-00298

C₆H₅ClZn
Chlorophenylzinc, Zn-00052

C₆H₅FHg
Fluorophenylmercury, Hg-00299

C₆H₅HgI
▷Iodophenylmercury, Hg-00300

C₆H₅HgNO₃
Hydroxy(4-nitrophenyl)mercury, Hg-00301
▷(Nitrato-O)phenylmercury, Hg-00302

C₆H₅IZn
Iodophenylzinc, Zn-00053

C₆H₆As₂CdF₁₂
(η⁶-Benzene)cadmium(2+); Bis(hexafluoroarsenate), *in* Cd-00030

C₆H₆Cd²⁺
(η⁶-Benzene)cadmium(2+), Cd-00030

C₆H₆CdF₁₂Sb₂
(η⁶-Benzene)cadmium(2+); Bis(hexafluoroantimonate), *in* Cd-00030

C₆H₆ClHgN
(4-Aminophenyl)chloromercury, Hg-00303

C₆H₆FeHg₂O₄
Tetracarbonylbis(methylmercurio)iron, Hg-00304

C₆H₆Hg
Di-1,2-propadienylmercury, Hg-00305
Di-1-propynylmercury, Hg-00306

C₆H₆HgN₄O₂
Bis(1-diazo-2-oxopropyl)mercury, Hg-00307

C₆H₆HgO
▷Hydroxyphenylmercury, Hg-00308

C₆H₆HgO₂
(Hydroperoxy)phenylmercury, Hg-00309
Hydroxy(2-hydroxyphenyl)mercury, Hg-00310
Hydroxy(4-hydroxyphenyl)mercury, Hg-00311

C₆H₆Hg₂O₅
Bis(acetato-O)[μ-(oxoethenylidene)]dimercury, Hg-00312

C₆H₆Hg₄O₅
Bis(acetato-O)[μ-(oxoethenylidene)]tetramercury, Hg-00313

C₆H₆Zn
Hydrophenylzinc, Zn-00054

C₆H₇HgN₅
(Adeninato-N⁹)methylmercury, Hg-00314

C₆H₈ClHgNO₄
Methyl(pyridine-N)mercury(1+); Perchlorate, *in* Hg-00317

C₆H₈Cl₂Hg₂O₃
Dichloro[μ-[1-(ethoxycarbonyl)-2-oxopropylidene]]-dimercury, Hg-00315

C₆H₈Hg
2,4-Cyclopentadien-1-ylmethylmercury, Hg-00316

C₆H₈HgN⁺
Methyl(pyridine-N)mercury(1+), Hg-00317

C₆H₈HgN₂
Bis(2-cyanoethyl)mercury, Hg-00318

C₆H₈HgN₂O₃
Methyl(pyridine-N)mercury(1+); Nitrate, *in* Hg-00317

C₆H₈Zn₂
Di-μ-hydrohydrophenyldizinc, Zn-00055

C₆H₉ClHg
1-Chloromercuricyclohexene, Hg-00319
3-Chloromercuricyclohexene, Hg-00320
1-Chloromercuri-2,3-dimethyl-1,3-butadiene, Hg-00321

C₆H₉ClHgO
2-Chloromercuricyclohexanone, Hg-00322
2-Chloromercuri-3-hydroxybicyclo[2.1.1]hexane, Hg-00323

C₆H₉ClHgO₂
2-Acetoxy-3-chloromercuri-2-butene, Hg-00324
[(3-Acetyloxy)cyclobutyl]chloromercury, Hg-00325

C₆H₉F₃HgO₄
(2-Hydroperoxy-2-methylpropyl)(trifluoroacetato-O)-mercury, Hg-00326

C₆H₉HgN₃S
(4-Amino-5-methyl-2-pyrimidinethiolato)methylmercury, Hg-00327

C₆H₁₀BrHgNO₂
1-Bromomercuri-2-nitrocyclohexane, Hg-00328

C₆H₁₀Cd
Di-2-propenylcadmium, Cd-00031

C₆H₁₀CdF₆O₂
Bis(trifluoromethyl)cadmium; 1,2-Dimethoxyethane complex, *in* Cd-00006

C₆H₁₀ClHgN₃
1-Azido-2-chloromercuricyclohexane, Hg-00329

C₆H₁₀Cl₂Hg₂O₂
2,6-Bis(chloromercurimethyl)-1,4-dioxan, Hg-00330

C₆H₁₀Hg
Dicyclopropylmercury, Hg-00331
Di-1-propenylmercury, Hg-00332
Di-2-propenylmercury, Hg-00333

C₆H₁₀HgO₂
Bis(2-oxopropyl)mercury, Hg-00334

C₆H₁₀HgO₄
(Acetato-O)[2-(acetyloxy)ethyl]mercury, Hg-00335
Bis(2-methoxy-2-oxoethyl)mercury, Hg-00336

C₆H₁₀Zn
▷Dicyclopropylzinc, Zn-00056
Di-2-propenylzinc, Zn-00057

C₆H₁₁BrHg
Bromocyclohexylmercury, Hg-00337
Bromo-5-hexenylmercury, Hg-00338

C₆H₁₁BrHgO
1-Bromomercuri-2-methoxycyclopentane, Hg-00339

C₆H₁₁BrO₂Zn
Bromo(2-*tert*-butoxy-2-oxoethyl)zinc, Zn-00058

C₆H₁₁BrZn
Bromocyclohexylzinc, Zn-00059

C₆H₁₁ClHg
Chlorocyclohexylmercury, Hg-00340
Chloro(cyclopentylmethyl)mercury, Hg-00341
Chloro-5-hexenylmercury, Hg-00342
3-Chloromercuri-3-hexene, Hg-00343

C₆H₁₁ClHgO
Chloro(3,3-dimethyl-2-oxobutyl)mercury, Hg-00344
1-Chloromercuri-1-methoxycyclopentane, Hg-00345

C$_6$H$_{11}$HgCl

Chloro[(3-cyclopropyl)propyl]mercury, Hg-00346

C$_6$H$_{12}$BrNOZn

Bromo[2-(diethylamino)-2-oxoethyl]zinc, Zn-00060

C$_6$H$_{12}$ClHgN

1-Amino-2-chloromercuricyclohexane, Hg-00347

C$_6$H$_{12}$ClHgNO

(2-Acetamido-1-methylpropyl)chloromercury, in Hg-00198

C$_6$H$_{12}$Cl$_2$Hg$_2$

1,6-Bis(chloromercuri)hexane, Hg-00348

C$_6$H$_{12}$Hg

1,6-Hexanediylmercury, Hg-00349

C$_6$H$_{12}$HgN$_2$O$_2$

Bis(dimethylaminocarbonyl)mercury, Hg-00350

C$_6$H$_{12}$HgN$_4$O$_6$P$_2$

Bis(diazodimethoxyphosphonomethyl)mercury, Hg-00351

C$_6$H$_{12}$HgO$_2$

(Acetato-O)butylmercury, Hg-00352

C$_6$H$_{12}$HgO$_3$

(Acetato-O)(2-ethoxyethyl)mercury, Hg-00353

C$_6$H$_{13}$BrHgO

Bromo(2-butoxyethyl)mercury, Hg-00354

C$_6$H$_{13}$BrHgO$_2$

Bromo[2-(tert-butylperoxy)ethyl]mercury, Hg-00355

C$_6$H$_{13}$ClHgO$_2$

Chloro(2,2-diethoxyethyl)mercury, Hg-00356

C$_6$H$_{13}$HgNO$_2$S

(Methioninato-N,O)methylmercury, Hg-00357
Methyl(penicillaminato)mercury, Hg-00358

C$_6$H$_{13}$HgNS$_2$

(Diethylcarbamodithioato-S)methylmercury, Hg-00359

C$_6$H$_{14}$Cd

Butylethylcadmium, Cd-00032
Diisopropylcadmium, Cd-00033
Dipropylcadmium, Cd-00034
Ethyl(2-methylpropyl)cadmium, Cd-00035

C$_6$H$_{14}$ClHgN

Chloro[2-(diethylamino)ethyl]mercury, Hg-00360
Chloro[2-(dimethylamino)-1-methylproyl]mercury, in Hg-00198

C$_6$H$_{14}$Hg

Butylethylmercury, Hg-00361
tert-Butylethylmercury, Hg-00362
▷Diisopropylmercury, Hg-00363
▷Dipropylmercury, Hg-00364

C$_6$H$_{14}$HgO$_2$

[(1,1-Dimethylethyl)dioxy]ethylmercury, Hg-00365

C$_6$H$_{14}$OZn

tert-Butoxyethylzinc, Zn-00061

C$_6$H$_{14}$Zn

Butylethylzinc, Zn-00062
▷Diisopropylzinc, Zn-00063
▷Dipropylzinc, Zn-00064
Ethyl(2-methylpropyl)zinc, Zn-00065

C$_6$H$_{18}$Cr$_2$Hg$_6$O$_7$S$_2$

Trimethyl-μ_3-thioxotrimercury(1+); Dichromate, in Hg-00124

C$_6$H$_{18}$Cr$_2$Hg$_6$O$_9$

Trimethyl-μ_3-oxotrimercury(1+); Dichromate, in Hg-00122

C$_6$H$_{18}$Ge$_2$Hg

Bis(trimethylgermyl)mercury, Hg-00366

C$_6$H$_{18}$HgSi$_2$

Bis(trimethylsilyl)mercury, Hg-00367

C$_6$H$_{18}$HgSn$_2$

Bis(trimethylstannyl)mercury, Hg-00368

C$_6$H$_{18}$Hg$_6$O$_6$S$_2$

Trimethyl-μ_3-oxotrimercury(1+); Sulfate, in Hg-00122

C$_6$H$_{18}$Si$_2$Zn

▷Bis(trimethylsilyl)zinc, Zn-00066

C$_7$H$_3$ClFeHgO$_3$

Tricarbonyl[η^4-(chloromercuri-1,3-cyclobutadiene)]iron, Hg-00369

C$_7$H$_3$F$_5$Hg

Methyl(pentafluorophenyl)mercury, Hg-00370

C$_7$H$_4$BrCdN

Bromo(2-cyanophenyl)cadmium, Cd-00036

C$_7$H$_4$ClNZn

Chloro(2-cyanophenyl)zinc, Zn-00067

C$_7$H$_5$BrClHgI

▷(Bromochloroiodomethyl)phenylmercury, Hg-00371

C$_7$H$_5$BrCl$_2$Hg

(Bromodichloromethyl)phenylmercury, Hg-00372

C$_7$H$_5$BrFeHgO$_2$

(Bromomercury)dicarbonyl(η^5-2,4-cyclopentadien-1-yl)iron, Hg-00373

C$_7$H$_5$Br$_2$ClHg

(Dibromochloromethyl)phenylmercury, Hg-00374

C$_7$H$_5$Br$_2$FHg

▷(Dibromofluoromethyl)phenylmercury, Hg-00375

C$_7$H$_5$Br$_2$HgI

(Dibromoiodomethyl)phenylmercury, Hg-00376

C$_7$H$_5$Br$_3$Hg

Phenyl(tribromomethyl)mercury, Hg-00377

C$_7$H$_5$ClFeHgO$_2$

Dicarbonyl(chloromercury)(η^5-2,4-cyclopentadien-1-yl)iron, Hg-00378

C$_7$H$_5$ClHgO$_2$

(2-Carboxyphenyl)chloromercury, Hg-00379
(3-Carboxyphenyl)chloromercury, Hg-00380
▷(4-Carboxyphenyl)chloromercury, Hg-00381

C$_7$H$_5$Cl$_2$FHg

(Dichlorofluoromethyl)phenylmercury, Hg-00382

C$_7$H$_5$Cl$_2$HgI

(Dichloroiodomethyl)phenylmercury, Hg-00383

C$_7$H$_5$Cl$_3$Hg

Phenyl(trichloromethyl)mercury, Hg-00384

C$_7$H$_5$F$_3$Hg

Phenyl(trifluoromethyl)mercury, Hg-00385

C$_7$H$_5$HgN

(Cyano-C)phenylmercury, Hg-00386

C$_7$H$_5$HgNO

Phenylmercury cyanate, Hg-00387

C$_7$H$_5$HgNS

Phenyl(thiocyanato-S)mercury, Hg-00388

C$_7$H$_5$HgN$_3$O$_6$

Phenyl(trinitromethyl)mercury, Hg-00389

C$_7$H$_6$Br$_2$Hg

(Dibromomethyl)phenylmercury, Hg-00390

C$_7$H$_6$ClHgNO$_2$

Chloro[(4-nitrophenyl)methyl]mercury, Hg-00391

C$_7$H$_6$Cl$_2$Hg

(Dichloromethyl)phenylmercury, Hg-00392

C$_7$H$_6$Hg$_2$N$_2$O$_4$

Bis(acetoxymercuri)dicyanomethane, Hg-00393

C$_7$H$_7$BrHg

Benzylbromomercury, Hg-00394
Bromo(2-methylphenyl)mercury, Hg-00395
Bromo(3-methylphenyl)mercury, Hg-00396
Bromo(4-methylphenyl)mercury, Hg-00397

C$_7$H$_7$BrHgO

Bromo(4-methoxyphenyl)mercury, Hg-00398

Molecular Formula Index

C₇H₇ClHg
Benzylchloromercury, Hg-00399
Chloro(2-methylphenyl)mercury, Hg-00400
Chloro(3-methylphenyl)mercury, Hg-00401
Chloro(4-methylphenyl)mercury, Hg-00402

C₇H₇ClHgO
Chloro(2-methoxyphenyl)mercury, Hg-00403
Chloro(3-methoxyphenyl)mercury, Hg-00404
Chloro(4-methoxyphenyl)mercury, Hg-00405

C₇H₇HgI
Benzyliodomercury, Hg-00406

C₇H₇HgNO₂
(Acetato-*O*)-3-pyridinylmercury, Hg-00407

C₇H₈CdO
Methylphenoxycadmium, Cd-00037

C₇H₈Hg
Methylphenylmercury, Hg-00408

C₇H₈HgO
Methoxy(phenyl)mercury, Hg-00409
Methylphenoxymercury, Hg-00410

C₇H₈HgS
(Benzenethiolato)methylmercury, Hg-00411
(Methylthio)phenylmercury, Hg-00412

C₇H₈OZn
Methylphenoxyzinc, Zn-00068

C₇H₉ClHg
3-Chloromercuritricyclo[2.2.1.0²,⁶]heptane, Hg-00413

C₇H₁₀ClHg₂N₅O₄
(μ-Adeninato-*N*⁷,*N*⁹)bis(methylmercury)(1+); Perchlorate, *in* Hg-00416

C₇H₁₀Cl₂Hg₂
[1,1-Bis(chloromercuri)methylene]cyclohexane, Hg-00414

C₇H₁₀Cl₂Hg₂O₄
Dichloro[μ-2-ethoxy-1-(ethoxycarbonyl)-2-oxoethylidene]-dimercury, *in* Hg-00075

C₇H₁₀HgO₄
(Acetato-*O*)(1-acetyl-2-oxopropyl)mercury, Hg-00415

C₇H₁₀Hg₂N₅⁺
(μ-Adeninato-*N*⁷,*N*⁹)bis(methylmercury)(1+), Hg-00416

C₇H₁₀Hg₂N₆O₃
(μ-Adeninato-*N*⁷,*N*⁹)bis(methylmercury)(1+); Nitrate, *in* Hg-00416

C₇H₁₀Hg₂O₅
1,3-Bis(acetoxymercuri)-2-propanone, Hg-00417

C₇H₁₁BrCl₂Hg
(Bromodichloromethyl)cyclohexylmercury, Hg-00418

C₇H₁₁BrHg
(Bicyclo[2.2.1]hept-2-yl)bromomercury, Hg-00419

C₇H₁₁BrHgN₂O₄
1-Bromomercuri-2-(dinitromethyl)cyclohexane, Hg-00420

C₇H₁₁BrOZn
Bromo-2-propynyl(tetrahydrofuran)zinc, *in* Zn-00022

C₇H₁₁Br₂ClHg
Cyclohexyl(dibromochloromethyl)mercury, Hg-00421

C₇H₁₁Br₃Hg
Cyclohexyl(tribromomethyl)mercury, Hg-00422

C₇H₁₁ClHg
Chloro(1-cyclohexen-1-ylmethyl)mercury, Hg-00423

C₇H₁₁ClHgO
3-Chloromercuribicyclo[2.2.1]heptan-2-ol, Hg-00424

C₇H₁₁Cl₃Hg
Cyclohexyl(trichloromethyl)mercury, Hg-00425

C₇H₁₁F₃HgO₃
2-Methoxy-3-(trifluoroacetoxymercuri)butane, Hg-00426

C₇H₁₂ClHgNO
[2-(Acetylamino)cyclopentyl]chloromercury, *in* Hg-00241

C₇H₁₂HgO₂Si
(Acetato-*O*)[(trimethylsilyl)ethynyl]mercury, Hg-00427

C₇H₁₂O₂Zn
Ethyl(2,4-pentanedionato-*O*,*O*′)zinc, Zn-00069

C₇H₁₃BrHg
Bromo(4-methylcyclohexyl)mercury, Hg-00428

C₇H₁₃BrHgO
1-Bromomercuri-2-methoxycyclohexane, Hg-00429

C₇H₁₃ClHg
Chloro(2-methylcyclohexyl)mercury, Hg-00430
Chloro(3-methylcyclohexyl)mercury, Hg-00431

C₇H₁₃ClHgO
1-Chloromercuri-2-methoxycyclohexane, Hg-00432

C₇H₁₃NZn
[3-(Dimethylamino)-1-propynyl]ethylzinc, Zn-00070

C₇H₁₄ClHgN
1-Amino-2-chloromercuricycloheptane, Hg-00433
Chloro[2-(1-piperidinyl)ethyl]mercury, Hg-00434

C₇H₁₅BrHg
Bromo(1,4-dimethylpentyl)mercury, Hg-00435

C₇H₁₅BrHgO
Bromo(3-methoxy-1,2-dimethylbutyl)mercury, Hg-00436

C₇H₁₅ClHgO
Chloro(3-hydroxy-2,2,3-trimethylbutyl)mercury, Hg-00437

C₇H₁₅Hg₂NO₂S
μ-Penicillaminatobis(methylmercury), Hg-00438

C₇H₁₅IO₂Zn
Iodopropylzinc; Dioxan adduct, *in* Zn-00024

C₇H₁₆ClNZn
Chloro[3-(diethylamino)propyl]zinc, Zn-00071

C₇H₁₆Zn
Butylpropylzinc, Zn-00072

C₇H₁₈GeHg
Butyl(trimethylgermyl)mercury, Hg-00439
Methyl(triethylgermyl)mercury, Hg-00440

C₇H₁₈HgSi
Butyl(trimethylsilyl)mercury, Hg-00441

C₇H₁₈HgSn
tert-Butyl(trimethylstannyl)mercury, Hg-00442

C₇H₁₉ClHgSi₂
[Bis(trimethylsilyl)methyl]chloromercury, Hg-00443

C₇H₂₁HgNSi₂
Methylmercurybis(trimethylsilyl)amide, Hg-00444

C₇H₂₁HgN₄P
(*N*,*N*,*N*′,*N*′,*N*″,*N*″-Hexamethylphosphorimidic triamidato-*N*‴)methylmercury, Hg-00445

C₈Co₂HgO₈
Octacarbonyl(mercury)dicobalt, Hg-00446

C₈F₁₈Hg
Bis[2,2,2-trifluoro-1,1-bis(trifluoromethyl)ethyl]mercury, Hg-00447

C₈HF₇HgO₂
(2,3,5,6-Tetrafluorophenyl)(trifluoroacetato-*O*)mercury, Hg-00448

C₈H₅BrF₄Hg
(1-Bromo-1,2,2,2-tetrafluoroethyl)phenylmercury, Hg-00449

C₈H₅ClHg
Chloro(phenylethynyl)mercury, Hg-00450

C₈H₅ClHgS₂
2-Chloromercuri-1,4-benzodithiin, Hg-00451

C₈H₅HgO₆V
Hexacarbonyl(ethylmercury)vanadium, Hg-00452

C₈H₆CdS₂
Di-2-thienylcadmium, Cd-00038

$C_8H_6Cl_2HgO_2$
  (Acetato-O)(3,5-dichlorophenyl)mercury, Hg-00453
$C_8H_6F_3HgO_2$
  Phenylmercury trifluoroacetate, Hg-00454
C_8H_6Hg
  Ethynylphenylmercury, Hg-00455
$C_8H_6HgO_2$
  Di-(2-furanyl)mercury, Hg-00456
  Di-(3-furanyl)mercury, Hg-00457
$C_8H_6HgS_2$
  Di-(2-thienyl)mercury, Hg-00458
  Di-3-thienylmercury, Hg-00459
$C_8H_6S_2Zn$
  Di-2-thienylzinc, Zn-00073
C_8H_7BrHg
  Bromo(2-phenylethenyl)mercury, Hg-00460
$C_8H_7BrHgO_2$
  (Bromomercuri)phenylacetic acid, Hg-00462
C_8H_7ClHg
  Chloro(2-phenylethenyl)mercury, Hg-00463
C_8H_7ClHgO
  (Chloromercuri)phenylacetaldehyde, Hg-00464
$C_8H_7ClHgO_2$
  (Benzoyloxymethyl)chloromercury, Hg-00465
  Chloro[(2-methoxycarbonyl)phenyl]mercury, in Hg-00379
  Chloro[(3-methoxycarbonyl)phenyl]mercury, in Hg-00380
C_8H_8FHgNO
  (Acetamidato-N)4-fluorophenylmercury, Hg-00466
$C_8H_8HgO_2$
  ▷(Acetato-O)phenylmercury, Hg-00467
  (Benzoato-O)methylmercury, Hg-00468
  (Methoxycarbonyl)phenylmercury, Hg-00469
$C_8H_8HgO_3$
  (Acetato-O)(4-hydroxyphenyl)mercury, in Hg-00311
$C_8H_8HgS_2$
  [Ethane(dithioato)-S]phenylmercury, Hg-00470
C_8H_9BrHg
  Bromo(1-phenylethyl)mercury, Hg-00471
C_8H_9ClHg
  Chloro(2,4-dimethylphenyl)mercury, Hg-00472
  Chloro(2,5-dimethylphenyl)mercury, Hg-00473
  Chloro(2,6-dimethylphenyl)mercury, Hg-00474
  Chloro(3,4-dimethylphenyl)mercury, Hg-00475
  Chloro[(2-methylphenyl)methyl]mercury, Hg-00476
  Chloro[(3-methylphenyl)methyl]mercury, Hg-00477
  Chloro[(4-methylphenyl)methyl]mercury, Hg-00478
  Chloro(2-phenylethyl)mercury, Hg-00479
$C_8H_9ClHgO_2$
  Chloro(2,5-dimethoxyphenyl)mercury, Hg-00480
  5-Chloromercuri-6-hydroxybicyclo[2.2.1]heptane-2-carboxylic acid lactone, Hg-00481
C_8H_9HgI
  Benzyl(iodomethyl)mercury, Hg-00482
C_8H_9HgNO
  (Acetamidato-N)phenylmercury, Hg-00483
$C_8H_9HgNO_2$
  ▷Acetato(2-aminophenyl)mercury, Hg-00484
  ▷Acetato(4-aminophenyl)mercury, Hg-00485
$C_8H_{10}BrHgN$
  Bromo[2-(phenylamino)ethyl]mercury, Hg-00486
$C_8H_{10}CdN_4O_4$
  Bis(1-diazo-2-ethoxy-2-oxoethyl)cadmium, Cd-00039
$C_8H_{10}Cl_2F_2HgO_4$
  Bis(1-chloro-2-ethoxy-1-fluoro-2-oxoethyl)mercury, Hg-00487
$C_8H_{10}Hg$
  Bis(bicyclo[1.1.0]but-1-yl)mercury, Hg-00488
  Di-1-butynylmercury, Hg-00489
  Ethyl(phenyl)mercury, Hg-00490
$C_8H_{10}HgN_4O_4$
  ▷Bis(1-diazo-2-ethoxy-2-oxoethyl)mercury, Hg-00491
$C_8H_{10}N_4O_4Zn$
  Bis(1-diazo-2-ethoxy-2-oxoethyl)zinc, Zn-00074
$C_8H_{10}OZn$
  Ethylphenoxyzinc, Zn-00075
$C_8H_{11}ClHg$
  5-Chloromercuribicyclo[2.2.2]oct-2-ene, Hg-00492
  6-Chloromercuritricyclo[3.2.1.0^{2,7}]octane, Hg-00493
$C_8H_{11}ClHgO$
  4-Chloromercuri-6-oxatricyclo[3.2.1.1^{3,8}]nonane, Hg-00494
$C_8H_{12}Br_2Hg$
  Bis(1-bromo-2-methyl-1-propenyl)mercury, Hg-00495
$C_8H_{12}HgO_4$
  1-(Acetoxymercuri)-3-acetoxycyclobutane, Hg-00496
$C_8H_{13}BrHgO_2$
  1-Acetoxy-3-bromomercuricyclohexane, Hg-00497
$C_8H_{13}ClHgO$
  3-Chloromercuribicyclo[2.2.2]octan-2-ol, Hg-00498
  2-Chloromercuri-4,4-dimethylcyclohexanone, Hg-00499
$C_8H_{13}ClHgO_3$
  Chloro[3-(ethoxycarbonyl)-4-oxopentyl]mercury, Hg-00500
$C_8H_{13}Cl_2Hg_3N_5O_8$
  (μ_3-Adeninato-N^3,N^7,N^9)tris(methylmercury)(2+); Diperchlorate, in Hg-00503
$C_8H_{13}F_3HgO_4$
  [2-($tert$-Butylperoxy)ethyl](trifluoroacetato-O)mercury, Hg-00501
$C_8H_{13}HgN$
  (Cyano-C)(4-methylcyclohexyl)mercury, Hg-00502
$C_8H_{13}Hg_3N_5^{\oplus\oplus}$
  (μ_3-Adeninato-N^3,N^7,N^9)tris(methylmercury)(2+), Hg-00503
$C_8H_{13}Hg_3N_7O_6$
  (μ_3-Adeninato-N^3,N^7,N^9)tris(methylmercury)(2+); Dinitrate, in Hg-00503
$C_8H_{14}Cd$
  Bis(2-methyl-2-propenyl)cadmium, Cd-00040
  Di-2-butenylcadmium, Cd-00041
$C_8H_{14}ClHgNO$
  2-[(Acetylamino)cyclohexyl]chloromercury, in Hg-00347
$C_8H_{14}Hg$
  Di(3-butenyl)mercury, Hg-00504
$C_8H_{14}HgN_2O_2$
  Ethyl $tert$-butylmercuridiazoacetate, Hg-00505
$C_8H_{14}HgO$
  (1-Acetyl-2,2-dimethylcyclopropyl)methylmercury, Hg-00506
$C_8H_{14}HgO_2$
  (Acetato-O)cyclohexylmercury, Hg-00507
  (Acetato-O)(3,3-dimethyl-1-butenyl)mercury, Hg-00508
  Bis(2-oxobutyl)mercury, Hg-00509
  Bis(3-oxobutyl)mercury, Hg-00510
$C_8H_{14}HgO_3$
  (Acetato-O)(2-hydroxycyclohexyl)mercury, Hg-00511
  (Acetato-O)(2-methoxycyclopentyl)mercury, Hg-00512
$C_8H_{14}Zn$
  Bis(2-methyl-2-propenyl)zinc, Zn-00076
  ▷Di-2-butenylzinc, Zn-00077
  Di-3-butenylzinc, Zn-00078
  ▷Dicyclobutylzinc, Zn-00079
$C_8H_{15}BrHgO_3$
  3-Bromomercuri-4-$tert$-butylperoxy-2-butanone, Hg-00513
$C_8H_{15}ClHgO$
  2-Chloromercuricyclooctanol, Hg-00514

Chloro[(1-methoxycyclohexyl)methyl]mercury, Hg-00515

$C_8H_{15}NZn$
[4-(Dimethylamino)-1-butynyl]ethylzinc, Zn-00080

$C_8H_{16}HgO_3$
(Acetato-O)(2-butoxyethyl)mercury, Hg-00516

$C_8H_{16}Hg_2$
1,6-Dimercuracyclodecane, Hg-00517

$C_8H_{16}Hg_2O_2$
1,7-Dioxa-4,10-dimercuracyclododecane, Hg-00518

$C_8H_{16}Zn_2$
1,6-Dizincacyclodecane, Zn-00081

$C_8H_{17}BrHgO_2$
2-Bromomercuri-3-*tert*-butylperoxybutane, Hg-00519

$C_8H_{17}ClHgO$
1-Chloromercuri-3-methoxy-2,2,3-trimethylbutane, Hg-00520

$C_8H_{18}Cd$
Bis(2-methylpropyl)cadmium, Cd-00042
▷Dibutylcadmium, Cd-00043

$C_8H_{18}Cl_4HgSi_2$
Bis[dichloro(trimethylsilyl)methyl]mercury, Hg-00521

$C_8H_{18}Hg$
▷Bis(1-methylpropyl)mercury, Hg-00522
Bis(2-methylpropyl)mercury, Hg-00523
▷Dibutylmercury, Hg-00524
Di-*tert*-butylmercury, Hg-00525

$C_8H_{18}HgOS$
(Ethanethioato-S)phenylmercury, Hg-00526

$C_8H_{18}HgO_2$
Bis(2-methoxypropyl)mercury, Hg-00527

$C_8H_{18}OZn$
tert-Butoxy-*tert*-butylzinc, Zn-00082

$C_8H_{18}O_2Zn$
Bis(3-methoxypropyl)zinc, Zn-00083

$C_8H_{18}S_2Zn$
Bis[(3-methylthio)propyl-C,N]zinc, Zn-00084

$C_8H_{18}Zn$
Bis(1-methylpropyl)zinc, Zn-00085
Bis(2-methylpropyl)zinc, Zn-00086
Dibutylzinc, Zn-00087
Di-*tert*-butylzinc, Zn-00088

$C_8H_{20}Br_4Zn_4$
Tetra-μ_3-bromotetraethyltetrazinc, *in* Zn-00011

$C_8H_{20}Cl_4Zn_4$
Tetra-μ_3-chlorotetraethyltetrazinc, *in* Zn-00012

$C_8H_{21}HgPSi$
Methyl[(trimethylphosphoranylidene)(trimethylsilyl)methyl]mercury, Hg-00528

$C_8H_{22}CdSi_2$
Bis[(trimethylsilyl)methyl]cadmium, Cd-00044

$C_8H_{22}Cl_2HgP_2$
Bis[trimethyl(methylene)phosphorane]mercury dichloride, *in* Hg-00530

$C_8H_{22}Ge_2Hg$
Bis[(trimethylgermyl)methyl]mercury, Hg-00529

$C_8H_{22}HgP_2^{\oplus\oplus}$
Bis[(trimethylphosphonio)methyl]mercury(2+), Hg-00530

$C_8H_{22}HgSi_2$
Bis[(trimethylsilyl)methyl]mercury, Hg-00531

$C_8H_{22}Si_2Zn$
▷Bis[(trimethylsilyl)methyl]zinc, Zn-00089

$C_8H_{23}HgNSi_2$
Ethyl(bistrimethylsilylamido)mercury, Hg-00532

$C_8H_{24}Cd_4O_4$
Methoxymethylcadmium; Tetramer, *in* Cd-00012

$C_8H_{24}O_4Zn_4$
Tetra-μ_3-methoxytetramethyltetrazinc, *in* Zn-00014

$C_8H_{24}O_8Zn_4$
Methyl(methyldioxy)zinc; Tetramer, *in* Zn-00015

$C_9F_{12}Hg_4O_8$
Tetrakis(trifluoroacetoxymercuri)methane, Hg-00533

$C_9H_5ClCrHgO_3$
Tricarbonyl(chloromercury)[μ-[(1-η:1,2,3,4,5,6-η)-phenyl]]chromium, Hg-00534

$C_9H_6FeHgO_5$
[1-[(Acetato)mercurio]-1,3-cyclobutadiene]-tricarbonyliron, Hg-00535

C_9H_7ClHg
Chloro-1-indenylmercury, Hg-00536
Chloro(3-phenyl-2-propynyl)mercury, Hg-00537

C_9H_7ClHgO
Chloro(3-oxo-3-phenyl-1-propenyl)mercury, Hg-00538

$C_9H_8ClFHgO_2$
[Chlorofluoro(methoxycarbonyl)methyl]phenylmercury, Hg-00539

$C_9H_8Cl_2HgO_2$
(1,1-Dichloro-2-methoxy-2-oxoethyl)phenylmercury, Hg-00540

$C_9H_8HgN_2O$
(1-Diazo-2-oxo-2-phenylethyl)methylmercury, Hg-00541

$C_9H_9BrCl_2Hg$
(Bromodichloromethyl)(2-phenylethyl)mercury, Hg-00542

C_9H_9BrHg
Bromo(3-phenyl-2-propenyl)mercury, Hg-00543

C_9H_9ClHg
Chloro(2-phenyl-1-propenyl)mercury, Hg-00544

C_9H_9ClHgO
▷(Chloromethyl)(2-oxo-2-phenylethyl)mercury, Hg-00545

$C_9H_9HgNaO_2S$
Thiomersal, *in* Hg-00546

$C_9H_{10}HgOS$
▷Ethyl(2-mercaptobenzoato-S)mercury, Hg-00546

$C_9H_{10}HgO_2$
(Acetato)benzylmercury, Hg-00547
(Acetato-O)(2-methylphenyl)mercury, Hg-00548
(Acetato-O)(3-methylphenyl)mercury, Hg-00549
(Acetato-O)(4-methylphenyl)mercury, Hg-00550

$C_9H_{10}HgO_2S$
(Acetato-O)[4-(methylthio)phenyl]mercury, Hg-00551

$C_9H_{10}HgO_3$
(Acetato-O)(4-methoxyphenyl)mercury, *in* Hg-00311

$C_9H_{11}ClHg$
Chloro(2-phenylpropyl)mercury, Hg-00552
Chloro(3-phenylpropyl)mercury, Hg-00553
Chloro(2,4,5-trimethylphenyl)mercury, Hg-00554
Chloro(2,4,6-trimethylphenyl)mercury, Hg-00555

$C_9H_{11}ClHgO$
Chloro(2-methoxy-2-phenylethyl)mercury, Hg-00556

$C_9H_{11}ClHgO_2$
5-Acetoxy-6-chloromercuribicyclo[2.2.1]hept-2-ene, Hg-00557
3-Acetoxy-5-chloromercuritricyclo[2.2.1.0^{2,6}]heptane, Hg-00558
Chloro(3-hydroperoxy-3-phenylpropyl)mercury, Hg-00559

$C_9H_{11}HgNO_2$
(Ethylcarbamato-O)phenylmercury, Hg-00560

$C_9H_{11}HgNS_2$
(Dimethylcarbamodithioato-S,S')phenylmercury, Hg-00561

$C_9H_{12}HgO$
(2-Hydroxyethyl)(4-methylphenyl)mercury, Hg-00562

$C_9H_{12}Hg_4O_8$
Tetrakis(acetoxymercuri)methane, Hg-00563

$C_9H_{13}ClHg$
  tert-Butylcyclopentadienylchloromercury, Hg-00564

$C_9H_{13}ClHgO$
  1-Chloromercuri-3,3-dimethylbicyclo[2.2.1]heptan-2-one, Hg-00565
  1-Chloromercuri-7,7-dimethylbicyclo[2.2.1]heptan-2-one, Hg-00566

$C_9H_{13}ClHgO_2$
  2-Chloromercuri-3-acetoxybicyclo[2.2.1]heptane, Hg-00567

$C_9H_{14}HgO_2$
  (Acetato-O)bicyclo[2.2.1]hept-2-ylmercury, Hg-00568

$C_9H_{14}HgO_4$
  (Acetato-O)[2-(acetyloxy)cyclopentyl]mercury, Hg-00569
  (Acetato-O)(3-hydroperoxybicyclo[2.2.1]hept-2-yl)mercury, Hg-00570

$C_9H_{15}BrHgO$
  7-Bromomercuri-1-ethoxybicyclo[2.2.1]heptane, Hg-00571

$C_9H_{16}ClHgNO$
  [(2-Acetamidocyclohexyl)methyl]chloromercury, Hg-00572
  2-[(Acetylamino)cycloheptyl]chloromercury, in Hg-00433

$C_9H_{16}HgO_2$
  (Acetato-O)(4-methylcyclohexyl)mercury, Hg-00573

$C_9H_{16}HgO_3$
  (Acetato-O)(2-methoxycyclohexyl)mercury, Hg-00574

$C_9H_{17}NZn$
  [5-(Dimethylamino)-1-pentynyl]ethylzinc, Zn-00090

$C_9H_{18}ClHgN_3O$
  [3-[(Aminocarbonyl)amino]-2-(1-piperidinyl)propyl]chloromercury, Hg-00575

$C_{10}Cl_{10}FeHg_{10}$
  Decakis(chloromercurio)ferrocene, Hg-00576

$C_{10}Cl_{10}Hg$
  Bis(1,2,3,4,5-pentachloro-2,4-cyclopentadien-1-yl)mercury, Hg-00577

$C_{10}F_8HgN_2$
  Bis(2,3,5,6-tetrafluoro-4-pyridinyl)mercury, Hg-00578

$C_{10}F_8N_2Zn$
  Bis(2,3,5,6-tetrafluoro-4-pyridinyl)zinc, Zn-00091

$C_{10}H_5F_9Hg$
  Phenyl[2,2,2-trifluoro-1,1-bis(trifluoromethyl)ethyl]mercury, Hg-00579

$C_{10}H_6Hg$
  Di-1,3-pentadiynylmercury, Hg-00580

$C_{10}H_7ClHg$
  Chloro-1-naphthylmercury, Hg-00581
  Chloro-2-naphthylmercury, Hg-00582

$C_{10}H_8Cl_2FeHg_2$
  1,1'-Bis(chloromercuri)ferrocene, Hg-00583
  1,2-Bis(chloromercuri)ferrocene, Hg-00584

$C_{10}H_8Cl_2Hg_2Ru$
  1,1'-Bis(chloromercuri)ruthenocene, Hg-00585

$C_{10}H_8HgO$
  Hydroxy(1-naphthyl)mercury, Hg-00586

$C_{10}H_9ClFeHg$
  Chloromercuriferrocene, Hg-00587

$C_{10}H_9HgNO$
  ▷Methyl(8-quinolinolato-N^1,O^8)mercury, Hg-00588

$C_{10}H_{10}Cd$
  Bis(2,4-cyclopentadien-1-yl)cadmium, Cd-00045

$C_{10}H_{10}Hg$
  Di-2,4-cyclopentadien-1-ylmercury, Hg-00589

$C_{10}H_{10}Zn$
  Zincocene, Zn-00092

$C_{10}H_{11}BrHgO_2$
  Bromo(2-ethoxy-2-oxo-1-phenylethyl)mercury, in Hg-00461

$C_{10}H_{11}Br_2Hg_2NO_2S$
  2,6-Bis(bromomercuri)-4-phenyltetrahydro-1,4-thiazine 1,1-dioxide, Hg-00590

$C_{10}H_{11}ClHgO_3$
  2-Chloromercuri-3-methoxy-3-phenylpropanoic acid, Hg-00591

$C_{10}H_{11}Cl_3Hg$
  (Trichloromethyl)(2,4,6-trimethylphenyl)mercury, Hg-00592

$C_{10}H_{11}Hg_2NO_4$
  2,4-Bis(acetoxymercuri)aniline, Hg-00593

$C_{10}H_{12}ClHgNO_3$
  Chloro[3-methoxy-3-(4-nitrophenyl)propyl]mercury, Hg-00594

$C_{10}H_{12}HgN_2O_4$
  Bis(1-cyano-2-ethoxy-2-oxoethyl)mercury, Hg-00595

$C_{10}H_{12}HgO_4$
  (Acetato-O)(2-hydroperoxy-2-phenylethyl)mercury, Hg-00596

$C_{10}H_{13}BrO_2Zn$
  Bromophenylzinc; Dioxan complex(1:1), in Zn-00051

$C_{10}H_{13}ClHg$
  Chloro(2,3,4,5-tetramethylphenyl)mercury, Hg-00597
  Chloro(2,3,4,6-tetramethylphenyl)mercury, Hg-00598
  Chloro(2,3,5,6-tetramethylphenyl)mercury, Hg-00599

$C_{10}H_{13}ClHgO$
  1-Chloromercuri-2-methoxy-1-phenylpropane, Hg-00600
  2-Chloromercuri-1-methoxy-1-phenylpropane, Hg-00601

$C_{10}H_{13}HgNO_2$
  (Acetato-O)[4-dimethylaminophenyl]mercury, Hg-00602

$C_{10}H_{13}HgNO_3$
  Methyl(tyrosinato-O')mercury, Hg-00603

$C_{10}H_{13}NOZn$
  (Acetophenone oximato)ethylzinc, Zn-00093
  Ethyl(N-phenylacetamidato-N)zinc, Zn-00094

$C_{10}H_{13}NO_2Zn$
  Ethyl(methyl phenylcarbamato-N,O')zinc, Zn-00095

$C_{10}H_{13}NSZn$
  Ethyl(thioacetanilidato)zinc, Zn-00096

$C_{10}H_{14}ClHgN$
  Chloro[2-[1-(dimethylamino)ethyl]phenyl]mercury, Hg-00604

$C_{10}H_{14}Hg$
  Di-1-cyclopenten-1-ylmercury, Hg-00605

$C_{10}H_{14}HgO_4$
  Bis(1-acetyl-2-oxopropyl)mercury, Hg-00606

$C_{10}H_{14}Zn$
  Di-2,4-pentadienylzinc, Zn-00097

$C_{10}H_{15}ClHg$
  1-Chloromercuriadamantane, Hg-00607
  1-Chloromercuri-2-methylene-3,3-dimethylbicyclo[2.2.1]heptane, Hg-00608

$C_{10}H_{15}ClHgO_2$
  2-Acetoxy-3-chloromercuribicyclo[2.2.2]octane, Hg-00609

$C_{10}H_{15}NOZn$
  (N,N-Diethylhydroxylaminato)phenylzinc, Zn-00098

$C_{10}H_{16}HgO_4$
  1-Acetoxy-2-acetoxymercuricyclohexane, Hg-00610
  1-Acetoxy-4-acetoxymercuricyclohexane, Hg-00611
  3-Acetoxy-4-(acetoxymercuri)-3-hexene, Hg-00612

$C_{10}H_{17}ClHg$
  Chloro[(6,6-dimethylbicyclo[3.1.1]heptan-2-yl)methyl]mercury, Hg-00613

$C_{10}H_{17}ClHgO$
  4-tert-Butyl-2-chloromercuricyclohexanone, Hg-00614

$C_{10}H_{17}F_3HgO_4$
  [2-(tert-Butylperoxy)-1-methylpropyl](trifluoroacetato)mercury, Hg-00615

$C_{10}H_{18}Hg$
  Dicyclopentylmercury, Hg-00616

Molecular Formula Index

Di-4-pentenylmercury, Hg-00617

$C_{10}H_{18}HgO_2$
Bis(4-oxopentyl)mercury, Hg-00618

$C_{10}H_{18}Zn$
Bis(3-methyl-2-butenyl)zinc, Zn-00099
Dicyclopentylzinc, Zn-00100
Di-4-pentenylzinc, Zn-00101

$C_{10}H_{19}BrHgO_2$
1-Bromomercuri-2-*tert*-butylperoxycyclohexane, Hg-00619

$C_{10}H_{19}BrO_2Zn$
Bromocyclohexylzinc; Dioxan adduct, *in* Zn-00059

$C_{10}H_{19}NZn$
[6-(Dimethylamino)-1-hexynyl]ethylzinc, Zn-00102

$C_{10}H_{20}ClHgNO$
[2-(Acetylamino)octyl]chloromercury, Hg-00620

$C_{10}H_{20}HgN_2O_2$
Bis(diethylaminocarbonyl)mercury, Hg-00621

$C_{10}H_{20}Hg_2$
1,7-Dimercuracyclododecane, Hg-00622

$C_{10}H_{20}Zn_2$
1,7-Dizincacyclododecane, Zn-00103

$C_{10}H_{21}HgN_2O_7P$
[1-(Diethoxyphosphinyl)-2-(diethylamino)-2-oxoethyl]-nitratomercury, Hg-00623

$C_{10}H_{22}Cd$
Bis(2-methylbutyl)cadmium, Cd-00046

$C_{10}H_{22}Hg$
Bis(2,2-dimethylpropyl)mercury, Hg-00624

$C_{10}H_{22}HgSi_2$
Bis[(2-trimethylsilyl)ethenyl]mercury, Hg-00625

$C_{10}H_{22}O_2Zn$
Bis(4-methoxybutyl)zinc, Zn-00104

$C_{10}H_{22}Zn$
▷Bis(2,2-dimethylpropyl)zinc, Zn-00105
Bis(2-methylbutyl)zinc, Zn-00106

$C_{10}H_{24}As_2Hg$
Bis(3-dimethylarsinopropyl)mercury, Hg-00626

$C_{10}H_{24}Cd_2O_2$
Dimethylbis(2-methyl-2-propanolato)dicadmium, *in* Cd-00024

$C_{10}H_{24}N_2Zn$
Bis[(3-dimethylamino)propyl-*C,N*]zinc, Zn-00107

$C_{10}H_{27}ClHgSi_3$
Chloro[tris(trimethylsilyl)methyl]mercury, Hg-00627

$C_{11}H_8F_3IN_2Zn$
Iodo(trifluoromethyl)zinc; 2,2′-Bipyridine complex, *in* Zn-00001

$C_{11}H_{10}BrHgN$
Bromo[1-(8-quinolinyl)ethyl-*C,N*]mercury, Hg-00628

$C_{11}H_{11}CdIN_2$
Iodomethylcadmium; 2,2′-Bipyridine adduct, *in* Cd-00004

$C_{11}H_{11}ClHgO_2$
1-Acetoxy-2-chloromercuri-1-phenylpropene, Hg-00629
2-Acetoxy-1-chloromercuri-1-phenylpropene, Hg-00630

$C_{11}H_{11}HgN_2^⊕$
(2,2′-Bipyridine-*N,N*′)methylmercury(1+), Hg-00631

$C_{11}H_{11}HgN_3O_3$
(2,2′-Bipyridine-*N,N*′)methylmercury(1+); Nitrate, *in* Hg-00631

$C_{11}H_{11}IN_2Zn$
Iodomethylzinc; 2,2′-Bipyridine adduct, *in* Zn-00004

$C_{11}H_{11}NOZn$
Ethyl(8-quinolinolato)zinc, Zn-00108

$C_{11}H_{12}Cl_4HgO_4$
2-Chloromercuri-3-methoxy-3-phenylpropanoic acid; $CHCl_3$ solvate, *in* Hg-00591

$C_{11}H_{13}ClHgO_2$
[3-(Acetyloxy)-3-phenylpropyl]chloromercury, Hg-00632

$C_{11}H_{15}HgNO_2$
(2-Amino-4-phenylbutanoato)methylmercury, Hg-00633

$C_{11}H_{16}ClHgN$
▷(Chloromethyl)[(4-diethylamino)phenyl]mercury, Hg-00634

$C_{11}H_{18}ClHgN$
5-Chloromercuri-3-propyl-3-azatricyclo[4.2.1.0^{4,8}]-nonane, Hg-00635

$C_{11}H_{19}BrHgO_2$
2-Bromomercuri-3-(*tert*-butylperoxy)bicyclo[2.2.1]-heptane, Hg-00636

$C_{11}H_{21}ClHgO_2$
11-Chloromercuriundecanoic acid, Hg-00637

$C_{11}H_{23}ClHgO$
3-Chloromercuri-4-methoxy-2,2,5,5-tetramethylhexane, Hg-00638

$C_{11}H_{23}ClN_2Zn$
Chloro-2,4-pentadienyl(*N,N,N*′,*N*′-tetramethyl-1,2-ethanediamine-*N,N*′)zinc, *in* Zn-00042

$C_{11}H_{23}HgNSi_2$
(η^1-2,4-Cyclopentadien-1-yl)bis(trimethylsilylamido)mercury, Hg-00639

$C_{11}H_{29}PSiZn$
Diethyl[trimethylphosphonium η-(trimethylsilyl)-methylide]zinc, Zn-00109

$C_{12}Br_8F_2Hg$
Bis(2,3,5,6-tetrabromo-4-fluorophenyl)mercury, Hg-00640

$C_{12}Br_{10}Hg$
Bis(pentabromophenyl)mercury, Hg-00641

$C_{12}CdF_{10}$
Bis(pentafluorophenyl)cadmium, Cd-00047

$C_{12}Cl_{10}Hg$
Bis(pentachlorophenyl)mercury, Hg-00642

$C_{12}F_{10}Hg$
Bis(pentafluorophenyl)mercury, Hg-00643

$C_{12}F_{10}Zn$
Bis(pentafluorophenyl)zinc, Zn-00110

$C_{12}H_2Cl_8Hg$
Bis(2,3,4,5-tetrachlorophenyl)mercury, Hg-00644
Bis(2,3,4,6-tetrachlorophenyl)mercury, Hg-00645
Bis(2,3,5,6-tetrachlorophenyl)mercury, Hg-00646

$C_{12}H_2F_8Hg$
Bis(2,3,4,5-tetrafluorophenyl)mercury, Hg-00647
Bis(2,3,4,6-tetrafluorophenyl)mercury, Hg-00648
Bis(2,3,5,6-tetrafluorophenyl)mercury, Hg-00649

$C_{12}H_4Cl_6Hg$
Bis(2,3,4-trichlorophenyl)mercury, Hg-00650
Bis(2,3,5-trichlorophenyl)mercury, Hg-00651
Bis(2,3,6-trichlorophenyl)mercury, Hg-00652
Bis(2,4,5-trichlorophenyl)mercury, Hg-00653
Bis(2,4,6-trichlorophenyl)mercury, Hg-00654
Bis(3,4,5-trichlorophenyl)mercury, Hg-00655

$C_{12}H_4HgN_6O_{12}$
▷Bis(2,4,6-trinitrophenyl)mercury, Hg-00656

$C_{12}H_5Br_5Hg$
(Pentabromophenyl)phenylmercury, Hg-00657

$C_{12}H_5Cl_5Hg$
(Pentachlorophenyl)phenylmercury, Hg-00658

$C_{12}H_5F_5Hg$
(Pentafluorophenyl)phenylmercury, Hg-00659

$C_{12}H_5HgO_6Ta$
Hexacarbonyl(phenylmercury)tantalum, Hg-00660

$C_{12}H_6Cl_4Hg$
Bis(2,4-dichlorophenyl)mercury, Hg-00661
Bis(2,5-dichlorophenyl)mercury, Hg-00662
Bis(2,6-dichlorophenyl)mercury, Hg-00663

$C_{12}H_6Cl_4Hg$
  Bis(3,4-dichlorophenyl)mercury, Hg-00664
  Bis(3,5-dichlorophenyl)mercury, Hg-00665

$C_{12}H_6F_4Hg$
  Bis(2,6-difluorophenyl)mercury, Hg-00666

$C_{12}H_6F_{12}HgO_6$
  Bis[1-(acetyloxy)carbonyl]-2,2,2-trifluoro-1-(trifluoromethyl)ethyl]mercury, Hg-00667

$C_{12}H_8BrClHgO$
  (4-Bromo-2-chlorophenolato)phenylmercury, Hg-00668

$C_{12}H_8Br_2Hg$
  Bis(2-bromophenyl)mercury, Hg-00669
  Bis(3-bromophenyl)mercury, Hg-00670
  Bis(4-bromophenyl)mercury, Hg-00671

$C_{12}H_8CdCl_2$
  Bis(4-chlorophenyl)cadmium, Cd-00048

$C_{12}H_8ClHgN_3O_3$
  2-Chloromercuri-4-(4-nitrophenylazo)phenol, Hg-00672

$C_{12}H_8Cl_2Hg$
  Bis(2-chlorophenyl)mercury, Hg-00673
  Bis(3-chlorophenyl)mercury, Hg-00674
  Bis(4-chlorophenyl)mercury, Hg-00675

$C_{12}H_8Cl_2Zn$
  Bis(4-chlorophenyl)zinc, Zn-00111

$C_{12}H_8F_2Hg$
  Bis(2-fluorophenyl)mercury, Hg-00676
  Bis(3-fluorophenyl)mercury, Hg-00677
  Bis(4-fluorophenyl)mercury, Hg-00678

$C_{12}H_8F_2Zn$
  Bis(4-fluorophenyl)zinc, Zn-00112

$C_{12}H_8HgI_2$
  Bis(4-iodophenyl)mercury, Hg-00679

$C_{12}H_8HgN_2O_4$
  Bis(2-nitrophenyl)mercury, Hg-00680
  Bis(3-nitrophenyl)mercury, Hg-00681
  Bis(4-nitrophenyl)mercury, Hg-00682

$C_{12}H_9ClHgN_2$
  Chloro[2-(phenylazo)phenyl]mercury, Hg-00683

$C_{12}H_9ClHgN_2O$
  2-Chloromercuri-4-phenylazophenol, Hg-00684

$C_{12}H_9HgNO_2$
  (4-Nitrophenyl)phenylmercury, Hg-00685

$C_{12}H_9HgNO_3$
  (4-Nitrophenolato-O')phenylmercury, Hg-00686

$C_{12}H_{10}Cd$
  Diphenylcadmium, Cd-00049

$C_{12}H_{10}F_6N_2Zn$
  Bis(pyridine)bis(trifluoromethyl)zinc, in Zn-00007

$C_{12}H_{10}Hg$
  ▷Diphenylmercury, Hg-00687

$C_{12}H_{10}HgN_2O_3S$
  (4-Carboxyphenyl)(3,4-dihydro-1-methyl-4-thioxo-2(1H)-pyrimidinonato-S)mercury, Hg-00688

$C_{12}H_{10}HgO_2$
  (Acetato-O)-1-naphthalenylmercury, Hg-00689
  (Acetato-O)-2-naphthalenylmercury, Hg-00690

$C_{12}H_{10}HgO_2S$
  (Benzenesulfinato)phenylmercury, Hg-00691
  Phenyl(phenylsulfonyl)mercury, Hg-00692

$C_{12}H_{10}HgS$
  Phenyl(phenylthio)mercury, Hg-00693

$C_{12}H_{10}Hg_2O$
  μ-Oxodiphenyldimercury, Hg-00694

$C_{12}H_{10}Hg_2O_4S$
  Diphenylsulfatodimercury, Hg-00695

$C_{12}H_{10}Zn$
  Diphenylzinc, Zn-00113

$C_{12}H_{11}BF_4Hg_2O$
  Basic phenylmercury tetrafluoroborate, in Hg-00697

$C_{12}H_{11}ClHg_2O_5$
  Basic phenylmercury perchlorate, in Hg-00697

$C_{12}H_{11}HgN$
  (Benzenaminato)phenylmercury, Hg-00696

$C_{12}H_{11}Hg_2NO_4$
  Basic phenylmercury nitrate, in Hg-00697

$C_{12}H_{11}Hg_2O^{\oplus}$
  Hydroxydiphenyldimercury(1+), Hg-00697

$C_{12}H_{11}LiZn$
  Hydrodiphenylzincate(1−); Li salt, in Zn-00114

$C_{12}H_{11}NaZn$
  Hydrodiphenylzincate(1−); Na salt, in Zn-00114

$C_{12}H_{11}Zn^{\ominus}$
  Hydrodiphenylzincate(1−), Zn-00114

$C_{12}H_{12}F_{12}HgSb_2$
  Dibenzenemercury(2+); Bis(hexafluoroantimonate), in Hg-00698

$C_{12}H_{12}Hg^{\oplus\oplus}$
  Dibenzenemercury(2+), Hg-00698

$C_{12}H_{12}HgN_2$
  Bis(4-aminophenyl)mercury, Hg-00699

$C_{12}H_{13}BrN_2Zn$
  Bromoethylzinc; 2,2'-Bipyridine adduct, in Zn-00011

$C_{12}H_{13}ClN_2Zn$
  Chloroethylzinc; 2,2'-Bipyridine complex, in Zn-00012

$C_{12}H_{13}Hg_4NO_8$
  2,3,4,5-Tetrakis(acetoxymercuri)pyrrole, Hg-00700

$C_{12}H_{13}IN_2Zn$
  Ethyliodozinc; 2,2'-Bipyridine adduct, in Zn-00013

$C_{12}H_{14}Hg$
  Bis(1-methyl-2,4-cyclopentadien-1-yl)mercury, Hg-00701

$C_{12}H_{15}Br_2Hg_2N$
  2,5-Bis(bromomercurimethyl)-1-phenylpyrrolidine, Hg-00702

$C_{12}H_{15}Br_2Hg_2NO$
  3,5-Bis(bromomercurimethyl)-4-phenylmorpholine, Hg-00703

$C_{12}H_{15}Br_2Hg_2NS$
  3,5-Bis(bromomercurimethyl)-4-phenyltetrahydro-1,4-thiazine, Hg-00704

$C_{12}H_{16}BrHgN$
  Bromo[(2-phenylamino)cyclohexyl]mercury, Hg-00705

$C_{12}H_{16}Br_2HgO_2$
  Bis[(7-bromo-2-oxabicyclo[4.1.0]hept-7-yl)]mercury, Hg-00706

$C_{12}H_{16}Br_2Hg_2N_2$
  2,6-Bis(bromomercurimethyl)-1-phenylhexahydropyrazine, Hg-00707

$C_{12}H_{16}HgO_2$
  (Acetato-O)(2,3,4,6-tetramethylphenyl)mercury, Hg-00708

$C_{12}H_{16}HgO_3$
  (Acetato-O)(2-methoxy-3-phenylpropyl)mercury, Hg-00709

$C_{12}H_{16}Hg_2O_6$
  4,8-Bis(acetoxymercuri)-2,6-dioxaadamantane, Hg-00710

$C_{12}H_{17}BrHgO$
  Bromo(3-methoxy-1,2-dimethyl-3-phenylpropyl)mercury, Hg-00711

$C_{12}H_{17}NO_2Zn$
  Ethyl(2,4-pentanedionato-O,O')zinc; Py adduct, in Zn-00069

$C_{12}H_{18}As_2CdF_{12}$
  [(1,2,3,4,5,6-η)Hexamethylbenzene]cadmium(2+); Bis(hexafluoroarsenate), in Cd-00050

$C_{12}H_{18}Cd^{\oplus\oplus}$
  [(1,2,3,4,5,6-η)Hexamethylbenzene]cadmium(2+), Cd-00050

$C_{12}H_{18}CdF_{12}Sb_2$
  [(1,2,3,4,5,6-η)Hexamethylbenzene]cadmium(2+); Bis(hexafluoroantimonate), in Cd-00050

Molecular Formula Index

$C_{12}H_{18}F_{12}Sb_2Zn$
[(1,2,3,4,5,6-η)-Hexamethylbenzene]zinc(2+); Bishexafluoroantimonate, *in* Zn-00115

$C_{12}H_{18}Hg$
Di-1-cyclohexen-1-ylmercury, Hg-00712

$C_{12}H_{18}HgO_2$
Bis(2-oxocyclohexyl)mercury, Hg-00713

$C_{12}H_{18}HgO_6$
Bis[1-(ethoxycarbonyl)-2-oxopropyl]mercury, Hg-00714

$C_{12}H_{18}Zn^{\oplus\oplus}$
[(1,2,3,4,5,6-η)-Hexamethylbenzene]zinc(2+), Zn-00115

$C_{12}H_{19}ClHgO$
1-Chloromercuri-3-ethoxytricyclo[3.3.1.1^{3,7}]decane, Hg-00715

$C_{12}H_{20}N_2Zn$
Bis[4-(dimethylamino)-1-butynyl]zinc, Zn-00116

$C_{12}H_{22}Cd$
Dicyclohexylcadmium, Cd-00051

$C_{12}H_{22}Hg$
Bis(cyclopentylmethyl)mercury, Hg-00716
Dicyclohexylmercury, Hg-00717

$C_{12}H_{22}HgO_2$
Bis(3,3-dimethyl-2-oxobutyl)mercury, Hg-00718

$C_{12}H_{22}Zn$
Bis(3-methyl-4-pentenyl)zinc, Zn-00117
Dicyclohexylzinc, Zn-00118
Di-5-hexenylzinc, Zn-00119

$C_{12}H_{23}ClHgO_2$
11-Chloromercuriundecanoic acid; Me ester, *in* Hg-00637

$C_{12}H_{24}Zn_2$
1,8-Dizincacyclotetradecane, Zn-00120

$C_{12}H_{26}Hg$
▷Dihexylmercury, Hg-00719

$C_{12}H_{26}HgO_4$
Bis(2,2-diethoxyethyl)mercury, Hg-00720

$C_{12}H_{26}Zn$
Bis(3-methylpentyl)zinc, Zn-00121

$C_{12}H_{28}Al_2O_6Zn$
Dioxotetrakis(2-propanolato)bis(aluminum)zinc, Zn-00122

$C_{12}H_{30}CdGe_2$
Bis(triethylgermyl)cadmium, Cd-00052

$C_{12}H_{30}CdSi_2$
Bis(triethylsilyl)cadmium, Cd-00053

$C_{12}H_{30}Ge_2Hg$
Bis(triethylgermyl)mercury, Hg-00721

$C_{12}H_{30}HgSn_2$
Bis(triethylstannyl)mercury, Hg-00722

$C_{12}H_{32}CdN_2P_4$
Cadmium bis[nitridobis(dimethylphosphoniummethylide)], Cd-00054

$C_{12}H_{32}Cd_4O_4$
Tetraethoxytetramethyltetracadmium, *in* Cd-00015

$C_{12}H_{32}N_2P_4Zn$
Zinc bis[nitridobis(dimethylphosphoniummethylide)], Zn-00123

$C_{12}H_{32}O_4Zn_4$
Tetraethoxytetramethyltetrazinc, *in* Zn-00025
Tetraethyltetramethoxytetrazinc, *in* Zn-00026

$C_{13}H_9ClHg$
Chloro-9H-fluoren-9-ylmercury, Hg-00723

$C_{13}H_{10}Cl_2Hg$
Chloro(chlorodiphenylmethyl)mercury, Hg-00724

$C_{13}H_{10}Cl_2HgO_2S$
[Dichloro(phenylsulfonyl)methyl]phenylmercury, Hg-00725

$C_{13}H_{10}FeHgO_2$
Dicarbonyl(η^5-2,4-cyclopentadien-1-yl)(phenylmercury)-iron, Hg-00726

$C_{13}H_{10}HgO_2$
(Benzoato-O)phenylmercury, Hg-00727

$C_{13}H_{11}BrHgO_2$
Bromo(diphenoxymethyl)mercury, Hg-00728

$C_{13}H_{11}Cl_7HgO$
6-Chloromercuri-6,7-dihydro-7-methoxyaldrin, Hg-00729

$C_{13}H_{11}HgNO$
(Benzamidato-N)phenylmercury, Hg-00730

$C_{13}H_{12}Hg$
Benzylphenylmercury, Hg-00731

$C_{13}H_{13}HgNO_2S$
(4-Methylbenzenesulfonamidato-N)phenylmercury, Hg-00732
Phenyl(N-phenylmethanesulfonamidato-N)mercury, Hg-00733

$C_{13}H_{13}NZn$
(Diphenylamino)methylzinc, Zn-00124

$C_{13}H_{15}Cl_2HgNO$
[1,1-Dichloro-2-oxo-2-(1-piperidinyl)ethyl]phenylmercury, Hg-00734

$C_{13}H_{15}F_3HgO_2$
Pentamethylphenyl(trifluoroacetato-O)mercury, Hg-00735

$C_{13}H_{16}HgO_3$
(Acetato)(2-benzoyl-1-methylpropyl)mercury, Hg-00736

$C_{13}H_{22}HgO_4$
(Acetato-O)[1-(2,2-dimethyl-1-oxopropyl)-3,3-dimethyl-2-oxobutyl]mercury, Hg-00737

$C_{13}H_{26}Hg_2O_{10}P_2$
Tetraethyl bis(acetoxymercuri)methylenediphosphonate, Hg-00738

$C_{13}H_{31}Br_2CdN$
Dibromomethylcadmate(1−); Tetrapropylammonium salt, *in* Cd-00002

$C_{14}H_6Br_8Hg$
Bis(2,3,5,6-tetrabromo-4-methylphenyl)mercury, Hg-00739

$C_{14}H_8F_6Hg$
Bis(2-trifluoromethylphenyl)mercury, Hg-00740
Bis(3-trifluoromethylphenyl)mercury, Hg-00741
Bis(4-trifluoromethylphenyl)mercury, Hg-00742

$C_{14}H_{10}Fe_2HgO_4$
Tetracarbonylbis(η^5-2,4-cyclopentadien-1-yl)(mercury)diiron, Hg-00743

$C_{14}H_{10}Fe_2O_4Zn$
Tetracarbonylbis(η^5-2,4-cyclopentadien-1-yl)(zinc)diiron, Zn-00125

$C_{14}H_{10}HgO_4$
Bis(4-carboxyphenyl)mercury, Hg-00744

$C_{14}H_{10}HgO_4Ru_2$
Tetracarbonylbis(η^5-2,4-cyclopentadien-1-yl)(mercury)diruthenium, Hg-00745

$C_{14}H_{10}Hg_2$
Bis(phenylmercuri)ethyne, Hg-00746

$C_{14}H_{10}Hg_2N_2S_2$
Diphenylbis(μ-thiocyanato)dimercury, *in* Hg-00388

$C_{14}H_{10}Zn$
Phenyl(phenylethynyl)zinc, Zn-00126

$C_{14}H_{11}BrHg$
Bromo(1,2-diphenylethenyl)mercury, Hg-00747
Bromo(2,2-diphenylethenyl)mercury, Hg-00748

$C_{14}H_{12}Cl_2Zn$
Bis(2-chlorophenylmethyl)zinc, Zn-00127
Bis(4-chlorophenylmethyl)zinc, Zn-00128

$C_{14}H_{13}HgNO$
[6-[(Methylamino)methylene]-2,4-cyclohexadien-1-onato-N]phenylmercury, Hg-00749

$C_{14}H_{14}Cd$
Bis(2-methylphenyl)cadmium, Cd-00055
Bis(4-methylphenyl)cadmium, Cd-00056

$C_{14}H_{14}ClHgN$
Chloro[2-phenyl-2-(phenylamino)ethyl]mercury, Hg-00750

$C_{14}H_{14}Hg$
Bis(2-methylphenyl)mercury, Hg-00751
Bis(3-methylphenyl)mercury, Hg-00752
Bis(4-methylphenyl)mercury, Hg-00753
▷Dibenzylmercury, Hg-00754

$C_{14}H_{14}HgO_2$
Bis(4-methoxyphenyl)mercury, Hg-00755

$C_{14}H_{14}HgO_4S_2$
Bis[(phenylsulfonyl)methyl]mercury, Hg-00756

$C_{14}H_{14}HgS_2$
Bis[(phenylthio)methyl]mercury, Hg-00757

$C_{14}H_{14}Zn$
Bis(2-methylphenyl)zinc, Zn-00129
Bis(3-methylphenyl)zinc, Zn-00130
Bis(4-methylphenyl)zinc, Zn-00131
Dibenzylzinc, Zn-00132

$C_{14}H_{15}HgNS$
[2-(Dimethylamino)benzenethiolato-N,S]phenylmercury, Hg-00758

$C_{14}H_{15}NZn$
(Diphenylaminato)ethylzinc, Zn-00133

$C_{14}H_{18}Zn$
Bis(bicyclo[2.2.1]hept-2-en-7-yl)zinc, Zn-00134

$C_{14}H_{20}Br_2Hg$
Bis(7-bromobicyclo[4.1.0]hept-7-yl)mercury, Hg-00759

$C_{14}H_{20}ClHgNO$
Chloro[3-phenoxy-2-(1-piperidinyl)propyl]mercury, Hg-00760

$C_{14}H_{22}HgO_2$
Bis(3-hydroxybicyclo[2.2.1]hept-2-yl)mercury, Hg-00761

$C_{14}H_{22}HgO_8$
Bis[2-ethoxy-1-(ethoxycarbonyl)-2-oxoethyl]mercury, Hg-00762

$C_{14}H_{22}Zn$
Bis(bicyclo[2.2.1]hept-1-yl)zinc, Zn-00135
Bis(bicyclo[2.2.1]hept-2-yl)zinc, Zn-00136
Bis(bicyclo[2.2.1]hept-7-yl)zinc, Zn-00137

$C_{14}H_{24}O_4Zn_2$
Diethylbis(μ-2,4-pentanedionato)dizinc, in Zn-00069

$C_{14}H_{26}Hg$
Bis(cyclohexylmethyl)mercury, Hg-00763

$C_{14}H_{26}HgO_2$
Bis(2-methoxycyclohexyl)mercury, Hg-00764

$C_{14}H_{30}HgO_2$
Bis(3-hydroxy-2,2,3-trimethylbutyl)mercury, Hg-00765

$C_{14}H_{30}Zn$
Bis(4-methylhexyl)zinc, Zn-00138

$C_{14}H_{32}Cl_2N_2Zn_2$
Di-μ-chlorobis[3-(diethylamino)propyl-C,N]dizinc, in Zn-00071

$C_{14}H_{34}CdP_4$
Cadmium bis[methanidobis(dimethylphosphoniummethylide)], Cd-00057

$C_{14}H_{34}HgP_4$
Bis[methylene(dimethylphosphinidenio)-methylidyne(dimethylphosphoranylidyne)methylene]-mercury, Hg-00766

$C_{14}H_{34}P_4Zn$
Zinc bis[methanidobis(dimethylphosphoniummethylide)], Zn-00139

$C_{14}H_{38}CdSi_4$
Bis[bis(trimethylsilyl)methyl]cadmium, Cd-00058

$C_{14}H_{38}HgSi_4$
Bis[bis(trimethylsilyl)methyl]mercury, Hg-00767

$C_{14}H_{42}O_7Zn_7$
Heptamethoxyheptamethylheptazinc, in Zn-00014

$C_{14}H_{42}O_8Zn_7$
Octa-μ_3-methoxyhexamethylheptazinc, Zn-00140

$C_{15}H_{11}Cl_2FHg_2O$
2-(4-Fluorophenyl)-2-(4-methoxyphenyl)-1,1-bis(chloromercuri)ethylene, Hg-00768

$C_{15}H_{11}HgNO$
▷Phenylmercury-8-quinolinolate, Hg-00769

$C_{15}H_{12}HgN_2O_2S_2$
N-Phenylmercuri-2-phenylsulfonylimino-1,2-dihydrothiazole, Hg-00770

$C_{15}H_{13}HgN_3O_4$
(Acetato-O)[5-nitro-2[(phenylmethylene)hydrazino]-phenyl]mercury, Hg-00771

$C_{15}H_{14}HgO_6S_2$
(Acetato)[bis(phenylsulfonyl)methyl]mercury, Hg-00772

$C_{15}H_{15}ClHgO$
1-Chloromercuri-2-methoxy-1,2-diphenylethane, Hg-00773

$C_{15}H_{17}HgNO_2S$
▷Ethyl(4-methyl-N-phenylbenzenesulfonamidato-N)mercury, Hg-00774

$C_{15}H_{18}N_2SZn$
Ethyl(thioacetanilidato)zinc; Py adduct, in Zn-00096

$C_{16}F_{16}Hg_5O_{10}$
Fluoropentakis(trifluoroacetato-O-mercuri)benzene, Hg-00775

$C_{16}HF_{15}Hg_5O_{10}$
Pentakis(trifluoroacetoxymercuri)benzene, Hg-00776

$C_{16}H_{10}Cd$
Bis(phenylethynyl)cadmium, Cd-00059

$C_{16}H_{10}Cr_2HgO_6$
▷Hexacarbonyldi-π-cyclopentadienyl-μ-mercuriodichromium, Hg-00777

$C_{16}H_{10}Hg$
Bis(phenylethynyl)mercury, Hg-00778

$C_{16}H_{10}HgN_4O_2$
Bis(1-diazo-2-oxo-2-phenylethyl)mercury, Hg-00779

$C_{16}H_{10}HgS_2$
Bis(phenylthioethynyl)mercury, Hg-00780

$C_{16}H_{10}Zn$
Bis(phenylethynyl)zinc, Zn-00141

$C_{16}H_{12}ClN_3O_2Zn$
(2,2'-Bipyridine-N,N')chloro(2-nitrophenyl)zinc, in Zn-00050

$C_{16}H_{12}HgN_2$
Bis[(4-cyanophenyl)methyl]mercury, Hg-00781

$C_{16}H_{13}HgNO$
Phenylmercury 2-methyl-8-quinolinolate, Hg-00782

$C_{16}H_{14}HgO_2$
Bis(2-oxo-2-phenylethyl)mercury, Hg-00783

$C_{16}H_{14}O_4Zn$
Bis[(benzoyloxy)methyl]zinc, Zn-00142

$C_{16}H_{15}BrHg$
Bromo(1-methyl-2,2-diphenylcyclopropyl)mercury, Hg-00784

$C_{16}H_{16}HgN_2O_2$
Bis-[4-(acetylamino)phenyl]mercury, in Hg-00699

$C_{16}H_{16}HgO_2$
7,8-Dihydro-5H,10H-dibenzo[f,i][1,4,8]-dioxamercuracycloundecine, Hg-00785

$C_{16}H_{16}HgO_3$
(Acetato-O)(2-hydroxy-2,2-diphenylethyl)mercury, Hg-00786

$C_{16}H_{17}ClHgO$
1,2-Diphenyl-1-methoxy-3-chloromercuripropane, Hg-00787

$C_{16}H_{18}CdN_2$
Di-2-propenylcadmium; 2,2'-Bipyridine complex, in Cd-00031

$C_{16}H_{18}F_6HgO_4$
Hexamethylbenzenemercury bistrifluoroacetate, Hg-00788

$C_{16}H_{18}Hg$
Bis(3,5-dimethylphenyl)mercury, Hg-00789
Bis(4-ethylphenyl)mercury, Hg-00790

$C_{16}H_{18}HgS_2$
Bis[[(4-methylthio)phenyl]methyl]mercury, Hg-00791

$C_{16}H_{18}Hg_2O_2$
Bis(2,5-dimethylphenyl)[μ-(peroxy)-O:O']dimercury, Hg-00792

$C_{16}H_{18}Zn$
Bis[(2-methylphenyl)methyl]zinc, Zn-00143

$C_{16}H_{20}HgN_2$
Bis(4-dimethylaminophenyl)mercury, in Hg-00699

$C_{16}H_{20}N_2Zn$
Bis(4-dimethylaminophenyl)zinc, Zn-00144

$C_{16}H_{22}HgN_6O_7$
Meralluride, Hg-00793

$C_{16}H_{22}N_2O_4Zn_2$
(Acetato-O)methylzinc; Py adduct, in Zn-00023

$C_{16}H_{24}HgO_3$
2-Acetoxymercuri-4-(1,1,3,3-tetramethylbutyl)phenol, Hg-00794

$C_{16}H_{26}HgO_4$
Bis[(2-acetyloxy)-1-ethyl-1-butenyl]mercury, Hg-00795

$C_{16}H_{26}Zn$
Di-1-octynylzinc, Zn-00145

$C_{16}H_{27}HgNO_6S$
Mercaptomerin, Hg-00796

$C_{16}H_{28}HgO_4$
tert-Butyl[1,2-bis(ethoxycarbonyl)-3,3-dimethyl-1-butenyl]mercury, Hg-00797

$C_{16}H_{30}N_2Zn$
Di-2,4-pentadienyl(N,N,N',N'-tetramethyl-1,2-ethanediamine-N,N')zinc, in Zn-00097

$C_{16}H_{32}O_8Zn_4$
Tetraacetoxytetraethyltetrazinc, in Zn-00030

$C_{16}H_{34}Hg$
Dioctylmercury, Hg-00798

$C_{16}H_{34}Zn$
Dioctylzinc, Zn-00146

$C_{16}H_{36}N_4O_4Zn_4$
Tetrakis(acetoneoximato)tetramethyltetrazinc, in Zn-00033

$C_{16}H_{40}Cd_4O_4$
Tetramethyltetrakis(2-propanolato)tetracadmium, in Cd-00019

$C_{16}H_{44}CdP_2Si_2$
Dimethylbis[trimethylphosphonium-η-(trimethylsilyl)methylide]cadmium, Cd-00060

$C_{16}H_{48}Cd_4N_4P_4$
Tetramethyltetrakis[(μ$_3$-(P,P,P-trimethylphosphine imidato)]tetracadmium, in Cd-00021

$C_{16}H_{48}Cd_4O_4Si_4$
Tetramethyltetrakis(trimethylsilyloxy)tetracadmium, in Cd-00022

$C_{16}H_{48}Hg_4O_4Si_4$
Tetramethyltetrakis[μ$_3$-(trimethylsilanolato)]tetramercury, in Hg-00209

$C_{16}H_{48}N_4P_4Zn_4$
Tetramethyltetrakis[μ$_3$-(P,P,P-trimethylphosphine imidato)tetrazinc, in Zn-00037

$C_{16}H_{48}O_4Si_4Zn_4$
Tetramethyltetrakis(trimethylsilyloxy)tetrazinc, in Zn-00038

$C_{17}H_{12}BrCdN_3$
(2,2'-Bipyridine-N,N')bromo(2-cyanophenyl)cadmium, in Cd-00036

$C_{17}H_{12}ClN_3Zn$
(2,2'-Bipyridine-N,N')chloro(2-cyanophenyl)zinc, in Zn-00067

$C_{17}H_{15}F_3HgO_3$
(2-Methoxy-1,2-diphenylethyl)(trifluoroacetato-O)mercury, Hg-00799

$C_{17}H_{16}HgO_4$
(Acetato-O)(1-methoxy-2-oxo-1,2-diphenylethyl)mercury, Hg-00800

$C_{17}H_{17}ClHgO_2$
1-Acetoxy-3-chloromercuri-1,2-diphenylpropane, Hg-00801
1-Acetoxy-3-chloromercuri-1,3-diphenylpropane, Hg-00802

$C_{17}H_{18}HgO_2$
(2,6-Dimethylbenzoato-O)(2,6-dimethylphenyl)mercury, Hg-00803

$C_{17}H_{18}Hg_6O_{12}$
Hexakis(acetoxymercuri)-1,3-cyclopentadiene, Hg-00804

$C_{17}H_{39}Br_2CdN$
Dibromomethylcadmate(1−); Tetrabutylammonium salt, in Cd-00002

$C_{18}F_{12}Hg_3$
Dodecafluorotribenzo[b,e,h][1,4,7]trimercuronin, Hg-00805

$C_{18}H_{12}HgN_2$
Di(8-quinolinyl)mercury, Hg-00806

$C_{18}H_{12}Hg_3$
Tribenzo[b,e,h][1,4,7]trimercuronin, Hg-00807

$C_{18}H_{14}ClHgN_3$
[1-(2-Chlorophenyl)-3-phenyl-1-triazenato-N^1,N^3]-phenylmercury, Hg-00808

$C_{18}H_{14}Hg$
Di-1H-indenyl-1-ylmercury, Hg-00809

$C_{18}H_{14}HgO_2$
Bis(3-oxo-3-phenyl-1-propenyl)mercury, Hg-00810

$C_{18}H_{15}CdClSn$
Chloro(triphenylstannyl)cadmium, Cd-00061

$C_{18}H_{15}ClSnZn$
Chloro(triphenyltin)zinc, Zn-00147

$C_{18}H_{15}HgN_3$
(1,3-Diphenyl-1-triazenato-N^3)phenylmercury, Hg-00811

$C_{18}H_{15}LiZn$
Triphenylzincate(1−); Li salt, in Zn-00149

$C_{18}H_{15}PZn$
▷(Diphenylphosphino)phenylzinc, Zn-00148

$C_{18}H_{15}Zn^{\ominus}$
Triphenylzincate(1−), Zn-00149

$C_{18}H_{16}HgO_4$
(Acetato-O)[2-(acetyloxy)-1,2-diphenylethenyl]mercury, Hg-00812

$C_{18}H_{18}HgO_2$
Bis[2-(2-propenyloxy)phenyl]mercury, Hg-00813

$C_{18}H_{18}HgO_4$
Bis(4-ethoxycarbonylphenyl)mercury, in Hg-00744

$C_{18}H_{18}Zn$
Bis(3-phenyl-2-propenyl)zinc, Zn-00150

$C_{18}H_{20}Cl_2O_2Zn$
Bis(2-chlorophenylmethyl)zinc; Dioxan adduct, in Zn-00127
Bis(4-chlorophenylmethyl)zinc; Dioxan adduct, in Zn-00128

$C_{18}H_{20}HgO_3$
(Acetato-O)(3-methoxy-3,3-diphenylpropyl)mercury, Hg-00814

$C_{18}H_{21}BrHgO_2$
1-Bromomercuri-2-tert-butyldioxy-1,2-diphenylethane, Hg-00815

$C_{18}H_{22}CdN_2$
Bis(2-methyl-2-propenyl)cadmium; 2,2'-Bipyridine complex, in Cd-00040
Di-2-butenylcadmium; 2,2'-Bipyridine complex, in Cd-00041

$C_{18}H_{22}Hg$
Bis(4-isopropylphenyl)mercury, Hg-00816

$C_{18}H_{22}HgN_2$
5,6,7,8,9,10-Hexahydro-6,9-dimethyldibenzo[f,i][1,4,8]-diazamercuracycloundecine, Hg-00817

$C_{18}H_{22}HgO_2$
3-Acetoxymercuri-1,7,7-trimethyl-2-phenylbicyclo[2.2.1]-hept-2-ene, Hg-00818
Bis(2-methoxy-2-phenylethyl)mercury, Hg-00819

$C_{18}H_{22}N_2Zn$
Bis(2-methyl-2-propenyl)zinc; 2,2′-Bipyridine adduct, in Zn-00076

$C_{18}H_{22}O_2Zn$
Bis(4-methylphenyl)zinc; Dioxan adduct, in Zn-00131

$C_{18}H_{22}Zn$
Bis(2,4,6-trimethylphenyl)zinc, Zn-00151

$C_{18}H_{24}HgN_2$
Bis[2-[(dimethylamino)methyl]phenyl-C,N]mercury, Hg-00820

$C_{18}H_{24}N_2Zn$
Bis[2-(N,N-dimethylaminomethyl)phenyl-C,N]zinc, Zn-00152

$C_{18}H_{25}BrHgO_2$
Menthyl(bromomercuri)phenylacetate, in Hg-00462

$C_{18}H_{26}Hg$
Bis(*tert*-butylcyclopentadienyl)mercury, Hg-00821

$C_{18}H_{26}N_2O_2Zn$
Bis(3-methoxypropyl)zinc; 2,2′-Bipyridine complex, in Zn-00083

$C_{18}H_{26}N_2S_2Zn$
Bis[(3-methylthio)propyl-C,N]zinc; 2,2′-Bipyridine adduct, in Zn-00084

$C_{18}H_{26}N_2Zn$
Dibutylzinc; 2,2′-Bipyridine adduct, in Zn-00087
Di-*tert*-butylzinc; 2,2′-Bipyridine complex, in Zn-00088

$C_{18}H_{30}N_2Si_2Zn$
Bis[(trimethylsilyl)methyl]zinc; 2,2′-Bipyridine adduct(1:1), in Zn-00089

$C_{18}H_{33}CdCl_2N$
Dichlorophenylcadmate(1−); Tetrapropylammonium salt, in Cd-00028

$C_{18}H_{34}N_2Zn_2$
Bis[μ-[5-(dimethylamino)-1-pentynyl-$C:C,N$]]-diethyldizinc, in Zn-00090

$C_{18}H_{48}O_6Zn_6$
Hexaethoxyhexamethylhexazinc, in Zn-00025

$C_{19}H_{15}HgN_3O_2$
[Benzaldehyde(4-nitrophenyl)hydrazonato]phenylmercury, Hg-00822

$C_{19}H_{15}NOZn$
(2-Hydroxy-N-phenylbenzaldehydeiminato-O)phenylzinc, Zn-00153

$C_{19}H_{16}BrHgP$
Bromo[2-[(diphenylphosphino)methyl]phenyl]mercury, Hg-00823

$C_{19}H_{16}HgN_4S$
Phenylmercury dithiozonate, Hg-00824

$C_{19}H_{16}HgS_2$
[Bis(phenylthio)methyl]phenylmercury, Hg-00825

$C_{20}H_{14}Hg$
Di-1-naphthylmercury, Hg-00826
Di-2-naphthylmercury, Hg-00827

$C_{20}H_{14}Zn$
Di-1-naphthylzinc, Zn-00154

$C_{20}H_{17}ClHgO_2P^\oplus$
[Carboxy(chloromercuri)methyl]triphenylphosphonium(1+), Hg-00828

$C_{20}H_{18}Fe_2Hg$
Diferrocenylmercury, Hg-00829

$C_{20}H_{18}HgRu_2$
Diruthenocenylmercury, Hg-00830

$C_{20}H_{20}F_{14}HgO_4$
Bis(6,6,7,7,8,8,8-heptafluoro-2,2-dimethyl-3,5-octanedionato-O,O')mercury, Hg-00831

$C_{20}H_{20}GeOZn$
(Triphenylgermyloxy)ethylzinc, Zn-00155

$C_{20}H_{24}HgO_4$
(Acetato-O)[2-[(1,1-dimethylethyl)dioxy]-2,2-diphenylethyl]mercury, Hg-00832

$C_{20}H_{26}Hg$
Bis(4-*tert*-butylphenyl)mercury, Hg-00833

$C_{20}H_{26}N_2S_2Zn_2$
Diethylbis[μ-(thioacetanilidato)]dizinc, in Zn-00096

$C_{20}H_{28}F_{12}HgSb_2$
Bis-1,2,3,4-tetramethylbenzenemercury(2+); Bis(hexafluoroantimonate), in Hg-00834

$C_{20}H_{28}Hg^{\oplus\oplus}$
Bis-1,2,3,4-tetramethylbenzenemercury(2+), Hg-00834

$C_{20}H_{30}Hg$
Bis(1,2,3,4,5-pentamethyl-2,4-cyclopentadien-1-yl)mercury, Hg-00835

$C_{20}H_{30}N_2O_2Zn$
Bis(4-methoxybutyl)zinc; 2,2′-Bipyridine adduct, in Zn-00104

$C_{20}H_{32}N_4Zn$
Bis[(3-dimethylamino)propyl-C,N]zinc; 2,2′-Bipyridine adduct, in Zn-00107

$C_{20}H_{34}N_2S_2Zn_2$
(*tert*-Butylthio)methylzinc; Py complex, in Zn-00046

$C_{20}H_{38}HgO_6$
Bis(1-acetyl-2-methyl-2-*tert*-butyldioxypropyl)mercury, Hg-00836

$C_{20}H_{40}Hg_4$
1,7,13,19-Tetramercuracyclotetracosane, Hg-00837

$C_{20}H_{42}Hg$
Didecylmercury, Hg-00838

$C_{20}H_{42}Hg_2N_4O_{14}P_2$
Bis[μ-[1-(diethoxyphosphinyl)-2-(diethylamino)-2-oxoethyl]]bis(nitrato-O,O')dimercury, in Hg-00623

$C_{20}H_{48}Cd_4S_4$
Tetrakis(*tert*-butylthio)tetramethyltetracadmium, in Cd-00026

$C_{20}H_{48}O_4Zn_4$
Tetramethyltetrakis(2-methyl-2-propanolato)tetrazinc, in Zn-00044

$C_{20}H_{54}CdSi_6$
Bis[tris(trimethylsilyl)methyl]cadmium, Cd-00062

$C_{20}H_{54}HgSi_6$
Bis[tris(trimethylsilyl)methyl]mercury, Hg-00839

$C_{20}H_{54}O_8Zn_7$
Hexaethylocta-μ$_3$-methoxyheptazinc, Zn-00156

$C_{20}H_{54}Si_6Zn$
Bis[tris(trimethylsilyl)methyl]zinc, Zn-00157

$C_{21}H_{19}Cl_2HgOP$
Dichloro(triphenylphosphonium-2-oxopropylide)mercury, Hg-00840

$C_{21}H_{19}Cl_2HgO_2P$
[Carboxy(chloromercuri)methyl]triphenylphosphonium(1+); Me ester, chloride, in Hg-00828

$C_{21}H_{20}OZn$
Ethyl(triphenylmethoxy)zinc, Zn-00158

$C_{21}H_{33}N_3Zn_3$
cyclo-Triethyltri-μ-hydrotris(pyridine)zinc, in Zn-00018

$C_{22}H_8F_{10}N_2Zn$
Bis(pentafluorophenyl)zinc; 2,2′-Bipyridine adduct, in Zn-00110

$C_{22}H_{23}ClPZn^\oplus$
Chloro[triphenylphosphonium(1-η)-2-methylpropylide]zinc(1+), Zn-00159

$C_{22}H_{23}Cl_2PZn$
Chloro[triphenylphosphonium(1-η)-2-methylpropylide]zinc(1+); Chloride, in Zn-00159

$C_{22}H_{26}O_2Zn$
Bis(3-phenyl-2-propenyl)zinc; Dioxan complex, in Zn-00150

$C_{22}H_{38}HgO_4$
Bis[1-(2,2-dimethyl-1-oxopropyl)-3,3-dimethyl-2-oxobutyl]mercury, Hg-00841

$C_{23}H_{19}HgI_2P$
Diiodo[triphenylphosphonium(1-η)-2,4-cyclopentadien-1-ylide]mercury, Hg-00842

$C_{23}H_{23}N_3Zn$
(Diphenylamino)methylzinc; Bis-Py adduct, in Zn-00124

$C_{23}H_{34}CdN_3Si$
Bis[(trimethylsilyl)methyl]cadmium; 2,2'-Bipyridine complex(3:2), in Cd-00044

$C_{24}H_{18}Zn$
Di-4-biphenylylzinc, Zn-00160

$C_{24}H_{20}Cl_2N_2Zn$
Bis(2-chlorophenylmethyl)zinc; 2,2'-Bipyridine adduct, in Zn-00127
Bis(4-chlorophenylmethyl)zinc; 2,2'-Bipyridine adduct, in Zn-00128

$C_{24}H_{20}Hg_2N_4O_6S_2$
(4-Carboxyphenyl)(3,4-dihydro-1-methyl-4-thioxo-2(1H)-pyrimidinonato-S)mercury; Dimer, in Hg-00688

$C_{24}H_{22}N_2Zn$
Dibenzylzinc; 2,2'-Bipyridine adduct, in Zn-00132

$C_{24}H_{25}N_3Zn$
(Diphenylaminato)ethylzinc; Bis-Py adduct, in Zn-00133

$C_{24}H_{26}O_2N_2Zn_2$
Methylphenoxyzinc; Py adduct, in Zn-00068

$C_{24}H_{31}CdClN_2Sn$
Chloro(N,N,N',N'-tetramethyl-1,2-ethanediamine-N,N')-(triphenylstannyl)cadmium, in Cd-00061

$C_{24}H_{31}ClN_2SnZn$
Chloro(triphenyltin)zinc; Tetramethylethylenediamine adduct, in Zn-00147

$C_{24}H_{45}N_3Zn_3$
cyclo-Tris[μ-[4-(dimethylamino)-1-butynyl-C:C,N]]-triethyltrizinc, in Zn-00080

$C_{24}H_{50}Hg$
Didodecylmercury, Hg-00843

$C_{24}H_{54}O_3Zn_3$
Tri-tert-butoxytri-tert-butyltrizinc, in Zn-00082

$C_{24}H_{56}O_4Zn_4$
tert-Butoxyethylzinc; Tetramer, in Zn-00061

$C_{24}H_{60}Cd_6S_6$
Hexakis(isopropylthio)hexamethylhexacadmium, in Cd-00020

$C_{24}H_{60}S_6Zn_6$
(Isopropylthio)methylzinc; Hexamer, in Zn-00035

$C_{24}H_{66}HgSi_6Sn_2$
Bis[tris[(trimethylsilyl)methyl]stannyl]mercury, Hg-00844

$C_{25}H_{21}BrHgO_2P_2$
[Bis(diphenylphosphinyl)methyl]bromomercury, Hg-00845

$C_{25}H_{21}BrHgP_2$
[Bis(diphenylphosphino)methyl]bromomercury, Hg-00846

$C_{25}H_{60}S_5Zn_5$
Pentamethyl[μ-(2-methyl-2-propanethiolato)]tris[μ_3-(2-methyl-2-propanethiolato)][μ_4-(2-methyl-2-propanethiolato)]pentazinc, in Zn-00046

$C_{26}H_{24}Hg_8O_{16}$
Octakis(trifluoroacetoxymercuri)naphthalene, Hg-00847

$C_{26}H_{18}Hg$
Di-9H-fluoren-9-ylmercury, Hg-00848

$C_{26}H_{21}ClHgOP^{⊕}$
(1-Chloromercuri-2-oxo-2-phenylethyl)-triphenylphosphonium, Hg-00849

$C_{26}H_{21}Cl_2HgOP$
(1-Chloromercuri-2-oxo-2-phenylethyl)-triphenylphosphonium; Chloride, in Hg-00849

$C_{26}H_{22}HgS_4$
Bis[bis(phenylthio)methyl]mercury, Hg-00850

$C_{26}H_{22}Zn$
Bis(diphenylmethyl)zinc, Zn-00161

$C_{26}H_{26}N_2Zn$
(2,2'-Bipyridine-N,N')bis[(2-methylphenyl)methyl]zinc, in Zn-00143

$C_{26}H_{26}N_2Zn_2$
Bis(diphenylamino)dimethyldizinc, in Zn-00124

$C_{26}H_{30}N_2O_2Zn_2$
Ethylphenoxyzinc; Py adduct, in Zn-00075

$C_{26}H_{42}B_4Fe_2S_2Zn$
Bis-μ-[(η^5-2,4-cyclopentadien-1-yl)bis[μ-[(3,4-η:3,4-η)-3,4-diethyl-2,5-dihydro-2,5-dimethyl-1,2,5-thiadiborole-$B^2,B^5,S^1:B^2,B^5,S^1$]]diiron]zinc, Zn-00162

$C_{28}H_{22}Hg$
Bis(1,2-diphenylethenyl)mercury, Hg-00851

$C_{28}H_{30}N_2Zn$
Bis(2,4,6-trimethylphenyl)zinc; 2,2'-Bipyridine adduct, in Zn-00151

$C_{28}H_{30}N_2Zn_2$
Bis(μ-diphenylaminato)diethyldizinc, in Zn-00133

$C_{28}H_{32}Cd_4O_4$
▷Tetramethyltetraphenoxytetracadmium, in Cd-00037

$C_{28}H_{32}O_4Zn_4$
Tetramethyltetraphenoxytetrazinc, in Zn-00068

$C_{30}H_{22}Hg_2N_2O_2$
Diphenylbis[μ-(8-quinolinolato-$N^1,O^8:O^8$)]dimercury, in Hg-00769

$C_{30}H_{24}Cl_2HgN_4O_8$
Bis(1,3-diphenyl-1H-imidazolium-2-yl)mercury(2+); Diperchlorate, in Hg-00852

$C_{30}H_{24}HgN_4^{⊕⊕}$
Bis(1,3-diphenyl-1H-imidazolium-2-yl)mercury(2+), Hg-00852

$C_{30}H_{25}HgNO_6P_2$
(Tetraphenylimidodiphosphato-N)phenylmercury, Hg-00853

$C_{30}H_{30}HgO_2$
Bis(2-methoxy-2,2-diphenylethyl)mercury, Hg-00854

$C_{30}H_{36}N_4O_2Zn_2$
Ethyl(N-phenylacetamidato-N)zinc; Py adduct, in Zn-00094

$C_{30}H_{39}N_3O_6Zn_3$
cyclo-Triethyltris[μ-(hydrogen carbanilato)]trizinc trimethyl ester, in Zn-00095

$C_{30}H_{54}Co_2HgO_6P_2$
Hexacarbonyl-μ-mercuriobis(tributylphosphine)dicobalt, Hg-00855

$C_{30}H_{72}O_6Zn_6$
Hexamethylhexakis(2-methyl-2-propanolato)hexazinc, in Zn-00044

$C_{32}H_{26}Hg_2N_2O_2$
Bis[μ-(2-methyl-8-quinolinato-$N^1,O^8:O^8$]-diphenyldimercury, in Hg-00782

$C_{32}H_{30}Hg$
Bis(1-methyl-2,2-diphenylcyclopropyl)mercury, Hg-00856

$C_{32}H_{30}HgO_4$
Bis(1-benzoyl-2-methoxy-2-phenylethyl)mercury, Hg-00857

$C_{32}H_{36}F_{12}Hg_2O_8$
Bis[(1,2-η)hexamethylbenzene]tetrakis[μ-(trifluoroacetato-$O:O^1$)]dimercury, in Hg-00788

$C_{32}H_{38}O_8Zn_3$
Tetrakis[μ-(2,4-pentanedionato-$O:O,O'$)]diphenyltrizinc, Zn-00163

$C_{32}H_{40}O_4Zn_4$
Tetraethyltetra-μ_3-phenoxytetrazinc, in Zn-00075

C₃₂H₈₀S₈Zn₈
Octamethyloctakis(μ_3-2-propanethiolato)octazinc, in Zn-00035

C₃₃H₂₄Hg₂O₆S₂
▷Hydrargaphen, Hg-00858

C₃₃H₃₃N₃O₃Zn₃
Triethyltris(μ-8-quinolinolato)trizinc, in Zn-00108

C₃₃H₃₃N₃Zn₃
cyclo-Tri-μ-hydrotriphenyltris(pyridine)trizinc, in Zn-00054

C₃₆CdF₃₀Ge₂
Bis[tris(pentafluorophenyl)germyl]cadmium, Cd-00063

C₃₆F₃₀Ge₂Hg
Bis[tris(pentafluorophenyl)germyl]mercury, Hg-00859

C₃₆F₃₀HgSn₂
[Bis[tris(pentafluorophenyl)stannyl]]mercury, Hg-00860

C₃₆H₂₄Hg₃
Tri-μ-[1,1'-biphenyl]-2,2'-diyltrimercury, Hg-00861

C₃₆H₂₄Hg₆
Hexakis(o-phenylenemercury), Hg-00862

C₃₆H₃₀Au₂Zn₂
Tetra-μ-phenylbis(phenylzinc)digold, Zn-00164

C₃₆H₃₀CdGe₂
Bis(triphenylgermyl)cadmium, Cd-00064

C₃₆H₃₀CdSn₂
Bis(triphenylstannyl)cadmium, Cd-00065

C₃₆H₃₀Cl₂Sn₂Zn₂
Dichlorobis(triphenylstannyl)dizinc, in Zn-00147

C₃₆H₃₀Cl₃HgNOOsP₂
Dichloro(chloromercurio)nitrosylbis(triphenylphosphine)-osmium, Hg-00863

C₃₆H₃₀Ge₂Hg
Bis(triphenylgermyl)mercury, Hg-00864

C₃₆H₃₀Ge₂Zn
Bis(triphenylgermyl)zinc, Zn-00165

C₃₆H₃₀HgSi₂
Bis(triphenylsilyl)mercury, Hg-00865

C₃₆H₃₀HgSn₂
Bis(triphenylstannyl)mercury, Hg-00866

C₃₆H₃₀N₂Zn
Bis(diphenylmethyl)zinc; 2,2'-Bipyridine adduct, in Zn-00161

C₃₆H₃₀Si₂Zn
Bis(triphenylsilyl)zinc, Zn-00166

C₃₆H₃₀Sn₂Zn
Bis(triphenylstannyl)zinc, Zn-00167

C₃₆H₅₈Hg
Bis(2,4,6-tri-tert-butylphenyl)mercury, Hg-00867

C₃₆H₆₀N₆Zn₃
cyclo-Hexakis[μ-[4-(dimethylamino)-1-butynyl-C:N]]-trizinc, in Zn-00116

C₃₈H₃₀N₂O₂Zn₂
Diphenylbis[μ-[2-(N-phenylformimidoyl)phenolato]]-dizinc, in Zn-00153

C₃₈H₃₄CdCl₂P₂
Bis(triphenylphosphonium-η-methylide)cadmium(2+); Dichloride, in Cd-00066

C₃₈H₃₄CdP₂$^{\oplus\oplus}$
Bis(triphenylphosphonium-η-methylide)cadmium(2+), Cd-00066

C₃₈H₃₄Cl₂HgP₂
Bis(triphenylphosphoniummethylide)mercury dichloride, in Hg-00868

C₃₈H₃₄Cl₂P₂Zn₂
Bis(triphenylphosphonium η-methylide)zinc(2+); Dichloride, in Zn-00168

C₃₈H₃₄HgP₂$^{\oplus\oplus}$
Bis(triphenylphosphonium-η-methylide)mercury(2+), Hg-00868

C₃₈H₃₄P₂Zn$^{\oplus\oplus}$
Bis(triphenylphosphonium η-methylide)zinc(2+), Zn-00168

C₃₈H₄₂HgN₄O₂
Bis[[acetyl(2,6-dimethylphenyl)amino][(2,6-dimethylphenyl)imino]methyl-C,O]mercury, Hg-00869

C₃₈H₄₂HgO₆
Bis(1-benzoyl-2-phenyl-2-tert-butylperoxyethyl)mercury, Hg-00870

C₄₀H₃₀Fe₂HgN₂O₆P₂
Tetracarbonyl(mercury)dinitrosylbis(triphenylphosphine)-diiron, Hg-00871

C₄₀H₃₀HgN₂P₂
Bis[triphenyl(cyanomethylene)phosphorane]mercury, Hg-00872

C₄₀H₅₂N₄O₄Zn₄
Tetrakis(acetanilidato)tetraethyltetrazinc, in Zn-00094
Tetrakis(acetophenoneoximato)tetraethyltetrazinc, in Zn-00093

C₄₂H₃₆HgO₄P₂
Bis[triphenyl(methoxycarbonylmethylene)phosphorane]-mercury, Hg-00873

C₄₂H₃₈Cl₄Hg₂O₂P₂
Di-μ-chlorodichlorobis[triphenylphosphonium(1-η)-2-oxopropylide]dimercury, in Hg-00840

C₄₆H₃₈CdGe₂N₂
Bis(triphenylgermyl)cadmium; 2,2'-Bipyridine adduct, in Cd-00064

C₄₆H₃₈CdN₂Sn₂
(2,2'-Bipyridine-N,N')bis(triphenylstannyl)cadmium, in Cd-00065

C₄₆H₃₈Ge₂N₂Zn
Bis(triphenylgermyl)zinc; 2,2'-Bipyridine adduct, in Zn-00165

C₄₆H₃₈Hg₂I₄P₂
Di-μ-iododiiodobis[3-(triphenylphosphonio)-2,4-cyclopentadien-1-yl]dimercury, in Hg-00842

C₄₆H₃₈N₂Sn₂Zn
(2,2'-Bipyridine-N,N')bis(triphenylstannyl)zinc, in Zn-00167

C₅₆H₇₂O₁₀Zn₄
Tetrakis[μ-(5,5-dimethyl-2,4-hexanedionato-O^2:O^2,O^4)]-di-μ_3-phenoxydiphenyltetrazinc, Zn-00169

C₆₀H₉₀N₆O₆Zn₆
Hexakis(N,N-diethylhydroxylaminato)hexaphenylhexazinc, in Zn-00098

CAS Registry Number Index

54-64-8	▷Ethyl(2-mercaptobenzoato-*S*)mercury, Hg-00546
55-68-5	▷(Nitrato-*O*)phenylmercury, Hg-00302
59-85-8	▷(4-Carboxyphenyl)chloromercury, Hg-00381
62-37-3	▷Chlormerodrin, Hg-00250
62-38-4	▷(Acetato-*O*)phenylmercury, Hg-00467
86-85-1	▷Methyl(8-quinolinolato-N^1,O^8)mercury, Hg-00588
90-03-9	▷Chloro(2-hydroxyphenyl)mercury, Hg-00295
100-56-1	▷Chlorophenylmercury, Hg-00294
100-57-2	▷Hydroxyphenylmercury, Hg-00308
102-99-8	(Acetato-*O*)-3-pyridinylmercury, Hg-00407
107-26-6	Bromoethylmercury, Hg-00049
107-27-7	▷Chloroethylmercury, Hg-00050
107-28-8	▷Ethylhydroxymercury, Hg-00057
108-07-6	(Acetato-*O*)methylmercury, Hg-00099
109-62-6	▷(Acetato-*O*)ethylmercury, Hg-00180
113-50-8	Meralluride, Hg-00793
115-09-3	▷Chloromethylmercury, Hg-00012
123-88-6	▷Chloro(2-methoxyethyl)mercury, Hg-00111
124-01-6	Chloro(2-ethoxyethyl)mercury, *in* Hg-00052
124-08-3	(Acetato-*O*)(2-ethoxyethyl)mercury, Hg-00353
141-51-5	Iodo(iodomethyl)mercury, Hg-00010
143-36-2	Iodomethylmercury, Hg-00014
151-38-2	▷(Acetato-*O*)(2-methoxyethyl)mercury, Hg-00246
294-75-7	1,7-Dimercuracyclododecane, Hg-00622
294-89-3	1,7-Dioxa-4,10-dimercuracyclododecane, Hg-00518
332-11-6	Phenylmercury trifluoroacetate, Hg-00454
358-20-3	Bis(pentafluoroethyl)mercury, Hg-00135
371-76-6	Bis(trifluoromethyl)mercury, Hg-00024
404-36-4	Bis(4-fluorophenyl)mercury, Hg-00678
420-08-6	Fluoromethylmercury, Hg-00013
421-09-0	Bromo(trifluoromethyl)mercury, Hg-00001
421-10-3	Chloro(trifluoromethyl)mercury, Hg-00002
423-27-8	(1,1,2,2,3,3,3-Heptafluoropropyl)iodozinc, Zn-00021
456-37-1	Fluorophenylmercury, Hg-00299
506-82-1	▷Dimethylcadmium, Cd-00011
506-83-2	Bromomethylmercury, Hg-00011
517-16-8	▷Ethyl(4-methyl-*N*-phenylbenzenesulfonamidato-*N*)mercury, Hg-00774
537-64-4	Bis(4-methylphenyl)mercury, Hg-00753
539-43-5	Chloro(4-methylphenyl)mercury, Hg-00402
543-63-5	▷Butylchloromercury, Hg-00190
544-97-8	▷Dimethylzinc, Zn-00017
554-77-8	4-Chloromercuribenzenesulfonic acid, Hg-00298
557-20-0	▷Diethylzinc, Zn-00036
584-18-9	2-Acetoxymercuri-4-(1,1,3,3-tetramethylbutyl)phenol, Hg-00794
587-85-9	▷Diphenylmercury, Hg-00687
592-02-9	▷Diethylcadmium, Cd-00018
593-74-8	▷Dimethylmercury, Hg-00056
607-51-2	Di-1-naphthylmercury, Hg-00826
616-99-9	Bis(2-methylphenyl)mercury, Hg-00751
623-07-4	▷Chloro(4-hydroxyphenyl)mercury, Hg-00297
625-81-0	▷Diisopropylzinc, Zn-00063
626-12-0	Bis(3-methylphenyl)mercury, Hg-00752
627-44-1	▷Diethylmercury, Hg-00199
628-85-3	▷Dipropylmercury, Hg-00364
628-91-1	▷Dipropylzinc, Zn-00064
629-35-6	▷Dibutylmercury, Hg-00524
649-49-0	Bis[2,2,2-trifluoro-1,1-bis(trifluoromethyl)ethyl]mercury, Hg-00447
653-38-3	Methyl(pentafluorophenyl)mercury, Hg-00370
674-61-3	Bis(2,2,2-trifluoroethyl)mercury, Hg-00148
675-25-2	(Trifluoroacetato-*O*)(trifluoromethyl)mercury, Hg-00071
687-61-6	Bis(trifluorovinyl)mercury, Hg-00133
691-88-3	▷Bis(1-methylpropyl)mercury, Hg-00522
698-06-6	3-Chloromercuribicyclo[2.2.1]heptan-2-ol; (1*RS*,2*SR*,3*RS*)-*form*, *in* Hg-00424
756-88-7	▷Bis[1,2,2,2-tetrafluoro-1-(trifluoromethyl)ethyl]mercury, Hg-00271
762-55-0	Chlorovinylmercury, Hg-00036
780-24-5	▷Dibenzylmercury, Hg-00754
823-04-1	▷Iodophenylmercury, Hg-00300
828-72-8	Bromo(pentafluorophenyl)mercury, Hg-00264
831-08-3	(Bromomercuri)phenylacetic acid, Hg-00461
868-82-6	Bromo(1-methylpropyl)mercury, Hg-00185
925-62-2	Bromo(1,4-dimethylpentyl)mercury, Hg-00435
941-77-5	Chloro(pentachlorophenyl)mercury, Hg-00270
941-78-6	Chloro(pentachlorophenyl)mercury, Hg-00266
973-17-1	Bis(pentafluorophenyl)mercury, Hg-00643
999-75-7	Ethyliodozinc, Zn-00013
1001-95-2	Bromobutylcadmium, Cd-00017
1003-25-4	Bromo-2,4-cyclopentadien-1-ylmercury, Hg-00219
1003-26-5	Chloro-2,4-cyclopentadien-1-ylmercury, Hg-00220
1043-49-8	Bis(pentachlorophenyl)mercury, Hg-00642
1067-32-9	Bis(triethylsilyl)cadmium, Cd-00053
1071-39-2	▷Diisopropylmercury, Hg-00363
1072-01-1	Ethylpropylzinc, Zn-00047
1073-63-8	Ethyl(phenyl)mercury, Hg-00490
1077-98-1	5-Acetoxy-6-chloromercuribicyclo[2.2.1]hept-2-ene; (1*RS*,5*SR*,6*RS*)-*form*, *in* Hg-00557
1078-53-1	3-Acetoxy-5-chloromercuritricyclo[2.2.1.0^{2,6}]heptane, Hg-00558
1078-58-6	Diphenylzinc, Zn-00113
1119-20-6	Divinylmercury, Hg-00157
1119-22-8	▷Divinylzinc, Zn-00029
1119-90-0	Dibutylzinc, Zn-00087
1123-76-8	1-Chloromercuri-2-methoxycyclohexane, Hg-00432
1124-50-1	(Dibromomethyl)phenylmercury, Hg-00390
1184-57-2	▷Hydroxymethylmercury, Hg-00079
1189-66-8	Ethynylmethylmercury, Hg-00081
1190-78-9	Chloro(2-chlorovinyl)mercury; (*E*)-*form*, *in* Hg-00029
1192-89-8	▷Bromophenylmercury, Hg-00293
1217-65-8	(Pentachlorophenyl)phenylmercury, Hg-00658
1273-75-2	Chloromercuriferrocene, Hg-00587
1274-09-5	Diferrocenylmercury, Hg-00829
1439-53-2	Bis(iodomethyl)zinc, Zn-00010
1525-79-7	▷Bis[2,2,2-trifluoro-1-(trifluoromethyl)ethyl]mercury, Hg-00277
1534-67-4	(Pentafluorophenyl)phenylmercury, Hg-00659
1538-76-7	[2-(Acetyloxy)ethyl]chloromercury, Hg-00172
1580-26-3	Bis(2-trifluoromethylphenyl)mercury, Hg-00740
1580-27-4	Bis(4-trifluoromethylphenyl)mercury, Hg-00742
1730-61-6	(Diphenylaminato)ethylzinc, Zn-00133
1731-03-9	Bis(4-methylhexyl)zinc; (*S*,*S*)-*form*, *in* Zn-00138
1731-04-0	Bis(3-methylpentyl)zinc; (*S*,*S*)-*form*, *in* Zn-00121
1731-05-1	Bis(2-methylbutyl)zinc; (*S*,*S*)-*form*, *in* Zn-00106
1738-27-8	(Cyanomethyl)methylmercury, Hg-00093
1763-67-3	Bis(3-trifluoromethylphenyl)mercury, Hg-00741
1799-90-2	Bis(pentafluorophenyl)zinc, Zn-00110
1802-38-6	Chloro(4-chlorophenyl)mercury, Hg-00290
1802-41-1	Chloro-1-naphthylmercury, Hg-00581
1802-55-7	Di-2-propenylzinc, Zn-00057
1854-19-9	Bis(2-methylpropyl)zinc, Zn-00086
1921-74-0	Bis(2-chlorovinyl)mercury; (*E*,*E*)-*form*, *in* Hg-00146
1961-02-0	Bis(3-fluorophenyl)mercury, Hg-00677
2013-22-1	Bis(4-carboxyphenyl)mercury, Hg-00744
2090-53-1	Chloro(2-hydroxyethyl)mercury, Hg-00052
2097-71-4	Di-2-propenylmercury, Hg-00333
2097-72-5	Bis(4-methoxyphenyl)mercury, Hg-00755
2117-39-7	Benzylchloromercury, Hg-00399
2129-33-1	▷(Diphenylphosphino)phenylzinc, Zn-00148
2146-77-2	Bromo(4-fluorophenyl)mercury, Hg-00281
2146-78-3	Bis(3-chlorophenyl)mercury, Hg-00674
2146-79-4	Bis(4-chlorophenyl)mercury, Hg-00675
2179-81-9	(Cyano-*C*)phenylmercury, Hg-00386
2262-05-7	Bis(2,3,5,6-tetrafluorophenyl)mercury, Hg-00649
2350-34-7	Chloro(2-chlorovinyl)mercury; (*Z*)-*form*, *in* Hg-00029

CAS Number	Name, Entry
2374-27-8	Methyl(nitrato-O)mercury, Hg-00015
2440-35-9	(Acetato-O)(4-methylphenyl)mercury, Hg-00550
2440-40-6	Chloropropylmercury, Hg-00108
2440-42-8	▷Ethyliodomercury, Hg-00055
2517-77-3	Bis(2-cyanoethyl)mercury, Hg-00318
2517-78-4	(2-Cyanoethyl)iodomercury, Hg-00082
2597-97-9	▷(Cyano-C)methylmercury, Hg-00040
2612-40-0	Bis(dibromomethyl)mercury, Hg-00027
2632-70-4	Bis(4-chlorophenyl)zinc, Zn-00111
2633-75-2	Chloroethylzinc, Zn-00012
2674-04-6	Diphenylcadmium, Cd-00049
2777-37-9	Chloro(2-methylphenyl)mercury, Hg-00400
2777-38-0	Chloro(2-chlorophenyl)mercury, Hg-00288
2777-40-4	Methyl(thiocyanato-S)mercury, Hg-00041
2845-00-3	Allyliodomercury, Hg-00092
2865-17-0	Chloro(3-nitrophenyl)mercury, Hg-00286
2932-91-4	5-Chloromercuribicyclo[2.2.2]oct-2-ene, Hg-00492
2932-94-7	6-Chloromercuritricyclo[3.2.1.0^{2,7}]octane; exo-form, in Hg-00493
2948-49-4	(Acetato-O)(2-methylphenyl)mercury, Hg-00548
3007-65-6	Diethynylmercury, Hg-00139
3009-79-8	Chloro(4-methoxyphenyl)mercury, Hg-00405
3032-99-3	Bis(methylmercury) sulfide, Hg-00062
3043-41-2	Bromo(bromomethyl)mercury, Hg-00008
3294-57-3	Phenyl(trichloromethyl)mercury, Hg-00384
3294-58-4	(Bromodichloromethyl)phenylmercury, Hg-00372
3294-59-5	(Dibromochloromethyl)phenylmercury, Hg-00374
3294-60-8	Phenyl(tribromomethyl)mercury, Hg-00377
3431-67-2	▷Dibutylcadmium, Cd-00043
3431-68-3	Bis(2-methylpropyl)cadmium, Cd-00042
3550-44-5	(4-Aminophenyl)chloromercury, Hg-00303
3600-21-3	Bis(2-methoxy-2-oxoethyl)mercury, Hg-00336
3626-13-9	(Benzoato-O)methylmercury, Hg-00468
3810-81-9	▷Dimethyl[μ-[sulfato(2−)-O,O′]]dimercury, Hg-00061
3833-01-0	Bis(2-fluorophenyl)mercury, Hg-00676
4104-79-4	Methoxy(phenyl)mercury, Hg-00409
4109-72-2	Benzylbromomercury, Hg-00394
4109-87-9	Chloro[(2-methylphenyl)methyl]mercury, Hg-00476
4138-41-4	Chloro(2-methoxypropyl)mercury, Hg-00194
4149-24-0	Bis(triethylgermyl)cadmium, Cd-00052
4149-28-4	Bis(triethylgermyl)mercury, Hg-00721
4158-22-9	Chloro[(4-methylphenyl)methyl]mercury, Hg-00478
4219-76-5	Bis(4-dimethylaminophenyl)mercury, in Hg-00699
4267-54-3	Chloro(2-methoxy-2-methylpropyl)mercury, Hg-00252
4278-42-6	Methoxymethylzinc, Zn-00014
4305-37-7	Dimethyl-μ-selenoxodimercury, Hg-00063
4305-38-8	Bis(methylmercury) oxide, Hg-00060
4387-13-7	▷Bis(2-oxoethyl)mercury, Hg-00162
4430-03-9	1,6-Dimercuracyclodecane, Hg-00517
4656-04-6	Bis(trimethylsilyl)mercury, Hg-00367
4665-55-8	(Acetato-O)(2-hydroxyethyl)mercury, Hg-00181
4819-11-8	Bis(iodomethyl)mercury, Hg-00048
4848-85-5	Dicyclohexylmercury, Hg-00717
5131-55-5	(Acetato-O)propylmercury, Hg-00245
5131-56-6	(Acetato-O)butylmercury, Hg-00352
5158-46-3	Chloromethylzinc, Zn-00003
5185-85-3	2-Chloromercuricyclooctanol; (1RS,2RS)-form, in Hg-00514
5274-83-9	1-Chloromercuri-2-methoxycyclohexane; (1RS,2RS)-form, in Hg-00432
5274-84-0	Methoxymethylcadmium, Cd-00012
5274-89-5	Methylphenoxycadmium, Cd-00037
5274-90-8	Ethoxymethylcadmium, Cd-00015
5274-91-9	Methyl(2-propanolato)cadmium, Cd-00019
5274-92-0	(tert-Butylthio)methylcadmium, Cd-00026
5274-93-1	(Isopropylthio)methylcadmium, Cd-00020
5286-47-5	Bis(3-methylphenyl)zinc, Zn-00130
5293-94-7	Bis(chloromethyl)mercury, Hg-00044
5321-77-7	Chloro(2-oxoethyl)mercury, Hg-00037
5428-90-0	▷Chloro-3-pyridinylmercury, Hg-00217
5780-90-5	(Acetato-O)(4-methoxyphenyl)mercury, in Hg-00311
5857-37-4	▷2-Chloromercurifuran, Hg-00140
5857-38-5	3-Chloromercurifuran, Hg-00141
5857-39-6	2-(Chloromercuri)thiophene, Hg-00142
5905-48-6	Dipropylcadmium, Cd-00034
5955-14-6	Chloro(2,4-dimethylphenyl)mercury, Hg-00472
5955-16-8	Chloro(3-chlorophenyl)mercury, Hg-00289
5955-19-1	Chloro(3-methylphenyl)mercury, Hg-00401
5961-61-5	Chloro(3-methoxyphenyl)mercury, Hg-00404
5980-89-2	Di-(2-thienyl)mercury, Hg-00458
5980-94-9	Phenyl(phenylthio)mercury, Hg-00693
6052-23-9	Bis(4-aminophenyl)mercury, Hg-00699
6077-10-7	Bis(phenylethynyl)mercury, Hg-00778
6107-37-5	Bromoethylmercury, Zn-00011
6245-84-7	Bromo(carboxymethyl)mercury, Hg-00035
6270-99-1	2,5-Bis(chloromercuri)furan, Hg-00137
6283-24-5	▷Acetato(4-aminophenyl)mercury, Hg-00485
6419-62-1	Chloro(1-methoxyethyl)mercury, Hg-00110
6535-11-1	Bis(2-chlorophenyl)mercury, Hg-00673
6675-64-5	1,6-Hexanediylmercury, Hg-00349
6704-27-4	Chloro(2-oxopropyl)mercury, Hg-00090
6704-33-2	Bis(2-oxopropyl)mercury, Hg-00334
6727-44-2	Bromo-1-propenylmercury; (E)-form, in Hg-00084
6727-46-4	Bromo-1-propenylmercury; (Z)-form, in Hg-00084
6795-78-4	Bis(dichloromethyl)mercury, Hg-00032
6795-81-9	Bis(trichloromethyl)mercury, Hg-00021
7029-30-3	Dibenzylzinc, Zn-00132
7029-31-4	Bis(2-methylphenyl)zinc, Zn-00129
7029-32-5	Di-1-naphthylzinc, Zn-00154
7029-51-8	[(2-Acetamidocyclohexyl)methyl]chloromercury, Hg-00572
7335-55-9	Chloropropylcadmium, Cd-00014
7446-94-8	Bis(1-methylpropyl)zinc, Zn-00085
7544-40-3	Di-2-butenylcadmium, Cd-00041
7544-41-4	▷Di-2-butenylzinc, Zn-00077
7547-29-7	Bis(diethylaminocarbonyl)mercury, Hg-00621
7568-37-8	Azidomethylcadmium, Cd-00005
7568-38-9	▷Azidomethylmercury, Hg-00016
7568-39-0	Azidoethylmercury, Hg-00054
10063-93-1	Chloro(1-chloroethyl)mercury, Hg-00045
10078-92-9	Bis(triphenylgermyl)zinc, Zn-00165
10080-39-4	1-Chloromercuricyclohexene, Hg-00319
10175-28-7	(Dichloromethyl)phenylmercury, Hg-00392
10192-55-9	Bromocyclohexylmercury, Hg-00337
10217-65-9	▷Dihexylmercury, Hg-00719
10217-68-2	Didodecylmercury, Hg-00843
10217-72-8	Bis(4-ethylphenyl)mercury, Hg-00790
10217-77-3	Ethoxymethylzinc, Zn-00025
10217-81-9	Methyl(2-methyl-2-propanolato)zinc, Zn-00044
10279-77-3	4,8-Bis(acetoxymercuri)-2,6-dioxaadamantane, Hg-00710
10284-47-6	Chloro(2,2-dimethylpropyl)mercury, Hg-00249
10284-48-7	Bromo(2,2-dimethylpropyl)mercury, Hg-00247
10284-49-8	Bis(2,2-dimethylpropyl)mercury, Hg-00624
10341-89-6	(Acetato)benzylmercury, Hg-00547
10341-90-9	(Acetato-O)cyclohexylmercury, Hg-00507
10366-02-6	Chloro(2-methoxyphenyl)mercury, Hg-00403
10507-38-7	Bis(trichlorovinyl)mercury, Hg-00131
10507-39-8	Bis(methoxycarbonyl)mercury, Hg-00164
10562-31-9	1-Chloromercuri-2-nitroethane, Hg-00043
10562-32-0	1-Chloromercuri-2-nitropropane, Hg-00095
10562-36-4	1-Bromomercuri-2-nitrocyclohexane, Hg-00328
11071-29-7	Bis(1-diazo-2-ethoxy-2-oxoethyl)cadmium, Cd-00039
11071-32-2	Bis(1-diazo-2-ethoxy-2-oxoethyl)zinc, Zn-00074
11077-31-9	Zincocene, Zn-00092
12131-08-7	Tetracarbonylbis(η^5-2,4-cyclopentadien-1-yl)(mercury)diruthenium, Hg-00745
12145-90-3	1,1′-Bis(chloromercuri)ferrocene, Hg-00583
12194-11-5	▷Hexacarbonyldi-π-cyclopentadienyl-μ-mercuriodichromium, Hg-00777
12215-96-2	Octa-μ$_3$-methoxyhexamethylheptazinc, Zn-00140
12287-46-6	Dicarbonyl(chloromercury)(η^5-2,4-cyclopentadien-1-yl)iron, Hg-00378
12392-73-3	Tetrakis(acetanilidato)tetraethyltetrazinc, in Zn-00094
12406-51-8	Phenylmercury dithiozonate, Hg-00824
13173-80-3	Ethoxyethylzinc, Zn-00034
13294-23-0	Bis[(trimethylsilyl)methyl]mercury, Hg-00531
13294-24-1	Bis[bis(trimethylsilyl)methyl]mercury, Hg-00767
13351-51-4	Bromo(4-methylphenyl)mercury, Hg-00397
13351-52-5	Bromo(3-methylphenyl)mercury, Hg-00396
13351-53-6	Bromo(4-methoxyphenyl)mercury, Hg-00398
13351-60-5	[Bis(trimethylsilyl)methyl]chloromercury, Hg-00443

CAS Number	Name	Ref
13447-94-4	Phenylmercury cyanate	Hg-00387
13529-03-8	Bis(triphenylsilyl)mercury	Hg-00865
13661-25-1	Bis(1-diazo-2-oxo-2-phenylethyl)mercury	Hg-00779
13915-91-8	Bis(trimethylgermyl)mercury	Hg-00366
13955-96-9	Dicyclopropylmercury	Hg-00331
13964-88-0	Octacarbonyl(mercury)dicobalt	Hg-00446
14076-24-5	Di-2-propenylcadmium	Cd-00031
14095-35-3	Bis(2-methyl-2-propenyl)cadmium	Cd-00040
14155-77-2	Chloro-2-propenylmercury	Hg-00087
14235-86-0	▷Hydrargaphen	Hg-00858
14354-56-4	▷Phenylmercury-8-quinolinolate	Hg-00769
14403-26-0	Dioctylzinc	Zn-00146
14753-27-6	Butylpropylzinc	Zn-00072
14813-69-5	Chloro(phenylethynyl)mercury	Hg-00450
14839-64-6	2-Chloromercuricyclohexanone	Hg-00322
14839-86-2	Bromo(2-oxopropyl)mercury	Hg-00086
14887-13-9	tert-Butoxyethylzinc	Zn-00061
14994-36-6	Di(3-butenyl)mercury	Hg-00504
15001-38-4	Bis(triethylstannyl)mercury	Hg-00722
15096-19-2	Tetramethyltetrakis[(μ_3-(P,P,P-trimethylphosphine imidato))]tetracadmium, in Cd-00021	
15106-83-9	Butylethylzinc	Zn-00062
15106-84-0	Ethyl(2-methylpropyl)zinc	Zn-00065
15106-88-4	Bis(4-methylphenyl)zinc	Zn-00131
15106-95-3	Di-2-thienylzinc	Zn-00073
15235-46-8	Bis(2,3,5,6-tetrafluoro-4-pyridinyl)mercury	Hg-00578
15235-50-4	Phenyl(trinitromethyl)mercury	Hg-00389
15245-47-3	Bis(4-ethoxycarbonylphenyl)mercury, in Hg-00744	
15281-78-4	Bis(bromomercurio)tetracarbonyliron	Hg-00127
15281-84-2	Tetracarbonylbis(chloromercury)iron	Hg-00128
15385-74-7	Chloro(2,2-diethoxyethyl)mercury	Hg-00356
15514-38-2	Chloro(trichloromethyl)mercury	Hg-00003
15556-49-7	Chloro(N,N,N',N'-tetramethyl-1,2-ethanediamine-N,N')(triphenylstannyl)cadmium, in Cd-00061	
15614-71-8	Bis[(benzoyloxy)methyl]zinc	Zn-00142
15658-08-9	Dicyclohexylzinc	Zn-00118
15691-62-0	▷Tetramethylzincate(2−); Di-Li salt, in Zn-00039	
15714-28-0	(Acetato-O)[2-(acetyloxy)ethyl]mercury	Hg-00335
15721-20-7	Diisopropylcadmium	Cd-00033
15723-61-2	Di-2-propenylcadmium; 2,2'-Bipyridine complex, in Cd-00031	
15749-24-3	Ethyl(2,4-pentanedionato-O,O')zinc	Zn-00069
15860-82-9	Ethylmethoxyzinc	Zn-00026
15961-33-8	Bis(2-methyl-2-propenyl)zinc	Zn-00076
15975-89-0	Bis(2-methyl-2-propenyl)zinc; 2,2'-Bipyridine adduct, in Zn-00076	
15989-98-7	Bis(pentafluorophenyl)cadmium	Cd-00047
16004-47-0	Bis(3,3-dimethyl-2-oxobutyl)mercury	Hg-00718
16187-30-7	2-Acetoxy-3-chloromercuri-2-butene; (E)-form, in Hg-00324	
16187-32-9	2-Acetoxy-3-chloromercuri-2-butene; (Z)-form, in Hg-00324	
16188-36-6	Iodovinylmercury	Hg-00039
16188-37-7	Bromovinylmercury	Hg-00033
16636-96-7	Di-tert-butylzinc	Zn-00088
16689-91-1	Trimethyl-μ_3-thioxotrimercury(1+); Perchlorate, in Hg-00124	
16689-92-2	Trimethyl-μ_3-oxotrimercury(1+); Perchlorate, in Hg-00122	
16751-55-6	Phenyl(thiocyanato-S)mercury	Hg-00388
16888-30-5	(Bicyclo[2.2.1]hept-2-yl)bromomercury; (1RS,2RS)-form, in Hg-00419	
16888-31-6	(Bicyclo[2.2.1]hept-2-yl)bromomercury; (1RS,2SR)-form, in Hg-00419	
16998-10-0	Di-tert-butylzinc; 2,2'-Bipyridine complex, in Zn-00088	
17019-31-7	Methylphenoxymercury	Hg-00410
17019-36-2	(Benzenethiolato)methylmercury	Hg-00411
17051-32-0	1-Azido-2-chloromercuricyclohexane	Hg-00329
17068-33-6	Chloroethylcadmium	Cd-00009
17068-34-7	Bromoethylcadmium	Cd-00008
17068-35-8	Ethyliodocadmium	Cd-00010
17068-42-7	Iodophenylcadmium	Cd-00029
17068-44-9	(Trinitromethyl)(3,3,3-trinitropropyl)mercury	Hg-00151
17101-63-2	Bis[1-(ethoxycarbonyl)-2-oxopropyl]mercury	Hg-00714
17154-89-1	[Benzaldehyde(4-nitrophenyl)hydrazonato]phenylmercury	Hg-00822
17154-98-2	Bromo(diphenoxymethyl)mercury	Hg-00728
17226-37-8	Bromo(1-phenylethyl)mercury; (±)-form, in Hg-00471	
17226-38-9	Bromo(1-phenylethyl)mercury; (+)-form, in Hg-00471	
17296-76-3	Butylethylcadmium	Cd-00032
17296-77-4	Ethyl(2-methylpropyl)cadmium	Cd-00035
17296-79-6	5,6,7,8,9,10-Hexahydro-6,9-dimethyldibenzo[f,i]-[1,4,8]diazamercuracycloundecine	Hg-00817
17296-83-2	7,8-Dihydro-5H,10H-dibenzo[f,i][1,4,8]dioxamercuracycloundecine	Hg-00785
17310-31-5	Bis(4-methylphenyl)cadmium	Cd-00056
17310-32-6	Bis(2-methylphenyl)cadmium	Cd-00055
17317-48-5	Ethylpropylcadmium	Cd-00023
17317-49-6	Di-2-thienylcadmium	Cd-00038
17469-39-5	tert-Butoxy-tert-butylzinc	Zn-00082
17492-06-7	Bis(4-chlorophenyl)cadmium	Cd-00048
17507-60-7	1,2-Bis(chloromercuri)ethylene	Hg-00031
17608-91-2	Methyl(P,P,P-trimethylphosphine imidato)zinc	Zn-00037
17608-92-3	Methyl(P,P,P-trimethylphosphine imidato)cadmium	Cd-00021
17774-02-6	Bromobutylmercury	Hg-00182
17795-40-3	Bis(fluorodinitromethyl)mercury	Hg-00022
17795-62-9	(Methoxysulfinyl)methylmercury	Hg-00058
17833-81-7	Phenyl(phenylsulfonyl)mercury	Hg-00692
17975-20-1	1,4-Bis(chloromercuri)-2,3-butanediol	Hg-00177
18115-13-4	Hexacarbonyl-μ-mercuriobis(tributylphosphine)dicobalt	Hg-00855
18128-69-3	Tetramethyltetrakis[μ_3-(P,P,P-trimethylphosphine imidato)tetrazinc, in Zn-00037	
18257-68-6	Bromopropylmercury	Hg-00103
18257-69-7	Iodopropylmercury	Hg-00113
18263-08-6	Di-2,4-cyclopentadien-1-ylmercury	Hg-00589
18355-67-4	2-Butenylchloromercury	Hg-00167
18355-71-0	(Acetato-O)-2-propenylmercury	Hg-00227
18734-63-9	Dodecafluorotribenzo[b,e,h][1,4,7]trimercuronin	Hg-00805
18815-73-1	Iodomethylzinc	Zn-00004
18815-74-2	Bromomethylzinc	Zn-00002
18819-83-5	Bromoisopropylmercury	Hg-00102
18832-83-2	1-Bromomercuri-2-propanol	Hg-00104
18837-42-8	(Benzenesulfinato)phenylmercury	Hg-00691
18903-82-7	Bis[dichloro(trimethylsilyl)methyl]mercury	Hg-00521
18923-70-1	1,3-Bis(acetoxymercuri)-2-propanone	Hg-00417
18988-15-3	Iodomethylzinc; 2,2'-Bipyridine adduct, in Zn-00004	
18988-16-4	Ethyliodozinc; 2,2'-Bipyridine adduct, in Zn-00013	
19101-77-0	▷Azidomethylzinc	Zn-00005
19224-35-2	Chloro[(3-methylphenyl)methyl]mercury	Hg-00477
19326-35-3	(Dichlorofluoromethyl)phenylmercury	Hg-00382
19510-26-0	Di-2-naphthylmercury	Hg-00827
19637-93-5	Bromo(2-methoxyethyl)mercury	Hg-00105
19638-01-8	(Methoxycarbonyl)phenylmercury	Hg-00469
19719-72-3	Bis(4-bromophenyl)mercury	Hg-00671
19719-73-4	Bis(4-nitrophenyl)mercury	Hg-00682
19967-06-7	Bis[(phenylsulfonyl)methyl]mercury	Hg-00756
20258-53-1	Bis(2-chlorovinyl)mercury; (Z,Z)-form, in Hg-00146	
20265-00-3	Chloro(4-nitrophenyl)mercury	Hg-00287
20265-01-4	(4-Nitrophenyl)phenylmercury	Hg-00685
20333-31-7	μ-Oxodiphenyldimercury	Hg-00694
20363-85-3	▷Bis(1-diazo-2-ethoxy-2-oxoethyl)mercury	Hg-00491
20483-77-6	(Acetato-O)[(trimethylsilyl)ethynyl]mercury	Hg-00427
20525-74-0	Dicyclopentylzinc	Zn-00100
20525-75-1	▷Dicyclobutylzinc	Zn-00079
20525-76-2	▷Dicyclopropylzinc	Zn-00056
20525-80-8	Chloro(3-oxopropyl)mercury	Hg-00091
20525-85-3	Chloro(3-hydroxypropyl)mercury	Hg-00109

CAS Number	Entry
20558-61-6	Ethylphenoxyzinc; Py adduct, in Zn-00075
20558-62-7	Tetraethyltetra-μ_3-phenoxytetrazinc, in Zn-00075
20572-53-6	Triethyltris(μ-8-quinolinolato)trizinc, in Zn-00108
20572-57-0	Diethylbis(μ-2,4-pentanedionato)dizinc, in Zn-00069
20572-58-1	Ethyl(2,4-pentanedionato-O,O')zinc; Py adduct, in Zn-00069
20572-59-2	Diphenylbis[μ-[2-(N-phenylformimidoyl)phenolato]]dizinc, in Zn-00153
20574-04-3	Trimethyl-μ_3-thioxotrimercury(1+); Nitrate, in Hg-00124
20632-18-2	Benzyliodomercury, Hg-00406
20657-25-4	Bis(4-tert-butylphenyl)mercury, Hg-00833
20742-67-0	Tribenzo[b,e,h][1,4,7]trimercuronin, Hg-00807
20763-01-3	3,3-Bis(chloromercuri)-2,4-pentanedione, Hg-00223
20763-02-4	Bis(triphenylstannyl)mercury, Hg-00866
20854-07-3	Bromo(2-methylphenyl)mercury, Hg-00395
20883-32-3	Chloro(2,4,6-trimethylphenyl)mercury, Hg-00555
20883-38-9	(3-Carboxyphenyl)chloromercury, Hg-00380
20883-45-8	(4-Carbomethoxyphenyl)chloromercury, in Hg-00381
21003-68-9	(Benzamidato-N)phenylmercury, Hg-00730
21013-98-9	Bromo(4-methylcyclohexyl)mercury; trans-form, in Hg-00428
21013-99-0	Bromo(4-methylcyclohexyl)mercury; cis-form, in Hg-00428
21112-86-7	Dicyclohexylcadmium, Cd-00051
21112-87-8	Bis(tribromomethyl)mercury, Hg-00020
21121-75-5	Bis(triphenylgermyl)cadmium, Cd-00064
21204-54-6	(N,N-Diethylhydroxylaminato)phenylzinc, Zn-00098
21204-55-7	(Acetophenone oximato)ethylzinc, Zn-00093
21259-76-7	▷Mercaptomerin sodium, in Hg-00796
21385-96-6	3-Chloromercuribicyclo[2.2.1]heptan-2-ol, Hg-00424
21392-61-0	Methylphenylmercury, Hg-00408
21450-78-2	(Acetato-O)(3-methylphenyl)mercury, Hg-00549
21467-84-5	Hydroxypropylmercury, Hg-00118
21467-88-9	Butylhydroxymercury, Hg-00202
21710-53-2	Tetracarbonylbis(chloromercurio)ruthenium; cis-form, in Hg-00130
21710-55-4	Tetracarbonylbis(chloromercurio)osmium, Hg-00129
21726-99-8	Cyclohexyl(trichloromethyl)mercury, Hg-00425
21774-02-7	Chloro(triphenyltin)zinc; Tetramethylethylenediamine adduct, in Zn-00147
21803-29-2	(Acetato-O)(2-hydroperoxy-2-phenylethyl)mercury, Hg-00596
21969-31-3	Tris(chloromercuri)acetaldehyde, Hg-00025
21984-47-4	Chloro[(4-nitrophenyl)methyl]mercury, Hg-00391
22009-67-2	Bis-[4-(acetylamino)phenyl]mercury, in Hg-00699
22009-68-3	Bis(4-iodophenyl)mercury, Hg-00679
22060-03-3	(1,1-Dichloro-2-methoxy-2-oxoethyl)phenylmercury, Hg-00540
22085-10-5	▷Bis(1-diazo-2,2,2-trifluoroethyl)mercury, Hg-00134
22085-12-7	Bis(1-diazo-2-oxopropyl)mercury, Hg-00307
22143-34-6	Bis(μ-diphenylaminato)diethyldizinc, in Zn-00133
22189-41-9	(Diphenylaminato)ethylzinc; Bis-Py adduct, in Zn-00133
22189-44-2	Ethyl(N-phenylacetamidato-N)zinc; Py adduct, in Zn-00094
22189-51-1	Amminemethylmercury(1+); Perchlorate, in Hg-00018
22189-52-2	μ-Amidodimethyldimercury(1+); Perchlorate, in Hg-00065
22189-53-3	μ_3-Imidotrimethyltrimercury(1+); Perchlorate, in Hg-00126
22337-71-9	cyclo-Triethyltris[μ-(hydrogen carbanilato)]trizinc trimethyl ester, in Zn-00095
22465-44-7	Tetramethyl-μ_4-nitridotetramercury(1+); Perchlorate, in Hg-00211
22465-94-7	Bromo(2-chlorovinyl)mercury; (Z)-form, in Hg-00026
22465-95-8	Bromo(2-chlorovinyl)mercury; (E)-form, in Hg-00026
22520-85-0	Methyl(trimethylsilyloxy)mercury, Hg-00209
22654-19-9	Tetramethyltetrakis[μ_3-(trimethylsilanolato)]tetramercury, in Hg-00209
22700-54-5	Bromo(3-phenyl-2-propenyl)mercury, Hg-00543
22722-86-7	Ethyl(thioacetanilidato)zinc; Py adduct, in Zn-00096
22752-45-0	Methyl(triethylgermyl)mercury, Hg-00440
22770-30-5	2-Chloromercuricyclooctanol; ($1S,2S$)-form, in Hg-00514
22807-27-8	Diethylbis[μ-(thioacetanilidato)]dizinc, in Zn-00096
22871-68-7	Bis(2,3,4,5-tetrafluorophenyl)mercury, Hg-00647
23000-65-9	(2-Carboxyphenyl)chloromercury, Hg-00379
23022-37-9	Chloro-1-indenylmercury, Hg-00536
23082-96-4	Bis(triphenylgermyl)mercury, Hg-00864
23128-93-0	Bromo-2-propynyl(tetrahydrofuran)zinc, in Zn-00022
23151-20-4	Ethyl(methyl phenylcarbamato-N,O')zinc, Zn-00095
23209-17-8	Bis(1,3-diphenyl-1H-imidazolium-2-yl)mercury(2+); Diperchlorate, in Hg-00852
23265-89-6	Bis(bromomethyl)mercury, Hg-00042
23332-31-2	(Acetato-O)[4-dimethylaminophenyl]mercury, Hg-00602
23587-90-8	Di-tert-butylmercury, Hg-00525
23587-94-2	Bis(trimethylstannyl)mercury, Hg-00368
23665-09-0	Iodophenylzinc, Zn-00053
23767-63-7	Di-1H-indenyl-1-ylmercury, Hg-00809
23786-94-9	Dicyclopentylmercury, Hg-00616
23932-58-3	Chloro(3-hydroperoxy-3-phenylpropyl)mercury, Hg-00559
23932-78-7	Bis[triphenyl(methoxycarbonylmethylene)phosphorane]mercury, Hg-00873
24256-00-6	Chloro[2-(1-piperidinyl)ethyl]mercury, Hg-00434
24371-94-6	Chlorocyclohexylmercury, Hg-00340
24414-35-5	(2,4-Cyclopentadien-1-yl)iodomercury, Hg-00221
24423-70-9	Bis(cyclohexylmethyl)mercury, Hg-00763
24470-76-6	Bis(2-methylpropyl)mercury, Hg-00523
24549-22-2	(2-Acetamidoethyl)chloromercury, Hg-00174
24549-25-5	(2-Acetamido-1-methylpropyl)chloromercury, in Hg-00198
24581-60-0	Chloromethylcadmium, Cd-00003
24697-45-8	Methyl(thiocyanato)cadmium, Cd-00007
24801-84-1	(Acetato-O)(2-methoxyphenyl)mercury, in Hg-00310
24925-18-6	Phenyl(trifluoromethyl)mercury, Hg-00385
24980-89-0	Tetracarbonylmercurioiron, Hg-00136
25027-90-1	Bis(1,2,3,4,5-pentamethyl-2,4-cyclopentadien-1-yl)mercury, Hg-00835
25121-27-1	3-Acetoxymercuri-1,7,7-trimethyl-2-phenylbicyclo[2.2.1]hept-2-ene; ($1R,4S$)-form, in Hg-00818
25201-30-3	Tetrakis(acetoxymercuri)methane, Hg-00563
25310-48-9	▷(Methanethiolato)methylmercury, Hg-00059
25358-71-8	(Benzoato-O)phenylmercury, Hg-00727
25837-90-5	Iodomethylcadmium, Cd-00004
25837-91-6	Bromomethylcadmium, Cd-00001
25867-69-0	(Isopropylthio)methylzinc; Hexamer, in Zn-00035
25954-73-8	▷Bis(trinitromethyl)mercury, Hg-00067
26037-69-4	Bromo(trichlorovinyl)mercury, Hg-00019
26071-89-6	1,1-Bis(chloromercuri)-2-methylpropene, Hg-00156
26097-17-6	5-Chloromercuri-6-hydroxybicyclo[2.2.1]heptane-2-carboxylic acid lactone; exo-form, in Hg-00481
26103-66-2	Chloro-1,2-propadienylmercury, Hg-00076
26103-67-3	Di-1,2-propadienylmercury, Hg-00305
26130-07-4	Butyliodomercury, Hg-00195
26203-64-5	5-Acetoxy-6-chloromercuribicyclo[2.2.1]hept-2-ene, Hg-00557
26283-83-0	1,7,13,19-Tetramercuracyclotetracosane, Hg-00837
26520-81-0	Sodium dimethylhydridozincate, in Zn-00019
26520-83-2	Lithium dimethylhydridozincate, in Zn-00019
26520-84-3	Hydrodiphenylzincate(1−); Li salt, in Zn-00114
26602-48-2	Hydrodiphenylzincate(1−); Na salt, in Zn-00114
26744-23-0	Ethyl(thioacetanilidato)zinc, Zn-00096
26953-06-0	Bis(3-nitrophenyl)mercury, Hg-00681
26953-08-2	Bis(2-nitrophenyl)mercury, Hg-00680
27008-70-4	Chlorocyclopentylmercury, Hg-00230
27024-96-0	Bis[(7-bromo-2-oxabicyclo[4.1.0]hept-7-yl)]mercury, Hg-00706

CAS Number	Entry
27151-74-2	Chloro(2-methylpropyl)mercury, Hg-00193
27151-78-6	11-Chloromercuriundecanoic acid; Me ester, *in* Hg-00637
27151-79-7	Chloro(2-phenylethyl)mercury, Hg-00479
27190-78-9	Chloro(2-phenylpropyl)mercury, Hg-00552
27259-68-3	Bis(1-acetyl-2-oxopropyl)mercury, Hg-00606
27279-40-9	Bis[1-(2,2-dimethyl-1-oxopropyl)-3,3-dimethyl-2-oxobutyl]mercury, Hg-00841
27350-64-7	Bis(3-dimethylarsinopropyl)mercury, Hg-00626
27468-39-9	Bromo(1-methyl-2,2-diphenylcyclopropyl)mercury, Hg-00784
27491-73-2	Bis(diazodimethoxyphosphonomethyl)mercury, Hg-00351
27494-98-0	Chloro[(6,6-dimethylbicyclo[3.1.1]heptane-2-yl)methyl]mercury; *cis-form*, *in* Hg-00613
27936-01-2	Bromo-5-hexenylmercury, Hg-00338
28375-80-6	(Bromomercurio)tricarbonylnitrosyliron, Hg-00068
28375-81-7	Tricarbonyl(iodomercurio)nitrosyliron, Hg-00072
28407-13-8	Tricarbonyl(chloromercurio)nitrosyliron, Hg-00069
28411-05-4	Hexacarbonyl(mercury)dinitrosyldiiron, Hg-00272
28411-09-8	Tetracarbonyl(mercury)dinitrosylbis(triphenylphosphine)diiron, Hg-00871
28442-94-6	(Acetato)isopropylmercury, Hg-00244
28557-00-8	Chlorophenylzinc, Zn-00052
28557-01-9	Ethylphenoxyzinc, Zn-00075
28752-79-6	Di-(2-furanyl)mercury, Hg-00456
28752-80-9	Di-(3-furanyl)mercury, Hg-00457
28752-81-0	Di-3-thienylmercury, Hg-00459
28859-82-7	Bromo(2-methylpropyl)mercury, Hg-00186
28922-53-4	Bromo-2-propenylmercury, Hg-00085
28926-72-9	[Bis(diphenylphosphino)methyl]bromomercury, Hg-00846
28926-73-0	[Bis(diphenylphosphinyl)methyl]bromomercury, Hg-00845
28969-08-6	Divinylcadmium, Cd-00016
28969-28-0	(4-Bromophenyl)chloromercury, Hg-00279
28969-29-1	Chloro(2-nitrophenyl)mercury, Hg-00285
29053-02-9	(Acetato-*O*)(2-hydroxy-2,2-diphenylethyl)mercury, Hg-00786
29067-32-1	Di-3-butenylzinc, Zn-00078
29138-86-1	Ethylmethylmercury, Hg-00116
29138-87-2	Methylpropylmercury, Hg-00201
29138-88-3	Methyl(isopropyl)mercury, Hg-00200
29138-89-4	Butylmethylmercury, Hg-00255
29138-90-7	Methyl(1-methylpropyl)mercury, Hg-00257
29469-31-6	Di-1-octynylzinc, Zn-00145
29469-32-7	Bis(phenylethynyl)cadmium, Cd-00059
29469-33-8	Bis(phenylethynyl)zinc, Zn-00141
29587-74-4	(Acetato)(2-benzoyl-1-methylpropyl)mercury; (*RS,SR*)-*form*, *in* Hg-00736
29587-75-5	(Acetato)(2-benzoyl-1-methylpropyl)mercury; (*RS,RS*)-*form*, *in* Hg-00736
29682-57-3	2-Chloromercuricyclooctanol, Hg-00514
29728-36-7	Bis[tris(trimethylsilyl)methyl]mercury, Hg-00839
29872-90-0	Bis(1-chloro-2-ethoxy-1-fluoro-2-oxoethyl)mercury, Hg-00487
29917-20-2	Tetracarbonylbis(methylmercurio)iron, Hg-00304
30258-60-7	Dichloro(chloromercurio)nitrosylbis(triphenylphosphine)osmium, Hg-00863
30353-48-1	Di-1,3-pentadiynylmercury, Hg-00580
30615-19-1	Chloro(isopropyl)mercury, Hg-00107
30615-32-8	Bromo(pentachlorophenyl)mercury, Hg-00263
31023-10-6	(Acetato-*O*)(2-hydroxycyclohexyl)mercury; (1*RS*,2*RS*)-*form*, *in* Hg-00511
31109-50-9	Bis[triphenyl(cyanomethylene)phosphorane]mercury, Hg-00872
31247-58-2	Tris(methylmercuri)amine, Hg-00120
31295-68-8	Chloro(2,5-dimethylphenyl)mercury, Hg-00473
31295-69-9	Chloro(2,6-dimethylphenyl)mercury, Hg-00474
31295-70-2	Chloro(2,4,5-trimethylphenyl)mercury, Hg-00554
31295-71-3	Chloro(2,3,5,6-tetramethylphenyl)mercury, Hg-00599
31718-62-4	2-[(Acetylamino)cyclohexyl]chloromercury, *in* Hg-00347
31787-47-0	▷Bis(methylmercuri)diazomethane, Hg-00100
32049-36-8	(Acetato-*O*)-1-naphthalenylmercury, Hg-00689
32308-86-4	3-Bromomercuri-4-*tert*-butylperoxy-2-butanone, Hg-00513
32308-98-8	3-Bromomercuri-4-methoxy-2-butanone, Hg-00229
32407-99-1	(Dimethylcarbamodithioato-*S*,*S'*)phenylmercury, Hg-00561
32458-92-7	Tetracarbonyl(zinc)iron, Zn-00027
32628-85-6	(Bromomercury)dicarbonyl(η^5-2,4-cyclopentadien-1-yl)iron, Hg-00373
32701-55-6	Dioctylmercury, Hg-00798
32737-75-0	3-Acetoxy-5-chloromercuritricyclo[2.2.1.0^{2,6}]heptane; *exo,exo-form*, *in* Hg-00558
32754-35-1	[(2-Amino-2-carboxyethyl)thio]methylmercury; (*R*)-*form*, *in* Hg-00197
32787-42-1	Trimethyl(μ_3-phosphato(3−)-*O*,*O'*,*O''*)trimercury, Hg-00123
32823-01-1	1,1-Bis(chloromercuri)ethane, Hg-00047
33327-71-8	Bis(2,3,4-trichlorophenyl)mercury, Hg-00650
33327-72-9	Bis(2,4,5-trichlorophenyl)mercury, Hg-00653
33334-86-0	Bromocyclobutylmercury, Hg-00166
33441-85-9	(Dichloroiodomethyl)phenylmercury, Hg-00383
33444-26-7	7-Bromomercuri-1-ethoxybicyclo[2.2.1]heptane, Hg-00571
33631-66-2	Chloro(cyclopentylmethyl)mercury, Hg-00341
33676-17-4	Phenyl[2,2,2-trifluoro-1,1-bis(trifluoromethyl)ethyl]mercury, Hg-00579
33724-22-0	Dichlorobis(triphenylstannyl)dizinc, *in* Zn-00147
33814-59-4	Pentamethylphenyl(trifluoroacetato-*O*)mercury, Hg-00735
33865-72-4	Tetramethyl-μ_4-phosphidotetramercury(1+); Tetrafluoroborate, *in* Hg-00212
33865-73-5	Tetramethyl-μ_4-phosphidotetramercury(1+); Hexafluorophosphate, *in* Hg-00212
33997-11-4	Bis(1,2,3,4,5-pentachloro-2,4-cyclopentadien-1-yl)mercury, Hg-00577
33997-12-5	Chloro(1,2,3,4,5-pentachloro-2,4-cyclopentadien-1-yl)mercury, Hg-00215
34050-06-1	(Acetato-*O*)ethylzinc, Zn-00030
34232-12-7	Ethyl(bistrimethylsilylamido)mercury, Hg-00532
34250-32-3	Methylmercurybis(trimethylsilyl)amide, Hg-00444
34310-40-2	2,4-Cyclopentadien-1-ylmethylmercury, Hg-00316
34406-97-8	Tetramethyl-μ_4-phosphidotetramercury(1+); Hexafluoroantimonate, *in* Hg-00212
34454-50-7	3-Acetoxy-5-chloromercuritricyclo[2.2.1.0^{2,6}]heptane; 3-*endo*, 5-*exo-form*, *in* Hg-00558
34454-52-9	5-Acetoxy-6-chloromercuribicyclo[2.2.1]hept-2-ene; (1*RS*,5*SR*,6*SR*)-*form*, *in* Hg-00557
34501-62-7	Bis[tris[(trimethylsilyl)methyl]stannyl]mercury, Hg-00844
34666-94-9	(2,3,5,6-Tetrafluorophenyl)(trifluoroacetato-*O*)mercury, Hg-00448
34666-97-2	1,4-Bis(chloromercuri)-2,3,5,6-tetrafluorobenzene, Hg-00269
34805-79-3	[3-[(Aminocarbonyl)amino]-2-(1-piperidinyl)propyl]chloromercury, Hg-00575
34805-91-9	Chloro[3-phenoxy-2-(1-piperidinyl)propyl]mercury, Hg-00760
34805-93-1	4-Chloromercuri-6-oxatricyclo[3.2.1.1^{3,8}]nonane; *exo-form*, *in* Hg-00494
34994-56-4	▷Bis(diazonitromethyl)mercury, Hg-00066
35070-55-4	(2,2-Dimethylpropyl)iodomercury, Hg-00253
35098-95-4	Bis[tris(pentafluorophenyl)germyl]cadmium, Cd-00063
35099-05-9	1,2-Bis(chloromercuri)benzene, Hg-00291
35180-40-6	5-Chloromercuri-3-propyl-3-azatricyclo[4.2.1.0^{4,8}]nonane, Hg-00635
35342-63-3	▷(Dibromofluoromethyl)phenylmercury, Hg-00375
35349-96-3	▷(Bromochloroiodomethyl)phenylmercury, Hg-00371
35379-43-2	Ethyl(triphenylmethoxy)zinc, Zn-00158
35406-49-6	Bis[tris(pentafluorophenyl)germyl]mercury, Hg-00859
35569-02-9	Chloro(2-methyl-2-propenyl)mercury, Hg-00169
35885-95-1	Tetracarbonylbis(η^5-2,4-cyclopentadien-1-yl)(mercury)diiron, Hg-00743
35917-32-9	Methyl(pyridine-*N*)mercury(1+); Nitrate, *in* Hg-00317
35937-10-1	(Acetato-*O*)[1-(2,2-dimethyl-1-oxopropyl)-3,3-dimethyl-2-oxobutyl]mercury, Hg-00737

CAS Number	Name, Entry
36108-75-5	Chloro-9H-fluoren-9-ylmercury, Hg-00723
36108-76-6	Di-9H-fluoren-9-ylmercury, Hg-00848
36133-56-9	Bis(2,3,4,6-tetrafluorophenyl)mercury, Hg-00648
36254-74-7	Benzyl(iodomethyl)mercury, Hg-00482
36449-03-3	Bromo(3-fluorophenyl)mercury, Hg-00280
36453-74-4	(Acetamidato-N)4-fluorophenylmercury, Hg-00466
36525-00-5	Chloro-1-pentenylmercury; (E)-form, in Hg-00231
36525-03-8	Chloro(2-phenylethenyl)mercury; (E)-form, in Hg-00463
36550-40-0	Tetrakis[μ-(2,4-pentanedionato-O:O,O')]diphenyltrizinc, Zn-00163
36571-13-8	Hexacarbonyl(ethylmercury)vanadium, Hg-00452
36635-40-2	Chloro(cyclopropylmethyl)mercury, Hg-00168
37038-39-4	1-Azido-2-bromomercuricyclopropane; (1RS,2SR)-form, in Hg-00080
37117-14-9	Bromo(2-butoxyethyl)mercury, Hg-00354
37117-17-2	[(1,1-Dimethylethyl)dioxy]ethylmercury, Hg-00365
37160-45-5	Bis(2-oxo-2-phenylethyl)mercury, Hg-00783
37160-46-6	Bis(2-oxocyclohexyl)mercury, Hg-00713
37298-73-0	Chloro(triphenyltin)zinc, Zn-00147
37298-86-5	Diruthenocenylmercury, Hg-00830
37556-46-0	(4-Methylbenzenesulfonamidato-N)phenylmercury, Hg-00732
37896-65-4	(Acetato-O)(3-methoxy-3,3-diphenylpropyl)mercury, Hg-00814
37963-58-9	Bis(2,3,4,5-tetrachlorophenyl)mercury, Hg-00644
37963-59-0	Bis(2,3,4,6-tetrachlorophenyl)mercury, Hg-00645
37963-61-4	Bis(2,4,6-trichlorophenyl)mercury, Hg-00654
37963-62-5	Bis(2,5-dichlorophenyl)mercury, Hg-00662
38028-64-7	Bis(1-chlorovinyl)mercury, Hg-00145
38046-39-8	Bromo(cyanomethyl)zinc, Zn-00008
38056-42-7	(Acetato-O)(3-hydroperoxybicyclo[2.2.1]hept-2-yl)mercury, Hg-00570
38180-52-8	Bis(2,3,5,6-tetrachlorophenyl)mercury, Hg-00646
38310-19-9	(Acetato-O)[2-[(1,1-dimethylethyl)dioxy]-2,2-diphenylethyl]mercury, Hg-00832
38442-51-2	Chloro-tert-butylmercury, Hg-00191
38455-12-8	Chloro(1-methylpropyl)mercury, Hg-00192
38455-14-0	Iodoisopropylmercury, Hg-00112
38485-51-7	Chloro[2-(diethylamino)ethyl]mercury, Hg-00360
38487-16-0	(Acetato-O)-2-naphthalenylmercury, Hg-00690
38512-31-1	(Acetato-O)[2-(acetyloxy)cyclopentyl]mercury; (1RS,2RS)-form, in Hg-00569
38512-72-0	(Acetato-O)(2-methoxycyclopentyl)mercury; (1RS,2RS)-form, in Hg-00512
38512-73-1	1-Acetoxy-2-acetoxymercuricyclohexane; (1RS,2RS)-form, in Hg-00610
38512-74-2	(Acetato-O)(2-methoxycyclohexyl)mercury; (1RS,2RS)-form, in Hg-00574
38516-25-5	Bis(3-oxo-3-phenyl-1-propenyl)mercury; (Z,Z)-form, in Hg-00810
38516-27-7	Chloro(3-oxo-3-phenyl-1-propenyl)mercury; (Z)-form, in Hg-00538
38516-29-9	Chloro(3-oxo-3-phenyl-1-propenyl)mercury; (E)-form, in Hg-00538
38611-90-4	(Acetato-O)(2-butoxyethyl)mercury, Hg-00516
38650-39-4	tert-Butyl(trimethylstannyl)mercury, Hg-00442
38860-43-4	Bis(1-acetyl-2-methyl-2-tert-butyldioxypropyl)mercury, Hg-00836
38860-44-5	Bis(1-benzoyl-2-methoxy-2-phenylethyl)mercury, Hg-00857
39016-54-1	Bis(1-benzoyl-2-phenyl-2-tert-butylperoxyethyl)mercury, Hg-00870
39224-83-4	(Acetato-O)(1-acetyl-2-oxopropyl)mercury, Hg-00415
39587-90-1	Bis(triphenylgermyl)zinc; 2,2'-Bipyridine adduct, in Zn-00165
39587-91-2	Bis(triphenylgermyl)cadmium; 2,2'-Bipyridine adduct, in Cd-00064
39587-96-7	(2,2'-Bipyridine-N,N')bis(triphenylstannyl)cadmium, in Cd-00065
39595-24-9	Bis(cyclopentylmethyl)mercury, Hg-00716
39693-25-9	Diphenylsulfatodimercury, Hg-00695
39837-13-3	2-Chloromercuricyclobutanol; (1RS,2RS)-form, in Hg-00170
39849-94-0	2-Chloromercuricyclopentanol; (1RS,2RS)-form, in Hg-00234
39966-41-1	Chloro-2-naphthylmercury, Hg-00582
39995-48-7	Di-4-pentenylzinc, Zn-00101
40138-90-7	Chloro(3,4-dimethylphenyl)mercury, Hg-00475
40171-35-5	[Bis[tris(pentafluorophenyl)stannyl]]mercury, Hg-00860
40347-46-4	(Bromodichloromethyl)cyclohexylmercury, Hg-00418
40347-47-5	Cyclohexyl(dibromochloromethyl)mercury, Hg-00421
40347-48-6	Cyclohexyl(tribromomethyl)mercury, Hg-00422
40469-05-4	Bis(3-bromophenyl)mercury, Hg-00670
40469-53-2	Bromo(3-bromophenyl)mercury, Hg-00282
41005-81-6	(Ethylcarbamato-O)phenylmercury, Hg-00560
41005-84-9	(Benzenaminato)phenylmercury, Hg-00696
41187-39-7	Iodo(pentafluorophenyl)cadmium, Cd-00027
41202-98-6	Potassium dimethylhydridozincate, in Zn-00019
41242-24-4	Iodo(pentafluorophenyl)zinc, Zn-00049
41262-27-5	tert-Butyl[1,2-bis(ethoxycarbonyl)-3,3-dimethyl-1-butenyl]mercury, Hg-00797
41408-75-7	Chloro(3-phenylpropyl)mercury, Hg-00553
41539-66-6	tert-Butylcyclopentadienylchloromercury, Hg-00564
41539-67-7	Bis(tert-butylcyclopentadienyl)mercury, Hg-00821
41576-43-6	Tricarbonyl(chloromercury)[μ-[(1-η:1,2,3,4,5,6-η)phenyl]]chromium, Hg-00534
41580-12-5	(1-Diazo-2-methoxy-2-oxoethyl)methylmercury, Hg-00160
41580-14-7	▷Ethoxymethylmercury, Hg-00117
41580-23-8	(1-Diazo-2-oxopropyl)methylmercury, Hg-00159
41580-25-0	(Cyanodiazomethyl)methylmercury, Hg-00079
41617-44-1	Dicarbonyl(η^5-2,4-cyclopentadien-1-yl)(phenylmercury)iron, Hg-00726
41654-87-9	Methylzinc borohydride, in Zn-00006
41924-26-9	▷Bis[(trimethylsilyl)methyl]zinc, Zn-00089
41935-95-9	Bromo(2-oxoethyl)mercury, Hg-00034
41982-00-7	Bis[(trimethylsilyl)methyl]zinc; 2,2'-Bipyridine adduct(1:1), in Zn-00089
42085-60-9	(Cyano-C)(4-methylcyclohexyl)mercury; cis-form, in Hg-00502
42085-61-0	(Cyano-C)(4-methylcyclohexyl)mercury; trans-form, in Hg-00502
42085-68-7	1-Bromomercuri-2-methoxycyclopentane; (1RS,2SR)-form, in Hg-00339
42085-71-2	1-Bromomercuri-2-methoxycyclopentane; (1RS,2RS)-form, in Hg-00339
42085-72-3	1-Bromomercuri-2-methoxycyclohexane; (1RS,2SR)-form, in Hg-00429
42085-73-4	1-Bromomercuri-2-methoxycyclohexane; (1RS,2RS)-form, in Hg-00429
42085-74-5	1-Chloromercuri-2-methoxycyclohexane; (1RS,2SR)-form, in Hg-00432
42117-02-2	[Chlorofluoro(methoxycarbonyl)methyl]phenylmercury, Hg-00539
42201-75-2	(1-Bromo-1,2,2,2-tetrafluoroethyl)phenylmercury, Hg-00449
42429-32-3	Bis(chloromercuri)methane, Hg-00009
42597-86-4	[1,1-Dichloro-2-oxo-2-(1-piperidinyl)ethyl]phenylmercury, Hg-00734
42742-04-1	1-Acetoxy-4-acetoxymercuricyclohexane; trans-form, in Hg-00611
42788-44-3	Methyl(2-methyl-2-propanolato)cadmium, Cd-00024
42809-72-3	(1-Acetyl-2,2-dimethylcyclopropyl)methylmercury, Hg-00506
42872-51-5	Chloro(3,3-dimethyl-2-oxobutyl)mercury, Hg-00344
42915-98-0	3-Chloromercuri-4-methoxy-2,2,5,5-tetramethylhexane; (3RS,4RS)-form, in Hg-00638
43123-14-4	(1-Diazo-2-oxo-2-phenylethyl)methylmercury, Hg-00541
43123-50-8	Methyl(aci-nitromethanato-O)mercury, Hg-00053
44564-72-9	Trimethyl-μ_3-thioxotrimercury(1+), Hg-00124
45590-73-6	Methyl(pyridine-N)mercury(1+), Hg-00317
48026-58-0	Trimethyl-μ_3-oxotrimercury(1+), Hg-00122
49591-32-4	(4-Bromo-2-chlorophenolato)phenylmercury, Hg-00668
49622-37-9	Bromo(2,3,4,5-tetrafluorophenyl)mercury, Hg-00273

CAS Number	Name
49622-39-1	Bromo(2,3,4,6-tetrafluorophenyl)mercury, Hg-00274
49622-40-4	1,2-Bis(chloromercuri)-3,4,5,6-tetrafluorobenzene, Hg-00267
49622-42-6	1,3-Bis(chloromercuri)-2,4,5,6-tetrafluorobenzene, Hg-00268
50653-15-1	Bromo[2-(diethylamino)-2-oxoethyl]zinc, Zn-00060
50654-60-9	Bromo(1,2,3,4,5-pentachloro-2,4-cyclopentadien-1-yl)mercury, Hg-00213
50836-98-1	Bromo[(trimethylsilyl)methyl]mercury, Hg-00206
50870-72-9	Tetraethyl bis(acetoxymercuri)methylenediphosphonate, Hg-00738
50871-02-8	Bis(3-methyl-4-pentenyl)zinc, Zn-00117
51021-49-9	1,2-Bis(chloromercuri)ferrocene, Hg-00584
51276-52-9	Bis(2,3,5,6-tetrafluoro-4-pyridinyl)zinc, Zn-00091
51353-51-6	(Cyanato-N)(trifluoromethyl)mercury, Hg-00023
51353-52-7	Azido(trifluoromethyl)mercury, Hg-00005
51353-57-2	Bis[(phenylthio)methyl]mercury, Hg-00757
51384-90-8	1-Acetoxy-3-chloromercuri-1,3-diphenylpropane, Hg-00802
51523-00-3	Chloro(3,3-dichloro-2-propenyl)mercury, Hg-00077
51523-31-0	Bis[trimethyl(methylene)phosphorane]mercury dichloride, in Hg-00530
51523-38-7	Methyl[((trimethylphosphoranylidene)(trimethylsilyl)methyl]mercury, Hg-00528
51656-70-3	Bromo(2-tert-butoxy-2-oxoethyl)zinc, Zn-00058
51664-91-6	(Acetato-O)ethenylmercury, Hg-00161
51664-95-0	(Acetato-O)(2-methoxycyclohexyl)mercury, Hg-00574
51724-97-1	Chloro(1-chloro-2-ethoxy-2-oxoethyl)mercury, Hg-00155
51826-15-4	(Triphenylgermyloxy)ethylzinc, Zn-00155
52026-66-1	Bromo(2-methoxy-2-methylpropyl)mercury, Hg-00248
52148-93-3	Bromo(3-methoxy-1,2-dimethyl-3-phenylpropyl)mercury, Hg-00711
52148-97-7	Bromo(3-methoxy-1,2-dimethylbutyl)mercury, Hg-00436
52164-56-4	Chloro-4-pyridinylmercury, Hg-00218
52186-51-3	[2-(tert-Butylperoxy)ethyl](trifluoroacetato-O)mercury, Hg-00501
52198-26-2	Pentakis(trifluoroacetoxymercuri)benzene, Hg-00776
52969-23-0	Bromo[2-(phenylamino)ethyl]mercury, Hg-00486
52969-25-2	Bromo[(2-phenylamino)cyclohexyl]mercury, Hg-00705
53103-00-7	Di-4-pentenylmercury, Hg-00617
53103-01-8	Di-5-hexenylzinc, Zn-00119
53153-34-7	3-Chloromercuribicyclo[2.2.1]heptan-2-ol; (1RS,2SR,3SR)-form, in Hg-00424
53167-51-4	(N,N,N',N',N",N"-Hexamethylphosphorimidic triamidato-N''')methylmercury, Hg-00445
53170-34-6	μ_3-Arsinidynetrimethyltrimercury, Hg-00119
53170-46-0	Dimethyl-μ-telluroxodimercury, Hg-00064
53170-48-2	μ_4-Arsenidotetramethyltetramercury(1+); Nitrate, in Hg-00207
53170-49-3	μ_4-Arsenidotetramethyltetramercury(1+); Tetrafluoroborate, in Hg-00207
53170-50-6	μ_4-Arsenidotetramethyltetramercury(1+); Hexafluorophosphate, in Hg-00207
53176-39-9	Bis(3-hydroxybicyclo[2.2.1]hept-2-yl)mercury; (exo,exo),(exo,exo)-form, in Hg-00761
53213-46-0	Bromo(1-methylpropyl)mercury; (S)-form, in Hg-00185
53213-50-3	3-Bromomercuri-2-butanol; (2RS,3RS)-form, in Hg-00188
53213-51-7	3-Bromomercuri-2-butanol; (2RS,3SR)-form, in Hg-00188
53235-00-0	Chloro(2-methoxy-2-oxoethyl)mercury, in Hg-00038
53235-06-6	[Dichloro(phenylsulfonyl)methyl]phenylmercury, Hg-00725
53248-03-6	Trimethyl-μ_3-selenoxotrimercury(1+); Nitrate, in Hg-00125
53282-78-3	Di-1-propenylmercury; (Z,Z)-form, in Hg-00332
53364-12-8	Methyl(trimethylsilyl)mercury, Hg-00210
53593-59-2	Methyl(trimethylgermyl)mercury, Hg-00208
53609-08-8	Butylethylmercury, Hg-00361
53720-12-0	Chloro[3-methoxy-3-(4-nitrophenyl)propyl]mercury, Hg-00594
53799-48-7	[6-[(Methylamino)methylene]-2,4-cyclohexadien-1-onato-N]phenylmercury, Hg-00749
53894-13-6	3-Chloromercuri-2-butylamine; (2RS,3SR)-form, N,N-Di-Me, in Hg-00198
53894-14-7	Chloro[2-(dimethylamino)-1-methylproyl]mercury, in Hg-00198
54086-56-5	(Acetato-O)cyanomethylmercury, Hg-00153
54086-88-3	Bis(cyanomethyl)mercury, Hg-00150
54099-09-1	Diethyl-μ-oxodimercury, Hg-00204
54129-20-3	Bromo(3,4,5-trichlorophenyl)mercury, Hg-00276
54183-45-8	Tetra-μ-phenylbis(phenylzinc)digold, Zn-00164
54202-97-0	Bis(6,6,7,7,8,8,8-heptafluoro-2,2-dimethyl-3,5-octanedionato-O,O')mercury, Hg-00831
54468-05-2	Di-1-propenylmercury; (E,E)-form, in Hg-00332
54724-58-2	(Dibromoiodomethyl)phenylmercury, Hg-00376
54728-44-8	Bromo-tert-butylmercury, Hg-00183
54773-23-8	▷Bis(2,2-dimethylpropyl)zinc, Zn-00105
54816-08-9	Tetrakis[μ-(5,5-dimethyl-2,4-hexanedionato-O^2:O^2,O^4)]-di-μ_3-phenoxydiphenyltetrazinc, Zn-00169
54904-42-6	(4-Nitrophenolato-O')phenylmercury, Hg-00686
55304-28-4	1-Chloromercuri-3,3-dimethylbicyclo[2.2.1]-heptan-2-one, Hg-00565
55304-30-8	Bis(2-oxobutyl)mercury, Hg-00509
55631-97-5	2-Methoxy-3-(trifluoroacetoxymercuri)butane; (RS,RS)-form, in Hg-00426
55631-99-7	(2-Methoxy-1,2-diphenylethyl)(trifluoroacetato-O)mercury; (RS,SR)-form, in Hg-00799
55632-00-3	(2-Methoxy-1,2-diphenylethyl)(trifluoroacetato-O)mercury; (RS,RS)-form, in Hg-00799
55676-68-1	Bromo(2,3,5,6-tetrafluorophenyl)mercury, Hg-00275
55728-45-5	Tetrakis(trifluoroacetoxymercuri)methane, Hg-00533
55794-31-5	(Acetato-O)(4-methylcyclohexyl)mercury; trans-form, in Hg-00573
55794-32-6	(Acetato-O)(4-methylcyclohexyl)mercury; cis-form, in Hg-00573
55794-34-8	(Acetato-O)bicyclo[2.2.1]hept-2-ylmercury; (1RS,2RS)-form, in Hg-00568
55794-35-9	(Acetato-O)bicyclo[2.2.1]hept-2-ylmercury; (1RS,2SR)-form, in Hg-00568
55943-04-9	Bis(diphenylmethyl)zinc, Zn-00161
56030-63-8	[2-(tert-Butylperoxy)-1-methylpropyl]-(trifluoroacetato)mercury; (RS,SR)-form, in Hg-00615
56030-64-9	[2-(tert-Butylperoxy)-1-methylpropyl]-(trifluoroacetato)mercury, in Hg-00615
56030-67-2	1-Bromomercuri-2-tert-butyldioxy-1,2-diphenylethane; (1RS,2SR)-form, in Hg-00815
56030-68-3	1-Bromomercuri-2-tert-butyldioxy-1,2-diphenylethane; (1RS,2RS)-form, in Hg-00815
56030-71-8	1-Bromomercuri-2-tert-butylperoxycyclohexane, Hg-00619
56030-73-0	2-Bromomercuri-3-(tert-butylperoxy)-bicyclo[2.2.1]heptane, Hg-00636
56030-74-1	Bromo[2-(tert-butylperoxy)ethyl]mercury, Hg-00355
56030-78-5	2-Bromomercuri-3-tert-butylperoxybutane; (2RS,3SR)-form, in Hg-00519
56030-79-6	2-Bromomercuri-3-tert-butylperoxybutane; (2RS,3RS)-form, in Hg-00519
56111-72-9	Bis(diphenylmethyl)zinc; 2,2'-Bipyridine adduct, in Zn-00161
56431-84-6	Bis(7-bromobicyclo[4.1.0]hept-7-yl)mercury, Hg-00759
56453-81-7	1-Chloromercuri-3-methyl-1,3-butadiene; (E)-form, in Hg-00225
56457-40-0	(Acetato-O)(2,3,4,6-tetramethylphenyl)mercury, Hg-00708
56545-44-9	Chloro(4-chloro-1,3-butadienyl)mercury, Hg-00147

CAS Number	Name
56660-47-0	1-Bromomercuri-2-*tert*-butylperoxycyclohexane; (1*RS*,2*RS*)-*form, in* Hg-00619
56665-11-3	(2,2′-Bipyridine-*N*,*N*′)methylmercury(1+); Nitrate, *in* Hg-00631
56686-64-7	2,5-Bis(bromomercurimethyl)-1-phenylpyrrolidine, Hg-00702
56708-92-0	2-Bromomercuri-3-*tert*-butylperoxybutane, Hg-00519
56765-78-7	Tris(methylmercuri)acetonitrile, Hg-00239
56786-69-7	[3-(Acetyloxy)-3-phenylpropyl]chloromercury, Hg-00632
56943-31-8	[2-(Acetylamino)cyclopentyl]chloromercury, *in* Hg-00241
56943-32-9	2-[(Acetylamino)cycloheptyl]chloromercury, *in* Hg-00433
56943-37-4	[2-(Acetylamino)octyl]chloromercury, Hg-00620
56955-01-2	1-Acetoxy-2-chloromercuri-1-phenylpropene; (*E*)-*form, in* Hg-00629
56955-02-3	2-Acetoxy-1-chloromercuri-1-phenylpropene; (*E*)-*form, in* Hg-00630
57137-96-9	Bis(pentabromophenyl)mercury, Hg-00641
57137-97-0	(Pentabromophenyl)phenylmercury, Hg-00657
57138-00-8	Bromo(pentabromophenyl)mercury, Hg-00265
57159-36-1	(4-Carboxyphenyl)(3,4-dihydro-1-methyl-4-thioxo-2(1*H*)-pyrimidinonato-*S*)mercury, Hg-00688
57297-71-9	1-(Acetoxymercuri)-3-acetoxycyclobutane, Hg-00496
57411-19-5	Chloro[2-(phenylazo)phenyl]mercury, Hg-00683
57572-17-5	Dioxotetrakis(2-propanolato)bis(aluminum)zinc, Zn-00122
57671-86-0	Butyl(trimethylsilyl)mercury, Hg-00441
57671-87-1	Butyl(trimethylgermyl)mercury, Hg-00439
57786-95-5	1-Acetoxy-3-chloromercuri-1,2-diphenylpropane, Hg-00801
57917-65-4	Bromo(2-phenylethenyl)mercury; (*E*)-*form, in* Hg-00460
57917-66-5	Bromo(2-phenylethenyl)mercury; (*Z*)-*form, in* Hg-00460
58268-50-1	1-Acetoxy-3-bromomercuricyclohexane; (1*RS*,3*SR*)-*form, in* Hg-00497
58300-14-4	Di-μ-chlorodichlorobis[triphenylphosphonium(1-η)-2-oxopropylide]dimercury, *in* Hg-00840
58926-16-2	(Bromodichloromethyl)(2-phenylethyl)mercury, Hg-00542
58926-18-4	(Trichloromethyl)(2,4,6-trimethylphenyl)mercury, Hg-00592
59034-77-4	Tetra-μ₃-methoxytetramethyltetrazinc, *in* Zn-00014
59049-78-4	*tert*-Butylmethylmercury, Hg-00256
59049-80-8	*tert*-Butylethylmercury, Hg-00362
59092-43-2	(Dihydroaluminato)di-μ-hydrodimethylzincate(1−); Li salt, *in* Zn-00020
59333-78-7	(2-Aminoethaneselenolato-*Se*)methylmercury; B,HCl, *in* Hg-00121
59456-37-0	Bromo(1-bromo-2-methyl-1-propenyl)mercury, Hg-00154
59529-61-2	Chloro(1-methyl-1-nitroethyl)mercury, Hg-00096
59643-44-6	Methyl(2-methylpropyl)mercury, Hg-00258
59807-70-4	Bromo[2-[(diphenylphosphino)methyl]phenyl]mercury, Hg-00823
59930-74-4	Hexaethylocta-μ₃-methoxyheptazinc, Zn-00156
60064-62-2	Zinc bis[methanidobis(dimethylphosphoniummethylide)]-, Zn-00139
60064-63-3	Cadmium bis[methanidobis(dimethylphosphoniummethylide)]-, Cd-00057
60064-89-3	Cadmium bis[nitridobis(dimethylphosphoniummethylide)]-, Cd-00054
60080-27-5	Cyclopropylmethylmercury, Hg-00179
60084-55-1	Zinc bis[nitridobis(dimethylphosphoniummethylide)]-, Zn-00123
60101-25-9	Dichloro(η²-ethene)mercury, Hg-00046
60209-77-0	1-Bromomercuri-2-methoxycyclohexane, Hg-00429
60221-80-9	Benzylphenylmercury, Hg-00731
60592-55-4	Chloro(2-phenylethenyl)mercury; (*Z*)-*form, in* Hg-00463
60704-57-6	Heptamethoxyheptamethylheptazinc, *in* Zn-00014
60704-58-7	Hexaethoxyhexamethylhexazinc, *in* Zn-00025
60704-59-8	Hexamethylhexakis(2-methyl-2-propanolato)hexazinc, *in* Zn-00044
61150-11-6	Chloro[(diethylamino)methyl]mercury, Hg-00254
61193-17-7	(Diethylcarbamodithioato-*S*)methylmercury, Hg-00359
61195-94-6	Di-μ-iododiiodobis[3-(triphenylphosphonio)-2,4-cyclopentadien-1-yl]dimercury, *in* Hg-00842
61354-84-5	Methylmercury thioacetate, Hg-00098
61374-76-3	Bis[[acetyl(2,6-dimethylphenyl)amino][(2,6-dimethylphenyl)imino]methyl-*C*,*O*]mercury, Hg-00869
61760-06-3	Bromo[(trimethylgermyl)methyl]mercury, Hg-00205
61906-99-8	Chloro(1-chlorovinyl)mercury, Hg-00028
62126-56-1	μ-Hydrotetramethyldizincate(1−); Li salt, *in* Zn-00040
62166-60-3	Aluminatetetra-μ-hydrotetramethyldizincate(1−); Li salt, *in* Zn-00041
62439-69-4	Didecylmercury, Hg-00838
62470-60-4	Bis[(trimethylgermyl)methyl]mercury, Hg-00529
62660-55-3	[(1,2,3,4,5,6-η)-Hexamethylbenzene]zinc(2+); Bishexafluoroantimonate, *in* Zn-00115
62816-04-0	μ-Hydrotetramethyldizincate(1−); K salt, *in* Zn-00040
62816-26-6	μ-Hydrotetramethyldizincate(1−); Na salt, *in* Zn-00040
62830-22-2	Tri-μ-[1,1′-biphenyl]-2,2′-diyltrimercury, Hg-00861
62934-59-2	1,3-Bis(chloromercuri)propane, Hg-00097
62987-33-1	*tert*-Butylchlorozinc, Zn-00032
63162-49-2	μ-Penicillaminatobis(methylmercury); (±)-*form, in* Hg-00438
63266-16-0	Bis(2,3,5,6-tetrabromo-4-fluorophenyl)mercury, Hg-00640
63266-22-8	Bis(2,3,5,6-tetrabromo-4-methylphenyl)mercury, Hg-00739
63495-08-9	Decakis(chloromercurio)ferrocene, Hg-00576
63668-13-3	Chloro-5-hexenylmercury, Hg-00342
63676-59-5	Chloro[tris(trimethylsilyl)methyl]mercury, Hg-00627
63676-99-3	Triphenylzincate(1−); Li salt, *in* Zn-00149
63776-22-7	Di-1-butynylmercury, Hg-00489
63788-04-5	(2-Hydroperoxy-2-methylpropyl)(trifluoroacetato-*O*)mercury, Hg-00326
63827-77-0	Dichloro(dimethylsulfoxonium-η-methylide)mercury, Hg-00115
63835-91-6	Bis[(trimethylsilyl)methyl]cadmium, Cd-00044
63865-17-8	2-Chloromercuri-3-acetoxybicyclo[2.2.1]heptane; *exo,exo*-*form, in* Hg-00567
63948-39-0	Dichloro[μ-(dioxydi-2,1-ethanediyl)]dimercury, Hg-00178
64120-44-1	Chloro(1-cyclohexen-1-ylmethyl)mercury, Hg-00423
64120-45-2	3-Chloromercuricyclohexene, Hg-00320
64120-46-3	1-Chloromercuri-2-methylene-3,3-dimethylbicyclo[2.2.1]heptane, Hg-00608
64121-52-4	Tricarbonyl[η⁴-(chloromercuri-1,3-cyclobutadiene)]iron, Hg-00369
64148-05-6	Bis[bis(phenylthio)methyl]mercury, Hg-00850
64148-06-7	[Bis(phenylthio)methyl]phenylmercury, Hg-00825
64192-98-9	Ethyl *tert*-butylmercuridiazoacetate, Hg-00505
64194-27-0	1-Chloromercuri-7,7-dimethylbicyclo[2.2.1]heptan-2-one; (1*R*)-*form, in* Hg-00566
64347-56-4	(Methioninato-*N*,*O*)methylmercury; (±)-*form, in* Hg-00357
64349-81-1	Fluoropentakis(trifluoroacetato-*O*-mercuri)benzene, Hg-00775
64385-01-9	Octakis(trifluoroacetoxymercuri)naphthalene, Hg-00847
64385-19-9	Bis[methylene(dimethylphosphinidenio)methylidyne(dimethylphosphoranylidyne)methylene]mercury, Hg-00766
64451-25-8	Bis[2-ethoxy-1-(ethoxycarbonyl)-2-oxoethyl]mercury, Hg-00762
64451-26-9	Bis(1-cyano-2-ethoxy-2-oxoethyl)mercury, Hg-00595
64451-29-2	Bis(chloromercuri)dicyanomethane, Hg-00070

CAS Number	Name
64451-31-6	Dichloro[μ-2-ethoxy-1-(ethoxycarbonyl)-2-oxoethylidene]dimercury, *in* Hg-00075
64451-32-7	Dichloro[μ-[1-(ethoxycarbonyl)-2-oxopropylidene]]dimercury, Hg-00315
64451-35-0	Bis(acetoxymercuri)dicyanomethane, Hg-00393
64654-07-5	Bis(4-methoxybutyl)zinc, Zn-00104
64691-32-3	Tetrakis(methylthiomercuri)methane, Hg-00260
64705-13-1	Ethynylphenylmercury, Hg-00455
64705-15-3	Di-1-propynylmercury, Hg-00306
64730-50-3	(Methylthio)phenylmercury, Hg-00412
65007-19-4	Bis(dicyanomethyl)mercury, Hg-00278
65123-79-7	Di-μ-hydrohydrophenyldizinc, Zn-00055
65672-45-9	Bromocyclopentylmercury, Hg-00228
65801-57-2	Bis[(2-trimethylsilyl)ethenyl]mercury; (*E,E*)-*form*, *in* Hg-00625
66094-28-8	Bis(3-methyl-2-butenyl)zinc, Zn-00099
66139-78-4	Diphenylbis[μ-(8-quinolinolato-N^1,O^8:O^8)]dimercury, *in* Hg-00769
66139-79-5	Bis[μ-(2-methyl-8-quinolinato-N^1,O^8:O^8]diphenyldimercury, *in* Hg-00782
66288-15-1	Dimethylbis[trimethylphosphonium-η-(trimethylsilyl)methylide]cadmium, Cd-00060
66288-16-2	Diethyl[trimethylphosphonium η-(trimethylsilyl)methylide]zinc, Zn-00109
66368-15-8	Iodomethylcadmium; 2,2'-Bipyridine adduct, *in* Cd-00004
66568-20-5	(η^1-2,4-Cyclopentadien-1-yl)-bis(trimethylsilylamido)mercury, Hg-00639
66693-66-1	(2-Mercaptopyrimidinato-*S*)methylmercury, Hg-00224
66965-40-0	1-Chloromercuri-7,7-dimethylbicyclo[2.2.1]-heptan-2-one, Hg-00566
67091-28-5	1,1-Bis(chloromercuri)ethylene, Hg-00030
67091-33-2	[1,1-Bis(chloromercuri)methylene]cyclohexane, Hg-00414
67144-21-2	Tetrakis(cyano-*C*-mercuri)methane, Hg-00262
67247-62-5	(Acetato-*O*)(2-methoxycyclopentyl)mercury, Hg-00512
67247-71-6	Bis(2-methoxypropyl)mercury, Hg-00527
67247-77-2	Bis(2-methoxy-2-phenylethyl)mercury, Hg-00819
67247-88-5	Bis(2-diethoxyethyl)mercury, Hg-00720
67341-86-0	Bromo(2,2-diphenylethenyl)mercury, Hg-00748
67373-66-4	Bis[bis(trimethylsilyl)methyl]cadmium, Cd-00058
67501-24-0	Bis[(3-dimethylamino)propyl-*C,N*]zinc; 2,2'-Bipyridine adduct, *in* Zn-00107
67501-30-8	Bis(3-methoxypropyl)zinc, Zn-00083
67501-31-9	Bis[(3-methylthio)propyl-*C,N*]zinc, Zn-00084
67501-32-0	Bis[(3-dimethylamino)propyl-*C,N*]zinc, Zn-00107
67501-34-2	Bis(3-methoxypropyl)zinc; 2,2'-Bipyridine complex, *in* Zn-00083
67501-35-3	Bis[(3-methylthio)propyl-*C,N*]zinc; 2,2'-Bipyridine adduct, *in* Zn-00084
67501-36-4	Bis(4-methoxybutyl)zinc; 2,2'-Bipyridine adduct, *in* Zn-00104
67552-46-9	*cyclo*-Triethyltri-μ-hydrotris(pyridine)zinc, *in* Zn-00018
67552-47-0	*cyclo*-Tri-μ-hydrotriphenyltris(pyridine)trizinc, *in* Zn-00054
67564-55-0	[4-(Dimethylamino)-1-butynyl]ethylzinc, Zn-00080
67564-56-1	Bis[4-(dimethylamino)-1-butynyl]zinc, Zn-00116
67578-89-6	*cyclo*-Tris[μ-[4-(dimethylamino)-1-butynyl-*C:C,N*]]triethyltrizinc, *in* Zn-00080
67578-90-9	*cyclo*-Hexakis[μ-[4-(dimethylamino)-1-butynyl-*C:N*]]trizinc, *in* Zn-00116
67875-56-3	Methyl(*tert*-butylperoxy)cadmium, Cd-00025
68420-97-3	(Acetato-*O*)(4-nitrophenyl)mercury, *in* Hg-00301
68574-40-3	(1,3-Diphenyl-1-triazenato-N^3)phenylmercury, Hg-00811
68782-23-0	▷Bis(trimethylsilyl)zinc, Zn-00066
69091-10-7	(2-Amino-4-phenylbutanoato)methylmercury; (*S*)-*form*, *in* Hg-00633
69310-45-8	6-Chloromercuri-6,7-dihydro-7-methoxyaldrin, Hg-00729
69511-82-6	3,5-Bis(bromomercurimethyl)-4-phenylmorpholine, Hg-00703
69511-83-7	3,5-Bis(bromomercurimethyl)-4-phenyltetrahydro-1,4-thiazine, Hg-00704
69511-84-8	2,6-Bis(bromomercurimethyl)-1-phenylhexahydropyrazine, Hg-00707
69549-70-8	2-(4-Fluorophenyl)-2-(4-methoxyphenyl)-1,1-bis(chloromercuri)ethylene, Hg-00768
69699-22-5	Chloro[2-phenyl-2-(phenylamino)ethyl]mercury, Hg-00750
69745-62-6	Tetramethylzincate(2−); Mg salt, *in* Zn-00039
69914-62-1	Chloro[(tetrahydro-2-furanyl)methyl]mercury, Hg-00236
70114-30-6	[(1,2,3,4,5,6-η)Hexamethylbenzene]cadmium(2+); Bis(hexafluoroarsenate), *in* Cd-00050
70114-31-7	[(1,2,3,4,5,6-η)Hexamethylbenzene]cadmium(2+); Bis(hexafluoroantimonate), *in* Cd-00050
70114-37-3	(η^6-Benzene)cadmium(2+); Bis(hexafluoroarsenate), *in* Cd-00030
70114-38-4	(η^6-Benzene)cadmium(2+); Bis(hexafluoroantimonate), *in* Cd-00030
70185-40-9	Menthyl(bromomercuri)phenylacetate, *in* Hg-00462
70185-41-0	(Bromomercuri)phenylacetic acid; (*S*)-*form*, (−)-Menthyl ester, *in* Hg-00462
70331-88-3	Methyl(trifluoromethyl)zinc, Zn-00009
70449-13-7	Tetrakis(fluoromercuri)methane, Hg-00006
70449-14-8	Tetrakis(chloromercuri)methane, Hg-00004
70538-27-1	Chloro(3-hydroxyphenyl)mercury, Hg-00296
70602-19-6	Dichlorophenylcadmate(1−); Tetrapropylammonium salt, *in* Cd-00028
70602-27-6	Dibromomethylcadmate(1−); Tetrapropylammonium salt, *in* Cd-00002
70712-65-1	(Acetato-*O*)bicyclo[2.2.1]hept-2-ylmercury, Hg-00568
70811-58-4	(μ-Adeninato-N^7,N^9)bis(methylmercury)(1+); Nitrate, *in* Hg-00416
71402-89-6	[6-(Dimethylamino)-1-hexynyl]ethylzinc, Zn-00102
71402-91-0	[3-(Dimethylamino)-1-propynyl]ethylzinc, Zn-00070
71414-79-4	Bis[μ-[5-(dimethylamino)-1-pentynyl-*C:C,N*]]diethyldizinc, *in* Zn-00090
71478-49-4	Bis(bicyclo[1.1.0]but-1-yl)mercury, Hg-00488
71562-50-0	[1-(2-Chlorophenyl)-3-phenyl-1-triazenato-N^1,N^3]phenylmercury, Hg-00808
71672-49-6	Bis(pyridine)bis(trifluoromethyl)zinc, *in* Zn-00007
71836-32-3	Methyl(tyrosinato-*O'*)mercury; (*S*)-*form*, *in* Hg-00603
71836-33-4	(2-Amino-4-phenylbutanoato)methylmercury, Hg-00633
71840-36-3	▷(Chloromethyl)(2-oxoethyl)mercury, Hg-00089
71840-37-4	▷(Chloromethyl)(2-methoxy-2-oxoethyl)mercury, Hg-00173
71893-15-7	▷(Chloromethyl)(2-oxopropyl)mercury, Hg-00171
72084-33-4	Bis[1-(acetyloxy)carbonyl]-2,2,2-trifluoro-1-(trifluoromethyl)ethyl]mercury, Hg-00667
72197-66-1	Phenyl(*N*-phenylmethanesulfonamidato-*N*)mercury, Hg-00733
72250-66-9	Methyl-1-propynylmercury, Hg-00158
72576-94-4	Dibromomethylcadmate(1−); Tetrabutylammonium salt, *in* Cd-00002
72706-00-4	(Acetato-*O*)[5-nitro-2[(phenylmethylene)hydrazino]phenyl]mercury, Hg-00771
72721-25-6	Bis(2,5-dimethylphenyl)[μ-(peroxy)-*O:O'*]dimercury, Hg-00792
72721-27-8	(Hydroperoxy)phenylmercury, Hg-00309
72838-44-9	Methyl(methyldioxy)zinc, Zn-00015
72887-18-4	Chloro(2-methoxy-2-phenylethyl)mercury, Hg-00556
72950-46-0	1-Acetoxy-2-chloromercuri-1-phenylpropene, Hg-00629
72950-47-1	2-Acetoxy-1-chloromercuri-1-phenylpropene, Hg-00630
73066-89-4	Dibenzenemercury(2+); Bis(hexafluoroantimonate), *in* Hg-00698
73067-02-4	Hexamethylbenzenemercury bistrifluoroacetate, Hg-00788
73104-23-1	Bromoethylzinc; 2,2'-Bipyridine adduct, *in* Zn-00011
73112-27-3	Iodo(trifluoromethyl)zinc; 2,2'-Bipyridine complex, *in* Zn-00001

CAS Number	Name
73260-87-4	▷(Bromomethyl)propylmercury, Hg-00184
73269-34-8	▷(Bromomethyl)(2-hydroxyethyl)mercury, Hg-00106
73269-48-4	▷(Chloromethyl)(2-oxo-2-phenylethyl)mercury, Hg-00545
73269-52-0	▷(Chloromethyl)[(4-diethylamino)phenyl]mercury, Hg-00634
73282-89-0	Bis(3,4-dichlorophenyl)mercury, Hg-00664
73282-90-3	Bis(3,5-dichlorophenyl)mercury, Hg-00665
73399-66-3	Bis(acetato-O)[μ-(oxoethenylidene)]dimercury, Hg-00312
73399-69-6	Bis(acetato-O)[μ-(oxoethenylidene)]tetramercury, Hg-00313
73681-65-9	Bis(2,4,6-trimethylphenyl)zinc, Zn-00151
74063-09-5	Bis(2,4,6-tri-$tert$-butylphenyl)mercury, Hg-00867
74200-92-3	Chloro-2,4-pentadienyl(N,N,N',N'-tetramethyl-1,2-ethanediamine-N,N')zinc, in Zn-00042
74357-48-5	Bis[tris(trimethylsilyl)methyl]zinc, Zn-00157
74357-49-6	Bis[tris(trimethylsilyl)methyl]cadmium, Cd-00062
74836-75-2	Bis(1-methyl-2,4-cyclopentadien-1-yl)mercury, Hg-00701
74969-84-9	(Tetraphenylimidodiphosphato-N)phenylmercury, Hg-00853
75019-97-5	(μ_3-Adeninato-N^3,N^7,N^9)tris(methylmercury)(2+); Diperchlorate, in Hg-00503
75052-73-2	Tris(chloromercuri)methane, Hg-00007
75183-03-8	Di-μ-chlorobis[3-(diethylamino)propyl-C,N]dizinc, in Zn-00071
75417-49-1	Methyl(pyridine-N)mercury(1+); Perchlorate, in Hg-00317
75619-02-2	6-Amino-2,3-dihydro-2-thioxo-4($1H$)-pyrimidinonato-S)methylmercury, Hg-00238
75619-03-3	(4-Amino-5-methyl-2-pyrimidinethiolato)methylmercury, Hg-00327
75924-62-8	(Acetato-O)(3,3-dimethyl-1-butenyl)mercury; (E)-form, in Hg-00508
76063-28-0	($tert$-Butyldioxy)methylzinc, Zn-00045
76067-22-6	(μ_3-Adeninato-N^3,N^7,N^9)tris(methylmercury)(2+); Dinitrate, in Hg-00503
76137-15-0	2,4-Cyclopentadien-1-yldi-μ-hydrohydrodizinc, Zn-00043
76256-47-8	Bis(trifluoromethyl)cadmium; 1,2-Dimethoxyethane complex, in Cd-00006
76283-33-5	1-Chloromercuriadamantane, Hg-00607
76384-79-7	Chloro(2-thiocyanatoethenyl)mercury; (E)-form, in Hg-00074
76426-15-8	Bis(triphenylphosphonium η-methylide)zinc(2+); Dichloride, in Zn-00168
76426-17-0	Chloro[triphenylphosphonium(1-η)-2-methylpropylide]zinc(1+); Chloride, in Zn-00159
76426-18-1	Bis(triphenylphosphonium-η-methylide)cadmium(2+); Dichloride, in Cd-00066
76426-21-6	Bis(triphenylphosphoniummethylide)mercury dichloride, in Hg-00868
76601-95-1	[2-(Dimethylamino)benzenethiolato-N,S]phenylmercury, Hg-00758
76637-71-3	Bis(4-chlorophenylmethyl)zinc, Zn-00128
76656-94-5	Bis(2-chlorophenylmethyl)zinc, Zn-00127
76721-50-1	Bis(2-chlorophenylmethyl)zinc; 2,2'-Bipyridine adduct, in Zn-00127
76721-53-4	Bis(4-chlorophenylmethyl)zinc; 2,2'-Bipyridine adduct, in Zn-00128
76721-54-5	(2,2'-Bipyridine-N,N')bis[(2-methylphenyl)methyl]zinc, in Zn-00143
76721-57-8	Bis(2-chlorophenylmethyl)zinc; Dioxan adduct, in Zn-00127
76738-19-7	Bis(4-chlorophenylmethyl)zinc; Dioxan adduct, in Zn-00128
77090-26-7	Basic phenylmercury nitrate, in Hg-00697
77172-51-1	Chloro(3-methylcyclohexyl)mercury; (1RS,3SR)-form, in Hg-00431
77172-55-5	4-$tert$-Butyl-2-chloromercuricyclohexanone; (1RS,2SR)-form, in Hg-00614
77172-56-6	4-$tert$-Butyl-2-chloromercuricyclohexanone; (2RS,4RS)-form, in Hg-00614
77172-57-7	2-Chloromercuri-4,4-dimethylcyclohexanone, Hg-00499
77387-39-4	(Acetato-O)(2-methoxy-3-phenylpropyl)mercury, Hg-00709
77979-59-0	Diiodo[triphenylphosphonium(1-η)-2,4-cyclopentadien-1-ylide]mercury, Hg-00842
78637-97-5	Bis(4-isopropylphenyl)mercury, Hg-00816
78793-86-9	Tetra-μ_3-chlorotetraethyltetrazinc, in Zn-00012
78921-25-2	Bis(2,4-dichlorophenyl)mercury, Hg-00661
78921-26-3	Bis(2,3,5-trichlorophenyl)mercury, Hg-00651
78921-27-4	Bis(3,4,5-trichlorophenyl)mercury, Hg-00655
78921-28-5	Bis(2,3,6-trichlorophenyl)mercury, Hg-00652
79117-37-6	(Adeninato-N^9)methylmercury, Hg-00314
79169-34-9	Bis(2,4,6-trimethylphenyl)zinc; 2,2'-Bipyridine adduct, in Zn-00151
79175-41-0	(Acetato-O)(3,5-dichlorophenyl)mercury, Hg-00453
79292-94-7	[Ethane(dithioato)-S]phenylmercury, Hg-00470
79293-07-5	(Ethanethioato-S)phenylmercury, Hg-00526
79411-71-5	Chloro[2-[1-(dimethylamino)ethyl]phenyl]mercury; (S)-form, in Hg-00604
79459-56-6	($tert$-Butaneselenolato)methylmercury, Hg-00259
79663-98-2	Chloro[(3-cyclopropyl)propyl]mercury, Hg-00346
79716-26-0	(μ-Adeninato-N^7,N^9)bis(methylmercury)(1+); Perchlorate, in Hg-00416
79718-45-9	Bis(phenylthioethynyl)mercury, Hg-00780
80006-60-6	Bis(2,6-difluorophenyl)mercury, Hg-00666
80006-61-7	Bis(2,6-dichlorophenyl)mercury, Hg-00663
80006-62-8	(2,6-Dimethylbenzoato-O)(2,6-dimethylphenyl)mercury, Hg-00803
80205-62-5	Trimethyl-μ_3-oxotrimercury(1+); Hydroxide, in Hg-00122
80330-38-7	Bis(3,5-dimethylphenyl)mercury, Hg-00789
80579-27-7	(2,2'-Bipyridine-N,N')chloro(2-cyanophenyl)zinc, in Zn-00067
80579-29-9	(2,2'-Bipyridine-N,N')bromo(2-cyanophenyl)cadmium, in Cd-00036
80579-30-2	(2,2'-Bipyridine-N,N')chloro(2-nitrophenyl)zinc, in Zn-00050
80778-23-0	2-Bromomercuri-3-($tert$-butylperoxy)-bicyclo[2.2.1]heptane; (1RS,2SR,3SR)-form, in Hg-00636
81005-58-5	Chloro(1-hydroxyethyl)mercury, Hg-00051
81218-51-1	Pentamethyl[μ-(2-methyl-2-propanethiolato)]tris[μ_3-(2-methyl-2-propanethiolato)][μ_4-(2-methyl-2-propanethiolato)]pentazinc, in Zn-00046
81352-61-6	Bis[2-[(dimethylamino)methyl]phenyl-C,N]mercury, Hg-00820
81374-30-3	Bis(bicyclo[2.2.1]hept-1-yl)zinc, Zn-00135
81374-31-4	Bis(bicyclo[2.2.1]hept-2-yl)zinc, Zn-00136
81374-32-5	Bis(bicyclo[2.2.1]hept-7-yl)zinc, Zn-00137
81374-33-6	Bis(bicyclo[2.2.1]hept-2-en-7-yl)zinc, Zn-00134
81500-62-1	Bis[2-(2-propenyloxy)phenyl]mercury, Hg-00813
81745-84-8	Chloro-2-thienylzinc, Zn-00028
81894-25-9	Bromo[1-(8-quinolinyl)ethyl-C,N]mercury, Hg-00628
81986-70-1	Bis-1,2,3,4-tetramethylbenzenemercury(2+); Bis(hexafluoroantimonate), in Hg-00834
82169-21-9	Bromo[1-(8-quinolinyl)ethyl-C,N]mercury; (−)-form, in Hg-00628
82222-63-7	2,6-Bis(bromomercuri)-4-phenyltetrahydro-1,4-thiazine 1,1-dioxide, Hg-00590
82246-68-2	Tetracarbonylbis(η^5-2,4-cyclopentadien-1-yl)(zinc)diiron, Zn-00125
82288-93-5	1,2-Diphenyl-1-methoxy-3-chloromercuripropane; (1RS,2SR)-form, in Hg-00787
82288-98-0	1,2-Diphenyl-1-methoxy-3-chloromercuripropane; (1RS,2RS)-form, in Hg-00787
82352-02-1	(Acetato-O)[2-(acetyloxy)-1,2-diphenylethenyl]mercury; (Z)-form, in Hg-00812
82352-03-2	3-Acetoxy-4-(acetoxymercuri)-3-hexene; (E)-form, in Hg-00612
82352-08-7	Bis[(2-acetyloxy)-1-ethyl-1-butenyl]mercury; (E,E)-form, in Hg-00795
82490-22-0	Bis(phenylmercuri)ethyne, Hg-00746
82490-27-5	Ethynylvinylmercury, Hg-00149
82744-73-8	[1-(Diethoxyphosphinyl)-2-(diethylamino)-2-oxoethyl]nitratomercury, Hg-00623
82871-36-1	Bis[(1,2-η)hexamethylbenzene]tetrakis[μ-(trifluoroacetato-O:O^1)]dimercury, in Hg-00788
83673-70-5	1-Chloromercuri-2,3-dimethyl-1,3-butadiene; (E)-form, in Hg-00321

83673-71-6	Chloro(2-phenyl-1-propenyl)mercury; (*E*)-*form*, *in* Hg-00544
83718-24-5	1-Chloromercuri-3-ethoxytricyclo[3.3.1.1[3,7]]decane, Hg-00715
84786-49-2	Tris(chloromercuri)acetaldehyde; DMF adduct, *in* Hg-00025
84790-22-7	Tris(chloromercuri)acetaldehyde; DMSO adduct, *in* Hg-00025
85380-67-2	Bis[2-(*N*,*N*-dimethylaminomethyl)phenyl-*C*,*N*]zinc, Zn-00152